# [참!쉬움]
### 합격이 참 쉽다!

## 06 전기기사, 전가산업기사

### 이론부터 기출문제까지 한 권으로 끝내는

# 전기설비기술기준

### 알기 쉬운 기본이론 ➕ 상세한 기출문제 해설

문영철 지음

BM (주)도서출판 성안당

## ■ 도서 A/S 안내

성안당에서 발행하는 모든 도서는 저자와 출판사, 그리고 독자가 함께 만들어 나갑니다.

좋은 책을 펴내기 위해 많은 노력을 기울이고 있습니다. 혹시라도 내용상의 오류나 오탈자 등이 발견되면 **"좋은 책은 나라의 보배"**로서 우리 모두가 함께 만들어 간다는 마음으로 연락주시기 바랍니다. 수정 보완하여 더 나은 책이 되도록 최선을 다하겠습니다.

성안당은 늘 독자 여러분들의 소중한 의견을 기다리고 있습니다. 좋은 의견을 보내 주시는 분께는 성안당 쇼핑몰의 포인트(3,000포인트)를 적립해 드립니다.

**잘못 만들어진 책이나 부록 등이 파손된 경우에는 교환해 드립니다.**

저자 문의 : mycman78@naver.com(문영철)

본서 기획자 e-mail : coh@cyber.co.kr(최옥현)

홈페이지 : http://www.cyber.co.kr    전화 : 031) 950-6300

# 더 이상 쉬울 수 없다!
# 전기설비기술기준

우리나라는 현대사회에 들어오면서 빠르게 산업화가 진행되고 눈부신 발전을 이룩하였는데 그러한 원동력이 되어준 어떠한 힘, 에너지가 있다면 그것이 바로 전기라 생각합니다. 이러한 전기는 우리의 생활을 좀 더 편리하고 윤택하게 만들어주지만 관리를 잘못하면 무서운 재앙으로 변할 수 있기 때문에 전기를 안전하게 사용하기 위해서는 이에 관련된 지식을 습득해야 합니다. 그 지식을 습득할 수 있는 방법이 바로 전기기사 및 전기산업기사 자격시험(이하 자격증)이라고 볼 수 있습니다. 또한, 전기에 관련된 산업체에 입사하기 위해서는 자격증은 필수가 되고 전기설비를 관리하는 업무를 수행하기 위해서는 한국전기기술인협회에 회원등록을 해야 하는데 이때에도 반드시 자격증이 있어야 하며 전기안전관리자 선임기준 또한 강화되어 자격 취득 이후의 실무경력만을 인정토록 하고 있습니다. 이처럼 자격증은 전기인들에게는 필수이지만 아직까지 자격증 취득에 애를 먹어 전기인의 길을 포기하시는 분들을 많이 봤습니다.

이에 최단기간 내에 효과적으로 자격증을 취득할 수 있도록 본서를 발간하게 되었고, 이 책이 전기를 입문하는 분들에게 조금이나마 도움이 되었으면 합니다.

## 이 책의 특징

**01** 본서를 완독하면 충분히 합격할 수 있도록 이론과 기출문제를 효과적으로 구성하였습니다.

**02** 이론 중 자주 출제되는 내용이나 중요한 부분은 '굵은 글씨'로 처리하여 확실하게 이해하고 암기할 수 있도록 표시하였습니다.

**03** 문제마다 출제이력과 중요도를 표시하여 출제경향 및 각 문제의 출제빈도를 쉽게 파악할 수 있도록 하였습니다.

**04** 단원별로 유사한 기출문제들끼리 묶어 문제응용력을 높였습니다.

**05** 기출문제를 가급적 원문대로 기재하여 실전력을 높였습니다.

이 책을 통해 합격의 영광이 함께하길 바라며, 또한 여러분의 앞날을 밝힐 수 있는 밑거름이 되기를 바랍니다. 본서를 만들기 위해 많은 시간을 함께 수고해주신 여러 선생님들과 성안당 이종춘 회장님, 편집부 직원 여러분들의 노고에 감사드립니다.

앞으로도 더 좋은 도서를 만들기 위해 항상 연구하고 노력하겠습니다.

저자 씀

# 합격시켜 주는 「참!쉬움 전기설비기술기준」의 강점

## 1 10년간 기출문제 분석에 따른 장별 출제분석 및 학습방향 제시

☑ 10년간 기출문제 분석에 따라 각 장별 출제경향분석 및 출제포인트를 실어 학습방향을 제시했다.

## 2 자주 출제되는 이론을 그림과 표로 알기 쉽게 정리

☑ 자주 출제되는 이론을 체계적으로 그림과 표로 알기 쉽게 정리해 초보자도 쉽게 공부할 수 있도록 했다.

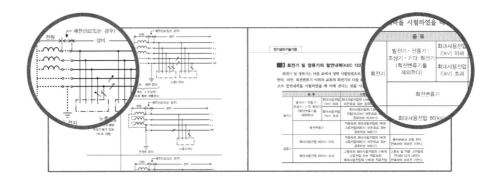

## 3 이론 중요부분에 '굵은 글씨'로 표시

☑ 이론 중 자주 출제되는 내용이나 중요한 부분은 '굵은 글씨'로 처리하여 확실하게 이해하고 암기할 수 있도록 표시했다.

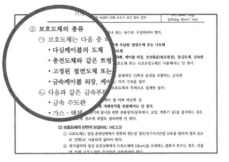

## 4 좀 더 이해가 필요한 부분에 '참고' 삽입

☑ 이론 내용을 상세하게 이해하는 데 도움을 주고자 부가적인 설명을 참고로 실었다.

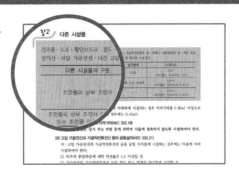

## 5 문제에 중요도 '별표 및 출제이력' 구성

☑ 문제에 별표(★)를 구성하여 각 문제의 중요도를 알 수 있게 하였으며 출제이력을 표시하여 자주 출제되는 문제임을 알 수 있게 하였다.

## 6 상세한 해설 수록

☑ 문제에 상세한 해설로 그 문제를 완전히 이해
할 수 있도록 했을 뿐만 아니라 유사문제에도
대비할 수 있도록 했다.

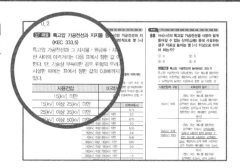

# 단원별 **최신 출제비중**을 파악하자!

**기사/산업기사**

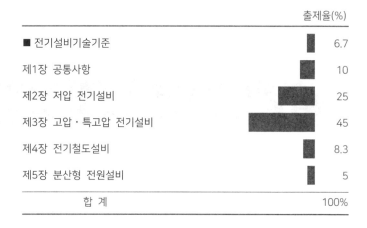

| | 출제율(%) |
|---|---|
| ■ 전기설비기술기준 | 6.7 |
| 제1장 공통사항 | 10 |
| 제2장 저압 전기설비 | 25 |
| 제3장 고압·특고압 전기설비 | 45 |
| 제4장 전기철도설비 | 8.3 |
| 제5장 분산형 전원설비 | 5 |
| 합 계 | 100% |

# 「참!쉬움」 전기설비기술기준을 효과적으로 활용하기 위한 **제대로 학습법**

**01** 매일 3시간 학습시간을 정해 놓고 하루 분량의 학습량을 꼭 지킬 수 있도록 학습계획을 세운다.

**02** 학습 시작 전 출제항목마다 출제경향분석 및 출제포인트를 파악하고 학습방향을 정한다.

**03** 한 장의 이론을 읽어가면서 굵은 글씨 부분은 중요한 내용이므로 확실하게 암기한다.

**04** 기출문제에서 헷갈렸던 문제나 틀린 문제는 문제번호에 체크표시(☑)를 해 둔 다음 나중에 다시 챙겨 풀어본다.

**05** 기출문제에 '별표'나 '출제이력' 표시를 보고 중요한 문제는 확실하게 풀어본다.

**06** 하루 공부가 끝나면 오답노트를 작성한다.

**07** 그 다음날 공부 시작 전에 어제 공부한 내용을 복습해본다. 복습은 30분 정도로 오답노트를 가지고 어제 틀렸던 문제나 헷갈렸던 부분 위주로 체크해본다.

**08** 부록에 있는 과년도 출제문제를 시험 직전에 모의고사를 보듯이 풀어본다.

**09** 책을 다 끝낸 다음 오답노트를 활용해 나의 취약부분을 한 번 더 체크하고 실전시험에 대비한다.

# 전기자격 **시험안내**

## 01 시행처

한국산업인력공단

## 02 시험과목

| 구분 | 전기기사 | 전기산업기사 | 전기공사기사 | 전기공사산업기사 |
|---|---|---|---|---|
| 필기 | 1. 전기자기학<br>2. 전력공학<br>3. 전기기기<br>4. 회로이론 및 제어공학<br>5. 전기설비기술기준 | 1. 전기자기학<br>2. 전력공학<br>3. 전기기기<br>4. 회로이론<br>5. 전기설비기술기준 | 1. 전기응용 및 공사재료<br>2. 전력공학<br>3. 전기기기<br>4. 회로이론 및 제어공학<br>5. 전기설비기술기준 | 1. 전기응용<br>2. 전력공학<br>3. 전기기기<br>4. 회로이론<br>5. 전기설비기술기준 |
| 실기 | 전기설비 설계 및 관리 | 전기설비 설계 및 관리 | 전기설비 견적 및 시공 | 전기설비 견적 및 시공 |

## 03 검정방법

**[기사]**
- **필기** : 객관식 4지 택일형, 과목당 20문항(과목당 30분)
- **실기** : 필답형(2시간 30분)

**[산업기사]**
- **필기** : 객관식 4지 택일형, 과목당 20문항(과목당 30분)
- **실기** : 필답형(2시간)

## 04 합격기준

- **필기** : 100점을 만점으로 하여 과목당 40점 이상, 전과목 평균 60점 이상
- **실기** : 100점을 만점으로 하여 60점 이상

출제기준

## ■전기기사, 전기산업기사

| 주요항목 | 세부항목 | 세세항목 |
|---|---|---|
| 1. 총칙 | (1) 기술기준 총칙 및 KEC 총칙에 관한 사항 | ① 목적<br>② 안전원칙<br>③ 정의 |
| | (2) 일반사항 | ① 통칙<br>② 안전을 위한 보호 |
| | (3) 전선 | ① 전선의 선정 및 식별<br>② 전선의 종류<br>③ 전선의 접속 |
| | (4) 전로의 절연 | ① 전로의 절연<br>② 전로의 절연저항 및 절연내력<br>③ 회전기, 정류기의 절연내력<br>④ 연료전지 및 태양전지 모듈의 절연내력<br>⑤ 변압기 전로의 절연내력<br>⑥ 기구 등의 전로의 절연내력 |
| | (5) 접지시스템 | ① 접지시스템의 구분 및 종류<br>② 접지시스템의 시설<br>③ 감전보호용 등전위본딩 |
| | (6) 피뢰시스템 | ① 피뢰시스템의 적용범위 및 구성<br>② 외부 피뢰시스템<br>③ 내부 피뢰시스템 |
| 2. 저압전기설비 | (1) 통칙 | ① 적용범위<br>② 배전방식<br>③ 계통접지의 방식 |
| | (2) 안전을 위한 보호 | ① 감전에 대한 보호<br>② 과전류에 대한 보호<br>③ 과도과전압에 대한 보호<br>④ 열 영향에 대한 보호 |
| | (3) 전선로 | ① 구내, 옥측, 옥상, 옥내 전선로의 시설<br>② 저압 가공전선로<br>③ 지중 전선로<br>④ 특수장소의 전선로 |
| | (4) 배선 및 조명설비 | ① 일반사항<br>② 배선설비<br>③ 전기기기<br>④ 조명설비<br>⑤ 옥측, 옥외설비<br>⑥ 비상용 예비전원설비 |
| | (5) 특수설비 | ① 특수 시설<br>② 특수 장소<br>③ 저압 옥내 직류전기설비 |

| 주요항목 | 세부항목 | 세세항목 |
|---|---|---|
| 3. 고압, 특고압 전기설비 | (1) 통칙 | ① 적용범위<br>② 기본원칙 |
| | (2) 안전을 위한 보호 | ① 안전보호 |
| | (3) 접지설비 | ① 고압, 특고압 접지계통<br>② 혼촉에 의한 위험방지시설 |
| | (4) 전선로 | ① 전선로 일반 및 구내, 옥측, 옥상 전선로<br>② 가공전선로<br>③ 특고압 가공전선로<br>④ 지중전선로<br>⑤ 특수장소의 전선로 |
| | (5) 기계, 기구 시설 및 옥내배선 | ① 기계 및 기구<br>② 고압, 특고압 옥내설비의 시설 |
| | (6) 발전소, 변전소, 개폐소 등의 전기설비 | ① 발전소, 변전소, 개폐소 등의 전기설비 |
| | (7) 전력보안통신설비 | ① 전력보안통신설비의 일반사항<br>② 전력보안통신설비의 시설<br>③ 지중통신선로설비<br>④ 무선용 안테나<br>⑤ 통신설비의 식별 |
| 4. 전기철도설비 | (1) 통칙 | ① 전기철도의 일반사항<br>② 용어 정의 |
| | (2) 전기철도의 전기방식 | ① 전기방식의 일반사항 |
| | (3) 전기철도의 변전방식 | ① 변전방식의 일반사항 |
| | (4) 전기철도의 전차선로 | ① 전차선로의 일반사항<br>② 전기철도의 원격감시제어설비 |
| | (5) 전기철도의 전기철도차량설비 | ① 전기철도차량설비의 일반사항 |
| | (6) 전기철도의 설비를 위한 보호 | ① 설비보호의 일반사항 |
| | (7) 전기철도의 안전을 위한 보호 | ① 전기안전의 일반사항 |
| 5. 분산형 전원설비 | (1) 통칙 | ① 일반사항<br>② 용어 정의<br>③ 분산형 전원계통 연계설비의 시설 |
| | (2) 전기저장장치 | ① 일반사항<br>② 전기저장장치의 시설 |
| | (3) 태양광발전설비 | ① 일반사항<br>② 태양광설비의 시설 |
| | (4) 풍력발전설비 | ① 일반사항<br>② 풍력설비의 시설 |
| | (5) 연료전지설비 | ① 일반사항<br>② 연료전지설비의 시설 |

## 출제 06  피뢰시스템(KEC 150)

## CHAPTER 02  저압 전기설비

## 출제 01  통칙(KEC 200)

## 출제 02  감전에 대한 보호(KEC 211)

## CHAPTER 03 고압, 특고압 전기설비

---

**CHAPTER 04  전기철도설비**

## CHAPTER 05 분산형 전원설비

### 출제 01 통칙(KEC 500)

### 출제 02 전기저장장치(KEC 510)

### 출제 03 태양광발전설비(KEC 520)

### 출제 04 풍력발전설비(KEC 530) ················· 282

부록 **과년도 출제문제**

- 2022년 제1회 전기기사 기출문제 / 전기산업기사 CBT 기출복원문제
- 2022년 제2회 전기기사 기출문제 / 전기산업기사 CBT 기출복원문제
- 2022년 제3회 전기기사 CBT 기출복원문제 / 전기산업기사 CBT 기출복원문제

- 2023년 제1회 전기기사 CBT 기출복원문제 / 전기산업기사 CBT 기출복원문제
- 2023년 제2회 전기기사 CBT 기출복원문제 / 전기산업기사 CBT 기출복원문제
- 2023년 제3회 전기기사 CBT 기출복원문제 / 전기산업기사 CBT 기출복원문제

- 2024년 제1회 전기기사 CBT 기출복원문제 / 전기산업기사 CBT 기출복원문제
- 2024년 제2회 전기기사 CBT 기출복원문제 / 전기산업기사 CBT 기출복원문제
- 2024년 제3회 전기기사 CBT 기출복원문제 / 전기산업기사 CBT 기출복원문제

# 전기설비기술기준

기사 / 산업기사 6.7% 출제

 **01 전기설비기술기준 주요 내용**

### 제2조 안전원칙

1. 전기설비는 감전, 화재 그 밖에 사람에게 위해를 주거나 물건에 손상을 줄 우려가 없도록 시설하여야 한다.
2. 전기설비는 사용 목적에 적절하고 안전하게 작동하여야 하며, 그 손상으로 인하여 전기 공급에 지장을 주지 않도록 시설하여야 한다.
3. 전기설비는 다른 전기설비, 그 밖의 물건의 기능에 전기적 또는 자기적인 장해를 주지 않도록 시설하여야 한다.

### 제3조 정의

용어의 정의는 다음과 같다.
1. 발전소
   발전기·원동기·연료전지·태양전지·해양에너지발전설비·전기저장장치 그 밖의 기계기구를 시설하여 전기를 생산하는 곳을 말한다.
2. 변전소
   변전소의 밖으로부터 전송받은 전기를 변전소 안에 시설한 변압기·전동발전기·회전변류기·정류기 그 밖의 기계기구에 의하여 변성하는 곳으로서 변성한 전기를 다시 변전소 밖으로 전송하는 곳을 말한다.
3. 개폐소
   개폐소 안에 시설한 개폐기 및 기타 장치에 의하여 전로를 개폐하는 곳으로서 발전소·변전소 및 수용장소 이외의 곳을 말한다.
4. 급전소
   **전력계통의 운용에 관한 지시 및 급전조작을 하는 곳**을 말한다.

5. **연접인입선**

   한 수용장소의 인입선에서 분기하여 지지물을 거치지 아니하고 다른 수용장소의 인입구에 이르는 부분의 전선을 말한다.

6. **가공인입선**

   가공전선로의 지지물로부터 다른 지지물을 거치지 아니하고 수용장소의 붙임점에 이르는 가공전선을 말한다.

7. **지지물**

   **목주 · 철주 · 철근콘크리트주** 및 **철탑**과 이와 유사한 시설물로서 전선 · 약전류전선 또는 광섬유케이블을 지지하는 것을 주된 목적으로 하는 것을 말한다.

8. **조상설비**

   **무효전력을 조정**하는 전기기계기구를 말한다.

### 제11조  특고압을 직접 저압으로 변성하는 변압기의 시설

특고압을 직접 저압으로 변성하는 변압기는 다음의 장소에 시설할 수 있다.

1. 발전소 등 공중(公衆)이 출입하지 않는 장소에 시설하는 경우
2. 혼촉방지조치가 되어 있는 등 위험의 우려가 없는 경우
3. 특고압측의 권선과 저압측의 권선이 혼촉하였을 경우 자동적으로 전로가 차단되는 장치의 시설 그 밖의 적절한 안전조치가 되어 있는 경우

### 제17조  유도장해방지

1. 교류 특고압 가공전선로에서 발생하는 극저주파 전자계는 지표상 1[m]에서 **전계가 3.5[kV/m] 이하, 자계가 83.3[μT] 이하**가 되도록 시설하고, 직류 특고압 가공전선로에서 발생하는 직류 **전계는 지표면에서 25[kV/m]** 이하, 직류 **자계는 지표상 1[m]에서 400,000[μT] 이하**가 되도록 시설하는 등 상시 정전유도(靜電誘導) 및 전자유도(電磁誘導) 작용에 의하여 사람에게 위험을 줄 우려가 없도록 시설하여야 한다. 다만, 논밭, 산림 그 밖에 사람의 왕래가 적은 곳에서 사람에 위험을 줄 우려가 없도록 시설하는 경우에는 그러하지 아니하다.
2. 특고압의 가공전선로는 전자유도작용이 약전류전선로를 통하여 사람에 위험을 줄 우려가 없도록 시설하여야 한다.
3. 전력보안통신설비는 가공전선로로부터의 정전유도작용 또는 전자유도작용에 의하여 사람에 위험을 줄 우려가 없도록 시설하여야 한다.

### 제20조  절연유

1. 사용전압이 100[kV] 이상의 중성점 직접 접지식 전로에 접속하는 변압기를 설치하는 곳에는 절연유의 구외 유출 및 지하 침투를 방지하기 위한 설비를 갖추어야 한다.
2. 폴리염화비페닐을 함유한 절연유를 사용한 전기기계기구는 전로에 시설하여서는 아니 된다.

### 제23조  발전기 등의 기계적 강도

발전기 · 변압기 · 조상기 · 계기용 변성기 · 모선 및 이를 지지하는 애자는 **단락전류에 의하여 생기는 기계적 충격에 견디는 것이어야 한다.**

### 제27조  전선로의 전선 및 절연성능

1. 저압 가공전선 또는 고압 가공전선은 감전의 우려가 없도록 사용전압에 따른 절연성능을 갖는 절연전선 또는 케이블을 사용하여야 한다.
2. 지중전선로는 감전의 우려가 없도록 사용전압에 따른 절연성능을 갖는 케이블을 사용하여야 한다.
3. 저압전선로 중 절연부분의 전선과 대지 사이 및 전선의 심선 상호 간의 절연저항은 사용전압에 대한 누설전류가 최대공급전류의 $\dfrac{1}{2,000}$ 을 넘지 않도록 하여야 한다.

### 제34조  고압 및 특고압 전로의 피뢰기 시설

1. 발전소 · 변전소 또는 이에 준하는 장소의 가공전선 인입구 및 인출구
2. 가공전선로에 접속하는 배전용 변압기의 고압측 및 특고압측
3. 고압 또는 특고압의 가공전선로로부터 공급을 받는 수용장소의 인입구
4. 가공전선로와 지중전선로가 접속되는 곳

### 제36조  특고압 가공전선과 건조물 등의 접근 또는 교차

1. 사용전압이 400[kV] 이상의 특고압 가공전선과 건조물 사이의 수평거리는 그 건조물의 화재로 인한 그 전선의 손상 등에 의하여 전기사업에 관련된 전기의 원활한 공급에 지장을 줄 우려가 없도록 3[m] 이상 이격하여야 한다. 다만, 다음의 조건을 모두 충족하는 경우에는 예외로 한다.
   ① 가공전선과 건조물 상부와의 수직거리가 28[m] 이상일 것

② 사람이 거주하는 주택 및 다중이용시설이 아닌 건조물로서 내화구조이고, 그 지붕 재질은 불연재료일 것

③ 폭연성 분진, 가연성 가스, 인화성 물질, 석유류, 화약류 등 위험물질을 다루는 건조물이 아닐 것

2. 사용전압이 170[kV] 초과의 특고압 가공전선이 건조물, 도로, 보도교, 그 밖의 시설물의 아래쪽에 시설될 때의 상호 간의 수평이격거리는 3[m] 이상 이격하여야 한다.

### 제46조  전차선로의 시설

1. 직류 전차선로의 사용전압은 저압 또는 고압으로 하여야 한다.
2. 교류 전차선로의 공칭전압은 25[kV] 이하로 하여야 한다.
3. 전차선로는 전기철도의 전용부지 안에 시설하여야 한다.

### 제52조  저압전로의 절연성능

전기사용장소의 사용전압이 저압인 전로의 전선 상호 간 및 전로와 대지 사이의 절연저항은 개폐기 또는 과전류차단기로 구분할 수 있는 전로마다 다음 표에서 정한 값 이상이어야 한다. 다만, 전선 상호 간의 절연저항은 기계기구를 쉽게 분리가 곤란한 분기회로의 경우 기기 접속 전에 측정할 수 있다.

또한, 측정 시 영향을 주거나 손상을 받을 수 있는 SPD 또는 기타 기기 등은 측정 전에 분리시켜야 하고, 부득이하게 분리가 어려운 경우에는 시험전압을 250[V] DC로 낮추어 측정할 수 있지만 절연저항값은 1[MΩ] 이상이어야 한다.

| 전로의 사용전압[V] | DC 시험전압[V] | 절연저항[MΩ] |
|---|---|---|
| SELV 및 PELV | 250 | 0.5 |
| FELV, 500[V] 이하 | 500 | 1.0 |
| 500[V] 초과 | 1,000 | 1.0 |

[주] 특별저압(extra low voltage : 2차 전압이 AC 50[V], DC 120[V] 이하)으로 SELV(비접지회로 구성) 및 PELV(접지회로 구성)은 1차와 2차가 전기적으로 절연된 회로. FELV는 1차와 2차가 전기적으로 절연되지 않은 회로

## 02 전기설비기술기준 주요 문제

**★★** 기사 21년 2회

**01** 전기설비기술기준에서 정하는 안전원칙에 대한 내용으로 틀린 것은?

① 전기설비는 감전, 화재 그 밖에 사람에게 위해를 주거나 물건에 손상을 줄 우려가 없도록 시설하여야 한다.

② 전기설비는 다른 전기설비, 그 밖의 물건의 기능에 전기적 또는 자기적인 장해를 주지 않도록 시설하여야 한다.

③ 전기설비는 경쟁과 새로운 기술 및 사업의 도입을 촉진함으로써 전기사업의 건전한 발전을 도모하도록 시설하여야 한다.

④ 전기설비는 사용 목적에 적절하고 안전하게 작동하여야 하며, 그 손상으로 인하여 전기공급에 지장을 주지 않도록 시설하여야 한다.

**해설** 안전원칙(전기설비기술기준 제2조)

㉠ 전기설비는 감전, 화재 그 밖에 사람에게 위해(危害)를 주거나 물건에 손상을 줄 우려가 없도록 시설하여야 한다.

㉡ 전기설비는 사용 목적에 적절하고 안전하게 작동하여야 하며, 그 손상으로 인하여 전기공급에 지장을 주지 않도록 시설하여야 한다.

㉢ 전기설비는 다른 전기설비, 그 밖의 물건의 기능에 전기적 또는 자기적인 장해를 주지 않도록 시설하여야 한다.

**답** ③

**★★★★** 기사 00년 6회, 03년 3회, 07년 1회 / 산업 05년 1·2회, 08년 1회, 18년 3회

**02** 다음 중 전력계통의 운용에 관한 지시를 하는 곳은?

① 변전소　　　　② 개폐소　　　　③ 급전소　　　　④ 배전소

**해설** 정의(전기설비기술기준 제3조)

"급전소"란 전력계통의 운용에 관한 지시 및 급전조작을 하는 곳이다.

**답** ③

**★★** 산업 95년 4·6회

**03** 개폐소라 함은 발전소 상호 간, 변전소 상호 간 또는 발전소와 변전소 간의 전압 몇 [V] 이상의 송전선로를 연결 또는 차단하기 위한 전기설비를 말하는가?

① 7,000　　　　② 11,000　　　　③ 23,000　　　　④ 50,000

**해설** 정의(전기설비기술기준 제3조)

**개폐소**

㉠ 발전소 상호 간, 변전소 상호 간 또는 발전소와 변전소 간의 전압 50,000[V] 이상의 송전선로를 연결 또는 차단하기 위한 전기설비를 말한다.

㉡ 개폐소 안에 시설한 개폐기 및 기타 장치에 의하여 전로를 개폐하는 곳으로서 발전소·변전소 및 수용장소 이외의 곳을 말한다.

**답** ④

기사 94년 7회, 99년 5회 / 산업 05년 1·3회, 06년 1회, 08년 3회, 15년 2회

**04** 한 수용장소의 인입구에서 분기하여 지지물을 거치지 않고 다른 수용장소의 인입구에 이르는 부분을 무엇이라 하는가?

① 가공인입선　　　② 인입선　　　③ 연접인입선　　　④ 옥측 배선

**해설** 정의(전기설비기술기준 제3조)

㉠ 가공인입선이란 가공전선로의 지지물로부터 다른 지지물을 거치지 아니하고 수용장소의 붙임점에 이르는 가공전선을 말한다.
㉡ 인입선이란 가공인입선 및 수용장소의 조영물의 옆면 등에 시설하는 전선으로서, 그 수용장소의 인입구에 이르는 부분의 전선을 말한다.
㉢ 연접인입선이란 한 수용장소의 인입선에서 분기하여 지지물을 거치지 아니하고 다른 수용장소의 인입구에 이르는 부분의 전선을 말한다.
㉣ 옥측 배선이란 옥외의 전기사용장소에서 그 전기사용장소에서의 전기사용을 목적으로 조영물에 고정시켜 시설하는 전선을 말한다.

**답** ③

★★★ 기사 92년 2회, 93년 1회, 94년 2회, 96년 7회, 98년 5·6회 / 산업 92년 2회

**05** 변전소라 함은 구 내외의 장소로부터 전송되는 전기를 변성하여 이를 구내 이외의 장소에 전송하거나 구내 이외의 장소로부터 전송되는 전압 몇 [V] 이상의 전기를 변성하기 위하여 설치하는 변압기, 기타의 전기설비의 총 합계를 말하는가?

① 15,000　　　② 20,000　　　③ 25,000　　　④ 50,000

**해설** 정의(전기설비기술기준 제3조)

"변전소"란 변전소의 밖으로부터 전송받은 전기를 변전소 안에 시설한 변압기·전동발전기·회전변류기·정류기 그 밖의 기계기구에 의하여 변성하는 곳으로서 변성한 전기를 다시 변전소 밖으로 전송하는 곳을 말한다(50,000[V] 이상의 전기를 변성하는 곳).

**답** ④

★★★★ 산업 07년 1회, 08년 2회, 18년 2회

**06** 조상설비에 대한 용어의 정의로 옳은 것은?

① 전압을 조정하는 설비를 말한다.
② 전류를 조정하는 설비를 말한다.
③ 유효전력을 조정하는 전기기계기구를 말한다.
④ 무효전력을 조정하는 전기기계기구를 말한다.

**해설** 정의(전기설비기술기준 제3조)

조상설비란 무효전력을 조정하는 전기기계기구를 말한다.

**답** ④

★★ 기사 15년 3회 / 산업 90년 2회, 96년 2회, 97년 4회, 98년 6회, 01년 1회

**07** 가공전선로의 지지물로 볼 수 없는 것은?

① 목주　　　② 지선　　　③ 철탑　　　④ 철근콘크리트주

**해설** 정의(전기설비기술기준 제3조)

지지물이라 함은 목주, 철주, 철근콘크리트주 및 철탑과 이와 유사한 시설물로서 전선, 약전류전선 또는 광섬유케이블을 지지하는 것을 주된 목적으로 하는 것을 말한다.

**답** ②

**★** 기사 90년 2회 / 산업 06년 3회

**08** 가공전선로의 지지물로 사용할 수 없는 것은?

① 보호주　　　　② 목주　　　　③ 철주　　　　④ 철탑

**해설** 정의(전기설비기술기준 제3조)

지지물이라 함은 목주, 철주, 철근콘크리트주 및 철탑과 이와 유사한 시설물로서 전선, 약전류전선 또는 광섬유케이블을 지지하는 것을 주된 목적으로 하는 것을 말한다.

**답** ①

**★★★★★** 기사 03년 1회, 17년 3회, 18년 2회 / 산업 09년 2회, 16년 3회(유사), 18년 2회

**09** 사용전압 100[kV] 이상의 중성점 직접 접지식 전로에 접속하는 변압기를 설치하는 곳에 반드시 하여야 할 설비는?

① 절연유 유출방지설비　　　　　　② 소음방지설비
③ 주파수조정설비　　　　　　　　　④ 절연저항 측정설비

**해설** 절연유(전기설비기술기준 제20조)

사용전압이 100[kV] 이상의 중성점 직접 접지식 전로에 접속하는 변압기를 설치하는 곳에는 절연유의 구외 유출 및 지하 침투를 방지하기 위한 설비를 갖추어야 한다.

**답** ①

**★★★★★** 기사 02년 3·4회, 06년 3회, 14년 2회 / 산업 11년 1회, 15년 2회, 16년 3회

**10** 발전기, 변압기, 조상기, 모선 또는 이를 지지하는 애자는 어느 전류에 의하여 생기는 기계적 충격에 견디는 강도를 가져야 하는가?

① 정격전류　　　② 최대사용전류　　　③ 과부하전류　　　④ 단락전류

**해설** 발전기 등의 기계적 강도(전기설비기술기준 제23조)

발전기·변압기·조상기·계기용 변성기·모선 및 이를 지지하는 애자는 단락전류에 의하여 생기는 기계적 충격에 견디는 것이어야 한다.

**답** ④

**★★★** 기사 02년 4회, 03년 4회, 05년 1회, 06년 1회, 20년 4회

**11** 저압의 전선로 중 절연부분의 전선과 대지 간의 절연저항은 사용전압에 대한 누설전류가 최대 공급전류의 얼마를 넘지 않도록 유지하여야 하는가?

① $\dfrac{1}{2,000}$　　　② $\dfrac{1}{1,000}$　　　③ $\dfrac{1}{200}$　　　④ $\dfrac{1}{100}$

**해설** 전선로의 전선 및 절연성능(전기설비기술기준 제27조)

저압전선로 중 절연부분의 전선과 대지 사이 및 전선의 심선 상호 간의 절연저항은 사용전압에 대한 누설전류가 최대공급전류의 $\dfrac{1}{2,000}$ 을 넘지 않도록 하여야 한다.

**답** ①

**★★★** 기사 03년 4회, 05년 1회, 06년 1회 / 산업 98년 2회, 05년 4회, 09년 1회

**12** 단상 2선식인 저압전선로 중 절연부분의 전선(2선 모두)과 대지 간의 절연저항은 사용전압에 대한 누설전류가 최대공급전류의 몇 배를 넘지 아니하도록 유지하여야 하는가?

① $\dfrac{1}{1,000}$　　　② $\dfrac{1}{2,000}$　　　③ $\dfrac{1}{500}$　　　④ $\dfrac{1}{1,500}$

**해설** 전선로의 전선 및 절연성능(전기설비기술기준 제27조)

저압전선로 중 절연부분의 전선과 대지 사이 및 전선의 심선 상호 간의 절연저항은 사용전압에 대한 누설전류가 최대공급전류의 $\dfrac{1}{2,000}$ 을 넘지 않도록 하여야 한다.

따라서, 2선 모두를 고려하면 $\dfrac{1}{2,000} + \dfrac{1}{2,000} = \dfrac{1}{1,000}$ 이하가 되어야 한다.

**답** ①

★★  기사 94년 5회, 14년 2회(유사) / 산업 93년 4회, 99년 3회

**13** 1차 전압 22.9[kV], 2차 전압 100[V], 용량 15[kVA]인 변압기에서 저압측의 허용누설전류는 몇 [mA]를 넘지 않도록 유지하여야 하는가?

① 35                    ② 50                    ③ 75                    ④ 100

**해설** 전선로의 전선 및 절연성능(전기설비기술기준 제27조)

누설전류 $I_g = \dfrac{15,000}{100} \times \dfrac{1}{2,000} = 0.0075[A] = 75[mA]$

**답** ③

★★★★★  개정 신규문제

**14** 저압전로의 절연성능에서 SELV, PELV의 전로에서 절연저항은 얼마 이상인가?

① 0.1[MΩ]              ② 0.3[MΩ]              ③ 0.5[MΩ]              ④ 1.0[MΩ]

**해설** 저압전로의 절연성능(전기설비기술기준 제52조)

| 전로의 사용전압[V] | DC 시험전압[V] | 절연저항[MΩ] |
|---|---|---|
| SELV 및 PELV | 250 | 0.5 |
| FELV, 500[V] 이하 | 500 | 1.0 |
| 500[V] 초과 | 1,000 | 1.0 |

**답** ③

★★★  개정 신규문제

**15** 저압전로의 절연성능에서 전로의 사용전압이 500[V] 초과 시 절연저항은 몇 [MΩ] 이상인가?

① 0.1                   ② 0.2                   ③ 0.5                   ④ 1.0

**해설** 저압전로의 절연성능(전기설비기술기준 제52조)

| 전로의 사용전압[V] | DC 시험전압[V] | 절연저항[MΩ] |
|---|---|---|
| SELV 및 PELV | 250 | 0.5 |
| FELV, 500[V] 이하 | 500 | 1.0 |
| 500[V] 초과 | 1,000 | 1.0 |

**답** ④

★★  개정 신규문제

**16** SELV 및 PELV의 전로에서 직류 시험전압은 몇 [V]인가?

① 100                   ② 150                   ③ 200                   ④ 250

**해설** 저압전로의 절연성능(전기설비기술기준 제52조)

SELV(비접지회로 구성) 및 PELV(접지회로 구성)에서 직류 시험전압은 250[V]로 한다.

**답** ④

CHAPTER

# 01

## 공통사항

**10%**<sub>출제</sub>

**이렇게 공부하세요!!**

## 출제경향분석

10%

**기사 / 산업기사 출제비율**

## 출제포인트

☑ 전로의 절연 필요성 및 목적에 따른 시설방법에 대해 이해한다.

☑ 접지에 대한 개념과 목적에 대해 이해한다.

☑ 피뢰시스템의 필요성과 시행방법에 대해 이해한다.

☑ 전압의 구분 및 전선의 색깔과 종류에 대해 이해한다.

## 출제 01 총칙(KEC 100)

### 1 목적(KEC 101)

한국전기설비규정(Korea Electro-technical Code, KEC)은 전기설비기술기준 고시(이하 "기술기준"이라 한다)에서 정하는 전기설비("발전·송전·변전·배전 또는 전기사용을 위하여 설치하는 기계·기구·댐·수로·저수지·전선로·보안통신선로 및 그 밖의 설비"를 말한다)의 안전성능과 기술적 요구사항을 구체적으로 정하는 것을 목적으로 한다.

### 2 적용범위(KEC 102)

한국전기설비규정은 다음에서 정하는 전기설비에 적용한다.
① 공통사항
② 저압전기설비
③ 고압·특고압전기설비
④ 전기철도설비
⑤ 분산형 전원설비
⑥ 발전용 화력설비
⑦ 발전용 수력설비
⑧ 그 밖에 기술기준에서 정하는 전기설비

## 출제 02 일반사항(KEC 110)

### 1 통칙(KEC 111) – 적용범위(KEC 111.1)

(1) 이 규정은 인축의 감전에 대한 보호와 전기설비 계통, 시설물, 발전용 수력설비, 발전용 화력설비, 발전설비 용접 등의 안전에 필요한 성능과 기술적인 요구사항에 대하여 적용한다.

(2) 이 규정에서 적용하는 **전압의 구분**은 다음과 같다.
① **저압** : 교류는 1[kV] 이하, 직류는 1.5[kV] 이하인 것
② **고압** : 교류는 1[kV]를, 직류는 1.5[kV]를 초과하고 7[kV] 이하인 것
③ **특고압** : 7[kV]를 초과하는 것

## 2 용어 정의(KEC 112)

### (1) 가공인입선

가공전선로의 지지물로부터 다른 지지물을 거치지 아니하고 수용장소의 붙임점에 이르는 가공전선

### (2) 계통연계

둘 이상의 전력계통 사이를 전력이 상호 융통될 수 있도록 선로를 통하여 연결하는 것으로 전력계통 상호 간을 송전선, 변압기 또는 직류-교류변환설비 등에 연결하는 것

### (3) 계통외도전부

전기설비의 일부는 아니지만 지면에 전위 등을 전해줄 위험이 있는 도전성 부분

### (4) 계통접지

전력계통에서 돌발적으로 발생하는 이상현상에 대비하여 대지와 계통을 연결하는 것으로, **중성점을 대지에 접속하는 것**

### (5) 고장보호(간접 접촉에 대한 보호)

고장 시 기기의 **노출도전부에 간접 접촉**함으로써 발생할 수 있는 위험으로부터 인축을 보호하는 것

### (6) 관등회로

방전등용 안정기 또는 방전등용 변압기로부터 방전관까지의 전로

### (7) 기본보호(직접 접촉에 대한 보호)

정상운전 시 기기의 **충전부에 직접 접촉**함으로써 발생할 수 있는 위험으로부터 인축의 보호

### (8) 내부 피뢰시스템

등전위본딩 및 외부 피뢰시스템의 전기적 절연으로 구성된 피뢰시스템의 일부

### (9) 노출도전부

충전부는 아니지만 고장 시에 충전될 위험이 있고, 사람이 쉽게 접촉할 수 있는 기기의 도전성 부분

### (10) 뇌전자기임펄스(LEMP)

서지 및 방사상 전자계를 발생시키는 저항성, 유도성 및 용량성 결합을 통한 뇌전류에 의한 모든 전자기 영향을 나타냄

### (11) 단독운전

전력계통의 일부가 전력계통의 전원과 전기적으로 분리된 상태에서 **분산형 전원에 의해서만 가압되는 상태**

### (12) 단순 병렬운전

자가용 발전설비 또는 저압 소용량 일반용 발전설비를 배전계통에 연계하여 운전하되, **생산한 전력의 전부를 자체적으로 소비하기 위한 것**으로서 생산한 전력이 연계계통으로 송전되지 않는 병렬형태

### (13) 등전위본딩

등전위를 형성하기 위해 도전부 상호 간을 전기적으로 연결하는 것

### (14) 리플프리직류

교류를 직류로 변환할 때 리플성분의 실효값이 10[%] **이하**로 포함된 직류

### (15) 보호등전위본딩

감전에 대한 보호 등과 같은 안전을 목적으로 하는 등전위본딩

### (16) 보호본딩도체

등전위본딩을 확실하게 하기 위한 보호도체

### (17) 보호접지

고장 시 감전에 대한 보호를 목적으로 기기의 한 점 또는 여러 점을 접지하는 것

### (18) 등전위본딩망

구조물의 모든 도전부와 충전도체를 제외한 내부설비를 접지극에 상호 접속하는 망

### (19) 분산형 전원

중앙급전 전원과 구분되는 것으로서 **전력소비지역 부근에 분산하여 배치 가능한 전원**

### (20) 서지보호장치(SPD)

과도 과전압을 제한하고 서지전류를 분류시키기 위한 장치

### (21) 수뢰부시스템

낙뢰를 포착할 목적으로 **피뢰침, 망상도체, 피뢰선** 등과 같은 금속물체를 이용한 외부 피뢰시스템의 일부

### (22) 스트레스전압

지락고장 중에 접지부분 또는 기기나 장치의 외함과 기기나 장치의 다른 부분 사이에 나타나는 전압

### (23) 외부 피뢰시스템

**수뢰부시스템, 인하도선시스템, 접지극시스템**으로 구성된 피뢰시스템의 일종을 나타냄

### (24) 인하도선시스템

뇌전류를 수뢰시스템에서 접지극으로 흘리기 위한 외부 피뢰시스템의 일부

**(25) 임펄스내전압**

지정된 조건하에서 절연파괴를 일으키지 않는 규정된 파형 및 극성의 임펄스전압의 최대피크
값 또는 충격내전압을 나타냄

**(26) 접지시스템**

기기나 계통을 개별적 또는 공통으로 접지하기 위하여 필요한 접속 및 장치로 구성된 설비

**(27) 제1차 접근상태(3[m] 이상)**

가공전선이 다른 시설물과 접근하는 경우에 가공전선이 다른 시설물의 위쪽 또는 옆쪽에서
수평거리로 가공전선로의 지지물의 지표상의 높이에 상당하는 거리 안에 시설됨으로써 가공
전선로의 전선의 절단, 지지물의 도괴 등의 경우에 그 전선이 다른 시설물에 접촉할 우려가
있는 상태

**(28) 제2차 접근상태**

가공전선이 다른 시설물과 접근하는 경우에 그 가공전선이 다른 시설물의 위쪽 또는 옆쪽에서
수평거리로 3[m] 미만인 곳에 시설되는 상태

**(29) 접속설비**

공용 전력계통으로부터 특정 분산형 전원 전기설비에 이르기까지의 전선로와 이에 부속하는
개폐장치, 모선 및 기타 관련 설비

**(30) 접지전위 상승(EPR)**

접지계통과 기준대지 사이의 전위차

**(31) 접촉범위(Arm's Reach)**

사람이 통상적으로 서 있거나 움직일 수 있는 바닥면상의 어떤 점에서라도 보조장치의 도움
없이 손을 뻗어서 접촉이 가능한 접근구역을 나타냄

**(32) 지락고장전류**

충전부에서 대지 또는 고장점(지락점)의 접지된 부분으로 흐르는 전류

**(33) 지중관로**

지중전선로 · 지중 약전류전선로 · 지중 광섬유케이블 선로 · 지중에 시설하는 수관 및 가스관
과 이와 유사한 것 및 이들에 부속하는 지중함 등을 나타냄

**(34) 충전부**

통상적인 **운전상태에서 전압이 걸리도록 되어 있는 도체 또는 도전부**(중성선을 포함하나 PEN
도체, PEM 도체, PEL 도체는 포함하지 않음)

**(35) 특별저압(ELV)**

**인체에 위험을 초래하지 않을 정도의 저압**

① SELV(Safety Extra Low Voltage) : 비접지회로

② PELV(Protective Extra Low Voltage) : 접지회로

### (36) 피뢰등전위본딩

뇌전류에 의한 전위차를 줄이기 위해 직접적인 도전접속 또는 서지보호장치를 통해 분리된 금속부를 피뢰시스템에 본딩하는 것

### (37) 피뢰레벨(LPL)

자연적으로 발생하는 뇌방전을 초과하지 않는 최대 그리고 최소 설계값에 대한 확률과 관련된 일련의 뇌격전류 매개변수(파라미터)로 정해지는 레벨

### (38) 피뢰시스템(LPS)

구조물 뇌격으로 인한 물리적 손상을 줄이기 위해 사용되는 전체 시스템(외부 피뢰시스템과 내부 피뢰시스템으로 구성)

### (39) PEN 도체

중성선 겸용 보호도체

### (40) PEM 도체

직류회로에서 중간선 겸용 보호도체

### (41) PEL 도체

직류회로에서 선도체 겸용 보호도체

## 3 안전을 위한 보호(KEC 113)

### (1) 일반사항(KEC 113.1)
① 안전을 위한 보호의 기본 요구사항은 전기설비를 적절히 사용할 때 발생할 수 있는 위험과 장애로부터 인축 및 재산을 안전하게 보호함을 목적으로 하고 있다.
② 가축의 안전을 제공하기 위한 요구사항은 가축을 사육하는 장소에 적용할 수 있다.

### (2) 감전에 대한 보호(KEC 113.2)
① **기본보호는 일반적으로 직접 접촉을 방지하는 것**으로, 전기설비의 충전부에 인축이 접촉하여 일어날 수 있는 위험으로부터 보호되어야 한다.
  ㉠ 인축의 몸을 통해 전류가 흐르는 것을 방지
  ㉡ 인축의 몸에 흐르는 전류를 위험하지 않는 값 이하로 제한
② **고장보호는 일반적으로 기본절연의 고장에 의한 간접 접촉을 방지하는 것**이다.
  ㉠ 노출도전부에 인축이 접촉하여 일어날 수 있는 위험으로부터 보호되어야 한다.
  ㉡ 고장보호는 다음 중 어느 하나에 적합하여야 한다.
    • 인축의 몸을 통해 고장전류가 흐르는 것을 방지

- 인축의 몸에 흐르는 고장전류를 위험하지 않는 값 이하로 제한
- 인축의 몸에 흐르는 고장전류의 지속시간을 위험하지 않은 시간까지로 제한

## (3) 열 영향에 대한 보호(KEC 113.3)

① 고온 또는 전기 아크로 인해 가연물이 발화 또는 손상되지 않도록 전기설비를 설치하여야 한다.

② 정상적으로 전기기기가 작동할 때 인축이 화상을 입지 않도록 하여야 한다.

## (4) 과전류에 대한 보호(KEC 113.4)

① 도체에서 발생할 수 있는 과전류에 의한 과열 또는 전기·기계적 응력에 의한 위험으로부터 인축의 상해를 방지하고 재산을 보호하여야 한다.

② 과전류에 대한 보호는 과전류가 흐르는 것을 방지하거나 과전류의 지속시간을 위험하지 않는 시간까지로 제한함으로써 보호할 수 있다.

## (5) 고장전류에 대한 보호(KEC 113.5)

① 고장전류가 흐르는 도체 및 다른 부분은 고장전류로 인해 허용온도 상승 한계에 도달하지 않도록 하여야 한다. 도체를 포함한 전기설비는 인축의 상해 또는 재산의 손실을 방지하기 위하여 보호장치가 구비되어야 한다.

② 도체는 고장으로 인해 발생하는 과전류에 대하여 보호되어야 한다.

## (6) 과전압 및 전자기 장애에 대한 대책(KEC 113.6)

① 회로의 충전부 사이의 결함으로 발생한 전압에 의한 고장으로 인축의 상해가 없도록 보호하여야 하며, 유해한 영향으로부터 재산을 보호하여야 한다.

② 저전압과 뒤이은 전압 회복의 영향으로 발생하는 상해로부터 인축을 보호하여야 하며, 손상에 대해 재산을 보호하여야 한다.

③ 설비는 규정된 환경에서 그 기능을 제대로 수행하기 위해 전자기 장애로부터 적절한 수준의 내성을 가져야 한다. 설비를 설계할 때는 설비 또는 설치 기기에서 발생되는 전자기 방사량이 설비 내의 전기사용기기와 상호 연결 기기들이 함께 사용되는 데 적합한지를 고려하여야 한다.

## (7) 전원공급 중단에 대한 보호(KEC 113.7)

전원공급 중단으로 인해 위험과 피해가 예상되면, 설비 또는 설치기기에 적절한 보호장치를 구비하여야 한다.

## 출제 03 전선(KEC 120)

### 1 전선의 선정 및 식별(KEC 121)

(1) 전선의 색상은 다음 표에 따른다.

| 상(문자) | 색 상 |
|---|---|
| L1 | 갈색 |
| L2 | 흑색 |
| L3 | 회색 |
| N | 청색 |
| 보호도체 | 녹색 – 노란색 |

(2) 색상 식별이 종단 및 연결지점에서만 이루어지는 나도체 등은 전선 종단부에 색상이 반영 구적으로 유지될 수 있는 도색, 밴드, 색테이프 등의 방법으로 표시해야 한다.

### 2 전선의 종류(KEC 122)

(1) **절연전선**(KEC 122.1)

① 저압 절연전선

㉠ 450/750[V] 비닐절연전선

㉡ 450/750[V] 저독성 난연 폴리올레핀절연전선

㉢ 450/750[V] 저독성 난연 가교폴리올레핀절연전선

㉣ 450/750[V] 고무절연전선

② 고압 · 특고압 절연전선은 KS에 적합한 또는 동등 이상의 전선을 사용

(2) **저압케이블**(KEC 122.4)

① 0.6/1[kV] 연피(鉛皮)케이블

② 클로로프렌외장(外裝)케이블

③ 비닐외장케이블

④ 폴리에틸렌외장케이블

⑤ 무기물 절연케이블

⑥ 금속외장케이블

⑦ 저독성 난연 폴리올레핀외장케이블

⑧ 300/500[V] 연질 비닐시스케이블

⑨ 유선텔레비전용 급전 겸용 동축케이블

## (3) 고압 및 특고압케이블(KEC 122.5)

① 고압인 전로에 사용하는 케이블
- ㉠ 연피케이블
- ㉡ 알루미늄피케이블
- ㉢ 클로로프렌외장케이블
- ㉣ 비닐외장케이블
- ㉤ 폴리에틸렌외장케이블
- ㉥ 저독성 난연 폴리올레핀외장케이블
- ㉦ 콤바인 덕트 케이블

② 특고압인 전로에 사용하는 케이블
- ㉠ 절연체가 에틸렌프로필렌고무혼합물 또는 가교폴리에틸렌혼합물인 케이블로서 선심 위에 금속제의 전기적 차폐층을 설치한 것
- ㉡ 파이프형 압력케이블
- ㉢ 연피케이블
- ㉣ 알루미늄피케이블

### 참고

2023.12.14. 개정 시 삭제
특고압전로의 다중접지 지중 배전계통에 사용하는 동심중성선 전력케이블은 다음에 적합한 것을 사용하여야 한다.
① 최대사용전압은 25.8[kV] 이하일 것
② 도체는 연동선 또는 알루미늄선을 소선으로 구성한 원형 압축연선으로 할 것(수밀형일 것)
③ 절연체는 동심원상으로 동시압출(3중 동시압출)한 내부 반도전층, 절연층 및 외부 반도전층으로 구성하여야 하며, 건식 방식으로 가교할 것

## 3 전선의 접속(KEC 123)

전선을 접속하는 경우에는 전선의 전기저항을 증가시키지 아니하도록 접속하여야 하며, 또한 다음에 따라야 한다.

(1) 나전선 상호 또는 나전선과 절연전선 또는 캡타이어 케이블과 접속하는 경우에는 다음에 의할 것
① 전선의 세기를 20[%] 이상 감소시키지 아니할 것
② 접속부분은 접속관 기타의 기구를 사용할 것

(2) 절연전선 상호·절연전선과 코드, 캡타이어 케이블과 접속하는 경우에는 접속되는 절연전선의 절연물과 동등 이상의 절연성능이 있는 접속기를 사용하거나 접속부분을 그 부분의 절연전선의 절연물과 동등 이상의 절연성능이 있는 것으로 충분히 피복할 것

(3) 코드 상호, 캡타이어 케이블 상호 또는 이들 상호를 접속하는 경우에는 코드 접속기・접속함 기타의 기구를 사용할 것(다만, 공칭단면적이 10[mm²] 이상인 캡타이어 케이블 상호를 접속하는 경우에는 접속부분을 (1)과 (2)에 의해 시설할 것)

(4) 도체에 알루미늄을 사용하는 전선과 동을 사용하는 전선을 접속하는 등 전기화학적 성질이 다른 도체를 접속하는 경우에는 접속부분에 전기적 부식이 생기지 않도록 할 것

(5) 두 개 이상의 전선을 병렬로 사용하는 경우에는 다음에 의하여 시설할 것
  ① 병렬로 사용하는 각 전선의 굵기는 **동선 50[mm²] 이상** 또는 **알루미늄 70[mm²] 이상**으로 하고, 전선은 같은 도체, 같은 재료, 같은 길이 및 같은 굵기의 것을 사용할 것
  ② 같은 극의 각 전선은 동일한 터미널러그에 완전히 접속할 것
  ③ 같은 극인 각 전선의 터미널러그는 동일한 도체에 2개 이상의 리벳 또는 2개 이상의 나사로 접속할 것
  ④ **병렬로 사용하는 전선에는 각각에 퓨즈를 설치하지 말 것**
  ⑤ **교류회로에서 병렬로 사용하는 전선은 금속관 안에 전자적 불평형이 생기지 않도록 시설할 것**

## 출제 04 전로의 절연(KEC 130)

### 1 전로의 절연원칙(KEC 131)

전로는 다음 이외에는 대지로부터 절연하여야 한다.

(1) 수용장소의 인입구의 접지, 고압 또는 특고압과 저압의 혼촉에 의한 위험방지시설, 피뢰기의 접지, 특고압 가공전선로의 지지물에 시설하는 저압 기계기구 등의 시설, 옥내에 시설하는 저압 접촉전선공사 또는 아크용접장치의 시설에 따라 저압전로에 접지공사를 하는 경우의 접지점

(2) 고압 또는 특고압과 저압의 혼촉에 의한 위험방지시설, 전로의 중성점의 접지 또는 옥내의 네온방전등공사에 따라 전로의 중성점에 접지공사를 하는 경우의 접지점

(3) 계기용 변성기의 2차측 전로에 접지공사를 하는 경우의 접지점

(4) 특고압 가공전선과 저고압 가공전선이 동일 지지물에 시설되는 부분에 접지공사를 하는 경우의 접지점

(5) 중성점이 접지된 특고압 가공선로의 중성선에 25[kV] 이하인 특고압 가공전선로의 시설에 따라 다중접지를 하는 경우의 접지점

(6) 파이프라인 등의 전열장치의 시설에 따라 시설하는 소구경관(박스를 포함한다)에 접지공사를 하는 경우의 접지점

(7) 저압전로와 사용전압이 300[V] 이하의 저압전로를 결합하는 변압기의 2차측 전로에 접지 공사를 하는 경우의 접지점

**(8) 절연할 수 없는 부분**

① **시험용 변압기**, 전력선 반송용 결합 리액터, 전기울타리용 전원장치, 엑스선발생장치, 전기 부식방지용 양극, 단선식 전기철도의 귀선 등 전로의 일부를 대지로부터 절연하지 아니하 고 전기를 사용하는 것이 부득이한 것

② 전기욕기·전기로·전기보일러·전해조 등 대지로부터 절연하는 것이 기술상 곤란한 것

(9) 저압 옥내직류 전기설비의 접지에 의하여 직류계통에 접지공사를 하는 경우의 접지점

## 2 전로의 절연저항 및 절연내력(KEC 132)

(1) 사용전압이 저압인 전로의 절연성능은 기술기준 제52조를 충족하여야 한다.

(2) 저압전로에서 정전이 어려운 경우 등 절연저항 측정이 곤란한 경우 저항성분의 **누설전류가 1[mA] 이하이면 절연성능이 적합한 것으로 판단한다.**

(3) 고압 및 특고압의 전로는 시험전압을 **전로와 대지 사이(다심케이블은 심선 상호 간 및 심선 과 대지 사이)에 연속하여 10분간 가하여 절연내력을 시험하였을 때 이에 견디어야 한다.**

(4) 전선에 케이블을 사용하는 교류 전로로서 다음 표에서 정한 시험전압의 2배의 직류전압을 전로와 대지 사이(다심케이블은 심선 상호 간 및 심선과 대지 사이)에 연속하여 10분간 가 하여 절연내력을 시험하였을 때에 이에 견디는 것에 대하여는 그러하지 아니하다.

| 전로의 종류 | 시험전압 |
|---|---|
| 1. 최대사용전압 7[kV] 이하인 전로 | 최대사용전압의 1.5배의 전압 |
| 2. 최대사용전압 7[kV] 초과 25[kV] 이하인 중성점 접지식 전로(중성선을 가지는 것으로서 그 중성선을 다중접지하는 경우) | 최대사용전압의 0.92배의 전압 |
| 3. 최대사용전압 7[kV] 초과 60[kV] 이하인 전로(2란의 것을 제외한다) | 최대사용전압의 1.25배의 전압 (10.5[kV] 미만의 경우 10.5[kV]) |
| 4. 최대사용전압 60[kV] 초과 중성점 비접지식 전로(전위 변성기의 접지 포함) | 최대사용전압의 1.25배의 전압 |
| 5. 최대사용전압 60[kV] 초과 중성점 접지식 전로(전위 변성기를 사용하여 접지하는 것 및 6란과 7란의 것을 제외한다) | 최대사용전압의 1.1배의 전압 (75[kV] 미만의 경우 75[kV]) |
| 6. 최대사용전압이 60[kV] 초과 중성점 직접 접지식 전로(7란의 것을 제외한다) | 최대사용전압의 0.72배의 전압 |
| 7. 최대사용전압이 170[kV] 초과 중성점 직접 접지식 전로로서 그 중성점이 직접 접지되어 있는 발전소 또는 변전소 혹은 이에 준하는 장소에 시설하는 것 | 최대사용전압의 0.64배의 전압 |
| 8. 최대사용전압이 60[kV]를 초과하는 정류기에 접속되고 있는 전로 | 교류측 및 직류 고전압측에 접속되고 있는 전로는 교류측의 최대사용전압의 1.1배의 직류전압 |

### **3** 회전기 및 정류기의 절연내력(KEC 133)

회전기 및 정류기는 다음 표에서 정한 시험방법으로 절연내력을 시험하였을 때 이에 견디어야한다. 다만, 회전변류기 이외의 교류의 회전기로 다음 표에서 정한 시험전압의 1.6배의 직류전압으로 절연내력을 시험하였을 때 이에 견디는 것을 시설하는 경우에는 그러하지 아니하다.

| 종 류 | | | 시험전압 | 시험방법 |
|---|---|---|---|---|
| 회전기 | 발전기·전동기·조상기·기타 회전기(회전변류기를 제외한다) | 최대사용전압 7[kV] 이하 | 최대사용전압의 1.5배의 전압(500[V] 미만으로 되는 경우에는 500[V]) | 권선과 대지 사이에 연속하여 10분간 가한다. |
| | | 최대사용전압 7[kV] 초과 | 최대사용전압의 1.25배의 전압(10.5[kV] 미만으로 되는 경우에는 10.5[kV]) | |
| | 회전변류기 | | 직류측의 최대사용전압의 1배의 교류전압(500[V] 미만으로 되는 경우에는 500[V]) | |
| 정류기 | 최대사용전압 60[kV] 이하 | | 직류측의 최대사용전압의 1배의 교류전압(500[V] 미만으로 되는 경우에는 500[V]) | 충전부분과 외함 간에 연속하여 10분간 가한다. |
| | 최대사용전압 60[kV] 초과 | | 교류측의 최대사용전압의 1.1배의 교류전압 또는 직류측의 최대사용전압의 1.1배의 직류전압 | 교류측 및 직류 고전압측 단자와 대지 사이에 연속하여 10분간 가한다. |

### **4** 연료전지 및 태양전지 모듈의 절연내력(KEC 134)

연료전지 및 태양전지 모듈은 최대사용전압의 **1.5배의 직류전압** 또는 **1배의 교류전압**(500[V] 미만으로 되는 경우에는 500[V])을 충전부분과 대지 사이에 연속하여 10분간 가하여 절연내력을 시험하였을 때에 이에 견디는 것이어야 한다.

### **5** 변압기 전로의 절연내력(KEC 135)

변압기의 전로는 다음 표에서 정하는 시험전압으로 절연내력을 10분간 시험하였을 때 이에 견디어야 한다.

| 권선의 종류 | 시험전압 |
|---|---|
| 1. 최대사용전압 7[kV] 이하 | 최대사용전압의 1.5배의 전압(500[V] 미만으로 되는 경우에는 500[V]). 다만, 중성점이 접지되고 다중접지된 중성선을 가지는 전로에 접속하는 것은 0.92배의 전압(500[V] 미만으로 되는 경우에는 500[V]) |
| 2. 최대사용전압 7[kV] 초과 25[kV] 이하의 권선으로서 중성점 접지식 전로(중성선을 가지는 것으로서 그 중성선에 다중접지를 하는 것에 한한다)에 접속하는 것 | 최대사용전압의 0.92배의 전압 |
| 3. 최대사용전압 7[kV] 초과 60[kV] 이하의 권선 | 최대사용전압의 1.25배의 전압(10.5[kV] 미만으로 되는 경우에는 10.5[kV]) |

| 권선의 종류 | 시험전압 |
|---|---|
| 4. 최대사용전압이 60[kV]를 초과하는 권선으로서 중성점 비접지식 전로에 접속하는 것 | 최대사용전압의 1.25배의 전압 |
| 5. 최대사용전압이 60[kV]를 초과하는 권선으로서 중성점 접지식 전로에 접속하여 시설하는 것 | 최대사용전압의 1.1배의 전압(75[kV] 미만으로 되는 경우에는 75[kV]) |
| 6. 최대사용전압이 60[kV]를 초과하는 권선으로서 중성점 직접 접지식 전로에 접속하는 것. 다만, 170 [kV]를 초과하는 권선에는 그 중성점에 피뢰기를 시설하는 것에 한한다. | 최대사용전압의 0.72배의 전압 |
| 7. 최대사용전압이 170[kV]를 초과하는 권선으로서 중성점 직접 접지식 전로에 접속하고 또한 그 중성점을 직접 접지하는 것 | 최대사용전압의 0.64배의 전압 |
| 8. 최대사용전압이 60[kV]를 초과하는 정류기에 접속하는 권선 | 정류기의 교류측의 최대사용전압의 1.1배의 교류전압 또는 정류기의 직류측의 최대사용전압의 1.1배의 직류전압 |
| 9. 기타 권선 | 최대사용전압의 1.1배의 전압(75[kV] 미만으로 되는 경우는 75[kV]) |

## 6 기구 등의 전로의 절연내력(KEC 136)

개폐기·차단기·전력용 커패시터·유도전압조정기·계기용 변성기 기타의 기구의 전로 및 발전소·변전소·개폐소 또는 이에 준하는 곳에 시설하는 기계기구의 접속선 및 모선은 다음 표에서 정하는 시험전압을 충전부분과 대지 사이(다심케이블은 심선 상호 간 및 심선과 대지 사이)에 연속하여 10분간 가하여 절연내력을 시험하였을 때 이에 견디어야 한다.

| 종 류 | 시험전압 |
|---|---|
| 1. 최대사용전압이 7[kV] 이하인 기구 등의 전로 | 최대사용전압이 1.5배의 전압(직류의 충전부분에 대하여는 최대사용전압의 1.5배의 직류전압 또는 1배의 교류전압)(500[V] 미만으로 되는 경우에는 500[V]) |
| 2. 최대사용전압이 7[kV]를 초과하고 25[kV] 이하인 기구 등의 전로로서 중성점 접지식 전로(중성선을 가지는 것으로서 그 중성선에 다중접지하는 것에 한한다)에 접속하는 것 | 최대사용전압의 0.92배의 전압 |
| 3. 최대사용전압이 7[kV]를 초과하고 60[kV] 이하인 기구 등의 전로(2란의 것을 제외한다) | 최대사용전압의 1.25배의 전압(10.5[kV] 미만으로 되는 경우에는 10.5[kV]) |
| 4. 최대사용전압이 60[kV]를 초과하는 기구 등의 전로로서 중성점 비접지식 전로(8란의 것을 제외한다)에 접속하는 것 | 최대사용전압의 1.25배의 전압 |
| 5. 최대사용전압이 60[kV]를 초과하는 기구 등의 전로로서 중성점 접지식 전로에 접속하는 것(7란과 8란의 것을 제외한다) | 최대사용전압의 1.1배의 전압(75[kV] 미만으로 되는 경우에는 75[kV]) |

| 종 류 | 시험전압 |
|---|---|
| 6. 최대사용전압이 170[kV]를 초과하는 기구 등의 전로로서 중성점 직접 접지식 전로에 접속하는 것(7란과 8란의 것을 제외한다) | 최대사용전압의 0.72배의 전압 |
| 7. 최대사용전압이 170[kV]를 초과하는 기구 등의 전로로서 중성점이 직접 접지되어 있는 발전소 또는 변전소 혹은 이에 준하는 장소의 전로에 접속하는 것(8란의 것을 제외한다) | 최대사용전압의 0.64배의 전압 |
| 8. 최대사용전압이 60[kV]를 초과하는 정류기의 교류측 및 직류측 전로에 접속하는 기구 등의 전로 | 교류측 및 직류 고전압측에 접속하는 기구 등의 전로는 교류측의 최대사용전압의 1.1배의 교류전압 또는 직류측의 최대사용전압의 1.1배의 직류전압 |

## 출제 05 접지시스템(KEC 140)

### 1 접지시스템의 구분 및 종류(KEC 141)

(1) 접지시스템의 구분
   ① 계통접지
   ② 보호접지
   ③ 피뢰시스템 접지

(2) 접지시스템 시설의 종류
   ① 단독접지
   ② 공통접지
   ③ 통합접지

### 2 접지시스템의 시설(KEC 142)

(1) 접지시스템의 구성요소 및 요구사항(KEC 142.1)
   ① 접지시스템 구성요소
      ㉠ 접지시스템 : 접지극, 접지도체, 보호도체 및 기타 설비로 구성한다.
      ㉡ 접지극 : 접지도체를 사용하여 주접지단자에 연결하여 시설한다.
   ② 접지시스템 요구사항
      ㉠ 지락전류와 보호도체 전류를 대지에 전달할 것. 다만, 열적, 열·기계적, 전기·기계적 응력 및 이러한 전류로 인한 감전 위험이 없어야 한다.
      ㉡ 접지저항값은 인체감전보호를 위한 값과 전기설비의 기계적 요구에 의한 값을 만족하여야 한다.

## (2) 접지극의 시설 및 접지저항(KEC 142.2)

① 접지극은 다음의 방법 중 하나 또는 복합하여 시설하여야 한다.

    ㉠ 콘크리트에 매입된 기초 접지극

    ㉡ 토양에 매설된 기초 접지극

    ㉢ 토양에 수직 또는 수평으로 직접 매설된 금속전극(봉, 전선, 테이프, 배관, 판 등)

    ㉣ 케이블의 금속외장 및 그 밖에 금속피복

    ㉤ 지중 금속구조물(배관 등)

    ㉥ 대지에 매설된 철근콘크리트의 용접된 금속 보강재

② 접지극의 매설은 다음에 의한다.

    ㉠ 접지극은 동결깊이를 감안하여 시설하되 고압 이상의 전기설비와 변압기 중성점 접지에 시설하는 **접지극의 매설깊이는 지표면으로부터 지하 0.75[m] 이상**으로 한다.

    ㉡ 접지도체를 철주 기타의 금속체를 따라서 시설하는 경우에는 **접지극을 철주의 밑면으로부터 0.3[m] 이상의 깊이에 매설하는 경우 이외에는 접지극을 지중에서 그 금속체로부터 1[m] 이상 떼어 매설**하여야 한다.

    ㉢ 접지극은 매설하는 토양을 오염시키지 않아야 하며, 가능한 한 다습한 부분에 설치한다.

③ 가연성 액체나 가스를 운반하는 금속제 배관은 접지설비의 접지극으로 사용할 수 없다. 다만, 보호등전위본딩은 예외로 한다.

④ **수도관 등을 접지극으로 사용**하는 경우는 다음에 의한다.

    ㉠ 지중에 매설되어 있고 **대지와의 전기저항값이 3[Ω] 이하**의 값을 유지하고 있는 금속제 수도관로가 다음에 따르는 경우 접지극으로 사용이 가능하다.

        • 접지도체와 금속제 수도관로의 접속은 **안지름 75[mm] 이상**인 부분 또는 여기에서 분기한 **안지름 75[mm] 미만인 분기점으로부터 5[m] 이내의 부분**에서 하여야 한다. 다만, 금속제 수도관로와 대지 사이의 전기저항값이 2[Ω] **이하인 경우에는 분기점으로부터의 거리는 5[m]를 넘을 수 있다.**

        • 접지도체와 금속제 수도관로의 접속부를 수도계량기로부터 수도 수용가 측에 설치하는 경우에는 수도계량기를 사이에 두고 양측 수도관로를 등전위본딩 하여야 한다.

    ㉡ 건축물·구조물의 철골, 기타의 금속제는 이를 비접지식 고압전로에 시설하는 기계기구의 철대 또는 금속제 외함의 접지공사 또는 비접지식 고압전로와 저압전로를 결합하는 변압기의 저압전로의 접지공사의 접지극으로 사용할 수 있다. 다만, 대지와의 사이에 전기저항값이 2[Ω] 이하인 값을 유지하는 경우에 한한다.

## 3 접지도체 · 보호도체(KEC 142.3)

### (1) 접지도체(KEC 142.3.1)

① 접지도체의 선정

　㉠ 접지도체의 단면적은 다음 표에 따른다.

| 선도체의 단면적 $S$<br>([mm²], 구리) | 접지도체의 최소단면적([mm²], 구리) | |
|---|---|---|
| | 접지도체의 재질 | |
| | 선도체와 같은 경우 | 선도체와 다른 경우 |
| $S \leq 16$ | $S$ | $\left(\dfrac{k_1}{k_2}\right) \times S$ |
| $16 < S \leq 35$ | $16^{a)}$ | $\left(\dfrac{k_1}{k_2}\right) \times 16$ |
| $S > 35$ | $\dfrac{S^{a)}}{2}$ | $\left(\dfrac{k_1}{k_2}\right) \times \dfrac{S}{2}$ |

- $k_1$, $k_2$ : 도체 및 절연의 재질, 사용온도 등을 고려한 값
- a) : PEN 도체의 최소단면적은 중성선과 동일하게 적용

　㉡ 큰 고장전류가 접지도체를 통하여 흐르지 않을 경우 접지도체의 최소단면적은 다음과 같다.
- 구리는 6[mm²] 이상
- 철제는 50[mm²] 이상

　㉢ 접지도체에 피뢰시스템이 접속되는 경우, 접지도체의 단면적은 구리 16[mm²] 또는 철 50[mm²] 이상으로 하여야 한다.

② **접지도체는 지하 0.75[m]부터 지표상 2[m]까지 부분은 합성수지관 또는 몰드로 덮어야 한다**(두께 2[mm] 미만의 합성수지제 전선관 및 가연성 콤바인덕트관은 제외).

③ 특고압 · 고압 전기설비 및 변압기 중성점 접지시스템의 경우 접지도체가 사람이 접촉할 우려가 있는 곳에 시설되는 고정설비인 경우에는 다음에 따라야 한다.

　㉠ 접지도체는 절연전선(옥외용 비닐절연전선은 제외) 또는 케이블(통신용 케이블은 제외)을 사용하여야 한다.

　㉡ 접지도체를 철주, 기타의 금속체를 따라서 시설하는 경우 이외의 경우에는 접지도체의 지표상 0.6[m]를 초과하는 부분에 대하여는 절연전선을 사용하지 않을 수 있다.

④ 접지도체의 굵기는 고장 시 흐르는 전류를 안전하게 통할 수 있는 것으로서 다음에 의한다.

| 구 분 | 접지도체의 단면적 |
|---|---|
| 특고압 · 고압 전기설비용 | 6[mm²] 이상 |
| 중성점 접지용 | 16[mm²] 이상 |
| 7[kV] 이하의 전로 | 6[mm²] 이상 |
| 사용전압이 25[kV] 이하인 특고압 가공전선로<br>(중성선 다중접지식으로 전로에 지락이 생겼을 때 2초 이내에 차단) | |

⑤ 이동하여 사용하는 전기기계기구의 금속제 외함 등의 접지시스템의 경우는 다음의 것을 사용하여야 한다.

| 시설장소 | 접지도체의 종류 | 접지도체의 단면적 |
|---|---|---|
| 특고압·고압 전기설비용 접지도체 및 중성점 접지용 | • 클로로프렌캡타이어케이블(3종 및 4종)<br>• 클로로설포네이트폴리에틸렌캡타이어케이블(3종 및 4종)의 1개 도체<br>• 다심 캡타이어케이블의 차폐 | 10[mm²] 이상 |
| 저압 전기설비용 | 다심 코드 또는 다심 캡타이어케이블의 1개 도체 | 0.75[mm²] 이상 |
| | 유연성이 있는 연동연선은 1개 도체 | 1.5[mm²] 이상 |

## (2) 보호도체(KEC 142.3.2)

① 보호도체의 최소단면적

㉠ 보호도체의 최소단면적은 ㉡에 따라 계산하거나 다음 표에 따라 선정할 수 있다.

| 선도체의 단면적 $S$<br>([mm²], 구리) | 보호도체의 최소단면적([mm²], 구리) | |
|---|---|---|
| | 보호도체의 재질 | |
| | 선도체와 같은 경우 | 선도체와 다른 경우 |
| $S \leq 16$ | $S$ | $\left(\dfrac{k_1}{k_2}\right) \times S$ |
| $16 < S \leq 35$ | $16^{a)}$ | $\left(\dfrac{k_1}{k_2}\right) \times 16$ |
| $S > 35$ | $\dfrac{S^{a)}}{2}$ | $\left(\dfrac{k_1}{k_2}\right) \times \dfrac{S}{2}$ |

• $k_1$, $k_2$ : 도체 및 절연의 재질, 사용온도 등을 고려한 값
• a) : PEN 도체의 최소단면적은 중성선과 동일하게 적용

㉡ 차단시간이 5초 이하인 경우에만 다음 계산식을 적용한다(보호도체의 단면적은 다음의 계산값 이상이어야 한다).

$$S = \frac{\sqrt{I^2 t}}{k}$$

여기서, $S$ : 단면적[mm²]

$I$ : 보호장치를 통해 흐를 수 있는 예상 고장전류 실효값[A]

$t$ : 자동차단을 위한 보호장치의 동작시간[s]

$k$ : 보호도체, 절연, 기타 부위의 재질 및 초기온도와 최종온도에 따라 정해지는 계수

㉢ 보호도체가 케이블의 일부가 아니거나 선도체와 동일 외함에 설치되지 않으면 단면적은 다음의 굵기 이상으로 하여야 한다.

| 구 분 | 보호도체의 단면적 |
|---|---|
| 기계적 손상에 대해 보호가 되는 경우 | 구리 2.5[mm$^2$] 이상<br>알루미늄 16[mm$^2$] 이상 |
| 기계적 손상에 대해 보호가 되지 않는 경우 | 구리 4[mm$^2$] 이상<br>알루미늄 16[mm$^2$] 이상 |

② 보호도체의 종류
 ㉠ 보호도체는 다음 중 하나 또는 복수로 구성하여야 한다.
  • 다심케이블의 도체
  • 충전도체와 같은 트렁킹에 수납된 절연도체 또는 나도체
  • 고정된 절연도체 또는 나도체
  • 금속케이블 외장, 케이블 차폐, 케이블 외장, 전선묶음(편조전선), 동심도체, 금속관
 ㉡ 다음과 같은 금속부분은 보호도체 또는 보호본딩도체로 사용해서는 안 된다.
  • 금속 수도관
  • 가스·액체·분말과 같은 잠재적인 인화성 물질을 포함하는 금속관
  • 상시 기계적 응력을 받는 지지 구조물 일부
  • 가요성 금속배관( 예외 보호도체의 목적으로 설계된 경우)
  • 가요성 금속전선관
  • 지지선, 케이블트레이 및 이와 비슷한 것
③ 보호도체에는 어떠한 개폐장치를 연결해서는 안 된다.
④ 접지에 대한 전기적 감시를 위한 전용장치(동작센서, 코일, 변류기 등)를 설치하는 경우, 보호도체 경로에 직렬로 접속하면 안 된다.

### (3) 보호도체의 단면적 보강(KEC 142.3.3)
① 보호도체는 정상 운전상태에서 전류의 전도성 경로(전기자기간섭 보호용 필터의 접속 등으로 인한)로 사용되지 않아야 한다.
② 전기설비의 정상 운전상태에서 보호도체에 10[mA]를 초과하는 전류가 흐르는 경우, 다음에 의해 보호도체를 증강하여 사용하여야 한다.

| 구 분 | 보호도체의 단면적 |
|---|---|
| 보호도체가 하나인 경우 | 구리 10[mm$^2$] 이상<br>알루미늄 16[mm$^2$] 이상 |
| 추가로 보호도체를 위한 별도의 단자가 구비된 경우 | 구리 10[mm$^2$] 이상<br>알루미늄 16[mm$^2$] 이상 |

### (4) 보호도체와 계통도체 겸용(KEC 142.3.4)
① 보호도체와 계통도체를 겸용하는 겸용도체(중성선과 겸용, 선도체와 겸용, 중간도체와 겸용 등)는 해당하는 계통의 기능에 대한 조건을 만족하여야 한다.

② 겸용도체는 고정된 전기설비에서만 사용할 수 있으며 다음에 의한다.
  ㉠ 단면적은 **구리 10[mm²] 또는 알루미늄 16[mm²] 이상**이어야 한다.
  ㉡ **중성선과 보호도체의 겸용도체는 전기설비의 부하측으로 시설하여서는 안 된다.**
  ㉢ **폭발성 분위기 장소는 보호도체를 전용**으로 하여야 한다.
③ 겸용도체의 성능은 다음에 의한다.
  ㉠ 공칭전압과 같거나 높은 절연성능을 가져야 한다.
  ㉡ 배선설비의 금속 외함은 겸용도체로 사용해서는 안 된다.
④ 겸용도체는 다음 사항을 준수하여야 한다.
  ㉠ 전기설비의 일부에서 중성선·중간도체·선도체 및 보호도체가 별도로 배선되는 경우, 중성선·중간도체·선도체를 전기설비의 다른 접지된 부분에 접속해서는 안 된다. 다만, 겸용도체에서 각각의 중성선·중간도체·선도체와 보호도체를 구성하는 것은 허용한다.
  ㉡ 겸용도체는 보호도체용 단자 또는 바에 접속되어야 한다.
  ㉢ 계통외도전부는 겸용도체로 사용해서는 안 된다.

## (5) 주접지단자(KEC 142.3.7)

① 접지시스템은 주접지단자를 설치하고, 다음의 도체들을 접속하여야 한다.
  ㉠ 등전위본딩도체
  ㉡ 접지도체
  ㉢ 보호도체
  ㉣ 기능성 접지도체
② 여러 개의 접지단자가 있는 장소는 접지단자를 상호 접속하여야 한다.
③ 주접지단자에 접속하는 각 접지도체는 개별적으로 분리할 수 있어야 하며, 접지저항을 편리하게 측정할 수 있어야 한다.

## ▌4▐ 전기수용가 접지(KEC 142.4)

### (1) 저압수용가 인입구 접지(KEC 142.4.1)

① 변압기 중성점 접지를 한 저압전선로의 중성선 또는 접지측 전선에 추가로 접지공사를 할 수 있는 경우 다음에 따라 시설하여야 한다.
  ㉠ 지중에 매설되어 있고 대지와의 전기저항값이 3[Ω] 이하의 값을 유지하고 있는 금속제 수도관로
  ㉡ 대지 사이의 전기저항값이 3[Ω] 이하인 값을 유지하는 건물의 철골
② **접지도체는 공칭단면적 6[mm²] 이상**의 연동선 또는 쉽게 부식하지 않는 금속선으로서 고장 시 흐르는 전류를 안전하게 통할 수 있는 것이어야 한다.

## (2) 주택 등 저압수용장소 접지(KEC 142.4.2)

① 저압수용장소에서 계통접지가 TN-C-S 방식인 경우에 보호도체는 다음에 따라 시설하여야 한다.

ㄱ 보호도체의 최소단면적은 보호도체 계산한 값 이상으로 한다.

ㄴ **중성선 겸용 보호도체(PEN)는 고정 전기설비에만 사용할 수 있고, 그 도체의 단면적이 구리는 10[mm$^2$] 이상, 알루미늄은 16[mm$^2$] 이상이어야 하며, 그 계통의 최고전압에 대하여 절연되어야 한다.**

② 계통접지가 TN-C-S 방식은 감전보호용 등전위본딩을 하여야 한다.

## 5 변압기 중성점 접지(KEC 142.5)

(1) 변압기의 중성점 접지저항값은 다음에 의한다.

① 일반적으로 **변압기의 고압·특고압측 전로 1선 지락전류로 150을 나눈 값**과 같은 저항값 이하

② 변압기의 고압·특고압측 전로 또는 사용전압이 35[kV] 이하의 특고압전로가 저압측 전로와 혼촉하고 저압전로의 대지전압이 150[V]를 초과하는 경우 저항값은 다음에 의한다.

ㄱ **1초 초과 2초 이내에 고압·특고압 전로를 자동으로 차단하는 장치를 설치할 때는 300을 나눈 값 이하**

ㄴ **1초 이내에 고압·특고압 전로를 자동으로 차단하는 장치를 설치할 때는 600을 나눈 값 이하**

(2) 전로의 1선 지락전류는 실측값에 의한다.

## 6 공통접지 및 통합접지(KEC 142.6)

(1) 고압 및 특고압과 저압 전기설비의 접지극이 서로 근접하여 시설되어 있는 변전소 또는 이와 유사한 곳에서는 다음과 같이 공통접지시스템으로 할 수 있다.

① 저압 전기설비의 접지극이 고압 및 특고압 접지극의 접지저항 형성영역에 완전히 포함되어 있다면 위험전압이 발생하지 않도록 이들 접지극을 상호 접속하여야 한다.

② 접지시스템에서 고압 및 특고압 계통의 지락사고 시 저압계통에 가해지는 상용주파 과전압은 다음 표에서 정한 값을 초과해서는 안 된다.

| 고압계통에서 지락고장시간[초] | 저압설비 허용상용주파 과전압[V] |
| --- | --- |
| > 5 | $U_0 + 250$ |
| ≤ 5 | $U_0 + 1,200$ |

• $U_0$ : 중성선 도체가 없는 계통에서 선간전압

(2) 전기설비의 접지설비, 건축물의 피뢰설비·전자통신설비 등의 접지극을 공용하는 통합접지시스템으로 하는 경우 다음과 같이 하여야 한다.

① 통합접지시스템은 (1)에 의한다.

② **낙뢰에 의한 과전압 등으로부터 전기전자기기 등을 보호하기 위해서 서지보호장치를 설치하여야 한다.**

## 7 기계기구의 철대 및 외함의 접지(KEC 142.7)

(1) 전로에 시설하는 기계기구의 철대 및 금속제 외함(외함이 없는 변압기 또는 계기용 변성기는 철심)에는 접지공사를 하여야 한다.

(2) 다음의 어느 하나에 해당하는 경우에는 **접지공사를 생략**할 수 있다.

① 사용전압이 직류 300[V] 또는 교류 대지전압이 150[V] 이하인 기계기구를 건조한 곳에 시설하는 경우

② 저압용의 기계기구를 건조한 목재의 마루, 기타 이와 유사한 절연성 물건 위에서 취급하도록 시설하는 경우

③ 저압용이나 고압용의 기계기구, 특고압 전선로에 접속하는 배전용 변압기나 이에 접속하는 전선에 시설하는 기계기구 또는 특고압 가공전선로의 전로에 시설하는 기계기구를 사람이 쉽게 접촉할 우려가 없도록 목주, 기타 이와 유사한 것의 위에 시설하는 경우

④ 철대 또는 외함의 주위에 적당한 절연대를 설치하는 경우

⑤ 외함이 없는 계기용 변성기가 고무·합성수지, 기타의 절연물로 피복한 것일 경우

⑥ 「전기용품 및 생활용품 안전관리법」의 적용을 받는 이중절연구조로 되어 있는 기계기구를 시설하는 경우

⑦ 저압용 기계기구에 전기를 공급하는 전로의 전원측에 절연변압기(2차 전압이 300[V] 이하이며, 정격용량이 3[kVA] 이하인 것에 한한다)를 시설하고 또한 그 절연변압기의 부하측 전로를 접지하지 않은 경우

⑧ 물기 있는 장소 이외의 장소에 시설하는 저압용의 개별 기계기구에 전기를 공급하는 전로에 「전기용품 및 생활용품 안전관리법」의 적용을 받는 **인체감전보호용 누전차단기(정격감도전류가 30[mA] 이하, 동작시간이 0.03초 이하의 전류동작형에 한한다)를 시설하는 경우**

⑨ 외함을 충전하여 사용하는 기계기구에 사람이 접촉할 우려가 없도록 시설하거나 절연대를 시설하는 경우

## 8 감전보호용 등전위본딩(KEC 143)

(1) **등전위본딩의 적용(KEC 143.1)**

① 건축물·구조물에서 접지도체, 주접지단자와 다음의 도전성 부분은 등전위본딩 하여야 한다.

㉠ 수도관·가스관 등 외부에서 내부로 인입되는 금속배관

  &copy; 건축물·구조물의 철근, 철골 등 금속보강재

  &copy; 일상생활에서 접촉이 가능한 금속제 난방배관 및 공조설비 등 계통외도전부

 ② 주접지단자에 보호등전위본딩 도체, 접지도체, 보호도체, 기능성 접지도체를 접속하여야 한다.

## (2) 등전위본딩 시설(KEC 143.2)

 ① 보호등전위본딩(KEC 143.2.1)

  &#12308;㉠&#12309; 건축물·구조물의 외부에서 내부로 들어오는 각종 금속제 배관은 다음과 같이 하여야 한다.

   • 1개소에 집중하여 인입하고, 인입구 부근에서 서로 접속하여 등전위본딩 바에 접속하여야 한다.

   • 대형 건축물 등으로 1개소에 집중하여 인입하기 어려운 경우에는 본딩도체를 1개의 본딩 바에 연결한다.

  &#12308;㉡&#12309; 수도관·가스관의 경우 내부로 인입된 최초의 밸브 후단에서 등전위본딩을 하여야 한다.

  &#12308;㉢&#12309; 건축물·구조물의 철근, 철골 등 금속보강재는 등전위본딩을 하여야 한다.

 ② 보조 보호등전위본딩(KEC 143.2.2)

  &#12308;㉠&#12309; 보조 보호등전위본딩의 대상은 전원자동차단에 의한 감전보호방식에서 고장 시 자동차단시간이 요구하는 계통별 최대차단시간을 초과하는 경우이다.

  &#12308;㉡&#12309; **고장 시 자동차단시간을 초과하고 2.5[m] 이내에 설치된 고정기기의 노출도전부와 계통외도전부는 보조 보호등전위본딩을 하여야 한다.** 다만, 보조 보호등전위본딩의 유효성에 관해 의문이 생길 경우 동시에 접근 가능한 노출도전부와 계통외도전부 사이의 저항값($R$)이 다음의 조건을 충족하는지 확인하여야 한다.

   • 교류계통 : $R \leq \dfrac{50\,V}{I_a}\,[\Omega]$

   • 직류계통 : $R \leq \dfrac{120\,V}{I_a}\,[\Omega]$

  여기서, $I_a$ : 보호장치의 동작전류[A]

    (누전차단기의 경우 $I_{\Delta n}$(정격감도전류), 과전류보호장치의 경우 5초 이내 동작전류)

 ③ 비접지 국부등전위본딩(KEC 143.2.3)

  &#12308;㉠&#12309; 절연성 바닥으로 된 비접지 장소에서 다음의 경우 **국부등전위본딩**을 하여야 한다.

   • **전기설비 상호 간이 2.5[m] 이내인 경우**

   • 전기설비와 이를 지지하는 금속체 사이

  &#12308;㉡&#12309; 전기설비 또는 계통외도전부를 통해 대지에 접촉하지 않아야 한다.

(3) 등전위본딩 도체(KEC 143.3)

① 보호등전위본딩 도체(KEC 143.3.1)

㉠ 주접지단자에 접속하기 위한 등전위본딩 도체는 설비 내에 있는 **가장 큰 보호접지도체 단면적의** $\frac{1}{2}$ **이상**의 단면적을 가져야 하고 다음의 단면적 이상이어야 한다.

- 구리도체 6[mm$^2$]
- 알루미늄 도체 16[mm$^2$]
- 강철 도체 50[mm$^2$]

㉡ 주접지단자에 접속하기 위한 보호본딩도체의 단면적은 구리도체 25[mm$^2$] 또는 다른 재질의 동등한 단면적을 초과할 필요는 없다.

② 보조 보호등전위본딩 도체(KEC 143.3.2)

㉠ 두 개의 노출도전부를 접속하는 경우 도전성은 노출도전부에 접속된 더 작은 보호도체의 도전성보다 커야 한다.

㉡ 노출도전부를 계통외도전부에 접속하는 경우 도전성은 같은 단면적을 갖는 보호도체의 $\frac{1}{2}$ 이상이어야 한다.

㉢ 케이블의 일부가 아닌 경우 또는 선로도체와 함께 수납되지 않은 본딩도체는 다음 값 이상이어야 한다.

| 구 분 | 도체 단면적 |
|---|---|
| 기계적 보호가 된 것 | 구리도체 2.5[mm$^2$] 이상<br>알루미늄 도체 16[mm$^2$] 이상 |
| 기계적 보호가 없는 것 | 구리도체 4[mm$^2$] 이상<br>알루미늄 도체 16[mm$^2$] 이상 |

## 출제 06 피뢰시스템(KEC 150)

### 1 피뢰시스템의 적용범위 및 구성(KEC 151)

(1) 적용범위(KEC 151.1)

① 전기전자설비가 설치된 건축물·구조물로서 낙뢰로부터 보호가 필요한 것 또는 **지상으로부터 높이가 20[m] 이상인 것**

② 전기설비 및 전자설비 중 낙뢰로부터 보호가 필요한 설비

(2) 피뢰시스템의 구성(KEC 151.2)

① 직격뢰로부터 대상물을 보호하기 위한 외부 피뢰시스템

② 간접뢰 및 유도뢰로부터 대상물을 보호하기 위한 내부 피뢰시스템

**(3) 피뢰시스템 등급선정(KEC 151.3)**

① 피뢰시스템 등급에 따라 필요한 곳에는 피뢰시스템을 시설

② 피뢰시스템 등급은 대상물의 특성에 피뢰레벨을 선정

(위험물의 제조소·저장소 및 처리장의 피뢰시스템은 Ⅱ등급 이상)

## 2 외부 피뢰시스템(KEC 152)

**(1) 수뢰부시스템(KEC 152.1)**

① 수뢰부시스템의 선정은 다음에 의한다.

㉠ **돌침, 수평도체, 메시도체**의 요소 중에 한 가지 또는 이를 조합한 형식으로 시설하여야 한다.

㉡ 자연적 구성부재가 적합하면 수뢰부시스템으로 사용할 수 있다.

② 수뢰부시스템의 배치는 다음에 의한다.

㉠ **보호각법, 회전구체법, 메시법** 중 하나 또는 조합된 방법으로 배치하여야 한다.

㉡ 건축물·구조물의 뾰족한 부분, 모서리 등에 우선하여 배치한다.

③ 지상으로부터 높이 60[m]를 초과하는 건축물·구조물에 **측뢰 보호가 필요한 경우**에는 수뢰부시스템을 시설하여야 하며, 다음에 따른다.

㉠ **전체 높이 60[m]를 초과하는 건축물·구조물의 최상부로부터 20[%] 부분**에 한하며, 피뢰시스템 등급 Ⅳ의 요구사항에 따른다.

㉡ 자연적 구성부재가 적합하면, 측뢰 보호용 수뢰부로 사용할 수 있다.

④ 건축물·구조물과 분리되지 않은 수뢰부시스템의 시설은 다음에 따른다.

㉠ 지붕 마감재가 불연성 재료로 된 경우 지붕 표면에 시설할 수 있다.

㉡ 지붕 마감재가 높은 가연성 재료로 된 경우 지붕재료와 이격하여 시설한다.

| 지붕 마감재의 종류 | 이격거리 |
|---|---|
| 초가지붕 또는 이와 유사한 경우 | 0.15[m] 이상 |
| 다른 재료의 가연성 재료인 경우 | 0.1[m] 이상 |

**(2) 인하도선시스템(KEC 152.2)**

① **수뢰부시스템과 접지시스템을 전기적으로 연결하는 것**으로 다음에 의한다.

㉠ **복수의 인하도선을 병렬로 구성**해야 한다( 예외 건축물·구조물과 분리된 피뢰시스템인 경우).

㉡ **도선경로의 길이가 최소가** 되도록 한다.

② 배치방법은 다음에 의한다.

| 건축물·구조물과 분리된 피뢰시스템인 경우 | 건축물·구조물과 분리되지 않은 피뢰시스템인 경우 |
|---|---|
| • 뇌전류의 경로가 보호대상물에 접촉하지 않도록 시설 | • 벽이 불연성 재료로 된 경우에는 벽의 표면 또는 내부에 시설(벽이 가연성인 경우 0.1[m] 이상 이격, 이격이 불가능한 경우에는 도체의 단면적을 100[mm²] 이상) |

| 건축물·구조물과 분리된 피뢰시스템인 경우 | 건축물·구조물과 분리되지 않은 피뢰시스템인 경우 |
|---|---|
| • 별개의 지주에 설치되어 있는 경우 각 지주마다 1조 이상의 인하도선을 시설<br>• 수평도체 또는 메시도체인 경우 지지 구조물마다 1조 이상의 인하도선을 시설 | • 인하도선의 수는 2조 이상<br>• 보호대상 건축물·구조물의 투영에 따른 둘레에 가능한 한 균등한 간격으로 배치<br>• 병렬 인하도선의 최대간격<br>  − Ⅰ·Ⅱ등급은 10[m]<br>  − Ⅲ등급은 15[m]<br>  − Ⅳ등급은 20[m] |

③ 수뢰부시스템과 접지극시스템 사이에 전기적 연속성이 형성되도록 다음에 따라 시설하여야 한다.

  ㉠ 경로는 가능한 한 루프 형성이 되지 않도록 하고, 최단거리로 곧게 수직으로 시설하여야 한다.

  ㉡ 철근콘크리트 구조물의 철근을 자연적 구성부재의 인하도선으로 사용하기 위해서는 해당 철근 전체 길이의 전기저항값은 0.2[Ω] 이하가 되어야 한다.

  ㉢ 시험용 접속점을 접지극시스템과 가까운 인하도선과 접지극시스템의 연결부분에 시설하고, 이 접속점은 항상 폐로되어야 하며 측정 시에 공구 등으로만 개방할 수 있어야 한다.

④ 인하도선으로 사용하는 자연적 구성부재는 다음에 따른다.

  ㉠ 각 부분의 전기적 연속성과 내구성이 확실해야 함

  ㉡ 전기적 연속성이 있는 구조물 등의 금속제 구조체(철골, 철근 등)

  ㉢ 구조물 등의 상호 접속된 강제 구조체

  ㉣ 건축물 외벽 등을 구성하는 금속 구조재의 크기가 인하도선에 대한 요구사항에 부합하고 또한 두께가 0.5[mm] 이상인 금속판 또는 금속관

  ㉤ 인하도선을 구조물 등의 상호 접속된 철근·철골 등과 본딩하거나, 철근·철골 등을 인하도선으로 사용하는 경우 수평 환상도체는 설치하지 않아도 된다.

## (3) 접지극시스템(KEC 152.3)

① 뇌전류를 대지로 방류시키기 위한 접지극시스템은 다음에 의한다.
  **A형 접지극(수평 또는 수직 접지극)** 또는 **B형 접지극(환상도체 또는 기초 접지극)** 중 하나 또는 조합하여 시설할 수 있다.

② 접지극시스템 배치는 다음에 의한다.

  ㉠ **A형 접지극은 최소 2개 이상을 균등한 간격으로 배치**해야 한다.

  ㉡ 접지극시스템의 접지저항이 10[Ω] 이하인 경우 최소길이 이하로 할 수 있다.

③ 접지극은 다음에 따라 시설한다.

  ㉠ 지표면에서 0.75[m] 이상 깊이로 매설하여야 한다.

  ㉡ **대지가 암반지역으로 대지저항이 높거나 건축물·구조물이 전자통신시스템을 많이 사용하는 시설의 경우에는 환상도체접지극 또는 기초접지극으로 한다.**

ⓒ 접지극 재료는 대지에 환경오염 및 부식의 문제가 없어야 한다.

ⓔ 철근콘크리트 기초 내부의 상호 접속된 철근 또는 금속제 지하구조물 등 자연적 구성부재는 접지극으로 사용할 수 있다.

### (4) 옥외에 시설된 전기설비의 피뢰시스템(KEC 152.5)

① 외부에 낙뢰차폐선이 있는 경우 이것을 접지하여야 한다.

② 자연적 구성부재의 조건에 적합한 강철제 구조체 등을 자연적 구성부재 인하도선으로 사용할 수 있다.

## 3 내부 피뢰시스템(KEC 153)

### (1) 전기전자설비 보호(KEC 153.1)

① 일반사항(KEC 153.1.1)

전기전자설비의 뇌서지에 대한 보호는 다음에 따른다.

ㄱ **피뢰구역 경계부분에서는 접지 또는 본딩**을 하여야 한다.

ㄴ **직접 본딩이 불가능한 경우에는 서지보호장치**를 설치한다.

ㄷ 서로 분리된 구조물 사이가 전력선 또는 신호선으로 연결된 경우 각각의 피뢰구역은 서로 접속한다.

② 전기적 절연(KEC 153.1.2)

건축물·구조물이 금속제 또는 전기적 연속성을 가진 철근콘크리트 구조물 등의 경우에는 전기적 절연을 고려하지 않아도 된다.

### (2) 접지와 본딩(KEC 153.1.3)

① 전기전자설비를 보호하기 위한 접지와 피뢰등전위본딩은 다음에 따른다.

ㄱ 뇌서지 전류를 대지로 방류시키기 위한 접지를 시설하여야 한다.

ㄴ 전위차를 해소하고 자계를 감소시키기 위한 본딩을 구성하여야 한다.

② 접지극은 다음에 적합하여야 한다.

ㄱ 전자·통신설비의 접지는 환상도체접지극 또는 기초접지극으로 한다.

ㄴ 개별 접지시스템으로 된 복수의 건축물·구조물 등을 연결하는 콘크리트덕트·금속제 배관의 내부에 케이블이 있는 경우 각각의 접지 상호 간은 병행 설치된 도체로 연결하여야 한다(차폐케이블인 경우는 차폐선을 양 끝에서 각각의 접지시스템에 등전위본딩 하는 것으로 한다).

③ 전자·통신설비(또는 이와 유사한 것)에서 위험한 전위차를 해소하고 자계를 감소시킬 필요가 있는 경우 다음에 의한 등전위본딩망을 시설하여야 한다.

ㄱ 등전위본딩망은 건축물·구조물의 도전성 부분 또는 내부설비 일부분을 통합하여 시설한다.

ⓛ **등전위본딩망은 메시 폭이 5[m] 이내가 되도록** 하여 시설하고 구조물과 구조물 내부의 금속부분은 다중으로 접속한다(금속부분이나 도전성 설비가 피뢰구역의 경계를 지나가는 경우에는 직접 또는 서지보호장치를 통하여 본딩한다).

ⓒ 도전성 부분의 등전위본딩은 방사형, 메시형 또는 이들의 조합형으로 한다.

## (3) 서지보호장치 시설(KEC 153.1.4)

① 전기전자설비 등에 연결된 전선로를 통하여 서지가 유입되는 경우, 해당 선로에는 서지보호장치를 설치하여야 한다.

② 지중 저압수전의 경우, 내부에 설치하는 전기전자기기의 과전압 범주별 임펄스내전압이 규정값에 충족하는 경우는 서지보호장치를 생략할 수 있다.

## (4) 피뢰등전위본딩(KEC 153.2)

① 일반사항(KEC 153.2.1)

ⓐ 피뢰시스템의 등전위화는 다음과 같은 설비들을 서로 접속함으로써 이루어진다.

- **금속제 설비**
- **구조물에 접속된 외부 도전성 부분**
- **내부시스템**

ⓑ 등전위본딩의 상호 접속은 다음에 의한다.

- 자연적 구성부재로 인한 본딩으로 전기적 연속성을 확보할 수 없는 장소는 본딩도체로 연결한다.
- 본딩도체로 직접 접속할 수 없는 장소의 경우에는 서지보호장치를 이용한다.
- 본딩도체로 직접 접속이 허용되지 않는 장소의 경우에는 절연방전갭(ISG)을 이용한다.

② 금속제 설비의 등전위본딩(KEC 153.2.2)

ⓐ 건축물·구조물과 분리된 외부 피뢰시스템의 경우, **등전위본딩은 지표면 부근에서 시행**하여야 한다.

ⓑ 건축물·구조물과 접속된 외부 피뢰시스템의 경우, 피뢰등전위본딩은 다음에 따른다.

- 기초부분 또는 지표면 부근 위치에서 하여야 하며, **등전위본딩 도체는 등전위본딩 바에 접속하고, 등전위본딩 바는 접지시스템에 접속**하여야 한다. 또한 쉽게 점검할 수 있도록 하여야 한다.
- 전기적 절연 요구조건에 따른 안전이격거리를 확보할 수 없는 경우에는 피뢰시스템과 건축물·구조물 또는 내부설비의 도전성 부분은 등전위본딩 하여야 하며, 직접 접속하거나 충전부인 경우는 서지보호장치를 경유하여 접속하여야 한다. 다만, 서지보호장치를 사용하는 경우 보호레벨은 보호구간 기기의 임펄스내전압보다 작아야 한다.

ⓒ **건축물·구조물에는 지하 0.5[m]와 높이 20[m]마다 환상도체를 설치**한다. 다만, 철근 콘크리트, 철골구조물의 구조체에 인하도선을 등전위본딩하는 경우 환상도체는 설치하지 않아도 된다.

③ 인입설비의 등전위본딩(KEC 153.2.3)

    ㉠ 건축물·구조물의 외부에서 내부로 인입되는 설비의 도전부에 대한 등전위본딩은 다음에 의한다.

        • 인입구 부근에서 등전위본딩한다.

        • 전원선은 서지보호장치를 사용하여 등전위본딩을 한다.

        • 통신 및 제어선은 내부와의 위험한 전위차 발생을 방지하기 위해 직접 또는 서지보호장치를 통해 등전위본딩한다.

    ㉡ 가스관 또는 수도관의 연결부가 절연체인 경우, 해당 설비 공급사업자의 동의를 받아 적절한 공법(절연방전갭 등 사용)으로 등전위본딩하여야 한다.

④ 등전위본딩 바(KEC 153.2.4)

    ㉠ 설치위치는 짧은 도전성 경로로 접지시스템에 접속할 수 있는 위치이어야 한다.

    ㉡ 접지시스템(환상접지전극, 기초접지전극, 구조물의 접지보강재 등)에 짧은 경로로 접속하여야 한다.

    ㉢ 외부 도전성 부분, 전원선과 통신선의 인입점이 다른 경우 여러 개의 등전위본딩 바를 설치할 수 있다.

# 단원 자주 출제되는 기출문제

**★★★★★** 개정 신규문제

**01** 교류에서 저압은 몇 [V] 이하인가?

① 380　　　　② 600
③ 1,000　　　④ 1,500

**해설** 적용범위(KEC 111.1)
전압의 구분은 다음과 같다.

| 구 분 | 교류(AC) | 직류(DC) |
|---|---|---|
| 저압 | 1[kV] 이하 | 1.5[kV] 이하 |
| 고압 | 저압을 초과하고 7[kV] 이하인 것 | |
| 특고압 | 7[kV]를 초과하는 것 | |

**★★★★★** 기사 00년 2회, 06년 1회 / 산업 03년 2회, 08년 3회, 11년 2회, 15년 1회

**02** 방전등용 안정기로부터 방전관까지의 전로를 무엇이라고 하는가?

① 소세력회로
② 관등회로
③ 급전선로
④ 약전류전선로

**해설** 용어 정의(KEC 112)
"관등회로"란 방전등용 안정기 또는 방전등용 변압기로부터 방전관까지의 전로를 말한다.

**★★★** 산업 13년 3회

**03** 한국전기설비규정에서 사용되는 용어의 정의에 대한 설명으로 옳지 않은 것은?

① 접속설비란 공용 전력계통으로부터 특정 분산형 전원설치자의 전기설비에 이르기까지의 전선로와 이에 부속하는 개폐장치, 모선 및 기타 관련 설비를 말한다.
② 제1차 접근상태란 가공전선이 다른 시설물과 접근하는 경우에 다른 시설물의 위쪽 또는 옆쪽에서 수평거리로 3[m] 미만인 곳에 시설되는 상태를 말한다.

③ 계통연계란 분산형 전원을 송전사업자나 배전사업자의 전력계통에 접속하는 것을 말한다.
④ 단독운전이란 전력계통의 일부가 전력계통의 전원과 전기적으로 분리된 상태에서 분산형 전원에 의해서만 가압되는 상태를 말한다.

**해설** 용어 정의(KEC 112)
㉠ 제1차 접근상태 : 가공전선이 다른 시설물과 접근하는 경우에 가공전선이 다른 시설물의 위쪽 또는 옆쪽에서 수평거리로 가공전선로의 지지물의 지표상의 높이에 상당하는 거리 안에 시설(수평거리로 3[m] 미만인 곳에 시설되는 것을 제외한다)됨으로써 가공전선로의 전선의 절단, 지지물의 도괴 등의 경우에 그 전선이 다른 시설물에 접촉할 우려가 있는 상태를 말한다.
㉡ 제2차 접근상태 : 가공전선이 다른 시설물과 접근하는 경우에 그 가공전선이 다른 시설물의 위쪽 또는 옆쪽에서 수평거리로 3[m] 미만인 곳에 시설되는 상태를 말한다.

**★★★** 개정 신규문제

**04** 중앙급전 전원과 구분되는 것으로서 전력 소비지역 부근에 분산하여 배치 가능한 전원을 말하며 사용 전원의 정전 시에만 사용하는 비상용 예비전원은 제외하고 신·재생에너지 발전설비, 전기저장장치 등을 포함하는 설비를 무엇이라 하는가?

① 급전소　　　② 발전소
③ 분산형 전원　④ 개폐소

**해설** 용어 정의(KEC 112)
㉠ 급전소 : 전력계통의 운용에 관한 지시 및 급전조작을 하는 곳을 말한다.
㉡ 발전소 : 발전기·원동기·연료전지·태양전지·해양에너지발전설비·전기저장장치 그 밖의 기계기구를 시설하여 전기를 생산하는 곳을 말한다.
㉢ 개폐소 : 개폐기 및 기타 장치에 의하여 전로를 개폐하는 곳으로서 발전소·변전소 및 수용장소 이외의 곳을 말한다.

**정답** 01. ③　02. ②　03. ②　04. ③

★★★★★ 기사 04년 2회, 05년 1·3회, 13년 2회(유사) / 산업 01년 2회, 07년 4회, 14년 3회

**05** 다음 중 제2차 접근상태를 바르게 설명한 것은 무엇인가?

① 가공전선이 전선의 절단 또는 지지물의 절단이 되는 경우 당해 전선이 다른 공작물에 접속될 우려가 있는 상태를 말한다.

② 가공전선이 다른 공작물과 접근하는 경우 당해 가공전선이 다른 공작물의 상방 또는 측방에서 수평거리로 3[m] 미만인 곳에 시설되는 상태를 말한다.

③ 가공전선이 다른 공작물과 접근하는 경우 가공전선이 다른 공작물의 상방 또는 측방에서 수평거리로 5[m] 이상에 시설되는 것을 말한다.

④ 가공선로 중 제1차 시설로 접근할 수 없는 시설과의 제2차 보호조치나 안전시설을 하여야 접근할 수 있는 상태의 시설을 말한다.

**해설** 용어 정의(KEC 112)

제2차 접근상태라 함은 가공전선이 다른 시설물과 접근하는 경우 그 가공전선이 다른 시설물의 위쪽 또는 옆쪽에서 수평거리로 3[m] 미만인 곳에 시설되는 상태를 말한다.

★★ 기사 17년 3회 / 산업 13년 2회, 19년 2회

**06** 지중관로에 대한 정의로 가장 옳은 것은?

① 지중전선로 · 지중 약전류전선로와 지중매설지선 등을 말한다.

② 지중전선로 · 지중 약전류전선로와 복합케이블 선로 · 기타 이와 유사한 것 및 이들에 부속되는 지중함을 말한다.

③ 지중전선로 · 지중 약전류전선로 · 지중에 시설하는 수관 및 가스관과 지중매설지선을 말한다.

④ 지중전선로 · 지중 약전류전선로 · 지중 광섬유 케이블 선로 · 지중에 시설하는 수관 및 가스관과 기타 이와 유사한 것 및 이들에 부속하는 지중함 등을 말한다.

**해설** 용어 정의(KEC 112)

지중관로는 지중전선로 · 지중 약전류전선로 · 지중 광섬유케이블 선로 · 지중에 시설하는 수관 및 가스관과 이와 유사한 것 및 이들에 부속하는 지중함 등을 말한다.

★ 개정 신규문제

**07** 계통외도전부(Extraneous Conductive Part)에 대한 용어의 정의로 옳은 것은?

① 전력계통에서 돌발적으로 발생하는 이상현상에 대비하여 대지와 계통을 연결하는 것으로, 중성점을 대지에 접속하는 것을 말한다.

② 전기설비의 일부는 아니지만 지면에 전위 등을 전해줄 위험이 있는 도전성 부분을 말한다.

③ 충전부는 아니지만 고장 시에 충전될 위험이 있고, 사람이 쉽게 접촉할 수 있는 기기의 도전성 부분을 말한다.

④ 통상적인 운전상태에서 전압이 걸리도록 되어 있는 도체 또는 도전부를 말한다. 중성선을 포함하나 PEN 도체, PEM 도체 및 PEL 도체는 포함하지 않는다.

**해설** 용어 정의(KEC 112)

㉠ 계통접지 : 전력계통에서 돌발적으로 발생하는 이상현상에 대비하여 대지와 계통을 연결하는 것으로, 중성점을 대지에 접속하는 것을 말한다.

㉡ 노출도전부 : 충전부는 아니지만 고장 시에 충전될 위험이 있고, 사람이 쉽게 접촉할 수 있는 기기의 도전성 부분을 말한다.

㉢ 충전부 : 통상적인 운전상태에서 전압이 걸리도록 되어 있는 도체 또는 도전부를 말한다. 중성선을 포함하나 PEN 도체, PEM 도체 및 PEL 도체는 포함하지 않는다.

★★★★★ 개정 신규문제

**08** 외부 피뢰시스템(External Lightning Protection System)의 구성이 아닌 것은?

① 수뢰부시스템

② 인하도선시스템

③ 접지극시스템

④ 피뢰등전위본딩 시스템

**해설** 용어 정의(KEC 112)

외부 피뢰시스템이란 수뢰부시스템, 인하도선시스템, 접지극시스템으로 구성된 피뢰시스템의 일종이다.

---

**★★★ 기사 21년 1회**

**09** "리플프리(Ripple – free)직류"란 교류를 직류로 변환할 때 리플성분의 실효값이 몇 [%] 이하로 포함된 직류를 말하는가?

① 3        ② 5

③ 10      ④ 15

**해설** 용어 정의(KEC 112)

리플프리(Ripple – free)직류란 교류를 직류로 변환할 때 리플성분의 실효값이 10[%] 이하로 포함된 직류를 말한다.

---

**★★★★ 기사 00년 4회, 02년 2 · 3회 / 산업 15년 1회, 18년 3회(유사)**

**10** 전선의 접속법을 열거한 것 중 잘못 설명한 것은?

① 전선의 세기를 30[%] 이상 감소시키지 않는다.

② 접속부분은 절연전선의 절연물과 동등 이상의 절연효력이 있도록 충분히 피복한다.

③ 접속부분은 접속관, 기타의 기구를 사용한다.

④ 알루미늄 도체의 전선과 동도체의 전선을 접속할 때에는 전기적 부식이 생기지 않도록 한다.

**해설** 전선의 접속(KEC 123)

㉠ 전선의 전기저항을 증가시키지 말 것

㉡ 전선의 세기는 20[%] 이상 감소시키지 말 것

㉢ 접속부분은 접속관, 기타의 기구를 사용할 것

㉣ 절연전선의 절연물과 동등 이상의 절연성능이 있는 것으로 충분히 피복할 것

㉤ 코드 상호, 캡타이어케이블 상호, 케이블 상호 또는 이들 상호를 접속하는 경우에는 코드 접속기, 접속함, 기타 기구를 사용할 것

---

**★★★★★ 개정 신규문제**

**11** 전압을 구분하는 경우 교류에서 저압은 몇 [kV] 이하인가?

① 0.5[kV]      ② 1[kV]

③ 1.5[kV]      ④ 7[kV]

---

**해설** 적용범위(KEC 111.1)

전압의 구분은 다음과 같다.

㉠ 저압 : 교류는 1[kV] 이하, 직류는 1.5[kV] 이하인 것

㉡ 고압 : 교류는 1[kV]를, 직류는 1.5[kV]를 초과하고 7[kV] 이하인 것

㉢ 특고압 : 7[kV]를 초과하는 것

---

**★★★ 개정 신규문제**

**12** 3상 4선식 Y접속 시 전등과 동력을 공급하는 옥내배선의 경우 상별 부하전류가 평형으로 유지되도록 상별로 결선하기 위하여 전압측 색별 배선을 하거나 색테이프를 감는 등의 방법으로 표시하여야 한다. 이때 L2상의 식별 표시는?

① 적색       ② 흑색

③ 청색       ④ 회색

**해설** 전선의 식별(KEC 121.2)

| 상(문자) | 색상 |
|---|---|
| L1 | 갈색 |
| L2 | 흑색 |
| L3 | 회색 |
| N | 청색 |
| 보호도체 | 녹색 – 노란색 |

---

**★★ 기사 21년 1회**

**13** 저압 절연전선으로 「전기용품 및 생활용품 안전관리법」의 적용을 받는 것 이외에 KS에 적합한 것으로서 사용할 수 없는 것은?

① 450/750[V] 고무절연전선

② 450/750[V] 비닐절연전선

③ 450/750[V] 알루미늄절연전선

④ 450/750[V] 저독성 난연 폴리올레핀절연전선

**해설** 절연전선(KEC 122.1)

저압 절연전선은 「전기용품 및 생활용품 안전관리법」의 적용을 받는 것 이외에는 KS에 적합한 것

㉠ 450/750[V] 비닐절연전선

㉡ 450/750[V] 저독성 난연 폴리올레핀절연전선

㉢ 450/750[V] 저독성 난연 가교폴리올레핀절연전선

㉣ 450/750[V] 고무절연전선

---

**★ 개정 신규문제**

**14** 다음 중 특고압전로의 다중접지 지중 배전 계통에 사용하는 케이블은?

① 알루미늄피케이블

② 클로로프렌외장케이블

③ 폴리에틸렌외장케이블

④ 동심중성선 전력케이블

**✍해설 고압 및 특고압 케이블(KEC 122.5)**

특고압전로의 다중접지 지중 배전계통에 사용하는 케이블은 동심중성선 전력케이블로서 최대사용전압은 25.8 [kV] 이하이다.

**★ 산업 93년 2회, 07년 1회**

**15** 다음 각 케이블 중 특히 특고압 전선용으로만 사용할 수 있는 것은?

① 용접용 케이블

② MI 케이블

③ CD 케이블

④ 파이프형 압력 케이블

**✍해설 고압 및 특고압 케이블(KEC 122.5)**

사용전압이 특고압인 전로에 전선으로 사용하는 케이블은 절연체가 부틸 고무혼합물·에틸렌 프로필렌 고무혼합물 또는 폴리에틸렌 혼합물인 케이블로서, 선심 위에 금속제의 전기적 차폐층을 설치한 것이거나 파이프형 압력 케이블·연피 케이블·알루미늄피 케이블 그밖의 금속피복을 한 케이블을 사용하여야 한다.

**★★ 개정 신규문제**

**16** 부하의 설비용량이 커서 두 개 이상의 전선을 병렬로 사용하여 시설하는 경우 잘못된 것은?

① 병렬로 사용하는 전선에는 각각에 퓨즈를 설치하여야 한다.

② 병렬로 사용하는 각 전선의 굵기는 동선 $50[\text{mm}^2]$ 이상 또는 알루미늄 $70[\text{mm}^2]$ 이상으로 하고, 전선은 같은 도체, 같은 재료, 같은 길이 및 같은 굵기의 것을 사용하여야 한다.

③ 같은 극의 각 전선은 동일한 터미널러그에 완전히 접속하여야 한다.

④ 교류회로에서 병렬로 사용하는 전선은 금속관 안에 전자적 불평형이 생기지 않도록 시설하여야 한다.

**✍해설 전선의 접속(KEC 123)**

두 개 이상의 전선을 병렬로 사용하는 경우에는 다음에 의하여 시설할 것

㉠ 병렬로 사용하는 각 전선의 굵기는 동선 $50[\text{mm}^2]$ 이상 또는 알루미늄 $70[\text{mm}^2]$ 이상으로 하고, 전선은 같은 도체, 같은 재료, 같은 길이 및 같은 굵기의 것을 사용할 것

㉡ 같은 극의 각 전선은 동일한 터미널러그에 완전히 접속할 것

㉢ 같은 극인 각 전선의 터미널러그는 동일한 도체에 2개 이상의 리벳 또는 2개 이상의 나사로 접속할 것

㉣ 병렬로 사용하는 전선에는 각각에 퓨즈를 설치하지 말 것

㉤ 교류회로에서 병렬로 사용하는 전선은 금속관 안에 전자적 불평형이 생기지 않도록 시설할 것

**★ 개정 신규문제**

**17** 두 개 이상의 전선을 병렬로 사용하는 경우에 동선과 알루미늄선은 각각 얼마 이상의 전선으로 하여야 하는가?

① 동선 : $20[\text{mm}^2]$ 이상
   알루미늄선 : $40[\text{mm}^2]$ 이상

② 동선 : $30[\text{mm}^2]$ 이상
   알루미늄선 : $50[\text{mm}^2]$ 이상

③ 동선 : $40[\text{mm}^2]$ 이상
   알루미늄선 : $60[\text{mm}^2]$ 이상

④ 동선 : $50[\text{mm}^2]$ 이상
   알루미늄선 : $70[\text{mm}^2]$ 이상

**✍해설 전선의 접속(KEC 123)**

두 개 이상의 전선을 병렬로 사용하는 경우 각 전선의 굵기는 동선 $50[\text{mm}^2]$ 이상 또는 알루미늄 $70[\text{mm}^2]$ 이상으로 하고 전선은 같은 도체, 같은 재료, 같은 길이 및 같은 굵기의 것을 사용하여야 한다.

**🔍정답** 14. ④  15. ④  16. ①  17. ④

**★★** 기사 21년 1회 / 산업 09년 2회, 10년 3회

**18** 저압전로에서 정전이 어려운 경우 등 절연 저항 측정이 곤란한 경우 저항성분의 누설 전류가 몇 [mA] 이하이면 그 전로의 절연 성능은 적합한 것으로 보는가?

① 1 　　　　② 2
③ 3 　　　　④ 4

**해설** 전로의 절연저항 및 절연내력(KEC 132)

사용전압이 저압인 전로에서 정전이 어려운 경우 등 절연저항 측정이 곤란한 경우에는 누설전류를 1[mA] 이하로 유지하여야 한다.

**★★★** 개정 신규문제

**19** 220[V]의 연료전지 및 태양전지 모듈의 절연내력 시 직류 시험전압은 몇 [V]인가?

① 220 　　　② 330
③ 500 　　　④ 750

**해설** 연료전지 및 태양전지 모듈의 절연내력(KEC 134)

연료전지 및 태양전지 모듈은 최대사용전압의 1.5배의 직류전압 또는 1배의 교류전압을 충전부분과 대지 사이에 연속하여 10분간 가하여 절연내력을 시험하였을 때 이에 견디는 것이어야 한다. 단, 시험전압 계산값이 500[V] 미만인 경우 500[V]로 시험한다.

**★** 기사 98년 4회, 20년 1·2회 / 산업 93년 3회, 08년 3회

**20** 최대사용전압 161[kV]인 3상 변압기의 절연내력시험에 있어서 접지시켜서는 안 되는 것은?

① 시험되는 권선의 중성점 단자 이외의 임의의 1단자
② 시험되는 권선의 중성점 단자
③ 시험되지 않는 각 권선의 임의의 1단자
④ 철심 및 외함

**해설** 변압기 전로의 절연내력(KEC 135)

시험방법은 시험되는 권선의 중성점 단자, 다른 권선(다른 권선이 2개 이상 있는 경우에는 각 권선)의 임의의 1단자, 철심 및 외함을 접지하고 시험되는 권선의 중성점 단자 이외의 임의의 1단자와 대지 간에 시험전압을 연속하여 10분간 가한다. 이 경우 중성점에 피뢰기를 시설하는 것에 있어서는 다시 중성점 단자와 대지 간에 최대사용전압의 0.3배의 전압을 연속하여 10분간 가한다.

**★★★★** 기사 03년 3회, 06년 1회, 16년 2회 / 산업 96년 2회, 00년 3회, 15년 2회

**21** 전로를 대지로부터 반드시 절연하여야 하는 것은?

① 전로의 중성점에 접지공사를 하는 경우의 접지점
② 계기용 변성기 2차측 전로에 접지공사를 하는 경우의 접지점
③ 시험용 변압기
④ 저압 가공전선로 접지측 전선

**해설** 전로의 절연원칙(KEC 131)

다음 각 부분 이외에는 대지로부터 절연하여야 한다.
㉠ 전로의 중성점에 접지공사를 하는 경우의 접지점
㉡ 계기용 변성기의 2차측 전로에 접지공사를 하는 경우의 접지점
㉢ 저압 가공전선의 특고압 가공전선과 동일 지지물에 시설되는 부분에 접지공사를 하는 경우의 접지점
㉣ 중성점이 접지된 특고압 가공전선로의 중성선에 다중접지를 하는 경우의 접지점
㉤ 저압전로와 사용전압이 300[V] 이하의 저압전로를 결합하는 변압기의 2차측 전로에 접지공사를 하는 경우의 접지점
㉥ 다음과 같이 절연할 수 없는 부분
　• 시험용 변압기, 전력선 반송용 결합 리액터, 전기 울타리용 전원장치, X선 발생장치, 전기부식방지용 양극, 단선식 전기철도의 귀선 등 전로의 일부를 대지로부터 절연하지 않고 전기를 사용하는 것이 부득이한 것
　• 전기욕기·전기로·전기보일러·전해조 등 대지로부터 절연이 기술상 곤란한 것
㉦ 저압 옥내직류 전기설비의 접지에 의하여 직류계통에 접지공사를 하는 경우의 접지점

**★★★★★** 기사 15년 3회, 16년 3회, 17년 3회 / 산업 09년 3회, 14년 1회, 15년 2회

**22** 고압 및 특고압 전로의 절연내력시험을 하는 경우 시험전압에 몇 분간 견디어야 하는가?

① 1분 　　　② 3분
③ 5분 　　　④ 10분

**해설** 전로의 절연저항 및 절연내력(KEC 132)

고압 및 특고압 전로의 시험전압은 전로와 대지 간(다심 케이블은 심선 상호 간 및 심선과 대지 간)에 연속하여 10분간 가하여 절연내력을 시험하였을 때 이에 견디어야 한다. 단, 전선에 케이블을 사용하는 교류전로로써 시험전압의 2배 직류전압을 전로와 대지 간(다심 케이블은 심선 상호 간 및 심선과 대지 간)에 연속하여 10분간 가하여 절연내력을 시험하였을 때 이에 견디는 것에 대하여는 그러하지 아니하다.

**정답** 18. ① 　19. ③ 　20. ① 　21. ④ 　22. ④

★★★ 기사 95년 5회, 11년 1회, 18년 3회 / 산업 91년 3회, 07년 1회

**23** 220[V] 저압 전동기의 절연내력 시험전압은 몇 [V]인가?

① 300      ② 400

③ 500      ④ 600

**해설** 전로의 절연저항 및 절연내력(KEC 132)

| 전로의 종류 | 시험전압 |
|---|---|
| 1. 최대사용전압 7[kV] 이하인 전로 | 최대사용전압의 1.5배의 전압 |
| 2. 최대사용전압 7[kV] 초과 25[kV] 이하인 중성점 접지식 전로(중성선을 가지는 것으로서 그 중성선을 다중접지하는 것에 한한다) | 최대사용전압의 0.92배의 전압 |
| 3. 최대사용전압 7[kV] 초과 60[kV] 이하인 전로 (2란의 것을 제외한다) | 최대사용전압의 1.25배의 전압(10.5[kV] 미만으로 되는 경우는 10.5[kV]) |
| 4. 최대사용전압 60[kV] 초과 중성점 비접지식 전로(전위 변성기를 사용하여 접지하는 것을 포함한다) | 최대사용전압의 1.25배의 전압 |
| 5. 최대사용전압 60[kV] 초과 중성점 접지식 전로(전위 변성기를 사용하여 접지하는 것 및 6란과 7란의 것을 제외한다) | 최대사용전압의 1.1배의 전압(75[kV] 미만으로 되는 경우에는 75[kV]) |
| 6. 최대사용전압이 60[kV] 초과 중성점 직접 접지식 전로(7란의 것을 제외한다) | 최대사용전압의 0.72배의 전압 |
| 7. 최대사용전압이 170[kV] 초과 중성점 직접 접지식 전로로서 그 중성점이 직접 접지되어 있는 발전소 또는 변전소 혹은 이에 준하는 장소에 시설하는 것 | 최대사용전압의 0.64배의 전압 |
| 8. 최대사용전압이 60[kV]를 초과하는 정류기에 접속되고 있는 전로 | 교류측 및 직류 고전압측에 접속되고 있는 전로는 교류측의 최대사용전압의 1.1배의 직류전압 |

• 시험전압 $E = 220 \times 1.5 = 330$[V]이나 최저값이 500[V] 이상이므로 500[V]로 한다.

★★ 기사 89년 6회 / 산업 94년 2회, 00년 1회, 01년 1회

**24** 최대사용전압 440[V]인 전동기의 절연내력 시험전압은?

① 330[V]      ② 440[V]

③ 500[V]      ④ 660[V]

**해설** 전로의 절연저항 및 절연내력(KEC 132)

7,000[V] 이하의 회전기 절연내력시험은 최대사용전압의 1.5배의 전압으로 10분간 가한다.

절연내력 시험전압 = $440 \times 1.5 = 660$[V]

★★★★★ 기사 17년 2회 / 산업 93년 4회, 96년 6회, 20년 1·2회

**25** 최대사용전압이 3.3[kV]인 차단기 전로의 절연내력 시험전압은 몇 [V]인가?

① 3,630

② 4,125

③ 4,290

④ 4,950

**해설** 전로의 절연저항 및 절연내력(KEC 132)

7,000[V] 이하에서는 최대사용전압의 1.5배의 시험전압을 가한다.

절연내력 시험전압 = $3,300 \times 1.5 = 4,950$[V]

★★★★★ 기사 07년 1회, 11년 1회, 18년 1회, 19년 1회 / 산업 13년 1회, 16년 1회, 18년 2회, 20년 3회

**26** 3상 4선식 22.9[kV] 중성점 다중접지식 가공전선로의 전로 대지 간의 절연내력 시험전압은?

① 28,625[V]

② 22,900[V]

③ 21,068[V]

④ 16,488[V]

**해설** 전로의 절연저항 및 절연내력(KEC 132)

최대사용전압이 25,000[V] 이하, 중성점 다중접지식일 때 시험전압은 최대사용전압의 0.92배를 가해야 한다.

시험전압 $E = 22,900 \times 0.92 = 21,068$[V]

★★★★ 기사 92년 3회, 95년 4회, 05년 3회, 13년 1·2회 / 산업 01년 3회, 10년 2회(유사)

**27** 최대사용전압이 154[kV]인 중성점 직접 접지식 전로의 절연내력 시험전압은 몇 [V]인가?

① 110,880

② 141,680

③ 169,400

④ 192,500

**해설** 전로의 절연저항 및 절연내력(KEC 132)

60[kV]를 초과하는 중성점 직접 접지식일 때 시험전압은 최대사용전압의 0.72배를 가해야 한다.

시험전압 $E = 154,000 \times 0.72 = 110,880$[V]

**★ 기사 15년 1회**

**28** 중성점 직접 접지식 전로에 연결되는 최대사용전압이 69[kV]인 전로의 절연내력 시험전압은 최대사용전압의 몇 배인가?

① 1.25  ② 0.92
③ 0.72  ④ 1.5

📘**해설** 전로의 절연저항 및 절연내력(KEC 132)

최대사용전압이 60[kV] 초과 중성점 직접 접지식 전로는 최대사용전압의 0.72배의 전압을 가한다.

**★★★ 기사 15년 2회, 18년 3회**

**29** 22.9[kV] 3상 4선식 다중접지방식의 지중 전선로의 절연내력시험을 직류로 할 경우 시험전압은 몇 [V]인가?

① 16,448  ② 21,068
③ 32,796  ④ 42,136

📘**해설** 전로의 절연저항 및 절연내력(KEC 132)

고압·특고압 전로의 직류전원으로 절연내력시험은 교류시험전압의 2배 전압으로 10분간 시행한다.
직류시험전압=22,900×0.92×2=42,136[V]

**★ 산업 90년 6회, 93년 6회**

**30** 고압용 SCR의 절연내력 시험전압은 직류측 최대사용전압의 몇 배의 교류전압인가?

① 1배  ② 1.1배
③ 1.25배  ④ 1.5배

📘**해설** 회전기 및 정류기의 절연내력(KEC 133)

회전기의 절연내력시험을 살펴보면 다음과 같다.

| 종 류 | | 시험전압 | 시험방법 |
|---|---|---|---|
| 회전기 | 발전기·전동기·조상기·기타 회전기 (회전변류기를 제외한다) | 최대사용전압 7[kV] 이하 | 최대사용전압의 1.5배의 전압(500[V] 미만으로 되는 경우에는 500[V]) | 권선과 대지 사이에 연속하여 10분간 가한다. |
| | | 최대사용전압 7[kV] 초과 | 최대사용전압의 1.25배의 전압(10.5[kV] 미만으로 되는 경우에는 10.5[kV]) | |
| | 회전변류기 | | 직류측의 최대사용전압의 1배의 교류전압(500[V] 미만으로 되는 경우에는 500[V]) | |

| 종 류 | 시험전압 | 시험방법 |
|---|---|---|
| 정류기 | 최대사용전압 60[kV] 이하 | 직류측의 최대사용전압의 1배의 교류전압(500[V] 미만으로 되는 경우에는 500[V]) | 충전부분과 외함 간에 연속하여 10분간 가한다. |
| | 최대사용전압 60[kV] 초과 | 교류측의 최대사용전압의 1.1배의 교류전압 또는 직류측의 최대사용전압의 1.1배의 직류전압 | 교류측 및 직류고전압측 단자와 대지 사이에 연속하여 10분간 가한다. |

**★★★★ 기사 94년 3회(유사), 12년 3회 / 산업 03년 1회, 10년 1회, 11년 3회, 15년 3회**

**31** 최대사용전압이 6,600[V]인 3상 유도전동기의 권선과 대지 사이의 절연내력 시험전압은?

① 7,260[V]
② 7,921[V]
③ 8,250[V]
④ 9,900[V]

📘**해설** 회전기 및 정류기의 절연내력(KEC 133)

최대사용전압이 7[kV] 이하이므로 최대사용전압의 1.5배의 전압을 10분간 가한다.
절연내력 시험전압=최대사용전압×1.5
=6,600×1.5=9,900[V]

**★ 산업 99년 3회, 05년 1회**

**32** 고압용 수은정류기의 절연내력시험을 직류측 최대사용전압의 몇 배의 교류전압을 음극 및 외함과 대지 간에 연속하여 10분간 가하여 이에 견디어야 하는가?

① 1배  ② 1.1배
③ 1.25배  ④ 1.5배

📘**해설** 회전기 및 정류기의 절연내력(KEC 133)

| 종 류 | 시험전압 | 시험방법 |
|---|---|---|
| 정류기 | 최대사용전압 60[kV] 이하 | 직류측의 최대사용전압의 1배의 교류전압(500[V] 미만으로 되는 경우에는 500[V]) | 충전부분과 외함 간에 연속하여 10분간 가한다. |
| | 최대사용전압 60[kV] 초과 | 교류측의 최대사용전압의 1.1배의 교류전압 또는 직류측의 최대사용전압의 1.1배의 직류전압 | 교류측 및 직류고전압측 단자와 대지 사이에 연속하여 10분간 가한다. |

**정답** 28. ③  29. ④  30. ①  31. ④  32. ①

★★★ 기사 10년 2회, 20년 1·2회 / 산업 10년 3회

**33** 연료전지 및 태양전지 모듈의 절연내력시험을 하는 경우 충전부분과 대지 사이에 어느 정도의 시험전압을 인가하여야 하는가? (단, 연속하여 10분간 가해 견디는 것이어야 한다.)

① 최대사용전압의 1.5배의 직류전압 또는 1.25배의 교류전압

② 최대사용전압의 1.25배의 직류전압 또는 1.25배의 교류전압

③ 최대사용전압의 1.5배의 직류전압 또는 1배의 교류전압

④ 최대사용전압의 1.25배의 직류전압 또는 1.25배의 교류전압

**☞ 해설** 연료전지 및 태양전지 모듈의 절연내력(KEC 134)

연료전지 및 태양전지 모듈은 최대사용전압의 1.5배의 직류전압 또는 1배의 교류전압(500[V] 미만으로 되는 경우에는 500[V])을 충전부분과 대지 사이에 연속하여 10분간 가하여 절연내력을 시험하였을 때 이에 견디는 것이어야 한다.

★★★ 기사 11년 3회 / 산업 96년 2회, 09년 3회, 11년 1회(유사)

**34** 최대사용전압이 1차 22,000[V], 2차 6,600[V]의 권선으로써 중성점 비접지식 전로에 접속하는 변압기의 특고압측 절연내력 시험전압은 몇 [V]인가?

① 44,000 　　② 33,000

③ 27,500 　　④ 24,000

**☞ 해설** 변압기 전로의 절연내력(KEC 135)

| 권선의 종류 | 시험전압 | 시험방법 |
|---|---|---|
| 1. 최대사용전압 7[kV] 이하 | 최대사용전압의 1.5배의 전압(500[V] 미만으로 되는 경우에는 500[V]). 다만, 중성점이 접지되고 다중접지된 중성선을 가지는 전로에 접속하는 것은 0.92배의 전압(500[V] 미만으로 되는 경우에는 500[V]) | 시험되는 권선과 다른 권선, 철심 및 외함 간에 시험전압을 연속하여 10분간 가한다. |
| 2. 최대사용전압 7[kV] 초과 25[kV] 이하의 권선으로서 중성점 접지식 전로(중성선을 가지는 것으로서 그 중성선에 다중접지를 하는 것에 한한다)에 접속하는 것 | 최대사용전압의 0.92배의 전압 | |
| 3. 최대사용전압 7[kV] 초과 60[kV] 이하의 권선(2란의 것을 제외한다) | 최대사용전압의 1.25배의 전압(10.5[kV] 미만으로 되는 경우에는 10.5[kV]) | |
| 4. 최대사용전압이 60[kV]를 초과하는 권선으로서 중성점 비접지식 전로(전위 변성기를 사용하여 접지하는 것을 포함한다. 8란의 것을 제외한다)에 접속하는 것 | 최대사용전압의 1.25배의 전압 | |
| 5. 최대사용전압이 60[kV]를 초과하는 권선(성형결선 또는 스콧결선의 것에 한한다)으로서 중성점 접지식 전로(전위 변성기를 사용하여 접지하는 것 6란 및 8란의 것을 제외한다)에 접속하고 또한 성형결선의 권선의 경우에는 그 중성점에, 스콧결선의 권선의 경우에는 T좌권선과 주좌권선의 접속점에 피뢰기를 시설하는 것 | 최대사용전압의 1.1배의 전압(75[kV] 미만으로 되는 경우에는 75[kV]) | 시험되는 권선의 중성점 단자(스콧결선의 경우에는 T좌권선과 주좌권선의 접속점 단자. 이하 이 표에서 같다) 이외의 임의의 1단자, 다른 권선(다른 권선이 2개 이상 있는 경우에는 각 권선)의 임의의 1단자, 철심 및 외함을 접지하고 시험되는 권선의 중성점 단자 이외의 각 단자에 3상교류의 시험전압을 연속하여 10분간 가한다. 다만, 3상교류의 시험전압을 가하기 곤란할 경우에는 시험되는 권선의 중성점 단자 및 접지되는 단자 이외의 임의의 1단자와 대지 사이에 단상교류의 시험전압을 연속하여 10분간 가하고 다시 중성점 단자와 대지 사이에 최대사용전압의 0.64배(스콧결선의 경우에는 0.96배)의 전압을 연속하여 10분간 가할 수 있다. |
| 6. 최대사용전압이 60[kV]를 초과하는 권선(성형결선의 것에 한한다. 8란의 것을 제외한다)으로서 중성점 직접 접지식 전로에 접속하는 것. 다만 170[kV]를 초과하는 권선에는 그 중성점에 피뢰기를 시설하는 것에 한한다. | 최대사용전압의 0.72배의 전압 | 시험되는 권선의 중성점 단자, 다른 권선(다른 권선이 2개 이상 있는 경우에는 각 권선)의 임의의 1단자, 철심 및 외함을 접지하고 시험되는 권선의 중성점 단자 이외의 임의의 1단자와 대지 사이에 시험전압을 연속하여 10분간 가한다. 이 경우에 중성점에 피뢰기를 시설하는 것에 있어서는 다시 중성점 단자의 대지 간에 최대사용전압의 0.3배의 전압을 연속하여 10분간 가한다. |

| 권선의 종류 | 시험전압 | 시험방법 |
|---|---|---|
| 7. 최대사용전압이 170[kV]를 초과하는 권선(성형결선의 것에 한한다. 8란의 것을 제외한다)으로서 중성점 직접 접지식 전로에 접속하고 또한 그 중성점을 직접 접지하는 것 | 최대사용전압의 0.64배의 전압 | 시험되는 권선의 중성점 단자, 다른 권선(다른 권선이 2개 이상 있는 경우에는 각 권선)의 임의의 1단자, 철심 및 외함을 접지하고 시험되는 권선의 중성점 단자 이외의 임의의 1단자와 대지 사이에 시험전압을 연속하여 10분간 가한다. |
| 8. 최대사용전압이 60[kV]를 초과하는 정류기에 접속하는 권선 | 정류기의 교류측의 최대 사용전압의 1.1배의 교류전압 또는 정류기의 직류측의 최대사용전압의 1.1배의 직류전압 | 시험되는 권선과 다른 권선 철심 및 외함 간에 시험전압을 연속하여 10분간 가한다. |
| 9. 기타 권선 | 최대사용전압의 1.1배의 전압(75[kV] 미만으로 되는 경우는 75[kV]) | 시험되는 권선과 다른 권선 철심 및 외함 간에 시험전압을 연속하여 10분간 가한다. |

∴ 시험전압 = 22,000 × 1.25 = 27,500[V]

---

★★ **기사 02년 3회 / 산업 92년 5·7회**

**35** 사용전압 6,600[V]인 변압기의 절연내력 시험은 사용전압의 몇 배의 시험전압에서 10분간 견디어야 하는가?

① 0.8  ② 1.0
③ 1.25  ④ 1.5

🖍️ **해설** 변압기 전로의 절연내력(KEC 135)

최대사용전압이 7[kV] 이하이므로 최대사용전압 1.5배의 전압을 10분간 가한다.

---

★ **기사 93년 3회**

**36** 어떤 변압기의 1차 전압이 6,900[V], 6,600[V], 6,300[V], 6,000[V], 5,700[V]로 되어 있다. 절연내력 시험전압은 몇 [V]인가?

① 7,590  ② 8,625
③ 10,350  ④ 13,800

🖍️ **해설** 변압기 전로의 절연내력(KEC 135)

주상변압기의 Tap 중에서 가장 높은 전압이 6,900[V]이므로
절연내력 시험전압 = 최대사용전압 × 1.5
　　　　　　　　 = 6,900 × 1.5 = 10,350[V]

---

★★★ **산업 99년 7회**

**37** 최대사용전압이 3,300[V]이며, 중성점이 접지되고 다중접지된 중성선을 가지는 전로에 접속되는 변압기 전로의 절연내력을 규정된 시험방법에 의하여 시험할 때 몇 [V]의 시험전압에 견디어야 하는가?

① 2,376  ② 3,036
③ 4,125  ④ 4,950

🖍️ **해설** 변압기 전로의 절연내력(KEC 135)

변압기 전로의 절연내력시험에서 최대사용전압이 7,000[V] 이하인 경우 절연내력 시험전압은 최대사용전압의 1.5배이지만 중성점이 접지되고 다중접지된 중성선을 가지고 있으면 0.92배의 전압을 적용할 수 있다.
∴ 시험전압 $E$ = 3,300 × 0.92 = 3,036[V]

---

★★ **기사 02년 1회 / 산업 97년 7회**

**38** 최대사용전압이 170,000[V]를 넘는 권선(성형결선)으로서 중성점 직접 접지식 전로에 접속하고 또한 그 중성점을 직접 접지하는 변압기 전로의 절연내력 시험전압은 최대사용전압의 몇 배의 전압인가?

① 0.3  ② 0.64
③ 0.72  ④ 1.1

🖍️ **해설** 변압기 전로의 절연내력(KEC 135)

최대사용전압이 170,000[V]를 넘는 권선(성형결선에 한한다)으로서 중성점 직접 접지식 전로에 접속하고 또한 그 중성점을 직접 접지하는 변압기의 절연내력 시험전압은 전로와 대지 사이에 최대사용전압의 0.64배를 가한다.

---

★ **개정 신규문제**

**39** 뇌서지흡수용 커패시터, 지락검출용 커패시터, 재기전압억제용 커패시터의 절연내력시험을 하는 경우 시험전압에 몇 분간 견디어야 하는가? (단, 교류일 경우)

① 1분  ② 3분
③ 5분  ④ 10분

🖍️ **해설** 기구 등의 전로의 절연내력(KEC 136)

㉠ 교류 시험 전원 : 1분
㉡ 직류 시험 전원 : 10초

---

🔍 **정답** 35. ④  36. ③  37. ②  38. ②  39. ①

**★★★★** 개정 신규문제

**40** 다음 중 접지시스템의 시설 종류에 해당되지 않는 것은?

① 보호접지
② 단독접지
③ 공통접지
④ 통합접지

📘 **해설** 접지시스템의 구분 및 종류(KEC 141)

접지시스템의 시설 종류에는 단독접지, 공통접지, 통합접지가 있다.

**★★★** 기사 94년 2회, 95년 5회, 02년 2회, 06년 2회

**41** 접지극을 시설하는 경우 접지선을 사람이 접촉할 우려가 있는 곳에 시설하는 기준으로 틀린 것은?

① 접지극은 지하 75[cm] 이상으로 하되 동결깊이를 감안하여 매설한다.
② 접지선은 절연전선(옥외용 비닐절연전선 제외), 캡타이어케이블 또는 케이블(통신용 케이블 제외)을 사용한다.
③ 접지선의 지하 60[cm]로부터 지표상 2[m]까지의 부분은 합성수지관 등으로 덮어야 한다.
④ 접지선을 시설한 지지물에는 피뢰침용 지선을 시설하지 않아야 한다.

📘 **해설** 접지극의 시설 및 접지저항(KEC 142.2)
접지극의 시설

㉠ 동결깊이를 감안하여 시설
㉡ 매설깊이는 지표면으로부터 지하 0.75[m] 이상
㉢ 접지도체를 철주, 기타의 금속체를 따라서 시설하는 경우에는 접지극을 철주의 밑면으로부터 0.3[m] 이상의 깊이에 매설하는 경우 이외에는 접지극을 지중에서 그 금속체로부터 1[m] 이상 떼어 매설

**★★★★★** 개정 신규문제

**42** 접지극 시설에 관한 내용 중 잘못된 것은?

① 접지극은 매설하는 토양을 오염시키지 않아야 하며, 가능한 건조한 부분에 설치한다.

② 접지극은 지표면으로부터 지하 0.75[m] 이상으로 하되 동결깊이를 감안하여 매설깊이를 정해야 한다.
③ 접지도체를 철주, 기타의 금속체를 따라서 시설하는 경우에는 접지극을 철주의 밑면으로부터 0.3[m] 이상의 깊이에 매설하여야 한다.
④ 접지극을 지중에서 그 금속체로부터 1[m] 이상 떼어 매설하여야 한다.

📘 **해설** 접지극의 시설 및 접지저항(KEC 142.2)

접지극의 매설은 다음에 의한다.
㉠ 접지극은 매설하는 토양을 오염시키지 않아야 하며, 가능한 다습한 부분에 설치할 것
㉡ 접지극은 동결깊이를 감안하여 시설하되 매설깊이는 지표면으로부터 지하 0.75[m] 이상으로 할 것
㉢ 접지도체를 철주, 기타의 금속체를 따라서 시설하는 경우에는 접지극을 철주의 밑면으로부터 0.3[m] 이상의 깊이에 매설하는 경우 이외에는 접지극을 지중에서 그 금속체로부터 1[m] 이상 떼어 매설할 것

**★★** 기사 21년 2회

**43** 하나 또는 복합하여 시설하여야 하는 접지극의 방법으로 틀린 것은?

① 지중 금속구조물
② 토양에 매설된 기초접지극
③ 케이블의 금속외장 및 그 밖에 금속피복
④ 대지에 매설된 강화콘크리트의 용접된 금속 보강재

📘 **해설** 접지극의 시설 및 접지저항(KEC 142.2)

접지극은 다음의 방법 중 하나 또는 복합하여 시설하여야 한다.
㉠ 콘크리트에 매입된 기초접지극
㉡ 토양에 매설된 기초접지극
㉢ 토양에 수직 또는 수평으로 직접 매설된 금속전극(봉, 전선, 테이프, 배관, 판 등)
㉣ 케이블의 금속외장 및 그 밖에 금속피복
㉤ 지중 금속구조물(배관 등)
㉥ 대지에 매설된 철근콘크리트의 용접된 금속 보강재(강화콘크리트는 제외)

🔖 **정답** 40. ① 41. ③ 42. ① 43. ④

**★★ 개정 신규문제**

**44** 전원자동차단에 의한 감전보호방식에서 고장 시 허용차단시간을 초과하고 2.5[m] 이내에 설치된 고정기기의 노출도전부와 계통외도전부는 보조 보호등전위본딩을 하여야 한다. 이때 노출도전부와 계통외도전부 사이의 허용저항값은 어떻게 되는가? (여기서, $I_a$ : 보호장치의 동작전류[A])

① 교류계통 : $R \leq \dfrac{50\,V}{I_a}$

② 교류계통 : $R \leq \dfrac{25\,V}{I_a}$

③ 직류계통 : $R \leq \dfrac{110\,V}{I_a}$

④ 직류계통 : $R \leq \dfrac{60\,V}{I_a}$

**해설 보조 보호등전위본딩(KEC 142.2.2)**

보조 보호등전위본딩의 유효성에 관해 의문이 생길 경우 동시에 접근 가능한 노출도전부와 계통외도전부 사이의 저항값이 다음의 조건을 충족하여야 한다.

㉠ 교류계통 : $R \leq \dfrac{50\,V}{I_a}[\Omega]$

㉡ 직류계통 : $R \leq \dfrac{120\,V}{I_a}[\Omega]$

**★★★ 개정 신규문제**

**45** 접지도체 중 중성점 접지용으로 사용하는 전선의 단면적은 얼마 이상인가?

① 6[mm²] 이상       ② 10[mm²] 이상

③ 16[mm²] 이상       ④ 50[mm²] 이상

**해설 접지도체(KEC 142.3.1)**

**접지도체의 굵기**

㉠ 특고압·고압 전기설비용은 6[mm²] 이상의 연동선
㉡ 중성점 접지용은 16[mm²] 이상의 연동선
㉢ 7[kV] 이하의 전로 또는 25[kV] 이하인 특고압 가공전선로로 중성점 다중접지방식(지락 시 2초 이내 전로 차단)인 경우 6[mm²] 이상의 연동선

**★★★ 개정 신규문제**

**46** 선도체의 단면적이 25[mm²]의 경우 보호도체의 최소단면적은 몇 [mm²]인가? (단, 보호도체의 재질은 선도체와 같은 경우)

① 10       ② 16

③ 25       ④ 35

**해설 보호도체의 최소단면적(KEC 142.3.2)**

| 선도체의 단면적 $S$ ([mm²], 구리) | 보호도체의 최소단면적 ([mm²], 구리) | |
|---|---|---|
| | 보호도체의 재질 | |
| | 선도체와 같은 경우 | 선도체와 다른 경우 |
| $S \leq 16$ | $S$ | $\left(\dfrac{k_1}{k_2}\right) \times S$ |
| $16 < S \leq 35$ | 16 | $\left(\dfrac{k_1}{k_2}\right) \times 16$ |
| $S > 35$ | $\dfrac{S}{2}$ | $\left(\dfrac{k_1}{k_2}\right) \times \dfrac{S}{2}$ |

단, 보호도체의 단면적은 $S = \dfrac{\sqrt{I^2 t}}{k}$ [mm²]의 계산값 이상으로 선정하여야 한다.

**★★★ 기사 15년 2회**

**47** 변압기 중성점 접지공사의 접지저항값을 $\dfrac{150}{I}$으로 정하고 있는데, 이때 $I$에 해당되는 것은?

① 변압기의 고압측 또는 특고압측 전로의 1선 지락전류의 암페어수

② 변압기의 고압측 또는 특고압측 전로의 단락사고 시 고장전류의 암페어수

③ 변압기의 1차측과 2차측의 혼촉에 의한 단락전류의 암페어수

④ 변압기의 1차와 2차에 해당되는 전류의 합

**해설 변압기 중성점 접지(KEC 142.5)**

㉠ 변압기의 중성점 접지저항값은 다음에 의한다.
  • 일반적으로 변압기의 고압·특고압측 전로 1선 지락전류로 150을 나눈 값과 같은 저항값 이하
  • 변압기의 고압·특고압측 전로 또는 사용전압이 35[kV] 이하의 특고압전로가 저압측 전로와 혼촉하고 저압전로의 대지전압이 150[V]를 초과하는 경우 저항값은 다음에 의한다.
    − 1초 초과 2초 이내에 고압·특고압전로를 자동으로 차단하는 장치를 설치할 때는 300을 나눈 값 이하
    − 1초 이내에 고압·특고압전로를 자동으로 차단하는 장치를 설치할 때는 600을 나눈 값 이하

ⓒ 전로의 1선 지락전류는 실측값에 의한다. 다만, 실측이 곤란한 경우에는 선로정수 등으로 계산한 값에 의한다.

★★★★★ 기사 94년 3회, 05년 2회 / 산업 99년 4회, 03년 3회, 16년 3회

**48** 변압기 고압측 전로의 1선 지락전류가 5[A]이고, 저압측 전로와의 혼촉에 의한 사고 시 고압측 전로를 자동적으로 차단하는 장치가 되어 있지 않은, 즉 일반적인 경우에는 접지저항값은 몇 [Ω]인가?

① 10  ② 20
③ 30  ④ 40

**해설 변압기 중성점 접지(KEC 142.5)**

변압기의 중성점 접지저항은 일반적으로 변압기의 고압·특고압측 전로 1선 지락전류로 150을 나눈 값과 같은 저항값 이하로 한다.
변압기의 중성점 접지저항

$$R = \frac{150}{1선\ 지락전류} = \frac{150}{5} = 30[\Omega]$$

★★★ 기사 94년 3회, 95년 5회, 05년 2회, 10년 2회, 19년 3회 / 산업 99년 3회, 17년 1회

**49** 고압전로의 1선 지락전류가 20[A]인 경우 여기에 결합된 변압기 저압측의 중성점 접지저항값은 최대 몇 [Ω] 이하로 유지하여야 하는가? (단, 이 전로는 고·저압 혼촉 시 저압전로의 대지전압이 150[V]를 넘는 경우로써 1[sec]를 넘고 2[sec] 이내 자동적으로 고압전로을 차단하는 장치가 되어 있다.)

① 7.5  ② 10
③ 15  ④ 30

**해설 변압기 중성점 접지(KEC 142.5)**

1초 초과 2초 이내에 고압·특고압 전로를 자동으로 차단하는 장치를 설치할 때는 300을 1선 지락전류로 나눈 값 이하로 한다.
변압기의 중성점 접지저항

$$R = \frac{300}{1선\ 지락전류} = \frac{300}{20} = 15[\Omega]$$

★★★ 산업 18년 1회

**50** 변압기의 고압측 1선 지락전류가 30[A]인 경우에 변압기 중성점 접지저항의 최댓값은 몇 [Ω]인가? (단, 고압측 전로가 저압측

전로와 혼촉하는 경우 1[sec] 이내에 자동적으로 차단하는 장치가 설치되어 있다.)

① 5  ② 10
③ 15  ④ 20

**해설 변압기 중성점 접지(KEC 142.5)**

1초 이내에 고압·특고압 전로를 자동으로 차단하는 장치를 설치할 때는 600을 1선 지락전류로 나눈 값 이하로 한다.
변압기의 중성점 접지저항

$$R = \frac{600}{1선\ 지락전류} = \frac{600}{30} = 20[\Omega]$$

★★★★★ 개정 신규문제

**51** 통합접지시스템으로 낙뢰에 의한 과전압으로부터 전기전자기기를 보호하기 위해 설치하는 기기는?

① 서지보호장치  ② 피뢰기
③ 배선차단기  ④ 퓨즈

**해설 공통접지 및 통합접지(KEC 142.6)**

전기설비의 접지설비, 건축물의 피뢰설비·전자통신설비 등의 접지극을 공용하는 통합접지시스템으로 하는 경우 낙뢰에 의한 과전압 등으로부터 전기전자기기 등을 보호하기 위해 서지보호장치를 설치하여야 한다.

★★★ 개정 신규문제

**52** 공통접지 및 통합접지시스템에서 고압 및 특고압 계통의 지락사고 시 저압계통에 가해지는 상용주파 과전압은 몇 [V]를 초과해서는 안 되는가? (단, 고압계통에서 지락사고 시 고장유지시간은 5초 이내로 한다.)

① $U_0 + 250$  ② $U_0 + 500$
③ $U_0 + 1,000$  ④ $U_0 + 1,200$

**해설 공통접지 및 통합접지(KEC 142.6)**

고압 및 특고압 계통의 지락사고 시 저압계통에 가해지는 상용주파 과전압은 다음의 값을 초과해서는 안 된다.

| 고압계통에서 지락고장시간 [초] | 저압설비 허용상용주파 과전압[V] | 비 고 |
|---|---|---|
| > 5 | $U_0 + 250$ | 중성선 도체가 없는 계통에서 $U_0$는 선간전압을 말한다. |
| ≤ 5 | $U_0 + 1,200$ | |

**★★** 개정 신규문제

**53** 다음 중 보호도체의 종류에 해당되지 않는 것은?

① 다심케이블의 도체

② 충전도체와 같은 트렁킹에 수납된 절연도체 또는 나도체

③ 고정된 절연도체 또는 나도체

④ 금속 수도관

**해설** 보호도체(KEC 142.3.2)

보호도체의 종류는 다음과 같다.

㉠ 다심케이블의 도체

㉡ 충전도체와 같은 트렁킹에 수납된 절연도체 또는 나도체

㉢ 고정된 절연도체 또는 나도체

㉣ 금속케이블 외장, 케이블 차폐, 케이블 외장, 전선묶음(편조전선), 동심도체, 금속관

**★★★★** 개정 신규문제

**54** 접지시스템에서 주접지단자에 접속하여서는 안 되는 것은?

① 등전위본딩 도체

② 접지도체

③ 보호도체

④ 보조 보호등전위본딩 도체

**해설** 주접지단자(KEC 142.3.7)

접지시스템에서 주접지단자에 다음의 도체들을 접속하여야 한다.

㉠ 등전위본딩 도체

㉡ 접지도체

㉢ 보호도체

㉣ 기능성 접지도체

**★★** 개정 신규문제

**55** 주택 등 저압수용장소 접지에서 계통접지가 TN-C-S 방식인 경우 적합하지 않은 것은?

① 중성선 겸용 보호도체(PEN)는 고정 전기설비에만 사용하여야 함

② 중성선 겸용 보호도체(PEN)의 단면적은 구리는 10[mm²] 이상, 알루미늄은 16[mm²] 이상으로 함

③ 계통의 공칭전압에 대하여 절연되어야 함

④ 감전보호용 등전위본딩을 하여야 함

**해설** 주택 등 저압수용장소 접지(KEC 142.4.2)

저압수용장소에서 계통접지가 TN-C-S 방식인 경우에 보호도체의 시설에서 중성선 겸용 보호도체(PEN)는 고정 전기설비에만 사용할 수 있고, 그 도체의 단면적이 구리는 10[mm²] 이상, 알루미늄은 16[mm²] 이상이어야 하며, 그 계통의 최고전압에 대하여 절연되어야 한다.

**★** 개정 신규문제

**56** 저압 전기설비에 감전보호용 등전위본딩을 시설하고자 할 때 잘못된 것은?

① 1개소에 집중하여 인입하고, 인입구 부근에서 서로 접속하여 등전위본딩 바에 접속하여야 한다.

② 수도관, 가스관의 경우 내부로 인입된 최초의 밸브 전단에서 등전위본딩을 하여야 한다.

③ 건축물, 구조물의 철근, 철골 등 금속보강재는 등전위본딩을 하여야 한다.

④ 절연성 바닥으로 된 비접지 장소에서 전기설비 상호 간이 2.5[m] 이내 또는 전기설비와 이를 지지하는 금속체 사이에는 국부등전위본딩을 하여야 한다.

**해설** 보호등전위본딩(KEC 143.2.1)

수도관·가스관의 경우 내부로 인입된 최초의 밸브 후단에서 등전위본딩을 할 것

**★★★★** 개정 신규문제

**57** 주접지단자에 접속하기 위한 등전위본딩 도체의 최소단면적[mm²]은? (단, 보호도체의 재질은 구리이다.)

① 4　　　　② 6

③ 10　　　④ 16

**해설** 보호등전위본딩 도체(KEC 143.3.1)

㉠ 주접지단자에 접속하기 위한 등전위본딩 도체는 설비 내에 있는 가장 큰 보호접지 도체 단면적의 $\frac{1}{2}$ 이상의 단면적을 가져야 하고, 다음의 단면적 이상이어야 한다.

• 구리 : 6[mm²]

• 알루미늄 : 16[mm²]

• 강철 : 50[mm²]

ⓛ 주접지단자에 접속하기 위한 보호본딩도체의 단면적은 구리도체 25[mm²] 또는 다른 재질의 동등한 단면적을 초과할 필요는 없다.

★★★★★ 개정 신규문제

**58** 건축물 및 구조물을 낙뢰로부터 보호하기 위해 피뢰시스템을 지상으로부터 몇 [m] 이상인 곳에 적용해야 하는가?

① 10[m] 이상　② 20[m] 이상
③ 30[m] 이상　④ 40[m] 이상

**해설** 피뢰시스템의 적용범위 및 구성(KEC 151)
피뢰시스템이 적용되는 시설
㉠ 전기전자설비가 설치된 건축물·구조물로서 낙뢰로부터 보호가 필요한 것 또는 지상으로부터 높이가 20[m] 이상인 것
ⓛ 전기설비 및 전자설비 중 낙뢰로부터 보호가 필요한 설비

★★ 개정 신규문제

**59** 피뢰레벨을 선정하는 과정에서 위험물의 제조소·저장소 및 처리장의 피뢰시스템은 몇 등급 이상으로 해야 하는가?

① Ⅰ등급 이상
② Ⅱ등급 이상
③ Ⅲ등급 이상
④ Ⅳ등급 이상

**해설** 피뢰시스템 등급선정(KEC 151.3)
위험물의 제조소 등에 설치하는 피뢰시스템은 Ⅱ등급 이상으로 하여야 한다.

★★★★ 기사 21년 2회

**60** 돌침, 수평도체, 메시도체의 요소 중에 한 가지 또는 이를 조합한 형식으로 시설하는 것은?

① 접지극시스템
② 수뢰부시스템
③ 내부 피뢰시스템
④ 인하도선시스템

**해설** 수뢰부시스템(KEC 152.1)
수뢰부시스템은 돌침, 수평도체, 메시도체의 요소 중에 한 가지 또는 이를 조합한 형식으로 시설하여야 한다.

★★★★ 개정 신규문제

**61** 수뢰부시스템을 배치하는 과정에서 사용되지 않는 방법은?

① 수평도체법　② 보호각법
③ 메시법　④ 회전구체법

**해설** 수뢰부시스템(KEC 152.1)
수뢰부시스템의 배치방법에는 보호각법, 회전구체법, 메시법이 있다.

★★ 개정 신규문제

**62** 접지극시스템에서 뇌전류를 대지로 방류시키기 위해 사용되는 것이 아닌 것은?

① 수평접지극
② 수직접지극
③ 환상도체접지극
④ 회전구체접지극

**해설** 접지극시스템(KEC 152.3)
뇌전류를 대지로 방류시키기 위한 접지극시스템은 A형 접지극(수평 또는 수직 접지극) 또는 B형 접지극(환상도체 또는 기초 접지극) 중 하나 또는 조합하여 시설한다.

★★★ 기사 17년 3회

**63** 공통접지공사 적용 시 선도체의 단면적이 16[mm²]인 경우 보호도체(PE)에 적합한 단면적은? (단, 보호도체의 재질이 선도체와 같은 경우)

① 4　② 6
③ 10　④ 16

**해설** 보호도체(KEC 142.3.2)

| 선도체의 단면적 $S$ ([mm²], 구리) | 보호도체의 최소단면적 ([mm²], 구리) | |
| --- | --- | --- |
| | 보호도체의 재질 | |
| | 선도체와 같은 경우 | 선도체와 다른 경우 |
| $S \le 16$ | $S$ | $\left(\dfrac{k_1}{k_2}\right) \times S$ |
| $16 < S \le 35$ | 16 | $\left(\dfrac{k_1}{k_2}\right) \times 16$ |
| $S > 35$ | $\dfrac{S}{2}$ | $\left(\dfrac{k_1}{k_2}\right) \times \dfrac{S}{2}$ |

**★★★★** 기사 11년 2회(유사) / 산업 92년 3회, 00년 4회, 13년 2회

**64** 다심 코드 및 다심 캡타이어케이블의 1개 도체 이외의 유연성이 있는 연동연선으로 접지공사 시 접지선의 단면적은 몇 [mm$^2$] 이상이어야 하는가?

① 0.75
② 1.5
③ 1.75
④ 2.0

**해설** 접지도체(KEC 142.3.1)

이동하여 사용하는 전기기계기구의 금속제 외함 등의 접지시스템의 경우는 다음의 것을 사용하여야 한다.

| 시설장소 | 접지도체의 종류 | 접지도체의 단면적 |
|---|---|---|
| 특고압 · 고압 전기설비용 접지도체 및 중성점 접지용 | • 클로로프렌캡타이어케이블(3종 및 4종)<br>• 클로로설포네이트폴리에틸렌캡타이어케이블(3종 및 4종)의 1개 도체<br>• 다심 캡타이어케이블의 차폐 | 10[mm$^2$] 이상 |
| 저압 전기설비용 | 다심 코드 또는 다심 캡타이어케이블의 1개 도체 | 0.75[mm$^2$] 이상 |
| | 유연성이 있는 연동연선은 1개 도체 | 1.5[mm$^2$] 이상 |

**★★★** 기사 92년 3회, 11년 3회 / 산업 91년 5회, 19년 3회

**65** 접지극의 매설 시 사용되는 접지선을 사람이 닿을 우려가 있는 장소에 철주 등에 시설하는 경우 접지극은 그 금속체로부터 지중에서 몇 [m] 이상 이격시켜야 하는가?

① 1.5
② 1.25
③ 1
④ 0.75

**해설** 접지극의 시설 및 접지저항(KEC 142.2)

접지도체를 철주, 기타의 금속체를 따라서 시설하는 경우에는 접지극을 철주의 밑면으로부터 0.3[m] 이상의 깊이에 매설하는 경우 이외에는 접지극을 지중에서 그 금속체로부터 1[m] 이상 떼어 매설하여야 한다.

**★★★★** 기사 97년 5회, 18년 2회 / 산업 03년 4회, 18년 2회

**66** 접지극의 매설 시 사용되는 접지선을 사람이 닿을 우려가 있는 장소에 시설하는 경우 접지극은 지하 몇 [m] 이상의 깊이로 하되 동결깊이를 감안하여 매설하여야 하는가?

① 0.25
② 0.5
③ 0.75
④ 1

**해설** 접지극의 시설 및 접지저항(KEC 142.2)

접지극은 동결깊이를 감안하여 시설하되 고압 이상의 전기설비와 변압기 중성점 접지에 시설하는 접지극의 매설깊이는 지표면으로부터 지하 0.75[m] 이상으로 한다.

**★★★★★** 기사 95년 5회, 02년 2회, 06년 2회, 20년 3회 / 산업 07년 1회, 09년 2회, 13년 1회

**67** 접지공사 시 사용하는 접지도체를 사람이 접촉할 우려가 있는 곳에 시설하는 경우 합성수지관 또는 이에 동등 이상의 절연 효력 및 강도를 가지는 몰드로 접지선을 덮어야 하는가?

① 지하 0.3[m]로부터 지표상 1.5[m]까지의 부분
② 지하 0.5[m]로부터 지표상 1.8[m]까지의 부분
③ 지하 0.9[m]로부터 지표상 2.5[m]까지의 부분
④ 지하 0.75[m]로부터 지표상 2.0[m]까지의 부분

**해설** 접지도체(KEC 142.3.1)

접지도체는 지하 0.75[m]부터 지표상 2[m]까지 부분은 합성수지관 또는 몰드로 덮어야 한다(두께 2[mm] 미만의 합성수지제 전선관 및 가연성 콤바인덕트관은 제외).

**★★★** 산업 00년 2회, 10년 2 · 3회(유사)

**68** 사람이 접촉할 우려가 있는 접지도체는 지하 0.75[m]부터 지표상 2[m]까지의 접지선은 접촉의 우려가 없도록 하기 위하여 어느 것을 사용하여 보호하는가?

① 두께 1[mm] 이상의 콤바인덕트관
② 두께 2[mm] 이상의 합성수지관
③ 피막의 두께가 균일한 비닐포장지
④ 이음부분이 없는 플로어덕트

**해설** 접지도체(KEC 142.3.1)

접지도체는 지하 0.75[m]부터 지표상 2[m]까지 부분은 합성수지관 또는 몰드로 덮어야 한다(두께 2[mm] 미만의 합성수지제 전선관 및 가연성 콤바인덕트관은 제외).

**정답** 64. ② 65. ③ 66. ③ 67. ④ 68. ②

★★ 산업 10년 1회

**69** 금속제 수도관로를 접지공사의 접지극으로 사용하는 경우에 대한 사항이다. 다음 ( ㉠ ), ( ㉡ ), ( ㉢ )에 들어갈 수치로 알맞은 것은?

> 접지도체와 금속제 수도관로의 접속은 안지름 ( ㉠ )[mm] 이상인 금속제 수도관의 부분 또는 이로부터 분기한 안지름 ( ㉡ )[mm] 미만의 금속제 수도관의 그 분기점으로부터 5[m] 이내의 부분에서 할 것. 단, 금속제 수도관로와 대지 간의 전기저항값이 ( ㉢ )[Ω] 이하인 경우에는 분기점으로부터의 거리는 5[m]를 넘을 수 있다.

① ㉠ 75, ㉡ 75, ㉢ 2
② ㉠ 75, ㉡ 50, ㉢ 2
③ ㉠ 50, ㉡ 75, ㉢ 4
④ ㉠ 50, ㉡ 50, ㉢ 4

**해설** 접지극의 시설 및 접지저항(KEC 142.2)
접지도체와 금속제 수도관로의 접속은 안지름 75[mm] 이상인 부분 또는 여기에서 분기한 안지름 75[mm] 미만인 분기점으로부터 5[m] 이내의 부분에서 하여야 한다. 다만, 금속제 수도관로와 대지 사이의 전기저항값이 2[Ω] 이하인 경우에는 분기점으로부터의 거리는 5[m]를 넘을 수 있다.

★★★★ 기사 93년 6회, 17년 1회 / 산업 95년 4회, 96년 2회, 01년 1회, 05년 3회

**70** 지중에 매설되어 있고 대지와의 전기저항값이 최대 몇 [Ω] 이하의 값을 유지하고 있는 금속제 수도관로를 각종 접지공사의 접지극으로 사용할 수 있는가?

① 3
② 5
③ 7
④ 10

**해설** 접지극의 시설 및 접지저항(KEC 142.2)
지중에 매설되어 있고 대지와의 전기저항값이 3[Ω] 이하의 값을 유지하고 있는 금속제 수도관로는 접지극으로 사용이 가능하다.

★★ 기사 11년 1회 / 산업 16년 1회

**71** 비접지식 고압전로에 시설하는 금속제 외함에 실시하는 접지공사의 접지극으로 사용할 수 있는 건물의 철골, 기타의 금속제는 대지와의 사이에 전기저항값을 얼마 이하로 유지하여야 하는가?

① 2[Ω]
② 3[Ω]
③ 5[Ω]
④ 10[Ω]

**해설** 접지극의 시설 및 접지저항(KEC 142.2)
건축물·구조물의 철골, 기타의 금속제는 이를 비접지식 고압전로에 시설하는 기계기구의 철대 또는 금속제 외함의 접지공사 또는 비접지식 고압전로와 저압전로를 결합하는 변압기의 저압전로의 접지공사의 접지극으로 사용할 수 있다. 다만, 대지와의 사이에 전기저항값이 2[Ω] 이하인 값을 유지하는 경우에 한한다.

★★ 기사 92년 7회

**72** 선로에 시설하는 기계기구 중에서 외함접지공사를 생략할 수 없는 경우는?

① 저·고압 기계기구를 목주 위에 시설할 경우
② 철대 또는 고압의 외함 주위에 적당한 절연물을 설치할 경우
③ 220[V]의 모발건조기를 2중 절연하여 시설하는 경우
④ 정격감도전류 20[mA], 동작시간이 0.5[sec]인 전류동작형의 인체감전보호용 누전차단기를 시설하는 경우

**해설** 기계기구의 철대 및 외함의 접지(KEC 142.7)
기계기구의 철대 및 외함의 접지를 생략할 수 있는 경우는 다음과 같다.
㉠ 직류 300[V] 또는 교류 150[V] 이하인 기계기구를 건조한 곳에 시설하는 경우
㉡ 저압용의 기계기구를 그 저압전로에 지기가 생겼을 때 그 전로를 자동적으로 차단하는 장치를 시설한 저압전로에 접속하여 건조한 곳에 시설하는 경우
㉢ 배전용 변압기나 이에 접속하는 전선에 시설하는 기계기구를 사람이 쉽게 접촉할 우려가 없도록 목주, 기타 이와 유사한 것에 시설하는 경우
㉣ 철대 또는 외함의 주위에 적당한 절연대를 설치하는 경우
㉤ 2중 절연의 구조로 되어 있는 기계기구를 시설하는 경우

ⓑ 저압용의 기계기구에 전기를 공급하는 전로의 전원 측에 절연변압기(2차 전압이 300[V] 이하이고, 정격용량이 3[kVA] 이하인 것에 한한다)를 시설하고 또한 그 절연변압기의 부하측의 전로를 접지하지 아니하는 경우

ⓢ 전기를 공급하는 전로에 인체감전보호용 누전차단기(정격감도전류가 30[mA] 이하, 동작시간이 0.03[sec] 이하의 전류동작형의 것에 한한다)를 시설하는 경우

★ 산업 13년 3회

**73** 전로에 시설하는 기계기구 중에서 외함접 지공사를 생략할 수 없는 경우는?

① 사용전압이 직류 300[V] 또는 교류 대지 전압이 150[V] 이하인 기계기구를 건조한 장소에 시설하는 경우

② 정격감도전류 40[mA], 동작시간이 0.5[sec] 인 전류동작형의 인체감전보호용 누전차단기를 시설하는 경우

③ 외함이 없는 계기용 변성기가 고무·합성수지, 기타의 절연물로 피복한 것일 경우

④ 철대 또는 외함의 주위에 적당한 절연대를 설치하는 경우

**⊼ 해설 기계기구의 철대 및 외함의 접지**(KEC 142.7)

기계기구의 철대 및 외함의 접지를 생략할 수 있는 경우는 다음과 같다.

㉠ 직류 300[V] 또는 교류 150[V] 이하인 기계기구를 건조한 곳에 시설하는 경우

㉡ 저압용의 기계기구를 그 저압전로에 지기가 생겼을 때 그 전로를 자동적으로 차단하는 장치를 시설한 저압전로에 접속하여 건조한 곳에 시설하는 경우

㉢ 배전용 변압기나 이에 접속하는 전선에 시설하는 기계기구를 사람이 쉽게 접촉할 우려가 없도록 목주, 기타 이와 유사한 것에 시설하는 경우

㉣ 철대 또는 외함의 주위에 적당한 절연대를 설치하는 경우

㉤ 2중 절연의 구조로 되어 있는 기계기구를 시설하는 경우

㉥ 저압용의 기계기구에 전기를 공급하는 전로의 전원 측에 절연변압기(2차 전압이 300[V] 이하이고, 정격용량이 3[kVA] 이하인 것에 한함)를 시설하고 또한 그 절연변압기의 부하측의 전로를 접지하지 아니하는 경우

㉦ 전기를 공급하는 전로에 인체감전보호용 누전차단기(정격감도전류가 30[mA] 이하, 동작시간이 0.03[sec] 이하의 전류동작형의 것에 한함)를 시설하는 경우

★★★★ 기사 97년 6회, 04년 1회

**74** 저압용 기계기구에 인체에 대한 감전보호용 누전차단기를 시설하면 외함의 접지를 생략할 수 있다. 이 경우의 누전차단기 정격에 대한 기술기준으로 적합한 것은?

① 정격감도전류 30[mA] 이하, 동작시간 0.03[sec] 이하의 전류동작형

② 정격감도전류 30[mA] 이하, 동작시간 0.1[sec] 이하의 전류동작형

③ 정격감도전류 60[mA] 이하, 동작시간 0.03[sec] 이하의 전류동작형

④ 정격감도전류 60[mA] 이하, 동작시간 0.1[sec] 이하의 전류동작형

**⊼ 해설 기계기구의 철대 및 외함의 접지**(KEC 142.7)

저압용의 개별 기계기구에 전기를 공급하는 전로에 인체감전보호용 누전차단기는 정격감도전류가 30[mA] 이하, 동작시간이 0.03[sec] 이하의 전류동작형의 것을 말한다.

CHAPTER

# 02

# 저압 전기설비

**25%**출제

**이렇게 공부하세요!!**

**출제경향분석**

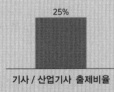

25%

기사 / 산업기사 출제비율

**출제포인트**

☑ 접지방식의 종류와 상황에 따른 접지방식의 특성에 대해 이해한다.

☑ 개폐장치의 종류 및 특성과 설치 시의 유의사항에 대해 이해한다.

☑ 옥내설비의 일반적 사항에 대한 내용을 이해한다.

☑ 분기회로의 시설기준을 알아보고 옥내 배선공사의 종류를 이해한다.

☑ 옥내 배선공사 방법과 특수시설 시 유의사항에 대해 이해한다.

## 출제 01 통칙(KEC 200)

### 1 적용범위(KEC 201)

교류 1[kV] 또는 직류 1.5[kV] 이하인 저압의 전기를 공급하거나 사용하는 전기설비에 적용하며 다음의 경우를 포함한다.

(1) 전기설비를 구성하거나 연결하는 선로와 전기기계기구 등의 구성품

(2) 저압기기에서 유도된 1[kV] 초과 회로 및 기기
   (예 저압 전원에 의한 고압방전등, 전기집진기 등)

### 2 배전방식(KEC 202)

**(1) 교류회로(KEC 202.1)**
   ① 3상 4선식의 중성선 또는 PEN 도체는 충전도체는 아니지만 운전전류를 흘리는 도체이다.
   ② 3상 4선식에서 파생되는 단상 2선식 배전방식의 경우 두 도체 모두가 선도체이거나 하나의 선도체와 중성선 또는 하나의 선도체와 PEN 도체이다.
   ③ 모든 부하가 선간에 접속된 전기설비에서는 중성선의 설치가 필요하지 않을 수 있다.

**(2) 직류회로(KEC 202.2)**
   PEL과 PEM 도체는 충전도체는 아니지만 운전전류를 흘리는 도체이다. 2선식 배전방식이나 3선식 배전방식을 적용한다.

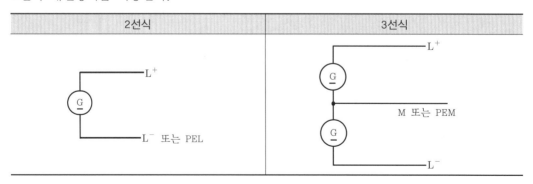

| 2선식 | 3선식 |
|---|---|

## 3 계통접지의 방식(KEC 203)

### (1) 계통접지 구성(KEC 203.1)

① 저압전로의 보호도체 및 중성선의 접속방식에 따라 접지계통은 다음과 같이 분류한다.

  ㉠ TN 계통

  ㉡ TT 계통

  ㉢ IT 계통

② 계통접지에서 사용되는 문자의 정의는 다음과 같다.

  ㉠ 제1문자 – 전원계통과 대지의 관계

  • T : 한 점을 대지에 직접 접속

  • I : 모든 충전부를 대지와 절연시키거나 높은 임피던스를 통하여 한 점을 대지에 직접 접속

  ㉡ 제2문자 – 전기설비의 노출도전부와 대지의 관계

  • T : 노출도전부를 대지로 직접 접속, 전원계통의 접지와는 무관

  • N : 노출도전부를 전원계통의 접지점(교류계통에서는 통상적으로 중성점, 중성점이 없을 경우는 선도체)에 직접 접속

  ㉢ 그 다음 문자(문자가 있을 경우) – 중성선과 보호도체의 배치

  • S : 중성선 또는 접지된 선도체 외에 별도의 도체에 의해 제공되는 보호기능

  • C : 중성선과 보호기능을 한 개의 도체로 겸용(PEN 도체)

③ 각 계통에서 나타내는 그림의 기호는 다음과 같다.

**┃기호 설명┃**

| | |
|---|---|
| | 중성선(N), 중간도체(M) |
| | 보호도체(PE) |
| | 중성선과 보호도체 겸용(PEN) |

### (2) TN 계통(KEC 203.2)

전원측의 한 점을 직접 접지하고 설비의 노출도전부를 보호도체로 접속시키는 방식으로 중성선 및 보호도체(PE 도체)의 배치 및 접속방식에 따라 다음과 같이 분류한다.

① TN-S 계통은 계통 전체에 대해 별도의 중성선 또는 PE 도체를 사용한다. 배전계통에서 PE 도체를 추가로 접지할 수 있다.

| 구 분 | 계통 구성도 |
|---|---|
| 계통 내에서 별도의 중성선과 보호도체가 있는 TN-S 계통 | 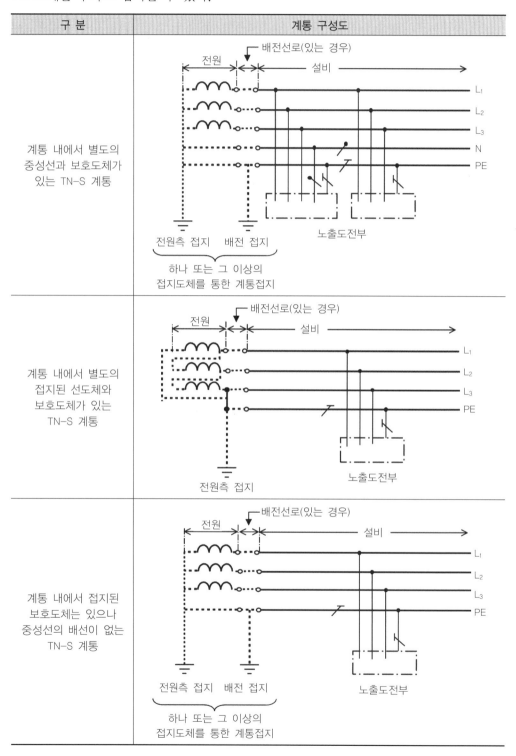 |
| 계통 내에서 별도의 접지된 선도체와 보호도체가 있는 TN-S 계통 | |
| 계통 내에서 접지된 보호도체는 있으나 중성선의 배선이 없는 TN-S 계통 | |

② TN-C 계통은 그 계통 전체에 대해 중성선과 보호도체의 기능을 동일 도체로 겸용한 PEN 도체를 사용한다. 배전계통에서 PEN 도체를 추가로 접지할 수 있다.

| 구 분 | 계통 구성도 |
| --- | --- |
| TN-C 계통 | 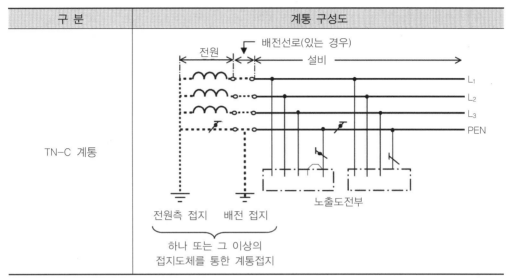 |

③ TN-C-S 계통은 계통의 일부분에서 PEN 도체를 사용하거나, 중성선과 별도의 PE 도체를 사용하는 방식이 있다. 배전계통에서 PEN 도체와 PE 도체를 추가로 접지할 수 있다.

| 구 분 | 계통 구성도 |
| --- | --- |
| 설비의 어느 곳에서 PEN이 PE와 N으로 분리된 3상 4선식 TN-C-S 계통 | 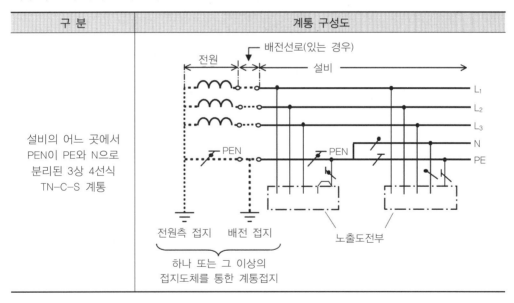 |

### (3) TT 계통(KEC 203.3)

전원의 한 점을 직접 접지하고 설비의 노출도전부는 전원의 접지전극과 전기적으로 독립적인 접지극에 접속시킨다. 배전계통에서 PE 도체를 추가로 접지할 수 있다.

| 구 분 | 계통 구성도 |
|---|---|
| 설비 전체에서 별도의 중성선과 보호도체가 있는 TT 계통 | 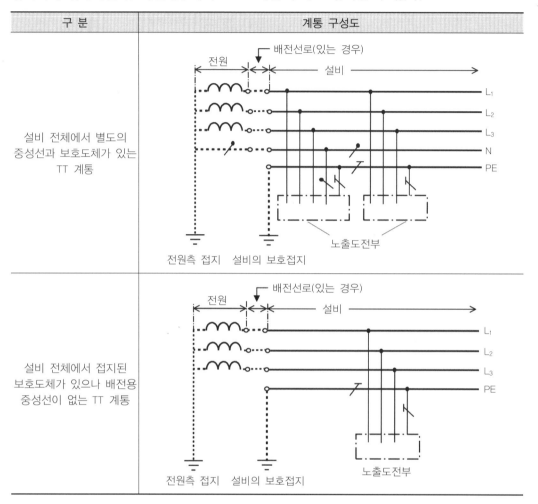 |
| 설비 전체에서 접지된 보호도체가 있으나 배전용 중성선이 없는 TT 계통 | |

### (4) IT 계통(KEC 203.4)

① 충전부 전체를 대지로부터 절연시키거나, 한 점을 임피던스를 통해 대지에 접속시킨다. 전기설비의 노출도전부를 단독 또는 일괄적으로 계통의 PE 도체에 접속시킨다. 배전계통에서 추가접지가 가능하다.

② 계통은 충분히 높은 임피던스를 통하여 접지할 수 있다. 이 접속은 중성점, 인위적 중성점, 선도체 등에서 할 수 있다. 중성선은 배선할 수도 있고, 배선하지 않을 수도 있다.

| 구 분 | 계통 구성도 |
|---|---|
| 계통 내의 모든 노출도전부가 보호도체에 의해 접속되어 일괄 접지된 IT 계통 | 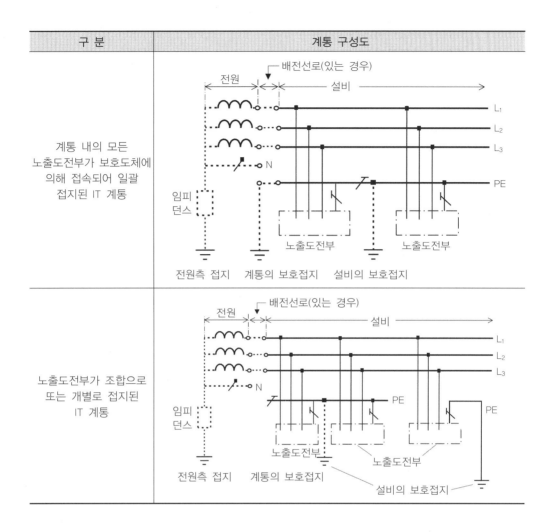 |
| 노출도전부가 조합으로 또는 개별로 접지된 IT 계통 | |

<br>

## 출제 02  감전에 대한 보호(KEC 211)

### 1 보호대책 일반 요구사항(KEC 211.1)

**(1) 적용범위**(KEC 211.1.1)

① 인축에 대한 기본보호와 고장보호를 위한 필수조건을 규정하고 있다.

② 외부 영향과 관련된 조건의 적용과 특수설비 및 특수장소의 시설에 있어서의 추가적인 보호의 적용을 위한 조건도 규정한다.

**(2) 일반 요구사항**(KEC 211.1.2)

① 안전을 위한 보호에서는 다음의 전압 규정에 따른다.

  ㉠ **교류전압은 실효값**으로 한다.

  ㉡ **직류전압은 리플프리**로 한다.

② 설비의 각 부분에서 하나 이상의 보호대책은 다음을 적용하여야 한다.

　㉠ 전원의 자동차단

　㉡ 이중절연 또는 강화절연

　㉢ 한 개의 전기사용기기에 전기를 공급하기 위한 전기적 분리

　㉣ SELV와 PELV에 의한 특별저압

③ 숙련자와 기능자의 통제 또는 감독이 있는 설비에 적용 가능한 보호대책은 다음과 같다.

　㉠ 비도전성 장소

　㉡ 비접지 국부등전위본딩

　㉢ 두 개 이상의 전기사용기기에 공급하기 위한 전기적 분리

## 2 전원의 자동차단에 의한 보호대책(KEC 211.2)

### (1) 보호대책 일반 요구사항(KEC 211.2.1)

① 전원의 자동차단에 의한 보호대책

　㉠ 기본보호는 충전부의 기본절연 또는 격벽이나 외함에 의한다.

　㉡ 고장보호는 보호등전위본딩 및 자동차단에 의한다.

　㉢ 추가적인 보호로 누전차단기를 시설할 수 있다.

② 누설전류감시장치는 보호장치는 아니지만 전기설비의 누설전류를 감시하는 데 사용된다. 다만, 누설전류감시장치는 누설전류의 설정값을 초과하는 경우 음향 또는 음향과 시각적인 신호를 발생시켜야 한다.

### (2) 고장보호의 요구사항(KEC 211.2.3)

① 보호접지

　㉠ **노출도전부**는 계통접지별로 규정된 특정조건에서 **보호도체에 접속**하여야 한다.

　㉡ 동시에 접근 가능한 **노출도전부는 개별적 또는 집합적으로 같은 접지계통에 접속**하여야 한다. 각 회로는 해당 접지단자에 접속된 보호도체를 이용하여야 한다.

② 보호등전위본딩

　㉠ 도전성 부분은 보호등전위본딩으로 접속하여야 한다.

　㉡ 건축물 외부로부터 인입된 도전부는 건축물 안쪽의 가까운 지점에서 본딩하여야 한다.

③ 고장 시의 자동차단

　㉠ 보호장치는 회로의 선도체와 노출도전부 또는 선도체와 기기의 보호도체 사이의 임피던스가 무시할 정도로 되는 고장의 경우 규정된 차단시간 내에서 회로의 선도체 또는 설비의 전원을 자동으로 차단하여야 한다.

ⓛ 다음 표에 최대차단시간은 32[A] 이하 분기회로에 적용한다.

| 계통 | $50[V] < U_0 \leq 120[V]$ | | $120[V] < U_0 \leq 230[V]$ | | $230[V] < U_0 \leq 400[V]$ | | $U_0 > 400[V]$ | |
|---|---|---|---|---|---|---|---|---|
| | 교류 | 직류 | 교류 | 직류 | 교류 | 직류 | 교류 | 직류 |
| TN | 0.8 | 비고 | 0.4 | 5 | 0.2 | 0.4 | 0.1 | 0.1 |
| TT | 0.3 | 비고 | 0.2 | 0.4 | 0.07 | 0.2 | 0.04 | 0.1 |

• TT 계통에서 차단은 과전류보호장치에 의해 이루어지고 보호등전위본딩은 설비 안의 모든 계통외도전부와 접속되는 경우 TN 계통에 적용 가능한 최대차단시간이 사용될 수 있다.
• $U_0$는 대지에서 공칭교류전압 또는 직류 선간전압이다.
[비고] 차단은 감전보호 외에 다른 원인에 의해 요구될 수 있다.

ⓒ 위의 표 이외에는 최대차단시간을 다음과 같이 적용한다.
   • TN 계통에서 5초 이하
   • TT 계통에서 1초 이하

④ 추가적인 보호(누전차단기 이용)
   ㉠ 일반인이 사용하는 정격전류 20[A] 이하 콘센트
   ㉡ 옥외에서 사용되는 정격전류 32[A] 이하 이동용 전기기기

## (3) 누전차단기의 시설(KEC 211.2.4)

① 전원의 자동차단에 의한 저압전로의 보호대책으로 누전차단기를 시설해야 할 대상은 다음과 같다.
   ㉠ **금속제 외함을 가지는 사용전압이 50[V]를 초과**하는 저압의 기계기구로서 사람이 쉽게 접촉할 우려가 있는 곳에 시설하는 것에 전기를 공급하는 전로. 다만, 다음의 어느 하나에 해당하는 경우에는 적용하지 않는다.
   • 기계기구를 발전소ㆍ변전소ㆍ개폐소 또는 이에 준하는 곳에 시설하는 경우
   • 기계기구를 건조한 곳에 시설하는 경우
   • 대지전압이 150[V] 이하인 기계기구를 물기가 있는 곳 이외의 곳에 시설하는 경우
   • 이중절연구조의 기계기구를 시설하는 경우
   • 그 전로의 전원측에 절연변압기(2차 전압이 300[V] 이하인 경우)를 시설하고 또한 그 절연변압기의 부하측의 전로에 접지하지 아니하는 경우
   • 기계기구가 고무ㆍ합성수지 기타 절연물로 피복된 경우
   • 기계기구가 유도전동기의 2차측 전로에 접속되는 것일 경우
   ㉡ 주택의 인입구 등 누전차단기 설치를 요구하는 전로
   ㉢ 특고압전로, 고압전로 또는 저압전로와 변압기에 의하여 결합되는 사용전압 400[V] 초과의 저압전로 또는 발전기에서 공급하는 사용전압 400[V] 초과의 저압전로(발전소 및 변전소와 이에 준하는 곳에 있는 부분의 전로를 제외).
   ㉣ 다음의 전로에는 자동복구기능을 갖는 누전차단기를 시설할 수 있다.
   • 독립된 무인 통신중계소ㆍ기지국
   • 관련 법령에 의해 일반인의 출입을 금지 또는 제한하는 곳

    • 옥외의 장소에 무인으로 운전하는 통신중계기 또는 단위기기 전용회로. 단, 일반인이 특정한 목적을 위해 지체하는(머물러 있는) 장소로서 버스정류장, 횡단보도 등에는 시설할 수 없다.

② 저압용 비상용 조명장치 · 비상용 승강기 · 유도등 · 철도용 신호장치, 비접지 저압전로, 기타 그 정지가 공공의 안전 확보에 지장을 줄 우려가 있는 기계기구에 전기를 공급하는 전로의 경우, 그 전로에서 지락이 생겼을 때에 이를 기술원 감시소에 경보하는 장치를 설치한 때에는 장치를 시설하지 않을 수 있다.

③ **일반인이 접촉할 우려가 있는 장소**(세대 내 분전반 및 이와 유사한 장소)**에는 주택용 누전차단기를 시설하여야 한다.**

## (4) TN 계통(KEC 211.2.5)

① TN 계통에서 설비의 접지 신뢰성은 PEN 도체 또는 PE 도체와 접지극과의 효과적인 접속에 의한다.

② **전원 공급계통의 중성점이나 중간점은 접지하여야 한다.** 중성점이나 중간점을 접지할 수 없는 경우에는 선도체 중 하나를 접지하여야 한다. 설비의 노출도전부는 보호도체로 전원 공급계통의 접지점에 접속하여야 한다.

③ 다른 유효한 접지점이 있다면, 보호도체(PE 및 PEN 도체)는 건물이나 구내의 인입구 또는 추가로 접지하여야 한다.

④ **고정설비에서 보호도체와 중성선을 겸하여(PEN 도체) 사용될 수 있다.** 이러한 경우에는 PEN 도체에는 어떠한 개폐장치나 단로장치가 삽입되지 않아야 한다.

⑤ 보호장치의 특성과 회로의 임피던스는 다음 조건을 충족하여야 한다.

$$Z_s \times I_a \leq U_0$$

여기서, $Z_s$ : 다음과 같이 구성된 고장루프임피던스[Ω]
    • 전원의 임피던스
    • 고장점까지의 선도체 임피던스
    • 고장점과 전원 사이의 보호도체 임피던스
    $I_a$ : 제시된 시간 내에 차단장치 또는 누전차단기를 자동으로 동작하게 하는 전류[A]
    $U_0$ : 공칭대지전압[V]

⑥ **TN 계통에서 과전류보호장치 및 누전차단기는 고장보호에 사용할 수 있다.** 누전차단기를 사용하는 경우 과전류보호 겸용의 것을 사용해야 한다.

⑦ **TN-C 계통에는 누전차단기를 사용해서는 아니 된다.** TN-C-S 계통에 누전차단기를 설치하는 경우에는 누전차단기의 부하측에는 PEN 도체를 사용할 수 없다. 이러한 경우 PE 도체는 누전차단기의 전원측에서 PEN 도체에 접속하여야 한다.

## (5) TT 계통(KEC 211.2.6)

① **전원계통의 중성점이나 중간점은 접지하여야 한다.** 중성점이나 중간점을 이용할 수 없는 경우, 선도체 중 하나를 접지하여야 한다.

② **TT 계통은 누전차단기를 사용하여 고장보호를 하여야 한다.** 다만, 고장루프임피던스가 충분히 낮을 때는 과전류보호장치에 의하여 고장보호를 할 수 있다.

③ 누전차단기를 사용하여 TT 계통의 고장보호를 하는 경우에는 다음에 적합하여야 한다.

$$R_A \times I_{\Delta n} \leq 50\,V$$

여기서, $R_A$ : 노출도전부에 접속된 보호도체와 접지극 저항의 합[Ω]

$I_{\Delta n}$ : 누전차단기의 정격동작전류[A]

④ 과전류보호장치를 사용하여 TT 계통의 고장보호를 할 때에는 다음의 조건을 충족하여야 한다.

$$Z_s \times I_a \leq U_0$$

여기서, $Z_s$ : 다음과 같이 구성된 고장루프임피던스[Ω]
- 전원
- 고장점까지의 선도체
- 노출도전부의 보호도체
- 접지도체
- 설비의 접지극
- 전원의 접지극

$I_a$ : 차단시간 내에 차단장치가 자동 작동하는 전류[A]

$U_0$ : 공칭대지전압[V]

## (6) IT 계통(KEC 211.2.7)

① 노출도전부 또는 대지로 단일고장이 발생한 경우에는 고장전류가 작기 때문에 자동차단이 절대적 요구사항은 아니다. 그러나 두 곳에서 고장발생 시 동시에 접근이 가능한 노출도전부에 접촉되는 경우에는 인체에 위험을 피하기 위한 조치를 하여야 한다.

② 노출도전부는 개별 또는 집합적으로 접지하여야 하며, 다음 조건을 충족하여야 한다.

- 교류계통 : $R_A \times I_d \leq 50\,V$
- 직류계통 : $R_A \times I_d \leq 120\,V$

여기서, $R_A$ : 접지극과 노출도전부에 접속된 보호도체 저항의 합

$I_d$ : 하나의 선도체와 노출도전부 사이에서 무시할 수 있는 임피던스로 1차 고장이 발생했을 때의 고장전류[A]로 전기설비의 누설전류와 총 접지임피던스를 고려한 값

③ IT 계통은 다음과 같은 감시장치와 보호장치를 사용할 수 있으며, 1차 고장이 지속되는 동안 작동되어야 한다. 절연감시장치는 음향 및 시각신호를 갖추어야 한다.

　　㉠ 절연감시장치

　　㉡ 누설전류감시장치

　　㉢ 절연고장점검출장치

　　㉣ 과전류보호장치

　　㉤ 누전차단기

### (7) 기능적 특별저압(FELV)(KEC 211.2.8)

기능상의 이유로 교류 50[V], 직류 120[V] 이하인 공칭전압을 사용하지만, SELV 또는 PELV(KEC 211.5)에 대한 모든 요구조건이 충족되지 않고 SELV와 PELV가 필요치 않은 경우에는 기본보호 및 고장보호의 보장을 위해 다음에 따라야 한다. 이러한 조건의 조합을 FELV라 한다.

① **기본보호**는 다음 중 어느 하나에 따른다.

　　㉠ 전원의 1차 회로의 공칭전압에 대응하는 기본절연

　　㉡ 격벽 또는 외함

② 고장보호는 1차 회로가 전원의 자동차단에 의한 보호가 될 경우 FELV 회로기기의 노출도 전부는 전원의 1차 회로의 보호도체에 접속하여야 한다.

③ **FELV 계통의 전원은 최소한 단순 분리형 변압기에 의한다.** 만약 FELV 계통이 단권변압기 등과 같이 최소한의 단순 분리가 되지 않은 기기에 의해 높은 전압계통으로부터 공급되는 경우 FELV 계통은 높은 전압계통의 연장으로 간주되고 높은 전압계통에 적용되는 보호방법에 의해 보호해야 한다.

④ FELV 계통용 플러그와 콘센트는 다음의 모든 요구사항에 부합하여야 한다.

　　㉠ 플러그를 다른 전압계통의 콘센트에 꽂을 수 없어야 한다.

　　㉡ 콘센트는 다른 전압계통의 플러그를 수용할 수 없어야 한다.

　　㉢ 콘센트는 보호도체에 접속하여야 한다.

### ■3■ 이중절연 또는 강화절연에 의한 보호(KEC 211.3)
### – 보호대책 일반 요구사항(KEC 211.3.1)

(1) 이중 또는 강화절연은 기본절연의 고장으로 인해 전기기기의 접근 가능한 부분에 위험전압이 발생하는 것을 방지하기 위한 보호대책으로 다음에 따른다.

① 기본보호는 기본절연에 의하며, 고장보호는 보조절연에 의한다.

② 기본 및 고장 보호는 충전부의 접근 가능한 부분의 강화절연에 의한다.

(2) 이중 또는 강화절연에 의한 보호대책은 거의 모든 상황에 적용할 수 있다(KEC 240에서 몇 가지 제외).

## 4 전기적 분리에 의한 보호(KEC 211.4)

### (1) 보호대책 일반 요구사항(KEC 211.4.1)
① 전기적 분리에 의한 보호대책은 다음과 같다.
　㉠ 기본보호는 충전부의 기본절연에 따른 격벽과 외함에 의한다.
　㉡ 고장보호는 분리된 다른 회로와 대지로부터 단순한 분리에 의한다.
② 이 보호대책은 단순 분리된 하나의 비접지 전원으로부터 한 개의 전기사용기기에 공급되는 전원으로 제한된다.

### (2) 고장보호를 위한 요구사항(KEC 211.4.3)
전기적 분리에 의한 고장보호는 다음에 따른다.
① **분리된 회로는 최소한 단순 분리된 전원을 통하여 공급되어야 하며, 분리된 회로의 전압은 500[V] 이하이어야 한다.**
② 분리된 회로의 충전부는 어떤 곳에서도 다른 회로, 대지 또는 보호도체에 접속되어서는 안 되며, 전기적 분리를 보장하기 위해 회로 간에 기본절연을 하여야 한다.
③ 분리된 회로의 노출도전부는 다른 회로의 보호도체, 노출도전부 또는 대지에 접속되어서는 아니 된다.

## 5 SELV와 PELV를 적용한 특별저압에 의한 보호(KEC 211.5)

### (1) 보호대책 일반 요구사항(KEC 211.5.1)
① 특별저압에 의한 보호는 다음의 특별저압계통에 의한 보호대책이다.
　㉠ SELV(Safety Extra-Low Voltage)
　㉡ PELV(Protective Extra-Low Voltage)
② 보호대책의 요구사항
　㉠ **특별저압계통의 전압한계**는 전압밴드 Ⅰ의 상한값인 **교류 50[V] 이하, 직류 120[V] 이하**이어야 한다.
　㉡ 특별저압 회로를 제외한 모든 회로로부터 특별저압계통을 보호 분리하고, 특별저압계통과 다른 특별저압계통 간에는 기본절연을 하여야 한다.
　㉢ SELV 계통과 대지 간의 기본절연을 하여야 한다.

### (2) SELV와 PELV용 전원(KEC 211.5.3)
특별저압계통에는 다음의 전원을 사용해야 한다.
① **안전절연변압기 전원**
② 안전절연변압기 및 이와 동등한 절연의 전원
③ **축전지 및 디젤발전기 등과 같은 독립전원**

④ 내부고장이 발생한 경우에도 출력단자의 전압이 교류 50[V] 및 직류 120[V]를 초과하지 않도록 적절한 표준에 따른 전자장치

⑤ 안전절연변압기, 전동발전기 등 저압으로 공급되는 **이중 또는 강화절연된 이동용 전원**

## (3) SELV와 PELV 회로에 대한 요구사항(KEC 211.5.4)

① SELV 및 PELV 회로는 다음을 포함하여야 한다.

  ㉠ 충전부와 다른 SELV와 PELV 회로 사이의 기본절연

  ㉡ 이중절연 또는 강화절연 또는 최고전압에 대한 기본절연 및 보호차폐에 의한 SELV 또는 PELV 이외의 회로들의 충전부로부터 보호 분리

  ㉢ SELV 회로는 충전부와 대지 사이에 기본절연

  ㉣ PELV 회로 및 PELV 회로에 의해 공급되는 기기의 노출도전부는 접지

② 기본절연이 된 다른 회로의 충전부로부터 특별저압 회로 배선계통의 보호 분리는 다음의 방법 중 하나에 의한다.

  ㉠ **SELV와 PELV 회로의 도체들은 기본절연을 하고 비금속외피 또는 절연된 외함으로 시설하여야 한다.**

  ㉡ SELV와 PELV 회로의 도체들은 전압밴드 I보다 높은 전압 회로의 도체들로부터 접지된 금속시스 또는 접지된 금속 차폐물에 의해 분리하여야 한다.

  ㉢ SELV와 PELV 회로의 도체들이 사용 최고전압에 대해 절연된 경우 전압밴드 I보다 높은 전압의 다른 회로 도체들과 함께 다심케이블 또는 다른 도체 그룹에 수용할 수 있다.

③ SELV와 PELV 계통의 플러그와 콘센트는 다음에 따라야 한다.

  ㉠ 플러그는 다른 전압계통의 콘센트에 꽂을 수 없어야 한다.

  ㉡ 콘센트는 다른 전압계통의 플러그를 수용할 수 없어야 한다.

  ㉢ SELV 계통에서 플러그 및 콘센트는 보호도체에 접속하지 않아야 한다.

④ SELV 회로의 노출도전부는 대지 또는 다른 회로의 노출도전부나 보호도체에 접속하지 않아야 한다.

⑤ **공칭전압이 교류 25[V] 또는 직류 60[V]를 초과하거나 기기가 (물에) 잠겨 있는 경우 기본 보호는 특별저압 회로에서 절연 또는 격벽과 외함으로 한다.**

⑥ 건조한 상태에서 다음의 경우는 기본보호를 하지 않아도 된다.

  ㉠ SELV 회로에서 공칭전압이 교류 25[V] 또는 직류 60[V]를 초과하지 않는 경우

  ㉡ PELV 회로에서 공칭전압이 교류 25[V] 또는 직류 60[V]를 초과하지 않고 노출도전부 및 충전부가 보호도체에 의해서 주접지단자에 접속된 경우

⑦ **SELV 또는 PELV 계통의 공칭전압이 교류 12[V] 또는 직류 30[V]를 초과하지 않는 경우에는 기본보호를 하지 않아도 된다.**

## 6 장애물 및 접촉범위 밖에 배치(KEC 211.8)

### (1) 목적(KEC 211.8.1)
장애물을 두거나 접촉범위 밖에 배치하는 보호대책은 기본보호만 해당한다.

### (2) 장애물(KEC 211.8.2)
① 장애물은 충전부에 무의식적인 접촉을 방지하기 위해 시설하여야 한다.
② 장애물은 다음에 대한 보호를 하여야 한다.
　㉠ 충전부에 인체가 무의식적으로 접근하는 것
　㉡ 정상적인 사용상태에서 충전된 기기를 조작하는 동안 충전부에 무의식적으로 접촉하는 것

### (3) 접촉범위 밖에 배치(KEC 211.8.3)
① 접촉범위 밖에 배치하는 방법에 의한 보호는 충전부에 무의식적으로 접촉하는 것을 방지하기 위함이다.
② 서로 다른 전위로 동시에 접근 가능한 부분이 접촉범위 안에 있으면 안 된다(두 부분의 거리가 2.5[m] 이하인 경우에는 동시 접근이 가능한 것으로 간주).

## 7 숙련자와 기능자의 통제 또는 감독이 있는 설비에 적용 가능한 보호대책(KEC 211.9)

### (1) 비도전성 장소(KEC 211.9.1)
충전부의 기본절연 고장으로 인하여 서로 다른 전위가 될 수 있는 부분들에 대한 동시접촉을 방지하기 위한 것으로 다음과 같이 하여야 한다.
① 다음의 노출도전부는 일반적인 조건에서 사람이 동시에 접촉되지 않도록 배치해야 한다.
　㉠ 두 개의 노출도전부
　㉡ 노출도전부와 계통외도전부
② 비도전성 장소에는 보호도체가 없어야 한다.
③ 절연성 바닥과 벽이 있는 장소에서 다음의 배치들 중 하나 또는 그 이상이 적용되어야 한다.
　㉠ **노출도전부 상호 간, 노출도전부와 계통외도전부 사이의 상대적 간격은 두 부분 사이의 거리가 2.5[m] 이상으로 한다.**
　㉡ 노출도전부와 계통외도전부 사이에 유효한 장애물을 설치한다.
　㉢ 계통외도전부의 절연 또는 절연 배치. 절연은 충분한 기계적 강도와 2[kV] 이상의 시험전압에 견딜 수 있어야 한다(누설전류는 사용 상태에서 1[mA] 이하일 것).
④ 측정점에서의 절연성 바닥과 벽의 저항값은 다음 값 이상으로 하여야 한다.
　㉠ 설비의 공칭전압이 500[V] 이하인 경우 50[kΩ]
　㉡ 설비의 공칭전압이 500[V]를 초과하는 경우 100[kΩ]

**(2) 비접지 국부등전위본딩에 의한 보호**(KEC 211.9.2)

비접지 국부등전위본딩은 위험한 접촉전압이 나타나는 것을 방지하기 위한 것으로 다음과 같이 한다.

① 등전위본딩용 도체는 동시에 접근이 가능한 모든 노출도전부 및 계통외도전부와 상호 접속 하여야 한다.

② 국부등전위본딩 계통은 노출도전부 또는 계통외도전부를 통해 대지와 직접 전기적으로 접촉되지 않아야 한다.

---

### 출제 03  과전류에 대한 보호(KEC 212)

#### 1 일반사항(KEC 212.1)

**(1) 적용범위**(KEC 212.1.1)

과전류의 영향으로부터 회로도체를 보호하기 위한 요구사항으로서 과부하 및 단락고장이 발생할 때 전원을 자동으로 차단하는 하나 이상의 장치에 의해서 회로도체를 보호하기 위한 방법을 규정한다. 다만, 플러그 및 소켓으로 고정설비에 기기를 연결하는 가요성 케이블(또는 가요성 전선)은 이 기준의 적용범위가 아니므로 과전류에 대한 보호가 반드시 이루어지지는 않는다.

**(2) 일반 요구사항**(KEC 212.1.2)

과전류로 인하여 회로의 도체, 절연체, 접속부, 단자부 또는 도체를 감싸는 물체 등에 유해한 열적 및 기계적인 위험이 발생되지 않도록 그 회로의 과전류를 차단하는 보호장치를 설치해야 한다.

#### 2 회로의 특성에 따른 요구사항(KEC 212.2)

**(1) 선도체의 보호**(KEC 212.2.1)

① 과전류검출기의 설치

㉠ **과전류의 검출은 모든 선도체에 대하여 과전류검출기를 설치하여 과전류가 발생할 때 전원을 안전하게 차단해야 한다**(다만, 과전류가 검출된 도체 이외의 다른 선도체는 차단하지 않아도 된다).

㉡ **3상 전동기 등과 같이 단상 차단이 위험을 일으킬 수 있는 경우 적절한 보호조치를 해야 한다.**

② 과전류검출기 설치 예외

TT 계통 또는 TN 계통에서 선도체만을 이용하여 전원을 공급하는 회로의 경우, 다음 조건 들을 충족하면 선도체 중 어느 하나에는 과전류검출기를 설치하지 않아도 된다.

㉠ 동일 회로 또는 전원측에서 부하 불평형을 감지하고 모든 선도체를 차단하기 위한 보호
장치를 갖춘 경우

㉡ 보호장치의 부하측에 위치한 회로의 인위적 중성점으로부터 중성선을 배선하지 않는
경우

## (2) 중성선의 보호(KEC 212.2.2)

① TT 계통 또는 TN 계통

㉠ 중성선의 단면적이 선도체의 단면적과 동등 이상의 크기이고, 그 중성선의 전류가 선도
체의 전류보다 크지 않을 것으로 예상될 경우 중성선에는 과전류검출기 또는 차단장치
를 설치하지 않아도 된다.

㉡ **중성선의 단면적이 선도체의 단면적보다 작은 경우 과전류검출기를 설치할 필요가 있
다.** 검출된 과전류가 설계전류를 초과하면 선도체를 차단해야 하지만, 중성선을 차단할
필요까지는 없다.

② IT 계통

㉠ **중성선을 배선하는 경우 중성선에 과전류검출기를 설치해야 하며, 과전류가 검출되면
중성선을 포함한 해당 회로의 모든 충전도체를 차단해야 한다.**

㉡ 다음의 경우에는 과전류검출기를 설치하지 않아도 된다.

• 설비의 전력 공급점과 같은 전원측에 설치된 보호장치에 의해 그 중성선이 과전류에
대해 효과적으로 보호되는 경우

• 정격감도전류가 해당 중성선 허용전류의 0.2배 이하인 누전차단기로 그 회로를 보호
하는 경우

## (3) 중성선의 차단 및 재폐로(KEC 212.2.3)

중성선을 차단 및 재폐로하는 개폐기 및 차단기의 동작은 다음에 따라야 한다.

① **차단 시에는 중성선이 선도체보다 늦게 차단되어야 한다.**

② **재폐로 시에는 선도체와 동시 또는 그 이전에 재폐로되어야 한다.**

## ■3 보호장치의 종류 및 특성(KEC 212.3)

### (1) 과부하전류 및 단락전류 겸용 보호장치

과부하전류 및 단락전류 모두를 보호하는 장치는 그 보호장치 설치점에서 예상되는 단락전류
를 포함한 모든 과전류를 차단 및 투입할 수 있는 능력이 있어야 한다.

### (2) 과부하전류 전용 보호장치

① 과부하전류 전용 보호장치는 과부하전류에 대한 보호능력이 있어야 한다.

② 차단용량은 그 설치점에서의 예상 단락전류값 미만으로 할 수 있다.

### (3) 단락전류 전용 보호장치

① 과부하 보호를 별도의 보호장치에 의할 때 설치할 수 있다.

② 과부하 보호장치의 생략이 허용되는 경우에 설치할 수 있다.

③ 예상 단락전류를 차단할 수 있어야 한다.

④ 차단기인 경우에는 이 단락전류를 투입할 수 있어야 한다.

### (4) 보호장치의 특성(KEC 212.3.4)

① 과전류 보호장치는 표준(배선차단기, 누전차단기, 퓨즈 등의 표준)의 동작 특성에 적합하여야 한다.

② 과전류차단기로 저압전로에 사용하는 범용의 퓨즈는 다음 표에 적합한 것이어야 한다.

**▌퓨즈(gG)의 용단 특성 ▌**

| 정격전류의 구분 | 시 간 | 정격전류의 배수 | |
|---|---|---|---|
| | | 불용단전류 | 용단전류 |
| 4[A] 이하 | 60분 | 1.5배 | 2.1배 |
| 4[A] 초과 16[A] 미만 | 60분 | 1.5배 | 1.9배 |
| 16[A] 이상 63[A] 이하 | 60분 | 1.25배 | 1.6배 |
| 63[A] 초과 160[A] 이하 | 120분 | 1.25배 | 1.6배 |
| 160[A] 초과 400[A] 이하 | 180분 | 1.25배 | 1.6배 |
| 400[A] 초과 | 240분 | 1.25배 | 1.6배 |

③ 과전류차단기로 저압전로에 사용하는 산업용 배선차단기는 다음 표에 적합한 것이어야 한다.

**▌과전류 트립 동작시간 및 특성(산업용 배선차단기) ▌**

| 정격전류의 구분 | 시 간 | 정격전류의 배수(모든 극에 통전) | |
|---|---|---|---|
| | | 부동작전류 | 동작전류 |
| 63[A] 이하 | 60분 | 1.05배 | 1.3배 |
| 63[A] 초과 | 120분 | 1.05배 | 1.3배 |

④ 과전류차단기로 저압전로에 사용하는 주택용 배선차단기는 다음 표에 적합한 것이어야 한다. 다만, 일반인이 접촉할 우려가 있는 장소(세대 내 분전반 및 이와 유사한 장소)에는 주택용 배선차단기를 시설하여야 한다.

**▌순시 트립에 따른 구분(주택용 배선차단기) ▌**

| 형 | 순시 트립 범위 |
|---|---|
| B | $3I_n$ 초과 ~ $5I_n$ 이하 |
| C | $5I_n$ 초과 ~ $10I_n$ 이하 |
| D | $10I_n$ 초과 ~ $20I_n$ 이하 |

[비고] 1. B, C, D : 순시 트립 전류에 따른 차단기 분류
   2. $I_n$ : 차단기 정격전류

**▌과전류 트립 동작시간 및 특성(주택용 배선차단기) ▌**

| 정격전류의 구분 | 시 간 | 정격전류의 배수 (모든 극에 통전) | |
|---|---|---|---|
| | | 부동작전류 | 동작전류 |
| 63[A] 이하 | 60분 | 1.13배 | 1.45배 |
| 63[A] 초과 | 120분 | 1.13배 | 1.45배 |

## **4** 과부하전류에 대한 보호(KEC 212.4)

### (1) 도체와 과부하보호장치 사이의 협조(KEC 212.4.1)

과부하에 대해 케이블(전선)을 보호하는 장치의 동작특성은 다음의 조건을 충족해야 한다.

$$I_B \leq I_n \leq I_Z$$
$$I_2 \leq 1.45 \times I_Z$$

여기서, $I_B$ : 회로의 설계전류

$I_Z$ : 케이블의 허용전류

$I_n$ : 보호장치의 정격전류

$I_2$ : 보호장치가 규약시간 이내에 유효하게 동작하는 것을 보장하는 전류

① 위의 식 $I_2 \leq 1.45 \times I_Z$에 따른 보호는 조건에 따라서는 보호가 불확실한 경우가 발생할 수 있다. 이러한 경우에는 식 $I_2 \leq 1.45 \times I_Z$에 따라 선정된 케이블보다 단면적이 큰 케이블을 선정하여야 한다.

② $I_B$는 선도체를 흐르는 설계전류이거나, 함유율이 높은 영상분 고조파(특히 제3고조파)가 지속적으로 흐르는 경우 중성선에 흐르는 전류이다.

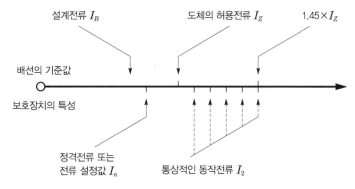

▎과부하 보호설계 조건도 ▎

### (2) 과부하보호장치의 설치위치(KEC 212.4.2)

① 설치위치

과부하보호장치는 전로 중 도체의 단면적, 특성, 설치방법, 구성의 변경으로 도체의 허용전류값이 줄어드는 곳(이하 분기점이라 함)에 설치해야 한다.

② 설치위치의 예외

과부하보호장치는 분기점(O)에 설치해야 하나, 분기점(O)과 분기회로의 과부하보호장치의 설치점 사이의 배선부분에 다른 분기회로나 콘센트 회로가 접속되어 있지 않고, 다음 중 하나를 충족하는 경우에는 변경이 있는 배선에 설치할 수 있다.

㉠ 다음 그림과 같이 분기회로($S_2$)의 과부하보호장치($P_2$)의 전원측에 다른 분기회로 또는 콘센트의 접속이 없고 분기회로에 대한 단락보호가 이루어지고 있는 경우, $P_2$는 분기회로의 분기점(O)으로부터 부하측으로 거리에 구애 받지 않고 이동하여 설치할 수 있다.

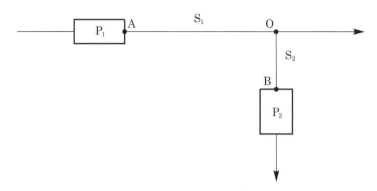

∥ 분기회로($S_2$)의 분기점(O)에 설치되지 않은 분기회로 과부하보호장치($P_2$) ∥

㉡ 다음 그림과 같이 **분기회로($S_2$)의 보호장치($P_2$)는 ($P_2$)의 전원측에서 분기점(O) 사이에 다른 분기회로 또는 콘센트의 접속이 없고, 단락의 위험과 화재 및 인체에 대한 위험성이 최소화되도록 시설된 경우, 분기회로의 보호장치($P_2$)는 분기회로의 분기점(O)으로부터 3[m]까지 이동하여 설치할 수 있다.**

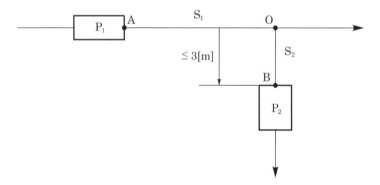

∥ 분기회로($S_2$)의 분기점(O)에서 3[m] 이내에 설치된 과부하보호장치($P_2$) ∥

## (3) 과부하보호장치의 생략(KEC 212.4.3)

다음과 같은 경우에는 과부하보호장치를 생략할 수 있다.

① 일반사항

㉠ 분기회로의 전원측에 설치된 보호장치에 의하여 분기회로에서 발생하는 과부하에 대해 유효하게 보호되고 있는 분기회로

ⓛ 단락보호가 되고 있으며, 분기점 이후의 분기회로에 다른 분기회로 및 콘센트가 접속되지 않는 분기회로 중 부하에 설치된 과부하보호장치가 유효하게 동작하여 과부하전류가 분기회로에 전달되지 않도록 조치를 하는 경우

ⓒ 통신회로용, 제어회로용, 신호회로용 및 이와 유사한 설비

② IT 계통에서 과부하보호장치 설치위치 변경 또는 생략

ⓞ 과부하에 대해 보호가 되지 않은 각 회로가 다음과 같은 방법 중 어느 하나에 의해 보호될 경우, 설치위치 변경 또는 생략이 가능하다.
- 이중절연 또는 강화절연에 의한 보호수단 적용
- 2차 고장이 발생할 때 즉시 작동하는 누전차단기로 각 회로를 보호
- 지속적으로 감시되는 시스템의 경우 다음 중 어느 하나의 기능을 구비한 절연감시장치의 사용
  - 최초 고장이 발생한 경우 회로를 차단하는 기능
  - 고장을 나타내는 신호를 제공하는 기능

ⓛ 중성선이 없는 IT 계통에서 각 회로에 누전차단기가 설치된 경우에는 선도체 중의 어느 1개에는 과부하보호장치를 생략할 수 있다.

③ **안전을 위해 과부하보호장치를 생략할 수 있는 경우**
사용 중 예상치 못한 회로의 개방이 위험 또는 큰 손상을 초래할 수 있는 다음과 같은 부하에 전원을 공급하는 회로에 대해서는 과부하보호장치를 생략할 수 있다.
ⓞ **회전기의 여자회로**
ⓛ **전자석 크레인의 전원회로**
ⓒ **전류변성기의 2차 회로**
ⓔ **소방설비의 전원회로**
ⓜ **안전설비(주거침입경보, 가스누출경보 등)의 전원회로**

## (4) 병렬도체의 과부하 보호(KEC 212.4.4)

하나의 보호장치가 여러 개의 병렬도체를 보호할 경우, 병렬도체는 분기회로, 분리, 개폐장치를 사용할 수 없다.

## 5 단락전류에 대한 보호(KEC 212.5)

이 기준은 동일 회로에 속하는 도체 사이의 단락인 경우에만 적용하여야 한다.

## (1) 예상 단락전류의 결정(KEC 212.5.1)

설비의 모든 관련 지점에서의 예상 단락전류를 결정해야 한다. 이는 계산 또는 측정에 의하여 수행할 수 있다.

**(2) 단락보호장치의 설치위치**(KEC 212.5.2)

① 단락전류보호장치는 분기점(O)에 설치해야 한다. 다만, 다음 그림과 같이 분기회로의 단락보호장치 설치점(B)과 분기점(O) 사이에 다른 분기회로 또는 콘센트의 접속이 없고 단락, 화재 및 인체에 대한 위험이 최소화될 경우, 분기회로의 단락보호장치 $P_2$는 분기점(O)으로부터 3[m]까지 이동하여 설치할 수 있다.

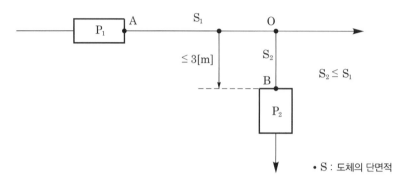

┃ 분기회로 단락보호장치($P_2$)의 제한된 위치 변경 ┃

② 도체의 단면적이 줄어들거나 다른 변경이 이루어진 **분기회로의 시작점(O)과 이 분기회로의 단락보호장치($P_2$) 사이에 있는 도체가 전원측에 설치되는 보호장치($P_1$)에 의해 단락보호가 되는 경우에 $P_2$의 설치위치는 분기점(O)으로부터 거리제한 없이 설치할 수 있다.**

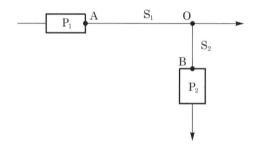

┃ 분기회로 단락보호장치($P_2$)의 설치위치 ┃

**(3) 단락보호장치의 특성**(KEC 212.5.5)

① 차단용량

정격차단용량은 단락전류보호장치 설치점에서 예상되는 최대크기의 단락전류보다 커야 한다.

② 케이블 등의 단락전류

회로의 임의의 지점에서 발생한 모든 단락전류는 케이블 및 절연도체의 허용온도를 초과하지 않는 시간 내에 차단되도록 해야 한다. 단락지속시간이 5초 이하인 경우, 통상 사용조건에서의 단락전류에 의해 절연체의 허용온도에 도달하기까지의 시간 $t$는 다음 식과 같이 계산할 수 있다.

$$t = \left(\frac{kS}{I}\right)^2$$

여기서, $t$ : 단락전류 지속시간[초]
　　　$S$ : 도체의 단면적[mm$^2$]
　　　$I$ : 유효단락전류[A, rms]
　　　$k$ : 도체 재료의 저항률, 온도계수, 열용량, 해당 초기온도와 최종온도를 고려한 계수

## 6 저압전로 중의 개폐기 및 과전류차단장치의 시설(KEC 212.6)

### (1) 저압전로 중의 개폐기의 시설(KEC 212.6.1)

① 저압전로 중에 개폐기를 시설하는 경우에는 그 곳의 각 극에 설치하여야 한다.

② 사용전압이 다른 개폐기는 상호 식별이 용이하도록 시설하여야 한다.

### (2) 저압 옥내전로 인입구에서의 개폐기의 시설(KEC 212.6.2)

① 저압 옥내전로에는 인입구에 가까운 곳으로서 쉽게 개폐할 수 있는 곳에 개폐기를 각 극에 시설하여야 한다.

② 사용전압이 400[V] 이하인 옥내전로로서 다른 옥내전로(정격전류가 16[A] 이하인 과전류차단기 또는 정격전류가 16[A]를 초과하고 20[A] 이하인 배선차단기로 보호되고 있는 것)에 접속하는 길이 15[m] 이하의 전로에서 전기의 공급을 받는 것은 ①의 규정에 의하지 아니할 수 있다.

③ 저압 옥내전로에 접속하는 전원측 전로의 그 저압 옥내전로의 인입구에 가까운 곳에 전용의 개폐기를 쉽게 개폐할 수 있는 곳의 각 극에 시설하는 경우에는 ①의 규정에 의하지 아니할 수 있다.

### (3) 저압전로 중의 전동기 보호용 과전류보호장치의 시설(KEC 212.6.3)

① 과전류차단기로 저압전로에 시설하는 **과부하보호장치와 단락보호전용 차단기 또는 과부하보호장치와 단락보호전용 퓨즈를 조합한 장치는 전동기에만 연결하는 저압전로에 사용**하고 다음 각각에 적합한 것이어야 한다.

　㉠ 과부하보호장치, 단락보호전용 차단기 및 단락보호전용 퓨즈는 다음에 따라 시설할 것

　　• 과부하보호장치로 **전자접촉기를 사용**할 경우에는 반드시 **과부하계전기**가 부착되어 있을 것

　　• **단락보호전용 차단기의 단락동작설정 전류값은 전동기의 기동방식에 따른 기동돌입전류를 고려할 것**

　　• 단락보호전용 퓨즈는 다음 표의 용단 특성에 적합한 것일 것

**┃ 단락보호전용 퓨즈(aM)의 용단 특성 ┃**

| 정격전류의 배수 | 불용단시간 | 용단시간 |
|---|---|---|
| 4배 | 60초 이내 | – |
| 6.3배 | – | 60초 이내 |
| 8배 | 0.5초 이내 | – |
| 10배 | 0.2초 이내 | – |
| 12.5배 | – | 0.5초 이내 |
| 19배 | – | 0.1초 이내 |

ⓛ 과부하보호장치와 단락보호전용 차단기 또는 단락보호전용 퓨즈를 하나의 전용함 속에 넣어 시설한 것일 것

ⓒ 과부하보호장치가 단락전류에 의하여 손상되기 전에 그 단락전류를 차단하는 능력을 가진 단락보호전용 차단기 또는 단락보호전용 퓨즈를 시설한 것일 것

ⓔ 과부하보호장치와 단락보호전용 퓨즈를 조합한 장치는 단락보호전용 퓨즈의 정격전류가 과부하보호장치의 설정전류(setting current)값 이하가 되도록 시설한 것일 것

② 저압 옥내를 시설하는 보호장치의 정격전류 또는 전류 설정값은 전동기 등이 접속되는 경우에는 그 전동기의 기동방식에 따른 기동전류와 다른 전기사용기계기구의 정격전류를 고려하여 선정하여야 한다.

③ 옥내에 시설하는 전동기(정격출력이 0.2[kW] 이하인 것을 제외)에는 전동기가 손상될 우려가 있는 과전류가 생겼을 때에 자동적으로 이를 저지하거나 이를 경보하는 장치를 하여야 한다. 다만, 다음의 어느 하나에 해당하는 경우에는 그러하지 아니하다.

ⓐ 전동기를 운전 중 상시 취급자가 감시할 수 있는 위치에 시설하는 경우

ⓛ 전동기의 구조나 부하의 성질로 보아 전동기가 손상될 수 있는 과전류가 생길 우려가 없는 경우

ⓒ 단상 전동기로서 그 전원측 전로에 시설하는 과전류차단기의 정격전류가 16[A](배선차단기는 20[A]) 이하인 경우

---

**출제 04  전선로(KEC 220)**

**▌1  구내 · 옥측 · 옥상 전선로의 시설(KEC 221)**

(1) 구내 인입선(KEC 221.1)

① 저압 인입선의 시설(KEC 221.1.1)

ⓐ 저압 가공인입선은 다음에 따라 시설하여야 한다.

• 전선은 절연전선 또는 케이블일 것

- 전선이 케이블인 경우 이외에는 인장강도 2.30[kN] 이상의 것 또는 **지름 2.6[mm] 이상의 인입용 비닐절연전선일 것**( 예외 경간이 15[m] 이하인 경우는 인장강도 1.25[kN] 이상의 것 또는 지름 2[mm] 이상의 인입용 비닐절연전선일 것)
- 전선이 옥외용 비닐절연전선인 경우에는 사람이 접촉할 우려가 없도록 시설할 것
- 전선이 케이블인 경우에는 "가공케이블의 시설"의 규정에 준하여 시설할 것(케이블의 길이가 1[m] 이하인 경우에는 조가 생략 가능)
- 전선의 높이는 다음에 의할 것
  - **도로를 횡단하는 경우 노면상 5[m]**(교통에 지장이 없을 경우 3[m]) 이상
  - **철도 또는 궤도를 횡단하는 경우에는 레일면상 6.5[m] 이상**
  - **횡단보도교의 위에 시설하는 경우에는 노면상 3[m] 이상**
  - 기타 상황에서는 지표상 4[m](교통에 지장이 없을 때에는 2.5[m]) 이상
- ㉢ 저압 가공인입선과 다른 시설물 사이의 이격거리는 다음 표에서 정한 값 이상으로 할 것

**┃ 저압 가공인입선 조영물의 구분에 따른 이격거리 ┃**

| 시설물의 구분 | | 이격거리 |
|---|---|---|
| 조영물의 상부 조영재 | 위쪽 | 2[m]<br>(저압 절연전선인 경우는 1.0[m], 고압 및 특고압 절연전선 또는 케이블인 경우는 0.5[m]) |
| | 옆쪽 또는 아래쪽 | 0.3[m]<br>(고압 및 특고압 절연전선 또는 케이블인 경우는 0.15[m]) |
| 조영물의 상부 조영재 이외의 부분 또는 조영물 이외의 시설물 | | 0.3[m]<br>(고압 및 특고압 절연전선 또는 케이블인 경우는 0.15[m]) |

② 연접인입선의 시설(KEC 221.1.2)

저압 연접(이웃 연결)인입선은 다음에 따라 시설하여야 한다.

㉠ 인입선에서 분기하는 점으로부터 **100[m]를 초과하는 지역에 미치지 아니할 것**

㉡ **폭 5[m]를 초과하는 도로를 횡단하지 아니할 것**

㉢ **옥내를 통과하지 아니할 것**

## (2) 옥측전선로(KEC 221.2)

① 저압 옥측전선로는 다음에 따라 시설하여야 한다.

㉠ 저압 옥측전선로는 다음의 공사방법에 의할 것

- 애자공사(전개된 장소에 한한다)
- 합성수지관공사
- 금속관공사(목조에는 시설금지)
- 버스덕트공사(목조 및 점검할 수 없는 은폐된 장소는 제외)
- 케이블공사(연피 케이블·알루미늄피 케이블 또는 미네럴 인슐레이션 케이블을 사용하는 경우에는 목조에 시설금지)

ⓛ 애자공사에 의한 저압 옥측전선로는 다음에 의하고 또한 사람이 쉽게 접촉될 우려가 없도록 시설할 것
- 전선은 4[mm²] 이상의 연동 절연전선(옥외용 비닐절연전선 및 인입용 절연전선은 제외)일 것
- 전선 상호 간의 간격 및 전선과 그 저압 옥측전선로를 시설하는 조영재 사이의 이격거리는 다음 표에서 정한 값 이상일 것

**┃ 시설장소별 조영재 사이의 이격거리 ┃**

| 시설장소 | 전선 상호 간의 간격 | | 전선과 조영재 사이의 이격거리 | |
|---|---|---|---|---|
| | 사용전압이 400[V] 이하인 경우 | 사용전압이 400[V] 초과인 경우 | 사용전압이 400[V] 이하인 경우 | 사용전압이 400[V] 초과인 경우 |
| 건조한 장소 | 0.06[m] | 0.06[m] | 0.025[m] | 0.025[m] |
| 기타 장소 | 0.06[m] | 0.12[m] | 0.025[m] | 0.045[m] |

- 전선의 지지점 간의 거리는 2[m] 이하일 것
- 애자는 절연성·난연성 및 내수성이 있는 것일 것

② 애자공사에 의한 저압 옥측전선로의 전선과 다른 시설물 사이의 이격거리는 다음 표에서 정한 값 이상이어야 한다.

**┃ 저압 옥측전선로 조영물의 구분에 따른 이격거리 ┃**

| 다른 시설물의 구분 | 접근형태 | 이격거리 |
|---|---|---|
| 조영물의 상부 조영재 | 위쪽 | 2[m] (고압 및 특고압 절연전선 또는 케이블인 경우는 1[m]) |
| | 옆쪽 또는 아래쪽 | 0.6[m] (고압 및 특고압 절연전선 또는 케이블인 경우는 0.3[m]) |
| 조영물의 상부 조영재 이외의 부분 또는 조영물 이외의 시설물 | | 0.6[m] (고압 및 특고압 절연전선 또는 케이블인 경우는 0.3[m]) |

③ 애자공사에 의한 저압 옥측전선로의 전선과 식물 사이의 이격거리는 0.2[m] 이상이어야 한다(고압 및 특고압 절연전선인 경우 접촉하지 않도록 함).

## (3) 옥상전선로(KEC 221.3)

① 저압 옥상전선로는 다음의 공사방법에 따라 시설하여야 한다.
- ㉠ 전선은 인장강도 2.30[kN] 이상의 것 또는 지름 2.6[mm] 이상의 경동선을 사용할 것
- ㉡ 전선은 절연전선(OW 전선을 포함)을 사용할 것
- ㉢ 전선은 애자를 사용하여 지지하고 또한 그 지지점 간의 거리는 15[m] 이하일 것
- ㉣ 전선과 그 저압 옥상전선로를 시설하는 조영재와의 이격거리는 2[m] 이상일 것(고압 및 특고압 절연전선 또는 케이블인 경우에는 1[m])
- ㉤ 전개된 장소에 위험의 우려가 없도록 시설할 것

② 저압 옥상전선로의 전선이 저압 및 고압 옥측배선, 특고압 옥측배선, 다른 옥상전선로의 배선, 약전류전선, 수관 및 가스관과 접근 및 교차 시 1[m] 이상 이격할 것

③ 위의 ② 이외의 시설물과 접근 및 교차 시 0.6[m] 이상 이격할 것(고압 및 특고압 절연전선, 케이블인 경우 0.3[m] 이상)

④ 저압 옥상전선로의 전선은 상시 부는 바람 등에 의하여 식물에 접촉하지 아니하도록 시설할 것

## 2 저압 가공전선로(KEC 222)

### (1) 저압 가공전선의 종류 및 굵기(KEC 222.5)

① 저압 가공전선에 사용되는 전선은 다음과 같다.
- ㉠ 나전선(중성선 또는 다중접지된 접지측 전선만으로 사용)
- ㉡ 절연전선
- ㉢ 다심형 전선
- ㉣ 케이블

② 저압 가공전선의 굵기는 다음과 같다.
- ㉠ 사용전압이 400[V] 이하인 저압 가공전선
  - 인장강도 3.43[kN] 이상 또는 지름 3.2[mm] 이상의 경동선
  - 절연전선인 경우 인장강도 2.3[kN] 이상 또는 지름 2.6[mm] 이상의 경동선
- ㉡ 사용전압이 400[V] 초과인 저압 가공전선
  - 시가지 : 인장강도 8.01[kN] 이상 또는 지름 5[mm] 이상의 경동선
  - 시가지 외 : 인장강도 5.26[kN] 이상 또는 지름 4[mm] 이상의 경동선

③ 사용전압이 400[V] 초과인 저압 가공전선에는 인입용 비닐절연전선을 사용할 수 없다.

### (2) 저압 가공전선의 높이(KEC 222.7)

① 저압 가공전선의 높이는 다음에 따라야 한다.
- ㉠ 도로를 횡단하는 경우에는 지표상 6[m] 이상
- ㉡ 철도 또는 궤도를 횡단하는 경우에는 레일면상 6.5[m] 이상
- ㉢ 횡단보도교의 위에 시설하는 경우에는 그 노면상 3.5[m] 이상(저압 절연전선·다심형 전선 또는 케이블인 경우에는 3[m] 이상)
- ㉣ 기타의 경우 지표상 5[m] 이상(교통에 지장이 없을 경우 4[m] 이상)

② 다리의 하부 및 이와 유사한 장소에 시설하는 저압의 전기철도용 급전선은 지표상 3.5[m] 이하

### (3) 저압 보안공사(KEC 222.10)

저압 보안공사는 다음에 따라야 한다.

① 전선의 굵기는 다음에 따를 것
- ㉠ 인장강도 8.01[kN] 이상의 것 또는 지름 5[mm] 이상의 경동선일 것
- ㉡ 사용전압이 400[V] 이하인 경우 인장강도 5.26[kN] 이상의 것 또는 지름 4[mm] 이상의 경동선일 것

② 목주는 다음에 의할 것

  ㉠ 풍압하중에 대한 안전율은 1.5 이상일 것

  ㉡ 목주의 굵기는 말구의 지름 0.12[m] 이상일 것

③ 지지물의 종류에 따른 경간은 다음에 따라 시설한다.

| 지지물의 종류 | 경 간 |
|---|---|
| 목주·A종 철주 또는 A종 철근콘크리트주 | 100[m] |
| B종 철주 또는 B종 철근콘크리트주 | 150[m] |
| 철탑 | 400[m] |

## (4) 저압 가공전선 상호 간의 접근 또는 교차(KEC 222.16)

① 저압 가공전선 상호 간의 이격거리는 0.6[m] 이상(어느 한 쪽의 전선이 고압 절연전선, 특고압 절연전선 또는 케이블인 경우에는 0.3[m])

② 하나의 저압 가공전선과 다른 저압 가공전선로의 지지물 사이의 이격거리는 0.3[m] 이상

## (5) 저압 가공전선과 다른 시설물의 접근 또는 교차(KEC 222.18)

① 저압 가공전선이 건조물·도로·횡단보도교·철도·궤도·삭도, 가공약전류 전선로 등, 안테나, 교류 전차선, 저압/고압 전차선, 다른 저압 가공전선, 고압 가공전선 및 특고압 가공전선 이외의 시설물과 접근상태로 시설되는 경우에는 저압 가공전선과 다른 시설물 사이의 이격거리는 다음 표에서 정한 값 이상이어야 한다.

**▌저압 가공전선과 조영물의 구분에 따른 이격거리 ▌**

| 다른 시설물의 구분 | | 이격거리 |
|---|---|---|
| 조영물의 상부 조영재 | 위쪽 | 2[m]<br>(전선이 고압 절연전선, 특고압 절연전선 또는 케이블인 경우는 1.0[m]) |
| | 옆쪽 또는 아래쪽 | 0.6[m]<br>(전선이 고압 절연전선, 특고압 절연전선 또는 케이블인 경우는 0.3[m]) |
| 조영물의 상부 조영재 이외의 부분 또는 조영물 이외의 시설물 | | 0.6[m]<br>(전선이 고압 절연전선, 특고압 절연전선 또는 케이블인 경우는 0.3[m]) |

② 저압 가공전선이 다른 시설물의 위에서 교차하는 경우에는 ①의 규정에 준하여 시설하여야 한다.

③ 저압 가공전선이 다른 시설물과 접근하는 경우에 저압 가공전선이 다른 시설물의 아래쪽에 시설되는 때에는 상호 간의 이격거리를 0.6[m](전선이 고압 절연전선, 특고압 절연전선 또는 케이블인 경우에 0.3[m]) 이상으로 시설하여야 한다.

## (6) 저압 가공전선과 식물의 이격거리(KEC 222.19)

저압 가공전선은 상시 부는 바람 등에 의하여 식물에 접촉하지 않도록 시설하여야 한다.

## (7) 농사용 저압 가공전선로의 시설(KEC 222.22)

농사용 전등·전동기 등에 공급하는 저압 가공전선로는 다음에 따라 시설한다.

① 사용전압은 저압일 것

② 저압 가공전선은 **인장강도 1.38[kN] 이상의 것 또는 지름 2[mm] 이상의 경동선일 것**

③ 저압 가공전선의 **지표상의 높이는 3.5[m] 이상일 것**(사람의 출입이 없을 경우 3[m] 이상)

④ 목주의 굵기는 말구지름이 0.09[m] 이상일 것

⑤ **전선로의 지지점 간 거리는 30[m] 이하일 것**

⑥ 다른 전선로에 접속하는 곳 가까이에 그 저압 가공전선로 전용의 개폐기 및 과전류차단기를 각 극(과전류차단기는 중성극을 제외한다)에 시설할 것

## (8) 구내에 시설하는 저압 가공전선로(KEC 222.23)

① 전선은 **지름 2[mm] 이상의 경동선의 절연전선**(경간이 10[m] 이하인 경우 4[mm$^2$] 이상의 연동선의 절연전선을 사용)

② **전선로의 경간은 30[m] 이하일 것**

③ 전선과 다른 시설물과의 이격거리

‖ **구내에 시설하는 저압 가공전선로 조영물의 구분에 따른 이격거리** ‖

| 다른 시설물의 구분 | | 이격거리 |
|---|---|---|
| 조영물의 상부<br>조영재 | 위쪽 | 1[m] |
| | 옆쪽 또는<br>아래쪽 | 0.6[m]<br>(전선이 고압 절연전선, 특고압 절연전선 또는 케이블인 경우는 0.3[m]) |
| 조영물의 상부 조영재 이외의<br>부분 또는 조영물 이외의 시설물 | | 0.6[m]<br>(전선이 고압 절연전선, 특고압 절연전선 또는 케이블인 경우는 0.3[m]) |

④ 도로를 횡단하는 경우에는 4[m] 이상

⑤ 도로를 횡단하지 않는 경우에는 3[m] 이상

## (9) 저압 직류 가공전선로(KEC 222.24)

사용전압 1.5[kV] 이하인 직류 가공전선로는 다음과 같이 시설하여야 한다.

① 전로의 전선 상호 간 및 전로와 대지 사이의 절연저항은 기술기준 제52조의 표에서 정한 값 이상이어야 한다.

② 전로에 지락이 생겼을 때에는 자동으로 전선로를 차단하는 장치를 시설하여야 하며 IT 계통인 경우에는 다음에 따라 시설하여야 한다.

ⓒ 전로의 절연상태를 지속적으로 감시할 수 있는 장치를 설치하고 지락 발생 시 전로를 차단하거나 고장이 제거되기 전까지 관리자가 확인할 수 있는 음향 또는 시각적인 신호를 지속적으로 보낼 수 있도록 시설하여야 한다.

ⓒ 한 극의 지락고장이 제거되지 않은 상태에서 다른 상의 전로에 지락이 발생했을 때에는 전로를 자동적으로 차단하는 장치를 시설하여야 한다.

③ 전로에는 과전류차단기를 설치하여야 하고 이를 시설하는 곳을 통과하는 단락전류를 차단하는 능력을 가지는 것이어야 한다.

④ 낙뢰 등의 서지로부터 전로 및 기기를 보호하기 위해 서지보호장치를 설치하여야 한다.

⑤ 기기 외함은 충전부에 일반인이 쉽게 접촉하지 못하도록 공구 또는 열쇠에 의해서만 개방할 수 있도록 설치하고, 옥외에 시설하는 기기 외함은 충분한 방수 보호등급(IPX4 이상)을 갖는 것이어야 한다.

⑥ 교류 전로와 동일한 지지물에 시설되는 경우 직류 전로를 구분하기 위한 표시를 하고, 모든 전로의 종단 및 접속점에서 극성을 식별하기 위한 표시(**양극 – 적색, 음극 – 백색, 중점선/중성선 – 청색**)를 하여야 한다.

## 출제 05 배선 및 조명설비 등(KEC 230)

### 1 저압 옥내배선의 사용전선 및 중성선의 굵기(KEC 231.3)

**(1) 저압 옥내배선의 사용전선(KEC 231.3.1)**

① 단면적 2.5[mm²] 이상의 연동선일 것

② 옥내배선의 사용전압이 400[V] 이하인 경우로 다음 중 하나에 해당하는 경우 ①을 적용하지 않음

   ㉠ 전광표시장치, 출퇴표시등(出退表示燈), 제어회로 등의 배선

     • 단면적 1.5[mm²] 이상의 연동선

     • 합성수지관배선, 금속관배선, 금속몰드배선, 금속덕트배선, 플로어덕트배선, 셀룰러덕트배선

   ㉡ 전광표시장치, 출퇴표시등, 제어회로 등의 배선

     • 단면적 0.75[mm²] 이상인 다심케이블 또는 다심캡타이어케이블

     • 과전류가 생겼을 때에 자동적으로 전로에서 차단하는 장치를 시설

   ㉢ 단면적 0.75[mm²] 이상인 코드 또는 캡타이어케이블을 사용하는 경우

   ㉣ 리프트케이블을 사용하는 경우

**(2) 중성선의 단면적(KEC 231.3.2)**

① 다음의 경우는 중성선의 단면적은 최소한 선도체의 단면적 이상으로 할 것

   ㉠ 2선식 단상 회로

   ㉡ 선도체의 단면적이 구리선 16[mm²], 알루미늄선 25[mm²] 이하인 다상 회로

   ㉢ 제3고조파 및 제3고조파의 홀수배수의 고조파 전류가 흐를 가능성이 높고 전류 종합 고조파 왜형률이 15~33[%]인 3상 회로

② 제3고조파 및 제3고조파 홀수배수의 전류 종합 고조파 왜형률이 33[%]를 초과하는 경우 다음과 같이 중성선의 단면적을 증가시켜야 함

   ㉠ 다심케이블의 경우 선도체의 단면적은 중성선의 단면적과 같아야 하며, 이 단면적은 선도체의 $1.45 \times I_B$(회로 설계전류)를 흘릴 수 있는 중성선을 선정

ⓛ 단심케이블은 선도체의 단면적이 중성선 단면적보다 작을 수도 있고 계산은 다음과 같음

- 선 : $I_B$(회로 설계전류)
- 중성선 : 선도체의 $1.45I_B$와 동등 이상의 전류

③ 다상 회로의 각 선도체 단면적이 구리선 16[mm²] 또는 알루미늄선 25[mm²]를 초과하는 경우 다음 조건을 모두 충족한다면 그 중성선의 단면적을 선도체 단면적보다 작게 할 수 있음

ⓐ 통상적인 사용 시에 상(phase)과 제3고조파 전류 간에 회로부하가 균형을 이루고 있고, 제3고조파 홀수배수 전류가 선도체 전류의 15[%]를 넘지 않도록 함

ⓛ 중성선의 단면적은 구리선 16[mm²], 알루미늄선 25[mm²] 이상

## 2 나전선의 사용 제한(KEC 231.4)

옥내에 시설하는 저압 전선에는 다음 사항 외에는 나전선을 사용할 수 없음

① 애자사용배선에 의하여 전개된 곳에 다음의 전선을 시설하는 경우

ⓐ 전기로용 전선

ⓛ 전선의 피복 절연물이 부식하는 장소에 시설하는 전선

ⓒ 취급자 이외의 자가 출입할 수 없도록 설비한 장소에 시설하는 전선

② 버스덕트배선에 의하여 시설하는 경우

③ 라이팅덕트배선에 의하여 시설하는 경우

④ 저압 접촉전선 및 유희용 전차

## 3 옥내전로의 대지전압의 제한(KEC 231.6)

① 백열전등 또는 방전등에 전기를 공급하는 옥내의 전로의 대지전압은 300[V] 이하여야 하며 다음에 따라 시설하여야 한다(예외 대지전압 150[V] 이하의 전로인 경우).

ⓐ 백열전등 또는 방전등 및 이에 부속하는 전선은 사람이 접촉할 우려가 없도록 시설할 것

ⓛ 백열전등 또는 방전등용 안정기는 저압의 옥내배선과 직접 접속하여 시설할 것

ⓒ 백열전등의 전구소켓은 키나 그 밖의 점멸기구가 없는 것이어야 한다.

② 주택의 옥내전로의 대지전압은 300[V] 이하이어야 하며, 다음에 따라 시설하여야 한다 (예외 대지전압 150[V] 이하의 전로인 경우).

ⓐ **사용전압은 400[V] 이하**

ⓛ 주택의 전로 인입구에는 「전기용품 및 생활용품 안전관리법」에 적용을 받는 감전보호용 누전차단기를 시설할 것

(예외 전로의 전원측에 정격용량이 3[kVA] 이하인 절연변압기(1차 전압 : 저압, 2차 전압 : 300[V] 이하)를 사람이 쉽게 접촉할 우려가 없도록 시설하고 또한 그 절연변압기의 부하측 전로를 접지하지 않는 경우)

ⓒ 정격 소비전력 3[kW] 이상의 전기기계기구에 전기를 공급하기 위한 전로에는 전용의 개폐기 및 과전류차단기를 시설하고 그 전로의 옥내배선과 직접 접속하거나 적정 용량의 전용콘센트를 시설할 것

ⓔ 주택의 옥내를 통과하여 그 주택 이외의 장소에 전기를 공급하기 위한 옥내배선은 사람이 접촉할 우려가 없는 은폐된 장소에 합성수지관공사, 금속관공사, 케이블공사에 의하여 시설할 것

ⓜ 주택의 옥내를 통과하여 시설하는 전선로는 사람이 접촉할 우려가 없는 은폐된 장소에 합성수지관공사, 금속관공사, 케이블공사에 의하여 시설할 것

## 4 배선설비(KEC 232)

### (1) 배선설비 공사의 종류(KEC 232.2)

① 사용하는 전선 또는 케이블의 종류에 따른 배선설비의 설치방법은 다음 표에 따른다(버스바트렁킹시스템 및 파워트랙시스템은 제외).

**┃ 전선 및 케이블의 구분에 따른 배선설비의 공사방법 ┃**

| 전선 및 케이블 | | 공사방법 | | | | | | | |
|---|---|---|---|---|---|---|---|---|---|
| | | 케이블공사 | | | 전선관 시스템 | 케이블 트렁킹 시스템 | 케이블 덕팅 시스템 | 케이블 트레이 시스템 | 애자 공사 |
| | | 비고정 | 직접 고정 | 지지선 | | | | | |
| 나전선 | | − | − | − | − | − | − | − | + |
| 절연전선[2] | | − | − | − | + | +[1] | + | − | + |
| 케이블 | 다심 | + | + | + | + | + | + | + | 0 |
| | 단심 | 0 | + | + | + | + | + | + | 0 |

- + : 사용 가능, − : 사용할 수 없다.
- 0 : 적용할 수 없거나 실용상 일반적으로 사용할 수 없다.

[비고] 1) 케이블트렁킹시스템이 IP4X 또는 IPXXD급 이상의 보호조건을 제공하고, 도구 등을 사용하여 강제적으로 덮개를 제거할 수 있는 경우에 한하여 절연전선을 사용할 수 있다.

2) 보호도체 또는 보호본딩도체로 사용되는 절연전선은 적절하다면 어떠한 절연방법이든 사용할 수 있고 전선관시스템, 트렁킹시스템 또는 덕팅시스템에 배치하지 않아도 된다.

② 사용하는 전선 또는 케이블의 설치방법은 다음과 같이 구분할 수 있다.

**┃ 공사방법의 분류 ┃**

| 종 류 | 공사방법 |
|---|---|
| 전선관시스템 | 합성수지관공사, 금속관공사, 가요전선관공사 |
| 케이블트렁킹시스템 | 합성수지몰드공사, 금속몰드공사, 금속트렁킹공사[1] |
| 케이블덕팅시스템 | 플로어덕트공사, 셀룰러덕트공사, 금속덕트공사[2] |
| 애자공사 | 애자공사 |
| 케이블트레이시스템 | 케이블트레이공사 |
| 케이블공사 | 고정하지 않는 방법, 직접 고정하는 방법, 지지선 방법 |

[비고] 1) 금속본체와 커버가 별도로 구성되어 커버를 개폐할 수 있는 금속덕트공사를 말한다.

2) 본체와 커버 구분 없이 하나로 구성된 금속덕트공사를 말한다.

## (2) 배선설비 적용 시 고려사항(KEC 232.3)

① 회로 구성(KEC 232.3.1)

　㉠ 하나의 회로도체는 다른 다심케이블, 다른 전선관, 다른 케이블덕팅시스템 또는 다른 케이블트렁킹시스템을 통해 배선해서는 안 된다(다심케이블을 병렬로 포설하는 경우 중성선도 포함할 것).

　㉡ 여러 개의 주회로에 공통 중성선을 사용하는 것은 허용되지 않는다.

② 병렬접속(KEC 232.3.2)

두 개 이상의 선도체(충전도체) 또는 PEN 도체를 계통에 병렬로 접속하는 경우 다음에 따른다.

　㉠ 병렬도체 사이에 부하전류가 균등하게 배분될 수 있도록 한다.

　㉡ 절연물의 허용온도에 적합하도록 부하전류를 배분해야 하고 적절한 전류분배를 할 수 없거나 4가닥 이상의 도체를 병렬로 접속하는 경우에는 버스바트렁킹시스템의 사용을 고려한다.

③ 전기적 접속(KEC 232.3.3)

　㉠ 도체 상호 간, 도체와 다른 기기와의 접속은 내구성이 있는 전기적 연속성이 있어야 하며, 적절한 기계적 강도와 보호를 갖추어야 한다.

　㉡ 접속방법은 다음 사항을 고려하여 선정한다.

　　• 도체와 절연재료

　　• 도체를 구성하는 소선의 가닥수와 형상

　　• 도체의 단면적

　　• 함께 접속되는 도체의 수

④ 교류회로 – 전기자기적 영향(맴돌이 전류 방지) (KEC 232.3.4)

　㉠ 강자성체(강제금속관 또는 강제덕트 등) 안에 설치하는 교류회로의 도체는 보호도체를 포함하여 각 회로의 모든 도체를 동일한 외함에 수납하도록 시설하여야 한다.

　㉡ 강선외장 또는 강대외장 단심케이블은 교류회로에 사용해서는 안 된다. 이러한 경우 알루미늄외장케이블을 권장한다.

⑤ 하나의 다심케이블 속의 복수회로(KEC 232.3.5)

모든 도체가 최대공칭전압에 대해 절연되어 있는 경우, 동일한 케이블에 복수의 회로를 구성할 수 있다.

⑥ 배선설비와 다른 공급설비와의 접근(KEC 232.3.7)

　㉠ 다른 전기 공급설비의 접근 : 전압밴드 I과 전압밴드 II 회로는 다음의 경우를 제외하고는 동일한 배선설비 중에 수납하지 않아야 한다.

　　• 모든 케이블 또는 도체가 최대전압에 대해 절연되어 있는 경우

　　• 다심케이블의 각 도체가 케이블의 최대전압에 절연되어 있는 경우

　　• 케이블이 그 계통의 전압에 대해 절연되어 있으며, 케이블이 케이블덕팅시스템 또는 케이블트렁킹시스템의 별도 구획에 설치되어 있는 경우

- 케이블이 격벽을 써서 물리적으로 분리되는 케이블트레이시스템에 설치되어 있는 경우
- 별도의 전선관, 케이블트렁킹시스템 또는 케이블덕팅시스템을 이용하는 경우
- 애자공사의 저압 옥내배선과 다른 저압 옥내배선 또는 관등회로의 배선과 접근하거나 교차하는 경우에 이격거리는 0.1[m] 이상이어야 한다(애자공사로 나전선인 경우에는 0.3[m] 이상).

ⓒ 통신케이블과의 접근
- 지중 통신케이블과 지중 전력케이블이 교차하거나 접근하는 경우 100[mm] 이상의 간격을 유지해야 한다.
- 지중전선이 지중약전류전선 등과 접근하거나 교차하는 경우에 상호 간의 이격거리가 저압 지중전선은 0.3[m] 이하인 때에는 지중전선과 지중약전류전선 등 사이에 견고한 내화성의 격벽을 설치해야 한다.
- 애자공사에 의한 저압 옥내배선과 약전류전선 등 또는 수관·가스관과의 이격거리는 0.1[m](전선이 나전선인 경우에 0.3[m]) 이상이어야 한다.

ⓒ 비전기 공급설비와의 접근 : 가스계량기 및 가스관의 이음부와 전기설비의 이격거리는 다음에 따라야 한다.
- 가스계량기 및 가스관의 이음부와 전력량계 및 개폐기의 이격거리는 0.6[m] 이상
- 가스계량기와 점멸기 및 접속기의 이격거리는 0.3[m] 이상
- 가스관의 이음부와 점멸기 및 접속기의 이격거리는 0.15[m] 이상

⑦ 수용가설비에서의 전압강하(KEC 232.3.9)
ⓐ 다른 조건을 고려하지 않는다면 수용가설비의 인입구로부터 기기까지의 전압강하는 다음 표의 값 이하이어야 한다.

**❚ 수용가설비의 전압강하 ❚**

| 설비의 유형 | 조명[%] | 기타[%] |
|---|---|---|
| A - 저압으로 수전하는 경우 | 3 | 5 |
| B - 고압 이상으로 수전하는 경우 | 6 | 8 |

- 사용자의 배선설비가 100[m]를 넘는 부분의 전압강하는 미터당 0.005[%] 증가할 수 있으나 이러한 증가분은 0.5[%]를 넘지 않을 것

ⓑ 다음의 경우에는 위의 표보다 더 큰 전압강하를 허용할 수 있다.
- 기동시간 중의 전동기
- 돌입전류가 큰 기타 기기

ⓒ 다음과 같은 일시적인 조건은 고려하지 않는다.
- 과도 과전압
- 비정상적인 사용으로 인한 전압 변동

## (3) 허용전류(KEC 232.5) - 절연물의 허용온도(KEC 232.5.1)

정상적인 사용상태에서 내용기간 중에 전선에 흘러야 할 전류는 다음 표에 따른 절연물의 허용온도 이하이어야 한다.

**┃ 절연물의 종류에 대한 최고허용온도 ┃**

| 절연물의 종류 | 최고허용온도[℃] |
|---|---|
| 열가소성 물질[폴리염화비닐(PVC)] | 70(도체) |
| 열경화성 물질[가교폴리에틸렌 또는 에틸렌프로필렌고무] | 90(도체) |
| 무기물(사람이 접촉할 우려가 있는 것) | 70(시스) |
| 무기물(사람이 접촉할 우려가 없는 나도체) | 105(시스) |

## 5 전선관시스템(KEC 232.10)

### (1) 합성수지관공사(KEC 232.11)

① 시설조건

㉠ 전선은 절연전선(옥외용 비닐절연전선을 제외)일 것

㉡ 전선은 연선일 것. 다만, 다음의 것은 적용하지 않는다.

- 짧고 가는 합성수지관에 넣은 것
- 단면적 10[mm²](알루미늄선은 단면적 16[mm²]) 이하의 것

㉢ 전선은 합성수지관 안에서 접속점이 없도록 할 것

㉣ 중량물의 압력 또는 기계적 충격을 받을 우려가 없도록 시설할 것

② 합성수지관 및 부속품의 선정

㉠ 관의 끝부분 및 안쪽 면은 전선의 피복을 손상하지 아니하도록 매끈한 것일 것

㉡ 관의 두께는 2[mm] 이상일 것

③ 합성수지관 및 부속품의 시설

㉠ 관 상호 간 및 박스와는 관을 삽입하는 깊이를 관의 바깥지름의 1.2배(접착제를 사용하는 경우에는 0.8배) 이상으로 하고 또한 꽂음접속에 의하여 견고하게 접속할 것

㉡ 관의 지지점 간의 거리는 1.5[m] 이하로 할 것

㉢ 습기 또는 물기가 있는 장소에 시설하는 경우에는 방습장치를 할 것

### (2) 금속관공사(KEC 232.12)

① 시설조건

㉠ 전선은 절연전선(옥외용 비닐절연전선을 제외)일 것

㉡ 전선은 연선일 것. 다만, 다음의 것은 적용하지 않는다.

- 짧고 가는 금속관에 넣은 것
- 단면적 10[mm²](알루미늄선은 단면적 16[mm²]) 이하의 것

㉢ 전선은 금속관 안에서 접속점이 없도록 할 것

② 금속관 및 부속품의 선정

㉠ 관의 두께는 다음에 의할 것

- 콘크리트에 매설하는 것은 1.2[mm] 이상

- 콘크리트에 매설하지 않는 경우 1[mm] 이상

    (이음매가 없는 길이 4[m] 이하인 것을 건조하고 전개된 곳에 시설하는 경우에는 0.5[mm] 이상)

  ㄴ 관의 끝부분 및 안쪽 면은 전선의 피복을 손상하지 아니하도록 매끈한 것일 것

③ 금속관 및 부속품의 시설

  ㉠ 관 상호 간 및 관과 박스 기타의 부속품과는 전기적으로 완전하게 접속할 것

  ㉡ 관의 끝부분에는 전선의 피복을 손상하지 아니하도록 부싱을 사용할 것

  ㉢ 습기 또는 물기가 있는 장소에 시설하는 경우에는 방습장치를 할 것

  ㉣ 금속관에는 접지공사를 할 것

  ㉤ 400[V] 이하로서 다음의 경우 접지공사 생략 가능

    - 관의 길이가 4[m] 이하인 것을 건조한 장소에 시설하는 경우
    - 옥내배선의 사용전압이 직류 300[V] 또는 교류 대지전압 150[V] 이하로서 그 전선을 넣는 관의 길이가 8[m] 이하인 것을 사람이 쉽게 접촉할 우려가 없도록 시설하는 경우 또는 건조한 장소에 시설하는 경우

## (3) 금속제 가요전선관공사(KEC 232.13)

① 시설조건

  ㉠ **전선은 절연전선(옥외용 비닐절연전선을 제외)일 것**

  ㉡ **전선은 연선일 것.** 다만, 단면적 10[mm$^2$](알루미늄선은 단면적 16[mm$^2$]) 이하인 것은 그러하지 아니하다.

  ㉢ 가요전선관 안에는 전선에 접속점이 없도록 할 것

  ㉣ **가요전선관은 2종 금속제 가요전선관일 것**

  ㉤ **전개된 장소 또는 점검할 수 있는 은폐된 장소로 400[V] 초과인 전동기에 접속하는 부분에는 1종 가요전선관을 사용**

  ㉥ **습기 또는 물기가 많은 장소에는 비닐 피복 1종 가요전선관을 사용**

② 가요전선관 및 부속품의 선정과 시설

  ㉠ 안쪽 면은 전선의 피복을 손상하지 아니하도록 매끈한 것일 것

  ㉡ 관 상호 간 및 관과 박스 기타의 부속품과는 전기적으로 완전하게 접속할 것

  ㉢ 가요전선관의 끝부분은 피복을 손상하지 아니하는 구조로 되어 있을 것

  ㉣ 2종 금속제 가요전선관을 사용하는 경우에 습기 많은 장소 또는 물기가 있는 장소에 시설하는 때에는 비닐 피복 2종 가요전선관일 것

  ㉤ 1종 금속제 가요전선관에는 단면적 2.5[mm$^2$] 이상의 나연동선을 전체 길이에 걸쳐 삽입 또는 첨가하여 그 나연동선과 1종 금속제 가요전선관을 양쪽 끝에서 전기적으로 완전하게 접속할 것. 다만, 관의 길이가 4[m] 이하인 것을 시설하는 경우에는 그러하지 아니하다.

  ㉥ 가요전선관공사는 접지공사를 할 것

## **6** 케이블트렁킹시스템(KEC 232.20)

### (1) 합성수지몰드공사(KEC 232.21)

① 시설조건

　ㄱ 전선은 절연전선(옥외용 비닐절연전선을 제외한다)일 것

　ㄴ 합성수지몰드 안에는 전선에 접속점이 없도록 할 것

　ㄷ 합성수지몰드 상호 간 및 합성수지 몰드와 박스 기타의 부속품과는 전선이 노출되지 아니하도록 접속할 것

② 합성수지몰드 및 박스, 기타의 부속품의 선정

합성수지몰드는 홈의 폭 및 깊이가 35[mm] 이하의 것일 것(사람이 쉽게 접촉할 우려가 없을 경우 폭이 50[mm] 이하 사용)

### (2) 금속몰드공사(KEC 232.22)

① 시설조건

　ㄱ 전선은 절연전선(옥외용 비닐절연전선을 제외한다)일 것

　ㄴ 금속몰드 안에는 전선에 접속점이 없도록 할 것

　ㄷ 금속몰드의 사용전압이 400[V] 이하로 옥내의 건조한 장소로 전개된 장소 또는 점검할 수 있는 은폐장소에 한하여 시설할 것

② 금속몰드 및 박스, 기타 부속품의 선정과 시설

　ㄱ 황동제 또는 동제의 몰드는 폭이 50[mm] 이하, 두께 0.5[mm] 이상일 것

　ㄴ 몰드 상호 간 및 몰드 박스, 기타의 부속품과는 전기적으로 완전하게 접속할 것

　ㄷ 몰드에는 접지공사를 할 것. 다만, 다음 중 하나에 해당하는 경우에는 그러하지 아니하다.

　　• 몰드의 길이가 4[m] 이하인 것을 시설하는 경우

　　• 직류 300[V] 또는 교류 대지전압이 150[V] 이하로서 그 전선을 넣는 관의 길이가 8[m] 이하인 것을 사람이 쉽게 접촉할 우려가 없도록 시설하는 경우 또는 건조한 장소에 시설하는 경우

### (3) 금속트렁킹공사(KEC 232.23)

본체부와 덮개가 별도로 구성되어 덮개를 열고 전선을 교체하는 공사방법으로 금속덕트공사의 규정으로 시설한다.

## **7** 케이블덕팅시스템(KEC 232.30)

### (1) 금속덕트공사(KEC 232.31)

① 시설조건

　ㄱ 전선은 절연전선(옥외용 비닐절연전선을 제외)일 것

　ㄴ 금속덕트에 넣은 전선 및 배선의 단면적(절연피복의 단면적을 포함)의 합계

- 전선의 경우 덕트 내부 단면적의 20[%] 이하일 것
- 전광표시장치, 출퇴표시등, 제어회로 등의 배선만을 넣는 경우 덕트 내부 단면적의 50[%] 이하일 것

 © 금속덕트 안에는 전선에 접속점이 없도록 할 것

  (예외 전선이 분기할 때 그 접속점을 쉽게 점검할 수 있는 경우)

 ② 금속덕트 안에는 전선이 손상되거나 전선의 피복이 손상되지 않도록 할 것

② 금속덕트의 선정

 ③ 폭이 40[mm] 이상, 두께가 1.2[mm] 이상인 철판 또는 동등 이상의 기계적 강도를 가지는 금속제의 것으로 견고하게 제작한 것일 것

 © 안쪽 면은 전선의 피복을 손상시키는 돌기(突起)가 없는 것일 것

③ 금속덕트의 시설

 ③ 덕트 상호 간은 견고하고 또한 전기적으로 완전하게 접속할 것

 © **덕트의 지지점 간의 거리를 3[m] 이하로 할 것**

  (취급자 이외의 자가 출입할 수 없는 곳에서 수직으로 시설할 경우 6[m] 이하)

 © 덕트의 끝부분은 막을 것

 ② 덕트 안에 먼지가 침입하지 아니하도록 할 것

 ⑩ 덕트는 물이 고이는 낮은 부분을 만들지 않도록 시설할 것

 ⑭ 덕트는 접지공사를 할 것

## (2) 플로어덕트공사(KEC 232.32)

① 시설조건

 ③ **전선은 절연전선(옥외용 비닐절연전선을 제외)일 것**

 © 전선은 연선일 것. 다만, 단면적 10[mm²](알루미늄선은 단면적 16[mm²]) 이하인 것은 그러하지 아니하다.

 © 플로어덕트 안에는 전선에 접속점이 없도록 할 것

  (예외 전선이 분기할 때 그 접속점을 쉽게 점검할 수 있는 경우)

② 플로어덕트 및 부속품의 시설

 ③ 덕트 및 박스, 인출구와는 견고하고 또한 전기적으로 완전하게 접속할 것

 © 덕트 및 박스의 부속품은 물이 고이거나 스며들지 않도록 시설할 것

 © 박스 및 인출구는 마루 위로 돌출하지 아니할 것

 ② 덕트의 끝부분은 막을 것

 ⑩ 덕트는 접지공사를 할 것

## (3) 셀룰러덕트공사(KEC 232.33)

① 시설조건

 ③ **전선은 절연전선(옥외용 비닐절연전선을 제외)일 것**

    ⓛ 전선은 연선일 것. 다만, 단면적 10[mm²](알루미늄선은 단면적 16[mm²]) 이하인 것은 그러하지 아니하다.

    ⓒ 셀룰러덕트 안에는 전선에 접속점이 없도록 할 것

       (**예외** 전선이 분기할 때 그 접속점을 쉽게 점검할 수 있는 경우)

② 셀룰러덕트의 부속품 선정 및 시설

    ⊙ 강판으로 제작한 것일 것

    ⓛ 덕트 끝과 안쪽 면은 전선 피복이 손상하지 않도록 매끈한 것일 것

    ⓒ 셀룰러덕트의 판 두께는 다음에서 정한 값 이상일 것

| 덕트의 최대 폭 | 덕트의 판 두께 |
|---|---|
| 150[mm] 이하 | 1.2[mm] |
| 150[mm] 초과 200[mm] 이하 | 1.4[mm] |
| 200[mm] 초과하는 것 | 1.6[mm] |

    • 부속품의 판 두께는 1.6[mm] 이상일 것

    ⓔ 덕트 상호 간, 덕트와 조영물의 금속 구조체, 부속품 및 덕트에 접속하는 금속체와는 견고하게 또한 전기적으로 완전하게 접속할 것

    ⓜ 덕트 및 박스의 부속품은 물이 고이거나 스며들지 않도록 시설할 것

    ⓗ 인출구는 바닥 위로 돌출하지 아니할 것

    ⓢ 덕트의 끝부분은 막을 것

    ⓞ 덕트는 접지공사를 할 것

## 8 케이블트레이시스템(KEC 232.40) – 케이블트레이공사(KEC 232.41)

케이블트레이배선은 케이블을 지지하기 위하여 사용하는 금속재 또는 불연성 재료로 제작된 유닛 또는 유닛의 집합체 및 그에 부속하는 부속재 등으로 구성된 견고한 구조물을 말하며 **사다리형, 펀칭형, 메시형, 바닥밀폐형** 기타 이와 유사한 구조물을 포함하여 적용한다.

### (1) 시설조건

① 전선의 종류

    ⊙ 연피케이블, 알루미늄피케이블 등 난연성 케이블

    ⓛ **기타 케이블(적당한 간격으로 연소방지조치를 취해야 함)**

    ⓒ **금속관 또는 합성수지관 등에 넣은 절연전선을 사용**

② 케이블트레이 안에서 전선을 접속하는 경우에는 전선 접속부분에 사람이 접근할 수 있고 또한 그 부분이 측면 레일 위로 나오지 않도록 하고 그 부분을 절연처리하여야 함

③ 저압 케이블과 고압 또는 특고압 케이블은 동일 케이블트레이 안에 시설할 수 없음

④ 수평 및 수직 트레이 시설(사다리형, 바닥밀폐형, 펀칭형, 메시형)

    ⊙ 케이블의 지름의 합계는 트레이의 내측 폭 이하로 하고 단층으로 포설

ⓛ 벽면과의 이격거리

| 구 분 | 수평트레이 | | 수직트레이 | |
|---|---|---|---|---|
| | 다심케이블 | 단심케이블 | 다심케이블 | 단심케이블 |
| 벽면과의 이격거리 | 20[mm] 이상 | | 가장 굵은 케이블의 바깥지름의 0.3배 이상 | |

## (2) 케이블트레이의 선정

① **케이블트레이의 안전율은 1.5 이상으로 할 것**

② 비금속제 케이블트레이는 난연성 재료를 사용할 것

③ 금속제 케이블트레이 계통은 기계적 및 전기적으로 완전하게 접속하여야 하며 금속제 트레이는 접지공사를 할 것

④ 케이블트레이가 방화구획의 벽, 마루, 천장 등을 관통하는 경우에 관통부는 불연성의 물질로 충전(充塡)할 것

## 9 케이블공사(KEC 232.51)

### (1) 시설조건

① **전선은 케이블 및 캡타이어케이블일 것**

② 중량물의 압력 또는 기계적 충격을 받을 우려가 있는 곳에 시설하는 케이블에는 방호장치를 할 것

③ **전선의 지지점 간의 거리**(조영재의 아랫면 또는 옆면에 부착)

ⓛ **케이블은 2[m] 이하**(사람의 접촉 우려가 없는 곳에서 수직으로 붙이는 경우 6[m] 이하)

ⓛ **캡타이어케이블은 1[m] 이하**

④ 관 기타의 전선을 넣는 방호장치의 금속제 부분·금속제의 전선 접속함 및 전선의 피복에 사용하는 금속체에는 접지공사를 할 것

다만, 다음 중 하나에 해당하는 경우에는 그러하지 아니하다.

ⓛ 방호장치의 금속제 부분의 길이가 4[m] 이하인 건조한 곳에 시설하는 경우

ⓛ 직류 300[V] 또는 교류 대지전압이 150[V] 이하로서 방호장치의 금속제 부분의 길이가 8[m] 이하인 것을 사람이 쉽게 접촉할 우려가 없도록 시설하는 경우 또는 건조한 것에 시설하는 경우

### (2) 콘크리트 직매용 포설

① 전선은 미네럴 인슈레이션 케이블·콘크리트 직매용 케이블 또는 개장을 한 케이블일 것

② 공사에 사용하는 박스는 금속제이거나 합성수지제의 것 또는 황동이나 동으로 견고하게 제작한 것일 것

③ 전선을 박스 또는 풀박스 안에 인입하는 경우는 물이 박스 또는 풀박스 안으로 침입하지 않도록 부싱을 사용할 것

④ 콘크리트 안에는 전선에 접속점을 만들지 아니할 것

### (3) 수직케이블의 시설

전선을 건조물의 전기 배선용의 파이프 샤프트 안에 수직으로 매달아 시설하는 저압 옥내배선
은 다음에 따라 시설하여야 한다.

① 전선은 다음 중 하나에 적합한 케이블일 것

    ㉠ 비닐외장케이블 또는 클로로프렌외장케이블

        • 도체에 동(Cu)을 사용 : 공칭단면적 $25[mm^2]$ 이상

        • 도체에 알루미늄(Al)을 사용 : 공칭단면적 $35[mm^2]$ 이상

    ㉡ 강심알루미늄 도체 케이블

    ㉢ 수직 조가용선 부(付)케이블

② 전선 및 그 지지부분의 안전율은 4 이상일 것

③ 전선 및 그 지지부분은 충전부분이 노출되지 않을 것

④ 전선과의 분기부분에 시설하는 분기선은 케이블일 것

## 10 애자공사(KEC 232.56)

### (1) 시설조건

① 전선은 다음의 경우 이외에는 **절연전선(옥외용 및 인입용 비닐절연전선 제외)일 것**

    ㉠ 전기로용 전선

    ㉡ 전선의 피복 절연물이 부식하는 장소에 시설하는 전선

    ㉢ 취급자 이외의 자가 출입할 수 없도록 설비한 장소에 시설하는 전선

② **전선 상호 간의 간격은 0.06[m] 이상일 것**

③ 전선과 조영재 사이의 이격거리

    ㉠ **사용전압이 400[V] 이하인 경우에는 25[mm] 이상**

    ㉡ **400[V] 초과인 경우에는 45[mm] 이상일 것**(건조한 장소에 시설하는 경우에는 25[mm])

④ 전선의 지지점 간의 거리

    ㉠ **조영재의 윗면 또는 옆면에 따라 붙일 경우에는 2[m] 이하일 것**

    ㉡ **사용전압이 400[V] 초과 시 조영재의 아랫면의 경우 6[m] 이하일 것**

⑤ 저압 옥내배선은 사람이 접촉할 우려가 없도록 시설할 것

⑥ 전선이 조영재를 관통하는 경우에는 난연성 및 내수성이 있는 절연관에 넣을 것(예외 사용
전압 150[V] 이하에 건조한 장소 및 절연테이프 사용 시)

### (2) 애자의 선정

사용하는 애자는 절연성·난연성 및 내수성 성질을 가질 것

## 11 버스바트렁킹시스템(KEC 232.60) – 버스덕트공사(KEC 232.61)

### (1) 시설조건
① 덕트 및 전선 상호 간은 견고하고 또한 전기적으로 완전하게 접속할 것
② **덕트의 지지점 간의 거리를 3[m] 이하로 할 것**
   (취급자 이외의 자가 출입할 수 없는 곳에서 수직으로 시설할 경우 6[m] 이하)
③ 덕트의 끝부분은 막을 것(환기형의 것을 제외)
④ 덕트의 내부에 먼지가 침입하지 아니하도록 할 것(환기형의 것은 제외)
⑤ 덕트는 접지공사를 할 것
⑥ 습기 또는 물기가 있는 장소에 시설하는 경우 옥외용 버스덕트를 사용하고 버스덕트 내부에 물이 침입하여 고이지 아니하도록 할 것

### (2) 버스덕트의 선정
① 버스덕트에 사용하는 도체
   ㉠ 단면적 20[mm$^2$] 이상의 띠 모양의 동
   ㉡ 지름 5[mm] 이상의 관 모양이나 둥글고 긴 막대 모양의 동
   ㉢ 단면적 30[mm$^2$] 이상의 띠 모양의 알루미늄
② 도체 지지물은 절연성 · 난연성 및 내수성이 있는 견고한 것일 것
③ 덕트는 다음 표의 두께 이상의 강판 또는 알루미늄판으로 견고히 제작한 것일 것

| 덕트의 최대 폭[mm] | 덕트의 판 두께[mm] | | |
|---|---|---|---|
| | 강판 | 알루미늄판 | 합성수지판 |
| 150 이하 | 1.0 | 1.6 | 2.5 |
| 150 초과 300 이하 | 1.4 | 2.0 | 5.0 |
| 300 초과 500 이하 | 1.6 | 2.3 | – |
| 500 초과 700 이하 | 2.0 | 2.9 | – |
| 700 초과하는 것 | 2.3 | 3.2 | – |

## 12 파워트랙시스템(KEC 232.70)

### (1) 라이팅덕트공사 – 시설조건(KEC 232.71)
① 덕트 및 전선 상호 간은 견고하게 또한 전기적으로 완전히 접속할 것
② 덕트는 조영재에 견고하게 붙일 것
③ **덕트의 지지점 간의 거리는 2[m] 이하로 할 것**
④ 덕트의 끝부분은 막을 것
⑤ 덕트의 개구부(開口部)는 아래로 향하여 시설할 것(사람이 접촉할 우려가 없는 덕트의 내부에 먼지가 들어가지 아니하도록 시설하는 경우에 옆으로 향하여 시설)
⑥ 덕트는 조영재를 관통하여 시설하지 아니할 것
⑦ 덕트는 접지공사를 할 것

⑧ 덕트에 사람의 접촉 우려가 있을 경우 전로에 지락이 생겼을 때에 자동적으로 전로를 차단하는 장치를 시설할 것

## (2) 옥내에 시설하는 저압 접촉전선 배선(KEC 232.81)

① 이동기중기 · 자동청소기 그 밖에 이동하며 사용하는 저압의 전기기계기구에 전기를 공급하기 위하여 사용하는 저압 접촉전선을 옥내에 시설하는 경우

㉠ 전개된 장소 또는 점검할 수 있는 은폐된 장소에 애자공사

㉡ 버스덕트배선, 절연트롤리배선

② 저압 접촉전선을 애자사용배선에 의하여 옥내의 전개된 장소에 시설하는 경우

㉠ **전선의 바닥에서의 높이는 3.5[m] 이상**으로 하고 또한 사람이 접촉할 우려가 없도록 시설할 것(예외 최대사용전압이 60[V] 이하이고 또는 건조한 장소에 사람의 접촉 우려가 없을 경우)

㉡ 전선과 건조물과의 이격거리는 위쪽 2.3[m] 이상, 옆쪽 1.2[m] 이상으로 할 것

㉢ 사용전선

• 전선은 인장강도 11.2[kN] 이상 또는 지름 6[mm]의 경동선으로 단면적이 28[mm$^2$] 이상인 것일 것

• 사용전압이 400[V] 이하인 경우에는 인장강도 3.44[kN] 이상의 것 또는 지름 3.2[mm] 이상의 경동선으로 단면적이 8[mm$^2$] 이상인 것을 사용할 것

㉣ 전선의 지지점 간의 거리는 6[m] 이하일 것

㉤ 전선 상호 간의 간격

• 수평으로 배열하는 경우 0.14[m] 이상

• 기타의 경우 0.2[m] 이상

㉥ 전선과 조영재 사이의 이격거리

• 습기 및 물기가 있는 경우 45[mm] 이상

• 기타의 경우 25[mm] 이상

㉦ 애자는 절연성, 난연성 및 내수성이 있는 것일 것

③ 저압 접촉전선을 애자사용배선에 의하여 옥내의 점검할 수 있는 은폐된 장소에 시설하는 경우

㉠ 전선 상호 간의 간격은 0.12[m] 이상일 것

㉡ 전선과 조영재 사이의 이격거리는 45[mm] 이상일 것

## 13 코드의 사용(KEC 234.2)

### (1) 사용 가능 여부의 구분

① 사용 가능 : 조명용 전원코드 및 이동전선

② 사용 불가능 : 고정배선(예외 건조한 곳 또는 진열장 등의 내부에 배선할 경우)

### (2) 코드는 사용전압 400[V] 이하의 전로에 사용

## 14 코드 및 이동전선(KEC 234.3)

(1) 조명용 전원코드 또는 이동전선은 단면적 0.75[mm²] 이상의 코드 또는 캡타이어케이블을 사용할 것

(2) **옥측에 시설하는 경우의 조명용 전원코드(건조한 장소)**
   단면적이 0.75[mm²] 이상인 450/750[V] 내열성 에틸렌아세테이트 고무절연전선을 사용할 것

(3) **옥내에 시설하는 조명용 전원코드 또는 이동전선(습기가 많은 장소)**
   ① 고무코드(사용전압이 400[V] 이하)
   ② 단면적이 0.75[mm²] 이상인 0.6/1[kV] EP 고무절연 클로로프렌 캡타이어케이블을 사용할 것

## 15 콘센트의 시설(KEC 234.5)

(1) 노출형 콘센트는 기둥과 같은 내구성이 있는 조영재에 견고하게 부착할 것

(2) 욕조나 샤워시설이 있는 욕실 또는 화장실 등 인체가 물에 젖어있는 상태에서 전기를 사용하는 장소에 콘센트를 시설하는 경우
   ① 인체감전보호용 누전차단기(정격감도전류 15[mA] 이하, 동작시간 0.03초 이하의 전류동작형의 것에 한한다) 또는 절연변압기(정격용량 3[kVA] 이하인 것에 한한다)로 보호된 전로에 접속하거나, 인체감전보호용 누전차단기가 부착된 콘센트를 시설하여야 한다.
   ② 콘센트는 접지극이 있는 방적형 콘센트를 사용하고 접지를 할 것

(3) 습기가 많은 장소 또는 수분이 있는 장소에 시설하는 콘센트 및 기계기구용 콘센트는 접지용 단자가 있는 것을 사용하여 접지하고 **방습장치를 시설할 것**

(4) 주택의 옥내전로에는 접지극이 있는 콘센트를 사용하여 접지할 것

## 16 점멸기의 시설(KEC 234.6)

(1) 점멸기는 전로의 비접지측에 시설하고 분기개폐기에 배선용 차단기를 사용하는 경우는 이것을 점멸기로 대용할 수 있음

(2) 노출형의 점멸기는 기둥 등의 내구성이 있는 조영재에 견고하게 설치할 것

(3) 욕실 내는 점멸기를 시설하지 말 것

(4) 가정용 전등은 매 등기구마다 점멸이 가능하도록 할 것(**예외** 장식용 등기구 및 발코니 등기구)

(5) 공장·사무실·학교·상점 및 기타 이와 유사한 장소의 옥내에 시설하는 전체 조명용 전등은 부분조명이 가능하도록 시설할 것

(6) 다음의 경우에는 센서등(타임스위치 포함)을 시설할 것

① **관광숙박업 또는 숙박업에 이용되는 객실의 입구등은 1분 이내에 소등되는 것**

② **일반주택 및 아파트 각 호실의 현관등은 3분 이내에 소등되는 것**

(7) 가로등, 보안등 또는 옥외에 시설하는 공중전화기를 위한 조명등용 분기회로에는 **주광센서**를 설치하여 주광에 의하여 자동점멸하도록 시설할 것

## 17 진열장 또는 이와 유사한 것의 내부 배선(KEC 234.8)

(1) 건조한 장소에 시설하고 또한 내부를 건조한 상태로 사용하는 진열장 내부에 사용전압이 400[V] 이하의 배선을 외부에서 잘 보이는 장소에 한하여 코드 또는 캡타이어케이블로 직접 조영재에 밀착하여 배선할 것

(2) (1)의 배선은 **단면적 0.75[mm²] 이상의 코드 또는 캡타이어케이블일 것**

## 18 옥외등(KEC 234.9)

(1) **사용전압**

옥외등에 전기를 공급하는 전로의 사용전압은 **대지전압을 300[V] 이하로 할 것**

(2) **분기회로**

① 옥외등과 옥내등을 병용하는 분기회로는 20[A] 과전류차단기 분기회로로 할 것

② 옥내등 분기회로에서 옥외등 배선을 인출할 경우는 인출점 부근에 개폐기 및 과전류차단기를 시설할 것

(3) **옥외등의 인하선**

① 애자사용배선(지표상 2[m] 이상의 높이에서 노출된 장소)

② 금속관배선

③ 합성수지관배선

④ 케이블배선

(4) 개폐기, 과전류차단기는 옥내에 시설할 것

## 19 1[kV] 이하 방전등(KEC 234.11)

(1) 방전등에 전기를 공급하는 전로의 **대지전압은 300[V] 이하로 시설할 것**

(2) 방전등용 안정기는 조명기구에 내장하여야 한다.

> **참고** 방전등용 안정기를 조명기구 외부에 시설할 수 있는 경우
>
> - 안정기를 견고한 내화성의 외함 속에 넣을 때
> - 노출장소에 시설할 경우는 외함을 가연성의 조영재에서 0.01[m] 이상 이격하여 견고하게 부착할 것
> - 간접조명을 위한 벽 안 및 진열장 안의 은폐장소에는 외함을 가연성의 조영재에서 10[mm] 이상 이격하여 견고하게 부착하고 쉽게 점검할 수 있도록 시설할 것
> - 은폐장소에 시설할 경우는 외함을 또 다른 내화성 함 속에 넣고 그 함은 가연성의 조영재로부터 10[mm] 이상 이격할 것

### (3) 방전등용 변압기

① 관등회로의 사용전압이 400[V] 초과인 경우는 방전등용 변압기를 사용할 것

② 방전등용 변압기는 절연변압기를 사용할 것

### (4) 관등회로의 배선

① 관등회로의 사용전압이 400[V] 이하인 배선은 전선에 형광등 전선 또는 공칭단면적 2.5[mm²] 이상의 연동선과 이와 동등 이상의 세기 및 굵기의 절연전선, 캡타이어케이블 또는 케이블을 사용하여 시설하여야 할 것

② 관등회로의 사용전압이 400[V] 초과이고, 1[kV] 이하인 배선은 그 시설장소에 따라 합성수지관배선·금속관배선·가요전선관배선이나 케이블공사 또는 다음의 표에 따라 시설할 것

| 시설장소의 구분 | | 공사방법 |
|---|---|---|
| 전개된 장소 | 건조한 장소 | 애자공사·합성수지몰드공사 또는 금속몰드공사 |
| | 기타의 장소 | 애자공사 |
| 점검할 수 있는 은폐된 장소 | 건조한 장소 | 금속몰드공사 |

## 20 네온방전등(KEC 234.12)

### (1) 네온방전등에 공급하는 전로의 대지전압은 300[V] 이하로 시설할 것

### (2) 관등회로의 배선

관등회로의 배선은 애자공사로 다음에 따라서 시설할 것

① 전선은 네온관용 전선을 사용할 것

② 배선은 외상을 받을 우려가 없고 사람이 접촉될 우려가 없는 노출장소에 시설할 것

    ㉠ 전선은 조영재의 옆면 또는 아랫면에 붙일 것

    ㉡ 전선의 지지점 간의 거리는 1[m] 이하일 것

    ㉢ 전선 상호 간의 간격은 60[mm] 이상일 것

    ㉣ 전선과 조영재 사이의 이격거리는 노출장소에서 다음 표에 따를 것

| 전압 구분 | 이격거리 |
|---|---|
| 6[kV] 이하 | 20[mm] 이상 |
| 6[kV] 초과 9[kV] 이하 | 30[mm] 이상 |
| 9[kV] 초과 | 40[mm] 이상 |

## 21 수중조명등(KEC 234.14)

① 수중조명등에 전기를 공급하기 위해서는 **1차측 및 2차측 전로의 사용전압이 각각 400[V] 이하 및 150[V] 이하인 절연변압기를 사용할 것**

② 절연변압기는 교류 5[kV]의 시험전압으로 하나의 권선과 다른 권선, 철심 및 외함 사이에 계속적으로 1분간 가하여 절연내력을 시험할 경우 견디어야 할 것

③ **절연변압기의 2차측 전로는 접지하지 아니할 것**

④ 수중조명등의 절연변압기는 그 **2차측 전로의 사용전압이 30[V] 이하인 경우는 1차 권선과 2차 권선 사이에 금속제의 혼촉방지판을 설치하고 접지공사를 하여야 할 것**

⑤ 절연변압기의 2차측 전로에는 개폐기 및 과전류차단기를 각 극에 시설할 것

⑥ 절연변압기의 2차측 전로의 사용전압이 30[V]를 초과하는 경우에는 그 전로에 지락이 생겼을 때에 자동적으로 전로를 차단하는 정격감도전류 30[mA] 이하의 누전차단기를 시설할 것

## 22 교통신호등(KEC 234.15)

① 교통신호등 제어장치의 2차측 배선의 **최대사용전압은 300[V] 이하일 것**

② 전선은 **2.5[mm²] 연동선과 동등 이상의 세기 및 굵기의 450/750[V] 일반용 단심 비닐절연전선 또는 450/750[V] 내열성 에틸렌아세테이트 고무절연전선일 것**

③ 전선을 조가할 경우 조가용선은 인장강도 3.7[kN]의 금속선 또는 지름 4[mm] 이상의 아연도금철선을 2가닥 이상 꼰 금속선을 사용할 것

④ **인하선의 지표상의 높이는 2.5[m] 이상일 것**

⑤ 교통신호등 회로의 **사용전압이 150[V]를 초과하는 경우 지락 시 자동차단하는 누전차단기를 시설할 것**

⑥ 교통신호등 제어장치의 금속제 외함에는 접지공사를 할 것

⑦ 교통신호등 회로의 배선과 기타 시설물과의 이격거리는 0.6[m] 이상일 것
(교통신호등 회로의 배선이 케이블인 경우에는 0.3[m] 이상)

## 23 엘리베이터 · 덤웨이터 등의 승강로 안의 저압 옥내배선 등의 시설(KEC 242.11)

사용전압이 400[V] 이하에서는 리프트케이블을 사용할 것

## 출제 06 특수설비(KEC 240)

### 1 특수시설(KEC 241)

#### (1) 전기울타리(KEC 241.1)

① 사람이 쉽게 출입하지 아니하는 곳에 시설할 것

② 시설한 곳에는 사람이 보기 쉽도록 적당한 간격으로 위험표시를 할 것

③ **전선은 인장강도 1.38[kN] 이상의 것 또는 지름 2[mm] 이상의 경동선일 것**

④ **전선과 기둥 사이의 이격거리는 25[mm] 이상일 것**

⑤ **전선과 다른 시설물 또는 수목 사이의 이격거리는 0.3[m] 이상일 것**

⑥ 전기울타리에 전기를 공급하는 전로에는 쉽게 개폐할 수 있는 곳에 전용 개폐기를 시설하여야 한다.

⑦ **전기울타리용 전로의 사용전압은 250[V] 이하이어야 한다.**

⑧ 전기울타리의 접지전극과 다른 접지계통의 접지전극의 거리는 2[m] 이상이어야 한다.

⑨ 가공전선로의 아래를 통과하는 전기울타리의 금속부분은 교차지점의 양쪽으로부터 5[m] 이상의 간격을 두고 접지를 할 것

#### (2) 전기욕기(KEC 241.2)

전기욕기에 전기를 공급하기 위한 전기욕기용 전원장치(내장되어 있는 전원변압기의 2차측 전로의 사용전압이 10[V] 이하인 것에 한한다)는 안전기준에 적합하여야 할 것

① 전원장치의 금속제 외함 및 전선을 넣는 금속관에는 접지공사를 할 것

② **욕기 내의 전극 간의 거리는 1[m] 이상일 것**

③ **전기욕기용 전원장치로부터 욕기 안의 전극까지의 배선은 공칭단면적 2.5[mm$^2$] 이상의 연동선과 동등 이상의 세기 및 굵기의 절연전선(옥외용 비닐절연전선을 제외) 또는 케이블** 또는 공칭단면적이 1.5[mm$^2$] 이상의 캡타이어케이블을 사용하고 합성수지관배선, 금속관 배선 또는 케이블배선에 의하여 시설하거나 또는 공칭단면적이 1.5[mm$^2$] 이상의 캡타이어 코드를 합성수지관(두께 2[mm] 미만의 합성수지제 전선관 및 난연성이 없는 콤바인덕트관을 제외) 또는 금속관에 넣고 관을 조영재에 견고하게 붙일 것. 다만, 전기욕기용 전원장치로부터 욕탕에 이르는 배선을 건조하고 전개된 장소에 시설하는 경우에는 그러하지 아니하다.

④ **전기욕기용 전원장치로부터 욕기 안의 전극까지의 전선 상호 간 및 전선과 대지 사이의 절연저항값은 0.1[MΩ] 이상일 것**

#### (3) 전극식 온천온수기(溫泉昇溫器) (KEC 241.4)

① 사용전압은 400[V] 미만일 것

② 급수 펌프에 직결되는 전동기에 전기를 공급하기 위해서는 사용전압이 400[V] 미만인 절연변압기를 시설할 것

③ 절연변압기는 교류 2[kV]의 시험전압을 하나의 권선과 다른 권선, 철심 및 외함 사이에 연속하여 1분간 가하여 절연내력을 시험하였을 때 이에 견디는 것일 것

④ 절연변압기의 1차측 전로에는 개폐기 및 과전류차단기를 각 극에 시설할 것

⑤ 절연변압기의 철심 및 금속제 외함에는 접지공사를 할 것

⑥ 전극식 온천온수기의 온천수 유입구 및 유출구에는 차폐장치를 설치할 것. 이 경우 차폐장치와 전극식 온천온수기 및 차폐장치와 욕탕 사이의 거리는 각각 수관에 따라 0.5[m] 이상 및 1.5[m] 이상일 것

## (4) 전기온상 등(KEC 241.5)

① 전기온상에 전기를 공급하는 전로의 **대지전압은 300[V] 이하일 것**

② 발열선 및 발열선에 직접 접속하는 전선은 전기온상선일 것

③ **발열선은 그 온도가 80[℃]를 넘지 아니하도록 시설할 것**

④ 발열선이나 발열선에 직접 접속하는 전선의 피복에 사용하는 금속체 또는 방호장치의 금속제 부분에는 접지공사를 할 것

⑤ **발열선 상호 간의 간격은 0.03[m](함 내에 시설하는 경우는 0.02[m]) 이상일 것**

⑥ 발열선과 조영재 사이의 이격거리는 0.025[m] 이상으로 할 것

⑦ **발열선의 지지점 간의 거리는 1[m] 이하일 것**(발열선 상호 간의 간격이 0.06[m] 이상인 경우에는 2[m] 이하)

## (5) 전격살충기(KEC 241.7)

① 전용 개폐기를 전격살충기에서 가까운 곳에 쉽게 개폐할 수 있도록 시설할 것

② **전격살충기는 전격격자가 지표상 또는 마루 위 3.5[m] 이상의 높이가 되도록 시설할 것** (자동차단장치 설치 시 지표 또는 바닥에서 1.8[m] 이상)

③ **전격살충기의 전격격자와 다른 시설물 또는 식물 사이의 이격거리는 0.3[m] 이상일 것**

④ 전격살충기를 시설한 곳에는 **위험표시를 할 것**

## (6) 유희용 전차(KEC 241.8)

① **전원장치의 2차측 단자의 최대사용전압은 직류의 경우 60[V] 이하, 교류의 경우 40[V] 이하일 것**

② **유희용 전차에 전기를 공급하기 위하여 사용하는 접촉전선은 제3레일 방식에 의하여 시설할 것**

③ 유희용 전차에 전기를 공급하는 변압기의 1차 전압은 400[V] 미만(승압용인 경우 2차 전압 150[V] 이하)인 절연변압기일 것

④ 유희용 전차 안의 전로는 취급자 이외의 자가 쉽게 접촉할 우려가 없도록 시설할 것

⑤ 유희용 전차에 전기를 공급하는 접촉전선과 대지 사이의 절연저항은 사용전압에 대한 누설전류가 레일의 연장 1[km]마다 100[mA]를 넘지 않도록 유지할 것

⑥ 유희용 전차 안의 전로와 대지 사이의 절연저항은 사용전압에 대한 누설전류가 규정 전류의 $\dfrac{1}{5,000}$을 넘지 않을 것

### (7) 아크 용접기(KEC 241.10)

① 용접변압기는 절연변압기일 것

② 용접변압기의 1차측 전로의 **대지전압은 300[V] 이하일 것**

③ 용접변압기의 1차측 전로에는 용접변압기에 가까운 곳에 쉽게 개폐할 수 있는 개폐기를 시설할 것

④ 피용접재 또는 이와 전기적으로 접속되는 받침대 · 정반 등의 금속체에는 접지공사를 할 것

### (8) 도로 등의 전열장치(KEC 241.12)

발열선을 도로, 주차장 또는 조영물의 조영재에 고정시켜 시설하는 경우에는 다음에 따라 시설할 것

① 발열선에 전기를 공급하는 전로의 **대지전압은 300[V] 이하일 것**

② **발열선은 온도가 80[℃]를 넘지 않을 것**(도로 또는 옥외주차장에 금속피복을 한 발열선을 시설할 경우에는 발열선의 온도는 120[℃] 이하)

③ 발열선 또는 발열선에 직접 접속하는 전선의 피복에 사용하는 금속체에는 접지공사를 할 것

④ 발열선을 콘크리트 속에 매입하여 시설하는 경우 이외에는 **발열선 상호 간의 간격을 0.05[m] 이상**으로 하고 또한 발열선이 손상을 받을 우려가 없도록 시설할 것

### (9) 소세력 회로(小勢力回路) (KEC 241.14)

전자개폐기의 조작회로 또는 초인벨 · 경보벨 등에 접속하는 전로로서 **최대사용전압이 60[V] 이하인 것**은 다음에 따라 시설할 것

① 소세력 회로에 전기를 공급하기 위한 변압기는 절연변압기일 것

② 절연변압기의 사용전압은 대지전압 300[V] 이하로 할 것

③ 소세력 회로의 전선은 1[mm$^2$] 이상의 연동선일 것

### (10) **전기부식방지시설(KEC 241.16)**

전기부식방지시설은 지중 또는 수중에 시설하는 금속체의 부식을 방지하기 위해 지중 또는 수중에 시설하는 양극과 피방식체 간에 방식 전류를 통하는 시설을 말하며, 다음에 따라 시설하여야 한다.

① 사용전압 및 전원장치

　　㉠ 전기부식방지용 전원장치에 전기를 공급하는 전로의 **사용전압은 저압**이어야 한다.

　　㉡ 변압기는 절연변압기이고, 또한 교류 1[kV]의 시험전압을 하나의 권선과 다른 권선 · 철심 및 외함과의 사이에 연속적으로 1분간 가하여 절연내력을 시험하였을 때 이에 견디는 것일 것

② 전기부식방지 회로의 전압 및 회로

　　㉠ **전기부식방지 회로(전기부식방지용 전원장치로부터 양극 및 피방식체까지의 전로)의 사용전압은 직류 60[V] 이하일 것**

ⓛ 양극은 지중에 매설하거나 수중에서 쉽게 접촉할 우려가 없는 곳에 시설할 것

ⓒ **지중에 매설하는 양극의 매설깊이는 0.75[m] 이상일 것**

ⓔ **수중에 시설하는 양극과 그 주위 1[m] 이내의 거리에 있는 임의점 사이의 전위차는 10[V]를 넘지 아니할 것**

ⓜ 지표 또는 수중에서 1[m] 간격의 임의의 2점간의 전위차가 5[V]를 넘지 아니할 것

ⓗ 2차측 배선의 전선은 케이블인 경우 이외에는 지름 2[mm]의 경동선 또는 옥외용 비닐 절연전선 이상의 절연효력이 있는 것일 것

ⓢ 전기부식방지 회로의 전선과 저압 가공전선 사이의 이격거리는 0.3[m] 이상일 것

ⓞ 전기부식방지 회로의 전선은 공칭단면적 $4.0[mm^2]$의 연동선일 것(양극에 부속하는 전선은 $2.5[mm^2]$ 이상의 연동선)

(11) **전기자동차 전원설비**(KEC 241.17)

전기자동차의 전원공급설비에 사용하는 전로의 **전압은 저압으로 할 것**

① 전력계통으로부터 교류의 전원을 입력받아 전기자동차에 전원을 공급하기 위한 분전반, 배선(전로), 충전장치 및 충전케이블 등의 전기자동차 충전설비에 적용할 것

② 전기자동차 전원공급설비의 저압전로 시설

ⓖ 전용의 개폐기 및 과전류차단기를 각 극(과전류차단기는 다선식 전로의 중성극을 제외한다)에 시설하고 또한 전로에 지락이 생겼을 때 자동적으로 그 전로를 차단하는 장치를 시설할 것

ⓛ 옥내에 시설하는 저압용 배선기구의 시설은 다음에 따라 시설할 것

• 옥내에 시설하는 저압용의 배선기구는 그 충전부분이 노출되지 아니하도록 시설

• 옥내에 시설하는 저압용의 **비포장 퓨즈는 불연성의 것일 것**

• 전기자동차의 충전장치는 쉽게 열 수 없는 구조이고 위험표시를 할 것

• **충전장치의 충전 케이블 인출부는 옥내용의 경우 지면으로부터 0.45[m] 이상 1.2[m] 이내에, 옥외용의 경우 지면으로부터 0.6[m] 이상에 위치할 것**

• 전기자동차의 충전장치는 부착된 충전 케이블을 거치할 수 있는 거치대 또는 충분한 수납공간(옥내 0.45[m] 이상, 옥외 0.6[m] 이상)을 갖는 구조이며, 충전 케이블은 반드시 거치할 것

## 2 특수장소(KEC 242)

### (1) 분진 위험장소(KEC 242.2)

① 폭연성 분진 또는 화약류의 분말이 있는 장소

ⓖ **금속관배선, 케이블배선**

ⓛ 0.6/1[kV] EP 고무절연 클로로프렌 캡타이어케이블

ⓒ 전기기계기구는 분진방폭 특수방진구조로 되어 있을 것

② 가연성 분진이 있는 장소

　㉠ 합성수지관배선, 금속관배선, 케이블배선

　㉡ 0.6/1[kV] EP 고무절연 클로로프렌 캡타이어케이블, 0.6/1[kV] 비닐절연 비닐캡타이어케이블

　㉢ 전기기계기구는 분진방폭형 보통방진구조로 되어 있을 것

## (2) 전시회, 쇼 및 공연장의 전기설비(KEC 242.6)

전시회, 쇼 및 공연장 기타 이들과 유사한 장소에 시설하는 저압전기설비에 적용할 것

① 이동전선

　㉠ 이동전선은 0.6/1[kV] EP 고무절연 클로로프렌 캡타이어케이블 또는 0.6/1[kV] 비닐절연 비닐캡타이어케이블일 것

　㉡ 보더라이트에 부속된 이동전선은 0.6/1[kV] EP 고무절연 클로로프렌 캡타이어케이블

② 무대·무대마루 밑·오케스트라 박스 및 영사실의 전로에는 전용 개폐기 및 과전류차단기를 시설할 것

③ 비상조명을 제외한 조명용 분기회로 및 정격 32[A] 이하의 콘센트용 분기회로는 정격감도전류 30[mA] 이하의 누전차단기로 보호할 것

## (3) 터널, 갱도 기타 이와 유사한 장소(KEC 242.7)

사람이 상시 통행하는 터널 안의 배선의 시설은 다음과 같이 시설한다.

① **사용전압은 저압일 것**

② **2.5[mm² ]의 연동선 및 절연전선을 사용(옥외용 비닐절연전선 및 인입용 비닐절연전선을 제외)**

③ 합성수지관공사, 금속관공사, 금속제 가요전선관공사, 케이블공사, 애자사용공사

④ **노면상 2.5[m] 이상의 높이로 할 것**

⑤ 전로에는 터널의 입구에 가까운 곳에 전용 개폐기를 시설할 것

## (4) 이동식 숙박차량 정박지, 야영지 및 이와 유사한 장소(KEC 242.8)

① 레저용 숙박차량·텐트 또는 이동식 숙박차량 정박지의 이동식 주택, 야영장 및 이와 유사한 장소에 전원을 공급하기 위한 회로에만 적용한다.

② 일반특성의 평가

　㉠ TN 계통에서는 레저용 숙박차량·텐트 또는 이동식 주택에 전원을 공급하는 **최종분기회로에는 PEN 도체가 포함되어서는 아니 된다.**

　㉡ **표준전압은 220/380[V]를 초과해서는 아니 된다.**

③ 배선방식

　㉠ 이동식 숙박차량 정박지에 전원을 공급하기 위하여 시설하는 배선은 **지중케이블 및 가공케이블 또는 가공절연전선을 사용하여야 한다.**

　㉡ 지중케이블은 추가적인 기계적 보호가 제공되지 않는 한 손상을 방지하기 위하여 매설

깊이를 차량 기타 중량물의 압력을 받을 우려가 있는 장소에는 **1.0[m] 이상**, 기타 장소
에는 **0.6[m] 이상**으로 하여야 한다.

ⓒ 가공케이블 또는 가공절연전선은 다음에 적합하여야 한다.
  - 모든 가공전선은 절연되어야 한다.
  - 가공배선을 위한 전주 또는 다른 지지물은 차량의 이동에 의하여 손상을 받지 않는
    장소에 설치하거나 손상을 받지 아니하도록 보호되어야 한다.
  - **가공전선은 차량이 이동하는 모든 지역에서 지표상 6[m], 다른 모든 지역에서는 4[m]
    이상의 높이로 시설하여야 한다.**

④ 전원자동차단에 의한 고장보호장치
  ㉠ 누전차단기
    - **모든 콘센트는 정격감도전류가 30[mA] 이하인 누전차단기(중성선을 포함한 모든
      극이 차단되는 것)에 의하여 개별적으로 보호되어야 한다.**
    - 이동식 주택 또는 이동식 조립주택에 공급하기 위해 고정 접속되는 최종분기회로는
      정격감도전류가 30[mA] 이하인 누전차단기(중성선을 포함한 모든 극이 차단되는
      것)에 의하여 개별적으로 보호되어야 한다.
  ㉡ 과전류에 대한 보호장치
    - 모든 콘센트는 과전류보호장치로 개별적으로 보호하여야 한다.
    - 이동식 주택 또는 이동식 조립주택에 전원 공급을 위한 고정 접속용의 최종분기회로
      는 과전류보호장치로 개별적으로 보호하여야 한다.

⑤ 단로장치
  각 배전반에는 적어도 하나의 단로장치를 설치하여야 한다. 이 장치는 중성선을 포함하여
  모든 충전도체를 분리하여야 한다.

⑥ 콘센트시설
  ㉠ 모든 콘센트는 IP44의 보호등급을 충족하거나 외함에 의해 그와 동등한 보호등급 이상
    이 되도록 시설하여야 한다.
  ㉡ 모든 콘센트는 이동식 숙박차량의 정박구획 또는 텐트구획에 가깝게 시설되어야 하며,
    배전반 또는 별도의 외함 내에 설치되어야 한다.
  ㉢ 긴 연결코드로 인한 위험을 방지하기 위하여 하나의 외함 내에는 4개 이하의 콘센트를
    조합 배치하여야 한다.
  ㉣ 모든 이동식 숙박차량의 정박구획 또는 텐트구획은 적어도 하나의 콘센트가 공급되어
    야 한다.
  ㉤ **정격전압 200~250[V], 정격전류 16[A] 단상 콘센트가 제공되어야 한다.**
  ㉥ **콘센트는 지면으로부터 0.5~1.5[m] 높이에 설치하여야 한다.** 가혹한 환경조건의 특수
    한 경우에는 정해진 최대높이 1.5[m]를 초과하는 것이 허용된다. 이러한 경우 플러그의
    안전한 삽입 및 분리가 보장되어야 한다.

**(5) 마리나 및 이와 유사한 장소(KEC 242.9)**

① 적용범위

마리나 및 이와 유사장소의 놀이용 수상 기계기구 또는 선상가옥에 전원을 공급하는 회로에만 적용한다. 다만, 다음의 경우에는 적용하지 아니한다.

㉠ 공공 전력망에서 직접 전력을 공급받는 선상가옥

㉡ 놀이용 수상 기계기구나 선상가옥의 내부 전기설비

② 계통접지 및 전원공급

㉠ **마리나에서 TN 계통의 사용 시 TN-S 계통만을 사용하여야 한다.** 육상의 절연변압기를 통하여 보호하는 경우를 제외하고 누전차단기를 사용하여야 한다. 또한, 놀이용 수상 기계기구 또는 선상가옥에 전원을 공급하는 **최종회로는 PEN 도체를 포함해서는 아니 된다.**

㉡ **표준전압은 220/380[V]를 초과해서는 아니 된다.**

③ 배선방식

㉠ **마리나 내의 배선은 다음에 따라 시설하여야 한다.**

- **지중케이블**
- **가공케이블 또는 가공절연전선**
- **PVC 보호피복의 무기질 절연케이블**
- **열가소성 또는 탄성재료 피복의 외장케이블**

㉡ 지중케이블은 추가적인 기계적 보호가 제공되지 않는 한 수송매체 등의 이동에 따른 손상을 피할 수 있도록 매설깊이를 차량 기타 중량물의 압력을 받을 우려가 있는 장소에는 **1.0[m] 이상**, 기타 장소에는 **0.6[m] 이상**으로 하여야 한다.

㉢ 가공케이블 또는 가공절연전선은 다음에 따라 시설하여야 한다.

- 모든 가공전선은 절연되어야 한다.
- 가공전선은 수송매체가 이동하는 모든 지역에서 지표상 6[m], 다른 모든 지역에서는 4[m] 이상의 높이로 시설하여야 한다.

④ 전원의 자동차단에 의한 고장보호

㉠ 누전차단기는 다음에 따라 시설하여야 한다.

- **정격전류가 63[A] 이하인 모든 콘센트는 정격감도전류가 30[mA] 이하인 누전차단기에 의해 개별적으로 보호되어야 한다.**
- 정격전류가 63[A]를 초과하는 콘센트는 정격감도전류 300[mA] 이하이고, 중성극을 포함한 모든 극을 차단하는 누전차단기에 의해 개별적으로 보호되어야 한다.
- 주거용 선박에 전원을 공급하는 접속장치는 30[mA]를 초과하지 않는 개별 누전차단기로 보호되어야 하며, 선택된 누전차단기는 중성극을 포함한 모든 극을 차단하여야 한다.

㉡ 과전류에 대한 보호장치

- 각 콘센트는 과전류보호장치에 의해 개별적으로 보호되어야 한다.

- 선상가옥에 전원 공급을 위한 고정 접속용의 최종분기회로는 과전류보호장치에 의해 개별적으로 보호되어야 한다.

⑤ 단로장치

각 배전반에는 적어도 하나의 단로장치를 설치하여야 한다. 이 장치는 중성선을 포함하여 모든 충전도체를 분리하여야 한다.

⑥ 콘센트시설

콘센트는 다음에 따라 시설하여야 한다.

㉠ 긴 연결코드로 인한 위험을 방지하기 위하여 하나의 외함 안에는 4개 이하의 콘센트가 조합 배치되어야 한다.

㉡ 하나의 콘센트는 오직 하나의 놀이용 수상 기계기구 또는 하나의 선상가옥에만 전원을 공급하여야 한다.

㉢ 정격전압 200~250[V], 정격전류 16[A] 단상 콘센트가 제공되어야 한다. 다만, 보다 큰 수요가 예상되는 경우에는 더 높은 정격의 콘센트를 제공하여야 한다.

㉣ 모든 콘센트는 적절한 조치가 취해지지 않는 한 비말이나 침수의 영향을 피할 수 있는 곳에 설치하여야 한다.

## (6) 의료장소(KEC 242.10)

① 적용범위

의료장소는 의료용 전기기기의 **장착부(의료용 전기기기의 일부로서 환자의 신체와 필연적으로 접촉되는 부분)**의 사용방법에 따라 다음과 같이 구분한다.

㉠ 그룹 0 : 일반병실, 진찰실, 검사실, 처치실, 재활치료실 등 장착부를 사용하지 않는 의료장소

㉡ 그룹 1 : 분만실, MRI실, X선 검사실, 회복실, 구급처치실, 인공투석실, 내시경실 등 장착부를 환자의 신체 외부 또는 심장 부위를 제외한 환자의 신체 내부에 삽입시켜 사용하는 의료장소

㉢ 그룹 2 : 관상동맥질환 처치실(심장카테터실), 심혈관조영실, 중환자실(집중치료실), 마취실, 수술실, 회복실 등 장착부를 환자의 심장 부위에 삽입 또는 접촉시켜 사용하는 의료장소

② 의료장소별 계통접지

의료장소별로 다음과 같이 계통접지를 적용한다.

㉠ 그룹 0 : TT 계통 또는 TN 계통

㉡ 그룹 1 : TT 계통 또는 TN 계통. 다만, 전원자동차단에 의한 보호가 의료행위에 중대한 지장을 초래할 우려가 있는 의료용 전기기기를 사용하는 회로에는 의료 IT 계통을 적용할 수 있다.

㉢ 그룹 2 : 의료 IT 계통. 다만, 이동식 X-레이 장치, 정격출력이 5[kVA] 이상인 대형 기기용 회로, 생명유지장치가 아닌 일반 의료용 전기기기에 전력을 공급하는 회로 등에는 TT 계통 또는 TN 계통을 적용할 수 있다.

  ② 의료장소에 TN 계통을 적용할 때에는 주배전반 이후의 부하계통에서는 TN-C 계통으로 시설하지 말 것

③ 의료장소의 안전을 위한 보호설비

의료장소의 안전을 위한 보호설비는 다음과 같이 시설한다.

  ㉠ 그룹 1 및 그룹 2의 의료 IT 계통은 다음과 같이 시설할 것
- 전원측에 이중 또는 강화절연을 한 비단락보증 절연변압기를 설치하고 그 2차측 전로는 접지하지 말 것
- 비단락보증 절연변압기의 2차측 정격전압은 교류 250[V] 이하로 하며, 공급방식은 단상 2선식, 정격출력은 10[kVA] 이하로 할 것
- 3상 부하에 대한 전력공급이 요구되는 경우 비단락보증 3상 절연변압기를 사용할 것
- 비단락보증 절연변압기의 과부하전류 및 초과온도를 지속적으로 감시하는 장치를 적절한 장소에 설치할 것
- 의료 IT 계통의 절연상태를 지속적으로 계측, 감시하는 장치를 설치할 것
- 의료 IT 계통의 분전반은 의료장소의 내부 혹은 가까운 외부에 설치할 것
- 의료 IT 계통에 접속되는 콘센트는 TT 계통 또는 TN 계통에 접속되는 콘센트와 혼용됨을 방지하기 위하여 적절하게 구분 표시할 것

  ㉡ 그룹 1과 그룹 2의 의료장소에서 사용하는 교류 콘센트는 배선용 콘센트를 사용할 것. 다만, 플러그가 빠지지 않는 구조의 콘센트가 필요한 경우에는 걸림형을 사용할 것

  ㉢ 그룹 1과 그룹 2의 의료장소에 무영등 등을 위한 특별저압(SELV 또는 PELV) 회로를 시설하는 경우에는 사용전압은 교류 실효값 25[V] 또는 리플프리(ripple-free)직류 60[V] 이하로 할 것

  ㉣ 의료장소의 전로에는 정격감도전류 30[mA] 이하, 동작시간 0.03초 이내의 누전차단기를 설치할 것. 다만, 다음의 경우는 그러하지 아니하다.
- 의료 IT 계통의 전로
- TT 계통 또는 TN 계통에서 전원자동차단에 의한 보호가 의료행위에 중대한 지장을 초래할 우려가 있는 회로에 누전경보기를 시설하는 경우
- 의료장소의 바닥으로부터 2.5[m]를 초과하는 높이에 설치된 조명기구의 전원회로
- 건조한 장소에 설치하는 의료용 전기기기의 전원회로

④ 의료장소 내의 접지설비

의료장소와 의료장소 내의 전기설비 및 의료용 전기기기의 노출도전부, 그리고 계통외도전부에 대하여 다음과 같이 접지설비를 시설하여야 한다.

  ㉠ 의료장소마다 그 내부 또는 근처에 등전위본딩 바를 설치할 것. 다만, 인접하는 의료장소와의 바닥면적 합계가 50[m²] 이하인 경우에는 등전위본딩 바를 공용할 수 있다.

  ㉡ 의료장소 내에서 사용하는 모든 전기설비 및 의료용 전기기기의 노출도전부는 보호도체에 의하여 등전위본딩 바에 각각 접속되도록 할 것

ⓒ 그룹 2의 의료장소에서 환자환경(환자가 점유하는 장소로부터 수평방향 1.5[m], 의료 장소의 바닥으로부터 2.5[m] 높이 이내의 범위) 내에 있는 계통외도전부와 전기설비 및 의료용 전기기기의 노출도전부, 전자기장해(EMI) 차폐선, 도전성 바닥 등은 등전위 본딩을 시행할 것

ⓔ 접지도체는 다음과 같이 시설할 것
- 접지도체의 공칭단면적은 등전위본딩 바에 접속된 보호도체 중 가장 큰 것 이상으로 할 것
- 철골, 철근콘크리트 건물에서는 철골 또는 2조 이상의 주철근을 접지도체의 일부분으로 활용할 수 있다.

ⓜ 보호도체, 등전위본딩 도체 및 접지도체의 종류는 450/750[V] 일반용 단심 비닐절연전 선으로서 절연체의 색이 녹/황의 줄무늬이거나 녹색인 것을 사용할 것

⑤ 의료장소 내의 비상전원
상용전원 공급이 중단될 경우 의료행위에 중대한 지장을 초래할 우려가 있는 전기설비 및 의료용 전기기기에는 비상전원을 공급하여야 한다.

ⓒ **절환시간 0.5초 이내에 비상전원을 공급하는 장치 또는 기기**
- **0.5초 이내에 전력공급이 필요한 생명유지장치**
- **그룹 1 또는 그룹 2의 의료장소의 수술 등, 내시경, 수술실 테이블, 기타 필수 조명**

ⓛ 절환시간 15초 이내에 비상전원을 공급하는 장치 또는 기기
- 15초 이내에 전력공급이 필요한 생명유지장치
- 그룹 2의 의료장소에 최소 50[%]의 조명, 그룹 1의 의료장소에 최소 1개의 조명

ⓒ 절환시간 15초를 초과하여 비상전원을 공급하는 장치 또는 기기
- 병원기능을 유지하기 위한 기본 작업에 필요한 조명
- 그 밖의 병원 기능을 유지하기 위하여 중요한 기기 또는 설비

## (7) 엘리베이터 · 덤웨이터 등의 승강로 안의 저압 옥내배선 등의 시설(KEC 242.11)

엘리베이터 · 덤웨이터 등의 승강로 내에 시설하는 사용전압이 400[V] 이하인 저압 옥내배선, 저압의 이동전선 및 이에 직접 접속하는 리프트케이블은 비닐 리프트케이블 또는 고무 리프트 케이블을 사용하여야 한다.

## 3 저압 옥내 직류전기설비(KEC 243)

### (1) 저압 직류과전류차단장치

① 저압 직류전로에 과전류차단장치를 시설하는 경우 직류단락전류를 차단하는 능력을 가지는 것이어야 하고 "직류용" 표시를 하여야 한다.

② 다중전원전로의 과전류차단기는 모든 전원을 차단할 수 있도록 시설하여야 한다.

### (2) 저압 직류지락차단장치

저압 직류전로에 지락이 생겼을 때 자동으로 전로를 차단하는 장치를 시설하여야 하며 "직류용" 표시를 하여야 한다.

### (3) 저압 직류개폐장치

① 직류전로에 사용하는 개폐기는 직류전로 개폐 시 발생하는 아크에 견디는 구조이어야 한다.
② 다중전원전로의 개폐기는 개폐할 때 모든 전원이 개폐될 수 있도록 시설하여야 한다.

### (4) 축전지실 등의 시설

① 30[V]를 초과하는 축전지는 비접지측 도체에 쉽게 차단할 수 있는 곳에 개폐기를 시설하여야 한다.
② 옥내전로에 연계되는 축전지는 비접지측 도체에 과전류보호장치를 시설하여야 한다.
③ 축전지실 등은 폭발성의 가스가 축적되지 않도록 환기장치 등을 시설하여야 한다.

### (5) 저압 옥내 직류전기설비의 접지

① 저압 옥내 직류전기설비는 전로보호장치의 확실한 동작의 확보, 이상전압 및 대지전압의 억제를 위하여 직류 2선식의 임의의 한 점 또는 변환장치의 직류측 중간점, 태양전지의 중간점 등을 접지하여야 한다. 다만, 직류 2선식을 다음에 따라 시설하는 경우는 그러하지 아니하다.
    ㉠ 사용전압이 60[V] 이하인 경우
    ㉡ 접지검출기를 설치하고 특정구역 내의 산업용 기계기구에만 공급하는 경우
    ㉢ 교류전로로부터 공급을 받는 정류기에서 인출되는 직류계통
    ㉣ 최대전류 30[mA] 이하의 직류화재경보회로
    ㉤ 절연감시장치 또는 절연고장점검출장치를 설치하여 관리자가 확인할 수 있도록 경보장치를 시설하는 경우
② 직류전기설비를 시설하는 경우는 감전에 대한 보호를 하여야 한다.
③ 직류전기설비의 접지시설은 전기부식방지를 하여야 한다.
④ 직류접지계통은 교류접지계통과 같은 방법으로 금속제 외함, 교류접지도체 등과 본딩하여야 하며, 교류접지가 피뢰설비·통신접지 등과 통합접지되어 있는 경우는 함께 통합접지공사를 할 수 있다. 이 경우 낙뢰 등에 의한 과전압으로부터 전기설비 등을 보호하기 위해 서지보호장치(SPD)를 설치하여야 한다.

## **4** 비상용 예비전원설비(KEC 244)

### (1) 일반 요구사항(KEC 244.1)

① 이 규정은 상용전원이 정전되었을 때 사용하는 비상용 예비전원설비를 수용장소에 시설하는 것에 적용하여야 한다.

② 비상용 예비전원설비의 조건 및 분류

    ㉠ 비상용 예비전원설비는 상용전원의 고장 또는 화재 등으로 정전되었을 때 수용장소에 전력을 공급하도록 시설하여야 한다.

    ㉡ 화재조건에서 운전이 요구되는 비상용 예비전원설비는 다음의 2가지 조건이 추가적으로 충족되어야 한다.

        • 비상용 예비전원은 충분한 시간 동안 전력 공급이 지속되도록 선정하여야 한다.

        • 모든 비상용 예비전원의 기기는 충분한 시간의 내화보호 성능을 갖도록 선정하여 설치하여야 한다.

    ㉢ 비상용 예비전원설비의 전원공급방법은 다음과 같이 분류한다.

        • 수동 전원공급

        • 자동 전원공급

    ㉣ 자동 전원공급은 절환시간에 따라 다음과 같이 분류된다.

        • **무순단** : 과도시간 내에 전압 또는 주파수 변동 등 정해진 조건에서 연속적인 전원공급이 가능한 것

        • **순단** : 0.15초 이내 자동 전원공급이 가능한 것

        • **단시간 차단** : 0.5초 이내 자동 전원공급이 가능한 것

        • **보통 차단** : 5초 이내 자동 전원공급이 가능한 것

        • **중간 차단** : 15초 이내 자동 전원공급이 가능한 것

        • **장시간 차단** : 자동 전원공급이 15초 이후에 가능한 것

## (2) 시설기준(KEC 244.2)

① 비상용 예비전원의 시설

    ㉠ 비상용 예비전원은 고정설비로 하고, 상용전원의 고장에 의해 해로운 영향을 받지 않는 방법으로 설치하여야 한다.

    ㉡ 비상용 예비전원은 운전에 적절한 장소에 설치해야 하며, 기능자 및 숙련자만 접근 가능하도록 설치하여야 한다.

    ㉢ 비상용 예비전원에서 발생하는 가스, 연기 또는 증기가 사람이 있는 장소로 침투하지 않도록 확실하고 충분히 환기하여야 한다.

    ㉣ 비상용 예비전원은 비상용 예비전원의 유효성이 손상되지 않는 경우에만 비상용 예비전원설비 이외의 목적으로 사용할 수 있다. 비상용 예비전원설비는 다른 용도의 회로에 일어나는 고장 시 어떠한 비상용 예비전원설비 회로도 차단되지 않도록 하여야 한다.

    ㉤ 비상용 예비전원으로 전기사업자의 배전망과 수용가의 독립된 전원을 병렬운전이 가능하도록 시설하는 경우, 독립운전 또는 병렬운전 시 단락보호 및 고장보호가 확보되어야 한다. 이 경우, 병렬운전에 관한 전기사업자의 동의를 받아야 하며 전원의 중성점 간 접속에 의한 순환전류와 제3고조파의 영향을 제한하여야 한다.

ⓗ 상용전원의 정전으로 비상용 전원이 대체되는 경우에는 상용전원과 병렬운전이 되지 않도록 다음 중 하나 또는 그 이상의 조합으로 격리조치를 하여야 한다.
- 조작기구 또는 절환개폐장치의 제어회로 사이의 전기적, 기계적 또는 전기기계적 연동
- 단일 이동식 열쇠를 갖춘 잠금계통
- 차단-중립-투입의 3단계 절환개폐장치
- 적절한 연동기능을 갖춘 자동절환개폐장치
- 동등한 동작을 보장하는 기타 수단

② 비상용 예비전원설비의 배선

㉠ 다음 배선설비 중 하나 또는 그 이상을 화재상태에서 운전하는 것이 요구되는 비상용 예비전원설비에 적용하여야 한다.
- 무기물 절연(MI)케이블
- 내화케이블
- 화재 및 기계적 보호를 위한 배선설비

㉡ 직류로 공급될 수 있는 비상용 예비전원설비 전로는 2극 과전류보호장치를 구비하여야 한다.

㉢ 교류전원과 직류전원 모두에서 사용하는 개폐장치 및 제어장치는 교류조작 및 직류조작 모두에 적합하여야 한다.

# 단원 자주 출제되는 기출문제

★★★★★ 기사 21년 1회

**01** 저압전로의 보호도체 및 중성선의 접속방식에 따른 접지계통의 분류가 아닌 것은?

① IT 계통
② TN 계통
③ TT 계통
④ TC 계통

**[해설] 계통접지 구성(KEC 203.1)**
저압전로의 보호도체 및 중성선의 접속방식에 따른 접지계통 구분
㉠ TN 계통
㉡ TT 계통
㉢ IT 계통

★★ 개정 신규문제

**02** 다음 계통접지방식 중 TN-S 계통을 설명하는 것은?

① 계통 전체에 대해 중성선과 보호도체의 기능을 동일 도체로 겸용한 PEN 도체를 사용한다. 배전계통에서 PEN 도체를 추가로 접지할 수 있다.

② 전원의 한 점을 직접 접지하고 설비의 노출도전부는 전원의 접지전극과 전기적으로 독립적인 접지극에 접속시킨다. 배전계통에서 PE 도체를 추가로 접지할 수 있다.

③ 충전부 전체를 대지로부터 절연시키거나, 한 점을 임피던스를 통해 대지에 접속시킨다. 전기설비의 노출도전부를 단독 또는 일괄적으로 계통의 PE 도체에 접속시킨다. 배전계통에서 추가접지가 가능하다.

④ 계통 전체에 대해 별도의 중성선 또는 PE 도체를 사용한다. 배전계통에서 PE 도체를 추가로 접지할 수 있다.

**[해설] TN 계통(KEC 203.2)**
TN-S : 중성선(N)과 보호도체(PE)를 별도로 사용한 접지계통

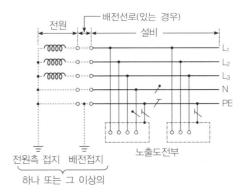

★★★★ 개정 신규문제

**03** 계통의 일부분에서 PEN 도체를 사용하거나, 중성선(N)과 별도의 보호도체(PE)를 사용하는 방식의 접지계통은?

① TN-S
② TN-C-S
③ TN-S-C
④ TT

**[해설] TN 계통(KEC 203.2)**
TN-C-S : TN-C와 TN-S를 동시에 사용한 접지계통으로 반드시 TN-C를 먼저 사용하여야 한다.

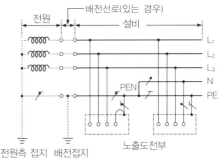

★ 개정 신규문제

**04** TN-S 계통에서 전원자동차단장치에 의해 감전보호할 경우 몇 [s] 이내로 떨어져야 하는가? (단, 차단기 정격전압은 220[V], 정격전류는 32[A] 이하이다.)

① 0.8초
② 0.4초
③ 0.2초
④ 5초

**해설** 고장보호의 요구사항(KEC 211.2.3)
(보호장치의 최대차단시간)

| 계 통 | $50[V] < U_0 \leq 120[V]$ | | $120[V] < U_0 \leq 230[V]$ | |
|---|---|---|---|---|
| | 교류 | 직류 | 교류 | 직류 |
| TN | 0.8 | – | 0.4 | 5 |
| TT | 0.3 | – | 0.2 | 0.4 |

| 계 통 | $230[V] < U_0 \leq 400[V]$ | | $U_0 > 400[V]$ | |
|---|---|---|---|---|
| | 교류 | 직류 | 교류 | 직류 |
| TN | 0.2 | 0.4 | 0.1 | 0.1 |
| TT | 0.07 | 0.2 | 0.04 | 0.1 |

※ $U_0$는 대지에서 공칭교류전압 또는 직류선간전압이다.

★★ 개정 신규문제

**05** 누전차단기 설치를 생략할 수 있는 경우가 아닌 것은?

① 전로의 전원측에 절연변압기(2차 전압이 300[V] 이하인 경우에 한한다)를 시설하고 또한 그 절연변압기의 부하측에 전로에 접지하지 아니하는 경우
② 대지전압이 300[V] 이하인 기계기구를 물기가 있는 곳 이외의 곳에 시설하는 경우
③ 「전기용품 및 생활용품 안전관리법」의 적용을 받는 이중절연구조의 기계기구를 시설하는 경우
④ 기계기구가 유도전동기의 2차측 전로에 접속되는 것일 경우

**해설** 누전차단기의 시설(KEC 211.2.4)
대지전압이 150[V] 이하인 기계기구를 물기가 있는 곳 이외의 곳에 시설하는 경우 누전차단기의 설치를 생략할 수 있다.

★★★★ 기사 14년 2회, 20년 4회 / 산업 96년 6회, 16년 2회

**06** 금속제 외함을 가진 저압의 기계기구로서, 사람이 쉽게 접촉할 우려가 있는 곳에 시설하는 것에 전기를 공급하는 전로에 지락이 생겼을 때 자동적으로 차단하는 장치를 설치하여야 한다. 사용전압이 몇 [V]를 초과하는 기계기구의 경우인가?

① 25
② 30
③ 50
④ 60

**해설** 누전차단기의 시설(KEC 211.2.4)

㉠ 금속제 외함을 가지는 사용전압이 50[V]를 초과하는 저압의 기계기구로서, 사람이 쉽게 접촉할 우려가 있는 곳에 시설하는 것에 전기를 공급하는 전로에는 전로에 지락이 생겼을 때 자동적으로 전로를 차단하는 장치를 하여야 한다.

㉡ 지락차단기를 시설하지 않아도 되는 경우
• 기계기구를 발전소·변전소·개폐소 또는 이에 준하는 곳에 시설하는 경우
• 기계기구를 건조한 곳에 시설하는 경우
• 대지전압이 150[V] 이하인 기계기구를 물기가 있는 곳 이외의 곳에 시설하는 경우
• 2중 절연구조의 기계기구를 시설하는 경우
• 전원측에 절연변압기(2차 전압이 300[V] 이하인 경우에 한한다)를 시설하고, 또한 그 절연변압기의 부하측의 전로에 접지하지 않는 경우
• 기계기구가 고무·합성수지, 기타의 절연물로 피복된 경우
• 기계기구가 유도전동기의 2차측 전로에 접속되는 것일 경우

★ 산업 97년 6회

**07** 금속제 외함을 가지는 저압용 기계기구로서 사람이 닿을 우려가 있는 곳에 시설하는 전로에 지락차단장치를 생략할 수 없는 경우는?

① 기계기구를 건조한 곳에 시설하는 경우
② 2중 절연의 기계기구를 사용하는 경우
③ 기계기구에 설치한 외함의 접지저항이 10[Ω] 이하인 경우
④ 절연변압기를 써서 부하측을 비접지로 사용하는 경우

**해설 누전차단기의 시설(KEC 211.2.4)**

㉠ 금속제 외함을 가지는 사용전압이 50[V]를 초과하는 저압의 기계기구로서, 사람이 쉽게 접촉할 우려가 있는 곳에 시설하는 것에 전기를 공급하는 전로에는 전로에 지락이 생겼을 때 자동적으로 전로를 차단하는 장치를 하여야 한다.

㉡ 지락차단기를 시설하지 않아도 되는 경우
- 기계기구를 발전소·변전소·개폐소 또는 이에 준하는 곳에 시설하는 경우
- 기계기구를 건조한 곳에 시설하는 경우
- 대지전압이 150[V] 이하인 기계기구를 물기가 있는 곳 이외의 곳에 시설하는 경우
- 2중 절연구조의 기계기구를 시설하는 경우
- 전원측에 절연변압기(2차 전압이 300[V] 이하인 경우에 한한다)를 시설하고, 또한 그 절연변압기의 부하측의 전로에 접지하지 않는 경우
- 기계기구가 고무·합성수지, 기타의 절연물로 피복된 경우
- 기계기구가 유도전동기의 2차측 전로에 접속되는 것일 경우

**★★★ 개정 신규문제**

**08** 다음 TN 계통의 보호장치 설명 중 잘못된 것은?

① TN-C, TN-S, TN-C-S 계통에서 과전류보호장치 및 누전차단기는 고장보호에 사용할 수 있다.
② 누전차단기를 설치하는 경우에는 과전류보호 겸용의 것을 사용해야 한다.
③ TN-C-S 계통에 누전차단기를 설치하는 경우에는 누전차단기의 부하측에는 PEN 도체를 사용할 수 없다.
④ TN-C-S 계통에 누전차단기를 설치하는 경우 PE 도체는 누전차단기의 전원측에 PEN 도체에 접속하여야 한다.

**해설 TN 계통(KEC 211.2.5)**

TN-C 계통에는 누전차단기를 사용해서는 아니 된다. TN-C-S 계통에 누전차단기를 설치하는 경우에는 누전차단기의 부하측에는 PEN 도체를 사용할 수 없다. 이러한 경우 PE 도체는 누전차단기의 전원측에서 PEN 도체에 접속하여야 한다.

**★★ 개정 신규문제**

**09** IT 계통에서 지락사고와 같은 1차 고장에 대해서 이를 감시하고 차단할 수 있는 보호장치를 설치하여야 한다. 이때 감시 및 보호장치로 잘못된 것은?

① 절연감시장치    ② 누전차단기
③ 과전류보호장치    ④ 퓨즈

**해설 IT 계통(KEC 211.2.7)**

㉠ 절연감시장치(음향 및 시각신호를 갖추어야 할 것)
㉡ 누설전류감시장치
㉢ 절연고장점 검출장치
㉣ 과전류보호장치
㉤ 누전차단기

**★ 개정 신규문제**

**10** 이중 또는 강화절연은 기본절연의 고장으로 인해 전기기기의 접근 가능한 부분에 위험전압이 발생하는 것을 방지하기 위한 보호대책이다. 이때 외함에 대한 사항으로 잘못된 것은?

① 전위가 나타날 우려가 있는 도전부가 절연 외함을 통과하지 않아야 한다.
② 절연 외함으로 둘러싸인 도전부를 보호도체에 접속해서는 안 된다.
③ 모든 도전부가 기본절연만으로 충전부로부터 분리되어 작동하도록 되어 있는 전기기기는 최소한 보호등급 IPXXB 또는 IP2X 이상의 절연 외함 안에 수용해야 한다.
④ 덮개나 문을 공구 또는 열쇠를 사용하지 않고도 열 수 있다면, 덮개나 문이 열렸을 때 접근 가능한 전체 도전부는 사람이 무심코 접촉되는 것을 방지하기 위해 절연 격벽(IPXXB 또는 IP2X 이상 제공)의 앞부분에 배치하여야 한다.

**해설 이중절연 또는 강화절연에 의한 보호(KEC 211.3)**

절연 외함의 덮개나 문을 공구 또는 열쇠를 사용하지 않고도 열 수 있다면, 덮개나 문이 열렸을 때 접근 가능한 전체 도전부는 사람이 무심코 접촉되는 것을 방지하기 위해 절연 격벽(IPXXB 또는 IP2X 이상 제공)의 뒷부분에 배치하여야 한다.

**★★ 개정 신규문제**

**11** SELV와 PELV를 적용한 특별저압에 의한 보호에서 SELV와 PELV용 전원으로 사용할 수 없는 것은?

① 안전절연변압기 전원

② 안전절연변압기와 같은 절연강도를 나타내는 전원

③ 축전지 및 디젤발전기 등과 같은 독립전원

④ 내부고장이 발생한 경우에도 출력단자의 전압이 교류 60[V] 및 직류 100[V]를 초과하지 않도록 적절한 표준에 따른 전자장치

**해설** SELV와 PELV용 전원(KEC 211.5.3)

특별저압계통에는 다음의 전원을 사용해야 한다.

㉠ 안전절연변압기 전원

㉡ 안전절연변압기 및 이와 동등한 절연의 전원

㉢ 축전지 및 디젤발전기 등과 같은 독립전원

㉣ 내부고장이 발생한 경우에도 출력단자의 전압이 교류 50[V] 및 직류 120[V]를 초과하지 않도록 적절한 표준에 따른 전자장치

㉤ 안전절연변압기, 전동발전기 등 저압으로 공급되는 이중 또는 강화절연된 이동용 전원

**★★★ 개정 신규문제**

**12** 비도전성 장소에서 계통외도전부의 누설전류는 통상적인 사용상태에서 몇 [mA]를 초과하지 말아야 하는가?

① 0.1 　　　② 0.5

③ 1 　　　④ 2

**해설** 비도전성 장소의 보호대책(KEC 211.9.1)

계통외도전부의 절연 또는 절연 배치. 절연은 충분한 기계적 강도와 2[kV] 이상의 시험전압에 견딜 수 있어야 하며, 누설전류는 통상적인 사용상태에서 1[mA]를 초과하지 말아야 한다.

**★★★★ 개정 신규문제**

**13** 비도전성 장소에서 노출도전부, 계통외도전부 및 노출도전부 사이의 상대적 간격은 몇 [m] 이상으로 하여야 하는가?

① 1 　　　② 1.5

③ 2 　　　④ 2.5

**해설** 비도전성 장소의 보호대책(KEC 211.9.1)

노출도전부, 계통외도전부 및 노출도전부 사이의 상대적 간격은 두 부분 사이의 거리가 2.5[m] 이상으로 한다.

**★★★ 개정 신규문제**

**14** 과전류차단기로 저압전로에 사용하는 산업용 배선차단기의 부동작전류와 동작전류로 적합한 것은?

① 1.0배, 1.2배

② 1.05배, 1.3배

③ 1.25배, 1.6배

④ 1.3배, 1.8배

**해설** 보호장치의 특성(KEC 212.3.4)

과전류 트립 동작시간 및 특성(산업용 배선차단기)

| 정격전류의 구분 | 시 간 | 정격전류의 배수 (모든 극에 통전) | |
|---|---|---|---|
| | | 부동작전류 | 동작전류 |
| 63[A] 이하 | 60분 | 1.05배 | 1.3배 |
| 63[A] 초과 | 120분 | 1.05배 | 1.3배 |

**★★★ 개정 신규문제**

**15** 과부하에 대해 케이블 및 전선을 보호하는 장치의 동작전류 $I_2$(보호장치가 규약시간 이내에 유효하게 동작하는 것을 보장하는 전류)는 케이블의 허용전류 몇 배 이내에 동작하여야 하는가?

① 1.1

② 1.13

③ 1.45

④ 1.6

**해설** 과부하전류에 대한 보호(KEC 212.4)

과부하에 대해 케이블(전선)을 보호하는 장치의 동작 특성

㉠ $I_B \leq I_n \leq I_Z$

㉡ $I_2 \leq 1.45 \times I_Z$

여기서, $I_B$ : 회로의 설계전류

　　　　$I_Z$ : 케이블의 허용전류

　　　　$I_n$ : 보호장치의 정격전류

　　　　$I_2$ : 보호장치가 규약시간 이내에 유효하게 동작하는 것을 보장하는 전류

**정답** 11. ④　12. ③　13. ④　14. ②　15. ③

**★★★★** 기사 12년 2회, 17년 2회, 18년 1회 / 산업 03년 1회, 05년 3회, 11년 3회

**16** 저압 옥내간선에서 분기하여 전기사용기계기구에 이르는 저압 옥내전로에서 저압 옥내간선과의 분기점에서 전선의 길이가 몇 [m] 이하인 곳에 개폐기 및 과전류차단기를 설치하여야 하는가?

① 2 ② 3
③ 5 ④ 6

**해설** 과부하보호장치의 설치위치(KEC 212.4.2)
분기회로의 보호장치는 분기회로의 분기점으로부터 3[m]까지 이동하여 설치할 수 있다.

**★★★** 개정 신규문제

**17** 분기회로의 보호장치는 보호장치의 전원측에서 분기점 사이에 다른 분기회로 또는 콘센트의 접속이 없고, 단락의 위험과 화재 및 인체에 대한 위험성이 최소화되도록 시설한 경우, 분기회로의 보호장치는 분기회로의 분기점으로부터 몇 [m]까지 이동하여 설치할 수 있는가?

① 1.5 ② 3
③ 8 ④ 10

**해설** 과부하보호장치의 설치위치(KEC 212.4.2)
분기회로의 과부하보호장치의 전원측에 다른 분기회로 또는 콘센트의 접속이 없으며 다음의 조건에서는 설치위치를 조정할 수 있다.
㉠ 단락의 위험과 화재 및 인체에 대한 위험성이 최소화되도록 시설한 경우 : 3[m] 이내
㉡ 단락보호가 이루어지고 있는 경우 : 거리 제한 없음 (임의의 장소에 설치 가능)

**★★★★★** 기사 02년 3회, 06년 1회, 15년 3회 / 산업 06년 4회, 14년 3회, 17년 2회

**18** 옥내에 시설하는 전동기에 과부하보호장치의 시설을 생략할 수 없는 경우는?

① 전동기가 단상의 것으로, 전원측 전로에 시설하는 과전류차단기의 정격전류가 16[A] 이하인 경우
② 전동기가 단상의 것으로, 전원측 전로에 시설하는 배선용 차단기의 정격전류가 20[A] 이하인 경우

③ 타인이 출입할 수 없고 전동기 운전 중 취급자가 상시 감시할 수 있는 위치에 시설하는 경우
④ 전동기의 정격출력이 0.75[kW]인 전동기

**해설** 저압전로 중의 전동기 보호용 과전류보호장치의 시설(KEC 212.6.3)
㉠ 옥내에 시설하는 전동기(정격출력이 0.2[kW] 이하인 것을 제외)에는 전동기가 손상될 우려가 있는 과전류가 생겼을 때에 자동적으로 이를 저지하거나 이를 경보하는 장치를 하여야 한다.
㉡ 다음의 어느 하나에 해당하는 경우에는 과전류보호장치의 시설 생략 가능
• 전동기를 운전 중 상시 취급자가 감시할 수 있는 위치에 시설하는 경우
• 전동기의 구조나 부하의 성질로 보아 전동기가 손상될 수 있는 과전류가 생길 우려가 없는 경우
• 단상 전동기로서 그 전원측 전로에 시설하는 과전류차단기의 정격전류가 16[A](배선차단기는 20[A]) 이하인 경우
• 전동기의 정격출력이 0.2[kW] 이하인 경우

**★★★★** 기사 13년 1회, 14년 3회, 19년 2회 / 산업 98년 3회, 05년 3회, 06년 2회

**19** 옥내에 시설하는 전동기가 소손되는 것을 방지하기 위한 과부하보호장치를 하지 않아도 되는 것은?

① 전동기출력이 4[kW]이며, 취급자가 감시할 수 없는 경우
② 정격출력이 0.2[kW] 이하의 경우
③ 과전류차단기가 없는 경우
④ 정격출력이 10[kW] 이상인 경우

**해설** 저압전로 중의 전동기 보호용 과전류보호장치의 시설(KEC 212.6.3)
다음의 어느 하나에 해당하는 경우에는 과전류보호장치의 시설 생략 가능
㉠ 전동기를 운전 중 상시 취급자가 감시할 수 있는 위치에 시설하는 경우
㉡ 전동기의 구조나 부하의 성질로 보아 전동기가 손상될 수 있는 과전류가 생길 우려가 없는 경우
㉢ 단상 전동기로서 그 전원측 전로에 시설하는 과전류차단기의 정격전류가 16[A](배선차단기는 20[A]) 이하인 경우
㉣ 전동기의 정격출력이 0.2[kW] 이하인 경우

**정답** 16. ② 17. ② 18. ④ 19. ②

★★★★ 기사 10년 2회, 11년 3회, 17년 2회(유사) / 산업 92년 5회, 00년 1회, 09년 1회

**20** 옥내에 시설하는 전동기에는 과부하보호장치를 시설하여야 하는데 단상 전동기인 경우에 전원측 전로에 시설하는 과전류차단기의 정격전류가 몇 [A] 이하이면 과부하보호장치를 시설하지 않아도 되는가?

① 10
② 16
③ 30
④ 50

🔧 해설 **저압전로 중의 전동기 보호용 과전류보호장치의 시설(KEC 212.6.3)**

다음의 어느 하나에 해당하는 경우에는 과전류보호장치의 시설 생략 가능
㉠ 전동기를 운전 중 상시 취급자가 감시할 수 있는 위치에 시설하는 경우
㉡ 전동기의 구조나 부하의 성질로 보아 전동기가 손상될 수 있는 과전류가 생길 우려가 없는 경우
㉢ 단상 전동기로서 그 전원측 전로에 시설하는 과전류차단기의 정격전류가 16[A](배선차단기는 20[A]) 이하인 경우
㉣ 전동기의 정격출력이 0.2[kW] 이하인 경우

---

★★ 산업 96년 6회, 04년 3회, 13년 2회

**21** 저압 가공인입선의 전선으로 사용할 수 없는 전선은?

① 코드선
② 인입용 비닐절연전선
③ 옥외용 비닐절연전선
④ 케이블

🔧 해설 **저압 인입선의 시설(KEC 221.1.1)**

㉠ 전선은 절연전선 또는 케이블일 것
㉡ 전선이 케이블인 경우 이외에는 인장강도 2.30[kN] 이상의 것 또는 지름 2.6[mm] 이상의 인입용 비닐절연전선일 것. 다만, 경간이 15[m] 이하인 경우는 인장강도 1.25[kN] 이상의 것 또는 지름 2[mm] 이상의 인입용 비닐절연전선일 것
㉢ 전선이 옥외용 비닐절연전선인 경우에는 사람이 접촉할 우려가 없도록 시설하고, 옥외용 비닐절연전선 이외의 절연전선인 경우에는 사람이 쉽게 접촉할 우려가 없도록 시설할 것

---

★★★ 기사 13년 1회 / 산업 17년 3회

**22** 저압 가공인입선의 시설에 대한 설명으로 틀린 것은?

① 전선은 절연전선 또는 케이블일 것
② 전선은 지름 1.6[mm]의 경동선 또는 이와 동등 이상의 세기 및 굵기일 것
③ 전선의 높이는 철도 및 궤도를 횡단하는 경우에는 레일면상 6.5[m] 이상일 것
④ 전선의 높이는 횡단보도교의 위에 시설하는 경우에는 노면상 3[m] 이상일 것

🔧 해설 **저압 인입선의 시설(KEC 221.1.1)**

㉠ 전선은 절연전선 또는 케이블일 것
㉡ 전선이 케이블인 경우 이외에는 인장강도 2.30[kN] 이상의 것 또는 지름 2.6[mm] 이상의 인입용 비닐절연전선일 것. 다만, 경간이 15[m] 이하인 경우는 인장강도 1.25[kN] 이상의 것 또는 지름 2[mm] 이상의 인입용 비닐절연전선일 것
㉢ 전선이 옥외용 비닐절연전선인 경우에는 사람이 접촉할 우려가 없도록 시설하고, 옥외용 비닐절연전선 이외의 절연전선인 경우에는 사람이 쉽게 접촉할 우려가 없도록 시설할 것
㉣ 전선의 높이는 다음에 의할 것
 • 도로를 횡단하는 경우에는 노면상 5[m] 이상(교통에 지장이 없을 때에는 3[m])
 • 철도 또는 궤도를 횡단하는 경우에는 레일면상 6.5[m] 이상
 • 횡단보도교의 위에 시설하는 경우에는 노면상 3[m] 이상

---

★★ 산업 90년 2회, 17년 3회, 20년 3회

**23** 저압 가공인입선이 그림과 같이 차량의 통행이 많은 도로를 횡단하고 있다. 노면상의 높이($h$)는 최소한 몇 [m] 이상으로 하여야 하는가?

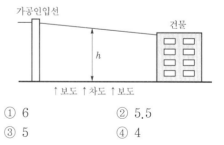

① 6
② 5.5
③ 5
④ 4

---

**🔧 해설 저압 인입선의 시설(KEC 221.1.1)**

㉠ 도로를 횡단하는 경우에는 노면상 5[m] 이상(교통에 지장이 없을 때에는 3[m])

㉡ 철도 또는 궤도를 횡단하는 경우에는 레일면상 6.5[m] 이상

㉢ 횡단보도교의 위에 시설하는 경우에는 노면상 3[m] 이상

---

★★★ 기사 05년 1회, 12년 3회 / 산업 00년 1회, 02년 2회, 03년 1회, 09년 1회

**24** 저압 연접인입선은 인입선에서 분기하는 점으로부터 몇 [m]를 초과하는 지역에 미치지 않도록 시설하여야 하는가?

① 60 　　　　② 80
③ 100 　　　　④ 120

**🔧 해설 연접인입선의 시설(KEC 221.1.2)**

저압 연접(이웃 연결)인입선은 다음에 따라 시설하여야 한다.

㉠ 인입선에서 분기하는 점으로부터 100[m]를 초과하는 지역에 미치지 아니할 것

㉡ 폭 5[m]를 초과하는 도로를 횡단하지 아니할 것

㉢ 옥내를 통과하지 아니할 것

---

★★ 기사 01년 3회 / 산업 97년 5회, 14년 3회

**25** 저압 연접인입선은 폭 몇 [m]를 초과하는 도로를 횡단하지 않아야 하는가?

① 5 　　　　② 6
③ 7 　　　　④ 8

**🔧 해설 연접인입선의 시설(KEC 221.1.2)**

저압 연접(이웃 연결)인입선은 다음에 따라 시설하여야 한다.

㉠ 인입선에서 분기하는 점으로부터 100[m]를 초과하는 지역에 미치지 아니할 것

㉡ 폭 5[m]를 초과하는 도로를 횡단하지 아니할 것

㉢ 옥내를 통과하지 아니할 것

---

★ 산업 90년 7회

**26** 다음 (　) 안에 알맞은 것은?

> 애자사용공사에 의한 저압 옥측전선로에 사용하는 전선은 (　)[mm²] 이상의 연동선을 사용하고 또한 사람이 쉽게 접속할 우려가 없도록 시설하여야 한다.

① 2 　　　　② 3
③ 4 　　　　④ 5

**🔧 해설 옥측전선로(KEC 221.2)**

애자공사에 의한 저압 옥측전선로의 전선은 공칭단면적 4[mm²] 이상의 연동 절연전선(옥외용 비닐절연전선 및 인입용 절연전선은 제외)일 것

---

★★ 기사 95년 5회, 11년 2회, 14년 1회, 18년 1회

**27** 저압 옥측전선로의 시설로 잘못된 것은?

① 철골주 조영물에 버스덕트공사로 시설
② 합성수지관공사로 시설
③ 목조 조영물에 금속관공사로 시설
④ 전개된 장소에 애자사용공사로 시설

**🔧 해설 옥측전선로(KEC 221.2)**

저압 옥측전선로는 다음에 따라 시설하여야 한다.

㉠ 애자사용공사(전개된 장소에 한한다)

㉡ 합성수지관공사

㉢ 금속관공사(목조 이외의 조영물에 시설하는 경우에 한한다)

㉣ 버스덕트공사[목조 이외의 조영물(점검할 수 없는 은폐된 장소를 제외한다)에 시설하는 경우에 한한다]

㉤ 케이블공사(연피케이블, 알루미늄피케이블 또는 무기물 절연(MI)케이블을 사용하는 경우에는 목조 이외의 조영물에 시설하는 경우에 한한다)

---

★★ 기사 12년 2회, 16년 1회, 18년 1회, 19년 2회, 20년 1·2회

**28** 저압 옥상전선로를 전개된 장소에 시설하는 내용으로 틀린 것은?

① 전선은 절연전선일 것
② 전선은 지름 2.5[mm²] 이상의 경동선일 것
③ 전선과 그 저압 옥상전선로를 시설하는 조영재와의 이격거리는 2[m] 이상일 것
④ 전선은 조영재에 내수성이 있는 애자를 사용하여 지지하고 그 지지점 간의 거리는 15[m] 이하일 것

**🔧 해설 옥상전선로(KEC 221.3)**

㉠ 전선은 인장강도 2.30[kN] 이상의 것 또는 지름 2.6[mm] 이상의 경동선의 것

㉡ 전선은 절연전선일 것(OW 전선을 포함)

㉢ 전선은 조영재에 견고하게 붙인 지지주 또는 지지대에 절연성·난연성 및 내수성이 있는 애자를 사용하여 지지하고 그 지지점 간의 거리는 15[m] 이하일 것

---

🔖 정답　24. ③　25. ①　26. ③　27. ③　28. ②

② 조영재와의 이격거리는 2[m](고압 및 특고압 절연전선 또는 케이블인 경우에는 1[m]) 이상일 것

★★★★ 기사 91년 2회, 20년 3회 / 산업 99년 7회, 09년 2회

**29** 사용전압이 400[V] 이하인 저압 가공전선은 케이블이나 절연전선인 경우를 제외하고 인장강도가 3.43[kN] 이상인 것 또는 지름 몇 [mm] 이상의 경동선이어야 하는가?

① 1.2      ② 2.6
③ 3.2      ④ 4.0

⚡해설 **저압 가공전선의 굵기 및 종류(KEC 222.5)**

㉠ 저압 가공전선은 나전선(중성선 또는 다중접지된 접지측 전선으로 사용하는 전선), 절연전선, 다심형 전선 또는 케이블을 사용할 것
㉡ 사용전압이 400[V] 이하인 저압 가공전선
  • <u>지름 3.2[mm] 이상</u>(인장강도 3.43[kN] 이상)
  • 절연전선인 경우는 지름 2.6[mm] 이상(인장강도 2.3[kN] 이상)
㉢ 사용전압이 400[V] 초과인 저압 가공전선
  • 시가지 : 지름 5[mm] 이상(인장강도 8.01[kN] 이상)
  • 시가지 외 : 지름 4[mm] 이상(인장강도 5.26[kN] 이상)
㉣ 사용전압이 400[V] 초과인 저압 가공전선에는 인입용 비닐절연전선을 사용하지 않을 것

★★★ 기사 99년 4회, 10년 3회 / 산업 91년 2회, 93년 4회, 11년 2회, 15년 3회

**30** 시가지에서 400[V] 이하의 저압 가공전선로에 사용하는 절연전선의 지름은 최소 몇 [mm] 이상의 것이어야 하는가?

① 2.0      ② 2.6
③ 3.2      ④ 5.0

⚡해설 **저압 가공전선의 굵기 및 종류(KEC 222.5)**

㉠ 저압 가공전선은 나전선(중성선 또는 다중접지된 접지측 전선으로 사용하는 전선), 절연전선, 다심형 전선 또는 케이블을 사용할 것
㉡ 사용전압이 400[V] 이하인 저압 가공전선
  • 지름 3.2[mm] 이상(인장강도 3.43[kN] 이상)
  • 절연전선인 경우는 <u>지름 2.6[mm] 이상</u>(인장강도 2.3[kN] 이상)
㉢ 사용전압이 400[V] 초과인 저압 가공전선
  • 시가지 : 지름 5[mm] 이상(인장강도 8.01[kN] 이상)
  • 시가지 외 : 지름 4[mm] 이상(인장강도 5.26[kN] 이상)
㉣ 사용전압이 400[V] 초과인 저압 가공전선에는 인입용 비닐절연전선을 사용하지 않을 것

★★★ 기사 03년 2회, 10년 1회(유사) / 산업 96년 5회

**31** 사용전압이 400[V] 초과인 저압 가공전선을 경동선으로 시가지에 시설하는 경우 이 경동선의 최소굵기는 지름 몇 [mm] 이상이어야 하는가?

① 2.6
② 3.2
③ 4
④ 5

⚡해설 **저압 가공전선의 굵기 및 종류(KEC 222.5)**

㉠ 저압 가공전선은 나전선(중성선 또는 다중접지된 접지측 전선으로 사용하는 전선), 절연전선, 다심형 전선 또는 케이블을 사용할 것
㉡ 사용전압이 400[V] 이하인 저압 가공전선
  • 지름 3.2[mm] 이상(인장강도 3.43[kN] 이상)
  • 절연전선인 경우는 지름 2.6[mm] 이상(인장강도 2.3[kN] 이상)
㉢ 사용전압이 400[V] 초과인 저압 가공전선
  • 시가지 : <u>지름 5[mm] 이상</u>(인장강도 8.01[kN] 이상)
  • 시가지 외 : 지름 4[mm] 이상(인장강도 5.26[kN] 이상)
㉣ 사용전압이 400[V] 초과인 저압 가공전선에는 인입용 비닐절연전선을 사용하지 않을 것

★★★★★ 기사 01년 1회, 02년 3회, 10년 2회, 13년 1회(유사) · 2회 / 산업 05년 1회, 09년 1회

**32** 저압 가공전선 또는 고압 가공전선이 도로를 횡단할 때 지표상의 높이는 몇 [m] 이상으로 하여야 하는가? (단, 농로, 기타 교통이 번잡하지 않은 도로 및 횡단보도교는 제외한다.)

① 4
② 5
③ 6
④ 7

⚡해설 **저 · 고압 가공전선의 높이(KEC 222.7, 332.5)**

㉠ <u>도로를 횡단하는 경우 지표상 6[m] 이상</u>
㉡ 철도 또는 궤도를 횡단하는 경우에는 레일면상 6.5[m] 이상
㉢ 횡단보도교의 위인 경우에는 저 · 고압 가공전선은 노면상 3.5[m] 이상(절연전선 및 케이블인 경우에는 3[m] 이상)
㉣ 기타(도로를 따라 시설)의 경우 지표상 5[m] 이상

🔍 **정답** 29. ③   30. ②   31. ④   32. ③

**★★★★** 기사 98년 7회, 06년 2회 / 산업 09년 3회

**33** 시가지에서 저압 가공전선로를 도로에 따라 시설할 경우 지표상의 최저높이는 몇 [m] 이상이어야 하는가?

① 4.5　　　　② 5
③ 5.5　　　　④ 6

**🖎 해설** 저·고압 가공전선의 높이(KEC 222.7, 332.5)

㉠ 도로를 횡단하는 경우 지표상 6[m] 이상
㉡ 철도 또는 궤도를 횡단하는 경우에는 레일면상 6.5[m] 이상
㉢ 횡단보도교의 위인 경우에는 저·고압 가공전선은 노면상 3.5[m] 이상(절연전선 및 케이블인 경우에는 3[m] 이상)
㉣ 기타(도로를 따라 시설)의 경우 지표상 5[m] 이상

**★★★★** 기사 03년 2회, 15년 2회 / 산업 05년 1회, 07년 4회, 08년 4회, 12년 3회

**34** 사용전압이 400[V] 이하인 경우의 저압 보안공사에 전선으로 경동선을 사용할 경우 몇 [mm]의 것을 사용하여야 하는가?

① 1.2
② 2.6
③ 3.5
④ 4

**🖎 해설** 저압 보안공사(KEC 222.10)

전선은 인장강도 8.01[kN] 이상의 것 또는 지름 5[mm] 이상의 경동선일 것(사용전압이 400[V] 이하인 경우에는 인장강도 5.26[kN] 이상의 것 또는 지름 4[mm] 이상의 경동선)

**★** 산업 97년 6회

**35** 저압 보안공사에 사용되는 목주의 굵기는 말구의 지름이 몇 [cm] 이상이어야 하는가?

① 8
② 10
③ 12
④ 14

**🖎 해설** 저압 보안공사(KEC 222.10)

목주는 다음에 의할 것
㉠ 풍압하중에 대한 안전율은 1.5 이상일 것
㉡ 목주의 굵기는 말구(末口)의 지름 0.12[m] 이상일 것

**★★** 기사 03년 2회 / 산업 93년 1회

**36** 400[V] 이하의 저압 보안공사 시 사용되는 전선으로 경동선을 사용할 경우 그 지름은 몇 [mm] 이상의 것을 사용하는가?

① 4　　　　② 3.5
③ 2.6　　　　④ 1.2

**🖎 해설** 저압 보안공사(KEC 222.10)

전선은 케이블인 경우 이외에는 인장강도 8.01[kN] 이상의 것 또는 지름 5[mm](사용전압이 400[V] 이하인 경우에는 인장강도 5.26[kN] 이상의 것 또는 지름 4[mm] 이상의 경동선) 이상의 경동선이어야 한다.

**★★** 기사 90년 2회, 05년 1회 / 산업 01년 3회, 03년 1회, 07년 3회, 13년 2회

**37** 저압 가공전선이 상부 조영재 위쪽에서 접근하는 경우 전선과 상부 조영재 간의 이격거리[m]는 얼마 이상이어야 하는가? (단, 특고압 절연전선 또는 케이블인 경우이다.)

① 0.8　　　　② 1.0
③ 1.2　　　　④ 2.0

**🖎 해설** 저압 가공전선과 건조물의 접근(KEC 222.11)

| 건조물 조영재의 구분 | 접근형태 | 이격거리 |
|---|---|---|
| 상부 조영재 [지붕·챙(차양 : 遮陽) ·옷 말리는 곳 기타 사람이 올라갈 우려가 있는 조영재를 말한다. 이하 같다] | 위쪽 | 2[m] (전선이 고압 절연전선, 특고압 절연전선 또는 케이블인 경우는 1[m]) |
| | 옆쪽 또는 아래쪽 | 1.2[m] (전선에 사람이 쉽게 접촉할 우려가 없도록 시설한 경우에는 0.8[m], 고압 절연전선, 특고압 절연전선 또는 케이블인 경우에는 0.4[m]) |
| 기타의 조영재 | | 1.2[m] (전선에 사람이 쉽게 접촉할 우려가 없도록 시설한 경우에는 0.8[m], 고압 절연전선, 특고압 절연전선 또는 케이블인 경우에는 0.4[m]) |

**★★** 산업 99년 6회, 08년 2회, 18년 2회

**38** 저압 가공전선이 가공약전류전선과 접근하여 시설될 때 저압 가공전선과 가공약전류전선 사이의 이격거리는 몇 [cm] 이상이어야 하는가?

① 30　　　　② 40
③ 50　　　　④ 60

**🔍 정답** 33. ②　34. ④　35. ③　36. ①　37. ②　38. ④

**⚡해설** 저압 가공전선과 가공약류전선 등의 접근 또는 교차(KEC 222.13)

| 가공전선의 종류 | 이격거리 |
|---|---|
| 저압 가공전선 | 0.6[m]<br>(절연전선 또는<br>케이블인 경우에는 0.3[m]) |
| 고압 가공전선 | 0.8[m]<br>(전선이 케이블인 경우에는 0.4[m]) |

★★ 기사 01년 2회 / 산업 95년 2회, 00년 2회

**39** 저압 가공전선이 25[kV] 교류 전차선의 위에 교차하여 시설되는 경우 저압 가공전선으로 케이블을 사용하고 단면적 몇 [mm²] 이상인 아연도강연선으로서 조가하여 시설하여야 하는가?

① 22
② 35
③ 55
④ 100

**⚡해설** 저압 가공전선과 교류 전차선 등의 접근 또는 교차(KEC 222.15)
저압 가공전선에는 케이블을 사용하고 또한 이를 단면적 35[mm²] 이상인 아연도강연선으로서 인장강도 19.61[kN] 이상인 것(교류 전차선 등과 교차하는 부분을 포함하는 경간에 접속점이 없는 것에 한한다)으로 조가하여 시설할 것

★ 산업 90년 2회, 06년 1회, 12년 1회

**40** 저압 가공전선이 다른 저압 가공전선과 접근 시설할 때 저압 가공전선 상호 간의 최소이격거리는 몇 [m] 이상인가?

① 0.6
② 1.0
③ 1.2
④ 2.0

**⚡해설** 저압 가공전선 상호 간의 접근 또는 교차(KEC 222.16)
저압 가공전선이 다른 저압 가공전선과 접근상태로 시설되거나 교차하여 시설되는 경우에는 저압 가공전선 상호 간의 이격거리는 0.6[m](어느 한 쪽의 전선이 고압 절연전선, 특고압 절연전선 또는 케이블인 경우에는 0.3[m]) 이상, 하나의 저압 가공전선과 다른 저압 가공전선로의 지지물 사이의 이격거리는 0.3[m] 이상이어야 한다.

★★★ 산업 91년 3회, 95년 4회, 98년 5회, 99년 7회, 13년 2회

**41** 저압 가공전선과 식물이 상호 접촉되지 않도록 이격시키는 기준으로 옳은 것은?

① 이격거리는 최소 50[cm] 이상 떨어져 시설하여야 한다.
② 상시 불고 있는 바람 등에 의하여 접촉하지 않도록 시설하여야 한다.
③ 저압 가공전선은 반드시 방호구에 넣어 시설하여야 한다.
④ 트리와이어(treewire)를 사용하여 시설하여야 한다.

**⚡해설** 저압 가공전선과 식물의 이격거리(KEC 222.19)
저압 가공전선은 상시 부는 바람 등에 의하여 식물에 접촉하지 않도록 시설하여야 한다.

★★★★ 기사 02년 3회 / 산업 94년 3회, 99년 5회, 00년 2회, 05년 4회, 07년 2회

**42** 농사용 저압 가공전선로의 최대경간은 몇 [m]인가?

① 30
② 60
③ 50
④ 100

**⚡해설** 농사용 저압 가공전선로의 시설(KEC 222.22)
㉠ 사용전압이 저압일 것
㉡ 전선의 굵기는 인장강도 1.38[kN] 이상의 것 또는 지름 2[mm] 이상의 경동선일 것
㉢ 지표상 3.5[m] 이상일 것(사람이 쉽게 출입하지 않으면 3[m])
㉣ 목주의 굵기는 말구지름이 0.09[m] 이상일 것
㉤ 경간은 30[m] 이하
㉥ 전용 개폐기 및 과전류차단기를 각 극(과전류차단기는 중성극을 제외한다)에 시설할 것

★★★ 기사 19년 1회(유사) / 산업 12년 1·3회(유사), 18년 3회

**43** 농사용 저압 가공전선로의 시설에 대한 설명으로 틀린 것은?

① 전선로의 경간은 30[m] 이하일 것
② 목주 굵기는 말구지름이 9[cm] 이상일 것
③ 저압 가공전선의 지표상 높이는 5[m] 이상일 것
④ 저압 가공전선은 지름 2[mm] 이상의 경동선일 것

**해설** 농사용 저압 가공전선로의 시설(KEC 222.22)
㉠ 사용전압이 저압일 것
㉡ 전선의 굵기는 인장강도 1.38[kN] 이상의 것 또는 지름 2[mm] 이상의 경동선일 것
㉢ 지표상 3.5[m] 이상일 것(사람이 쉽게 출입하지 않으면 3[m])
㉣ 목주의 굵기는 말구지름이 0.09[m] 이상일 것
㉤ 경간은 30[m] 이하
㉥ 전용 개폐기 및 과전류차단기를 각 극(과전류차단기는 중성극을 제외)에 시설할 것

★★★★ 기사 00년 4회, 03년 2회 / 산업 00년 1회, 05년 1회, 11년 1회, 15년 2회

**44** 방직공장의 구내 도로에 220[V] 조명등용 가공전선로를 시설하고자 한다. 전선로의 경간은 몇 [m] 이하이어야 하는가?

① 20
② 30
③ 40
④ 50

**해설** 구내에 시설하는 저압 가공전선로(KEC 222.23)
㉠ 1구 내에만 시설하는 사용전압이 400[V] 이하일 것
㉡ 전선은 지름 2[mm] 이상의 경동선의 절연전선을 사용할 것(단, 경간이 10[m] 이하인 경우에 한하여 4[mm²] 이상의 연동 절연전선을 사용할 것)
㉢ 전선로의 경간은 30[m] 이하일 것
㉣ 도로를 횡단하는 경우에는 4[m] 이상이고 교통에 지장이 없는 높이일 것

★ 개정 신규문제

**45** 저압 옥내배선에서 중성선의 단면적은 선도체의 단면적이 얼마 이하인 경우 선도체의 단면적보다 굵게 하여야 하는가?

① 구리선 16[mm²], 알루미늄선 25[mm²] 이하인 다상회로
② 구리선 25[mm²], 알루미늄선 25[mm²] 이하인 다상회로
③ 구리선 25[mm²], 알루미늄선 50[mm²] 이하인 다상회로
④ 구리선 50[mm²], 알루미늄선 50[mm²] 이하인 다상회로

**해설** 저압 옥내배선의 사용전선 및 중성선의 굵기 (KEC 231.3)
다음의 경우는 중성선의 단면적은 최소한 선도체의 단면적 이상으로 할 것
㉠ 2선식 단상회로
㉡ 선도체의 단면적이 구리선 16[mm²], 알루미늄선 25[mm²] 이하인 다상회로
㉢ 제3고조파 및 제3고조파의 홀수배수의 고조파 전류가 흐를 가능성이 높고 전류 종합 고조파 왜형률이 15~33[%]인 3상 회로

★★★★★ 기사 92년 2회, 99년 5회, 21년 1회 / 산업 07년 3회, 08년 1회, 11년 2회, 16년 1·2회

**46** 저압 옥내배선에 사용되는 전선은 지름 몇 [mm²]의 연동선이거나 이와 동등 이상의 세기 및 굵기의 것을 사용하여야 하는가?

① 0.75
② 2
③ 2.5
④ 6

**해설** 저압 옥내배선의 사용전선(KEC 231.3.1)
저압 옥내배선의 전선은 단면적 2.5[mm²] 이상의 연동선 또는 이와 동등 이상의 강도 및 굵기의 것

★★★ 기사 94년 2회, 16년 2회 / 산업 11년 1회, 18년 1회

**47** 저압 옥내배선의 사용전압이 220[V]인 전광표시장치, 기타 이와 유사한 장치 또는 제어회로 등을 금속관공사에 의하여 시공하였다. 여기에 사용되는 배선은 지름 몇 [mm²] 이상의 연동선을 사용하여야 하는가?

① 1.5
② 2.0
③ 5.0
④ 5.5

**해설** 저압 옥내배선의 사용전선(KEC 231.3.1)
㉠ 연동선 : 2.5[mm²] 이상
㉡ 전광표시장치, 기타 이와 유사한 장치 또는 제어회로 등에 사용하는 배선에 단면적 1.5[mm²] 이상의 연동선을 사용하고 이를 합성수지관공사·금속관공사·금속몰드공사·금속덕트공사·플로어덕트공사 또는 셀룰러덕트공사에 의하여 시설
㉢ 전광표시장치, 기타 이와 유사한 장치 또는 제어회로 등의 배선에 단면적 0.75[mm²] 이상인 다심 케이블 또는 다심 캡타이어케이블을 사용하고 또한 과전류가 생겼을 때 자동적으로 전로에서 차단하는 장치를 시설

정답 **44.** ② **45.** ① **46.** ③ **47.** ①

**★★** 기사 17년 2회

**48** 옥내배선의 사용전압이 400[V] 이하일 때 전광표시장치, 기타 이와 유사한 장치 또는 제어회로 등의 배선에 다심 케이블을 시설하는 경우 배선의 단면적은 몇 [mm²] 이상인가?

① 0.75      ② 1.5
③ 1         ④ 2.5

**해설** 저압 옥내배선의 사용전선(KEC 231.3.1)
㉠ 연동선 : 2.5[mm²] 이상
㉡ 전광표시장치, 기타 이와 유사한 장치 또는 제어회로 등에 사용하는 배선에 단면적 1.5[mm²] 이상의 연동선을 사용하고 이를 합성수지관공사·금속관공사·금속몰드공사·금속덕트공사·플로어덕트공사 또는 셀룰러덕트공사에 의하여 시설
㉢ 전광표시장치, 기타 이와 유사한 장치 또는 제어회로 등의 배선에 단면적 0.75[mm²] 이상인 다심 케이블 또는 다심 캡타이어케이블을 사용하고 또한 과전류가 생겼을 때 자동적으로 전로에서 차단하는 장치를 시설

**★★** 산업 18년 2회

**49** 다음 중 저압 옥내배선의 사용전선으로 틀린 것은?

① 단면적 2.5[mm²] 이상의 연동선
② 전광표시장치 또는 제어회로 등에 사용하는 배선에 단면적 1.5[mm²] 이상의 연동선
③ 전광표시장치 배선 시 단면적 0.75[mm²] 이상의 다심 케이블
④ 전광표시장치 배선 시 단면적 0.5[mm²] 이상의 다심 케이블

**해설** 저압 옥내배선의 사용전선(KEC 231.3.1)
㉠ 연동선 : 2.5[mm²] 이상을 사용할 것
㉡ 전광표시장치, 기타 이와 유사한 장치 또는 제어회로 등에 사용하는 배선에 단면적 1.5[mm²] 이상의 연동선을 사용하고 이를 합성수지관공사·금속관공사·금속몰드공사·금속덕트공사·플로어덕트공사 또는 셀룰러덕트공사에 의하여 시설할 것
㉢ 전광표시장치, 기타 이와 유사한 장치 또는 제어회로 등의 배선에 단면적 0.75[mm²] 이상인 다심 케이블 또는 다심 캡타이어케이블을 사용하고 또한 과전류가 생겼을 때 자동적으로 전로에서 차단하는 장치를 시설할 것

**★★★★★** 기사 05년 2회, 15년 1·2회 / 산업 04년 3회, 06년 1회, 15년 2회(유사)

**50** 옥내에 시설하는 저압 전선으로 나전선을 절대로 사용할 수 없는 것은?

① 애자사용공사의 전기로용 전선
② 유희용 전차에 전기공급을 위한 접촉전선
③ 제분공장의 전선
④ 애자사용공사의 전선피복절연물이 부식하는 장소에 시설하는 전선

**해설** 나전선의 사용제한(KEC 231.4)
다음 내용에서만 나전선을 사용할 수 있다.
㉠ 애자공사에 의하여 전개된 곳에 다음의 전선을 시설하는 경우
• 전기로용 전선
• 전선의 피복절연물이 부식하는 장소에 시설하는 전선
• 취급자 이외의 사람이 출입할 수 없도록 설비한 장소
㉡ 버스덕트공사에 의하여 시설하는 경우
㉢ 라이팅덕트공사에 의하여 시설하는 경우
㉣ 저압 접촉전선 및 유희용 전차를 시설하는 경우

**★★★★★** 기사 13년 1회, 14년 3회(유사), 17년 1회 / 산업 10년 1회, 12년 3회, 15년 3회

**51** 옥내에 시설하는 저압 전선으로 나전선을 사용해서는 안 되는 경우는?

① 금속덕트공사에 의한 전선
② 버스덕트공사에 의한 전선
③ 이동기중기에 사용되는 접촉전선
④ 전개된 곳의 애자사용공사에 의한 전기로용 전선

**해설** 나전선의 사용제한(KEC 231.4)
다음 내용에서만 나전선을 사용할 수 있다.
㉠ 애자공사에 의하여 전개된 곳에 다음의 전선을 시설하는 경우
• 전기로용 전선
• 전선의 피복절연물이 부식하는 장소에 시설하는 전선
• 취급자 이외의 사람이 출입할 수 없도록 설비한 장소
㉡ 버스덕트공사에 의하여 시설하는 경우
㉢ 라이팅덕트공사에 의하여 시설하는 경우
㉣ 저압 접촉전선 및 유희용 전차를 시설하는 경우

**정답** 48. ①   49. ④   50. ③   51. ①

★★★ 기사 16년 1회, 20년 4회(유사)

**52** 배선공사 중 전선이 반드시 절연전선이 아니라도 상관없는 공사방법은?

① 금속관공사  ② 합성수지관공사
③ 버스덕트공사  ④ 플로어덕트공사

🔎 **해설** 나전선의 사용제한(KEC 231.4)

다음 내용에서만 나전선을 사용할 수 있다.
㉠ 애자공사에 의하여 전개된 곳에 다음의 전선을 시설하는 경우
  • 전기로용 전선
  • 전선의 피복절연물이 부식하는 장소에 시설하는 전선
  • 취급자 이외의 사람이 출입할 수 없도록 설비한 장소
㉡ 버스덕트공사에 의하여 시설하는 경우
㉢ 라이팅덕트공사에 의하여 시설하는 경우
㉣ 저압 접촉전선 및 유희용 전차를 시설하는 경우

★★★★★ 기사 14년 1회, 15년 1회, 17년 3회, 19년 3회, 20년 1·2회 / 산업 11년 2회, 17년 3회, 18년 2회, 19년 3회

**53** 백열전등 또는 방전등에 전기를 공급하는 옥내전로의 대지전압을 몇 [V] 이하이어야 하는가?

① 100  ② 150
③ 200  ④ 300

🔎 **해설** 옥내전로의 대지전압의 제한(KEC 231.6)

백열전등 또는 방전등에 공급하는 옥내의 전로의 대지전압은 300[V] 이하이어야 하며, 다음에 의하여 시설할 것(150[V] 이하의 전로인 경우는 예외로 함)
㉠ 백열전등 또는 방전등 및 이에 부속하는 전선은 사람이 접촉할 우려가 없도록 시설할 것
㉡ 백열전등 또는 방전등용 안정기는 저압 옥내배선과 직접 접속하여 시설할 것
㉢ 전구 소켓은 키나 그 밖의 점멸기구가 없도록 시설할 것

★★ 기사 16년 3회

**54** 주택의 옥내를 통과하여 그 주택 이외의 장소에 전기를 공급하기 위한 옥내배선을 공사하는 방법이다. 사람이 접촉할 우려가 없는 은폐된 장소에서 시행하는 공사의 종류가 아닌 것은? (단, 주택의 옥내전로의 대지전압은 300[V]이다.)

① 금속관공사  ② 금속덕트공사
③ 케이블공사  ④ 합성수지관공사

🔎 **해설** 옥내전로의 대지전압의 제한(KEC 231.6)

주택의 옥내를 통과하여 그 주택 이외의 장소에 전기를 공급하기 위한 옥내배선은 사람이 접촉할 우려가 없는 은폐된 장소에는 합성수지관공사, 금속관공사, 케이블공사에 의하여 시설하여야 한다.

★★★ 개정 신규문제

**55** 다음 중 케이블트렁킹시스템에 속하지 않는 것은?

① 합성수지몰드공사  ② 금속몰드공사
③ 금속트렁킹공사  ④ 금속덕트공사

🔎 **해설** 배선설비 공사의 종류(KEC 232.2)

| 케이블트렁킹시스템 | 합성수지몰드공사, 금속몰드공사, 금속트렁킹공사 |
|---|---|
| 케이블덕팅시스템 | 플로어덕트공사, 셀룰러덕트공사, 금속덕트공사 |

★★★★ 개정 신규문제

**56** 수용가설비에서 저압으로 수전하는 조명설비의 전압강하는 몇 [%] 이하이어야 하는가?

① 1  ② 3
③ 6  ④ 8

🔎 **해설** 수용가설비에서의 전압강하(KEC 232.3.9)

| 설비의 유형 | 조명[%] | 기타[%] |
|---|---|---|
| 저압으로 수전하는 경우 | 3 | 5 |
| 고압 이상으로 수전하는 경우 | 6 | 8 |

★★★★★ 기사 95년 6회, 99년 3·4회, 10년 2회, 15년 1회 / 산업 03년 4회, 14년 2회

**57** 저압 옥내배선을 합성수지관공사에 의하여 시설하는 경우 몇 [mm²] 이하의 연선(동선)은 단선을 사용할 수 있는가?

① 2.5  ② 6
③ 10  ④ 16

🔎 **해설** 합성수지관공사(KEC 232.11)

㉠ 전선은 절연전선을 사용(옥외용 비닐절연전선은 사용불가)
㉡ 전선은 연선일 것. 다만, 다음의 것은 적용하지 않음
  • 짧고 가는 합성수지관에 넣은 것
  • 단면적 10[mm²](알루미늄선은 단면적 16[mm²]) 이하의 것
㉢ 전선은 합성수지관 안에서 접속점이 없도록 할 것

🔖 **정답**  52. ③  53. ④  54. ②  55. ④  56. ②  57. ③

ㄹ 합성수지관의 지지점 간의 거리는 1.5[m] 이하일 것
ㅁ 관 상호 간 및 박스와는 관을 삽입하는 깊이를 관의 바깥지름의 1.2배(접착제를 사용 : 0.8배)로 함

**★★★★ 산업 93년 2회, 07년 4회**

**58** 합성수지관공사 시에 관의 지지점 간의 거리는 몇 [m] 이하로 하여야 하는가?

① 1.0          ② 1.5
③ 2.0          ④ 2.5

**해설 합성수지관공사(KEC 232.11)**
ㄱ 전선은 절연전선을 사용(옥외용 비닐절연전선은 사용불가)
ㄴ 전선은 연선일 것 다만, 다음의 것은 적용하지 않음
  • 짧고 가는 합성수지관에 넣은 것
  • 단면적 10[mm²](알루미늄선은 단면적 16[mm²]) 이하의 것
ㄷ 전선은 합성수지관 안에서 접속점이 없도록 할 것
ㄹ 합성수지관의 지지점 간의 거리는 1.5[m] 이하일 것
ㅁ 관 상호 간 및 박스와는 관을 삽입하는 깊이를 관의 바깥지름의 1.2배(접착제를 사용 : 0.8배)로 함

**★★★ 기사 11년 2회**

**59** 합성수지관공사에 의한 저압 옥내배선시 설방법에 대한 설명 중 틀린 것은?

① 관의 지지점 간의 거리는 1.2[m] 이하로 할 것
② 박스, 기타의 부속품을 습기가 많은 장소에 시설하는 경우에는 방습장치로 할 것
③ 사용전선은 절연전선일 것
④ 합성수지관 안에는 전선의 접속점이 없도록 할 것

**해설 합성수지관공사(KEC 232.11)**
ㄱ 전선은 절연전선을 사용(옥외용 비닐절연전선은 사용불가)
ㄴ 전선은 연선일 것 다만, 다음의 것은 적용하지 않음
  • 짧고 가는 합성수지관에 넣은 것
  • 단면적 10[mm²](알루미늄선은 단면적 16[mm²]) 이하의 것
ㄷ 전선은 합성수지관 안에서 접속점이 없도록 할 것
ㄹ 합성수지관의 지지점 간의 거리는 1.5[m] 이하일 것
ㅁ 관 상호 간 및 박스와는 관을 삽입하는 깊이를 관의 바깥지름의 1.2배(접착제를 사용 : 0.8배)로 함
ㅂ 습기가 많은 장소 또는 물기가 있는 장소에 시설하는 경우에는 방습장치를 할 것

**★★ 산업 04년 1회, 08년 2회, 16년 2회**

**60** 합성수지관공사에서 관 상호 간 및 박스와는 관을 삽입하는 깊이를 관의 바깥지름의 몇 배 이상으로 하고 또한 꽂음접속에 의하여 견고하게 접속하여야 하는가? (단, 접착제를 사용하지 않은 경우임)

① 1.2          ② 1.5
③ 1.8          ④ 2

**해설 합성수지관공사(KEC 232.11)**
ㄱ 전선은 절연전선을 사용(옥외용 비닐절연전선은 사용불가)
ㄴ 전선은 연선일 것 다만, 다음의 것은 적용하지 않음
  • 짧고 가는 합성수지관에 넣은 것
  • 단면적 10[mm²](알루미늄선은 단면적 16[mm²]) 이하의 것
ㄷ 전선은 합성수지관 안에서 접속점이 없도록 할 것
ㄹ 합성수지관의 지지점 간의 거리는 1.5[m] 이하일 것
ㅁ 관 상호 간 및 박스와는 관을 삽입하는 깊이를 관의 바깥지름의 1.2배(접착제를 사용 : 0.8배)로 함
ㅂ 습기가 많은 장소 또는 물기가 있는 장소에 시설하는 경우에는 방습장치를 할 것

**★★★★ 기사 94년 4회, 03년 2회 / 산업 98년 5회, 03년 3회**

**61** 일반주택의 저압 옥내배선을 점검한 결과 시공이 잘못되었다고 판단되는 것은?

① 욕실의 전등으로 방습형광등이 시설되어 있다.
② 단상 3선식 인입개폐기의 중성선에 동판 접속되어 있다.
③ 합성수지관공사의 지지점 간의 거리가 2.0[m]로 되어 있다.
④ 금속관공사로 시공되었고 IV전선이 사용되어 있었다.

**해설 합성수지관공사(KEC 232.11)**
합성수지관의 지지점 간의 거리는 1.5[m] 이하로 한다.

**★★★★★ 기사 00년 4회, 03년 2회, 05년 1회 / 산업 06년 1회, 07년 1회, 09년 3회**

**62** 금속관공사를 콘크리트에 매설하여 시행하는 경우 관의 두께는 몇 [mm] 이상이어야 하는가?

① 1.0          ② 1.2
③ 1.4          ④ 1.6

**◤ 해설** 금속관공사(KEC 232.12)

㉠ 전선은 절연전선을 사용(옥외용 비닐절연전선은 사용불가)
㉡ 전선은 연선일 것. 다만, 다음의 것은 적용하지 않음
  • 짧고 가는 금속관에 넣은 것
  • 단면적 $10[mm^2]$(알루미늄선은 단면적 $16[mm^2]$) 이하의 것
㉢ 전선은 금속관 안에서 접속점이 없도록 할 것
㉣ 관두께는 콘크리트에 매입하는 것은 $1.2[mm]$ 이상, 기타의 경우 $1[mm]$ 이상으로 할 것

---

**★★★★** 기사 13년 3회(유사), 14년 1회 / 산업 11년 1회(유사), 15년 2회, 16년 1·3회

**63** 옥내배선의 사용전압이 220[V]인 경우에 이를 금속관공사에 의하여 시설하려고 한다. 다음 중 옥내배선의 시설로서 옳은 것은?

① 전선으로는 단면적 $6[mm^2]$의 연선이어야 한다.
② 전선은 옥외용 비닐절연전선을 사용하였다.
③ 콘크리트에 매설하는 전선관의 두께는 1.0[mm]를 사용하였다.
④ 전선은 금속관 안에서 접속점이 없도록 하였다.

**◤ 해설** 금속관공사(KEC 232.12)

㉠ 전선은 절연전선을 사용(옥외용 비닐절연전선은 사용불가)
㉡ 전선은 연선일 것. 다만, 다음의 것은 적용하지 않음
  • 짧고 가는 금속관에 넣은 것
  • 단면적 $10[mm^2]$(알루미늄선은 단면적 $16[mm^2]$) 이하의 것
㉢ 전선은 금속관 안에서 접속점이 없도록 할 것
㉣ 관두께는 콘크리트에 매입하는 것은 $1.2[mm]$ 이상, 기타의 경우 $1[mm]$ 이상으로 할 것

---

**★★★** 산업 17년 1회, 18년 1회

**64** 금속관공사에 의한 저압 옥내배선시설에 대한 설명으로 틀린 것은?

① 인입용 비닐절연전선을 사용했다.
② 옥외용 비닐절연전선을 사용했다.
③ 짧고 가는 금속관에 연선을 사용했다.
④ 단면적 $10[mm^2]$ 이하의 전선을 사용했다.

**◤ 해설** 금속관공사(KEC 232.12)

㉠ 전선은 절연전선을 사용(옥외용 비닐절연전선은 사용불가)

---

㉡ 전선은 연선일 것. 다만, 다음의 것은 적용하지 않음
  • 짧고 가는 금속관에 넣은 것
  • 단면적 $10[mm^2]$(알루미늄선은 단면적 $16[mm^2]$) 이하의 것
㉢ 전선은 금속관 안에서 접속점이 없도록 할 것
㉣ 관두께는 콘크리트에 매입하는 것은 $1.2[mm]$ 이상, 기타의 경우 $1[mm]$ 이상으로 할 것

---

**★★** 기사 05년 3회, 17년 2회 / 산업 10년 2회

**65** 금속관공사에서 절연 부싱을 사용하는 가장 주된 목적은?

① 관의 끝이 터지는 것을 방지
② 관의 단구에서 조영재의 접촉방지
③ 관 내 해충 및 이물질 출입방지
④ 관의 단구에서 전선피복의 손상방지

**◤ 해설** 금속관공사(KEC 232.12)

관의 끝부분에는 전선의 피복을 손상하지 아니하도록 적당한 구조의 부싱을 사용한다. 단, 금속관공사로부터 애자사용공사로 옮기는 경우에는 그 부분의 관의 끝부분에는 절연 부싱 또는 이와 유사한 것을 사용하여야 한다.

---

**★★★★★** 기사 10년 1회, 11년 3회, 16년 3회(유사) / 산업 00년 2회, 12년 2회(유사), 18년 2회

**66** 가요전선관공사에 의한 저압 옥내배선시설과 맞지 않는 것은?

① 옥외용 비닐전선을 제외한 절연전선을 사용한다.
② 제1종 금속제 가요전선관의 두께는 0.8[mm] 이상으로 한다.
③ 중량물의 압력 또는 기계적 충격을 받을 우려가 없도록 시설한다.
④ 전선은 연선을 사용하나 단면적 $10[mm^2]$ 이상인 경우에는 단선을 사용한다.

**◤ 해설** 금속제 가요전선관공사(KEC 232.13)

㉠ 전선은 절연전선일 것(옥외용 비닐절연전선은 제외)
㉡ 전선은 연선일 것. 단, 단면적 $10[mm^2]$(알루미늄선은 단면적 $16[mm^2]$) 이하인 것은 단선을 사용할 것
㉢ 가요전선관 안에는 전선에 접속점이 없도록 할 것
㉣ 가요전선관은 2종 금속제 가요전선관일 것

**예외**
• 전개된 장소 또는 점검할 수 있는 은폐된 장소에는 1종 가요전선관을 사용
• 습기가 많은 장소 또는 물기가 있는 장소에는 비닐피복 1종 가요전선관을 사용

---

★★★ 기사 01년 1회 / 산업 97년 5회, 05년 1회

**67** 가요전선관공사에 사용할 수 없는 전선은?

① 인입용 비닐절연전선
② 옥외용 비닐절연전선
③ 600[V] 비닐절연전선
④ 600[V] 고무절연전선

**해설** 금속제 가요전선관공사(KEC 232.13)
㉠ 전선은 절연전선일 것(옥외용 비닐절연전선은 제외)
㉡ 전선은 연선일 것. 단, 단면적 10[mm²](알루미늄선은 단면적 16[mm²]) 이하인 것은 단선을 사용할 것
㉢ 가요전선관 안에는 전선에 접속점이 없도록 할 것
㉣ 가요전선관은 2종 금속제 가요전선관일 것

**예외**
• 전개된 장소 또는 점검할 수 있는 은폐된 장소에는 1종 가요전선관을 사용
• 습기가 많은 장소 또는 물기가 있는 장소에는 비닐피복 1종 가요전선관을 사용

★ 산업 91년 6회

**68** 모양이나 배치변경 등 전기배선이 변경되는 장소에 쉽게 응할 수 있게 마련한 저압 옥내배선공사는?

① 금속덕트공사
② 금속제 가요전선관공사
③ 금속몰드공사
④ 합성수지관공사

**해설** 금속제 가요전선관공사(KEC 232.13)
금속제 가요전선관은 형상을 자유로이 변형시킬 수 있어서 굴곡이 있는 현장에 배관공사로 이용할 수 있다.

★★★★ 기사 90년 2회, 04년 3회, 14년 1회 / 산업 97년 4회, 16년 3회

**69** 저압 옥내배선을 가요전선관공사에 의해 시공하고자 한다. 이 가요전선관에 설치할 전선을 단선으로 사용할 경우 단면적은 몇 [mm²] 이하의 경우인가? (단, 동선 적용)

① 2　② 4
③ 6　④ 10

**해설** 금속제 가요전선관공사(KEC 232.13)
㉠ 전선은 절연전선일 것(옥외용 비닐절연전선은 제외)
㉡ 전선은 연선일 것. 단, 단면적 10[mm²](알루미늄선은 단면적 16[mm²]) 이하인 것은 단선을 사용할 것
㉢ 가요전선관 안에는 전선에 접속점이 없도록 할 것

㉣ 가요전선관은 2종 금속제 가요전선관일 것

**예외**
• 전개된 장소 또는 점검할 수 있는 은폐된 장소에는 1종 가요전선관을 사용
• 습기가 많은 장소 또는 물기가 있는 장소에는 비닐피복 1종 가요전선관을 사용

★★★ 기사 14년 2회

**70** 합성수지몰드공사에 의한 저압 옥내배선의 시설방법으로 옳지 않은 것은?

① 합성수지몰드는 홈의 폭 및 깊이가 3.5[cm] 이하의 것이어야 한다.
② 합성수지몰드 안에는 전선에 접속점이 없도록 한다.
③ 합성수지몰드 상호 간 및 합성수지몰드와 박스, 기타의 부속품과는 전선이 노출되지 않도록 접속한다.
④ 합성수지몰드 안에는 접속점을 1개소까지 허용한다.

**해설** 합성수지몰드공사(KEC 232.21)
㉠ 전선은 절연전선 사용(옥외용 비닐절연전선 사용불가)
㉡ 합성수지몰드 안에는 전선에 접속점이 없을 것
㉢ 합성수지몰드는 홈의 폭 및 깊이가 3.5[cm] 이하일 것. 단, 사람이 쉽게 접촉할 우려가 없도록 시설하는 경우에는 폭이 5[cm] 이하로 할 것
㉣ 합성수지몰드 상호 간 및 합성수지몰드와 박스, 기타의 부속품과는 전선이 노출되지 않도록 접속할 것

★ 산업 18년 3회

**71** 금속몰드배선공사에 대한 설명으로 틀린 것은?

① 금속몰드 안에는 전선에 접속점이 한 개만 있을 것
② 접속점을 쉽게 점검할 수 있도록 시설할 것
③ 황동제 또는 동제의 몰드는 폭이 50[mm] 이하, 두께 0.5[mm] 이상인 것일 것
④ 몰드 안의 전선을 외부로 인출하는 부분은 몰드의 관통부분에서 전선이 손상될 우려가 없도록 시설할 것

**해설** 금속몰드공사(KEC 232.22)
㉠ 전선은 절연전선을 사용(옥외용 비닐절연전선은 사용불가)

ⓒ 금속몰드 안에는 전선에 접속점이 없도록 할 것

ⓒ 금속몰드의 사용전압이 400[V] 이하로 옥내의 건조한 장소로 전개된 장소 또는 점검할 수 있는 은폐장소에 한하여 시설할 것

ⓔ 황동제 또는 동제의 몰드는 폭이 50[mm] 이하, 두께 0.5[mm] 이상인 것일 것

ⓜ 몰드 상호 간 및 몰드 박스, 기타의 부속품과는 견고하고 또한 전기적으로 완전하게 접속할 것

---

★★★★★ 기사 13년 2회, 19년 1회 / 산업 13년 1회, 17년 1 · 3회

**72** 저압 옥내배선의 간선 및 분기회로의 전선을 금속덕트공사로 하는 경우 덕트에 넣는 절연전선의 단면적의 합계는 덕트의 내부 단면적의 몇 [%] 이하로 하여야 하는가?

① 20　　　　　② 30
③ 40　　　　　④ 50

**해설** 금속덕트공사(KEC 232.31)

㉠ 전선은 절연전선일 것(옥외용 비닐절연전선은 제외)
㉡ 금속덕트에 넣은 전선의 단면적(절연피복의 단면적을 포함)의 합계는 덕트의 내부 단면적의 20[%](전광표시장치, 기타 이와 유사한 장치 또는 제어회로 등의 배선만을 넣는 경우에는 50[%]) 이하일 것
㉢ 금속덕트 안에는 전선에 접속점이 없도록 할 것
㉣ 폭이 40[mm] 이상, 두께가 1.2[mm] 이상인 철판 또는 동등 이상의 기계적 강도를 가지는 금속제의 것으로 견고하게 제작한 것일 것
㉤ 안쪽 면은 전선의 피복을 손상시키는 돌기가 없는 것일 것
㉥ 덕트의 지지점 간의 거리는 3[m](취급자 이외의 자가 출입할 수 없도록 설비한 곳에서 수직으로 붙이는 경우에는 6[m]) 이하로 할 것

---

★★★★ 기사 93년 5회, 99년 4회, 01년 2회 / 산업 04년 2회, 11년 3회

**73** 제어회로용 절연전선을 금속덕트공사에 의하여 시설하고자 한다. 금속덕트공사에 넣는 전선의 단면적은 덕트 내부 단면적의 몇 [%]까지 넣을 수 있는가?

① 20　　　　　② 30
③ 40　　　　　④ 50

**해설** 금속덕트공사(KEC 232.31)

금속덕트에 넣은 전선의 단면적(절연피복의 단면적을 포함)의 합계는 덕트의 내부 단면적의 20[%](전광표시장치, 기타 이와 유사한 장치 또는 제어회로 등의 배선만을 넣는 경우에는 50[%]) 이하일 것

---

★★★ 기사 10년 1회, 12년 2회, 18년 1 · 3회(유사) / 산업 90년 2회, 03년 1회, 11년 2회

**74** 금속덕트공사에 의한 저압 옥내배선공사 중 시설기준에 적합하지 않은 것은?

① 금속덕트에 넣은 전선의 단면적의 합계가 내부 단면적의 20[%] 이하가 되게 하였다.
② 덕트 상호 및 덕트와 금속관과는 전기적으로 완전하게 접속했다.
③ 덕트를 조영재에 붙이는 경우 덕트의 지지점 간의 거리를 4[m] 이하로 견고하게 붙였다.
④ 저압 옥내배선의 사용전압이 400[V] 미만인 경우에 덕트에는 제3종 접지공사를 한다.

**해설** 금속덕트공사(KEC 232.31)

㉠ 전선은 절연전선일 것(옥외용 비닐절연전선은 제외)
㉡ 금속덕트에 넣은 전선의 단면적(절연피복의 단면적을 포함)의 합계는 덕트의 내부 단면적의 20[%](전광표시장치, 기타 이와 유사한 장치 또는 제어회로 등의 배선만을 넣는 경우에는 50[%]) 이하일 것
㉢ 금속덕트 안에는 전선에 접속점이 없도록 할 것
㉣ 폭이 40[mm] 이상, 두께가 1.2[mm] 이상인 철판 또는 동등 이상의 기계적 강도를 가지는 금속제의 것으로 견고하게 제작한 것일 것
㉤ 안쪽 면은 전선의 피복을 손상시키는 돌기가 없는 것일 것
㉥ <u>덕트의 지지점 간의 거리는 3[m]</u>(취급자 이외의 자가 출입할 수 없도록 설비한 곳에서 수직으로 붙이는 경우에는 6[m]) 이하로 할 것

---

★★★ 기사 00년 5회 / 산업 95년 7회, 07년 1회

**75** 플로어덕트공사에 의한 저압 옥내배선에서 절연전선으로 연선을 사용하지 않아도 되는 것은 전선의 굵기가 몇 [mm²] 이하의 경우인가? (단, 동선 적용)

① 2.5　　　　　② 4
③ 6　　　　　④ 10

**해설** 플로어덕트공사(KEC 232.32)

㉠ 전선은 절연전선일 것(옥외용 비닐절연전선은 제외)
㉡ 전선은 연선일 것. 단, 단면적 10[mm²](알루미늄선은 단면적 16[mm²]) 이하인 것은 단선을 사용할 것
㉢ 플로어덕트 안에는 전선에 접속점이 없도록 할 것
㉣ 덕트의 끝부분은 막을 것

---

🔑**정답** 72. ①　73. ④　74. ③　75. ④

★ 기사 00년 5회

**76** 플로어덕트공사에 의한 저압 옥내배선에서 절연전선으로 연선을 사용하지 않아도 되는 경우는 전선의 단면적이 몇 [mm²] 이하인가?

① 2.5　　　　② 4
③ 6　　　　　④ 10

**해설** 플로어덕트공사(KEC 232.32)
㉠ 전선은 절연전선일 것(옥외용 비닐절연전선은 제외)
㉡ 전선은 연선일 것. 단, 단면적 10[mm²](알루미늄선은 단면적 16[mm²]) 이하인 것은 단선을 사용할 것
㉢ 플로어덕트 안에는 전선에 접속점이 없도록 할 것
㉣ 덕트의 끝부분은 막을 것

★★★★ 기사 05년 4회 / 산업 15년 1회, 18년 1회

**77** 케이블트레이공사에 사용되는 케이블트레이는 수용된 모든 전선을 지지할 수 있는 적합한 강도의 것으로서, 이 경우 케이블트레이의 안전율은 얼마 이상으로 하여야 하는가?

① 1.1　　　　② 1.2
③ 1.3　　　　④ 1.5

**해설** 케이블트레이공사(KEC 232.41)
수용된 모든 전선을 지지할 수 있는 적합한 강도의 것이어야 한다. 이 경우 케이블트레이의 안전율은 1.5 이상으로 하여야 한다.

★★★ 산업 18년 1회

**78** 케이블공사에 의한 저압 옥내배선의 시설방법에 대한 설명으로 틀린 것은?

① 전선은 케이블 및 캡타이어케이블로 한다.
② 콘크리트 안에는 전선에 접속점을 만들지 않는다.
③ 400[V] 이하인 경우 전선을 넣는 방호장치의 금속제 부분에는 접지공사를 한다.
④ 전선을 조영재의 옆면에 따라 붙이는 경우 전선의 지지점 간의 거리를 케이블은 3[m] 이하로 한다.

**해설** 케이블공사(KEC 232.51)
㉠ 전선은 케이블 및 캡타이어케이블일 것
㉡ 전선의 지지점 간의 거리를 아랫면 또는 옆면은 케이

블 2[m] 이하, 캡타이어케이블은 1[m](수직으로 설치 시 6[m]) 이하로 할 것
㉢ 콘크리트 안에는 전선에 접속점을 만들지 아니할 것
㉣ 관, 기타의 전선을 넣는 방호장치의 금속제 부분·금속제의 전선 접속함 및 전선의 피복에 사용하는 금속체에는 접지공사를 할 것

★★★ 기사 04년 3회 / 산업 92년 2회, 03년 2회, 15년 2회

**79** 옥내에 시설하는 애자사용공사의 사용전압이 400[V]를 넘는 경우 전선과 조영재와의 이격거리는? (단, 전개된 장소로서 건조한 장소임)

① 25[mm] 이상　　② 50[mm] 이상
③ 75[mm] 이상　　④ 100[mm] 이상

**해설** 애자공사(KEC 232.56)
㉠ 전선은 절연전선 사용(옥외용·인입용 비닐절연전선 사용불가)
㉡ 전선 상호 간격 : 0.06[m] 이상
㉢ 전선과 조영재와의 이격거리
　• 400[V] 이하 : 25[mm] 이상
　• 400[V] 초과 : 45[mm] 이상(건조한 장소에 시설하는 경우에는 25[mm])
㉣ 전선의 지지점 간의 거리는 전선을 조영재의 윗면 또는 옆면에 따라 붙일 경우에는 2[m] 이하일 것
㉤ 사용전압이 400[V] 초과인 것의 지지점 간의 거리는 6[m] 이하일 것

★★★★ 기사 13년 3회, 16년 2회 / 산업 95년 6회, 05년 1회, 15년 1회

**80** 애자사용공사에 의한 저압 옥내배선 시 전선 상호 간의 간격은 몇 [m] 이상이어야 하는가?

① 0.02　　　　② 0.04
③ 0.06　　　　④ 0.08

**해설** 애자공사(KEC 232.56)
㉠ 전선은 절연전선 사용(옥외용·인입용 비닐절연전선 사용불가)
㉡ 전선 상호 간격 : 0.06[m] 이상
㉢ 전선과 조영재와의 이격거리
　• 400[V] 이하 : 25[mm] 이상
　• 400[V] 초과 : 45[mm] 이상(건조한 장소에 시설하는 경우에는 25[mm])
㉣ 전선의 지지점 간의 거리는 전선을 조영재의 윗면 또는 옆면에 따라 붙일 경우에는 2[m] 이하일 것
㉤ 사용전압이 400[V] 초과인 것의 지지점 간의 거리는 6[m] 이하일 것

© 전선 상호 간격 : 0.06[m] 이상
© 전선과 조영재와의 이격거리
  • 400[V] 이하 : 25[mm] 이상
  • 400[V] 초과 : 45[mm] 이상(건조한 장소에 시설
    하는 경우에는 25[mm])
@ 전선의 지지점 간의 거리는 전선을 조영재의 윗면
  또는 옆면에 따라 붙일 경우에는 2[m] 이하일 것
@ 사용전압이 400[V] 초과인 것의 지지점 간의 거리는
  6[m] 이하일 것

★★★ 기사 96년 6회, 10년 3회

**81** 저압 옥내배선을 할 때 인입용 비닐절연전선을 사용할 수 없는 것은?

① 합성수지관공사
② 금속관공사
③ 애자사용공사
④ 가요전선관공사

🔍 해설  애자공사(KEC 232.56)

㉠ 전선은 절연전선 사용(옥외용·인입용 비닐절연전선 사용불가)
© 전선 상호 간격 : 0.06[m] 이상
© 전선과 조영재와의 이격거리
  • 400[V] 이하 : 25[mm] 이상
  • 400[V] 초과 : 45[mm] 이상(건조한 장소에 시설
    하는 경우에는 25[mm])
@ 전선의 지지점 간의 거리는 전선을 조영재의 윗면
  또는 옆면에 따라 붙일 경우에는 2[m] 이하일 것
@ 사용전압이 400[V] 초과인 것의 지지점 간의 거리는
  6[m] 이하일 것

★★★★ 기사 90년 6회, 13년 3회 / 산업 00년 2회, 10년 3회(유사), 18년 2회

**82** 사용전압이 380[V]인 옥내배선을 애자사용공사로 시설할 때 전선과 조영재 사이의 이격거리는 몇 [mm] 이상이어야 하는가?

① 20          ② 25
③ 45          ④ 60

🔍 해설  애자공사(KEC 232.56)

전선과 조영재 사이의 이격거리는 다음과 같다.
㉠ 400[V] 이하 : 25[mm] 이상
© 400[V] 초과 : 45[mm] 이상(건조한 장소에 시설하는 경우에는 25[mm])

★★★ 기사 98년 5회, 10년 2회 / 산업 92년 2·7회, 99년 5회, 01년 3회, 05년 2회

**83** 380[V] 동력용 옥내배선을 전개된 장소에서 애자사용공사로 시공할 때 전선 간의 이격거리는 몇 [cm] 이상인가? (단, 전선은 절연전선을 사용한다.)

① 2          ② 4
③ 6          ④ 8

🔍 해설  애자공사(KEC 232.56)

㉠ 전선은 절연전선 사용(옥외용·인입용 비닐절연전선 사용불가)

★★★★ 기사 95년 7회, 17년 1회 / 산업 99년 7회, 05년 4회, 09년 3회, 11년 3회

**84** 애자사용공사를 습기가 많은 장소에 시설하는 경우 전선과 조영재 사이의 이격거리는 몇 [cm] 이상이어야 하는가? (단, 사용전압은 440[V]인 경우이다.)

① 2.0
② 2.5
③ 4.5
④ 6.0

🔍 해설  애자공사(KEC 232.56)

㉠ 전선은 절연전선 사용(옥외용·인입용 비닐절연전선 사용불가)
© 전선 상호 간격 : 0.06[m] 이상
© 전선과 조영재와의 이격거리
  • 400[V] 이하 : 25[mm] 이상
  • 400[V] 초과 : 45[mm] 이상(건조한 장소에 시설
    하는 경우에는 25[mm])
@ 전선의 지지점 간의 거리는 전선을 조영재의 윗면
  또는 옆면에 따라 붙일 경우에는 2[m] 이하일 것
@ 사용전압이 400[V] 초과인 것의 지지점 간의 거리는
  6[m] 이하일 것

★★ 기사 18년 2회

**85** 애자사용공사에 의한 저압 옥내배선시설 중 틀린 것은?

① 전선은 인입용 비닐절연전선일 것
② 전선 상호 간의 간격은 6[cm] 이상일 것
③ 전선의 지지점 간의 거리는 전선을 조영재의 윗면에 따라 붙일 경우에는 2[m] 이하일 것
④ 전선과 조영재 사이의 이격거리는 사용전압이 400[V] 미만인 경우에는 2.5[cm] 이상일 것

**📘 해설 애자공사(KEC 232.56)**

㉠ 전선은 절연전선 사용(옥외용·인입용 비닐절연전선 사용불가)

㉡ 전선 상호 간격 : 0.06[m] 이상

㉢ 전선과 조영재와의 이격거리
  • 400[V] 이하 : 25[mm] 이상
  • 400[V] 초과 : 45[mm] 이상(건조한 장소에 시설하는 경우에는 25[mm])

㉣ 전선의 지지점 간의 거리는 전선을 조영재의 윗면 또는 옆면에 따라 붙일 경우에는 2[m] 이하일 것

㉤ 사용전압이 400[V] 초과인 것의 지지점 간의 거리는 6[m] 이하일 것

---

★ | 기사 96년 5회, 99년 3회

**86** 전개된 장소에 시설하는 애자사용공사에 있어서 사용전압 440[V]의 경우 전선 애자사용공사에서 전개된 장소 또는 점검할 수 있는 은폐장소로서 전선을 조영재의 상면 또는 측면에 따라 붙일 경우에 전선의 지지점 간의 거리는 몇 [m] 이하로 하여야 하는가?

① 2 ② 3
③ 5 ④ 8

**📘 해설 애자공사(KEC 232.56)**

㉠ 전선은 절연전선 사용(옥외용·인입용 비닐절연전선 사용불가)

㉡ 전선 상호 간격 : 0.06[m] 이상

㉢ 전선과 조영재와의 이격거리
  • 400[V] 이하 : 25[mm] 이상
  • 400[V] 초과 : 45[mm] 이상(건조한 장소에 시설하는 경우에는 25[mm])

㉣ 전선의 지지점 간의 거리는 전선을 조영재의 윗면 또는 옆면에 따라 붙일 경우에는 2[m] 이하일 것

㉤ 사용전압이 400[V] 초과인 것의 지지점 간의 거리는 6[m] 이하일 것

---

★ | 산업 10년 1회

**87** 사용전압이 400[V]를 넘는 저압 옥내배선을 애자사용공사에 의하여 시설하는 경우 전선의 지지점 간의 거리는 몇 [m] 이하이어야 하는가? (단, 전선을 조영재의 윗면 또는 옆면에 따라 붙이지 않은 경우이다.)

① 2.0 ② 4.0
③ 4.5 ④ 6.0

**📘 해설 애자공사(KEC 232.56)**

㉠ 전선은 절연전선 사용(옥외용·인입용 비닐절연전선 사용불가)

㉡ 전선 상호 간격 : 0.06[m] 이상

㉢ 전선과 조영재와의 이격거리
  • 400[V] 이하 : 25[mm] 이상
  • 400[V] 초과 : 45[mm] 이상(건조한 장소에 시설하는 경우에는 25[mm])

㉣ 전선의 지지점 간의 거리는 전선을 조영재의 윗면 또는 옆면에 따라 붙일 경우에는 2[m] 이하일 것

㉤ 사용전압이 400[V] 초과인 것의 지지점 간의 거리는 6[m] 이하일 것

---

★★ | 기사 19년 1회 / 산업 90년 7회

**88** 라이팅덕트공사에 의한 저압 옥내배선에서 옳지 않은 것은?

① 덕트는 조영재에 견고하게 붙일 것
② 덕트의 지지점 간의 거리는 3[m] 이상일 것
③ 덕트의 종단부는 폐쇄할 것
④ 덕트는 조영재를 관통하여 시설하지 아니할 것

**📘 해설 라이팅덕트공사(KEC 232.71)**

㉠ 덕트 상호 간 및 전선 상호 간은 견고하게 또한 전기적으로 완전히 접속할 것

㉡ 덕트는 조영재에 견고하게 붙일 것

㉢ 덕트의 지지점 간의 거리는 2[m] 이하로 할 것

㉣ 덕트의 끝부분은 막을 것

㉤ 덕트를 사람이 용이하게 접촉할 우려가 있는 장소에 시설하는 경우에는 전로에 지락이 생겼을 때 자동적으로 전로를 차단하는 장치를 시설할 것

---

★★★ | 산업 91년 7회, 04년 1회, 06년 2회

**89** 라이팅덕트공사에 의한 저압 옥내배선에서 덕트의 지지점 간의 거리는?

① 4[m] 이하
② 3[m] 이하
③ 2[m] 이하
④ 1[m] 이하

**📘 해설 라이팅덕트공사(KEC 232.71)**

덕트의 지지점 간의 거리는 2[m] 이하로 할 것

---

**★★** 기사 20년 3회 / 산업 07년 1회, 10년 2회

**90** 다음 중 사용전압이 440[V]인 이동기중기용 접촉전선을 애자사용공사에 의하여 옥내의 전개된 장소에 시설하는 경우 사용하는 전선으로 옳은 것은?

① 인장강도가 3.44[kN] 이상인 것 또는 지름 2.6[mm]의 경동선으로, 단면적이 8[mm²] 이상인 것

② 인장강도가 3.44[kN] 이상인 것 또는 지름 3.2[mm]의 경동선으로, 단면적이 18[mm²] 이상인 것

③ 인장강도가 11.2[kN] 이상인 것 또는 지름 6[mm]의 경동선으로, 단면적이 28[mm²] 이상인 것

④ 인장강도가 11.2[kN] 이상인 것 또는 지름 8[mm]의 경동선으로, 단면적이 18[mm²] 이상인 것

**[☑ 해설] 옥내에 시설하는 저압 접촉전선 배선(KEC 232.81)**

전선은 인장강도 11.2[kN] 이상의 것 또는 지름 6[mm]의 경동선으로, 단면적이 28[mm²] 이상인 것일 것. 다만, 사용전압이 400[V] 이하인 경우에는 인장강도 3.44[kN] 이상의 것 또는 지름 3.2[mm] 이상의 경동선으로 단면적이 8[mm²] 이상인 것을 사용할 수 있다.

**★★★★** 기사 92년 7회, 02년 1회, 05년 1 · 3회 / 산업 00년 4회, 03년 1회

**91** 옥내에 시설하는 조명용 전원코드로 캡타이어케이블을 사용할 경우 단면적이 몇 [mm²] 이상인 것을 사용하여야 하는가?

① 0.75
② 2
③ 3.5
④ 5.5

**[☑ 해설] 코드 및 이동전선(KEC 234.3)**

㉠ 조명용 전원코드 또는 이동전선은 단면적 0.75[mm²] 이상의 코드 또는 캡타이어케이블을 사용할 것

㉡ 옥측에 시설하는 경우의 조명용 전원코드(건조한 장소는 단면적이 0.75[mm²] 이상인 450/750[V] 내열성 에틸렌아세테이트 고무절연전선을 사용할 것

**★★** 산업 11년 1회, 13년 1회

**92** 아파트 세대 욕실에 비데용 콘센트를 시설하고자 한다. 다음의 시설방법 중 적합하지 않은 것은?

① 콘센트를 시설하는 경우에는 인체감전보호용 누전차단기로 보호된 전로에 접속할 것

② 습기가 많은 곳에 시설하는 배선기구는 방습장치를 시설할 것

③ 저압용 콘센트는 접지극이 없는 것을 사용할 것

④ 충전부분이 노출되지 않을 것

**[☑ 해설] 콘센트의 시설(KEC 234.5)**

욕조나 샤워시설이 있는 욕실 또는 화장실 등 인체가 물에 젖어 있는 상태에서 전기를 사용하는 장소에 콘센트를 시설하는 경우에는 다음에 따라 시설하여야 한다.

㉠ 「전기용품 및 생활용품 안전관리법」의 적용을 받는 인체감전보호용 누전차단기(정격감도전류 15[mA] 이하, 동작시간 0.03초 이하의 전류동작형의 것에 한한다) 또는 절연변압기(정격용량 3[kVA] 이하인 것에 한한다)로 보호된 전로에 접속하거나, 인체감전보호용 누전차단기가 부착된 콘센트를 시설하여야 한다.

㉡ 콘센트는 접지극이 있는 방적형 콘센트를 사용하여 접지하여야 한다.

㉢ 습기가 많은 장소 또는 수분이 있는 장소에 시설하는 콘센트 및 기계기구용 콘센트는 접지용 단자가 있는 것을 사용하여 접지하고 방습장치를 하여야 한다.

**★★★★★** 기사 18년 2회, 20년 3회(유사)

**93** 샤워시설이 있는 욕실 등 인체가 물에 젖어 있는 상태에서 전기를 사용하는 장소에 콘센트를 시설할 경우 인체감전보호용 누전차단기의 정격감도전류는 몇 [mA] 이하인가?

① 5
② 10
③ 15
④ 30

**[☑ 해설] 콘센트의 시설(KEC 234.5)**

욕조나 샤워시설이 있는 욕실 또는 화장실 등 인체가 물에 젖어 있는 상태에서 전기를 사용하는 장소에 콘센트를 시설하는 경우에는 다음에 따라 시설하여야 한다.

**[정답]** 90. ③ 91. ① 92. ③ 93. ③

⊙ 「전기용품 및 생활용품 안전관리법」의 적용을 받는 인체감전보호용 누전차단기(정격감도전류 15[mA] 이하, 동작시간 0.03초 이하의 전류동작형의 것에 한한다) 또는 절연변압기(정격용량 3[kVA] 이하인 것에 한한다)로 보호된 전로에 접속하거나, 인체감전보호용 누전차단기가 부착된 콘센트를 시설하여야 한다.

ⓒ 콘센트는 접지극이 있는 방적형 콘센트를 사용하여 접지하여야 한다.

**★★** 기사 12년 3회

**94** 욕실 등 인체가 물에 젖어 있는 상태에서 물을 사용하는 장소에 콘센트를 시설하는 경우에 적합한 누전차단기는?

① 정격감도전류 15[mA] 이하, 동작시간 0.03[sec] 이하의 전압동작형 누전차단기

② 정격감도전류 15[mA] 이하, 동작시간 0.03[sec] 이하의 전류동작형 누전차단기

③ 정격감도전류 15[mA] 이하, 동작시간 0.3[sec] 이하의 전압동작형 누전차단기

④ 정격감도전류 15[mA] 이하, 동작시간 0.3[sec] 이하의 전류동작형 누전차단기

**해설** **콘센트의 시설(KEC 234.5)**

욕조나 샤워시설이 있는 욕실 또는 화장실 등 인체가 물에 젖어 있는 상태에서 전기를 사용하는 장소에 콘센트를 시설하는 경우

⊙ 「전기용품 및 생활용품 안전관리법」의 적용을 받는 인체감전보호용 누전차단기(정격감도전류 15[mA] 이하, 동작시간 0.03[sec] 이하의 전류동작형의 것에 한한다) 또는 절연변압기(정격용량 3[kVA] 이하인 것에 한한다)로 보호된 전로에 접속하거나 인체감전보호용 누전차단기가 부착된 콘센트를 시설하여야 한다.

ⓒ 콘센트는 접지극이 있는 방적형 콘센트를 사용하여 접지하여야 한다.

**★★★★** 산업 91년 5회, 15년 3회

**95** 조명용 백열전등을 설치할 때 타임스위치를 시설하여야 할 곳은?

① 공장

② 사무실

③ 병원

④ 아파트 현관

**해설** **점멸기의 시설(KEC 234.6)**

다음의 경우에는 센서등(타임스위치 포함)을 시설하여야 한다.

⊙ 「관광진흥법」과 「공중위생관리법」에 의한 관광숙박업 또는 숙박업(여인숙업을 제외한다)에 이용되는 객실의 입구등은 1분 이내에 소등되는 것

ⓒ 일반주택 및 아파트 각 호실의 현관등은 3분 이내에 소등되는 것

**★★★★★** 기사 02년 3회, 03년 4회, 16년 2회, 19년 3회 / 산업 09년 2회, 10년 2회, 14년 3회

**96** 일반주택 및 아파트 각 호실의 현관등으로 백열전등을 설치할 때에는 타임스위치를 설치하여 몇 분 이내에 소등되는 것이어야 하는가?

① 1

② 3

③ 5

④ 7

**해설** **점멸기의 시설(KEC 234.6)**

다음의 경우에는 센서등(타임스위치 포함)을 시설하여야 한다.

⊙ 「관광진흥법」과 「공중위생관리법」에 의한 관광숙박업 또는 숙박업(여인숙업을 제외한다)에 이용되는 객실의 입구등은 1분 이내에 소등되는 것

ⓒ 일반주택 및 아파트 각 호실의 현관등은 3분 이내에 소등되는 것

**★★★★★** 기사 97년 4회, 04년 2회 / 산업 99년 7회, 00년 3회, 16년 2회

**97** 호텔 또는 여관의 각 객실의 입구등은 몇 분 이내에 소등되는 타임스위치를 시설하여야 하는가?

① 1

② 2

③ 3

④ 5

**해설** **점멸기의 시설(KEC 234.6)**

다음의 경우에는 센서등(타임스위치 포함)을 시설하여야 한다.

⊙ 「관광진흥법」과 「공중위생관리법」에 의한 관광숙박업 또는 숙박업(여인숙업을 제외한다)에 이용되는 객실의 입구등은 1분 이내에 소등되는 것

ⓒ 일반주택 및 아파트 각 호실의 현관등은 3분 이내에 소등되는 것

**정답** 94. ② 95. ④ 96. ② 97. ①

**★★★★** 기사 99년 5회, 02년 4회, 05년 1·3회 / 산업 96년 6회, 06년 3회, 16년 3회

**98** 진열장 안의 사용전압이 400[V] 이하인 저압 옥내배선으로 외부에서 보기 쉬운 곳에 한하여 시설할 수 있는 전선은? (단, 진열장은 건조한 곳에 시설하고 진열장 내부를 건조한 상태로 사용하는 경우이다.)

① 단면적이 0.75[mm²] 이상인 코드 또는 캡타이어케이블

② 단면적이 0.75[mm²] 이상인 나전선 또는 캡타이어케이블

③ 단면적이 1.25[mm²] 이상인 코드 또는 절연전선

④ 단면적이 1.25[mm²] 이상인 나전선 또는 다심형 전선

**해설** 진열장 또는 이와 유사한 것의 내부 배선(KEC 234.8)

㉠ 건조한 장소에 시설하고 또한 내부를 건조한 상태로 사용하는 진열장 또는 이와 유사한 것의 내부에 사용전압이 400[V] 이하의 배선을 외부에서 잘 보이는 장소에 한하여 코드 또는 캡타이어케이블로 직접 조영재에 밀착하여 배선할 것

㉡ 전선의 배선은 단면적 0.75[mm²] 이상의 코드 또는 캡타이어케이블일 것

**★** 산업 91년 5회

**99** 옥내의 네온방전등공사에서 전선의 지지점 간의 거리는 몇 [m] 이하로 시설하여야 하는가?

① 1 ② 2
③ 3 ④ 4

**해설** 네온방전등(KEC 234.12)

㉠ 사람이 쉽게 접촉할 우려가 없는 곳에 위험의 우려가 없도록 시설할 것

㉡ 배선은 전개된 장소 또는 점검할 수 있는 은폐된 장소에 시설할 것

㉢ 배선은 애자사용공사에 의하여 시설한다.
 • 전선은 네온관용 전선을 사용할 것
 • 전선 지지점 간의 거리는 1[m] 이하로 할 것
 • 전선 상호 간의 이격거리는 60[mm] 이상일 것

**★★** 기사 00년 2회, 02년 4회 / 산업 98년 4회, 06년 2회, 20년 3회

**100** 풀장용 수중조명등에 전기를 공급하기 위하여 사용되는 절연변압기에 대한 것이다. 옳지 않은 것은?

① 절연변압기 2차측 전로의 사용전압은 150[V] 이하이어야 한다.

② 절연변압기 2차측 전로의 사용전압이 30[V] 이하인 경우에는 1차와 2차 권선 사이에 금속제의 혼촉방지판이 있어야 한다.

③ 절연변압기의 2차측 전로에는 반드시 접지를 하며, 그 저항값은 5[Ω] 이하가 되도록 하여야 한다.

④ 절연변압기의 2차측 전로의 사용전압이 30[V]를 넘는 경우에는 그 전로에 지기가 생긴 경우 자동적으로 전로를 차단하는 차단장치가 있어야 한다.

**해설** 수중조명등(KEC 234.14)

㉠ 조명등에 전기를 공급하기 위하여는 1차측 전로의 사용전압 및 2차측 전로의 사용전압이 각각 400[V] 이하 및 150[V] 이하인 절연변압기를 사용할 것

㉡ 절연변압기는 다음에 의하여 시설한다.
 • 절연변압기 2차측 전로는 접지하지 아니할 것
 • 절연변압기 2차측 전로의 사용전압이 30[V] 이하인 경우에는 1차 권선과 2차 권선 사이에 금속제의 혼촉방지판을 설치하고 접지공사를 할 것
 • 절연변압기는 교류 5[kV]의 시험전압으로 하나의 권선과 다른 권선, 철심 및 외함 사이에 계속적으로 1분간 가하여 절연내력을 시험할 경우, 이에 견디는 것일 것

㉢ 수중조명등의 절연변압기의 2차측 전로의 사용전압이 30[V]를 초과하는 경우에는 그 전로에 지락이 생겼을 때 자동적으로 전로를 차단하는 정격감도전류 30[mA] 이하의 누전차단기를 시설할 것

㉣ 수중조명등의 절연변압기의 2차측 전로에는 개폐기 및 과전류차단기를 각 극에 시설할 것

㉤ 절연변압기의 2차측 배선은 금속관공사에 의할 것

**★★★** 기사 00년 2회, 02년 4회 / 산업 93년 6회, 98년 4회, 06년 2회

**101** 다음은 수영장용 수중조명설비 부하용 변압기에 대한 것이다. 옳지 않은 것은?

① 2차측 전로의 사용전압이 150[V] 이하인 절연변압기를 반드시 사용하여야 한다.

② 2차측 전로의 사용전압이 30[V]인 절연변압기는 1차와 2차 권선 사이에 금속제 혼촉방지판이 있어야 한다.

③ 절연변압기의 2차측 전로에는 반드시 접지를 하여야 하며, 그 저항값은 5[Ω] 이하가 되도록 하여야 한다.

④ 절연변압기의 2차측 전로의 사용전압이 30[V]를 넘는 경우에는 그 전로에 지기가 생긴 경우 자동적으로 전로를 차단하는 장치가 있어야 한다.

**조 해설** 수중조명등(KEC 234.14)

풀용 수중조명등용 변압기의 2차측 전로에는 접지공사를 하지 않는다.

**★★** 기사 03년 4회 / 산업 95년 5회

**102** 풀용 수중조명등의 전기를 공급하기 위하여 사용되는 절연변압기 1차측 및 2차측 전로의 사용전압은?

① 1차 300[V] 이하, 2차 100[V] 이하

② 1차 400[V] 이하, 2차 150[V] 이하

③ 1차 200[V] 이하, 2차 150[V] 이하

④ 1차 600[V] 이하, 2차 300[V] 이하

**조 해설** 수중조명등(KEC 234.14)

조명등에 전기를 공급하기 위하여는 1차측 전로의 사용전압 및 2차측 전로의 사용전압이 각각 400[V] 이하 및 150[V] 이하인 절연변압기를 사용할 것

**★★★★★** 기사 94년 4회, 02년 2회, 06년 3회 / 산업 00년 1회, 04년 1회, 06년 3회

**103** 교통신호등 회로의 사용전압은 몇 [V] 이하이어야 하는가?

① 100

② 200

③ 300

④ 400

**조 해설** 교통신호등(KEC 234.15)

교통신호등 제어장치의 2차측 배선의 최대사용전압은 300[V] 이하로 할 것

**★★★★★** 기사 10년 2회 / 산업 05년 1회, 06년 2회, 09년 3회, 15년 3회, 19년 1·3회

**104** 전기부식방지시설을 할 때 전기부식방지용 전원장치로부터 양극 및 피방식체까지의 전로에 사용되는 전압은 직류 몇 [V] 이하이어야 하는가?

① 20 ② 40

③ 60 ④ 80

**조 해설** 전기부식방지시설(KEC 241.16)

전기부식방지시설은 지중 또는 수중에 시설하는 금속체의 부식을 방지하기 위해 지중 또는 수중에 시설하는 양극과 피방식체 간에 방식 전류를 통하는 시설이다.

㉠ 전기부식방지 회로의 사용전압은 직류 60[V] 이하일 것

㉡ 양극은 지중에 매설하거나 수중에서 쉽게 접촉할 우려가 없는 곳에 시설한다.

㉢ 지중에 매설하는 양극의 매설깊이는 0.75[m] 이상일 것

㉣ 수중에 시설하는 양극과 그 주위 1[m] 이내의 거리에 있는 임의점 사이의 전위차는 10[V]를 넘지 아니할 것

㉤ 지표 또는 수중에서 1[m] 간격의 임의의 2점간의 전위차가 5[V]를 넘지 아니할 것

**★★★** 기사 16년 3회

**105** 전기방식시설의 전기방식 회로의 전선 중 지중에 시설하는 것으로 틀린 것은?

① 전선은 공칭단면적 4.0[mm²]의 연동선 또는 이와 동등 이상의 세기 및 굵기의 것일 것

② 양극에 부속하는 전선은 공칭단면적 2.5[mm²] 이상의 연동선 또는 이와 동등 이상의 세기 및 굵기의 것을 사용할 수 있을 것

③ 전선을 직접 매설식에 의하여 시설하는 경우 차량, 기타의 중량물의 압력을 받을 우려가 없는 것에 매설깊이를 1.0[m] 이상으로 할 것

④ 입상부분의 전선 중 깊이 60[cm] 미만인 부분은 사람이 접촉할 우려가 없고 또한 손상을 받을 우려가 없도록 적당한 방호장치를 할 것

**정답** 101. ③ 102. ② 103. ③ 104. ③ 105. ③

**해설** 전기부식방지시설(KEC 241.16)

㉠ 차량 등의 중량물의 압력을 받을 우려가 있는 곳의 매설깊이 : 1.0[m] 이상

㉡ 압력을 받을 것이 없는 곳의 매설깊이 : 0.6[m] 이상

㉢ 입상부분의 전선 중 깊이 0.6[m] 미만인 부분은 사람이 접촉할 우려가 없고 또한 손상을 받을 우려가 없도록 적당한 방호장치를 할 것

㉣ 전선은 4.0[mm²]의 연동선일 것(양극에 부속하는 전선은 2.5[mm²] 이상)

★★★★ 기사 18년 2회 / 산업 90년 7회, 91년 3회

**106** 전기울타리의 시설에서 전기울타리용 전원장치에 전기를 공급하는 전로의 사용전압은 몇 [V] 이하인가?

① 250　　　　② 300
③ 440　　　　④ 600

**해설** 전기울타리(KEC 241.1)

㉠ 전기울타리는 사람이 쉽게 출입하지 아니하는 곳에 시설할 것

㉡ 전선은 인장강도 1.38[kN] 이상의 것 또는 지름 2[mm] 이상의 경동선일 것

㉢ 전선과 이를 지지하는 기둥 사이의 이격거리는 25[mm] 이상일 것

㉣ 전선과 다른 시설물(가공전선은 제외) 또는 수목과의 이격거리는 0.3[m] 이상일 것

㉤ 전기울타리를 시설한 곳에는 사람이 보기 쉽도록 적당한 간격으로 위험표시를 할 것

㉥ 전기울타리에 전기를 공급하는 전로에는 쉽게 개폐할 수 있는 곳에 전용 개폐기를 시설할 것

㉦ 전기울타리용 전원장치에 전기를 공급하는 전로의 사용전압의 <u>250[V] 이하일 것</u>

★★★★ 기사 00년 4·5회, 06년 3회, 16년 2회 / 산업 95년 2회, 01년 3회, 06년 3회

**107** 목장에서 가축의 탈출을 방지하기 위하여 전기울타리를 시설하는 경우의 전선으로 경동선을 사용할 경우 그 최소굵기는 지름 몇 [mm]인가?

① 1　　　　　② 1.2
③ 1.6　　　　④ 2

**해설** 전기울타리(KEC 241.1)

㉠ 전기울타리는 사람이 쉽게 출입하지 아니하는 곳에 시설할 것

㉡ 전선은 인장강도 1.38[kN] 이상의 것 또는 <u>지름 2[mm] 이상의</u> 경동선일 것

㉢ 전선과 이를 지지하는 기둥 사이의 이격거리는 25[mm] 이상일 것

㉣ 전선과 다른 시설물(가공전선은 제외) 또는 수목과의 이격거리는 0.3[m] 이상일 것

㉤ 전기울타리를 시설한 곳에는 사람이 보기 쉽도록 적당한 간격으로 위험표시를 할 것

㉥ 전기울타리에 전기를 공급하는 전로에는 쉽게 개폐할 수 있는 곳에 전용 개폐기를 시설할 것

㉦ 전기울타리용 전원장치에 전기를 공급하는 전로의 사용전압의 250[V] 이하일 것

★★ 산업 91년 3회

**108** 전기울타리의 시설에서 전선과 이를 지지하는 기둥과의 이격거리는 최소 몇 [cm] 이상인가?

① 1.5　　　　② 2.5
③ 3.5　　　　④ 4.5

**해설** 전기울타리(KEC 241.1)

전선과 이를 지지하는 기둥 사이의 이격거리는 25[mm] 이상일 것

★ 기사 20년 4회 / 산업 08년 2회

**109** 목장에서 가축의 탈출을 방지하기 위하여 전기울타리를 시설하는 경우 전선은 인장강도가 몇 [kN] 이상의 것이어야 하는가?

① 0.39　　　② 1.38
③ 2.78　　　④ 5.93

**해설** 전기울타리(KEC 241.1)

전기울타리에 사용하는 전선은 인장강도 1.38[kN] 이상의 것 또는 지름 2[mm] 이상의 경동선일 것

★★★★★ 기사 11년 2회, 16년 3회 / 산업 08년 4회, 10년 2회(유사), 12년 2회, 15년 1회

**110** 전기울타리의 시설에 관한 다음 사항 중 틀린 것은?

① 전원장치에 전기를 공급하는 전로의 사용전압은 600[V] 이하일 것

② 사람이 쉽게 출입하지 아니하는 곳에 시설할 것

③ 전선은 인장강도 1.38[kN] 이상의 것 또는 지름 2[mm] 이상의 경동선일 것

④ 전선과 수목 사이의 이격거리는 30[cm] 이상일 것

정답　106. ①　107. ④　108. ②　109. ②　110. ①

**해설 전기울타리(KEC 241.1)**

㉠ 전기울타리는 사람이 쉽게 출입하지 아니하는 곳에 시설할 것
㉡ 전선은 인장강도 1.38[kN] 이상의 것 또는 지름 2[mm] 이상의 경동선일 것
㉢ 전선과 이를 지지하는 기둥 사이의 이격거리는 25[mm] 이상일 것
㉣ 전선과 다른 시설물(가공전선은 제외) 또는 수목과의 이격거리는 0.3[m] 이상일 것
㉤ 전기울타리를 시설한 곳에는 사람이 보기 쉽도록 적당한 간격으로 위험표시를 할 것
㉥ 전기울타리에 전기를 공급하는 전로에는 쉽게 개폐할 수 있는 곳에 전용 개폐기를 시설할 것
㉦ 전기울타리용 전원장치에 전기를 공급하는 전로의 사용전압의 250[V] 이하일 것

**★★★★ 기사 97년 4회, 00년 4회, 05년 3회, 06년 1회, 13년 2회 / 산업 96년 4회**

**111** 욕탕의 양단에 판상의 전극을 설치하고 그 전극 상호 간에 교류전압을 가하는 전기욕기의 전원변압기 2차 전압은 몇 [V] 이하인 것을 사용하여야 하는가?

① 5
② 10
③ 12
④ 15

**해설 전기욕기(KEC 241.2)**

㉠ 전기욕기용 전원장치(변압기의 2차측 사용전압이 10[V] 이하인 것)를 사용할 것
㉡ 욕탕 안의 전극 간의 거리는 1[m] 이상이어야 한다.
㉢ 욕탕 안의 전극은 사람이 쉽게 접촉할 우려가 없도록 시설한다.
㉣ 전기욕기용 전원장치로부터 욕기 안의 전극까지의 배선은 공칭단면적 2.5[mm²] 이상의 연동선과 이와 동등 이상의 세기 및 굵기의 절연전선(옥외용 비닐 절연전선을 제외)이나 케이블 또는 공칭단면적이 1.5[mm²] 이상의 캡타이어케이블을 합성수지관공사, 금속관공사 또는 케이블공사에 의하여 시설하거나 또는 공칭단면적이 1.5[mm²] 이상의 캡타이어 코드를 합성수지관(두께가 2[mm] 미만의 합성수지제 전선관 및 난연성이 없는 콤바인덕트관을 제외)이나 금속관에 넣고 관을 조영재에 견고하게 고정할 것
㉤ 전기욕기용 전원장치로부터 욕기 안의 전극까지의 전선 상호 간 및 전선과 대지 사이의 절연저항은 "KEC 132 전로의 절연저항 및 절연내력"에 따를 것

**★★★★★ 기사 00년 4회, 05년 3회, 06년 1회 / 산업 99년 6회, 00년 6회, 04년 2회**

**112** 전기욕기에 전기를 공급하기 위한 장치로서 내장되어 있는 전원변압기의 2차측 전로의 사용전압은 몇 [V] 이하인 것으로 하는가?

① 10
② 20
③ 30
④ 60

**해설 전기욕기(KEC 241.2)**

전기욕기용 전원장치(변압기의 2차측 사용전압이 10[V] 이하인 것)를 사용할 것

**★ 산업 89년 7회**

**113** 전기온상 등의 시설에서 전기온상 등에 전기를 공급하는 전로의 대지전압은 몇 [V] 이하인가?

① 500
② 300
③ 600
④ 700

**해설 전기온상 등(KEC 241.5)**

㉠ 전기온상에 전기를 공급하는 전로의 대지전압은 300[V] 이하일 것
㉡ 발열선 및 발열선에 직접 접속하는 전선은 전기온상선일 것
㉢ 발열선은 그 온도가 80[℃]를 넘지 아니하도록 시설할 것

**★★★★ 기사 96년 2회, 99년 4·7회, 20년 3회 / 산업 93년 5회, 00년 6회, 07년 1·4회, 08년 1회**

**114** 전기온상의 발열선의 온도는 몇 [℃]를 넘지 아니하도록 시설하여야 하는가?

① 70
② 80
③ 90
④ 100

**해설 전기온상 등(KEC 241.5)**

전기온상에 발열선은 그 온도가 80[℃]를 넘지 아니하도록 시설할 것

**★★★ 기사 95년 6회, 11년 2회(유사), 21년 1회 / 산업 05년 1회, 11년 3회**

**115** 2차측 개방전압이 10,000[V]인 절연변압기를 사용한 전격살충기는 전격격자가 지표상 또는 마루 위 몇 [m] 이상의 높이에 시설되어야 하는가?

① 2.5
② 2.8
③ 3.0
④ 3.5

**해설** 전격살충기(KEC 241.7)
㉠ 전격살충기는 전용 개폐기를 전격살충기에서 가까운 곳에 쉽게 개폐할 수 있도록 시설한다.
㉡ 전격격자가 지표상 또는 마루 위 3.5[m] 이상의 높이가 되도록 시설할 것. 단, 2차측 개방전압이 7,000[V] 이하인 절연변압기를 사용하고 사람의 접촉 우려가 없도록 할 때 지표상 또는 마루 위 1.8[m] 높이까지로 감할 수 있음
㉢ 전격살충기의 전격격자와 다른 시설물(가공전선은 제외) 또는 식물과의 이격거리는 0.3[m] 이상일 것
㉣ 전격살충기를 시설한 곳에는 위험표시를 할 것

---

★★ 기사 18년 3회
## 116 전격살충기의 시설방법으로 틀린 것은?

① 「전기용품안전관리법」의 적용을 받은 것을 설치한다.
② 전용 개폐기를 가까운 곳에 쉽게 개폐할 수 있게 시설한다.
③ 전격격자가 지표상 3.5[m] 이상의 높이가 되도록 시설한다.
④ 전격격자와 다른 시설물 사이의 이격거리는 50[cm] 이상으로 한다.

**해설** 전격살충기(KEC 241.7)
㉠ 전격살충기는 전용 개폐기를 전격살충기에서 가까운 곳에 쉽게 개폐할 수 있도록 시설한다.
㉡ 전격격자가 지표상 또는 마루 위 3.5[m] 이상의 높이가 되도록 시설할 것. 단, 2차측 개방전압이 7,000[V] 이하인 절연변압기를 사용하고 사람의 접촉 우려가 없도록 할 때 지표상 또는 마루 위 1.8[m] 높이까지로 감할 수 있음
㉢ 전격살충기의 전격격자와 다른 시설물(가공전선은 제외) 또는 식물과의 이격거리는 0.3[m] 이상일 것
㉣ 전격살충기를 시설한 곳에는 위험표시를 할 것

---

★★ 기사 18년 2회, 20년 1 · 2회(유사)
## 117 ( ) 안에 들어갈 내용으로 옳은 것은?

> 유희용 전차에 전기를 공급하는 전로의 사용전압은 직류의 경우는 ( ㉠ )[V] 이하, 교류의 경우는 ( ㉡ )[V] 이하이어야 한다.

① ㉠ 60, ㉡ 40        ② ㉠ 40, ㉡ 60
③ ㉠ 30, ㉡ 60        ④ ㉠ 60, ㉡ 30

---

**해설** 유희용 전차(KEC 241.8)
㉠ 유희용 전차에 전기를 공급하는 전로의 사용전압은 직류의 경우 60[V] 이하, 교류의 경우는 40[V] 이하일 것
㉡ 유희용 전차에 전기를 공급하기 위하여 사용하는 접촉전선은 제3레일 방식에 의하여 시설할 것
㉢ 변압기·정류기 등과 레일 및 접촉전선을 접속하는 전선 및 접촉전선 상호 간을 접속하는 전선은 케이블공사에 의하여 시설하는 경우 이외에는 사람이 쉽게 접촉할 우려가 없도록 시설할 것
㉣ 유희용 전차에 전기를 공급하는 전로의 사용전압으로 전기를 변성하기 위하여 사용하는 변압기의 1차 전압의 400[V] 이하일 것
㉤ 유희용 전차 안에 승압용 변압기를 시설하는 경우 변압기는 절연변압기를 사용하고 2차 전압은 150[V] 이하로 할 것
㉥ 유희용 전차에 전기를 공급하는 전로에는 전용 개폐기를 시설한다.
㉦ 접촉전선과 대지 사이의 절연저항은 사용전압에 대한 누설전류가 연장 1[km]마다 100[mA]를 넘지 않도록 유지할 것
㉧ 유희용 전차 안의 전로와 대지 사이의 절연저항은 사용전압에 대한 누설전류가 규정전류의 $\frac{1}{5,000}$ 을 넘지 않도록 유지할 것

---

★ 산업 91년 5회
## 118 유희용 전차 안의 전로 및 여기에 전기를 공급하기 위하여 사용하는 전기공작물은 다음에 의하여 시설하여야 한다. 옳지 않은 것은?

① 유희용 전차에 전기를 공급하는 전로에는 개폐기를 시설할 것
② 유희용 전차에 전기를 공급하기 위하여 사용하는 접촉전선은 제3레일 방식에 의하여 시설할 것
③ 유희용 전차에 전기를 공급하는 전로의 사용전압은 직류에 있어서는 80[V] 이하, 교류에 있어서는 60[V] 이하일 것
④ 유희용 전차에 전기를 공급하는 전로의 사용전압에 전기를 변성하기 위하여 사용하는 변압기의 1차 전압은 400[V] 이하일 것

**해설** 유희용 전차(KEC 241.8)
㉠ 유희용 전차에 전기를 공급하는 전로의 사용전압은 직류의 경우 60[V] 이하, 교류의 경우는 40[V] 이하일 것

---

ⓒ 유희용 전차에 전기를 공급하기 위하여 사용하는 접촉전선은 제3레일 방식에 의하여 시설할 것

ⓓ 변압기·정류기 등과 레일 및 접촉전선을 접속하는 전선 및 접촉전선 상호 간을 접속하는 전선은 케이블공사에 의하여 시설하는 경우 이외에는 사람이 쉽게 접촉할 우려가 없도록 시설할 것

ⓔ 유희용 전차에 전기를 공급하는 전로의 사용전압으로 전기를 변성하기 위하여 사용하는 변압기의 1차 전압의 400[V] 이하일 것

ⓜ 유희용 전차 안에 승압용 변압기를 시설하는 경우 변압기는 절연변압기를 사용하고 2차 전압은 150[V] 이하로 할 것

ⓗ 유희용 전차에 전기를 공급하는 전로에는 전용 개폐기를 시설한다.

ⓢ 접촉전선과 대지 사이의 절연저항은 사용전압에 대한 누설전류가 연장 1[km]마다 100[mA]를 넘지 않도록 유지할 것

ⓞ 유희용 전차 안의 전로와 대지 사이의 절연저항은 사용전압에 대한 누설전류가 규정전류의 $\frac{1}{5,000}$을 넘지 않도록 유지할 것

★  기사 11년 1회

**119** 특고압의 전기집진장치, 정전도장장치 등에 전기를 공급하는 전기설비시설로 적합하지 않은 것은?

① 전기집진응용장치에 전기를 공급하는 변압기 1차측 전로에는 그 변압기 가까운 곳에 개폐기를 시설할 것

② 케이블을 넣는 방호장치의 금속체 부분에는 접지공사를 생략할 것

③ 잔류전하에 의하여 사람에게 위험을 줄 우려가 있으면 변압기 2차측에 잔류전하를 방전하기 위한 장치를 할 것

④ 전기집진장치는 그 충전부에 사람이 접촉할 우려가 없도록 시설할 것

**⟨⟩ 해설  전기집진장치 등(KEC 241.9)**

㉠ 전기집진응용장치에 전기를 공급하기 위한 변압기의 1차측 전로에는 그 변압기에 가까운 곳으로 쉽게 개폐할 수 있는 곳에 개폐기를 시설할 것

㉡ 전기집진응용장치에 전기를 공급하기 위한 변압기·정류기 및 이에 부속하는 특고압의 전기설비 및 전기집진응용장치는 취급자 이외의 사람이 출입할 수 없도록 설비한 곳에 시설할 것

㉢ 변압기로부터 정류기에 이르는 전선 및 정류기로부터 전기집진응용장치에 이르는 전선은 다음에 의하여 시설할 것

• 전선은 케이블을 사용할 것

• 케이블은 손상을 받을 우려가 있는 곳에 시설하는 경우에는 적당한 방호장치를 할 것

• 이동전선은 충전부분에 사람이 접촉할 경우에 사람에게 위험을 줄 우려가 없는 전기집진응용장치에 부속하는 이동전선 이외에는 시설하지 말 것

㉣ 잔류전하에 의하여 사람에게 위험을 줄 우려가 있는 경우에는 변압기의 2차측 전로에 잔류전하를 방전하기 위한 장치를 할 것

㉤ 정전도장장치 및 이에 특고압의 전기를 공급하기 위한 전선을 규정하는 곳에 시설하는 경우에는 가스 등에 착화할 우려가 있는 불꽃이나 아크를 발생하거나 가스 등에 접촉되는 부분의 온도가 가스 등의 발화점 이상으로 상승할 우려가 없도록 시설한다.

㉥ 전기집진응용장치의 금속제 외함 또한 케이블을 넣은 방호장치의 금속제 부분 및 방식케이블 이외의 케이블의 피복에 사용하는 금속체에는 접지공사를 할 것

★★★★  기사 04년 1회, 06년 2회, 17년 2회, 20년 3회 / 산업 14년 2회, 16년 2회, 18년 2회

**120** 가반형(이동형)의 용접전극을 사용하는 아크용접장치를 시설할 때 용접변압기의 1차측 전로의 대지전압은 몇 [V] 이하이어야 하는가?

① 200
② 250
③ 300
④ 600

**⟨⟩ 해설  아크 용접기(KEC 241.10)**

㉠ 용접변압기는 절연변압기일 것

㉡ 용접변압기의 1차측 전로의 대지전압은 300[V] 이하일 것

㉢ 용접변압기의 1차측 전로에는 용접변압기에 가까운 곳에 쉽게 개폐할 수 있는 개폐기를 시설할 것

㉣ 전선은 용접용 케이블을 사용할 것

㉤ 용접기 외함 및 피용접재 또는 이와 전기적으로 접속되는 받침대·정반 등의 금속체는 접지공사를 할 것

★★★  기사 14년 3회 / 산업 92년 3회, 07년 3회, 12년 3회

**121** 아크용접장치의 시설에서 잘못된 것은?

① 용접변압기의 1차측 전로의 대지전압은 400[V] 이상

② 용접변압기는 절연변압기일 것

③ 용접변압기의 1차측 전로에는 용접변압기에 가까운 곳에 쉽게 개폐할 수 있는 개폐기를 시설

④ 피용접재 또는 이와 전기적으로 접속되는 기구, 정반 등의 금속체는 접지공사를 할 것

**해설 아크 용접기(KEC 241.10)**

㉠ 용접변압기는 절연변압기일 것

㉡ 용접변압기의 1차측 전로의 대지전압은 300[V] 이하일 것

㉢ 용접변압기의 1차측 전로에는 용접변압기에 가까운 곳에 쉽게 개폐할 수 있는 개폐기를 시설할 것

㉣ 전선은 용접용 케이블을 사용할 것

㉤ 용접기 외함 및 피용접재 또는 이와 전기적으로 접속되는 받침대 · 정반 등의 금속체는 접지공사를 할 것

★★★★★ | 기사 98년 5회, 00년 2 · 3 · 4회, 03년 1회, 17년 1회 / 산업 95년 5회, 15년 1회, 20년 3회

**122** 전기온돌 등의 전열장치를 시설할 때 발열선을 도로, 주차장 또는 조영물의 조영재에 고정시켜 시설하는 경우 발열선에 전기를 공급하는 전로의 대지전압은 몇 [V] 이하이어야 하는가?

① 150      ② 300

③ 380      ④ 440

**해설 도로 등의 전열장치(KEC 241.12)**

㉠ 발열선에 전기를 공급하는 전로의 대지전압은 300[V] 이하일 것

㉡ 발열선은 그 온도가 80[℃]를 넘지 아니하도록 시설할 것. 다만, 도로 또는 옥외주차장에 금속피복을 한 발열선을 시설할 경우에는 발열선의 온도를 120[℃] 이하로 할 수 있다.

★★★ | 산업 91년 7회, 14년 3회

**123** 전자개폐기의 조작회로 또는 초인벨, 경보벨 등에 접속하는 전로로서, 최대사용전압이 60[V] 이하인 것으로 대지전압이 몇 [V] 이하인 강전류전기의 전송에 사용하는 전로와 변압기로 결합되는 것을 소세력회로라 하는가?

① 100      ② 150

③ 300      ④ 600

**해설 소세력회로(KEC 241.14)**

전자개폐기의 조작회로 또는 초인벨 · 경보벨 등에 접속하는 전로로서, 최대사용전압이 60[V] 이하인 것은 다음에 따라 시설하여야 한다.

㉠ 소세력회로에 전기를 공급하기 위한 절연변압기의 사용전압은 대지전압 300[V] 이하로 할 것

㉡ 절연변압기를 사용할 것

㉢ 전선은 케이블(통신용 케이블을 포함)인 경우 이외에는 1[mm²] 이상의 연동선일 것

★★ | 기사 98년 6회 / 산업 92년 6회

**124** 전자개폐기의 조작회로 또는 초인벨, 경보벨용에 접속하는 전로로서, 최대사용전압이 몇 [V] 이하인 것을 소세력회로라 하는가?

① 60      ② 80

③ 100      ④ 150

**해설 소세력회로(KEC 241.14)**

전자개폐기의 조작회로 또는 초인벨 · 경보벨 등에 접속하는 전로로서 최대사용전압이 60[V] 이하이다.

★★★★★ | 기사 97년 4 · 6회, 14년 1회 / 산업 91년 2회, 03년 1회, 15년 1회

**125** 소맥분, 전분, 유황 등의 가연성 분진이 존재하는 공장에 전기설비가 발화원이 되어 폭발할 우려가 있는 곳의 저압 옥내배선에 적합하지 못한 공사는? (단, 각종 전선관 공사 시 관의 두께는 모두 기준에 적합한 것을 사용한다.)

① 합성수지관공사    ② 가요전선관공사

③ 금속관공사      ④ 케이블공사

**해설 분진 위험장소(KEC 242.2)**

㉠ 폭연성 분진(마그네슘 · 알루미늄 · 티탄 등)이 발화원이 되어 폭발할 우려가 있는 곳에 시설하는 저압 옥내전기설비 → 금속관공사, 케이블공사(캡타이어 케이블은 제외)

㉡ 가연성 분진(소맥분 · 전분 · 유황 등)이 발화원이 되어 폭발할 우려가 있는 곳에 시설하는 저압 옥내전기설비 → 금속관공사, 케이블공사, 합성수지관공사(두께 2[mm] 미만은 제외)

★★★★★ | 기사 00년 4회, 12년 1회, 19년 3회 / 산업 09년 3회, 12년 1 · 3회, 14년 3회, 18년 3회, 20년 3회

**126** 폭연성 분진 또는 화약류의 분말이 존재하여 전기설비가 점화원이 되어 폭발할 우려가 있는 곳의 저압 옥내배선은 어느 공사에 의하는가?

① 캡타이어케이블    ② 합성수지관공사

③ 애자사용공사      ④ 금속관공사

**해설 분진 위험장소(KEC 242.2)**

㉠ 폭연성 분진(마그네슘 · 알루미늄 · 티탄 등)이 발화원이 되어 폭발할 우려가 있는 곳에 시설하는 저압 옥내전기설비 → 금속관공사, 케이블공사(캡타이어 케이블은 제외)

㉡ 가연성 분진(소맥분 · 전분 · 유황 등)이 발화원이 되어 폭발할 우려가 있는 곳에 시설하는 저압 옥내

전기설비 → 금속관공사, 케이블공사, 합성수지관공사(두께 2[mm] 미만은 제외)

**★★★** 기사 14년 1회(유사) / 산업 10년 3회

**127** 다음 중 가연성 분진에 전기설비가 발화원이 되어 폭발할 우려가 있는 곳에 시공할 수 있는 저압 옥내배선공사는?

① 버스덕트공사　　　② 라이팅덕트공사
③ 가요전선관공사　　④ 금속관공사

**해설** 분진 위험장소(KEC 242.2)

㉠ 폭연성 분진(마그네슘・알루미늄・티탄 등)이 발화원이 되어 폭발할 우려가 있는 곳에 시설하는 저압 옥내전기설비 → 금속관공사, 케이블공사(캡타이어 케이블은 제외)

㉡ 가연성 분진(소맥분・전분・유황 등)이 발화원이 되어 폭발할 우려가 있는 곳에 시설하는 저압 옥내전기설비 → 금속관공사, 케이블공사, 합성수지관공사(두께 2[mm] 미만은 제외)

**★★★★★** 기사 02년 3회, 19년 1회 / 산업 94년 2회, 99년 6회, 00년 2・6회, 04년 4회, 10년 1회

**128** 석유류를 저장하는 장소의 저압 전등배선에서 사용할 수 없는 공사방법은?

① 합성수지관공사　　② 케이블공사
③ 금속관공사　　　　④ 애자사용공사

**해설** 위험물 등이 존재하는 장소(KEC 242.4)

셀룰로이드・성냥・석유류 기타 타기 쉬운 위험한 물질을 제조하거나 저장하는 곳에 시설하는 저압 옥내전기설비는 금속관공사, 케이블공사, 합성수지관공사로 시설할 것

**★** 산업 91년 3회, 14년 3회

**129** 화약류 저장소에서의 전기설비시설기준으로 틀린 것은?

① 전용 개폐기 및 과전류차단기는 화약류 저장소 이외의 곳에 둔다.
② 전기기계기구는 반폐형의 것을 사용한다.
③ 전로의 대지전압은 300[V] 이하이어야 한다.
④ 케이블을 전기기계기구에 인입할 때에는 인입구에서 케이블이 손상될 우려가 없도록 시설하여야 한다.

**해설** 화약류 저장소 등의 위험장소(KEC 242.5)

금속관공사, 케이블공사를 실시하면서 다음 시설기준에 의한다.

㉠ 전로의 대지전압은 300[V] 이하일 것
㉡ 전기기계기구는 전폐형의 것일 것
㉢ 화약류 저장소 안의 전기설비에 전기를 공급하는 전로에는 화약류 저장소 이외의 곳에 전용 개폐기 및 과전류차단기를 각 극에 취급자 이외의 자가 쉽게 조작할 수 없도록 시설할 것
㉣ 전로에 지락이 생겼을 때 자동차단하거나 경보하는 장치를 시설할 것
㉤ 케이블을 전기기계기구에 인입할 때에는 인입구에서 케이블이 손상될 우려가 없도록 시설할 것

**★★★★** 기사 06년 1회, 13년 2회, 18년 1회 / 산업 02년 1회, 05년 2회, 17년 1회

**130** 흥행장의 저압 전기설비공사로 무대, 무대마루 밑, 오케스트라박스, 영사실, 기타 사람이나 무대도구가 접촉할 우려가 있는 곳에 시설하는 저압 옥내배선, 전구선 또는 이동전선은 사용전압이 몇 [V] 이하이어야 하는가?

① 100　　　　　　　② 200
③ 300　　　　　　　④ 400

**해설** 전시회, 쇼 및 공연장의 전기설비(KEC 242.6)

무대・무대마루 밑・오케스트라 박스・영사실 기타 사람이나 무대도구가 접촉할 우려가 있는 곳에 시설하는 저압 옥내배선, 전구선 또는 이동전선은 사용전압이 400[V] 이하이어야 한다.

**★** 개정 신규문제

**131** 마리나 및 이와 유사장소에서 전원의 자동차단에 의한 고장보호로 누전차단기를 설치하려고 한다. 정격전류가 63[A]를 초과하는 콘센트에는 정격감도전류 몇 [mA] 이하인 것을 설치하여야 하는가?

① 15　　　　　　　　② 30
③ 100　　　　　　　④ 300

**해설** 마리나 및 이와 유사한 장소(KEC 242.9)

전원의 자동차단에 의한 고장보호에서 누전차단기는 다음에 따라 시설하여야 한다.

㉠ 정격전류가 63[A] 이하인 모든 콘센트는 정격감도전류가 30[mA] 이하인 누전차단기에 의해 개별적으로 보호되어야 한다. 채택된 누전차단기는 중성극을 포함한 모든 극을 차단하여야 한다.

**정답** 127. ④　128. ④　129. ②　130. ④　131. ④

ⓒ 정격전류가 63[A]를 초과하는 콘센트는 정격감도전류 300[mA] 이하이고, 중성극을 포함한 모든 극을 차단하는 누전차단기에 의해 개별적으로 보호되어야 한다.

---

**★★★** 산업 17년 3회

**132** 의료장소의 수술실에서 전기설비시설에 대한 설명으로 틀린 것은?

① 의료용 절연변압기의 정격출력은 10[kVA] 이하로 한다.

② 의료용 절연변압기의 2차측 정격전압은 교류 250[V] 이하로 한다.

③ 절연감시장치를 설치하는 경우 절연저항이 50[kΩ]까지 감소하면 표시설비 및 음향설비로 경보를 발하도록 한다.

④ 전원측에 강화절연을 한 의료용 절연변압기를 설치하고 그 2차측 전로는 접지한다.

**☑ 해설** 의료장소(KEC 242.10)

의료장소의 안전을 위한 보호설비는 다음과 같이 시설한다.

ⓐ 전원측에 이중 또는 강화절연을 한 비단락보증 절연변압기를 설치하고 그 2차측 전로는 접지하지 말 것

ⓑ 비단락보증 절연변압기는 함 속에 설치하여 충전부가 노출되지 않도록 하고 의료장소의 내부 또는 가까운 외부에 설치할 것

ⓒ 비단락보증 절연변압기의 2차측 정격전압은 교류 250[V] 이하로 하며 공급방식은 단상 2선식, 정격출력은 10[kVA] 이하로 할 것

ⓓ 절연감시장치를 설치하고 절연저항이 50[kΩ]까지 감소하면 표시설비 및 음향설비로 경보를 발하도록 할 것

---

**★★★** 개정 신규문제

**133** 의료장소별 계통접지에서 그룹 2에 해당하는 장소에 적용하는 접지방식은? (단, 이동식 X-레이, 5[kVA] 이상의 대형기기, 일반 의료용 전기기기는 제외)

① TN ② TT
③ IT ④ TC

**☑ 해설** 의료장소별 계통접지(KEC 242.10.2)

의료장소별로 다음과 같이 계통접지를 적용한다.

ⓐ 그룹 0 : TT 계통 또는 TN 계통
ⓑ 그룹 1 : TT 계통 또는 TN 계통
ⓒ 그룹 2 : 의료 IT 계통(이동식 X-레이, 5[kVA] 이상의 대형기기, 일반 의료용 전기기기에는 TT 계통 또는 TN 계통 적용)

---

**★★** 산업 18년 3회

**134** 그룹 2의 의료장소에 상용전원 공급이 중단될 경우 15초 이내에 최소 몇 [%]의 조명에 비상전원을 공급하여야 하는가?

① 30 ② 40
③ 50 ④ 60

**☑ 해설** 의료장소(KEC 242.10.5)

상용전원 공급이 중단될 경우 의료행위에 중대한 지장을 초래할 우려가 있는 전기설비 및 의료용 전기기기에는 다음 내용에 따라 비상전원을 공급할 것

ⓐ 절환시간 0.5초 이내에 비상전원을 공급하는 장치 또는 기기
　• 0.5초 이내에 전력공급이 필요한 생명유지장치
　• 그룹 1 또는 그룹 2의 의료장소의 수술등, 내시경, 수술실 테이블, 기타 필수 조명

ⓑ 절환시간 15초 이내에 비상전원을 공급하는 장치 또는 기기
　• 15초 이내에 전력공급이 필요한 생명유지장치
　• 그룹 2의 의료장소에 최소 50[%]의 조명, 그룹 1의 의료장소에 최소 1개의 조명

ⓒ 절환시간 15초를 초과하여 비상전원을 공급하는 장치 또는 기기
　• 병원 기능을 유지하기 위한 기본작업에 필요한 조명
　• 그 밖의 병원 기능을 유지하기 위하여 중요한 기기 또는 설비

---

**★★★** 개정 신규문제

**135** 그룹 1 또는 그룹 2의 의료장소(수술등, 내시경, 수술실 테이블, 기타 필수 조명 등)에 상용전원 공급이 중단될 경우 몇 초 이내로 비상전원을 공급하여야 하는가?

① 0.1 ② 0.5
③ 15 ④ 30

**☑ 해설** 의료장소 내의 비상전원(KEC 242.10.5)

상용전원 공급이 중단될 경우 의료행위에 중대한 지장을 초래할 우려가 있는 전기설비 및 의료용 전기기기에는 다음과 같은 비상전원을 공급하여야 한다.

---

**정답** 132. ④ 133. ③ 134. ③ 135. ②

㉠ 절환시간 0.5초 이내에 비상전원을 공급하는 장치 또는 기기
- 0.5초 이내에 전력공급이 필요한 생명유지장치
- 그룹 1 또는 그룹 2의 의료장소의 수술등, 내시경, 수술실 테이블, 기타 필수 조명

㉡ 절환시간 15초 이내에 비상전원을 공급하는 장치 또는 기기
- 15초 이내에 전력공급이 필요한 생명유지장치
- 그룹 2의 의료장소에 최소 50[%]의 조명, 그룹 1의 의료장소에 최소 1개의 조명

㉢ 절환시간 15초를 초과하여 비상전원을 공급하는 장치 또는 기기
- 병원 기능을 유지하기 위한 기본작업에 필요한 조명
- 그 밖의 병원 기능을 유지하기 위하여 중요한 기기 또는 설비

★★ 기사 11년 2회

**136** 엘리베이터 등의 승강로 내에 시설되는 저압 옥내배선에 사용되는 전압의 최대한도는?

① 250[V] 이하　　② 300[V] 이하
③ 400[V] 이하　　④ 600[V] 이하

**해설** 엘리베이터 · 덤웨이터 등의 승강로 안의 저압 옥내배선 등의 시설(KEC 242.11)

엘리베이터 · 덤웨이터 등의 승강로 내에 시설하는 사용전압이 400[V] 이하인 저압 옥내배선, 저압의 이동전선 및 이에 직접 접속하는 리프트케이블은 이에 적합한 비닐리프트케이블 또는 고무리프트케이블을 사용하여야 한다.

★ 개정 신규문제

**137** 저압 옥내 직류전기설비에서 축전지실의 경우 몇 [V]를 초과하는 축전지는 비접지측 도체에 쉽게 차단할 수 있는 곳에 개폐기를 시설하여야 하는가?

① 10　　　　② 20
③ 30　　　　④ 40

**해설** 축전지실 등의 시설(KEC 243.1.7)

30[V]를 초과하는 축전지는 비접지측 도체에 쉽게 차단할 수 있는 곳에 개폐기를 시설하여야 한다.

★ 개정 신규문제

**138** 저압 옥내 직류전기설비에서 전로보호장치의 확실한 동작의 확보와 이상전압 및 대지전압의 억제를 위해 접지를 하여야 하는 곳에 속하지 않는 것은?

① 직류 2선식의 임의의 한 점
② 변환장치의 직류측 중간점
③ 태양전지의 중간점
④ 사용전압이 60[V] 이하인 경우

**해설** 저압 옥내 직류전기설비의 접지(KEC 243.1.8)

저압 옥내 직류전기설비는 전로보호장치의 확실한 동작의 확보, 이상전압 및 대지전압의 억제를 위하여 직류 2선식의 임의의 한 점 또는 변환장치의 직류측 중간점, 태양전지의 중간점 등을 접지하여야 한다.

★ 개정 신규문제

**139** 비상용 예비전원설비의 시설방법 중 잘못된 것은?

① 모든 비상용 예비전원은 충분한 시간동안 전력공급이 지속되도록 선정하여야 한다.
② 모든 비상용 예비전원의 기기는 충분한 시간의 내화보호성능을 갖도록 선정하여 설치하여야 한다.
③ 비상용 예비전원설비는 자동으로만 전원을 공급할 수 있어야 한다.
④ 비상용 예비전원을 순간으로 자동 공급할 때에는 0.15초 이내에 절환되어야 한다.

**해설** 비상용 예비전원설비의 조건 및 분류(KEC 244.1.2)

비상용 예비전원설비의 전원공급방법에는 수동과 자동이 있다.

 memo

# 고압 · 특고압 전기설비

**45%** 출제

## 이렇게 공부하세요!!

### 출제경향분석

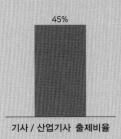

45%

기사 / 산업기사 출제비율

### 출제포인트

☑ 혼촉에 의한 위험방지방법 및 계기용 변압기의 시설방법에 대해 이해한다.

☑ 피뢰기의 시설기준에 대해 알아보고 또한 계측장치의 특성 및 요소에 대해 이해한다.

☑ 전선로의 종류와 풍압하중, 안전율, 지지물의 근입 등에 대해 이해한다.

☑ 사용전압에 따른 이격거리와 각각의 보안공사에 대해 이해한다.

☑ 시가지의 시설 시 주의사항과 안정도의 향상에 대한 규정을 이해한다.

# 고압·특고압 전기설비

기사 / 산업기사 45% 출제

## 출제 01 통칙(KEC 300)

### 1 적용범위(KEC 301)

교류 1[kV] 초과 또는 직류 1.5[kV]를 초과하는 고압 및 특고압 전기를 공급하거나 사용하는 전기설비에 적용한다. 고압·특고압 전기설비에서 적용하는 전압의 구분은 111.1의 2에 따른다.

### 2 기본원칙(KEC 302)

#### (1) 일반사항(KEC 302.1)

설비 및 기기는 그 설치장소에서 예상되는 전기적, 기계적, 환경적인 영향에 견디는 능력이 있어야 한다.

#### (2) 전기적 요구사항(KEC 302.2)

① 중성점 접지방법

중성점 접지방식의 선정 시 다음을 고려하여야 한다.

㉠ 전원공급의 연속성 요구사항

㉡ 지락고장에 의한 기기의 손상제한

㉢ 고장부위의 선택적 차단

㉣ 고장위치의 감지

㉤ 접촉 및 보폭전압

㉥ 유도성 간섭

㉦ 운전 및 유지보수 측면

② 전압등급

사용자는 계통 공칭전압 및 최대운전전압을 결정하여야 한다.

③ 정상운전전류

설비의 모든 부분은 정의된 운전조건에서의 전류를 견딜 수 있어야 한다.

④ 단락전류

㉠ 설비는 단락전류로부터 발생하는 열적 및 기계적 영향에 견딜 수 있도록 설치되어야 한다.

㉡ 설비는 단락을 자동으로 차단하는 장치에 의하여 보호되어야 한다.

㉢ 설비는 지락을 자동으로 차단하는 장치 또는 지락상태 자동표시장치에 의하여 보호되어야 한다.

## 출제 02 안전을 위한 보호(KEC 310)

### (1) 절연수준의 선정(KEC 311.1)

절연수준은 기기최고전압 또는 충격내전압을 고려하여 결정하여야 한다.

### (2) 직접 접촉에 대한 보호(KEC 311.2)

① 전기설비는 충전부에 무심코 접촉하거나 충전부 근처의 위험구역에 무심코 도달하는 것을 방지하도록 설치되어져야 한다.

② 계통의 도전성 부분(충전부, 기능상의 절연부, 위험전위가 발생할 수 있는 노출도전성 부분 등)에 대한 접촉을 방지하기 위한 보호가 이루어져야 한다.

③ 보호는 그 설비의 위치가 출입제한 전기운전구역 여부에 의하여 다른 방법으로 이루어질 수 있다.

### (3) 간접 접촉에 대한 보호(KEC 311.3)

전기설비의 노출도전성 부분은 고장 시 충전으로 인한 인축의 감전을 방지하여야 한다.

### (4) 아크 고장에 대한 보호(KEC 311.4)

전기설비는 운전 중에 발생되는 아크 고장으로부터 운전자가 보호될 수 있도록 시설해야 한다.

### (5) 직격뢰에 대한 보호(KEC 311.5)

낙뢰 등에 의한 과전압으로부터 전기설비 등을 보호하기 위해 피뢰시스템을 시설하고, 그 밖의 적절한 조치를 하여야 한다.

### (6) 화재에 대한 보호(KEC 311.6)

전기기기의 설치 시에는 공간분리, 내화벽, 불연재료의 시설 등 화재예방을 위한 대책을 고려 하여야 한다.

### (7) 절연유 누설에 대한 보호(KEC 311.7)

① 환경보호를 위하여 절연유를 함유한 기기의 누설에 대한 대책이 있어야 한다.

② 옥내기기의 절연유 유출방지설비

　㉠ 옥내기기가 위치한 구역의 주위에 누설되는 절연유가 스며들지 않는 바닥에 유출방지 턱을 시설하거나 건축물 안에 지정된 보존구역으로 집유한다.

　㉡ 유출방지턱의 높이나 보존구역의 용량을 선정할 때 기기의 절연유량뿐만 아니라 화재 보호시스템의 용수량을 고려하여야 한다.

③ 옥외설비의 절연유 유출방지설비

　㉠ 절연유 유출방지설비의 선정은 기기에 들어 있는 절연유의 양, 우수 및 화재보호시스템 의 용수량, 근접 수로 및 토양조건을 고려하여야 한다.

ⓛ 집유조 및 집수탱크가 시설되는 경우 집수탱크는 최대용량 변압기의 유량에 대한 집유 능력이 있어야 한다.

ⓒ 벽, 집유조 및 집수탱크에 관련된 배관은 액체가 침투하지 않는 것이어야 한다.

ⓔ 절연유 및 냉각액에 대한 집유조 및 집수탱크의 용량은 물의 유입으로 지나치게 감소되지 않아야 하며, 자연배수 및 강제배수가 가능하여야 한다.

## 출제 03 접지설비(KEC 320)

### 1 고압·특고압 접지계통(KEC 321) – 일반사항(KEC 321.1)

(1) 고압 또는 특고압 기기는 접촉전압 및 보폭전압의 허용값 이내의 요건을 만족하도록 시설되어야 한다.

(2) 모든 케이블의 금속시스(sheath) 부분은 접지를 시행하여야 한다.

### 2 혼촉에 의한 위험방지시설(KEC 322)

(1) 고압 또는 특고압과 저압의 혼촉에 의한 위험방지시설(KEC 322.1)

① 고압 및 특고압 전로와 저압전로를 결합하는 변압기의 저압측의 중성점에는 변압기 중성점 접지공사를 하여야 한다.

ⓐ 사용전압이 35[kV] 이하의 특고압전로로서 전로에 지락이 생겼을 때 1초 이내에 자동적으로 이를 차단하는 장치가 되어 있는 것

ⓑ 특고압전로와 저압전로를 결합하는 경우에 계산된 접지저항값이 10[Ω]을 넘을 때에는 접지저항값이 10[Ω] 이하로 할 것

ⓒ 저압전로의 사용전압이 300[V] 이하인 경우에 그 접지공사를 변압기의 중성점에 하기 어려울 때에는 저압측의 1단자에 시설할 것

② 변압기의 중성점 접지는 변압기의 시설장소마다 시행하여야 한다. 다만, 토지의 상황에 의하여 변압기의 시설장소에서 KEC 142.5의 규정에 의한 **접지저항값을 얻기 어려운 경우,** **인장강도 5.26[kN] 이상 또는 지름 4[mm] 이상의 가공 접지도체를 변압기의 시설장소로부터 200[m]까지 떼어놓을 수 있다.**

③ 접지공사 시 토지의 상황에 의해 접지저항을 얻기 어려울 경우는 다음에 따라 가공공동지선을 설치하여 2 이상의 장소에 시설할 것

ⓐ 가공공동지선은 인장강도 5.26[kN] 이상 또는 지름 4[mm] 이상의 경동선을 사용하여 시설할 것

ⓑ 접지공사는 각 변압기를 중심으로 하는 지름 400[m] 이내의 지역으로서 그 변압기에 접속되는 전선로 바로 아래의 부분에서 각 변압기의 양쪽에 있도록 할 것

ⓒ 가공공동지선과 대지 사이의 합성 전기저항값은 1[km]를 지름으로 하는 지역 안으로 하고 또한 각 접지도체를 **가공공동지선으로부터 분리하였을 경우의 각 접지도체와 대지 사이의 전기저항값은 300[Ω] 이하로 할 것**

④ 가공공동지선에는 인장강도 5.26[kN] 이상 또는 지름 4[mm]의 경동선을 사용하는 저압 가공전선의 1선을 겸용할 수 있다.

## (2) 혼촉방지판이 있는 변압기에 접속하는 저압 옥외전선의 시설 등(KEC 322.2)

고압권선 또는 특고압권선과 저압권선 간에 금속제의 혼촉방지판이 있고 또한 그 혼촉방지판에 접지공사를 한 것에 접속하는 저압전선을 옥외에 시설할 때에는 다음에 따라 시설하여야 한다.

① 저압전선은 1구내에만 시설할 것
② 저압 가공전선로 및 옥상전선로의 전선은 케이블일 것
③ 저압 가공전선과 고압 또는 특고압의 가공전선을 동일 지지물에 시설하지 아니할 것
  ( 예외 고압 및 특고압 가공전선이 케이블인 경우)

## (3) 특고압과 고압의 혼촉 등에 의한 위험방지시설(KEC 322.3)

① 변압기에 의하여 특고압전로에 결합되는 고압전로에는 사용전압의 3배 이하인 전압이 가하여진 경우에 방전하는 장치를 그 변압기의 단자에 가까운 1극에 설치하여야 한다.
② 다음의 경우 방전하는 장치를 생략할 수 있다.
  ㉠ 사용전압의 3배 이하인 전압이 가하여진 경우에 방전하는 피뢰기를 고압전로의 모선의 각 상에 시설하는 경우
  ㉡ 특고압권선과 고압권선 간에 혼촉방지판을 시설하여 접지저항값이 10[Ω] 이하인 경우

## (4) 계기용 변성기의 2차측 전로의 접지(KEC 322.4)

① 고압의 계기용 변성기의 2차측 전로에는 접지공사를 하여야 한다.
② 특고압 계기용 변성기의 2차측 전로에는 접지공사를 하여야 한다.

## (5) 전로의 중성점의 접지(KEC 322.5)

① 전로의 보호장치의 확실한 동작의 확보, 이상전압의 억제 및 대지전압의 저하를 위하여 특히 필요한 경우에 전로의 중성점에 접지공사를 할 경우에는 다음에 따라야 한다.
  ㉠ 접지도체는 공칭단면적 16[mm²] 이상의 연동선 또는 쉽게 부식하지 아니하는 금속선으로서 고장 시 흐르는 전류가 안전하게 통할 수 있는 것을 사용하고 또한 손상을 받을 우려가 없도록 시설할 것
  ㉡ 저압전로의 중성점에 시설하는 것은 공칭단면적 6[mm²] 이상의 연동선 또는 쉽게 부식하지 않는 금속선을 시설할 것
  ㉢ 접지도체에 접속하는 저항기·리액터 등은 고장 시 흐르는 전류를 안전하게 통할 수 있고 사람이 접촉할 우려가 없도록 시설할 것

② 저압전로에 시설하는 보호장치의 확실한 동작을 확보하기 위하여 특히 필요한 경우에 전로의 중성점에 접지공사를 할 경우(저압전로의 사용전압이 300[V] 이하의 경우에 전로의 중성점에 접지공사를 하기 어려울 때 전로의 1단자에 접지공사를 시행할 경우를 포함한다) **접지도체는 공칭단면적 6[mm²] 이상의 연동선** 또는 쉽게 부식하지 않는 금속선으로서 고장 시 흐르는 전류가 안전하게 통할 수 있는 것을 사용할 것

③ 변압기의 안정권선이나 유휴권선 또는 전압조정기의 내장권선을 이상전압으로부터 보호하기 위하여 특히 필요할 경우에 그 권선에 접지공사를 하여야 한다.

## 출제 04 전선로(KEC 330)

### ■1 전선로 일반 및 구내 · 옥측 · 옥상전선로(KEC 331)

**(1) 전파장해의 방지(KEC 331.1)**

① 가공전선로는 무선설비의 기능에 장해를 주는 전파를 발생할 우려가 있는 경우에는 이를 방지하도록 시설함

② 1[kV] 초과 가공전선로에서 발생하는 전파장해 측정용 루프 안테나

ㄱ 안테나의 위치는 가공전선로의 최외측 전선의 직하로부터 가공전선로와 직각방향으로 외측 15[m] 떨어진 지표상 2[m] 이상

ㄴ 안테나의 방향은 잡음 전계강도가 최대로 되도록 조정

ㄷ 측정기의 기준 측정 주파수는 $0.5 \pm 0.1$[MHz] 범위에서 방송주파수를 피하여 설정

③ 전파장해방지 기준

ㄱ 1[kV] 초과의 가공전선로에서 발생하는 전파의 허용한도는 531[kHz]에서 1,602[kHz]까지의 주파수대에서 신호대잡음비(SNR)가 24[dB] 이상 되도록 가공전선로를 설치

ㄴ 잡음강도($N$)는 청명 시의 준첨두치(Q.P)로 측정

ㄷ 신호강도($S$)는 저잡음지역의 방송전계강도인 71[dB$\mu$V/m](전계강도)로 설정

**(2) 가공전선로 지지물의 철탑오름 및 전주오름 방지(KEC 331.4)**

가공전선로의 지지물에 취급자가 오르고내리는 데 사용하는 발판볼트 등을 지표상 1.8[m] 미만에 시설하여서는 아니 된다.

**(3) 풍압하중의 종별과 적용(KEC 331.6)**

① 가공전선로에 사용하는 지지물의 강도 계산에 적용하는 풍압하중은 다음의 3종으로 한다.

ㄱ 갑종 풍압하중 : 가공전선로의 구성재 수직 투영면적 1[m²]에 대한 풍압을 기초로 하여 계산한 것

| 풍압을 받는 구분 | | | 구성재의 수직 투영면적 1[m²]에 대한 풍압 |
|---|---|---|---|
| 목주 | | | 588[Pa] |
| 지지물 | 철주 | 원형의 것 | 588[Pa] |
| | | 삼각형 또는 마름모형의 것 | 1,412[Pa] |
| | | 강관에 의해 구성되는 4각형의 것 | 1,117[Pa] |
| | 철근콘크리트주 | 원형의 것 | 588[Pa] |
| | | 기타의 것 | 882[Pa] |
| | 철탑 | 강관으로 구성되는 것 | 1,255[Pa] |
| | | 기타의 것 | 2,157[Pa] |
| 전선, 가섭선 | 다도체를 구성하는 전선 | | 666[Pa] |
| | 기타의 것 | | 745[Pa] |
| 애자장치(특고압 전선용) | | | 1,039[Pa] |
| 목주·철주 및 철근콘크리트주의 완금류(특고압 전선로용) | | | 1,196[Pa] |

ⓛ 을종 풍압하중
- 전선 기타의 가섭선 주위에 두께 6[mm], 비중 0.9의 빙설이 부착된 상태에서 수직 투영면적 372[Pa](다도체를 구성하는 전선은 333[Pa])을 적용
- 그 이외의 것은 **갑종 풍압하중의 $\frac{1}{2}$을 기초로 하여 계산한 것**

ⓒ 병종 풍압하중 : **갑종 풍압하중의 $\frac{1}{2}$을 기초로 하여 계산한 것**

② 풍압하중의 적용
  ㉠ **빙설이 적은 지방에서는 고온계절에는 갑종 풍압하중, 저온계절에는 병종 풍압하중**
  ㉡ **빙설이 많은 지방에서는 고온계절에는 갑종 풍압하중, 저온계절에는 을종 풍압하중**
  ㉢ 빙설이 많은 지방 중 해안지방, 기타 저온계절에 최대풍압이 생기는 지방에서는 고온계절에는 갑종 풍압하중, 저온계절에는 갑종 풍압하중과 을종 풍압하중 중 큰 것
③ **인가가 많이 연접되어 있는 장소**에 시설하는 가공전선로의 구성재에 다음의 경우 **병종 풍압하중을 적용**
  ㉠ 저압 또는 고압 가공전선로의 지지물 또는 가섭선
  ㉡ 사용전압이 35[kV] 이하의 전선에 특고압 절연전선 또는 케이블을 사용하는 특고압 가공전선로의 지지물, 가섭선 및 특고압 가공전선을 지지하는 애자장치 및 완금류

## (4) 가공전선로 지지물의 기초의 안전율(KEC 331.7)

① 기초안전율
  ㉠ 가공전선로의 지지물에 하중이 가하여지는 경우에 그 하중을 받는 지지물의 기초의 안전율은 2 이상이어야 함
  ㉡ 이상 시 상정하중에 대한 철탑의 기초에 대한 안전율은 1.33 이상으로 함

② 전주의 묻히는 깊이(근입)

  ㉠ 철주 또는 철근콘크리트주로서 길이가 16[m] 이하, 설계하중이 6.8[kN] 이하 또는 목주를 시설하는 경우

    • 전체 길이 15[m] 이하 : 근입깊이를 전체 길이의 $\frac{1}{6}$ 이상으로 할 것

    • 전체 길이 15[m] 초과 : 근입깊이를 2.5[m] 이상으로 할 것

    • 논 또는 기타 지반이 연약한 곳 : 견고한 근가를 시설할 것

  ㉡ 전장 16[m] 초과 20[m] 이하, 설계하중이 6.8[kN] 이하의 경우 근입깊이를 2.8[m] 이상

  ㉢ 전장 14[m] 이상 20[m] 이하, 설계하중이 6.8[kN] 초과 9.8[kN] 이하의 경우 위의 ㉠기준보다 30[cm]를 가산할 것

  ㉣ 전장 14[m] 이상 20[m] 이하, 설계하중이 9.81[kN] 초과 14.72[kN] 이하인 경우

    • 전장 15[m] 이하인 경우에는 근입깊이를 위의 ㉠기준보다 0.5[m]를 더한 값 이상

    • 전장 15[m] 초과 18[m] 이하인 경우 근입깊이를 3[m] 이상

    • 전장 18[m]를 초과하는 경우 근입깊이를 3.2[m] 이상

  ㉤ A종 지지물 : 전장 16[m] 이하, 설계하중 6.8[kN] 이하

## (5) 지선의 시설(KEC 331.11)

① 지선의 시설 시 고려사항

  ㉠ 가공전선로의 지지물로 사용하는 **철탑은 지선을 사용하여 그 강도를 분담시켜서는 안 된다.**

  ㉡ 가공전선로의 지지물로 사용하는 철주 또는 철근콘크리트주는 지선을 사용하지 않는 상태에서 $\frac{1}{2}$ 이상의 풍압하중에 견디는 강도를 가지는 경우 이외에는 지선을 사용하여 그 강도를 분담시켜서는 안 된다.

② 지선의 시설기준

  ㉠ **지선의 안전율은 2.5 이상일 것**

  ㉡ **허용인장하중의 최저는 4.31[kN] 이상일 것**

  ㉢ **소선 3가닥 이상의 연선일 것**

  ㉣ **소선의 지름이 2.6[mm] 이상의 금속선을 사용한 것일 것**(소선의 지름이 2[mm] 이상인 아연도강연선으로 인장강도가 0.68[kN/mm$^2$] 이상인 것을 사용하는 경우에는 적용하지 않음)

  ㉤ **지중부분 및 지표상 0.3[m]까지의 부분에는 내식성이 있는 것 또는 아연도금을 한 철봉을 사용할 것**(목주에 시설하는 지선에 대해서는 적용하지 않음)

  ㉥ **도로를 횡단하여 시설하는 경우 지표상 5[m] 이상으로 할 것**(교통에 지장을 주지 않는 경우 지표상 4.5[m] 이상, 보도의 경우에는 2.5[m] 이상)

  ㉦ 저압 및 고압 또는 25[kV] 미만인 특고압 가공전선로의 지지물에 시설하는 지선으로 전선과 접촉할 우려가 있을 경우 그 상부에 애자를 설치할 것

## (6) 구내인입선(KEC 331.12)

① 고압 가공인입선의 시설

ㄱ 전선의 종류 및 굵기
- 인장강도 8.01[kN] 이상의 고압 및 특고압 절연전선
- **지름 5[mm] 이상**의 경동선의 고압 및 특고압 절연전선
- 애자사용배선을 이용한 인하용 절연전선
- 케이블을 이용한 가공케이블의 시설기준에 따른 시설

ㄴ **고압 가공인입선의 높이는 지표상 3.5[m] 이상(케이블을 사용하지 않는 경우 아래쪽에 위험표시를 하여야 함)**

ㄷ **고압 연접인입선은 시설할 수 없음**

② 특고압 가공인입선의 시설

ㄱ 변전소 또는 개폐소에 준하는 곳 이외의 곳에 인입하는 특고압 가공인입선은 사용전압이 100[kV] 이하로 시설

ㄴ 사용전압이 35[kV] 이하이고 또한 전선에 케이블을 사용하는 경우에 특고압 가공인입선의 높이는 지표상 4[m] 이상으로 시설

ㄷ 특고압 인입선의 옥측 및 옥상 부분은 사용전압이 100[kV] 이하

ㄹ 특고압 연접인입선은 시설하여서는 아니 된다.

## (7) 옥측전선로(KEC 331.13)

① 고압 옥측전선로의 시설

ㄱ 고압 옥측전선로는 다음 경우에서 시설할 수 있다.
- 1구내 또는 동일 구조물 및 전용의 전선로 중 구내에 시설하는 경우
- 옥외에 시설한 전선로에서 수전하도록 시설하는 경우

ㄴ 고압 옥측전선로를 전개된 장소에 시설하는 방법
- 전선은 케이블일 것
- 케이블은 견고한 관 또는 트라프에 넣거나 사람이 접촉할 우려가 없도록 시설할 것
- 케이블을 조영재의 옆면 또는 아랫면에 붙일 경우에는 지지점 간의 거리는 2[m] 이하 (수직으로 붙일 경우에는 6[m])
- 관 기타의 케이블을 넣는 방호장치의 금속제 부분·금속제의 전선 접속함 및 케이블의 피복에 사용하는 금속제에는 이들의 방식조치를 한 부분 및 대지와의 사이의 전기저항값이 10[Ω] 이하인 부분을 제외하고 규정에 준하여 접지공사를 할 것

ㄷ 고압 옥측전선로와 다른 시설물과의 이격거리

| 고압 옥측전선로의 전선에 접근하는 다른 시설물 | 이격거리 |
|---|---|
| 특고압 옥측전선, 저압 옥측전선, 관등회로배선, 약전류전선, 수관, 가스관 | 0.15[m] 이상 |
| 기타 시설물 | 0.3[m] 이상 |

② 특고압 옥측전선로의 시설

특고압 옥측전선로(특고압 인입선의 옥측부분을 제외)는 시설할 수 없음

### (8) 옥상전선로(KEC 331.14)

① 고압 옥상전선로의 시설

㉠ 고압 옥상전선로(고압 인입선의 옥상부분은 제외)는 케이블을 사용하여 시설하고 또한 다음의 경우 시설할 수 있음

• 전선을 전개된 장소에서 조영재 사이의 이격거리를 1.2[m] 이상으로 하여 시설하는 경우

• 전선을 조영재에 붙인 관 또는 트라프에 넣고 취급자 이외의 자가 쉽게 열 수 없는 경우

㉡ 고압 옥상전선로의 전선이 다른 시설물(가공전선은 제외)과 접근하거나 교차하는 경우에는 이격거리는 0.6[m] 이상이어야 함

㉢ 고압 옥상전선로의 전선은 상시 부는 바람 등에 의하여 식물에 접촉하지 아니하도록 시설

② 특고압 옥상전선로의 시설

특고압 옥상전선로(특고압의 인입선의 옥상부분을 제외)는 시설할 수 없음

## 2 가공전선로(KEC 332)

### (1) 가공약전류전선로의 유도장해방지(KEC 332.1)

① 저·고압 가공전선로와 기설 가공약전류전선로가 병행하는 경우에는 유도작용에 의하여 통신상의 장해가 생기지 않도록 이격거리는 2[m] 이상이어야 한다.

② 유도작용에 의한 통신상의 장해를 방지하기 위한 시설기준은 다음과 같다.

㉠ 가공전선과 가공약전류전선 간의 이격거리를 증가시킬 것

㉡ 교류식 가공전선로의 경우에는 가공전선을 연가할 것

㉢ 가공전선과 가공약전류전선 사이에 인장강도 5.26[kN] 이상 또는 지름 4[mm] 이상인 경동선의 금속선 2가닥 이상을 시설하고 접지공사를 할 것

### (2) 가공케이블의 시설(KEC 332.2)

① 저압 가공전선에 케이블을 사용하는 경우에는 다음에 따라 시설할 것

㉠ 케이블은 조가용선에 행거로 시설할 것(사용전압이 고압인 때에는 행거의 간격은 0.5[m] 이하)

㉡ 조가용선은 인장강도 5.93[kN] 이상 또는 단면적 22[mm$^2$] 이상인 아연도강연선일 것

㉢ 조가용선 및 케이블의 피복에 사용하는 금속체에는 접지공사를 할 것

② 조가용선에 케이블을 접촉시켜 금속테이프 등을 0.2[m] 이하의 간격을 유지하며 나선상으로 감아서 시설할 것

③ 고압 가공전선에 반도전성 외장 조가용 고압 케이블을 사용하는 경우는 조가용선을 반도전성 외장 조가용 고압 케이블에 접속시켜 금속테이프를 0.06[m] 이하의 간격을 유지하면서 나선상으로 감아서 시설할 것

## (3) 고압 가공전선의 종류 및 굵기(KEC 332.3)

① 가공전선의 종류
  ㉠ 고압 절연전선
  ㉡ 특고압 절연전선
  ㉢ 케이블
② 가공전선의 굵기
  ㉠ 인장강도 8.01[kN] 이상의 고압 절연전선, 특고압 절연전선
  ㉡ 지름 5[mm] 이상의 경동선의 고압 절연전선, 특고압 절연전선

## (4) 고압 가공전선의 안전율(특고압 가공전선의 안전율과 동일)(KEC 332.4)

① 경동선 또는 내열 동합금선은 2.2 이상이 되는 이도로 시설
② 그 밖의 전선은 2.5 이상이 되는 이도로 시설

## (5) 고압 가공전선의 높이(KEC 332.5)

고압 가공전선의 높이는 다음에 따라야 한다.
① 도로를 횡단하는 경우에는 지표상 6[m] 이상
② 철도 또는 궤도를 횡단하는 경우에는 레일면상 6.5[m] 이상
③ 횡단보도교의 위에 시설하는 경우에는 그 노면상 3.5[m] 이상
④ 일반적인 평지에서는 지표상 5[m] 이상

## (6) 고압 가공전선로의 가공지선(KEC 332.6)

가공지선은 인장강도 5.26[kN] 이상 또는 지름 4[mm] 이상의 나경동선을 사용할 것

## (7) 고압 가공전선로의 지지물의 강도(KEC 332.7)

① 지지물로서 사용하는 목주의 시설방법
  ㉠ 풍압하중에 대한 안전율은 1.3 이상일 것
  ㉡ 굵기는 말구(末口)지름 0.12[m] 이상일 것
② A종 철주·A종 철근콘크리트주, B종 철주·B종 철근콘크리트주, 철탑은 상시 상정하중에 견디는 강도를 가지는 것일 것

## (8) 고압 가공전선 등의 병행 설치(KEC 332.8)

① 저압 가공전선과 고압 가공전선을 동일 지지물에 시설하는 경우의 시설방법
  ㉠ 저압 가공전선을 고압 가공전선의 아래로 하고 별개의 완금류에 시설할 것
  ㉡ 저압 가공전선과 고압 가공전선 사이의 이격거리는 0.5[m] 이상일 것
  ㉢ 고압 가공전선이 케이블일 경우 저압 가공전선 사이의 이격거리는 0.3[m] 이상일 것

② 저압 또는 고압의 가공전선과 교류전차선과 동일 지지물에 시설하는 경우 고려사항

㉠ 교류전차선 등을 지지하는 쪽의 반대쪽에서 수평거리를 1[m] 이상으로 하여 시설할 것

㉡ 저압 또는 고압의 가공전선을 교류전차선 등의 위로 할 때에는 수직거리를 수평거리의 1.5배 이하로 하여 시설할 것

## (9) 고압 가공전선로 경간의 제한(KEC 332.9)

① 고압 가공전선로의 경간은 다음에서 정한 값 이하이어야 한다.

| 지지물의 종류 | 경 간 |
|---|---|
| 목주·A종 철주 또는 A종 철근콘크리트주 | 150[m] |
| B종 철주 또는 B종 철근콘크리트주 | 250[m] |
| 철탑 | 600[m] |

② 고압 가공전선로의 경간이 100[m]를 초과하는 경우

㉠ 고압 가공전선은 인장강도 8.01[kN] 이상 또는 지름 5[mm] 이상의 경동선의 것

㉡ 목주의 풍압하중에 대한 안전율은 1.5 이상일 것

③ 고압 가공전선로의 전선에 인장강도 8.71[kN] 이상의 것 또는 단면적 22[mm$^2$] 이상의 경동연선을 사용할 경우의 경간

㉠ 목주·A종 철주·A종 철근콘크리트주 : 300[m] 이하

㉡ B종 철주·B종 철근콘크리트주 : 500[m] 이하

## (10) 고압 보안공사(KEC 332.10)

① 고압 보안공사는 다음에 따라야 한다.

㉠ 전선은 인장강도 8.01[kN] 이상 또는 **지름 5[mm] 이상의 경동선일 것**

㉡ 목주의 풍압하중에 대한 안전율은 1.5 이상일 것

㉢ 경간은 다음 표에서 정한 값 이하일 것

| 지지물의 종류 | 경 간 |
|---|---|
| 목주·A종 철주 또는 A종 철근콘크리트주 | 100[m] |
| B종 철주 또는 B종 철근콘크리트주 | 150[m] |
| 철탑 | 400[m] |

② 전선에 인장강도 14.51[kN] 이상 또는 **단면적 38[mm$^2$] 이상의 경동연선을 사용하는 경우** 지지물에 B종 철주·B종 철근콘크리트주 또는 철탑을 사용하는 때에는 **표준경간을 적용**

## (11) 고압 가공전선과 건조물의 접근(KEC 332.11)

① 저·고압 가공전선이 건조물과 접근상태로 시설되는 경우에 시설방법

㉠ 고압 가공전선로는 고압 보안공사에 의할 것

㉡ 저압 가공전선과 건조물의 조영재 사이의 이격거리는 다음 표에서 정한 값 이상일 것

| 건조물 조영재 | 접근형태 | 이격거리 |
|---|---|---|
| 상부 조영재<br>(지붕·기타<br>사람이 올라갈<br>우려가 있는<br>조영재) | 위쪽 | 2[m]<br>(고압 및 특고압 절연전선 또는 케이블인 경우 1[m]) |
| | 옆쪽·<br>아래쪽 | 1.2[m]<br>(사람이 접촉할 우려가 없을 경우 0.8[m], 고압 및 특고압 절연전선<br>또는 케이블인 경우에는 0.4[m]) |
| 기타의 조영재 | | 1.2[m]<br>(사람이 접촉할 우려가 없을 경우 0.8[m], 고압 및 특고압 절연전선<br>또는 케이블인 경우에는 0.4[m]) |

ⓒ 고압 가공전선과 건조물의 조영재 사이의 이격거리는 다음에서 정한 값 이상일 것

| 건조물 조영재 | 접근형태 | 이격거리 |
|---|---|---|
| 상부 조영재 | 위쪽 | 2[m]<br>(케이블인 경우에는 1[m]) |
| | 옆쪽·<br>아래쪽 | 1.2[m]<br>(사람이 접촉할 우려가 없을 경우 0.8[m], 고압 및<br>특고압 절연전선 또는 케이블인 경우에는 0.4[m]) |
| 기타의 조영재 | | 1.2[m]<br>(사람이 접촉할 우려가 없을 경우 0.8[m], 고압 및<br>특고압 절연전선 또는 케이블인 경우에는 0.4[m]) |

② 저·고압 가공전선이 건조물의 아래쪽에 시설될 때에는 저·고압 가공전선과 건조물 사이의 이격거리는 다음에서 정한 값 이상일 것

| 가공전선의 종류 | 이격거리 |
|---|---|
| 저압 가공전선 | 0.6[m](고압 및 특고압 절연전선 또는 케이블인 경우에는 0.3[m]) |
| 고압 가공전선 | 0.8[m](케이블인 경우에는 0.4[m]) |

## (12) 고압 가공전선과 도로 등의 접근 또는 교차(KEC 332.12)

저·고압 가공전선이 도로·횡단보도교·철도·궤도·삭도·저압 전차선과 접근상태로 시설되는 경우에 시설방법

① 고압 가공전선로는 고압 보안공사에 의할 것
② 저압 가공전선과 도로 등의 이격거리는 다음 표에서 정한 값 이상일 것

| 도로 등의 구분 | 이격거리 |
|---|---|
| 도로·횡단보도교·철도 | 3[m] |
| 삭도나 그 지주 또는 저압 전차선 | 0.6[m]<br>(고압 및 특고압 절연전선 또는 케이블인 경우 0.3[m]) |
| 저압 전차선로의 지지물 | 0.3[m] |

③ 고압 가공전선과 도로 등의 이격거리는 다음 표에서 정한 값 이상일 것

| 도로 등의 구분 | 이격거리 |
|---|---|
| 도로 · 횡단보도교 · 철도 또는 궤도 | 3[m] |
| 삭도, 저압 전차선 | 0.8[m]<br>(케이블인 경우 0.4[m]) |
| 저압 전차선로의 지지물 | 0.6[m]<br>(고압 가공전선이 케이블인 경우 0.3[m]) |

### (13) 고압 가공전선과 가공약전류전선 등의 접근 또는 교차(KEC 332.13)

① 저압 가공전선 또는 고압 가공전선이 가공약전류전선 또는 가공광섬유케이블(가공약전류전선)과 접근상태로 시설되는 경우의 시설방법
  ㉠ 고압 가공전선은 고압 보안공사에 의할 것
  ㉡ 저압 가공전선과 가공약전류전선 등 사이의 이격거리는 0.6[m] 이상일 것(가공약전류전선 등이 절연전선 또는 통신용 케이블인 경우는 0.3[m] 이상)
  ㉢ 고압 가공전선과 가공약전류전선 사이의 이격거리는 0.8[m] 이상일 것(전선이 케이블인 경우에는 0.4[m])
  ㉣ 가공전선과 약전류전선로 등의 지지물 사이의 이격거리
    • 저압 : 0.3[m] 이상
    • 고압 : 0.6[m] 이상(전선이 케이블인 경우에는 0.3[m])
② 저 · 고압 가공전선이 가공약전류전선 등의 위에 시설될 경우 저압 가공전선로의 중성선에는 절연전선을 사용
③ 저 · 고압 가공전선은 가공약전류전선의 아래에 시설할 수 없음

### (14) 고압 가공전선과 안테나의 접근 또는 교차(KEC 332.14)

① 저 · 고압 가공전선이 안테나와 접근상태로 시설
  ㉠ 고압 가공전선로는 고압 보안공사에 의할 것
  ㉡ 가공전선과 안테나 사이의 이격거리
    • 저압 : 0.6[m] 이상(고압 및 특고압 절연전선 또는 케이블인 경우에는 0.3[m])
    • 고압 : 0.8[m] 이상(케이블인 경우에는 0.4[m])
② 저 · 고압 가공전선은 안테나의 아래에 시설할 수 없음

### (15) 고압 가공전선과 교류전차선 등의 접근 또는 교차(KEC 332.15)

저 · 고압 가공전선이 교류전차선 등의 위에 시설되는 때에는 다음에 따라야 한다.
① 저압 가공전선에는 케이블을 사용
  단면적 35[mm²] 이상인 아연도강연선으로서 인장강도 19.61[kN] 이상인 것으로 조가하여 시설할 것
② 고압 가공전선은 케이블을 사용
  ㉠ 인장강도 14.51[kN] 이상의 것 또는 단면적 38[mm²] 이상의 경동연선일 것

ⓛ 단면적 38[mm²] 이상인 아연도강연선으로서 인장강도 19.61[kN] 이상인 것으로 조가하여 시설할 것

③ 고압 가공전선 상호 간의 간격은 0.65[m] 이상일 것

④ 고압 가공전선로의 지지물은 장력에 견디는 애자장치가 되어 있는 것일 것

⑤ 목주의 풍압하중에 대한 안전율은 2 이상일 것

⑥ 가공전선로의 경간
　　㉠ 목주·A종 철주 또는 A종 철근콘크리트주 : 60[m] 이하
　　㉡ B종 철주 또는 B종 철근콘크리트주 : 120[m] 이하

⑦ 완금류에는 금속제의 것을 사용하고 접지공사를 할 것

⑧ 가공전선로의 전선·완금류·지지물·지선·지주와 교류전차선 등 사이의 이격거리는 2[m] 이상일 것

### (16) 고압 가공전선 등과 저압 가공전선 등의 접근 또는 교차(KEC 332.16)

① 고압 가공전선이 저압 가공전선 등과 접근상태 또는 교차하여 시설되는 경우 다음에 따라야 한다.
　　㉠ 고압 가공전선로는 고압 보안공사에 의할 것
　　㉡ 고압 가공전선과 저압 가공전선 등 또는 그 지지물 사이의 이격거리는 다음에서 정한 값 이상일 것

| 저압 가공전선 등 또는 그 지지물의 구분 | 이격거리 |
|---|---|
| 저압 가공전선 | 0.8[m]<br>(고압 가공전선이 케이블인 경우에는 0.4[m]) |
| 저압 가공전선의 지지물 | 0.6[m]<br>(고압 가공전선이 케이블인 경우에는 0.3[m]) |

② 고압 가공전선 등이 저압 가공전선과 교차하는 경우에는 고압 가공전선 등은 저압 가공전선의 아래에 시설하여서는 아니 된다.

### (17) 고압 가공전선 상호 간의 접근 또는 교차(KEC 332.17)

고압 가공전선이 다른 고압 가공전선과 접근 및 교차할 경우에는 다음에 따라 시설하여야 한다.

① 위쪽 또는 옆쪽에 시설되는 고압 가공전선로는 고압 보안공사에 의할 것

② 고압 가공전선 상호 간의 이격거리는 0.8[m] 이상일 것(어느 한쪽의 전선이 케이블인 경우에는 0.4[m] 이상)

③ 고압 가공전선과 다른 고압 가공전선로의 지지물 사이의 이격거리는 0.6[m] 이상일 것(케이블인 경우에는 0.3[m] 이상)

### (18) 고압 가공전선과 다른 시설물의 접근 또는 교차(KEC 332.18)

① 고압 가공전선과 다른 시설물의 이격거리는 다음 표에서 정한 값 이상으로 하여야 한다. (단, 지지물이 도괴 등에 의해 다른 시설물이나 사람에게 위험을 줄 우려가 있을 경우 고압 보안공사에 의함)

참고　다른 시설물

| 건조물·도로·횡단보도교·철도·궤도·삭도·가공약전류전선 등·안테나·교류전차선 등·저압 또는 전차선·저압 가공전선·다른 고압 가공전선 및 특고압 가공전선 | | |
|---|---|---|
| 다른 시설물의 구분 | 접근형태 | 이격거리 |
| 조영물의 상부 조영재 | 위쪽 | 2[m]<br>(케이블인 경우에는 1[m]) |
| | 옆쪽 또는 아래쪽 | 0.8[m]<br>(케이블인 경우에는 0.4[m]) |
| 조영물의 상부 조영재 이외의 부분 또는 조영물 이외의 시설물 | – | 0.8[m]<br>(케이블인 경우에는 0.4[m]) |

② 고압 가공전선이 다른 시설물의 아래쪽에 시설되는 경우 이격거리를 0.8[m] 이상으로 시설할 것(전선이 케이블인 경우에는 0.4[m])

### (19) 고압 가공전선과 식물의 이격거리(KEC 332.19)

고압 가공전선은 상시 부는 바람 등에 의하여 식물에 접촉하지 않도록 시설하여야 한다.

### (20) 고압 가공전선과 가공약전류전선 등의 공용설치(KEC 332.21)

저·고압 가공전선과 가공약전류전선 등을 동일 지지물에 시설하는 경우에는 다음에 따라 시설하여야 한다.

① 목주의 풍압하중에 대한 안전율은 1.5 이상일 것

② 가공전선을 가공약전류전선 등의 위로 하고 별개의 완금류에 시설할 것

③ 가공전선과 가공약전류전선 등 사이의 이격거리

    ㉠ **저압은 0.75[m] 이상일 것**(다중접지된 중성선은 제외)

    ㉡ **고압은 1.5[m] 이상일 것**

④ 가공약전류전선이 절연전선 또는 통신용 케이블인 경우의 이격거리

    ㉠ 저압 가공전선이 고압 및 특고압 절연전선 또는 케이블인 경우에는 0.3[m] 이상

    ㉡ 고압 가공전선이 케이블인 때에는 0.5[m] 이상

⑤ 접지공사

    ㉠ 가공전선로의 접지도체에 절연전선 또는 케이블을 사용

    ㉡ 접지도체 및 접지극과는 각각 별개로 시설할 것

## 3 특고압 가공전선로(KEC 333)

### (1) 시가지 등에서 특고압 가공전선로의 시설(KEC 333.1)

특고압 가공전선로는 전선이 케이블인 경우 또는 전선로를 다음과 같이 시설하는 경우에는 시가지 및 인가가 밀집한 지역에 시설할 수 있다.

① 사용전압이 170[kV] 이하인 전선로를 시설하는 경우
　㉠ 특고압 가공전선을 지지하는 애자장치는 다음 중 어느 하나에 의할 것
　　• 50[%] 충격섬락전압값이 그 전선의 근접한 다른 부분을 지지하는 애자장치값의 110[%] 이상인 것(사용전압이 130[kV]를 초과하는 경우는 105[%] 이상)
　　• 아크 혼을 붙인 현수애자·장간애자·라인포스트애자를 사용하는 것
　　• 2련 이상의 현수애자 또는 장간애자를 사용하는 것
　　• 2개 이상의 핀애자 또는 라인포스트애자를 사용하는 것
　㉡ 특고압 가공전선로의 경간은 다음 표에서 정한 값 이하일 것

| 지지물의 종류 | 경 간 |
|---|---|
| A종 철주, A종 철근콘크리트주 | 75[m] |
| B종 철주, B종 철근콘크리트주 | 150[m] |
| 철탑 | 400[m]<br>(단주인 경우에는 300[m]) 다만, 전선이 수평으로 2 이상 있는 경우에 전선 상호 간의 간격이 4[m] 미만인 때에는 250[m] |

　㉢ **지지물에는 철주·철근콘크리트주 또는 철탑을 사용할 것(목주는 사용 못함)**
　㉣ 전선은 단면적이 다음 표에서 정한 값 이상일 것

| 사용전압의 구분 | 전선의 단면적 |
|---|---|
| 100[kV] 미만 | 인장강도 21.67[kN] 이상 또는 단면적 55[mm$^2$] 이상의 경동연선, 알루미늄전선, 절연전선 |
| 100[kV] 이상 | 인장강도 58.84[kN] 이상 또는 단면적 150[mm$^2$] 이상의 경동연선, 알루미늄전선, 절연전선 |

　㉤ 전선의 지표상의 높이는 다음에서 정한 값 이상일 것

| 사용전압의 구분 | 지표상의 높이 |
|---|---|
| 35[kV] 이하 | 10[m]<br>(전선이 특고압 절연전선인 경우에는 8[m]) |
| 35[kV] 초과 | 10[m]에 35[kV]를 초과하는 10[kV] 또는 그 단수마다 0.12[m]를 더한 값 |

　㉥ 지지물에는 위험표시를 보기 쉬운 곳에 시설할 것
　　( 예외 35[kV] 이하에서 특고압 절연전선을 사용하는 경우)
　㉦ **사용전압이 100[kV]를 초과하는 특고압 가공전선에 지락 또는 단락이 생겼을 때에는 1초 이내에 자동적으로 차단하는 장치를 시설할 것**
② 사용전압이 170[kV] 초과하는 전선로를 다음에 의하여 시설하는 경우
　㉠ 전선로는 회선수 2 이상 또는 그 전선로의 손괴에 의하여 현저한 공급 지장이 발생하지 않도록 시설할 것
　㉡ 전선을 지지하는 애자장치에는 아크 혼을 부착한 현수애자 또는 장간애자를 사용할 것
　㉢ 전선을 인류하는 경우에는 압축형 클램프, 쐐기형 클램프 또는 이와 동등 이상의 성능을 가지는 클램프를 사용할 것

ⓔ 현수애자 장치에 의하여 전선을 지지하는 부분에는 아머로드를 사용할 것

ⓜ 경간거리는 600[m] 이하일 것

ⓗ 지지물은 철탑을 사용할 것

ⓢ 전선은 단면적 240[mm²] 이상의 강심알루미늄선 또는 이와 동등 이상의 인장강도 및 내아크 성능을 가지는 연선을 사용할 것

ⓞ 전선로에는 가공지선을 시설할 것

ⓙ 전선은 압축접속에 의하는 경우 이외에는 경간 도중에 접속점을 시설하지 아니할 것

ⓒ 전선의 지표상의 높이는 10[m]에 35[kV]를 초과하는 10[kV]마다 0.12[m]를 더한 값 이상일 것

ⓚ 지지물에는 위험표시를 보기 쉬운 곳에 시설할 것

ⓣ 전선로에 지락 또는 단락이 생겼을 때에는 1초 이내에 자동적으로 전로에서 차단하는 장치를 시설할 것

## (2) 유도장해의 방지(KEC 333.2)

특고압 가공전선로는 기설 가공전화선로에 대하여 상시 정전유도작용에 의한 통신상의 장해가 없도록 시설하여야 한다.

① 사용전압이 60[kV] 이하인 경우 : 전화선로의 길이 12[km]마다 유도전류가 2[μA] 이하로 할 것

② 사용전압이 60[kV]를 넘는 경우 : 전화선로의 길이 40[km]마다 유도전류가 3[μA] 이하로 할 것

## (3) 특고압 가공케이블의 시설(KEC 333.3)

특고압 가공전선로는 그 전선에 케이블을 사용하는 경우에는 다음에 따라 시설하여야 한다.

① 케이블은 다음의 어느 하나에 의하여 시설할 것

ⓐ 조가용선에 행거에 의하여 시설할 것. 이 경우에 행거의 간격은 0.5[m] 이하로 하여 시설하여야 한다.

ⓑ 조가용선에 접촉시키고 그 위에 쉽게 부식되지 아니하는 금속테이프 등을 0.2[m] 이하의 간격을 유지시켜 나선형으로 감아 붙일 것

② 조가용선은 인장강도 13.93[kN] 이상의 연선 또는 단면적 25[mm²] 이상의 아연도강연선일 것

③ 조가용선 및 케이블의 피복에 사용하는 금속체에는 접지공사를 할 것

## (4) 특고압 가공전선의 굵기 및 종류(KEC 333.4)

① 특고압 가공전선의 굵기 : 인장강도 8.71[kN] 이상의 연선 또는 단면적이 22[mm²] 이상

② 특고압 가공전선의 종류 : 경동연선, 알루미늄전선, 절연전선

## (5) 특고압 가공전선과 지지물 등의 이격거리(KEC 333.5)

특고압 가공전선과 그 지지물·완금류·지주 또는 지선 사이의 이격거리는 다음 표에서 정한 값 이상이어야 한다.

| 사용전압 | 이격거리[m] | 사용전압 | 이격거리[m] |
|---|---|---|---|
| 15[kV] 미만 | 0.15 | 70[kV] 이상 80[kV] 미만 | 0.45 |
| 15[kV] 이상 25[kV] 미만 | 0.2 | 80[kV] 이상 130[kV] 미만 | 0.65 |
| 25[kV] 이상 35[kV] 미만 | 0.25 | 130[kV] 이상 160[kV] 미만 | 0.9 |
| 35[kV] 이상 50[kV] 미만 | 0.3 | 160[kV] 이상 200[kV] 미만 | 1.1 |
| 50[kV] 이상 60[kV] 미만 | 0.35 | 200[kV] 이상 230[kV] 미만 | 1.3 |
| 60[kV] 이상 70[kV] 미만 | 0.4 | 230[kV] 이상 | 1.6 |

## (6) 특고압 가공전선의 안전율(고압 가공전선 안전율과 동일)(KEC 333.6)

① 경동선 또는 내열 동합금선은 2.2 이상이 되는 이도로 시설

② 그 밖의 전선은 2.5 이상이 되는 이도로 시설

## (7) 특고압 가공전선의 높이(KEC 333.7)

특고압 가공전선의 지표상(철도 또는 궤도를 횡단하는 경우에는 레일면상, 횡단보도교를 횡단하는 경우에는 그 노면상)의 높이는 다음에서 정한 값 이상이어야 한다.

| 사용전압 구분 | 지표상의 높이 |
|---|---|
| 35[kV] 이하 | 5[m] |
| | • 철도 또는 궤도를 횡단 6.5[m]<br>• 도로를 횡단 6[m]<br>• 횡단보도교의 위에 특고압 절연전선 또는 케이블인 경우 4[m] |
| 35[kV] 초과 160[kV] 이하 | 6[m] |
| | • 철도 또는 궤도를 횡단 6.5[m]<br>• 산지 및 사람이 쉽게 들어갈 수 없는 장소 5[m]<br>• 횡단보도교의 위에 케이블인 경우 5[m] |
| 160[kV] 초과 | 6[m] + 0.12$N$<br>(160[kV]를 초과 시 10[kV] 또는 그 단수($N$)마다 0.12[m]를 더한 값) |
| | • 철도 또는 궤도를 횡단 6.5[m]<br>• 산지 및 사람이 쉽게 들어갈 수 없는 장소 5[m] |

## (8) 특고압 가공전선로의 가공지선(KEC 333.8)

특고압 가공전선로에 사용하는 가공지선은 다음에 따라 시설하여야 한다.

① 인장강도 8.01[kN] 이상의 나선 또는 지름 5[mm] 이상의 나경동선

② 22[mm$^2$] 이상의 나경동연선

③ 아연도강연선 22[mm$^2$] 또는 OPGW 전선

## (9) 특고압 가공전선로의 목주시설(KEC 333.10)

특고압 가공전선로의 지지물로 사용하는 목주는 다음에 따르고 또한 견고하게 시설하여야 한다.

① 풍압하중에 대한 안전율은 1.5 이상일 것

② 굵기는 말구지름 0.12[m] 이상일 것

(10) **특고압 가공전선로의 철주 · 철근콘크리트주 또는 철탑의 종류**(KEC 333.11)

특고압 가공전선로의 지지물로 사용하는 B종 철근 · B종 콘크리트주 또는 철탑의 종류는 다음과 같다.

① **직선형** : 전선로의 직선부분(수평각도 3° 이하)에 사용하는 것

② **각도형** : 전선로 중 수평각도 3°를 초과하는 곳에 사용하는 것

③ **인류형** : 전가섭선을 인류하는 곳에 사용하는 것

④ **내장형** : 전선로의 지지물 양쪽의 경간의 차가 큰 곳에 사용하는 것

⑤ **보강형** : 전선로의 직선부분에 그 보강을 위하여 사용하는 것

(11) **상시 상정하중**(KEC 333.13)

① 철주 · 철근콘크리트주 또는 철탑의 강도 계산에 사용하는 상시 상정하중은 다음의 하중 중 그 부재에 큰 응력이 생기는 쪽의 하중을 채택한다.

㉠ 풍압이 전선로에 직각 방향으로 가하여지는 경우의 하중

㉡ 전선로의 방향으로 가하여지는 경우의 하중

㉢ 전선로에 경사 방향으로 가하여지는 경우의 하중

② 인류형 · 내장형 또는 보강형 · 직선형 · 각도형의 철주 · 철근콘크리트주 또는 철탑의 경우에는 ①의 하중에 다음에 따라 가섭선 불평균 장력에 의한 수평 종하중을 가산한다.

㉠ 인류형의 경우에는 전가섭선에 관하여 각 가섭선의 상정 최대장력과 같은 불평균 장력의 수평 종분력에 의한 하중

㉡ 내장형 · 보강형의 경우에는 전가섭선에 관하여 각 가섭선의 상정 최대장력의 33[%]와 같은 불평균 장력의 수평 종분력에 의한 하중

㉢ 직선형의 경우에는 전가섭선에 관하여 각 가섭선의 상정 최대장력의 3[%]와 같은 불평균 장력의 수평 종분력에 의한 하중(단, 내장형은 제외한다)

㉣ 각도형의 경우에는 전가섭선에 관하여 각 가섭선의 상정 최대장력의 10[%]와 같은 불평균 장력의 수평 종분력에 의한 하중

(12) **특고압 가공전선로의 내장형 등의 지지물 시설**(KEC 333.16)

① 특고압 가공전선로 중 지지물로 목주 · A종 철주 · A종 철근콘크리트주를 연속하여 5기 이상 사용하는 직선부분(수평각도 5° 이하)에는 다음에 따라 목주 · A종 철주 또는 A종 철근콘크리트주를 시설하여야 한다.

㉠ 5기 이하마다 지선을 전선로와 직각 방향으로 그 양쪽에 시설한 목주 · A종 철주 또는 A종 철근콘크리트주 1기

㉡ 연속하여 15기 이상으로 사용하는 경우에는 15기 이하마다 지선을 전선로의 방향으로 그 양쪽에 시설한 목주 · A종 철주 또는 A종 철근콘크리트주 1기

② 특고압 가공전선로 중 지지물로서 B종 철주 또는 B종 철근콘크리트주를 연속하여 10기 이상 사용하는 부분에는 10기 이하마다 장력에 견디는 형태의 철주 또는 철근콘크리트주 1기를 시설하거나 5기 이하마다 보강형의 철주 또는 철근콘크리트주 1기를 시설하여야 한다.

③ 특고압 가공전선로 중 지지물로서 직선형의 철탑을 연속하여 10기 이상 사용하는 부분에는 10기 이하마다 장력에 견디는 애자장치가 되어 있는 철탑 또는 이와 동등 이상의 강도를 가지는 철탑 1기를 시설하여야 한다.

### (13) 특고압 가공전선과 저·고압 가공전선 등의 병행설치(KEC 333.17)

① 사용전압이 35[kV] 이하인 특고압 가공전선과 저·고압의 가공전선을 동일 지지물에 시설하는 경우에는 다음에 따라야 한다.

ㄱ 특고압 가공전선은 저·고압 가공전선의 위에 시설하고 별개의 완금류에 시설할 것

ㄴ 특고압 가공전선은 연선일 것

ㄷ 저·고압 가공전선은 인장강도 8.31[kN] 이상 또는 케이블인 경우 이외에는 다음에 해당하는 것

• 경간이 50[m] 이하인 경우 : 인장강도 5.26[kN] 이상 또는 지름 4[mm] 이상의 경동선

• 경간이 50[m]를 초과하는 경우 : 인장강도 8.01[kN] 이상 또는 지름 5[mm] 이상의 경동선

ㄹ **특고압 가공전선과 저·고압 가공전선 사이의 이격거리는 1.2[m] 이상일 것**

(예외 특고압 가공전선이 케이블로서 저압 가공전선이 절연전선이거나 케이블인 때 또는 고압 가공전선이 고압 절연전선, 특고압 절연전선 또는 케이블인 때는 0.5[m] 이상일 것)

② **사용전압이 35[kV]를 초과하고 100[kV] 미만인 특고압 가공전선과 저·고압 가공전선을 동일 지지물에 시설하는 경우에는 다음에 따라 시설하여야 한다.**

ㄱ 제2종 특고압 보안공사에 의할 것

ㄴ 특고압 가공전선과 저·고압 가공전선 사이의 이격거리는 2[m] 이상일 것

(예외 특고압 가공전선이 케이블인 경우에 저·고압 가공전선이 절연전선 혹은 케이블인 때에는 1[m] 이상일 것)

ㄷ **인장강도 21.67[kN] 이상 또는 단면적이 50[mm²] 이상인 경동연선일 것**(케이블 제외)

ㄹ 지지물은 철주·철근콘크리트주 또는 철탑일 것

③ **사용전압이 100[kV] 이상인 특고압 가공전선과 저압 또는 고압 가공전선은 동일 지지물에 시설하여서는 아니 된다.**

④ 특고압 가공전선과 저압 가공전선 사이의 이격거리는 다음 표에서 정한 값 이상이어야 한다.

| 사용전압의 구분 | 이격거리 |
|---|---|
| 35[kV] 이하 | 1.2[m]<br>(특고압 가공전선이 케이블인 경우에는 0.5[m]) |
| 35[kV] 초과<br>60[kV] 이하 | 2[m]<br>(특고압 가공전선이 케이블인 경우에는 1[m]) |
| 60[kV] 초과 | • 2[m] + 0.12 × N<br>(2[m]에 60[kV]를 초과하는 10[kV] 또는 그 단수마다 0.12[m]를 더한 값)<br>• 특고압 가공전선이 케이블인 경우에는 1[m] + 0.12 × N |

**(14) 특고압 가공전선과 가공약전류전선 등의 공용설치(KEC 333.19)**

① 사용전압이 35[kV] 이하인 특고압 가공전선과 가공약전류전선 등을 동일 지지물에 시설하는 경우에는 다음에 따라야 한다.

  ㉠ 제2종 특고압 보안공사에 의할 것

  ㉡ 특고압 가공전선은 가공약전류전선 등의 위로 하고 별개의 완금류에 시설할 것

  ㉢ 인장강도 21.67[kN] 이상 또는 단면적이 50[mm²] 이상인 경동연선일 것

  ㉣ 특고압 가공전선과 가공약전류전선 등 사이의 이격거리는 2[m] 이상으로 할 것
  ( **예외** 케이블인 경우에는 0.5[m] 이상)

  ㉤ 가공약전류전선은 전기적 차폐층이 있는 통신용 케이블일 것

  ㉥ 특고압 가공전선로의 수직배선은 가공약전류전선 등의 시설자가 지지물에 시설한 것의 2[m] 위에서부터 전선로의 수직배선의 맨 아래까지의 사이는 케이블을 사용할 것

  ㉦ 특고압 가공전선로의 접지도체에는 절연전선 또는 케이블을 사용하고 가공약전류전선로와의 접지도체 및 접지극은 각각 별개로 시설할 것

② 사용전압이 35[kV]를 초과하는 특고압 가공전선과 가공약전류전선 등은 동일 지지물에 시설하여서는 아니 된다.

**(15) 특고압 가공전선로의 지지물에 시설하는 저압 기계기구 등의 시설(KEC 333.20)**

특고압 가공전선로의 전선의 위쪽에서 지지물에 저압의 기계기구를 시설하는 경우에는 다음에 따라야 한다.

① 저압의 기계기구에 접속하는 전로에는 다른 부하를 접속하지 아니할 것

② 다른 전로와 결합하는 경우에는 절연변압기를 사용할 것

③ 절연변압기의 부하측의 1단자 또는 중성점 및 기계기구의 금속제 외함에는 접지공사를 할 것

**(16) 특고압 가공전선로의 경간 제한(KEC 333.21)**

① 특고압 가공전선로의 경간은 다음 표에서 정한 값 이하이어야 한다.

| 지지물의 종류 | 경 간 |
|---|---|
| 목주 · A종 철주 또는 A종 철근콘크리트주 | 150[m] |
| B종 철주 또는 B종 철근콘크리트주 | 250[m] |
| 철탑 | 600[m]<br>(단주인 경우에는 400[m]) |

② 특고압 가공전선로의 전선에 인장강도 21.67[kN] 이상의 것 또는 단면적이 50[mm²] 이상인 경동연선을 사용하는 경우 지지물의 경간은 다음과 같다.

  ㉠ 목주 · A종 철주 또는 A종 철근콘크리트주 : 300[m] 이하

  ㉡ B종 철주 또는 B종 철근콘크리트주 : 500[m] 이하

## (17) 특고압 보안공사(KEC 333.22)

① 제1종 특고압 보안공사는 다음에 따라야 한다.

　㉠ **전선은 케이블인 경우 이외에는 단면적이 다음 표에서 정한 값 이상일 것**

| 사용전압 | 전 선 |
|---|---|
| 100[kV] 미만 | 인장강도 21.67[kN] 이상 또는 단면적 55[mm$^2$] 이상의 경동연선, 알루미늄전선, 절연전선 |
| 100[kV] 이상 300[kV] 미만 | 인장강도 58.84[kN] 이상 또는 단면적 150[mm$^2$] 이상의 경동연선, 알루미늄전선, 절연전선 |
| 300[kV] 이상 | 인장강도 77.47[kN] 이상 또는 단면적 200[mm$^2$] 이상의 경동연선, 알루미늄전선, 절연전선 |

　㉡ 전선에는 압축 접속에 의한 경우 이외에는 경간의 도중에 접속점을 시설하지 아니할 것

　㉢ **전선로의 지지물에는 B종 철주 · B종 철근콘크리트주 또는 철탑을 사용할 것(A종 지지물 및 목주는 사용 못함)**

　㉣ **경간은 다음 표에서 정한 값 이하일 것**

| 지지물의 종류 | 경 간 |
|---|---|
| B종 철주 또는 B종 철근콘크리트주 | 150[m] |
| 철탑 | 400[m] (단주인 경우에는 300[m]) |

(인장강도 58.84[kN] 이상 또는 단면적이 150[mm$^2$] 이상인 경동연선을 사용하는 경우에는 표준경간 적용)

　㉤ 전선이 다른 시설물과 접근 및 교차 시 그 전선을 지지하는 애자장치는 다음의 어느 하나에 의할 것

　　• 현수애자 또는 장간애자를 사용하는 경우, 50[%] 충격섬락전압값이 그 전선의 근접하는 다른 부분을 지지하는 애자장치의 값의 110[%] 이상인 것(사용전압이 130[kV]를 초과하는 경우는 105[%])

　　• 아크혼을 붙인 현수애자 · 장간애자 또는 라인포스트애자를 사용한 것

　　• 2련 이상의 현수애자 또는 장간애자를 사용한 것

　㉥ 전선로에는 가공지선을 시설할 것

　㉦ 특고압 가공전선에 지락 또는 단락이 생겼을 경우에 3초 이내에 자동적으로 이것을 전로로부터 차단하는 장치를 시설할 것(사용전압이 100[kV] 이상인 경우에는 2초 이내 차단)

② 제2종 특고압 보안공사는 다음에 따라야 한다.

　㉠ 특고압 가공전선은 연선일 것

　㉡ 목주의 풍압하중에 대한 안전율은 2 이상일 것

ⓒ 경간은 다음 표에서 정한 값 이하일 것

| 지지물의 종류 | 경 간 |
|---|---|
| 목주·A종 철주 및 A종 철근콘크리트주 | 100[m] |
| B종 철주 및 B종 철근콘크리트주 | 200[m] |
| 철탑 | 400[m]<br>(단주인 경우에는 300[m]) |

(인장강도 38.05[kN] 이상 또는 단면적이 95[mm²] 이상인 경동연선을 사용하고 지지물에 B종 철주·B종 철근콘크리트주 또는 철탑을 사용하는 경우에는 표준경간을 적용)

③ 제3종 특고압 보안공사는 다음에 따라야 한다.

ⓐ 특고압 가공전선은 연선일 것

ⓑ 경간은 다음 표에서 정한 값 이하일 것

| 지지물의 종류 | 경 간 |
|---|---|
| 목주·A종 철주 또는<br>A종 철근콘크리트주 | 100[m]<br>(인장강도 14.51[kN] 이상 또는 단면적이 38[mm²] 이상인<br>경동연선을 사용하는 경우에는 150[m]) |
| B종 철주 또는<br>B종 철근콘크리트주 | 200[m]<br>(인장강도 21.67[kN] 이상 또는 단면적이 55[mm²] 이상인<br>경동연선을 사용하는 경우에는 250[m]) |
| 철탑 | 400[m]<br>(인장강도 21.67[kN] 이상 또는 단면적이 55[mm²] 이상인<br>경동연선을 사용하는 경우에는 600[m]) |

(인장강도 38.05[kN] 이상 또는 단면적이 95[mm²] 이상인 경동연선을 사용하고 지지물에 B종 철주·B종 철근콘크리트주 또는 철탑을 사용하는 경우에는 표준경간을 적용)

## ⒅ 특고압 가공전선과 건조물의 접근(KEC 333.23)

① 특고압 가공전선이 건조물과 제1차 접근상태로 시설되는 경우에는 다음에 따라야 한다.

ⓐ 특고압 가공전선로는 제3종 특고압 보안공사에 의할 것

ⓑ 사용전압이 35[kV] 이하인 특고압 가공전선과 건조물의 조영재 이격거리는 다음 표에서 정한 값 이상일 것

| 구 분 | 전선의 종류 | 접근형태 | 이격거리 |
|---|---|---|---|
| 상부 조영재 | 특고압<br>절연전선 | 위쪽 | 2.5[m] |
| | | 옆쪽 또는 아래쪽 | 1.5[m]<br>(사람의 접촉 우려가 없을 경우 1[m]) |
| | 케이블 | 위쪽 | 1.2[m] |
| | | 옆쪽 또는 아래쪽 | 0.5[m] |
| | 기타 전선 | – | 3[m] |

| 구 분 | 전선의 종류 | 접근형태 | 이격거리 |
|---|---|---|---|
| 기타 조영재 | 특고압 절연전선 | – | 1.5[m] (사람의 접촉 우려가 없을 경우 1[m]) |
| | 케이블 | – | 0.5[m] |
| | 기타 전선 | – | 3[m] |

ⓒ 사용전압이 35[kV]를 초과하는 경우 ⓛ의 표에서 정한 값에 35[kV]를 초과하는 10[kV] 또는 그 단수마다 15[cm]를 더한 값 이상일 것

② 사용전압이 35[kV] 이하인 특고압 가공전선이 건조물과 제2차 접근상태로 시설되는 경우에는 다음에 따라야 한다.

ⓖ 제2종 특고압 보안공사에 의할 것

ⓛ 특고압 가공전선과 건조물 사이의 이격거리는 ①의 ⓛ의 표에서 정한 값에 따라야 한다.

③ 사용전압이 35[kV] 초과 400[kV] 미만인 특고압 가공전선이 건조물과 제2차 접근상태에 있는 경우에는 다음에 따라 시설하여야 한다.

ⓖ 제1종 특고압 보안공사에 의할 것

ⓛ 특고압 가공전선과 건조물 사이의 이격거리는 ①의 ⓛ의 표에서 정한 값에 따라야 한다.

ⓒ 건조물의 금속제 상부 조영재 중 제2차 접근상태에 있는 것에는 접지공사를 할 것

④ **사용전압이 400[kV] 이상의 특고압 가공전선이 건조물과 제2차 접근상태에 있는 경우에는 다음에 따라 시설하여야 한다.**

ⓖ **제1종 특고압 보안공사에 의할 것**

ⓛ **전선높이가 최저상태일 때 가공전선과 건조물 상부와의 수직거리가 28[m] 이상일 것**

ⓒ **건조물 최상부에서 전계(3.5[kV/m]) 및 자계(83.3[$\mu$T])를 초과하지 아니할 것**

⑤ 특고압 가공전선이 건조물의 아래쪽에 시설될 때에는 상호 간의 수평 이격거리는 3[m] 이상으로 시설한다.

## (19) 특고압 가공전선과 도로 등의 접근 또는 교차(KEC 333.24)

① 특고압 가공전선이 도로·횡단보도교·철도 또는 궤도와 **제1차 접근상태로 시설**되는 경우에는 다음에 따라야 한다.

ⓖ **제3종 특고압 보안공사에 의할 것**

ⓛ 특고압 가공전선과 도로 등 사이의 이격거리는 다음 표에서 정한 값 이상일 것

| 사용전압의 구분 | 이격거리 |
|---|---|
| 35[kV] 이하 | 3[m] |
| 35[kV] 초과 | 3[m]에 사용전압이 35[kV]를 초과하는 10[kV] 또는 그 단수마다 0.15[m]를 더한 값 |

② 특고압 가공전선이 도로 등과 제2차 접근상태로 시설되는 경우에는 다음에 따라야 한다.

㉠ 특고압 가공전선로는 제2종 특고압 보안공사에 의할 것

㉡ 특고압 가공전선과 도로 등 사이의 이격거리는 ①의 ㉡의 표에 의해 시설할 것

㉢ 특고압 가공전선 중 도로 등에서 수평거리 3[m] 미만으로 시설되는 부분의 길이가 연속하여 100[m] 이하이고 또한 1경간 안에서의 그 부분의 길이의 합계가 100[m] 이하일 것

③ 특고압 가공전선이 도로 등과 교차하는 경우에 특고압 가공전선이 도로 등의 위에 시설되는 때에는 다음에 따라야 한다.

㉠ 제2종 특고압 보안공사에 의할 것

㉡ **특고압 가공전선과 도로 등 사이에 시설하는 보호망의 시설**

• 보호망은 접지공사를 한 금속제의 망상장치로 하고 견고하게 지지할 것

• 보호망선의 종류 및 굵기

– **외주(外周) 및 특고압 가공전선의 직하에 시설하는 금속선에는 인장강도 8.01[kN] 이상 또는 지름 5[mm] 이상의 경동선을 사용**

– 그 밖의 부분에 시설하는 금속선에는 인장강도 5.26[kN] 이상 또는 지름 4[mm] 이상의 경동선을 사용

• **금속선 상호의 간격은 가로, 세로 각 1.5[m] 이하일 것**

• 보호망이 특고압 가공전선의 외부에 뻗은 폭은 특고압 가공전선과 보호망과의 수직거리의 $\frac{1}{2}$ 이상일 것

## (20) **특고압 가공전선과 삭도의 접근 또는 교차**(KEC 333.25)

① 특고압 가공전선이 삭도와 제1차 접근상태로 시설되는 경우에는 다음에 따라야 한다.

㉠ 제3종 특고압 보안공사에 의할 것

㉡ 특고압 가공전선과 삭도 또는 삭도용 지주 사이의 이격거리는 다음 표에서 정한 값 이상일 것

| 사용전압의 구분 | 이격거리 |
|---|---|
| 35[kV] 이하 | 2[m]<br>(특고압 절연전선 : 1[m], 케이블 : 0.5[m]) |
| 35[kV] 초과<br>60[kV] 이하 | 2[m] |
| 60[kV] 초과 | 2[m]에 사용전압이 60[kV]를 초과하는 10[kV]<br>또는 그 단수마다 0.12[m] 더한 값 |

② 특고압 가공전선이 삭도와 제2차 접근상태로 시설되는 경우에는 다음에 따라야 한다.

㉠ 제2종 특고압 보안공사에 의할 것

㉡ 특고압 가공전선과 삭도 또는 그 지주 사이의 이격거리는 ①의 ㉡의 표에 의해 시설할 것

㉢ 특고압 가공전선 중 삭도에서 수평거리로 3[m] 미만으로 시설되는 부분의 길이가 연속하여 50[m] 이하이고 또한 1경간 안에서의 그 부분의 길이의 합계가 50[m] 이하일 것

## ⑵ 특고압 가공전선과 저·고압 가공전선 등의 접근 또는 교차(KEC 333.26)

① 특고압 가공전선이 가공약전류전선 등 저·고압의 가공전선이나 저·고압의 전차선과 제1차 접근상태로 시설되는 경우에는 다음에 따라야 한다.

㉠ 제3종 특고압 보안공사에 의할 것

㉡ 특고압 가공전선과 저·고압 가공전선 사이의 이격거리는 다음에서 정한 값 이상일 것

| 사용전압의 구분 | 이격거리 |
|---|---|
| 60[kV] 이하 | 2[m] |
| 60[kV] 초과 | 2[m]에 사용전압이 60[kV]를 초과하는 10[kV] 또는 그 단수마다 0.12[m]를 더한 값 |

㉢ 특고압 절연전선 또는 케이블을 사용하는 사용전압이 35[kV] 이하인 특고압 가공전선과 저·고압 가공전선 등 또는 이들의 지지물이나 지주 사이의 이격거리는 다음 표에서 정한 값까지로 감할 수 있다.

| 구 분 | 전선의 종류 | 이격거리 |
|---|---|---|
| 저압 가공전선 또는 저·고압의 전차선 | 특고압 절연전선 | 1.5[m] (저압 가공전선이 절연전선 또는 케이블인 경우는 1[m]) |
| | 케이블 | 1.2[m] (저압 가공전선이 절연전선 또는 케이블인 경우는 0.5[m]) |
| 고압 가공전선 | 특고압 절연전선 | 1[m] |
| | 케이블 | 0.5[m] |
| 가공약전류전선 등 또는 저·고압 가공전선 등의 지지물이나 지주 | 특고압 절연전선 | 1[m] |
| | 케이블 | 0.5[m] |

② 특고압 가공전선이 저·고압 가공전선 등과 제2차 접근상태로 시설되는 경우에는 다음에 따라야 한다.

㉠ 특고압 가공전선로는 제2종 특고압 보안공사에 의할 것

(**예외** 사용전압이 35[kV] 이하인 특고압 가공전선과 저·고압 가공전선 등 사이에 보호망을 시설하는 경우)

㉡ 특고압 가공전선과 저·고압 가공전선 등 또는 이들의 지지물이나 지주 사이의 이격거리는 ①의 ㉡ 및 ㉢의 규정에 준할 것

㉢ 특고압 가공전선과 저·고압 가공전선 등과의 수평 이격거리는 2[m] 이상일 것. 다만, 다음의 어느 하나에 해당하는 경우에는 그러하지 아니하다.

• 저·고압 가공전선 등이 인장강도 8.01[kN] 이상 또는 지름 5[mm] 이상의 경동선이나 케이블인 경우

• 가공약전류전선 등을 인장강도 3.64[kN] 이상의 것 또는 지름 4[mm] 이상의 아연도 철선으로 조가하여 시설하는 경우 또는 가공약전류전선 등이 경간 15[m] 이하의 인입선인 경우

- 특고압 가공전선과 저·고압 가공전선 등의 수직거리가 6[m] 이상인 경우
- 저·고압 가공전선 등의 위쪽에 보호망을 시설하는 경우
- 특고압 가공전선이 특고압 절연전선 또는 케이블을 사용하는 사용전압 35[kV] 이하의 것인 경우

③ 특고압 가공전선이 저·고압 가공전선 등의 위에 시설되는 때에는 다음에 따라야 한다.
  ㉠ 제2종 특고압 보안공사에 의할 것
    ( 예외 특고압 가공전선과 저·고압 가공전선 등 사이에 보호망을 시설하는 경우)
  ㉡ 특고압 가공전선이 가공약전류전선이나 저압 또는 고압 가공전선과 교차하는 경우에는 특고압 가공전선의 양외선이 바로 아래에 접지공사를 한 인장강도 8.01[kN] 이상 또는 지름 5[mm] 이상의 경동선을 약전류전선이나 저압 또는 고압의 가공전선과 0.6[m] 이상의 이격거리를 유지하여 시설할 것

④ 보호망은 다음과 같이 시설하여야 한다.
  ㉠ 금속선은 그 외주(外周) 및 특고압 가공전선의 바로 아래에 시설하는 금속선에 인장강도 8.01[kN] 이상 또는 지름 5[mm] 이상의 경동선을 사용할 것
  ㉡ 기타 부분에 시설하는 금속선에 인장강도 3.64[kN] 이상 또는 지름 4[mm] 이상의 아연도철선을 사용할 것
  ㉢ 보호망을 구성하는 금속선 상호 간의 간격은 가로, 세로 각 1.5[m] 이하일 것
  **㉣ 보호망과 저·고압 가공전선 등과의 수직 이격거리는 60[cm] 이상일 것**

## (22) 특고압 가공전선 상호 간의 접근 또는 교차(KEC 333.27)

특고압 가공전선이 다른 특고압 가공전선과 접근상태로 시설되거나 교차하여 시설되는 경우 다음에 따라 시설해야 한다.
① 위쪽 또는 옆쪽에 시설되는 특고압 가공전선로는 제3종 특고압 보안공사에 의할 것
② 특고압 가공전선과 다른 특고압 가공전선 사이의 이격거리는 다음 표에 따라 시설할 것

| 사용전압의 구분 | 이격거리 |
| --- | --- |
| 60[kV] 이하 | 2[m] |
| 60[kV] 초과 | 2[m]에 사용전압이 60[kV]를 초과하는 10[kV] 또는 그 단수마다 0.12[m]를 더한 값 |

[예외] 각 특고압 가공전선의 사용전압이 35[kV] 이하로서 다음의 어느 하나에 해당하는 경우는 그러하지 아니하다.
- 특고압 가공전선에 케이블을 사용하고 다른 특고압 가공전선에 특고압 절연전선 또는 케이블을 사용하는 경우로 상호 간의 이격거리가 0.5[m] 이상인 경우
- 각각의 특고압 가공전선에 특고압 절연전선을 사용하는 경우로 상호 간의 이격거리가 1[m] 이상인 경우

## (23) 특고압 가공전선과 다른 시설물의 접근 또는 교차(KEC 333.28)

① 특고압 가공전선과 다른 시설물 사이의 이격거리는 다음 표에서 정한 값 이상으로 시설한다.

| 사용전압의 구분 | 이격거리 |
| --- | --- |
| 60[kV] 이하 | 2[m] |
| 60[kV] 초과 | 2[m]에 사용전압이 60[kV]를 초과하는 10[kV] 또는 그 단수마다 0.12[m]를 더한 값 |

> **참고** 다른 시설물
>
> 건조물·도로·횡단보도교·철도·궤도·삭도·가공약전류전선로 등·저압 또는 고압의 가공전선로·저압 또는 고압의 전차선로 및 다른 특고압 가공전선 이외의 시설물

② 특고압 절연전선 또는 케이블을 사용하는 사용전압이 35[kV] 이하의 특고압 가공전선과 다른 시설물 사이의 이격거리는 다음에서 정한 값까지 감할 수 있다.

| 다른 시설물의 구분 | 접근형태 | 이격거리 |
|---|---|---|
| 조영물의 상부 조영재 | 위쪽 | 2[m]<br>(케이블인 경우 1.2[m]) |
| | 옆쪽 또는 아래쪽 | 1[m]<br>(케이블인 경우 0.5[m]) |
| 조영물의 상부 조영재 이외의 부분<br>또는 조영물 이외의 시설물 | − | 1[m]<br>(케이블인 경우 0.5[m]) |

## (24) 특고압 가공전선과 식물의 이격거리(KEC 333.30)

① 특고압 가공전선과 식물 사이의 이격거리는 다음 표에서 정한 값 이상으로 한다.

| 사용전압의 구분 | 이격거리 |
|---|---|
| 60[kV] 이하 | 2[m] |
| 60[kV] 초과 | 2[m]에 사용전압이 60[kV]를 초과하는 10[kV]<br>또는 그 단수마다 0.12[m]를 더한 값 |

② 사용전압이 35[kV] 이하인 특고압 가공전선과 식물과의 이격거리는 다음과 같다.
  ㉠ 고압 절연전선을 사용하는 특고압 가공전선과 식물 사이의 이격거리는 0.5[m] 이상
  ㉡ 특고압 절연전선 또는 케이블을 사용하는 특고압 가공전선과 식물이 접촉하지 않도록 시설

## (25) 25[kV] 이하인 특고압 가공전선로의 시설(KEC 333.32)

① **사용전압이 15[kV] 이하인 특고압 가공전선로**는 다음과 같이 시설한다(중성선 다중접지식의 것으로서 전로에 지락이 생겼을 때 2초 이내에 자동적으로 이를 전로로부터 차단하는 장치가 되어 있는 전선로).
  ㉠ 사용전선은 고압 절연전선, 특고압 절연전선 또는 케이블을 사용
  ㉡ **접지도체는 공칭단면적 6[mm$^2$] 이상의 연동선을 사용**
  ㉢ **접지한 곳 상호 간의 거리는 전선로에 따라 300[m] 이하일 것**
  ㉣ 각 접지도체를 중성선으로부터 분리하였을 경우의 각 접지점의 대지 전기저항값과 1[km]마다의 중성선과 대지 사이의 합성 전기저항값은 다음 표에서 정한 값 이하일 것

| 각 접지점의 대지 전기저항값 | 1[km]마다의 합성 전기저항값 |
|---|---|
| 300[Ω] | 30[Ω] |

◎ 다중접지한 중성선은 저압전로의 접지측 전선이나 중성선과 공용할 수 있음

⊕ **특고압 가공전선과 저압 또는 고압의 가공전선 사이의 이격거리는 0.75[m] 이상일 것**

◈ 특고압 가공전선은 저압 또는 고압의 가공전선의 위로 하고 별개의 완금류에 시설할 것

② **사용전압이 15[kV]를 초과하고 25[kV] 이하인 특고압 가공전선로**는 다음과 같이 시설한다 (중성선 다중접지식의 것으로서 전로에 지락이 생겼을 때 2초 이내에 자동적으로 이를 전로로부터 차단하는 장치가 되어 있는 전선로).

　㉠ 특고압 가공전선이 건조물·도로·횡단보도교·철도·궤도·삭도·가공약전류전선 등·안테나·저압이나 고압의 가공전선 또는 저압이나 고압의 전차선과 접근 또는 교차상태로 시설되는 경우의 경간은 다음 표에서 정한 값 이하일 것

| 지지물의 종류 | 경 간 |
| --- | --- |
| 목주·A종 철주 또는 A종 철근콘크리트주 | 100[m] |
| B종 철주 또는 B종 철근콘크리트주 | 150[m] |
| 철탑 | 400[m] |

**참고**

인장강도 14.51[kN] 이상의 케이블이나 특고압 절연전선 또는 단면적 38[mm²] 이상의 경동연선으로서 지지물에 B종 철주 또는 B종 철근콘크리트주 또는 철탑을 사용하는 경우 표준경간 적용

　㉡ 특고압 가공전선이 건조물과 접근하는 경우에 특고압 가공전선과 건조물의 조영재 사이의 이격거리는 다음 표에서 정한 값 이상일 것

| 건조물의 조영재 | 접근형태 | 전선의 종류 | 이격거리 |
| --- | --- | --- | --- |
| 상부 조영재 | 위쪽 | 나전선 | 3.0[m] |
| | | 특고압 절연전선 | 2.5[m] |
| | | 케이블 | 1.2[m] |
| | 옆쪽 또는 아래쪽 | 나전선 | 1.5[m] |
| | | 특고압 절연전선 | 1.0[m] |
| | | 케이블 | 0.5[m] |
| 기타의 조영재 | – | 나전선 | 1.5[m] |
| | | 특고압 절연전선 | 1.0[m] |
| | | 케이블 | 0.5[m] |

　㉢ 특고압 가공전선이 도로, 횡단보도교, 철도, 궤도와 접근하는 경우 이격거리는 3[m] 이상일 것

　㉣ 특고압 가공전선이 삭도와 접근상태로 시설되는 경우에 삭도 또는 그 지주 사이의 이격거리는 다음 표에서 정한 값 이상일 것

| 전선의 종류 | 이격거리 |
|---|---|
| 나전선 | 2.0[m] |
| 특고압 절연전선 | 1.0[m] |
| 케이블 | 0.5[m] |

⑩ 특고압 가공전선이 가공약전류전선 등 · 저압 또는 고압의 가공전선 · 안테나, 저압 또는 고압의 전차선과 접근 또는 교차하는 경우 상호 간의 이격거리는 다음에서 정한 값 이상일 것

| 구 분 | 가공전선의 종류 | 이격(수평 이격)거리 |
|---|---|---|
| 가공약전류전선 등 · 저압 또는 고압의 가공전선 · 저압 또는 고압의 전차선 · 안테나 | 나전선 | 2.0[m] |
| | 특고압 절연전선 | 1.5[m] |
| | 케이블 | 0.5[m] |
| 가공약전류전선로 등 · 저압 또는 고압의 가공전선로 · 저압 또는 고압의 전차선로의 지지물 | 나전선 | 1.0[m] |
| | 특고압 절연전선 | 0.75[m] |
| | 케이블 | 0.5[m] |

⑭ 특고압 가공전선이 교류 전차선과 교차하는 경우에 특고압 가공전선이 교류 전차선의 위에 시설되는 경우에는 다음에 의하여야 한다.
• 특고압 가공전선은 케이블인 경우 이외에는 인장강도 14.5[kN] 이상의 특고압 절연전선 또는 단면적 38[mm²] 이상의 경동선일 것
• 특고압 가공전선이 케이블인 경우에는 이를 인장강도가 19.61[kN] 이상의 것 또는 단면적 38[mm²] 이상의 강연선인 것으로 조가하여 시설할 것
• 특고압 가공전선로의 지지물에 사용하는 목주의 풍압하중에 대한 안전율은 2.0 이상 일 것
• 특고압 가공전선로의 경간은 다음 표에서 정한 값 이하일 것

| 지지물의 종류 | 경 간 |
|---|---|
| 목주 · A종 철주 · A종 철근콘크리트주 | 60[m] |
| B종 철주 · B종 철근콘크리트주 | 120[m] |

• 특고압 가공전선로의 전선, 완금류, 지지물, 지선 또는 지주와 교류 전차선 사이의 이격거리는 2.5[m] 이상일 것
ⓢ 특고압 가공전선로가 상호 간 접근 또는 교차하는 경우에는 다음에 의할 것
• 특고압 가공전선이 다른 특고압 가공전선과 접근 또는 교차하는 경우의 이격거리는 다음 표에서 정한 값 이상일 것

| 사용전선의 종류 | 이격거리 |
|---|---|
| 어느 한쪽 또는 양쪽이 나전선인 경우 | 1.5[m] |
| 양쪽이 특고압 절연전선인 경우 | 1.0[m] |
| 한쪽이 케이블이고, 다른 한쪽이 케이블이거나 특고압 절연전선인 경우 | 0.5[m] |

- 특고압 가공전선과 다른 특고압 가공전선로의 지지물 사이의 이격거리는 1[m](사용 전선이 케이블인 경우에는 0.6[m]) 이상일 것
- ◎ **특고압 가공전선과 식물 사이의 이격거리는 1.5[m] 이상일 것**(절연전선이나 케이블을 사용하는 경우 접촉하지 않도록 함)
- ⓩ 특고압 가공전선로의 중성선의 다중접지는 다음에 의할 것
  - 접지도체는 공칭단면적 6[mm$^2$] 이상의 연동선을 사용할 것
  - **접지한 곳 상호 간의 거리는 전선로에 따라 150[m] 이하일 것**
  - 각 접지도체를 중성선으로부터 분리하였을 경우의 각 접지점의 대지 전기저항값과 1[km]마다의 중성선과 대지 사이의 합성 전기저항값은 다음 표에서 정한 값 이하일 것

| 각 접지점의 대지 전기저항값 | 1[km]마다의 합성 전기저항값 |
|---|---|
| 300[Ω] | 15[Ω] |

## 4 지중전선로(KEC 334)

### (1) 지중전선로의 시설(KEC 334.1)

① **전선은 케이블을 사용하여 시설하여야 한다.**

② 시설방법은 **관로식·암거식·직접 매설식**에 의하여 시설하여야 한다.

③ 관로식에 의하여 시설하는 경우에는 다음에 따라야 한다.

　㉠ **매설깊이를 1.0[m] 이상으로 할 것**

　㉡ **중량물의 압력을 받을 우려가 없는 곳은 0.6[m] 이상으로 할 것**

④ 직접 매설식에 의하여 시설하는 경우에는 다음에 따라야 한다.

　㉠ 지중전선의 매설깊이

　　• **차량 기타 중량물의 압력을 받을 우려가 있는 장소에는 1.0[m] 이상으로 할 것**

　　• **기타 장소에는 0.6[m] 이상**으로 하고 또한 지중전선을 견고한 트라프 기타 방호물에 넣어 시설할 것

　㉡ 지중전선을 트라프 기타 방호물에 넣지 않아도 되는 경우

　　• 저·고압의 지중전선을 차량 기타 중량물의 압력을 받을 우려가 없는 경우에 그 위를 견고한 판 또는 몰드로 덮어 시설하는 경우

　　• 저압 또는 고압의 지중전선에 콤바인덕트케이블 또는 개장한 케이블을 사용하여 시설하는 경우

　　• 특고압 지중전선은 개장한 케이블을 사용하고 또한 견고한 판 또는 몰드로 지중전선의 위와 옆을 덮어 시설하는 경우

　　• 지중전선에 파이프형 압력케이블을 사용하거나 최대사용전압이 60[kV]를 초과하는 연피케이블, 알루미늄피케이블, 금속피복을 한 특고압 케이블을 사용하고 또한 지중전선의 위를 견고한 판 또는 몰드 등으로 덮어 시설하는 경우

⑤ 암거식에 의하여 시설하는 경우에는 다음에 따라야 한다.

　　㉠ 불연성 또는 자소성이 있는 난연성 피복이 된 지중전선을 사용할 것

　　㉡ 불연성 또는 자소성이 있는 난연성의 연소방지 테이프, 연소방지 시트, 연소방지 도료 등으로 지중전선을 피복할 것

　　㉢ 불연성 또는 자소성이 있는 난연성의 관 또는 트라프에 넣어 지중전선을 시설할 것

　　㉣ 암거식 시설 내에 자동소화설비를 시설할 것

## (2) 지중함의 시설(KEC 334.2)

지중전선로에 사용하는 지중함은 다음에 따라 시설하여야 한다.

① 지중함은 차량 기타 중량물의 압력에 견디고 고인물을 제거할 수 있는 구조일 것

② 폭발성 또는 연소성의 가스가 침입할 우려가 있는 것에 시설하는 **지중함으로서 그 크기가 1[m³] 이상**인 것에는 통풍장치 기타 가스를 방산시키기 위한 적당한 장치를 시설할 것

③ 지중함의 뚜껑은 시설자 이외의 자가 쉽게 열 수 없도록 시설할 것

## (3) 지중전선의 피복금속체(被覆金屬體)의 접지(KEC 334.4)

관·암거 기타 지중전선을 넣은 방호장치의 금속제 부분·금속제의 전선 접속함 및 지중전선의 피복으로 사용하는 금속체에는 접지공사를 하여야 한다(  예외  방식조치를 한 부분).

## (4) 지중약전류전선의 유도장해방지(KEC 334.5)

지중전선로는 기설 지중약전류전선로에 대하여 **누설전류** 또는 **유도작용**에 의하여 통신상의 장해를 주지 않도록 기설 약전류전선로로부터 충분히 이격시키거나 기타 적당한 방법으로 시설하여야 한다.

## (5) 지중전선과 지중약전류전선 등 또는 관과의 접근 또는 교차(KEC 334.6)

① 지중전선과 지중약전류전선 등의 사이에 내화성 격벽을 시설하였을 경우의 이격거리

　　㉠ 저·고압의 지중전선은 0.3[m] 이하

　　㉡ 특고압 지중전선은 0.6[m] 이하

② 특고압 지중전선과 가연성이나 유독성의 유체를 내포하는 관과 접근 및 교차 시 내화성 격벽을 시설할 경우의 이격거리

　　㉠ 특고압 지중전선은 1[m] 이하

　　㉡ 25[kV] 이하 다중접지방식 지중전선로는 0.5[m] 이하

## (6) 지중전선 상호 간의 접근 또는 교차(KEC 334.7)

① 지중전선이 다른 지중전선과 접근 및 교차 시 상호 간의 이격거리는 다음과 같이 시설한다.

　　㉠ 저압 지중전선과 고압 지중전선 : 0.15[m] 이하

　　㉡ 저·고압의 지중전선과 특고압 지중전선 : 0.3[m] 이하

② 사용전압이 25[kV] 이하인 다중접지방식 지중전선로를 관로식 또는 직접 매설식으로 시설히는 경우, 그 이격거리가 0.1[m] 이상이 되도록 시설하여야 한다.

## 5 특수장소의 전선로(KEC 335)

### (1) 터널 안 전선로의 시설(KEC 335.1)

① 철도·궤도 또는 자동차도 전용터널 안의 전선로는 다음에 따라 시설하여야 한다.

ㄱ 저압 전선은 다음에 의하여 시설할 것

• 인장강도 2.30[kN] 이상의 절연전선 또는 지름 2.6[mm] 이상의 경동선의 절연전선을 사용하여 애자사용배선에 의해 시설하고 노면상 2.5[m] 이상의 높이를 유지할 것

• 합성수지관·금속관·금속제 가요전선관·케이블의 규정에 준하는 케이블배선에 의해 시설할 것

ㄴ 고압 전선은 다음에 의하여 시설할 것

• 전선은 케이블일 것

• 케이블은 견고한 관 또는 트라프에 넣거나 사람이 접촉할 우려가 없도록 시설할 것

• 케이블을 조영재의 옆면 또는 아랫면에 따라 붙일 경우에는 케이블의 지지점 간의 거리를 2[m] 이하로 시설할 것

• 전선이 케이블이 아닌 경우
 – 인장강도 5.26[kN] 이상 또는 지름 4[mm] 이상의 경동선의 고압 절연전선 또는 특고압 절연전선을 애자사용배선에 의하여 시설
 – 레일면상 또는 노면상 3[m] 이상의 높이로 유지하여 시설

ㄷ 특고압 전선은 케이블공사에 의하여 시설할 것

② 사람이 상시 통행하는 터널 안의 전선로 사용전압은 저압 또는 고압에 한하며, 다음에 따라 시설하여야 한다.

ㄱ 저압 전선은 다음에 의하여 시설할 것

• 인장강도 2.30[kN] 이상의 절연전선 또는 지름 2.6[mm] 이상의 경동선의 절연전선을 사용하여 애자사용배선에 의하여 시설할 것

• 노면상 2.5[m] 이상의 높이로 유지할 것

• 합성수지관공사·금속관공사·금속제 가요전선관공사·케이블공사의 규정에 준하는 케이블배선에 의해 시설할 것

ㄴ 고압 전선은 케이블을 사용하여 시설할 것

### (2) 터널 안 전선로의 전선과 약전류전선 등 또는 관 사이의 이격거리(KEC 335.2)

① 터널 안의 전선로의 저압 전선이 그 터널 안의 다른 저압 전선·약전류전선 등 또는 수관·가스관 등과 접근 및 교차 시 이격거리는 0.1[m](전선이 나전선인 경우에 0.3[m]) 이상이어야 한다.

② 터널 안의 전선로의 고압 전선 또는 특고압 전선이 그 터널 안의 저압 전선·고압 전선·약전류전선 등 또는 수관·가스관 등과 접근 및 교차 시 이격거리는 0.15[m] 이상이어야 한다.

## (3) 수상전선로의 시설(KEC 335.3)

① 수상전선로를 시설하는 경우에는 사용전압은 저압 또는 고압일 것

㉠ 사용전선은 다음에 따를 것

- 저압 : 클로로프렌 캡타이어케이블
- 고압 : 캡타이어케이블

㉡ 수상전선로의 전선을 가공전선로의 전선과 접속하는 경우 접속점의 높이

- 접속점이 육상에 있는 경우에는 지표상 5[m] 이상(**예외** 수상전선로가 저압인 경우에 도로상이 아닌 경우 지표상 4[m] 이상)
- 접속점이 수면상에 있는 경우
  - 수상전선로의 사용전압이 저압인 경우에는 수면상 4[m] 이상
  - 수상전선로의 사용전압이 고압인 경우에는 수면상 5[m] 이상

㉢ 수상전선로에 사용하는 부대(浮臺)는 쇠사슬 등으로 견고하게 연결한 것일 것

㉣ 수상전선로의 전선은 부대의 위에 지지하여 시설하고 또한 그 절연피복을 손상하지 아니하도록 시설할 것

② 보호장치는 다음에 따라 시설할 것

㉠ 수상전선로에 접속하는 가공전선로에 전용개폐기 및 과전류차단기를 각 극에 시설할 것

㉡ 수상전선로의 사용전압이 고압인 경우에는 전로에 지락이 생겼을 때 자동적으로 전로를 차단하기 위한 장치를 시설할 것

## (4) 물밑전선로의 시설(KEC 335.4)

① 물밑전선로는 손상을 받을 우려가 없는 곳에 위험의 우려가 없도록 시설하여야 한다.

② 저압 또는 고압의 물밑전선로의 전선은 물밑케이블 또는 개장한 케이블이어야 한다.

③ 특고압 물밑전선로는 다음에 따라 시설하여야 한다.

㉠ 전선은 케이블일 것

㉡ 케이블은 견고한 관에 넣어 시설할 것

## (5) 교량에 시설하는 전선로(KEC 335.6)

① 저압전선로는 다음에 따라 시설하여야 한다.

㉠ 교량의 윗면에 시설하는 경우 전선높이를 교량의 노면상 5[m] 이상으로 하여 시설할 것

㉡ 사용전선은 다음을 따를 것

- 케이블일 것
- 인장강도 2.30[kN] 이상 또는 지름 2.6[mm] 이상의 경동선의 절연전선일 것

㉢ 전선은 케이블인 경우 이외에는 조영재에 견고하게 붙인 완금류에 절연성·난연성 및 내수성의 애자로 지지할 것

㉣ 전선과 조영재 사이의 이격거리는 전선이 케이블인 경우 0.15[m] 이상으로 하여 시설할 것 (**예외** 이외에는 0.3[m] 이상일 것)

ⓜ 교량의 아랫면에 시설하는 배선방법은 다음에 따를 것

합성수지관배선, 금속관배선, 가요전선관배선, 케이블배선에 의하여 시설할 것

② 고압전선로는 다음에 따라 시설하여야 한다.

ⓐ 교량의 윗면에 시설하는 경우 전선높이를 교량의 노면상 5[m] 이상으로 하여 시설할 것

ⓑ 사용전선은 다음을 따를 것

- 케이블일 것
- 철도 또는 궤도 전용의 교량에는 인장강도 5.26[kN] 이상의 것 또는 지름 4[mm] 이상의 경동선을 사용할 것

ⓒ 전선과 조영재 사이의 이격거리는 다음에 따를 것

- 전선이 케이블인 경우에는 전선과 조영재 사이의 이격거리는 0.3[m] 이상일 것
- 전선이 케이블 이외의 경우 전선과 조영재 사이의 이격거리는 0.6[m] 이상일 것

③ 교량에 시설하는 특고압 전선로는 교량의 옆면 또는 아랫면에만 시설하여야 한다.

## 출제 05 기계기구 시설 및 옥내배선(KEC 340)

### 1 기계 및 기구(KEC 341)

**(1) 특고압 배전용 변압기의 시설(KEC 341.2)**

특고압 전선로에 접속하는 배전용 변압기는 다음에 따라 시설하여야 한다.

① 특고압 전선에 특고압 절연전선 또는 케이블을 사용할 것

② 변압기의 1차 전압은 35[kV] 이하, 2차 전압은 저압 또는 고압일 것

③ 변압기의 2차 전압이 고압인 경우에는 고압측에 개폐기를 시설하고 또한 쉽게 개폐할 수 있도록 할 것

④ 변압기의 특고압측에 개폐기 및 과전류차단기를 시설할 것

> **참고** 변압기의 특고압측에 과전류차단기를 생략할 수 있는 경우
>
> - 2 이상의 변압기를 각각 다른 회선의 특고압 전선에 접속할 것
> - 변압기의 2차측 전로에는 과전류차단기 및 2차측 전로로부터 1차측 전로에 전류가 흐를 때 자동적으로 2차측 전로를 차단하는 장치를 시설하고 그 과전류차단기 및 장치를 통하여 2차측 전로를 접속할 것

**(2) 특고압을 직접 저압으로 변성하는 변압기의 시설(KEC 341.3)**

① 전기로 등 전류가 큰 전기를 소비하기 위한 변압기

② 발전소·변전소·개폐소 또는 이에 준하는 곳의 소내용 변압기

③ 25[kV] 이하인 특고압 가공전선로에 접속하는 변압기

④ 사용전압이 35[kV] 이하인 변압기로서 그 특고압측 권선과 저압측 권선이 혼촉한 경우에 자동적으로 변압기를 전로로부터 차단하기 위한 장치를 설치한 것

⑤ 사용전압이 100[kV] 이하인 변압기로서 그 특고압측 권선과 저압측 권선 사이에 접지공사 (접지저항값이 10[Ω] 이하)를 한 금속제의 혼촉방지판이 있는 것

⑥ 교류식 전기철도용 신호회로에 전기를 공급하기 위한 변압기

## (3) 특고압용 기계기구의 시설(KEC 341.4)

① 특고압용 기계기구는 다음의 어느 하나에 해당하는 경우 이외에는 시설하여서는 아니 된다.

　㉠ 기계기구의 주위에 울타리·담 등을 시설하는 경우

　㉡ **기계기구를 지표상 5[m] 이상의 높이에 시설할 것**

　㉢ 충전부분의 지표상의 높이는 다음에서 정한 값 이상으로 하고 또한 사람이 접촉할 우려 가 없도록 시설하는 경우

| 사용전압의 구분 | 울타리의 높이와 울타리로부터 충전부분까지의 거리의 합계 또는 지표상의 높이 |
|---|---|
| 35[kV] 이하 | 5[m] |
| 35[kV] 초과 160[kV] 이하 | 6[m] |
| 160[kV] 초과 | 6[m]에 160[kV]를 초과하는 10[kV] 또는 그 단수마다 0.12[m]를 더한 값 |

② 특고압용 기계기구는 노출된 충전부분에 취급자가 쉽게 접촉할 우려가 없도록 시설하여야 한다.

## (4) 고주파 이용 전기설비의 장해방지(KEC 341.5)

고주파 이용 전기설비에서 다른 고주파 이용 전기설비에 누설되는 고주파 전류의 허용한도는 측정장치로 2회 이상 연속하여 10분간 측정하였을 때 각각 측정값의 최댓값에 대한 평균값이 −30[dB](1[mW]를 0[dB]로 함)일 것

## (5) 아크를 발생하는 기구의 시설(KEC 341.7)

고압용 또는 특고압용의 개폐기·차단기·피뢰기 기타 이와 유사한 기구로서 동작 시에 아크 가 생기는 것은 목재의 벽 또는 천장 기타의 가연성 물체로부터 다음 표에서 정한 값 이상 이격하여 시설하여야 한다.

| 기구 등의 구분 | 이격거리 |
|---|---|
| 고압용의 것 | 1[m] 이상 |
| 특고압용의 것 | 2[m] 이상 (사용전압이 35[kV] 이하에서 화재가 발생할 우려가 없도록 제한하는 경우에는 1[m] 이상) |

### (6) 고압용 기계기구의 시설(KEC 341.8)

① 고압용 기계기구는 다음에 따라 시설하여야 한다.

    ㉠ 기계기구의 주위에 울타리·담 등을 시설할 것(**높이 2[m] 이상, 하단 사이의 간격 0.15[m] 이상**)

    ㉡ 기계기구를 **지표상 4.5[m](시가지 외에는 4[m]) 이상의 높이에 시설**하고 또한 사람이 쉽게 접촉할 우려가 없도록 시설할 것

② 고압용의 기계기구는 노출된 충전부분에 취급자가 쉽게 접촉할 우려가 없도록 시설하여야 한다.

### (7) 개폐기의 시설(KEC 341.9)

① 전로 중에 개폐기를 시설하는 경우에는 **각 극에 설치**하여야 한다.

② 고압용 또는 특고압용의 개폐기는 작동에 따라 개폐상태를 표시하는 장치가 되어 있는 것이어야 한다.

③ 고압용 또는 특고압용의 개폐기로서 중력 등에 의하여 자연히 작동할 우려가 있는 것은 자물쇠장치 기타 이를 방지하는 장치를 시설하여야 한다.

④ 고압용 또는 특고압용의 개폐기로서 부하전류를 차단하기 위한 것이 아닌 개폐기는 부하전류가 통하고 있을 경우에는 개로할 수 없도록 시설하여야 한다.

> **참고** 예외(단로기에 해당함)
>
> • 개폐기를 보기 쉬운 위치에 부하전류의 유무를 표시한 장치
> • 전화기 기타의 지령장치를 시설
> • 터블렛 등을 사용하여 부하전류가 통하고 있을 때 개로조작을 방지

### (8) 고압 및 특고압 전로 중의 과전류차단기의 시설(KEC 341.10)

① **포장퓨즈 : 정격전류의 1.3배의 전류에 견디고 또한 2배의 전류로 120분 안에 용단될 것**

② **비포장퓨즈 : 정격전류의 1.25배의 전류에 견디고 또한 2배의 전류로 2분 안에 용단될 것**

③ 고압 또는 특고압의 전로에 단락이 생긴 경우에 동작하는 과전류차단기는 이것을 시설하는 곳을 통과하는 단락전류를 차단하는 능력을 가지는 것이어야 한다.

④ 고압 또는 특고압의 과전류차단기는 동작에 따라 개폐상태를 표시하는 장치가 되어 있는 것이어야 한다.

### (9) 과전류차단기의 시설 제한(KEC 341.11)

과전류차단기를 시설하여서는 안 되는 장소는 다음과 같다.

① **접지공사의 접지도체**

② **다선식 전로의 중성선**

③ **전로의 일부에 접지공사를 한 저압 가공전선로의 접지측 전선**

### (10) 지락차단장치 등의 시설(KEC 341.12)

다음의 경우 지락이 생겼을 경우 자동적으로 전로를 차단하는 장치를 시설하여야 한다.

① 특고압전로 또는 고압전로에 변압기에 의하여 결합되는 사용전압 400[V] 초과의 저압전로

② 발전기에서 공급하는 사용전압 400[V] 초과의 저압전로

③ 발전소·변전소 또는 이에 준하는 곳의 인출구

④ 다른 전기사업자로부터 공급받는 수전점

⑤ 배전용 변압기의 시설 장소

### (11) 피뢰기의 시설(KEC 341.13)

① 고압 및 특고압의 전로 중 다음의 곳에는 피뢰기를 시설하여야 한다.

ⓐ 발전소·변전소 또는 이에 준하는 장소의 가공전선 인입구 및 인출구

ⓑ 특고압 가공전선로에 접속하는 배전용 변압기의 고압측 및 특고압측

ⓒ 고압 및 특고압 가공전선로로부터 공급을 받는 수용장소의 인입구

ⓓ 가공전선로와 지중전선로가 접속되는 곳

② 예외사항

ⓐ 직접 접속하는 전선이 짧은 경우

ⓑ 피보호기기가 보호범위 내에 위치하는 경우

### (12) 피뢰기의 접지(KEC 341.14)

고압 및 특고압의 전로에 시설하는 **피뢰기 접지저항값은 10[Ω] 이하로 하여야 한다.**
(**예외** 피뢰기의 접지도체가 접지공사 **전용의 것인 경우에 접지공사의 접지저항값은 30[Ω] 이** 하로 할 수 있음)

### (13) 압축공기계통(KEC 341.15)

발전소·변전소·개폐소에 설치된 개폐기 또는 차단기에 사용하는 압축공기장치는 다음에 따라 시설하여야 한다.

① **공기압축기는 최고사용압력의 1.5배의 수압(1.25배의 기압)을 연속하여 10분간 가하여 시험하였을 때 견딜 것**

② 사용압력에서 공기의 보급이 없는 상태로 개폐기 또는 차단기의 **투입 및 차단을 연속하여 1회 이상 할 수 있을 것**

③ **사용압력의 1.5배 이상 3배 이하의 최고눈금이 있는 압력계를 시설할 것**

④ 주공기탱크의 압력이 저하한 경우에 자동적으로 압력을 회복하는 장치를 시설할 것

## 2 고압·특고압 옥내설비의 시설(KEC 342)

### (1) 고압 옥내배선 등의 시설(KEC 342.1)

① 고압 옥내배선은 다음에 따라 시설하여야 한다.

    ㉠ 고압 옥내배선은 다음 중 하나에 의하여 시설할 것
- 애자사용배선(건조한 장소로서 전개된 장소)
- 케이블배선
- 케이블트레이배선

    ㉡ 애자사용배선에 의한 고압 옥내배선은 다음에 의하고, 또한 사람이 접촉할 우려가 없도록 시설할 것
- 공칭단면적 6[mm²] 이상의 연동선 또는 고압 절연전선이나 특고압 절연전선 또는 인하용 고압 절연전선일 것
- 지지점 간의 거리는 6[m] 이하일 것(조영재의 면을 따라 붙이는 경우에는 2[m] 이하)
- 전선 상호 간의 간격은 0.08[m] 이상
- 전선과 조영재 사이의 이격거리는 0.05[m] 이상일 것
- 애자는 절연성·난연성 및 내수성의 것일 것

② 고압 옥내배선의 시설물은 다음과 같이 이격하여 시설하여야 한다(**예외** 고압 옥내배선을 케이블배선, 내화성이 있는 격벽, 내화성이 있는 견고한 관, 다른 고압 옥내배선의 전선이 케이블로 시설할 경우).

    ㉠ 고압 옥내배선과 다른 고압 옥내배선·저압 옥내전선·관등회로의 배선·약전류전선 등 또는 수관·가스관과의 이격거리는 0.15[m] 이상일 것

    ㉡ 애자사용배선에 의하여 시설하는 저압 옥내전선이 나전선인 경우 이격거리는 0.3[m] 이상일 것

    ㉢ 가스계량기 및 가스관의 이음부와 전력량계 및 개폐기와의 이격거리는 0.6[m] 이상일 것

## (2) 옥내 고압용 이동전선의 시설(KEC 342.2)

옥내에 시설하는 고압의 이동전선은 다음에 따라 시설하여야 한다.

① 전선은 고압용의 캡타이어케이블일 것

② 이동전선과 전기사용기계기구와는 볼트조임 기타의 방법에 의하여 견고하게 접속할 것

③ 이동전선에 전기를 공급하는 전로에는 전용 개폐기 및 과전류차단기를 각 극에 시설하고, 또한 전로에 지락이 생겼을 때 자동적으로 전로를 차단하는 장치를 시설할 것

## (3) 옥내에 시설하는 고압 접촉전선공사(KEC 342.3)

① 이동기중기 기타 이동하여 사용하는 고압의 전기기계기구에 전기를 공급하기 위하여 사용하는 접촉전선을 옥내에 시설하는 경우에는 다음에 따라 시설하여야 한다.

    ㉠ 전개된 장소 또는 점검할 수 있는 은폐된 장소에 애자사용배선에 의하여 시설할 것

    ㉡ 전선은 사람이 접촉할 우려가 없도록 시설할 것

    ㉢ 전선은 인장강도 2.78[kN] 이상 또는 지름 10[mm]의 경동선으로 단면적이 70[mm²] 이상인 구부리기 어려운 것일 것

    ㉣ 전선 지지점 간의 거리는 6[m] 이하일 것

    ⓜ 전선 상호 간의 간격 및 집전장치의 충전부분 상호 간 및 집전장치의 충전부분과 극성이 다른 전선 사이의 이격거리는 0.3[m] 이상일 것

    ⓗ 전선과 조영재와의 이격거리 및 그 전선에 접촉하는 집전장치의 충전부분과 조영재 사이의 이격거리는 0.2[m] 이상일 것(애자사용배선은 제외)

  ② 옥내에 시설하는 고압 접촉전선 및 집전장치의 충전부분이 다른 옥내전선·약전류전선 또는 수관·가스관 등과 접근 및 교차하는 경우에는 상호 간의 이격거리는 0.6[m] 이상이어야 한다(절연성 및 난연성의 격벽을 설치하는 경우에는 이격거리는 0.3[m] 이상으로 할 것).

  ③ 고압 접촉전선에 전기를 공급하기 의한 전로에는 전용 개폐기 및 과전류차단기를 시설하여야 한다.

### (4) 특고압 옥내전기설비의 시설(KEC 342.4)

  ① 특고압 옥내배선은 다음에 따르고 또한 위험의 우려가 없도록 시설하여야 한다.

    ㉠ **사용전압은 100[kV] 이하일 것(케이블트레이배선을 시설하는 경우에는 35[kV] 이하일 것)**

    ㉡ **전선은 케이블일 것**

    ㉢ 케이블은 철재 또는 철근콘크리트제의 관·덕트 기타의 견고한 방호장치에 넣어 시설할 것

    ㉣ 관 그 밖에 케이블을 넣는 방호장치의 금속제 부분, 금속제의 전선 접속함 및 케이블의 피복에 사용하는 금속체에는 접지공사를 하여야 한다.

  ② 특고압 옥내배선이 저압 옥내전선·관등회로의 배선·고압 옥내전선·약전류전선 등 또는 수관·가스관 등에 접근 및 교차하는 경우에는 다음에 따라야 한다.

    ㉠ 특고압 옥내배선과 저압 옥내전선·관등회로의 배선 또는 고압 옥내전선 사이의 이격거리는 0.6[m] 이상일 것(예외 내화성의 격벽을 시설할 경우)

    ㉡ 특고압 옥내배선과 약전류전선 등 또는 수관·가스관이나 이와 유사한 것과 접촉하지 아니하도록 시설할 것

  ③ 특고압의 이동전선 및 접촉전선은 이동전선을 옥내에 시설하여서는 아니 된다.

---

## 출제 06 발전소, 변전소, 개폐소 등의 전기설비(KEC 350)

### 1 발전소 등의 울타리·담 등의 시설(KEC 351.1)

(1) 고압 또는 특고압의 기계기구·모선 등을 옥외에 시설하는 발전소·변전소·개폐소 또는 이에 준하는 곳에는 다음에 따라 시설하여야 한다.

  ① 울타리·담 등을 시설할 것

  ② 출입구에는 출입금지의 표시를 할 것

  ③ 출입구에는 자물쇠장치 기타 적당한 장치를 할 것

(2) 울타리·담 등은 다음에 따라 시설하여야 한다.
① 울타리·담 등의 높이는 2[m] 이상으로 할 것
② 지표면과 울타리·담 등의 하단 사이의 간격은 0.15[m] 이하로 할 것
③ 울타리·담 등과 고압 및 특고압의 충전부분이 접근하는 경우에는 울타리·담 등의 높이와 울타리·담 등으로부터 충전부분까지 거리의 합계는 다음에서 정한 값 이상으로 할 것

| 사용전압의 구분 | 울타리·담 등의 높이와 울타리·담 등으로부터 충전부분까지의 거리의 합계 |
| --- | --- |
| 35[kV] 이하 | 5[m] |
| 35[kV] 초과 160[kV] 이하 | 6[m] |
| 160[kV] 초과 | 6[m]에 160[kV]를 초과하는 10[kV] 또는 그 단수마다 0.12[m]를 더한 값 |

(3) 고압 또는 특고압 가공전선과 금속제의 울타리·담 등이 교차하는 경우에 금속제의 울타리·담 등에는 교차점과 좌·우로 45[m] 이내의 개소에 접지공사를 하여야 한다.

(4) 울타리·담 등에 문 등이 있는 경우에는 접지공사(100[Ω] 이하)를 하거나 울타리·담 등과 전기적으로 접속하여야 하며, 고압 가공전선로는 고압보안공사, 특고압 가공전선로는 제2종 특고압 보안공사에 의하여 시설할 수 있다.

### 2 특고압전로의 상 및 접속상태의 표시(KEC 351.2)

(1) 발전소·변전소 또는 이에 준하는 곳의 특고압전로에는 보기 쉬운 곳에 상별 표시를 하여야 한다.

(2) 발전소·변전소 또는 이에 준하는 곳의 특고압전로에 대하여는 그 접속상태를 모의모선의 사용 기타의 방법에 의하여 표시하여야 한다.

(3) 특고압전선로의 회선수가 2 이하이고 또한 특고압의 모선이 단일모선인 경우에는 모의모선을 생략할 수 있다.

### 3 발전기 등의 보호장치(KEC 351.3)

(1) 발전기에는 다음의 경우에 자동적으로 이를 전로로부터 차단하는 장치를 시설하여야 한다.
① 발전기에 과전류나 과전압이 생긴 경우
② 용량이 500[kVA] 이상의 발전기를 구동하는 수차의 압유장치의 유압이 현저히 저하한 경우
③ 용량이 100[kVA] 이상의 발전기를 구동하는 풍차의 압유장치의 유압, 압축공기장치의 공기압이 현저히 저하한 경우
④ 용량이 2,000[kVA] 이상인 수차발전기의 스러스트 베어링의 온도가 현저히 상승한 경우

⑤ **용량이 10,000[kVA] 이상인 발전기**의 내부에 고장이 생긴 경우
⑥ **정격출력이 10,000[kW]를 초과하는 증기터빈**은 스러스트 베어링이 현저하게 마모되거나 온도가 현저히 상승한 경우

(2) 연료전지는 다음의 경우에 자동적으로 이를 전로에서 차단하고 연료전지에 연료가스 공급을 자동적으로 차단하며 연료전지 내의 연료가스를 자동적으로 배제하는 장치를 시설하여야 한다.
① 연료전지에 과전류가 생긴 경우
② 발전요소의 발전전압에 이상이 생겼을 경우 또는 연료가스 출구에서의 산소농도 또는 공기 출구에서의 연료가스 농도가 현저히 상승한 경우
③ 연료전지의 온도가 현저하게 상승한 경우

(3) 상용전원으로 쓰이는 축전지에 과전류가 생겼을 경우에 자동적으로 전로로부터 차단하는 장치를 시설하여야 한다.

## 4 특고압용 변압기의 보호장치(KEC 351.4)

특고압용의 변압기에는 그 내부에 고장이 생겼을 경우에 보호하는 장치를 다음 표와 같이 시설하여야 한다.

| 뱅크용량의 구분 | 동작조건 | 장치의 종류 |
|---|---|---|
| 5,000[kVA] 이상 10,000[kVA] 미만 | 변압기 내부고장 | 자동차단장치 또는 경보장치 |
| 10,000[kVA] 이상 | 변압기 내부고장 | 자동차단장치 |
| 타냉식 변압기(변압기의 권선 및 철심을 직접 냉각시키기 위하여 봉입한 냉매를 강제 순환시키는 냉각방식을 말한다) | 냉각장치에 고장이 생긴 경우 또는 변압기의 온도가 현저히 상승한 경우 | 경보장치 |

## 5 무효전력 보상장치의 보호장치(KEC 351.5)

조상설비에는 그 내부에 고장이 생긴 경우에 보호하는 장치를 다음 표와 같이 시설하여야 한다.

| 설비 종별 | 뱅크용량의 구분 | 자동적으로 전로로부터 차단하는 장치 |
|---|---|---|
| 전력용 커패시터 및 분로리액터 | 500[kVA] 초과 15,000[kVA] 미만 | 내부고장 및 과전류 발생 시 보호장치 |
| | 15,000[kVA] 이상 | 내부고장 및 과전류 · 과전압 발생 시 보호장치 |
| 조상기 | 15,000[kVA] 이상 | 내부고장 시 보호장치 |

## 6 계측장치(KEC 351.6)

(1) 발전소에서는 다음의 사항을 계측하는 장치를 시설하여야 한다.

① 발전기·연료전지·태양전지 모듈의 **전압** 및 **전류** 또는 **전력**

② 발전기의 베어링 및 고정자의 **온도**

③ 정격출력이 10,000[kW]를 초과하는 증기터빈에 접속하는 발전기의 진동의 진폭

④ 주요 변압기의 전압 및 전류 또는 전력

⑤ 특고압용 변압기의 온도

(2) 동기발전기를 시설하는 경우에는 동기검정장치를 시설하여야 한다.

(3) 변전소에서는 다음의 사항을 계측하는 장치를 시설하여야 한다.

① 주요 변압기의 **전압** 및 **전류** 또는 **전력**

② 특고압용 변압기의 **온도**

(4) 동기조상기를 시설하는 경우에는 다음의 사항을 계측하는 장치를 시설하여야 한다.

① 동기조상기의 **전압** 및 **전류** 또는 **전력**

② 동기조상기의 베어링 및 고정자의 **온도**

③ 동기검정장치를 시설

## 7 상주 감시를 하지 아니하는 발전소의 시설(KEC 351.8)

발전소의 운전에 필요한 지식 및 기능을 가진 기술원이 그 발전소에서 상주 감시를 하지 아니하는 발전소는 다음의 어느 하나에 의하여 시설하여야 한다.

(1) 원동기 및 발전기 또는 연료전지에 자동부하조정장치 또는 부하제한장치를 시설하는 수력발전소, 풍력발전소, 내연력발전소, 연료전지발전소 및 태양전지발전소로서 전기공급에 지장을 주지 아니하고 또한 기술원이 그 발전소를 수시 순회하는 경우

(2) 수력발전소, 풍력발전소, 내연력발전소, 연료전지발전소 및 태양전지발전소로서 그 발전소를 원격감시제어하는 제어소에 기술원이 상주하여 감시하는 경우

## 8 상주 감시를 하지 아니하는 변전소의 시설(KEC 351.9)

(1) 변전소의 운전에 필요한 지식 및 기능을 가진 기술원이 그 변전소에 상주하여 감시를 하지 않는 경우 다음에 따라 시설하여야 한다.

① 사용전압이 170[kV] 이하의 변압기를 시설하는 변전소로서 기술원이 수시로 순회하거나 그 변전소를 원격감시제어하는 변전제어소에서 상시 감시하는 경우

② 사용전압이 170[kV]를 초과하는 변압기를 시설하는 변전소로서 변전제어소에서 상시 감시하는 경우

(2) 사용전압이 170[kV] 이하의 변압기를 시설하는 변전소는 다음에 따라 시설하여야 한다.

① 다음의 경우에는 변전제어소 또는 기술원이 상주하는 장소에 경보장치를 시설할 것

㉠ 운전조작에 필요한 차단기가 자동적으로 차단한 경우

㉡ 주요 변압기의 전원측 전로가 무전압으로 된 경우

㉢ 제어회로의 전압이 현저히 저하한 경우

㉣ 옥내변전소에 화재가 발생한 경우

㉤ 출력 3,000[kVA]를 초과하는 특고압용 변압기는 그 온도가 현저히 상승한 경우

㉥ 특고압용 타냉식 변압기는 그 냉각장치가 고장난 경우

㉦ 조상기는 내부에 고장이 생긴 경우

㉧ 수소냉각식 조상기는 그 조상기 안의 수소의 순도가 90[%] 이하로 저하한 경우, 수소의 압력이 현저히 변동한 경우 또는 수소의 온도가 현저히 상승한 경우

㉨ 가스절연기기의 절연가스의 압력이 현저히 저하한 경우

② 수소냉각식 조상기를 시설하는 변전소는 그 조상기 안의 수소의 순도가 85[%] 이하로 저하한 경우에 그 조상기를 전로로부터 자동적으로 차단하는 장치를 시설할 것

③ 전기철도용 변전소는 주요 변성기기에 고장이 생긴 경우 또는 전원측 전로의 전압이 현저히 저하한 경우에 그 변성기기를 자동적으로 전로로부터 차단하는 장치를 할 것. 다만, 경미한 고장이 생긴 경우에 기술원 주재소에 경보하는 장치를 하는 때에는 그 고장이 생긴 경우에 자동적으로 전로로부터 차단하는 장치의 시설을 하지 아니하여도 된다.

(3) 사용전압이 170[kV]를 초과하는 변압기를 시설하는 변전소는 2 이상의 신호전송경로에 의하여 원격감시제어를 하도록 시설하여야 한다.

## 9 수소냉각식 발전기 등의 시설(KEC 351.10)

수소냉각식의 발전기 · 조상기 또는 이에 부속하는 수소냉각장치는 다음에 따라 시설하여야 한다.

① 발전기 또는 조상기는 기밀구조의 것이고 또한 수소가 대기압에서 폭발하는 경우에 생기는 압력에 견디는 강도를 가지는 것일 것

② 발전기축의 밀봉부에는 질소가스를 봉입할 수 있는 장치 또는 발전기축의 밀봉부로부터 누설된 수소가스를 안전하게 외부에 방출할 수 있는 장치를 시설할 것

③ **발전기 내부 또는 조상기 내부의 수소의 순도가 85[%] 이하로 저하한 경우에 이를 경보하는 장치를 시설할 것**

④ 발전기 내부 또는 조상기 내부의 수소의 압력을 계측하는 장치 및 그 압력이 현저히 변동한 경우에 이를 경보하는 장치를 시설할 것

⑤ 발전기 내부 또는 조상기 내부의 수소의 온도를 계측하는 장치를 시설할 것

## 출제 07 전력보안통신설비(KEC 360)

### 1 전력보안통신설비의 시설(KEC 362)

**(1) 전력보안통신설비의 시설 요구사항(KEC 362.1)**

① 전력보안통신설비의 시설 장소는 다음에 따른다.

ㄱ) 송전선로
- 66[kV], 154[kV], 345[kV], 765[kV] 계통 송전선로 구간(가공, 지중, 해저)의 적당한 곳
- 고압 및 특고압 지중전선로가 시설되어 있는 전력구 내에서 안전상 특히 필요한 경우의 적당한 곳
- 직류계통 송전선로 구간 및 안전상 특히 필요한 경우의 적당한 곳

ㄴ) 배전선로
- 22.9[kV] 계통 배전선로 구간(가공, 지중, 해저)
- 22.9[kV] 계통에 연결되는 분산전원형 발전소
- 폐회로 배전 등 신배전방식 도입 개소
- 배전자동화, 원격검침, 부하감시 등 지능형 전력망 구현을 위해 필요한 구간

ㄷ) 발전소, 변전소 및 변환소
- 원격감시제어가 되지 아니하는 발전소·변전소·개폐소, 전선로 및 이를 운용하는 급전소 및 급전분소 간
- 2개 이상의 급전소(분소) 상호 간과 이들을 통합 운용하는 급전소(분소) 간
- 수력설비 중 필요한 곳, 수력설비의 안전상 필요한 양수소 및 강수량 관측소와 수력발전소 간
- 동일 수계에 속하고 안전상 긴급연락의 필요가 있는 수력발전소 상호 간
- 동일 전력계통에 속하고 또한 안전상 긴급연락의 필요가 있는 발전소·변전소 및 개폐소 상호 간
- 발전소·변전소 및 개폐소와 기술원 주재소 간. 다만, 다음의 어느 항목에 적합하고 또한 휴대용이거나 이동형 전력보안통신설비에 의하여 연락이 확보된 경우에는 그러하지 아니하다.
  - 발전소로서 전기의 공급에 지장을 미치지 않는 곳
  - 상주 감시를 하지 않는 변전소(사용전압이 35[kV] 이하의 것에 한한다)로서 그 변전소에 접속되는 전선로가 동일 기술원 주재소에 의하여 운용되는 곳
- 발전소·변전소·개폐소·급전소 및 기술원 주재소와 전기설비의 안전상 긴급연락의 필요가 있는 기상대·측후소·소방서 및 방사선 감시계측 시설물 등의 사이

ㄹ) 배전자동화 주장치가 시설되어 있는 배전센터, 전력수급조절을 총괄하는 중앙급전사령실

ㅁ) 전력보안통신 데이터를 중계하거나, 교환장치가 설치된 정보통신실

② 전력보안통신설비는 정전 시에도 그 기능을 잃지 않도록 비상용 예비전원을 구비하여야 한다.

③ 전력보안통신케이블 시설기준은 다음에 따른다.

　㉠ 통신케이블의 종류 : 광케이블, 동축케이블, 차폐용 실드케이블(STP)

　㉡ 통신케이블은 다음과 같이 시공한다.

　　• 가공통신케이블은 반드시 조가선에 시설할 것

　　• 통신케이블은 강전류전선 또는 가로수나 간판 등 타 공작물과는 법정 최소이격거리를 유지하여 시설할 것

　　• 전력구 내에 시설하는 지중통신케이블은 케이블 행거를 사용하여 시설할 것

## (2) 전력보안통신선의 시설 높이와 이격거리(KEC 362.2)

① 전력보안 가공통신선(가공통신선)의 높이는 다음을 따른다.

　㉠ 도로(차도와 인도의 구별이 있는 도로는 차도) 위에 시설하는 경우에는 지표상 5[m] 이상. 다만, 교통에 지장을 줄 우려가 없는 경우에는 지표상 4.5[m]까지로 감할 수 있다.

　㉡ 철도 또는 궤도를 횡단하는 경우에는 레일면상 6.5[m] 이상

　㉢ 횡단보도교 위에 시설하는 경우에는 그 노면상 3[m] 이상

　㉣ 기타의 경우에는 지표상 3.5[m] 이상

② 가공전선로의 지지물에 시설하는 통신선 또는 이에 직접 접속하는 가공통신선의 높이는 다음에 따라야 한다.

　㉠ 도로를 횡단하는 경우에는 지표상 6[m] 이상(교통에 지장을 줄 우려가 없을 때에는 지표상 5[m] 이상)

　㉡ 철도 또는 궤도를 횡단하는 경우에는 레일면상 6.5[m] 이상

　㉢ 횡단보도교의 위에 시설하는 경우에는 그 노면상 5[m] 이상

> **참고 / 예외사항**
>
> 다음 중 어느 하나에 해당하는 경우에는 그러하지 아니하다.
> • 저압 또는 고압의 가공전선로의 경우 노면상 3.5[m] 이상(통신선이 절연전선인 경우 3[m] 이상)
> • 특고압 전선로의 경우 노면상 4[m] 이상

　㉣ 기타의 경우에는 지표상 5[m] 이상

③ 가공전선과 첨가통신선과의 이격거리

　㉠ 통신선은 가공전선의 아래에 시설할 것

　㉡ 통신선과 저압 가공전선 또는 25[kV] 이하의 다중접지를 한 중성선 사이의 이격거리는 0.6[m] 이상일 것. 다만, 저압 가공전선이 절연전선 또는 케이블인 경우에 통신선이 절연전선인 경우에는 0.3[m](저압 가공전선이 인입선이고 또한 통신선이 첨가통신용 제2종 케이블 또는 광섬유케이블일 경우에는 0.15[m]) 이상으로 할 수 있다.

      ⓒ 통신선과 고압 가공전선 사이의 이격거리는 0.6[m] 이상일 것. 다만, 고압 가공전선이 케이블인 경우에 통신선이 절연전선인 경우에는 0.3[m] 이상으로 할 수 있다.

      ⓔ 통신선과 특고압 가공전선(다중접지를 한 중성선은 제외) 사이의 이격거리는 1.2[m] (다중접지를 한 특고압 가공전선은 0.75[m]) 이상일 것

④ 특고압 가공전선로의 지지물에 시설하는 통신선이 도로·횡단보도교·철도의 레일·삭도·가공전선·다른 가공약전류전선 등 또는 교류 전차선 등과 교차하는 경우에는 다음에 따라 시설하여야 한다.

      ㉠ 통신선이 도로·횡단보도교·철도의 레일 또는 삭도와 교차하는 경우에는 통신선은 연선의 경우 단면적 16[mm$^2$](단선의 경우 지름 4[mm])의 절연전선과 동등 이상의 절연효력이 있는 것, 인장강도 8.01[kN] 이상의 것 또는 연선의 경우 단면적 25[mm$^2$] (단선의 경우 지름 5[mm])의 경동선일 것

      ㉡ 통신선과 삭도 또는 다른 가공약전류전선 등 사이의 이격거리는 0.8[m](통신선이 케이블 또는 광섬유케이블일 때는 0.4[m]) 이상으로 할 것

### (3) 조가선 시설기준(KEC 362.3)

① **조가선은 단면적 38[mm$^2$] 이상의 아연도강연선을 사용할 것**

② 접지는 전력용 접지와 별도의 독립접지 시공을 원칙으로 할 것

③ 접지극은 지표면에서 0.75[m] 이상의 깊이에 타 접지극과 1[m] 이상 이격하여 시설할 것

### (4) 전력유도의 방지(KEC 362.4)

전력보안통신설비는 가공전선로로부터의 정전유도작용 또는 전자유도작용에 의하여 사람에게 위험을 줄 우려가 없도록 시설하여야 한다.

① **이상 시 유도위험전압 : 650[V]**(고장 시 전류제거시간이 0.1초 이상인 경우에는 430[V]로 한다)

② **상시 유도위험종전압 : 60[V]**

③ **기기 오동작 유도종전압 : 15[V]**

④ **잡음전압 : 0.5[mV]**

### (5) 특고압 가공전선로 첨가 설치 통신선의 시가지 인입 제한(KEC 362.5)

① 특고압 가공전선로의 지지물에 첨가 설치하는 통신선 또는 이에 직접 접속하는 통신선은 시가지의 통신선에 접속하여서는 아니 된다.

**참고**  시가지의 통신선에 접속이 가능한 경우

- 특고압용 제1종 보안장치, 특고압용 제2종 보안장치를 시설하는 경우
- 중계선륜 또는 배류 중계선륜의 2차측에 시가지의 통신선을 접속하는 경우

② 시가지에 시설하는 통신선은 특고압 가공전선로의 지지물에 시설하여서는 아니 된다.

> **참고** 시설이 가능한 전선
>
> • 통신선이 절연전선으로 인장강도 5.26[kN] 이상의 것
> • 광섬유케이블 또는 절연전선으로 단면적 16[mm²](지름 4[mm]) 이상의 것

③ 특고압 가공전선로의 지지물에 시설하는 통신선 또는 이것에 직접 접속하는 통신선인 경우
  에는 다음의 보안장치일 것

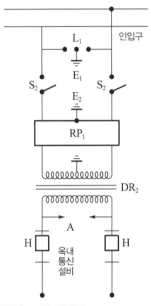 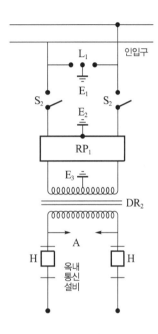

• $S_2$ : 인입용 고압 개폐기
• A : 교류 300[V] 이하에서 동작하는 방전갭
• $RP_1$ : 교류 300[V] 이하에서 동작하고, 최소감도전류가 3[A] 이하로서 최소감도전류 때의 응동시간이 1사이클
  이하이고 또한 전류용량이 50[A], 20초 이상인 자복성(自復性)이 있는 릴레이 보안기
• $DR_2$ : 특고압용 배류 중계 코일(선로측 코일과 옥내측 코일 사이 및 선로측 코일과 대지 사이의 절연내력은
  교류 6[kV]의 시험전압으로 시험하였을 때 연속하여 1분간 이에 견디는 것일 것)
• $L_1$ : 교류 1[kV] 이하에서 동작하는 피뢰기
• $E_1$, $E_2$, $E_3$ : 접지
• H : 250[mA] 이하에서 동작하는 열 코일

‖특고압용 제1종 보안장치‖                    ‖특고압용 제2종 보안장치‖

### (6) 25[kV] 이하인 특고압 가공전선로 첨가통신선의 시설에 관한 특례(KEC 362.6)

통신선은 광섬유케이블일 것(**예외** 특고압용 제2종 보안장치를 시설할 경우)

### (7) 특고압 가공전선로 첨가 설치 통신선에 직접 접속하는 옥내통신선의 시설(KEC 362.7)

특고압 가공전선로의 지지물에 시설하는 통신선 또는 직접 접속하는 통신선 중 옥내에 시설하
는 부분은 400[V] 초과의 저압 옥내배선시설에 준하여 시설하여야 한다.

### (8) 통신기기류 시설(KEC 362.8)

배전주에 시설되는 광전송장치, 동축장치 등의 기기는 전주로부터 0.5[m] 이상(1.5[m] 이내) 이격하여 승주작업에 장애가 되지 않도록 조가선에 견고하게 고정하여야 한다.

### (9) 전원공급기의 시설(KEC 362.9)

① 전원공급기는 다음에 따라 시설하여야 한다.

   ㉠ 지상에서 4[m] 이상 유지할 것

   ㉡ 누전차단기를 내장할 것

   ㉢ 시설 방향은 인도측으로 시설하며, 외함은 접지를 시행할 것

② 기기주, 변대주 및 분기주 등 설비 복잡개소에는 전원공급기를 시설할 수 없다.

### (10) 전력보안통신설비의 보안장치(KEC 362.10)

특고압 가공전선로의 지지물에 시설하는 통신선 또는 이에 직접 접속하는 통신선에 접속하는 휴대전화기를 접속하는 곳 및 옥외전화기를 시설하는 곳에는 특고압용 제1종 보안장치 또는 특고압용 제2종 보안장치를 시설하여야 한다.

### (11) 전력선 반송 통신용 결합장치의 보안장치(KEC 362.11)

전력선 반송 통신용 결합 커패시터에 접속하는 회로에는 다음 그림의 보안장치 또는 이에 준하는 보안장치를 시설하여야 한다.

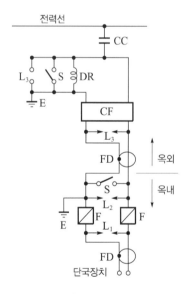

- FD : 동축케이블
- F : 정격전류 10[A] 이하의 포장퓨즈
- DR : 전류용량 2[A] 이상의 배류 선륜
- $L_1$ : 교류 300[V] 이하에서 동작하는 피뢰기
- $L_2$ : 동작전압이 교류 1.3[kV]를 초과하고 1.6[kV] 이하로 조정된 방전갭
- $L_3$ : 동작전압이 교류 2[kV]를 초과하고 3[kV] 이하로 조정된 구상 방전갭
- S : 접지용 개폐기
- CF : 결합 필터
- CC : 결합 커패시터(결합 안테나를 포함한다)
- E : 접지

### (12) 가공통신 인입선 시설(KEC 362.12)

가공통신 인입선 부분의 높이는 교통에 지장을 줄 우려가 없을 때에 한하여 다음과 같이 시설한다.

① 차량이 통행하는 노면상의 높이는 4.5[m] 이상

② 조영물의 붙임점에서의 지표상의 높이는 2.5[m] 이상

## 2 지중통신선로설비(KEC 363) − 지중통신선로설비 시설(KEC 363.1)

### (1) 통신선

지중공가설비로 사용하는 광섬유케이블 및 동축케이블은 지름 22[mm] 이하일 것

### (2) 전력구 내 통신선의 시설

① 전력구 내에서 통신용 행거는 최상단에 시설할 것

② 전력구의 통신선은 반드시 내관 속에 시설하고 그 내관을 행거 위에 시설할 것

③ 전력구에 시설하는 비난연재질인 통신선 및 내관은 난연조치할 것

④ 전력케이블이 시설된 행거에는 통신선을 시설하지 말 것

## 3 무선용 안테나(KEC 364)
### − 무선용 안테나 등을 지지하는 철탑 등의 시설(KEC 364.1)

전력보안통신설비인 무선통신용 안테나를 지지하는 목주·철주·철근콘크리트주 또는 철탑의 기초 안전율은 1.5 이상이어야 한다.

# 단원 자주 출제되는 기출문제

---

★★★ 산업 96년 6회, 98년 4회

**01** 특고압과 저압을 결합하는 변압기에서 계산된 1선 지락전류가 4[A]일 때 접지저항의 최댓값은 몇 [Ω]인가?

① 5　　　　　　② 10
③ 37.5　　　　　④ 75

> **해설** 고압 또는 특고압과 저압의 혼촉에 의한 위험방지시설(KEC 322.1)
> 특고압전로와 저압전로를 결합하는 경우
> $\dfrac{150}{1선\ 지락전류}$[Ω]에 의하여 계산한 값이 10[Ω]을 넘을 때에는 접지저항값이 10[Ω]에 한한다.

---

★★★★ 기사 12년 3회 / 산업 89년 2회

**02** 특고압과 저압을 결합한 변압기의 특고압측 1선 지락전류가 6[A]라 한다. 접지공사의 저항값은 몇 [Ω] 이하로 해야 하는가?

① 10　　　　　　② 20
③ 25　　　　　　④ 30

> **해설** 고압 또는 특고압과 저압의 혼촉에 의한 위험방지시설(KEC 322.1)
> $R = \dfrac{150}{1선\ 지락전류} = \dfrac{150}{6} = 25[Ω] \rightarrow 10[Ω]$
> (10[Ω]을 넘으면 10[Ω]으로 한다)

---

★★★★ 기사 13년 1회 / 산업 91년 7회, 06년 1회, 15년 2회

**03** 고압 또는 특고압과 저압의 혼촉에 의한 위험방지시설에서 가공공동지선은 지름 몇 [mm]의 경동선을 사용하여야 하는가?

① 2　　　　　　② 3
③ 4　　　　　　④ 4.5

> **해설** 고압 또는 특고압과 저압의 혼촉에 의한 위험방지시설(KEC 322.1)
> 가공공동지선은 인장강도 5.26[kN] 이상 또는 지름 4[mm] 이상의 경동선을 사용하여 시설할 것

---

★★★ 기사 92년 2회, 06년 1회, 17년 3회 / 산업 94년 5회, 11년 1회

**04** 고·저압의 혼촉에 의한 위험을 방지하기 위하여 저압측의 중성점에 접지공사를 시설할 때는 변압기의 시설 장소마다 시행하여야 한다. 그러나 토지의 상황에 따라 규정의 접지저항값을 얻기 어려운 경우에는 몇 [m]까지 떼어놓을 수 있는가?

① 75
② 100
③ 200
④ 300

> **해설** 고압 또는 특고압과 저압의 혼촉에 의한 위험방지시설(KEC 322.1)
> 변압기의 중성점 접지는 변압기의 시설 장소마다 시행하여야 한다. 다만, 토지의 상황에 의하여 변압기의 시설 장소에서 KEC 142.5의 규정에 의한 접지저항값을 얻기 어려운 경우, 인장강도 5.26[kN] 이상 또는 지름 4[mm] 이상의 가공 접지도체를 변압기의 시설 장소로부터 200[m]까지 떼어놓을 수 있다.

---

★★★ 기사 93년 2회 / 산업 94년 3회, 10년 2회

**05** 고압과 저압전로를 결합하는 변압기 저압측의 중성점에는 접지공사를 변압기의 시설 장소마다 하여야 하나, 부득이하여 가공공동지선을 설치하여 공통의 접지공사로 하는 경우 각 변압기를 중심으로 하는 지름 몇 [m] 이내의 지역에 시설하여야 하는가?

① 400
② 500
③ 600
④ 800

> **해설** 고압 또는 특고압과 저압의 혼촉에 의한 위험방지시설(KEC 322.1)
> 접지공사는 각 변압기를 중심으로 하는 지름 400[m] 이내의 지역으로서 그 변압기에 접속되는 전선로 바로 아래의 부분에서 각 변압기의 양쪽에 있도록 할 것

---

**06** 다음 고·저압 혼촉에 의한 위험방지시설로 가공공동지선을 설치하여 시설하는 경우에 각 접지선을 가공공동지선으로부터 분리하였을 경우에 각 접지선과 대지 간의 전기저항값은 몇 [Ω] 이하로 하여야 하는가?

① 75
② 150
③ 300
④ 600

> **해설** 고압 또는 특고압과 저압의 혼촉에 의한 위험방지시설(KEC 322.1)
> 가공공동지선과 대지 사이의 합성 전기저항값은 1[km]를 지름으로 하는 지역 안으로 하고 또한 각 접지도체를 가공공동지선으로부터 분리하였을 경우의 각 접지도체와 대지 사이의 <u>전기저항값은 300[Ω] 이하로</u> 할 것

**07** 가공공동지선에 의한 접지공사에 있어 가공공동지선과 대지 간의 합성 전기저항값은 몇 [m]를 지름으로 하는 지역마다 규정하는 접지저항값을 가지는 것으로 하여야 하는가?

① 400
② 600
③ 800
④ 1,000

> **해설** 고압 또는 특고압과 저압의 혼촉에 의한 위험방지시설(KEC 322.1)
> 가공공동지선과 대지 사이의 <u>합성 전기저항값은 1[km]를 지름</u>으로 하는 지역 안으로 하고 또한 각 접지도체를 가공공동지선으로부터 분리하였을 경우의 각 접지도체와 대지 사이의 전기저항값은 300[Ω] 이하로 할 것

**08** 고압전로와 비접지식의 저압전로를 결합하는 변압기로, 그 고압권선과 저압권선 간에 금속제의 혼촉방지판이 있고 그 혼촉방지판에

접지공사를 한 것에 접속하는 저압전선을 옥외에 시설하는 경우로 옳지 않은 것은?

① 저압 옥상전선로의 전선은 케이블이어야 한다.
② 저압 가공전선과 고압 가공전선은 동일 지지물에 시설하지 않아야 한다.
③ 저압전선은 2구내에만 시설한다.
④ 저압 가공전선로의 전선은 케이블이어야 한다.

> **해설** 혼촉방지판이 있는 변압기에 접속하는 저압 옥외전선의 시설 등(KEC 322.2)
> ㉠ 저압전선은 <u>1구내에만 시설</u>할 것
> ㉡ 저압 가공전선로 및 옥상전선로의 전선은 케이블일 것
> ㉢ 저압 가공전선과 고압 또는 특고압의 가공전선을 동일 지지물에 시설하지 아니할 것
> (예외) 고압 및 특고압 가공전선이 케이블인 경우)

**09** 혼촉방지판이 있는 변압기에 접속한 비접지식 저압 옥외전선의 시설방법으로 옳지 않은 것은?

① 저압전선은 1구내에 시설하여야 한다.
② 저압 가공전선로의 전선은 케이블을 사용한다.
③ 고압과 병가할 때 고압과 저압을 모두 케이블로 사용한다.
④ 특고압과 동일 지지물에 시설할 때 저압은 케이블이고, 특고압은 절연전선을 사용한다.

> **해설** 혼촉방지판이 있는 변압기에 접속하는 저압 옥외전선의 시설 등(KEC 322.2)
> ㉠ 저압전선은 1구내에만 시설할 것
> ㉡ 저압 가공전선로 및 옥상전선로의 전선은 케이블일 것
> ㉢ 저압 가공전선과 고압 또는 <u>특고압의 가공전선을 동일 지지물에 시설하지 아니할 것</u>
> (예외) 고압 및 특고압 가공전선이 케이블인 경우)

★★★★ 기사 04년 1회 / 산업 91년 5회, 98년 3회

**10** 접지공사를 한 혼촉방지판이 설치된 변압기로서, 고압전로 또는 특고압전로와 저압전로를 결합하는 변압기 2차측 저압전로를 옥외에 시설하는 경우 기술기준에 부합되지 않는 것은 다음 중 어느 것인가?

① 저압선 가공전선로 또는 저압 옥상전선로의 전선은 케이블일 것

② 저압전선은 1구내에만 시설할 것

③ 저압전선이 구외로의 연장범위는 200[m] 이하일 것

④ 저압 가공전선과 또는 특고압의 가공전선은 동일 지지물에 시설하지 말 것

🔎 **해설** 혼촉방지판이 있는 변압기에 접속하는 저압 옥외전선의 시설 등(KEC 322.2)

㉠ 저압전선은 1구내에만 시설할 것

㉡ 저압 가공전선로 및 옥상전선로의 전선은 케이블일 것

㉢ 저압 가공전선과 고압 또는 특고압의 가공전선을 동일 지지물에 시설하지 아니할 것

**예외** 고압 및 특고압 가공전선이 케이블인 경우)

★★★ 기사 00년 3회, 05년 1회 / 산업 97년 7회, 00년 5회, 01년 1회, 15년 2회

**11** 변압기에 의하여 특고압전로에 결합되는 고압전로에는 혼촉 등에 의한 위험방지시설로 어떤 것을 그 변압기의 단자에 가까운 1극에 설치하는가?

① 댐퍼 　　　　② 절연애자

③ 퓨즈 　　　　④ 방전장치

🔎 **해설** 특고압과 고압의 혼촉 등에 의한 위험방지시설 (KEC 322.3)

변압기에 의하여 특고압전로에 결합되는 고압전로에는 사용전압의 3배 이하인 전압이 가하여진 경우에 방전하는 장치를 그 변압기의 단자에 가까운 1극에 설치하여야 한다.

★ 기사 91년 2회 / 산업 91년 2회

**12** 154[kV]에 연결된 3,300[V] 전로의 변압기 단자에 시설하는 방전기의 최대방전전압은 얼마로 되는가?

① 4,950[V] 　　　② 6,600[V]

③ 8,250[V] 　　　④ 9,900[V]

🔎 **해설** 특고압과 고압의 혼촉 등에 의한 위험방지시설 (KEC 322.3)

변압기에 의하여 특고압전로에 결합되는 고압전로에는 사용전압의 3배 이하인 전압이 가하여진 경우에 방전하는 장치를 그 변압기의 단자에 가까운 1극에 설치하여야 한다.

최대방전전압=3,300×3=9,900[V]

★★★★ 기사 98년 6회, 00년 6회, 02년 4회 / 산업 08년 2회, 11년 3회, 14년 1회

**13** 전로의 중성점을 접지하는 목적에 해당되지 않는 것은?

① 보호장치의 확실한 동작 확보

② 이상전압의 억제

③ 대지전압의 저하

④ 부하전류의 일부를 대지로 흐르게 함으로써 전선 절약

🔎 **해설** 전로의 중성점의 접지(KEC 322.5)

㉠ 전로의 중성점을 접지하는 목적은 전로의 보호장치의 확실한 동작 확보, 이상전압의 억제 및 대지전압의 저하이다.

㉡ 접지도체는 공칭단면적 16[mm²] 이상의 연동선 또는 이와 동등 이상의 세기 및 굵기의 쉽게 부식하지 아니하는 금속선(저압전로의 중성점에 시설하는 것은 공칭단면적 6[mm²] 이상의 연동선 또는 이와 동등 이상의 세기 및 굵기의 쉽게 부식하지 않는 금속선)으로서, 고장 시 흐르는 전류가 안전하게 통할 수 있는 것을 사용하고 또한 손상을 받을 우려가 없도록 시설한다.

★★ 기사 97년 2회, 99년 4회, 02년 1회

**14** 고압전로의 중성점을 접지할 때 접지선으로 연동선을 사용하는 경우의 지름은 최소 몇 [mm²]인가?

① 2.5 　　　　② 6

③ 10 　　　　④ 16

🔎 **해설** 전로의 중성점의 접지(KEC 322.5)

접지도체는 공칭단면적 16[mm²] 이상의 연동선 또는 이와 동등 이상의 세기 및 굵기의 쉽게 부식하지 아니하는 금속선(저압전로의 중성점에 시설하는 것은 공칭단면적 6[mm²] 이상의 연동선 또는 이와 동등 이상의 세기 및 굵기의 쉽게 부식하지 않는 금속선)으로서, 고장 시 흐르는 전류가 안전하게 통할 수 있는 것을 사용하고 또한 손상을 받을 우려가 없도록 시설한다.

🔲 **정답** 10. ③　11. ④　12. ④　13. ④　14. ④

**★★★** 기사 94년 3회, 02년 2회 / 산업 99년 6회, 03년 3회, 06년 3회, 09년 2회

## 15 전선로의 종류가 아닌 것은?

① 산간전선로
② 수상전선로
③ 물밑전선로
④ 터널 내 전선로

**ⵣ해설 전선로의 종류**

㉠ 가공전선로
㉡ 옥측전선로
㉢ 옥상전선로
㉣ 지중전선로
㉤ 터널 내 전선로
㉥ 수상전선로
㉦ 물밑전선로

**★★★★★** 기사 13년 2회, 17년 2회, 18년 1회, 19년 2회 / 산업 16년 2회, 17년 1회, 18년 3회, 20년 1·2회

## 16 가공전선로의 지지물에 취급자가 오르고 내리는 데 사용하는 발판못 등은 지표상 몇 [m] 미만에 시설해서는 안 되는가?

① 1.2
② 1.8
③ 2.2
④ 2.5

**ⵣ해설 가공전선로 지지물의 철탑오름 및 전주오름 방지(KEC 331.4)**

가공전선로의 지지물에 취급자가 오르고 내리는 데 사용하는 발판볼트 등을 지표상 1.8[m] 미만에 시설하여서는 아니 된다.

**★★★★★** 기사 95년 5회, 11년 3회, 12년 1회 / 산업 00년 2회, 04년 3·4회, 06년 4회, 07년 4회, 15년 1회

## 17 가공전선로에 사용하는 지지물의 강도계산에 적용하는 풍압하중 중 병종 풍압하중은 갑종 풍압하중에 대한 얼마의 풍압을 기초로 하여 계산한 것인가?

① $\dfrac{1}{2}$
② $\dfrac{1}{3}$
③ $\dfrac{2}{3}$
④ $\dfrac{1}{4}$

**ⵣ해설 풍압하중의 종별과 적용(KEC 331.6)**

㉠ 인가가 밀집된 도시지역의 35[kV] 이하 가공전선에 적용하는 풍압하중(빙설이 적은 저온계 및 인가 밀집지역에 적용)
㉡ 갑종 풍압하중의 $\dfrac{1}{2}$을 기초로 하여 계산한 것

**★★★** 기사 91년 2회, 98년 6회, 05년 2회 / 산업 07년 1회, 09년 3회, 18년 3회

## 18 인가가 많이 연접된 장소에 시설하는 고·저압 가공전선로의 풍압하중에 대하여 갑종 풍압하중 또는 을종 풍압하중에 갈음하여 병종 풍압하중을 적용할 수 있는 구성재가 아닌 것은?

① 저압 또는 고압 가공전선로의 지지물
② 저압 또는 고압 가공전선로의 가섭선
③ 사용전압이 35,000[V] 이하인 특고압 가공전선로의 지지물에 시설하는 저압 또는 고압 가공전선
④ 사용전압이 35,000[V] 이상인 특고압 가공전선로에 사용하는 케이블

**ⵣ해설 풍압하중의 종별과 적용(KEC 331.6)**

빙설이 적은 저온계의 인가가 많이 연접된 장소로서 병종 풍압하중을 적용할 수 있는 사항은 다음과 같다.
㉠ 저압 또는 고압 가공전선로의 지지물 또는 가섭선
㉡ 사용전압이 35,000[V] 이하의 전선에 특고압 절연전선 또는 케이블을 사용하는 특고압 가공전선로의 지지물, 가섭선 및 특고압 가공전선을 지지하는 애자장치 및 완금류

**★** 기사 00년 2·5회, 02년 4회, 11년 2회 / 산업 07년 3회

## 19 인가가 많이 연접되어 있는 장소에 시설하는 가공전선로의 구성재 중 고압 가공전선로의 지지물 또는 가섭선에 적용하는 풍압하중에 대한 설명으로 옳은 것은?

① 갑종 풍압하중의 1.5배를 적용시켜야 한다.
② 갑종 풍압하중의 2배를 적용시켜야 한다.
③ 병종 풍압하중을 적용시킬 수 있다.
④ 갑종 풍압하중과 을종 풍압하중 중 큰 것만 적용시킨다.

**ⵣ해설 풍압하중의 종별과 적용(KEC 331.6)**

인가가 많이 연접되어 있는 장소에 시설하는 가공전선로에는 병종 풍압하중을 적용할 수 있다.
㉠ 저압 또는 고압 가공전선로의 지지물 또는 가섭선
㉡ 사용전압이 35,000[V] 이하의 전선에 특고압 절연전선 또는 케이블을 사용하는 특고압 가공전선로의 지지물, 가섭선 및 특고압 가공전선을 지지하는 애자장치 및 완금류

**⟳정답** 15. ① 16. ② 17. ① 18. ④ 19. ③

**★★** 기사 92년 6회, 20년 1 · 2회 / 산업 00년 4회

**20** 빙설이 많지 않은 지방의 저온 계절에는 어떤 종류의 풍압하중을 적용하는가?

① 갑종 풍압하중
② 을종 풍압하중
③ 병종 풍압하중
④ 갑종 풍압하중과 을종 풍압하중

**해설** 풍압하중의 종별과 적용(KEC 331.6)

㉠ 빙설이 많은 지방
 • 고온계 : 갑종 풍압하중
 • 저온계 : 을종 풍압하중
㉡ 빙설이 적은 지방
 • 고온계 : 갑종 풍압하중
 • 저온계 : 병종 풍압하중
㉢ 인가가 많이 연접된 장소 : 병종 풍압하중

**★★** 기사 19년 2회 / 산업 10년 1회

**21** 빙설의 정도에 따라 풍압하중을 적용하도록 규정하고 있는 내용 중 옳은 것은?

① 빙설이 많은 지방에서는 고온 계절에는 갑종 풍압하중, 저온 계절에는 을종 풍압하중을 적용한다.
② 빙설이 많은 지방에서는 고온 계절에는 을종 풍압하중, 저온 계절에는 갑종 풍압하중을 적용한다.
③ 빙설이 적은 지방에서는 고온 계절에는 갑종 풍압하중, 저온 계절에는 을종 풍압하중을 적용한다.
④ 빙설이 적은 지방에서는 고온 계절에는 을종 풍압하중, 저온 계절에는 갑종 풍압하중을 적용한다.

**해설** 풍압하중의 종별과 적용(KEC 331.6)

㉠ 빙설이 많은 지방
 • 고온계 : 갑종 풍압하중
 • 저온계 : 을종 풍압하중
㉡ 빙설이 적은 지방
 • 고온계 : 갑종 풍압하중
 • 저온계 : 병종 풍압하중
㉢ 인가가 많이 연접된 장소 : 병종 풍압하중

**★★★★★** 기사 16년 3회, 17년 3회, 18년 3회 / 산업 11년 3회, 13년 1회, 14년 3회

**22** 가공전선로에 사용하는 지지물의 강도계산에 적용하는 갑종 풍압하중을 계산할 때 구성재의 수직투영면적 1[m²]에 대한 풍압 값의 기준이 잘못된 것은?

① 목주 : 588[Pa]
② 원형 철주 : 588[Pa]
③ 원형 철근콘크리트주 : 882[Pa]
④ 강관으로 구성된 철탑 : 1,255[Pa]

**해설** 풍압하중의 종별과 적용(KEC 331.6)

갑종 풍압하중의 종류와 그 크기는 다음과 같다.

| 풍압을 받는 구분 | | 구성재의 수직투영면적 1[m²]에 대한 풍압 |
|---|---|---|
| 지지물 | 목주 | 588[Pa] |
| | 철주 | • 원형 : 588[Pa]<br>• 삼각형 또는 능형 : 1,412[Pa]<br>• 강관으로 4각형 : 1,117[Pa]<br>• 기타 : 1,784[Pa](목재가 전 · 후면에 겹치는 경우 : 1,627[Pa]) |
| | 철근콘크리트주 | • 원형 : 588[Pa]<br>• 기타 : 882[Pa] |
| | 철탑 | • 강관 : 1,255[Pa]<br>• 기타 : 2,157[Pa] |
| 전선, 기타 가섭선 | | • 단도체 : 745[Pa]<br>• 다도체 : 666[Pa] |
| 애자장치(특고압 전선용) | | 1,039[Pa] |
| 완금류 | | • 단일재 : 1,196[Pa]<br>• 기타 : 1,627[Pa] |

**★★★** 기사 00년 6회 / 산업 01년 1회, 03년 1회, 17년 2회

**23** 가공전선로에 사용하는 지지물의 강도계산에 적용하는 갑종 풍압하중은 지지물이 목주, 원형 철주, 원형 철근콘크리트주인 경우 수직투영면적 1[m²]에 대하여 몇 [Pa]의 풍압을 기초로 하여 계산하는가?

① 588
② 666
③ 745
④ 1,255

**해설** 풍압하중의 종별과 적용(KEC 331.6)

㉠ 목주, 원형 철주, 원형 철근콘크리트주 : 588[Pa]
㉡ 철탑, 강관으로 구성되는 철탑 : 1,255[Pa]
㉢ 기타 : 2,157[Pa]

**24** 강관으로 구성된 철탑의 갑종 풍압하중은 수직투영면적 1[m²]에 대한 풍압을 기초로 하여 계산한 값이 몇 [Pa]인가?

① 588
② 666
③ 1,255
④ 2,157

기사 03년 4회, 12년 2회, 15년 2회, 16년 2회 / 산업 97년 6회, 08년 1회

**해설** 풍압하중의 종별과 적용(KEC 331.6)

| 풍압을 받는 구분 | | | 풍압[Pa] |
|---|---|---|---|
| 지지물 | 목주 | | 588 |
| | 원형 철주 | | |
| | 원형 철근콘크리트주 | | |
| | 철탑 | 강관으로 구성 | 1,255 |
| | | 기타 | 2,157 |

**25** 철주가 강관에 의하여 구성되는 사각형의 것일 때 갑종 풍압하중을 계산하려 한다. 수직투영면적 1[m²]에 대한 풍압하중을 몇 [Pa]로 기초하여 계산하는가?

① 588
② 882
③ 1,117
④ 1,411

기사 12년 1회 / 산업 05년 1회

**해설** 풍압하중의 종별과 적용(KEC 331.6)
철주가 강관으로 구성된 사각형일 때 : 1,117[Pa]

**26** 가공전선로에 사용되는 특고압 전선로용의 애자장치에 대한 갑종 풍압하중은 그 구성재의 수직투영면적 1[m²]에 대한 풍압으로 몇 [Pa]을 기초로 하여 계산하는가?

① 588
② 666
③ 882
④ 1,039

기사 92년 3회, 99년 6회, 04년 1회, 10년 1회, 13년 1회 / 산업 98년 7회, 19년 3회

**해설** 풍압하중의 종별과 적용(KEC 331.6)
애자장치의 갑종 풍압하중은 1,039[Pa]이다.

**27** 가공전선로에 사용하는 지지물을 강관으로 구성되는 철탑으로 할 경우 지지물의 강도계산에 적용하는 병종 풍압하중은 구성재의 수직투영면적 1[m²]에 대한 풍압을 몇 [Pa]로 하여 계산하는가?

기사 95년 2회, 06년 2회 / 산업 00년 5회

① 441
② 627
③ 706
④ 1,078

**해설** 풍압하중의 종별과 적용(KEC 331.6)
철탑의 갑종 풍압하중의 크기는 1,255[Pa]이나 병종 풍압하중은 갑종 풍압하중의 50[%]를 적용하기 때문에 627[Pa]이다.

**28** 전선, 기타의 가섭선(架涉線) 주위에 두께 6[mm], 비중 0.9의 빙설이 부착된 상태에서 을종 풍압하중은 구성재의 수직투영면적 1[m²]당 몇 [Pa]을 기초로 하여 계산하는가? (단, 다도체를 구성하는 전선이 아니라고 한다.)

기사 96년 2회, 04년 4회, 10년 1회, 11년 3회, 13년 3회 / 산업 09년 1회

① 333
② 372
③ 588
④ 666

**해설** 풍압하중의 종별과 적용(KEC 331.6)
전선, 기타의 가섭선(架涉線) 주위에 두께 6[mm], 비중 0.9의 빙설이 부착된 상태에서 수직투영면적 372[Pa] (다도체를 구성하는 전선은 333[Pa])로 한다.

**29** 가공전선로의 지지물에 하중이 가해지는 경우 그 하중을 받는 지지물의 기초안전율은 얼마 이상이어야 하는가? (단, 이상 시 상정하중은 무관)

기사 06년 2회, 12년 3회, 14년 2회, 15년 1회, 17년 3회, 19년 3회, 20년 4회 / 산업 11년 3회

① 1
② 2
③ 2.5
④ 3

**해설** 가공전선로 지지물의 기초안전율(KEC 331.7)
가공전선로의 지지물에 하중이 가해지는 경우 그 하중을 받는 지지물의 기초안전율은 2 이상이어야 한다(이상 시 상정하중에 대한 철탑의 기초에 대하여는 1.33 이상).

**30** 철탑의 강도계산에 사용하는 이상 시 상정하중에 대한 철탑의 기초에 대한 안전율은 얼마 이상이어야 하는가?

기사 00년 3·4회, 13년 2회, 16년 3회, 18년 2회 / 산업 10년 1회

① 0.9
② 1.33
③ 1.83
④ 2.25

**정답** 24. ③  25. ③  26. ④  27. ②  28. ②  29. ②  30. ②

**해설** 가공전선로 지지물의 기초안전율(KEC 331.7)
가공전선로의 지지물에 하중이 가하여지는 경우에는 그 하중을 받는 지지물의 기초안전율은 2로 한다. 단, 철탑에 이상 시 상정하중이 가하여지는 경우에는 1.33으로 한다.

★ 산업 97년 5회

**31** 저·고압 가공전선로의 지지물로 사용하는 A종 철근콘크리트주는?

① 전장 16[m] 이하, 설계하중 6.8[kN] 이하의 것

② 전장 18[m] 이하, 설계하중 6.8[kN] 이하의 것

③ 전장 15[m] 이하, 설계하중 9.8[kN] 이하의 것

④ 전장 15[m] 이하, 설계하중 9.8[kN] 이하의 것

**해설** 가공전선로 지지물의 기초안전율(KEC 331.7)
지지물의 종류에는 A종과 B종이 있다.
㉠ A종 : 길이 16[m] 이하, 설계하중 6.8[kN] 이하
㉡ B종 : A종 이외의 것

★★ 산업 91년 5회, 10년 2회(유사)

**32** 전장 15[m]가 넘는 목주, A종 철주, A종 철근콘크리트주의 매설깊이는 최소 몇 [m]인가?

① 3
② 3.5
③ 2
④ 2.5

**해설** 가공전선로 지지물의 기초안전율(KEC 331.7)
㉠ A종 철주(강관주, 강관조립주) 및 A종 철근콘크리트주로 전장이 16[m] 이하, 하중이 6.8[kN]인 것
  • 전장 15[m] 이하 : 전장 $\frac{1}{6}$ 이상
  • 전장 15[m]를 넘는 것 : 2.5[m] 이상
㉡ 전장 16[m] 넘고 20[m] 이하(설계하중이 6.8[kN] 이하인 경우) : 2.8[m] 이상
㉢ 전장 14[m] 이상 20[m] 이하(설계하중이 6.8[kN] 초과하고 9.8[kN] 이하) : 표준근입(㉠항의 값) + 30[cm]

★★★★ 기사 05년 3회, 11년 3회, 13년 3회, 16년 2회 / 산업 15년 3회(유사), 17년 3회

**33** 길이 16[m], 설계하중 9.8[kN]의 철근콘크리트주를 지반이 튼튼한 곳에 시설하는 경우 지지물 기초의 안전율과 무관하려면 땅에 묻는 깊이를 몇 [m] 이상으로 하여야 하는가?

① 2.0
② 2.4
③ 2.8
④ 3.2

**해설** 가공전선로 지지물의 기초안전율(KEC 331.7)
전주의 근입을 살펴보면 다음과 같다.
㉠ A종 철주(강관주, 강관조립주) 및 A종 철근콘크리트주로 전장이 16[m] 이하, 하중이 6.8[kN]인 것
  • 전체의 길이 15[m] 이하 : 전장 $\frac{1}{6}$ 이상
  • 전체의 길이 15[m]를 넘는 것 : 2.5[m] 이상
㉡ 전장 16[m] 넘고 20[m] 이하(설계하중이 6.8[kN] 이하인 경우) : 2.8[m] 이상
㉢ 전장 14[m] 이상 20[m] 이하(설계하중이 6.8[kN] 초과하고 9.8[kN] 이하) : 표준근입(㉠항의 값) + 30[cm]

★★ 산업 18년 1회, 19년 2회

**34** 철근콘크리트주로서 전장이 15[m]이고, 설계하중이 8.2[kN]이다. 이 지지물을 논이나 기타 지반이 연약한 곳 이외에 기초안전율의 고려 없이 시설하는 경우에 그 묻히는 깊이는 기준보다 몇 [cm]를 가산하여 시설하여야 하는가?

① 10
② 30
③ 50
④ 70

**해설** 가공전선로 지지물의 기초안전율(KEC 331.7)
전주의 근입을 살펴보면 다음과 같다.
㉠ A종 철주(강관주, 강관조립주) 및 A종 철근콘크리트주로 전장이 16[m] 이하, 하중이 6.8[kN]인 것
  • 전체의 길이 15[m] 이하 : 전장 $\frac{1}{6}$ 이상
  • 전체의 길이 15[m]를 넘는 것 : 2.5[m] 이상
㉡ 전장 16[m] 넘고 20[m] 이하(설계하중이 6.8[kN] 이하인 경우) : 2.8[m] 이상
㉢ 전장 14[m] 이상 20[m] 이하(설계하중이 6.8[kN] 초과하고 9.8[kN] 이하) : 표준근입(㉠항의 값) + 30[cm]

**★★** 산업 03년 4회, 05년 2회, 11년 2회

**35** 다음 중 지선의 시설목적으로 적합하지 않은 것은?

① 유도장해를 방지하기 위하여
② 지지물의 강도를 보강하기 위하여
③ 전선로의 안전성을 증가시키기 위하여
④ 불평형 장력을 줄이기 위하여

**해설** 지선의 시설(KEC 331.11)
㉠ 지지물의 강도 보강(철탑 제외)
㉡ 전선로의 안전성 증대
㉢ 불평형 장력에 대한 평형 유지

**★★★★★** 기사 05년 2회, 14년 1회 / 산업 12년 3회, 17년 2·3회, 18년 2회

**36** 지선을 사용하여 그 강도를 분담시켜서는 안 되는 가공전선로 지지물은?

① 목주 ② 철주
③ 철탑 ④ 철근콘크리트주

**해설** 지선의 시설(KEC 331.11)
㉠ 철탑은 지선을 사용하여 그 강도를 분담시켜서는 안 된다.
㉡ 지지물로 사용하는 철주 또는 철근콘크리트주는 지선을 사용하지 않는 상태에서 $\frac{1}{2}$ 이상의 풍압하중에 견디는 강도를 가지는 경우 이외에는 지선을 사용하여 그 강도를 분담시켜서는 안 된다.

**★★★★** 기사 10년 2회, 17년 1회, 20년 1·2회, 21년 1회 / 산업 15년 1·3회

**37** 가공전선로의 지지물에 시설하는 지선으로 연선을 사용할 경우 소선(素線)은 몇 가닥 이상이어야 하는가?

① 2 ② 3
③ 5 ④ 9

**해설** 지선의 시설(KEC 331.11)
가공전선로의 지지물에 시설하는 지선은 소선(素線) 3가닥 이상으로 할 것

**★★★★** 기사 03년 4회, 16년 1회 / 산업 92년 5회, 00년 3회, 05년 1회, 13년 1회

**38** 가공전선로의 지지물에 시설하는 지선의 안전율은 일반적으로 얼마 이상이어야 하는가?

① 2.0 ② 2.1
③ 2.2 ④ 2.5

**해설** 지선의 시설(KEC 331.11)
가공전선로의 지지물에 시설하는 지선의 안전율은 2.5 이상일 것(목주·A종 철주, A종 철근콘크리트주 등 1.5 이상)

**★★★** 기사 11년 2회, 16년 3회, 17년 2회 / 산업 11년 1회, 16년 1회(유사)

**39** 가공전선으로의 지지물에 시설하는 지선의 시방세목으로 옳은 것은?

① 안전율은 1.2일 것
② 소선은 3조 이상의 연선일 것
③ 소선은 지름 2.0[mm] 이상인 금속선을 사용한 것일 것
④ 허용인장하중의 최저는 3.2[kN]으로 할 것

**해설** 지선의 시설(KEC 331.11)
가공전선로의 지지물에 시설하는 지선은 다음에 따라야 한다.
㉠ 지선의 안전율 : 2.5 이상(목주·A종 철주, A종 철근콘크리트주 등 1.5 이상)
㉡ 허용인장하중 : 4.31[kN] 이상
㉢ 소선(素線) 3가닥 이상의 연선일 것
㉣ 소선은 지름 2.6[mm] 이상의 금속선을 사용한 것일 것 또는 소선의 지름이 2[mm] 이상인 아연도강연선으로서 소선의 인장강도가 0.68[kN/mm²] 이상인 것
㉤ 지중부분 및 지표상 0.3[m]까지의 부분에는 내식성이 있는 아연도금철봉 사용

**★★★★★** 기사 10년 3회(유사), 12년 2회, 17년 3회, 19년 2회 / 산업 05년 1회, 06년 2회, 08년 2·4회, 15년 2회

**40** 가공전선으로의 지지물에 지선을 시설할 때 옳은 방법은?

① 지선의 안전율을 2.0으로 하였다.
② 소선은 최소 2가닥 이상의 연선을 사용하였다.
③ 지중의 부분 및 지표상 20[cm]까지의 부분은 아연도금철봉 등 내부식성 재료를 사용하였다.
④ 도로를 횡단하는 곳의 지선의 높이는 지표상 5[m]로 하였다.

**해설** 지선의 시설(KEC 331.11)
㉠ 지선의 안전율 : 2.5 이상
㉡ 허용인장하중 : 4.31[kN] 이상
㉢ 소선(素線) 3가닥 이상의 연선일 것

**정답** 35. ① 36. ③ 37. ② 38. ④ 39. ② 40. ④

ⓔ 소선은 지름 2.6[mm] 이상의 금속선을 사용한 것일 것 또는 소선의 지름이 2[mm] 이상인 아연도강연선으로서, 소선의 인장강도가 0.68[kN/mm²] 이상인 것

ⓜ 지중부분 및 지표상 30[cm]까지의 부분에는 내식성이 있는 아연도금철봉을 사용

ⓗ 도로를 횡단 시 지선의 높이는 지표상 5[m] 이상

ⓐ 지선애자를 사용하여 감전사고방지

ⓞ 철탑은 지선을 사용하여 강도의 일부를 분담금지

---

★ 산업 07년 1회

**41** 도로를 횡단하여 시설하는 지선의 높이는 특별한 경우를 제외하고 지표상 몇 [m] 이상으로 하여야 하는가?

① 5  ② 5.5
③ 6  ④ 6.5

🔎 해설 지선의 시설(KEC 331.11)

㉠ 도로를 횡단하여 시설하는 지선의 높이는 지표상 5[m] 이상

㉡ 교통에 지장을 초래할 우려가 없는 경우에는 지표상 4.5[m] 이상

㉢ 보도의 경우에는 2.5[m] 이상

---

★★★★★ 기사 12년 1회, 14년 3회, 18년 2회 / 산업 00년 1회, 03년 3회, 04년 1회

**42** 고압 가공인입선이 케이블 이외의 것으로서 그 아래에 위험표시를 하였다면 전선의 지표상 높이는 몇 [m]까지로 감할 수 있는가?

① 2.5  ② 3.5
③ 4.5  ④ 5.5

🔎 해설 고압 가공인입선의 시설(KEC 331.12.1)

㉠ 고압 가공인입선의 높이는 지표상 5[m] 이상

㉡ 고압 가공인입선이 케이블일 때와 전선의 아래쪽에 위험표시를 하면 지표상 3.5[m] 이상

---

★★★ 기사 04년 1회, 06년 1회, 14년 1회, 17년 3회 / 산업 96년 4회, 08년 3회

**43** 고압 인입선 등의 시설기준에 맞지 않는 것은?

① 고압 가공인입선 아래에 위험표시를 하고 지표상 3.5[m] 높이에 설치하였다.

② 전선은 5.0[mm] 경동선과 동등한 세기의 고압 절연전선을 사용하였다.

③ 애자사용공사로 시설하였다.

④ 15[m] 떨어진 다른 수용가에 고압 연접인입선을 시설하였다.

🔎 해설 고압 가공인입선의 시설(KEC 331.12.1)

㉠ 고압 가공인입선은 인장강도 8.01[kN] 이상의 고압 절연전선, 특고압 절연전선 또는 지름 5[mm] 이상의 경동선의 고압 절연전선, 특고압 절연전선에서 규정하는 인하용 절연전선을 애자사용공사에 의하여 시설하거나 케이블을 규정에 준하여 시설

㉡ 고압 가공인입선의 높이는 지표상 3.5[m]까지로 감할 수 있다. 이 경우에 그 고압 가공인입선이 케이블 이외의 것인 때에는 그 전선의 아래쪽에 위험표시를 하여야 함

㉢ 고압 연접인입선은 시설할 수 없음

---

★ 기사 19년 1회 / 산업 99년 4·7회

**44** 고압 옥측전선로의 전선으로 사용할 수 있는 것은?

① 케이블  ② 절연전선
③ 다심형 전선  ④ 나경동선

🔎 해설 고압 옥측전선로의 시설(KEC 331.13.1)

㉠ 전선은 케이블일 것

㉡ 케이블은 견고한 관 또는 트라프에 넣거나 사람이 접촉할 우려가 없도록 시설할 것

㉢ 케이블을 조영재의 옆면 또는 아랫면에 따라 붙일 경우에는 케이블의 지지점 간의 거리를 2[m](수직으로 붙일 경우에는 6[m]) 이하로 하고 또한 피복을 손상하지 아니하도록 붙일 것

㉣ 관, 기타의 케이블을 넣는 방호장치의 금속제 부분·금속제의 전선 접속함 및 케이블의 피복에 사용하는 금속제에는 이들의 방식조치를 한 부분 및 대지와의 사이의 전기저항값이 10[Ω] 이하인 부분을 제외하고 접지공사를 할 것

---

★★ 산업 11년 1회, 14년 1회

**45** 고압 옥상전선로의 전선이 다른 시설물과 접근하거나 교차하는 경우에는 고압 옥상전선로의 전선과 이들 사이의 이격거리는 몇 [cm] 이상이어야 하는가?

① 30  ② 40
③ 50  ④ 60

🔎 해설 고압 옥상전선로의 시설(KEC 331.14.1)

고압 옥상전선로의 전선이 다른 시설물(가공전선을 제외한다)과 접근하거나 교차하는 경우에는 고압 옥상전선로의 전선과 이들 사이의 이격거리는 0.6[m] 이상

---

★★★ 기사 05년 3회, 10년 2회, 19년 3회, 20년 1·2회 / 산업 10년 2회, 17년 1회

**46** 저압 또는 고압 가공전선로(전기철도용 급전선로는 제외)와 기설 가공약전류전선로(단선식 전화선로 제외)가 병행할 때 유도작용에 의한 통신상의 장해가 생기지 아니하도록 하려면 양자의 이격거리는 최소 몇 [m] 이상으로 하여야 하는가?

① 2 ② 4
③ 6 ④ 8

**해설** 가공약전류전선로의 유도장해방지(KEC 332.1)

고·저압 가공전선로가 가공약전류전선과 병행하는 경우 약전류전선과 2[m] 이상 이격시켜야 한다.

★★★ 기사 17년 2회 / 산업 05년 4회, 10년 3회, 18년 1회

**47** 저압 가공전선으로 케이블을 사용하는 경우 케이블은 조가용선에 행거로 시설하고 이때 사용전압이 고압인 때에는 행거의 간격을 몇 [cm] 이하로 시설하여야 하는가?

① 30 ② 50
③ 75 ④ 100

**해설** 가공케이블의 시설(KEC 332.2)

㉠ 케이블은 조가용선에 행거로 시설할 것
• 조가용선에 0.5[m] 이하마다 행거에 의해 시설할 것
• 조가용선에 접촉시키고 금속테이프 등을 0.2[m] 이하 간격으로 나선형으로 감아 붙일 것
• 단면적 22[mm²] 이상의 아연도강연선일 것
㉡ 조가용선 및 케이블 피복에는 접지공사를 할 것

★★★★ 기사 93년 5회, 11년 2회, 14년 2회 / 산업 00년 1회, 10년 2회

**48** 특고압 가공전선로의 전선으로 케이블을 사용하는 경우의 시설로 옳지 않은 방법은?

① 케이블은 조가용선에 행거에 의하여 시설한다.
② 케이블은 조가용선에 접촉시키고 비닐테이프 등을 30[cm] 이상의 간격으로 감아 붙인다.
③ 조가용선은 단면적 22[mm²]의 아연도강연선 또는 동등 이상의 세기 및 굵기의 연선을 사용한다.
④ 조가용선 및 케이블의 피복에 사용한 금속제에는 접지공사를 한다.

**해설** 가공케이블의 시설(KEC 332.2)

㉠ 케이블은 조가용선에 행거로 시설할 것
• 조가용선에 0.5[m] 이하마다 행거에 의해 시설할 것
• 조가용선에 접촉시키고 금속테이프 등을 0.2[m] 이하 간격으로 나선형으로 감아 붙일 것
• 단면적 22[mm²] 이상의 아연도강연선일 것
㉡ 조가용선 및 케이블 피복에는 접지공사를 할 것

★★★★★ 기사 01년 1회, 02년 2회, 13년 2회, 19년 2회, 20년 4회 / 산업 12년 2·3회, 17년 1·3회, 18년 1회

**49** 고압 가공전선로에 사용하는 가공지선에는 지름 몇 [mm] 이상의 나경동선이나 이와 동등 이상의 세기 및 굵기의 것을 사용하여야 하는가?

① 2.5
② 3.0
③ 3.5
④ 4.0

**해설** 고압 가공전선로의 가공지선(KEC 332.6)

고압 가공전선로의 가공지선 → 4[mm](인장강도 5.26[kN]) 이상의 나경동선

★ 산업 05년 4회

**50** 고압 보안공사에 사용되는 전선의 규격으로 옳은 것은?

① 2.6 ② 3.2
③ 4 ④ 5

**해설** 고압 보안공사(KEC 332.10)

㉠ 전선은 케이블인 경우 이외에는 인장강도 8.01[kN] 이상의 것 또는 지름 5[mm] 이상의 경동선일 것
㉡ 목주의 풍압하중에 대한 안전율은 1.5 이상일 것

★★★★ 기사 03년 2회, 10년 2회, 17년 3회 / 산업 90년 6회, 91년 5회, 14년 3회, 19년 2회

**51** 고압 가공전선으로 경동선 또는 내열 동합금선을 사용할 때 그 안전율은 최소 얼마 이상이 되는 이도로 시설하여야 하는가?

① 2.0 ② 2.2
③ 2.5 ④ 3.0

**해설** 고압 가공전선의 안전율(KEC 332.4)

㉠ 경동선 또는 내열 동합금선 : 2.2 이상이 되는 이도로 시설
㉡ 그 밖의 전선(예 강심알루미늄연선, 알루미늄선) : 2.5 이상이 되는 이도로 시설

정답 46. ① 47. ② 48. ② 49. ④ 50. ④ 51. ②

**★★★★★** 기사 00년 2회, 16년 2회 / 산업 92년 2회, 94년 4회, 13년 2·3회, 16년 3회, 20년 3회

**52** 고압 가공전선으로 ACSR선을 사용할 때의 안전율은 얼마 이상이 되는 이도(弛度)로 시설하여야 하는가?

① 2.0　　　　② 2.2

③ 2.5　　　　④ 3.0

**해설** 고압 가공전선의 안전율(KEC 332.4)

㉠ 경동선 또는 내열 동합금선 : 2.2 이상이 되는 이도로 시설

㉡ 그 밖의 전선(예 강심알루미늄연선, 알루미늄선) : 2.5 이상이 되는 이도로 시설

---

**★★** 기사 17년 2회

**53** 고압 가공전선로의 지지물에 시설하는 통신선의 높이는 도로를 횡단하는 경우 교통에 지장을 줄 우려가 없다면 지표상 몇 [m]까지로 감할 수 있는가?

① 4　　　　② 4.5

③ 5　　　　④ 6

**해설** 고압 가공전선의 높이(KEC 332.5)

고압 가공전선의 높이는 다음에 따라야 한다.

㉠ 도로를 횡단하는 경우에는 지표상 6[m] 이상(교통에 지장을 줄 우려가 없는 경우 5[m] 이상)

㉡ 철도 또는 궤도를 횡단하는 경우에는 레일면상 6.5[m] 이상

㉢ 횡단보도교의 위에 시설하는 경우에는 그 노면상 3.5[m] 이상

---

**★★★** 기사 18년 2회

**54** 저압 및 고압 가공전선의 높이는 도로를 횡단하는 경우와 철도를 횡단하는 경우에 각각 몇 [m] 이상이어야 하는가?

① 도로 : 지표상 5, 철도 : 레일면상 6

② 도로 : 지표상 5, 철도 : 레일면상 6.5

③ 도로 : 지표상 6, 철도 : 레일면상 6

④ 도로 : 지표상 6, 철도 : 레일면상 6.5

**해설** 저압 및 고압 가공전선의 높이(KEC 222.7, 332.5)

㉠ 도로를 횡단하는 경우에는 지표상 6[m] 이상

㉡ 철도 또는 궤도를 횡단하는 경우에는 레일면상 6.5[m] 이상

---

**★★★★** 기사 99년 4회, 10년 1회, 18년 3회 / 산업 90년 7회, 91년 2회, 00년 4회, 16년 3회(유사)

**55** 고압 가공전선로의 지지물로서 사용하는 목주의 풍압하중에 대한 안전율은 얼마 이상이어야 하는가?

① 1.0　　　　② 1.2

③ 1.3　　　　④ 1.5

**해설** 고압 가공전선로의 지지물의 강도(KEC 332.7)

㉠ 풍압하중에 대한 안전율은 1.3 이상일 것

㉡ 굵기는 말구(末口)지름 0.12[m] 이상일 것

**참고** • 저압 가공전선로 : 1.2 이상

　　• 특고압 가공전선로 : 1.5 이상

---

**★★★★★** 기사 01년 3회, 04년 2회, 15년 3회 / 산업 07년 4회, 11년 1회, 14년 1회, 19년 2회

**56** 동일 지지물에 저압 가공전선(다중접지된 중성선은 제외)과 고압 가공전선을 시설하는 경우 저압 가공전선은?

① 고압 가공전선의 위로 하고, 동일 완금류에 시설

② 고압 가공전선과 나란하게 하고, 동일 완금류에 시설

③ 고압 가공전선의 아래로 하고, 별개의 완금류에 시설

④ 고압 가공전선과 나란하게 하고, 별개의 완금류에 시설

**해설** 고압 가공전선 등의 병행설치(KEC 332.8)

저압 가공전선(다중접지된 중성선은 제외)과 고압 가공전선을 동일 지지물에 시설하는 경우

㉠ 저압 가공전선을 고압 가공전선의 아래로 하고, 별개의 완금류에 시설할 것

㉡ 저압 가공전선과 고압 가공전선 사이의 이격거리는 0.5[m] 이상일 것(단, 고압측이 케이블일 경우 0.3[m] 이상)

---

**★★★★** 기사 02년 3회, 10년 3회, 16년 1회 / 산업 10년 3회, 14년 2회, 20년 1·2·3회

**57** 저압 가공전선과 고압 가공전선을 동일 지지물에 시설하는 경우 저압 가공전선과 고압 가공전선 이격거리는 몇 [cm] 이상이어야 하는가?

① 50　　　　② 60

③ 80　　　　④ 100

---

**정답** 52. ③　53. ③　54. ④　55. ③　56. ③　57. ①

**해설** 고압 가공전선 등의 병행설치(KEC 332.8)

저압 가공전선(다중접지된 중성선은 제외)과 고압 가공전선을 동일 지지물에 시설하는 경우

㉠ 저압 가공전선을 고압 가공전선의 아래로 하고, 별개의 완금류에 시설할 것

㉡ 저압 가공전선과 고압 가공전선 사이의 이격거리는 0.5[m] 이상일 것(단, 고압측이 케이블일 경우 0.3[m] 이상)

---

★★★ 기사 15년 2회 / 산업 96년 4·5회, 97년 6회, 98년 5회, 07년 1회, 10년 1회

**58** 저압 가공전선과 고압 가공전선을 동일 지지물에 병가하는 경우 고압 가공전선에 케이블을 사용하면 그 케이블과 저압 가공전선의 최소이격거리는 몇 [cm]인가?

① 30
② 50
③ 70
④ 90

**해설** 고압 가공전선 등의 병행설치(KEC 332.8)

저압 가공전선(다중접지된 중성선은 제외)과 고압 가공전선을 동일 지지물에 시설하는 경우

㉠ 저압 가공전선을 고압 가공전선의 아래로 하고, 별개의 완금류에 시설할 것

㉡ 저압 가공전선과 고압 가공전선 사이의 이격거리는 0.5[m] 이상일 것(단, 고압측이 케이블일 경우 0.3[m] 이상)

---

★★★★ 기사 96년 6·7회, 15년 1회 / 산업 99년 4회, 01년 1회

**59** 지지물이 A종 철근콘크리트주일 때 고압 가공전선로의 경간은 몇 [m] 이하인가?

① 150
② 200
③ 250
④ 300

**해설** 고압 가공전선로 경간의 제한(KEC 332.9)

고압 가공전선로의 경간은 다음에서 정한 값 이하이어야 한다.

| 지지물의 종류 | 표준경간 |
|---|---|
| 목주·A종 철주 또는 A종 철근콘크리트주 | 150[m] 이하 |
| B종 철주 또는 B종 철근콘크리트주 | 250[m] 이하 |
| 철탑 | 600[m] 이하 |

---

★★★★ 기사 90년 2회, 05년 4회 / 산업 03년 4회, 04년 2회, 13년 3회, 18년 2회

**60** 고압 가공전선로의 지지물로 B종 철근콘크리트주를 사용하는 경우의 경간은 몇 [m] 이하이어야 하는가?

① 100
② 150
③ 200
④ 250

**해설** 고압 가공전선로 경간의 제한(KEC 332.9)

| 지지물의 종류 | 표준경간 |
|---|---|
| 목주·A종 철주 또는 A종 철근콘크리트주 | 150[m] 이하 |
| B종 철주 또는 B종 철근콘크리트주 | 250[m] 이하 |
| 철탑 | 600[m] 이하 |

---

★★★★★ 기사 19년 3회 / 산업 90년 6회, 94년 4회, 11년 2회, 16년 3회

**61** 고압 가공전선로의 지지물로 철탑을 사용한 경우 최대경간은 몇 [m]인가?

① 600
② 400
③ 500
④ 250

**해설** 고압 가공전선로 경간의 제한(KEC 332.9)

| 지지물의 종류 | 표준경간 |
|---|---|
| 목주·A종 철주 또는 A종 철근콘크리트주 | 150[m] 이하 |
| B종 철주 또는 B종 철근콘크리트주 | 250[m] 이하 |
| 철탑 | 600[m] 이하 |

---

★★★ 기사 93년 6회 / 산업 06년 2회

**62** 고압 가공전선로의 전선으로 단면적 14[mm²]의 경동연선을 사용할 때 그 지지물이 B종 철주인 경우라면, 경간은 몇 [m]이어야 하는가?

① 150
② 200
③ 250
④ 300

**해설** 고압 가공전선로 경간의 제한(KEC 332.9)

고압 가공전선의 단면적이 22[mm²](인장강도 8.71[kN])인 경동연선의 경우의 경간

㉠ 목주·A종 철주 또는 A종 철근콘크리트주를 사용하는 경우 300[m] 이하

㉡ B종 철주 또는 B종 철근콘크리트주를 사용하는 경우 500[m] 이하

**참고** 단면적 22[mm²] 이상이어야만 늘릴 수 있으므로 B종의 표준경간을 적용한다.
• B종 철주의 표준경간 : 250[m] 이하

---

**★★★** 기사 03년 4회 / 산업 92년 6회, 05년 2회, 11년 1회

**63** 고압 가공전선로의 지지물로 A종 철근콘크리트주를 시설하고, 전선으로는 단면적 22[mm²](인장강도 8.71[kN])의 경동연선을 사용하였을 경우 경간은 몇 [m]까지로 할 수 있는가?

① 150      ② 250

③ 300      ④ 500

**해설** 고압 가공전선로 경간의 제한(KEC 332.9)

고압 가공전선의 단면적이 22[mm²](인장강도 8.71[kN])인 경동연선의 경우의 경간
㉠ 목주 · A종 철주 또는 A종 철근콘크리트주를 사용하는 경우 300[m] 이하
㉡ B종 철주 또는 B종 철근콘크리트주를 사용하는 경우 500[m] 이하
**참고** 단면적 22[mm²] 이상이어야만 늘릴 수 있으므로 B종의 표준경간을 적용한다.

**★** 산업 94년 6회

**64** 고압 보안공사 시 목주의 풍압하중에 대한 안전율은 얼마 이상이어야 하는가?

① 1.1      ② 1.25

③ 1.5      ④ 2.0

**해설** 고압 보안공사(KEC 332.10)

목주의 풍압하중에 대한 안전율은 1.5 이상일 것

**★★★★★** 기사 94년 6회, 18년 1회 / 산업 10년 3회, 12년 2회, 13년 3회, 18년 3회

**65** 고압 보안공사 시 지지물로 A종 철근콘크리트주를 사용할 경우 경간은 몇 [m] 이하이어야 하는가?

① 100      ② 200

③ 250      ④ 400

**해설** 고압 보안공사(KEC 332.10)

㉠ 전선은 케이블인 경우 이외에는 지름 5[mm] 이상의 경동선일 것
㉡ 풍압하중에 대한 안전율은 1.5 이상일 것
㉢ 경간은 다음에서 정한 값 이하일 것

| 지지물의 종류 | 경 간 |
|---|---|
| 목주 · A종 철주 또는 A종 철근콘크리트주 | 100[m] |
| B종 철주 또는 B종 철근콘크리트주 | 150[m] |
| 철탑 | 400[m] |

㉣ 단면적 38[mm²] 이상의 경동연선을 사용하는 경우에는 표준경간을 적용

**★★** 기사 92년 7회, 98년 7회 / 산업 93년 1회

**66** 나선을 사용한 고압 가공전선이 상부 조영재의 측방에 접근해서 시설되는 경우의 전선과 조영재의 이격거리는 최소 몇 [m] 이상이어야 하는가?

① 0.6      ② 1.2

③ 2.0      ④ 2.5

**해설** 고압 가공전선과 건조물의 접근(KEC 332.11)

| 건조물 조영재의 구분 | 접근형태 | 이격거리 |
|---|---|---|
| 상부 조영재 | 위쪽 | 2[m] (전선이 케이블인 경우에는 1[m]) |
| | 옆쪽 또는 아래쪽 | 1.2[m] (전선에 사람이 쉽게 접촉할 우려가 없도록 시설한 경우에는 0.8[m], 케이블인 경우에는 0.4[m]) |
| 기타의 조영재 | | 1.2[m] (전선에 사람이 쉽게 접촉할 우려가 없도록 시설한 경우에는 0.8[m], 케이블인 경우에는 0.4[m]) |

**★** 기사 17년 1회

**67** 사람이 접촉할 우려가 있는 경우 고압 가공전선과 상부 조영재의 옆쪽에서의 이격거리는 몇 [m] 이상이어야 하는가? (단, 전선은 경동연선이라고 한다.)

① 0.6      ② 0.8

③ 1.0      ④ 1.2

**해설** 고압 가공전선과 건조물의 접근(KEC 332.11)

고압 가공전선과 건조물의 조영재 사이의 이격거리는 다음에서 정한 값 이상일 것

| 건조물 조영재의 구분 | 접근형태 | 이격거리 |
|---|---|---|
| 상부 조영재 | 위쪽 | 2[m] (전선이 케이블인 경우에는 1[m]) |
| | 옆쪽 또는 아래쪽 | 1.2[m] (전선에 사람이 쉽게 접촉할 우려가 없도록 시설한 경우에는 0.8[m], 케이블인 경우에는 0.4[m]) |

**정답** 63. ③   64. ③   65. ①   66. ②   67. ④

| 건조물<br>조영재의 구분 | 접근형태 | 이격거리 |
|---|---|---|
| 기타의 조영재 | | 1.2[m]<br>(전선에 사람이 쉽게<br>접촉할 우려가 없도록<br>시설한 경우에는 0.8[m],<br>케이블인 경우에는 0.4[m]) |

**★★★** 산업 00년 6회, 08년 1회, 14년 1회, 19년 1회

**68** 고압 가공전선이 가공약전류전선과 접근하는 경우 고압 가공전선과 가공약전류전선 사이의 이격거리는 몇 [cm] 이상이어야 하는가? (단, 전선이 케이블인 경우이다.)

① 20　　　　② 30
③ 40　　　　④ 50

**해설** 고압 가공전선과 가공약전류전선 등의 접근 또는 교차(KEC 332.13)

㉠ 고압 가공전선과 가공약전류전선 등 사이의 이격거리는 0.8[m](전선이 케이블인 경우 0.4[m]) 이상일 것
㉡ 고압 가공전선과 약전류전선로 등의 지지물 사이의 이격거리는 0.6[m](전선이 케이블인 경우 0.3[m]) 이상일 것

**★★★★★** 기사 05년 2회, 12년 1회, 16년 3회 / 산업 11년 1·2회, 12년 3회(유사), 17년 3회

**69** 고압 가공전선이 안테나와 접근상태로 시설되는 경우에 가공전선과 안테나 사이의 수평 이격거리는 최소 몇 [cm] 이상이어야 하는가? (단, 가공전선으로는 절연전선을 사용한다고 한다.)

① 60　　　　② 80
③ 100　　　　④ 120

**해설** 고압 가공전선과 안테나의 접근 또는 교차(KEC 332.14)

㉠ 고압 가공전선은 고압 보안공사에 의할 것
㉡ 가공전선과 안테나 사이의 수평 이격거리
　• 저압 사용 시 0.6[m] 이상(절연전선, 케이블인 경우 : 0.3[m] 이상)
　• 고압 사용 시 0.8[m] 이상(케이블인 경우 : 0.4[m] 이상)

**★★★** 기사 11년 1회(유사) / 산업 92년 5회, 98년 4회, 99년 6회

**70** B종 철주를 사용한 고압 가공전선로를 교류 전차선로와 교차해서 시설하는 경우 고압 가공전선로의 경간은 몇 [m] 이하이어야 하는가?

① 60　　　　② 80
③ 100　　　　④ 120

**해설** 고압 가공전선과 교류 전차선 등의 접근 또는 교차(KEC 332.15)

고압 및 저압 가공전선이 교류 전차선로 위에서 교차할 때 가공전선로의 경간
㉠ 목주, A종 철주 또는 A종 철근콘크리트주의 경우 60[m] 이하
㉡ B종 철근콘크리트주를 사용하는 경우 120[m] 이하

**★** 산업 98년 3회, 99년 6회

**71** 저압 가공전선로에 가공약전류전선을 공가하는 경우 전선로의 지지물로 사용되는 목주의 풍압하중에 대한 안전율은 얼마 이상이어야 하는가?

① 1.2　　　　② 1.3
③ 1.5　　　　④ 2.0

**해설** 고압 가공전선과 가공약전류전선 등의 공용설치(KEC 332.21)

저압 가공전선 또는 고압 가공전선과 가공약전류전선 등을 동일 지지물에 시설하는 경우
㉠ 전선로의 지지물로서 사용하는 목주의 풍압하중에 대한 안전율은 1.5 이상일 것
㉡ 가공전선을 가공약전류전선 등의 위로 하고, 별개의 완금류에 시설할 것

**★★** 기사 04년 2회, 15년 3회, 19년 1회 / 산업 99년 5회, 07년 1회

**72** 저·고압 가공전선과 가공약전류전선 등을 동일 지지물에 시설하는 경우로서 옳지 않은 방법은?

① 가공전선을 가공약전류전선 등의 위로 하여 별개의 완금류에 시설할 것
② 가공전선과 가공약전류전선 등 사이의 이격거리는 저압과 고압이 모두 75[cm] 이상일 것
③ 전선로의 지지물로 사용하는 목주의 풍압하중에 대한 안전율은 1.5 이상일 것
④ 가공전선이 가공약전류전선에 대하여 유도작용에 의한 통신상의 장해를 줄 우려가 있는 경우에는 가공전선을 적당한 거리에서 연가할 것

**해설** 고압 가공전선과 가공약전류전선 등의 공용설치 (KEC 332.21)

저압 가공전선 또는 고압 가공전선과 가공약전류전선 등을 동일 지지물에 시설하는 경우

㉠ 전선로의 지지물로서 사용하는 목주의 풍압하중에 대한 안전율은 1.5 이상일 것

㉡ 가공전선을 가공약전류전선 등의 위로 하고, 별개의 완금류에 시설할 것

㉢ 가공전선과 가공약전류전선 사이의 이격거리
- 저압 : 0.75[m] 이상(단, 저압 가공전선이 고압·특고압 절연전선 또는 케이블인 경우 0.3[m] 이상)
- 고압 : 1.5[m] 이상(단, 고압 가공전선이 케이블인 경우 0.5[m] 이상)

㉣ 가공전선로의 접지도체에 절연전선 또는 케이블을 사용하고 또한 가공전선로의 접지도체 및 접지극과 가공약전류전선로 등의 접지도체 및 접지극과는 각각 별개로 시설할 것

---

★★★★★ 기사 02년 2회, 05년 4회, 14년 3회, 15년 1회, 21년 1회 / 산업 97년 7회, 13년 3회

**73** 22.9[kV]의 특고압 가공전선로를 시가지에 시설할 경우 지표상의 최저높이는 몇 [m]이어야 하는가? (단, 전선은 특고압 절연전선이다.)

① 6
② 7
③ 8
④ 10

**해설** 시가지 등에서 특고압 가공전선로의 시설 (KEC 333.1)

전선의 지표상의 높이는 다음에서 정한 값 이상일 것

| 사용전압의 구분 | 지표상의 높이 |
|---|---|
| 35[kV] 이하 | 10[m] 이상 (전선이 특고압 절연전선인 경우에는 8[m]) |
| 35[kV] 초과 | 10[m]에 35[kV]를 초과하는 10[kV] 또는 그 단수마다 0.12[m]를 더한 값 |

---

★★★★ 기사 04년 1·3회, 16년 2회, 17년 3회 / 산업 93년 4회, 98년 4회, 05년 1회, 19년 3회

**74** 사용전압 154[kV]의 가공전선을 시가지에 시설하는 경우 전선의 지표상 높이는 최소 몇 [m] 이상이어야 하는가?

① 7.44
② 9.44
③ 11.44
④ 13.44

---

★★★ 산업 95년 7회, 14년 2회

**75** 사용전압 66[kV]의 가공전선을 시가지에 시설할 경우 전선의 지표상 최소높이는 몇 [m]인가?

① 6.48
② 8.36
③ 10.48
④ 12.36

**해설** 시가지 등에서 특고압 가공전선로의 시설 (KEC 333.1)

전선의 지표상의 높이는 다음에서 정한 값 이상일 것

| 사용전압의 구분 | 지표상의 높이 |
|---|---|
| 35[kV] 이하 | 10[m] 이상 (전선이 특고압 절연전선인 경우에는 8[m]) |
| 35[kV] 초과 | 10[m]에 35[kV]를 초과하는 10[kV] 또는 그 단수마다 0.12[m]를 더한 값 |

35[kV]를 넘는 10[kV] 단수는 $(154-35)\div10=11.9$에서 절상하여 단수는 12로 한다.
12단수이므로 154[kV] 가공전선의 지표상 높이는 다음과 같다.
$10+12\times0.12=11.44$[m]

35[kV]를 넘는 10[kV] 단수는 $(66-35)\div10=3.1$에서 4단수이므로
66[kV] 가공전선의 지표상 높이$=10+4\times0.12=10.48$[m]

---

★★★★★ 기사 00년 4회, 02년 3회, 15년 3회 / 산업 05년 2회, 06년 2회, 14년 2회, 19년 1회

**76** 특고압 가공전선을 시가지에 시설하는 경우에 그 지지물로 사용할 수 없는 것은 다음 중 어느 것인가?

① 목주
② 철주(강판조립주 제외)
③ 철근콘크리트주
④ 철탑

---

**정답** 73. ③  74. ③  75. ③  76. ①

**해설** 시가지 등에서 특고압 가공전선로의 시설 (KEC 333.1)

㉠ 전선굵기
- 100[kV] 미만 : 55[mm²] 이상
- 100[kV] 이상 : 150[mm²] 이상

㉡ 경간
- A종 : 75[m] 이하(목주 제외)
- B종 : 150[m] 이하
- 철탑 : 400[m] 이하(단, 전선이 수평배치이고, 간격이 4[m] 미만이면 250[m] 이하)

㉢ 사용전압 100[kV]를 초과하는 선로에 지락 및 단락 시 1초 이내에 차단

㉣ 전선 지표상 높이
- 35[kV] 이하 시 : 10[m] 이상(절연전선 사용 시 8[m] 이상)
- 35[kV] 초과 시 : 10[m] + 0.12 × $N$ 이상

---

★★★★ 기사 90년 2회 / 산업 96년 7회

**77** 특고압 가공전선로를 시가지에서 A종 철주를 사용하여 시설하는 경우 경간의 최대는 몇 [m]인가?

① 50　　　　② 75
③ 150　　　④ 200

**해설** 시가지 등에서 특고압 가공전선로의 시설 (KEC 333.1)

㉠ 지지물에는 철주, 철근콘크리트주 또는 철탑을 사용한다.
㉡ A종은 75[m] 이하, B종은 150[m] 이하, 철탑은 400[m](2 이상의 전선이 수평이고, 간격이 4[m] 미만인 경우는 250[m]) 이하로 한다.

---

★★★★ 기사 92년 2회, 95년 5회, 99년 4회, 11년 3회, 14년 3회 / 산업 98년 4회

**78** 154[kV] 특고압 가공전선로를 시가지에 경동연선으로 시설할 경우 단면적은 몇 [mm²] 이상을 사용하여야 하는가?

① 100　　　② 150
③ 200　　　④ 250

**해설** 시가지 등에서 특고압 가공전선로의 시설 (KEC 333.1)

특고압 가공전선 시가지 시설제한의 전선굵기는 다음과 같다.
㉠ 100[kV] 미만은 55[mm²] 이상의 경동연선 또는 알루미늄이나 절연전선
㉡ 100[kV] 이상은 150[mm²] 이상의 경동연선 또는 알루미늄이나 절연전선

---

★★★★★ 기사 05년 1회, 12년 1회, 13년 1회, 16년 3회 / 산업 99년 7회, 10년 3회

**79** 154[kV] 가공전선로를 시가지에 시설하는 경우 특고압 가공전선에 지락 또는 단락이 생기면 몇 [sec] 이내에 자동적으로 이를 전로로부터 차단하는 장치를 시설하는가?

① 1　　　　② 3
③ 5　　　　④ 10

**해설** 시가지 등에서 특고압 가공전선로의 시설 (KEC 333.1)

사용전압이 100[kV]를 초과하는 특고압 가공전선에 지락 또는 단락이 생겼을 때에는 1초 이내에 자동적으로 이를 전로로부터 차단하는 장치를 시설할 것

---

★★★★ 기사 05년 1회 / 산업 93년 3회, 00년 1회, 01년 3회

**80** 중성점 접지식 22.9[kV] 특고압 가공전선을 A종 철근콘크리트주를 사용하여 시가지에 시설하는 경우 반드시 지키지 않아도 되는 것은?

① 전선로의 경간은 75[m] 이하로 할 것
② 전선의 단면적은 55[mm²] 경동연선 또는 이와 동등 이상의 세기 및 굵기의 것일 것
③ 전선이 특고압 절연전선인 경우 지표상의 높이는 8[m] 이상일 것
④ 전로에 지기가 생긴 경우 또는 단락한 경우에 1초 안에 자동차단하는 장치를 시설할 것

**해설** 시가지 등에서 특고압 가공전선로의 시설 (KEC 333.1)

사용전압이 100[kV]를 초과하는 특고압 가공전선에 지락 또는 단락이 생겼을 때에는 1초 이내에 자동적으로 이를 전로로부터 차단하는 장치를 시설할 것

---

★ 산업 11년 1회

**81** 사용전압이 170[kV]를 초과하는 특고압 가공전선로를 시가지에 시설하는 경우 전선의 단면적은 몇 [mm²] 이상의 강심알루미늄 또는 이와 동등 이상의 인장강도 및 내(耐)아크 성능을 가지는 연선을 사용하여야 하는가?

① 22　　　　② 55
③ 150　　　④ 240

---

**정답**　77. ②　78. ②　79. ①　80. ④　81. ④

**해설** 시가지 등에서 특고압 가공전선로의 시설 (KEC 333.1)

사용전압이 170[kV]를 초과하는 전선로는 다음에 의하여 시설한다.

㉠ 전선을 지지하는 애자장치에는 아크혼을 부착한 현수애자 또는 장간애자를 사용

㉡ 경간거리는 600[m] 이하

㉢ 전선은 단면적 240[mm²] 이상의 강심알루미늄선 또는 이와 동등 이상의 인장강도 및 내아크 성능을 가지는 연선을 사용

㉣ 전선은 압축접속에 의하는 경우 이외에는 경간 도중에 접속점을 시설하지 아니할 것

㉤ 전선의 지표상의 높이는 10[m]에 35[kV]를 초과하는 10[kV]마다 0.12[m]를 더한 값 이상일 것

㉥ 전선로에 지락 또는 단락이 생겼을 때에는 1초 이내에 자동적으로 전로에서 차단하는 장치를 시설할 것

**★★** 기사 93년 5회, 98년 6회 / 산업 04년 4회, 10년 2회

**82** 시가지에 시설하는 특고압 가공전선로의 지지물이 철탑이고, 전선이 수평으로 2 이상 있는 경우에 전선 상호 간의 간격이 4[m] 미만인 때에는 특고압 가공전선로의 경간은 몇 [m] 이하이어야 하는가?

① 100
② 150
③ 200
④ 250

**해설** 시가지 등에서 특고압 가공전선로의 시설 (KEC 333.1)

시가지에 시설하는 특고압 가공전선로의 경간은 다음 값 이하일 것

| 지지물의 종류 | 경 간 |
|---|---|
| A종 철주 또는 A종 철근콘크리트주 | 75[m] |
| B종 철주 또는 B종 철근콘크리트주 | 150[m] |
| 철탑 | 400[m] (단주인 경우에는 300[m]) 단, 전선이 수평으로 2 이상 있는 경우에 전선 상호 간의 간격이 4[m] 미만인 때에는 250[m] |

**★★★★★** 기사 10년 3회, 14년 1회, 15년 2회, 18년 1회 / 산업 93년 6회, 94년 7회, 11년 3회, 15년 1회, 16년 3회

**83** 사용전압이 25,000[V] 이하의 특고압 가공전선로에서는 전화선로의 길이 12[km]마다 유도전류가 몇 [μA]를 넘지 아니하도록 하여야 하는가?

① 1.5
② 2
③ 2.5
④ 3

**해설** 유도장해의 방지(KEC 333.2)

㉠ 사용전압이 60,000[V] 이하인 경우에는 전화선로의 길이 12[km]마다 유도전류가 2[μA]를 넘지 않도록 할 것

㉡ 사용전압이 60,000[V]를 넘는 경우에는 전화선로의 길이 40[km]마다 유도전류가 3[μA]를 넘지 않도록 할 것

**★★★★★** 기사 17년 1회 / 산업 05년 3회

**84** 특고압 가공전선로에서 사용전압이 60[kV]를 넘는 경우 전화선로의 길이 몇 [km]마다 유도전류가 3[μA]를 넘지 않도록 하여야 하는가?

① 12
② 40
③ 80
④ 100

**해설** 유도장해의 방지(KEC 333.2)

㉠ 사용전압이 60,000[V] 이하인 경우에는 전화선로의 길이 12[km]마다 유도전류가 2[μA]를 넘지 않도록 할 것

㉡ 사용전압이 60,000[V]를 넘는 경우에는 전화선로의 길이 40[km]마다 유도전류가 3[μA]를 넘지 않도록 할 것

**★★★** 산업 18년 1회

**85** 특고압 가공전선은 케이블인 경우 이외에는 단면적이 몇 [mm²] 이상의 경동연선이어야 하는가?

① 8
② 14
③ 22
④ 30

**해설** 특고압 가공전선의 굵기 및 종류(KEC 333.4)

특고압 가공전선은 케이블인 경우 이외에는 인장강도 8.71[kN] 이상의 연선 또는 단면적이 22[mm²] 이상의 경동연선 또는 알루미늄전선이나 절연전선이어야 한다.

★★★★★ 기사 11년 1회, 13년 1회 / 산업 96년 2회, 09년 3회, 16년 3회, 18년 3회

**86** 최대사용전압 22.9[kV]인 가공전선과 지지물과의 이격거리는 일반적으로 몇 [m] 이상이어야 하는가?

① 0.05
② 0.1
③ 0.15
④ 0.2

📝해설 **특고압 가공전선과 지지물 등의 이격거리 (KEC 333.5)**

특고압 가공전선과 그 지지물·완금류·지주 또는 지선 사이의 이격거리는 다음 표에서 정한 값 이상이어야 한다. 단, 기술상 부득이한 경우 위험의 우려가 없도록 시설한 때에는 표에서 정한 값의 0.8배까지 감할 수 있다.

| 사용전압 | 이격거리[m] |
|---|---|
| 15[kV] 미만 | 0.15 |
| 15[kV] 이상 25[kV] 미만 | 0.2 |
| 25[kV] 이상 35[kV] 미만 | 0.25 |
| 35[kV] 이상 50[kV] 미만 | 0.3 |
| 50[kV] 이상 60[kV] 미만 | 0.35 |
| 60[kV] 이상 70[kV] 미만 | 0.4 |
| 70[kV] 이상 80[kV] 미만 | 0.45 |
| 80[kV] 이상 130[kV] 미만 | 0.65 |
| 130[kV] 이상 160[kV] 미만 | 0.9 |
| 160[kV] 이상 200[kV] 미만 | 1.1 |
| 200[kV] 이상 230[kV] 미만 | 1.3 |
| 230[kV] 이상 | 1.6 |

★★ 산업 96년 4회, 19년 2회

**87** 66[kV] 가공전선로의 전선과 그 지지물과의 최소이격거리는 몇 [m]인가?

① 0.2
② 0.3
③ 0.4
④ 0.65

📝해설 **특고압 가공전선과 지지물 등의 이격거리 (KEC 333.5)**

사용전압이 60[kV] 이상 70[kV] 미만에서는 0.4[m] 이상 이격시킨다.

★★★ 기사 94년 5회 / 산업 99년 3회, 08년 4회, 12년 1회, 18년 3회

**88** 154[kV]의 특고압 가공전선을 사람이 쉽게 들어갈 수 없는 산지(山地) 등에 시설하는 경우 지표상 높이는 몇 [m] 이상으로 하여야 하는가?

① 4
② 5
③ 6
④ 8

📝해설 **특고압 가공전선의 높이(KEC 333.7)**

특고압 가공전선의 지표상(철도 또는 궤도를 횡단하는 경우에는 레일면상, 횡단보도교를 횡단하는 경우에는 그 노면상)의 높이는 다음에서 정한 값 이상일 것

| 사용전압의 구분 | 지표상의 높이 |
|---|---|
| 35[kV] 이하 | 5[m]<br>(철도 또는 궤도를 횡단하는 경우에는 6.5[m], 도로를 횡단하는 경우에는 6[m], 횡단보도교의 위에 시설하는 경우로서 전선이 특고압 절연전선 또는 케이블인 경우에는 4[m]) |
| 35[kV] 초과 160[kV] 이하 | 6[m]<br>(철도 또는 궤도를 횡단하는 경우에는 6.5[m], 산지(山地) 등에서 사람이 쉽게 들어갈 수 없는 장소에 시설하는 경우에는 5[m], 횡단보도교의 위에 시설하는 경우 전선이 케이블인 때는 5[m]) |
| 160[kV] 초과 | 6[m]<br>(철도 또는 궤도를 횡단하는 경우에는 6.5[m], 산지 등에서 사람이 쉽게 들어갈 수 없는 장소를 시설하는 경우에는 5[m])에 160[kV]를 초과하는 10[kV] 또는 그 단수마다 0.12[m]를 더한 값 |

★★★★ 기사 91년 5회, 01년 3회 / 산업 92년 7회, 01년 3회, 09년 2회, 11년 2회, 18년 2회

**89** 345[kV]의 가공송전선로를 평지에 건설하는 경우 전선의 지표상 높이는 최소 몇 [m] 이상이어야 하는가?

① 7.58
② 7.95
③ 8.28
④ 8.85

📝해설 **특고압 가공전선의 높이(KEC 333.7)**

160[kV]까지는 6[m], 160[kV]를 넘는 10[kV] 단수는 (345[kV] − 160[kV])÷10=18.5이므로 19단수이다.
∴ 지표상 높이=6 + 0.12×19=8.28[m]

**★★** 기사 20년 3회 / 산업 92년 7회, 01년 3회, 09년 2회, 15년 1·3회

**90** 345[kV]의 송전선을 사람이 쉽게 들어갈 수 없는 산지에 시설하는 경우 전선의 지표상 높이는 최소 몇 [m] 이상이어야 하는가?

① 7.28
② 7.85
③ 8.28
④ 8.85

**해설 특고압 가공전선의 높이(KEC 333.7)**

산지의 경우 160[kV] 이하는 5[m] 이상, 160[kV]를 초과하는 경우 10[kV]마다 단수를 적용하여 가산한다.
(345[kV] − 160[kV])÷10＝18.5에서 절상하여 단수는 19로 한다.
∴ 전선 지표상 높이＝5 + 0.12×19＝7.28[m]

**★★★★★** 기사 11년 1회, 15년 2회, 16년 2회 / 산업 09년 04회, 14년 1회(유사), 16년 2회

**91** 사용전압 22.9[kV]의 가공전선이 철도를 횡단하는 경우, 전선의 레일면상의 높이는 몇 [m] 이상인가?

① 5
② 5.5
③ 6
④ 6.5

**해설 특고압 가공전선의 높이(KEC 333.7)**

사용전압 35[kV] 이하에서 전선 지표상의 높이
㉠ 철도 또는 궤도를 횡단하는 경우에는 6.5[m] 이상
㉡ 도로를 횡단하는 경우에는 6[m] 이상
㉢ 횡단보도교의 위에 시설하는 경우 특고압 절연전선 또는 케이블인 경우에는 4[m] 이상

**★★★★** 기사 95년 5회, 06년 3회 / 산업 92년 7회, 98년 6회, 00년 4회, 08년 2회, 19년 3회

**92** 특고압 가공전선로에 사용하는 가공지선에는 지름 몇 [mm]의 나경동선 또는 이와 동등 이상의 세기 및 굵기의 나선을 사용하여야 하는가?

① 2.6
② 3.5
③ 4
④ 5

**해설 특고압 가공전선로의 가공지선(KEC 333.8)**

㉠ 지름 5[mm](인장강도 8.01[kN]) 이상의 나경동선
㉡ 아연도강연선 22[mm²] 또는 OPGW(광섬유 복합 가공지선) 전선을 사용

**★★★★★** 기사 11년 2회, 12년 3회, 14년 1·2회 / 산업 16년 2회, 17년 2회, 18년 2회, 19년 2회

**93** 특고압 가공전선로의 지지물 양측의 경간의 차가 큰 곳에 사용되는 철탑은?

① 내장형 철탑
② 인류형 철탑
③ 각도형 철탑
④ 보강형 철탑

**해설 특고압 가공전선로의 철주·철근콘크리트주 또는 철탑의 종류(KEC 333.11)**

특고압 가공전선로의 지지물로 사용하는 B종 철근·B종 콘크리트주 또는 철탑의 종류는 다음과 같다.
㉠ 직선형 : 전선로의 직선부분(수평각도 3° 이하)에 사용하는 것(내장형 및 보강형 제외)
㉡ 각도형 : 전선로 중 3°를 초과하는 수평각도를 이루는 곳에 사용하는 것
㉢ 인류형 : 전가섭선을 인류하는 곳에 사용하는 것
㉣ 내장형 : 전선로의 지지물 양쪽의 경간의 차가 큰 곳에 사용하는 것
㉤ 보강형 : 전선로의 직선부분에 그 보강을 위하여 사용하는 것

**★★★★★** 기사 93년 2회, 04년 2회, 06년 1회, 19년 2회

**94** 특고압 가공전선로에 사용되는 B종 철주 중 각도형은 전선로 중 최소 몇 도를 넘는 수평각도를 이루는 곳에 사용되는가?

① 3
② 5
③ 8
④ 10

**해설 특고압 가공전선로의 철주·철근콘크리트주 또는 철탑의 종류(KEC 333.11)**

각도형은 전선로 중 3°를 넘는 수평각도를 이루는 곳에 사용하는 것이다.

**★** 산업 18년 1회

**95** 전가섭선에 관하여 각 가섭선의 상정 최대장력의 33[%]와 같은 불평균장력의 수평종분력에 의한 하중을 더 고려하여야 할 철탑의 유형은?

① 직선형
② 각도형
③ 내장형
④ 인류형

**해설 상시 상정하중(KEC 333.13)**

인류형·내장형 또는 보강형·직선형·각도형의 철주·철근콘크리트주 또는 철탑의 경우 다음에 따라 가섭선의 불평균장력에 의한 수평종하중을 가산한다.

---

**정답** 90. ① 91. ④ 92. ④ 93. ① 94. ① 95. ③

⊙ 인류형 : 전가섭선에 관하여 각 가섭선의 상정 최대
장력과 같은 불평균장력의 수평종분력에 의한 하중

⊙ 내장형 · 보강형 : 전기섭선에 관하여 각 가섭선의
상정 최대장력의 33[%]와 같은 불평균장력의 수평
종분력에 의한 하중

ⓒ 직선형 : 전기섭선에 관하여 각 가섭선의 상정 최대
장력의 3[%]와 같은 불평균장력의 수평종분력에 의
한 하중(단, 내장형은 제외)

ⓔ 각도형 : 전기섭선에 관하여 각 가섭선의 상정 최대
장력의 10[%]와 같은 불평균장력의 수평종분력에
의한 하중

---

**★** 기사 12년 1회 / 산업 16년 2회, 19년 2회

**96** 철탑의 강도계산에 사용하는 이상 시 상정
하중의 종류가 아닌 것은?

① 수직하중

② 좌굴하중

③ 수평횡하중

④ 수평종하중

**해설** 이상 시 상정하중(KEC 333.14)

철탑의 강도계산에 사용하는 이상 시 상정하중은 수직
하중, 수평횡하중, 수평종하중 등이 있다.

**참고** 좌굴은 기둥에 큰 하중이 가해질 때 임계값 이상
에 이르면 기둥이 갑자기 휘는 현상이다.

---

**★★** 기사 91년 2회 / 산업 91년 2회

**97** 다음 중 이상 시 상정하중에 속하는 것은
어느 것인가?

① 각도주에 있어서의 수평횡하중

② 전선배치가 비대칭으로 인한 수직편심하중

③ 전선 절단에 의하여 생기는 압력에 의한
하중

④ 전선로에 현저한 수직각도가 있는 경우
의 수직하중

**해설** 이상 시 상정하중(KEC 333.14)

철탑의 강도계산에 사용하는 이상 시 상정하중은 풍압
이 전선로에 직각방향으로 가해지는 경우의 하중과 전
선로의 방향으로 가해지는 경우의 하중을 전선 및 가섭
선의 절단으로 인한 불평균하중을 계산하여 각 부재에
대한 이들의 하중 중 그 부재에 큰 응력이 생기는 쪽의
하중을 채택하는 것으로 한다.

---

**★★★★** 기사 92년 5회, 06년 2회, 17년 1회, 20년 3회 / 산업 05년 1회, 08년 3회, 11년 1회

**98** 특고압 가공전선로 중 지지물로 직선형의
철탑을 연속하여 10기 이상 사용하는 부분
에는 몇 기 이하마다 내장애자장치가 되어
있는 철탑 또는 이와 동등한 강도를 가지
는 철탑 1기를 시설하여야 하는가?

① 3                    ② 5

③ 7                    ④ 10

**해설** 특고압 가공전선로의 내장형 등의 지지물 시설
(KEC 333.16)

특고압 가공전선로 중 지지물로서 직선형의 철탑을 연
속하여 10기 이상 사용하는 부분에는 10기 이하마다
장력에 견디는 애자장치가 되어 있는 철탑 또는 이와
동등 이상의 강도를 가지는 철탑 1기를 시설

---

**★★★★** 기사 05년 2회, 11년 2회, 18년 3회, 19년 3회 / 산업 04년 1회, 08년 3회, 14년 2회

**99** 사용전압 66[kV] 가공전선과 6[kV] 가공
전선을 동일 지지물에 병가하는 경우 특고
압 가공전선은 케이블인 경우를 제외하고
는 단면적이 몇 [mm$^2$]인 경동연선 또는 이
와 동등 이상의 세기 및 굵기의 연선이어
야 하는가?

① 22

② 38

③ 50

④ 100

**해설** 특고압 가공전선과 저고압 가공전선 등의 병행
설치(KEC 333.17)

사용전압이 35[kV]를 초과하고 100[kV] 미만인 특고
압 가공전선과 저압 또는 고압 가공전선을 동일 지지물
에 시설하는 경우

⊙ 특고압 가공전선로는 제2종 특고압 보안공사에 의
할 것

⊙ 특고압 가공전선과 저압 또는 고압 가공전선 사이의
이격거리는 2[m] 이상일 것. 다만, 특고압 가공전선
이 케이블인 경우에 저압 가공전선이 절연전선 혹은
케이블인 때 또는 고압 가공전선이 절연전선 혹은
케이블인 때에는 1[m]까지 감할 수 있다.

ⓒ 특고압 가공전선은 케이블인 경우를 제외하고는 인
장강도 21.67[kN] 이상의 연선 또는 <u>단면적이
50[mm$^2$] 이상</u>인 경동연선일 것

ⓔ 특고압 가공전선로의 지지물은 철주 · 철근콘크리트
주 또는 철탑일 것

---

**정답** 96. ②  97. ③  98. ④  99. ③

**100** 35[kV]를 넘고 100[kV] 미만의 특고압 가공전선로의 지지물에 고·저압선을 병가할 수 있는 조건으로 틀린 것은?

① 특고압 가공전선로는 제2종 특고압 보안공사에 의한다.

② 특고압 가공전선과 고·저압선과의 이격거리는 1.2[m] 이상으로 한다.

③ 특고압 가공전선은 50[mm²] 경동연선 또는 이와 동등 이상의 세기 및 굵기의 연선을 사용한다.

④ 지지물에는 강판조립주를 제외한 철주, 철근콘크리트주 또는 철탑을 사용한다.

**해설** 특고압 가공전선과 저압 가공전선 등의 병행설치(KEC 333.17)

사용전압이 35[kV]를 초과하고 100[kV] 미만인 특고압 가공전선과 저압 또는 고압 가공전선을 동일 지지물에 시설하는 경우

㉠ 특고압 가공전선로는 제2종 특고압 보안공사에 의할 것

㉡ 특고압 가공전선과 저압 또는 고압 가공전선 사이의 이격거리는 2[m] 이상일 것. 다만, 특고압 가공전선이 케이블인 경우에 저압 가공전선이 절연전선 혹은 케이블인 때 또는 고압 가공전선이 절연전선 혹은 케이블인 때에는 1[m]까지 감할 수 있다.

㉢ 특고압 가공전선은 케이블인 경우를 제외하고는 인장강도 21.67[kN] 이상의 연선 또는 단면적이 50[mm²] 이상인 경동연선일 것

㉣ 특고압 가공전선로의 지지물은 철주·철근콘크리트주 또는 철탑일 것

**101** 사용전압이 35[kV] 이하인 특고압 가공전선과 가공약전류전선 등을 동일 지지물에 시설하는 경우, 특고압 가공전선로는 어떤 종류의 보안공사를 하여야 하는가?

① 제1종 특고압 보안공사
② 제2종 특고압 보안공사
③ 제3종 특고압 보안공사
④ 고압 보안공사

**해설** 특고압 가공전선과 가공약전류전선 등의 공용설치(KEC 333.19)

㉠ 특고압 가공전선로는 제2종 특고압 보안공사에 의할 것

㉡ 특고압 가공전선은 가공약전류전선 등의 위로 하고, 별개의 완금류에 시설할 것

㉢ 특고압 가공전선은 케이블인 경우 이외에는 인장강도 21.67[kN] 이상의 연선 또는 단면적이 50[mm²] 이상인 경동연선일 것

㉣ 특고압 가공전선과 가공약전류전선 등 사이의 이격거리는 2[m] 이상으로 할 것. 다만, 특고압 가공전선이 케이블인 경우에는 0.5[m]까지로 감할 수 있다.

**102** 가공약전류전선을 사용전압이 22.9[kV]인 특고압 가공전선과 동일 지지물에 공가하고자 할 때 가공전선으로 경동연선을 사용한다면 단면적이 몇 [mm²] 이상인가?

① 22　　② 38
③ 50　　④ 55

**해설** 특고압 가공전선과 가공약전류전선 등의 공용설치(KEC 333.19)

사용전압이 35[kV] 이하인 특고압 가공전선과 가공약전류전선 등을 동일 지지물에 시설하는 경우는 다음과 같이 한다.

㉠ 특고압 가공전선로는 제2종 특고압 보안공사에 의한다.

㉡ 특고압 가공전선은 가공약전류전선 등의 위로 하고, 별개의 완금에 시설한다.

㉢ 특고압 가공전선은 인장강도 21.67[kN] 이상의 연선 또는 단면적이 50[mm²] 이상인 경동연선이어야 한다.

㉣ 특고압 가공전선과 가공약전류전선 등 사이의 이격거리는 2[m] 이상으로 한다.

**103** 특고압 가공전선로의 경간은 지지물이 철탑인 경우 몇 [m] 이하이어야 하는가? (단, 단주가 아닌 경우이다.)

① 400
② 500
③ 600
④ 700

**해설** **특고압 가공전선로의 경간 제한(KEC 333.21)**

| 지지물의 종류 | 표준경간 |
|---|---|
| 목주 · A종 철주 또는 A종 철근콘크리트주 | 150[m] 이하 |
| B종 철주 또는 B종 철근콘크리트주 | 250[m] 이하 |
| 철탑 | 600[m](단주인 경우에는 400[m]) 이하 |

---

★★★ 산업 90년 2 · 7회, 17년 1회

**104** B종 철주 또는 B종 철근콘크리트주를 사용하는 특고압 가공전선로의 경간은 몇 [m] 이하이어야 하는가?

① 300
② 250
③ 200
④ 150

**해설** **특고압 가공전선로의 경간 제한(KEC 333.21)**

| 지지물의 종류 | 표준경간 |
|---|---|
| 목주 · A종 철주 또는 A종 철근콘크리트주 | 150[m] 이하 |
| B종 철주 또는 B종 철근콘크리트주 | 250[m] 이하 |
| 철탑 | 600[m](단주인 경우에는 400[m]) 이하 |

---

★★ 산업 01년 2회

**105** 특고압 가공전선로의 지지물로 A종 철주를 사용하여 경간을 300[m]로 하는 경우 전선으로 사용되는 경동연선의 최소굵기는 몇 [mm²] 이상인가?

① 38
② 50
③ 100
④ 150

**해설** **특고압 가공전선로의 경간 제한(KEC 333.21)**

특고압 가공전선의 단면적이 50[mm²](인장강도 21.67 [kN])인 경동연선의 경우의 경간
㉠ 목주 · A종 철주 또는 A종 철근콘크리트주를 사용하는 경우 300[m] 이하
㉡ B종 철주 또는 B종 철근콘크리트주를 사용하는 경우 500[m] 이하

---

★★★ 기사 11년 3회(유사) / 산업 93년 1회, 07년 1회

**106** 단면적 50[mm²]의 경동연선을 사용하는 특고압 가공전선로의 지지물로 내장형의 B종 철근콘크리트주를 사용하는 경우 허용최대경간은 몇 [m] 이하인가?

① 150
② 250
③ 300
④ 500

**해설** **특고압 가공전선로의 경간 제한(KEC 333.21)**

특고압 가공전선의 단면적이 50[mm²](인장강도 21.67 [kN])인 경동연선의 경우의 경간
㉠ 목주 · A종 철주 또는 A종 철근콘크리트주를 사용하는 경우 300[m] 이하
㉡ B종 철주 또는 B종 철근콘크리트주를 사용하는 경우 500[m] 이하

---

★★★★★ 기사 97년 6회, 12년 1회, 13년 3회, 14년 3회, 15년 3회 / 산업 06년 4회

**107** 다음 중 제1종 특고압 보안공사를 필요로 하는 가공전선로에 지지물로 사용할 수 있는 것은 어느 것인가?

① A종 철근콘크리트주
② B종 철근콘크리트주
③ A종 철주
④ 목주

**해설** **특고압 보안공사(KEC 333.22)**

제1종 특고압 보안공사 시 전선로의 지지물에는 B종 철주 · B종 철근콘크리트주 또는 철탑을 사용할 것(지지물의 강도가 약한 A종 지지물과 목주는 사용할 수 없음)

---

★★★★★ 기사 92년 3회, 94년 6회, 99년 3회, 00년 3회, 05년 4회 / 산업 15년 3회, 16년 3회, 18년 2회

**108** 다음 중에서 목주, A종 철주 또는 A종 철근콘크리트주를 전선로의 지지물로 사용할 수 없는 보안공사는?

① 고압 보안공사
② 제1종 특고압 보안공사
③ 제2종 특고압 보안공사
④ 제3종 특고압 보안공사

**해설** **특고압 보안공사(KEC 333.22)**

제1종 특고압 보안공사는 다음에 따라 시설할 것
㉠ 35[kV]를 넘는 특고압 가공전선로가 건조물 등과 제2차 접근상태로 시설되는 경우에 적용

---

**정답** 104. ② 105. ② 106. ④ 107. ② 108. ②

ⓛ 전선의 굵기
- 100[kV] 미만 : 인장강도 21.67[kN] 이상, 55[mm²] 이상의 경동연선일 것
- 100[kV] 이상 300[kV] 미만 : 인장강도 58.84[kN] 이상, 150[mm²] 이상의 경동연선일 것
- 300[kV] 이상 : 인장강도 77.47[kN] 이상, 200[mm²] 이상의 경동연선일 것

ⓒ 경간
- A종 지지물, 목주 : 사용하지 않음
- B종 지지물 : 150[m] 이하
- 철탑 : 400[m] 이하

★ 기사 94년 4회 / 산업 98년 3회, 07년 3회

**109** 제1종 특고압 보안공사에 의하여 시설한 154[kV] 가공송전선로는 전선에 지기가 생긴 경우에 몇 [sec] 안에 자동적으로 이를 전로로부터 차단하는 장치를 시설하는가?

① 0.5  ② 1.0
③ 2.0  ④ 3.0

🔎 해설  특고압 보안공사(KEC 333.22)
특고압 가공전선에 지락 또는 단락이 생겼을 경우에 3초(사용전압이 100[kV] 이상인 경우에는 2초) 이내에 자동적으로 이것을 전로로부터 차단하는 장치를 시설할 것

★★★★★ 기사 05년 2회, 10년 1·3회, 17년 2회, 20년 3회 / 산업 08년 2회, 12년 3회, 18년 3회

**110** 154[kV] 가공전선로를 제1종 특고압 보안공사에 의하여 시설하는 경우 사용전선은 인장강도 58.84[kN] 이상의 연선 또는 단면적 몇 [mm²] 이상의 경동연선이어야 하는가?

① 100
② 125
③ 150
④ 200

🔎 해설  특고압 보안공사(KEC 333.22)
제1종 특고압 보안공사는 다음에 따라 시설함
ⓣ 100[kV] 미만 : 인장강도 21.67[kN] 이상, 55[mm²] 이상의 경동연선
ⓛ 100[kV] 이상 300[kV] 미만 : 인장강도 58.84[kN] 이상, 150[mm²] 이상의 경동연선
ⓒ 300[kV] 이상 : 인장강도 77.47[kN] 이상, 200[mm²] 이상의 경동연선

★★★★ 기사 90년 6회, 93년 2회, 15년 2회 / 산업 07년 3회, 15년 2회, 16년 1회

**111** 345[kV] 가공전선로를 제1종 특고압 보안공사에 의하여 시설하는 경우에 사용하는 전선은 인장강도 77.47[kN] 이상의 연선 또는 단면적 몇 [mm²] 이상의 경동연선이어야 하는가?

① 100
② 125
③ 150
④ 200

🔎 해설  특고압 보안공사(KEC 333.22)
제1종 특고압 보안공사는 다음에 따라 시설함
ⓣ 100[kV] 미만 : 인장강도 21.67[kN] 이상, 55[mm²] 이상
ⓛ 100[kV] 이상 300[kV] 미만 : 인장강도 58.84[kN] 이상, 150[mm²] 이상
ⓒ 300[kV] 이상 : 인장강도 77.47[kN] 이상, 200[mm²] 이상

★★ 산업 91년 7회, 17년 3회

**112** 제2종 특고압 보안공사에 있어서 B종 철주를 지지물로 사용하는 경우 경간은 몇 [m] 이하인가?

① 100
② 150
③ 200
④ 400

🔎 해설  특고압 보안공사(KEC 333.22)
제2종 특고압 보안공사는 다음에 따라야 한다.
ⓣ 특고압 가공전선은 연선일 것
ⓛ 지지물로 사용하는 목주의 풍압하중에 대한 안전율은 2 이상일 것
ⓒ 경간은 다음 표에서 정한 값 이하일 것

| 지지물의 종류 | 경 간 |
|---|---|
| 목주·A종 철주 또는 A종 철근콘크리트주 | 100[m] |
| B종 철주 또는 B종 철근콘크리트주 | 200[m] |
| 철탑 | 400[m] |

예외  전선에 인장강도 38.05[kN] 이상의 연선 또는 단면적이 95[mm²] 이상인 경동연선을 사용하고, 지지물에 B종 철주·B종 철근콘크리트주 또는 철탑을 사용하는 경우에는 표준경간을 적용

## 113

★ 산업 91년 7회

단면적 38[mm²]의 경동연선을 사용하고, 지지물로 A종 철근콘크리트주를 사용한 66[kV] 가공전선로를 제3종 특고압 보안공사에 의하여 시설할 때 경간의 한도는 몇 [m]인가?

① 100     ② 150

③ 200     ④ 250

**해설** 특고압 보안공사(KEC 333.22)

제3종 특고압 보안공사는 다음에 따라 시설한다.
㉠ 특고압 가공전선은 연선이어야 한다.
㉡ 경간은 다음 표에서 정한 값 이하일 것

| 지지물의 종류 | 경 간 |
|---|---|
| 목주·A종 철주 또는 A종 철근콘크리트주 | 100[m]<br>(인장강도 14.51[kN] 이상 또는 38[mm²] 이상인 경동연선을 사용하는 경우에는 150[m]) |
| B종 철주 또는 B종 철근콘크리트주 | 200[m]<br>(인장강도 21.67[kN] 이상 또는 55[mm²] 이상인 경동연선을 사용하는 경우에는 250[m]) |
| 철탑 | 400[m]<br>(인장강도 21.67[kN] 이상 또는 55[mm²] 이상인 경동연선을 사용하는 경우에는 600[m])<br>단, 단주의 경우에는 300[m]<br>(인장강도 21.67[kN] 이상 또는 55[mm²] 이상인 경동연선을 사용하는 경우에는 400[m]) |

## 114

★★★★★ 기사 02년 2회, 03년 1회, 04년 2회 / 산업 09년 2회, 10년 3회, 16년 1회

사용전압이 35,000[V] 이하인 특고압 가공전선이 건조물과 제2차 접근상태로 시설되는 경우에 특고압 가공전선로는 어떤 보안공사를 하여야 하는가?

① 제1종 특고압 보안공사
② 제2종 특고압 보안공사
③ 제3종 특고압 보안공사
④ 제4종 특고압 보안공사

**해설** 특고압 가공전선과 건조물의 접근(KEC 333.23)

특고압 보안공사를 구분하면 다음과 같다.
㉠ 제1종 특고압 보안공사 : 35[kV] 넘고, 2차 접근상태인 경우

㉡ 제2종 특고압 보안공사 : 35[kV] 이하이고, 2차 접근상태인 경우
㉢ 제3종 특고압 보안공사 : 특고압 가공전선이 다른 시설물과 1차 접근상태인 경우

## 115

★★ 기사 91년 6회 / 산업 97년 4회, 13년 1회

특고압 가공전선로를 제3종 특고압 보안공사에 의하여 시설하는 경우는?

① 건조물과 제1차 접근상태에 시설하는 경우
② 건조물과 제2차 접근상태에 시설하는 경우
③ 도로 위에 교차하여 시설하는 경우
④ 가공약전류전선과 공가하여 시설하는 경우

**해설** 특고압 가공전선과 건조물의 접근(KEC 333.23)

특고압 보안공사를 구분하면 다음과 같다.
㉠ 제1종 특고압 보안공사 : 35[kV] 넘고, 2차 접근상태인 경우
㉡ 제2종 특고압 보안공사 : 35[kV] 이하이고, 2차 접근상태인 경우
㉢ 제3종 특고압 보안공사 : 특고압 가공전선이 건조물과 제1차 접근상태로 시설되는 경우

## 116

★★ 기사 96년 6회, 02년 1회 / 산업 94년 4회, 00년 1·6회

35[kV] 이하의 특고압 가공전선이 건조물과 제1차 접근상태로 시설되는 경우의 이격거리는 일반적인 경우 몇 [m] 이상이어야 하는가?

① 3
② 3.5
③ 4
④ 4.5

**해설** 특고압 가공전선과 건조물의 접근(KEC 333.23)

특고압 가공전선이 건조물과 제1차 접근상태로 시설되는 경우에는 다음에 따라 시설할 것
㉠ 특고압 가공전선로는 제3종 특고압 보안공사에 의할 것
㉡ 35[kV] 이하인 특고압 가공전선과 건조물의 조영재 이격거리는 다음의 이상일 것

| 건조물과 조영재의 구분 | 전선 종류 | 접근형태 | 이격거리 |
|---|---|---|---|
| 상부 조영재 | 특고압 절연전선 | 위쪽 | 2.5[m] |
| | | 옆쪽 또는 아래쪽 | 1.5[m](사람의 접촉 우려가 적을 경우 1[m]) |

| 건조물과 조영재의 구분 | 전선 종류 | 접근형태 | 이격거리 |
|---|---|---|---|
| 상부 조영재 | 케이블 | 위쪽 | 1.2[m] |
| | | 옆쪽 또는 아래쪽 | 0.5[m] |
| | 기타 전선 | - | 3[m] |
| 기타 조영재 | 특고압 절연전선 | - | 1.5[m](사람의 접촉 우려가 적은 경우 1[m]) |
| | 케이블 | - | 0.5[m] |
| | 기타 전선 | - | 3[m] |

ⓒ 35[kV]를 초과하는 경우 10[kV] 단수마다 15[cm] 가산할 것

---

★★ 기사 94년 7회, 98년 3회, 99년 4회 / 산업 98년 7회, 00년 4회, 05년 1회

**117** 66[kV] 가공전선이 건조물과 제1차 접근 상태로 시설되는 경우 가공전선과 건조물 사이의 이격거리는 최소 몇 [m] 이상이어야 하는가?

① 3.0      ② 3.2
③ 3.4      ④ 3.6

📝 해설 **특고압 가공전선과 건조물의 접근(KEC 333.23)**
35[kV]를 넘는 10[kV] 단수는 (66 – 35)÷10=3.1에서 절상하여 단수는 4이므로 66[kV] 가공전선과 건조물의 이격거리는 다음과 같다.
건조물과의 이격거리=3 + 4×0.15=3.6[m]

---

★★ 기사 16년 1회

**118** 765[kV] 가공전선시설 시 제2차 접근상태에서 건조물을 시설하는 경우 건조물 상부와 가공전선 사이의 수직거리는 몇 [m] 이상인가? (단, 전선의 높이가 최저상태로 사람이 올라갈 우려가 있는 개소를 말한다.)

① 15      ② 20
③ 25      ④ 28

📝 해설 **특고압 가공전선과 건조물의 접근(KEC 333.23)**
사용전압이 400[kV] 이상의 특고압 가공전선이 건조물과 제2차 접근상태로 있는 경우에는 다음에 따라 시설할 것
㉠ 전선높이가 최저상태일 때 가공전선과 건조물 상부와의 수직거리가 28[m] 이상일 것
㉡ 건조물 최상부에서 전계(3.5[kV/m]) 및 자계(83.3 [μT])를 초과하지 아니할 것

---

ⓒ 폭연성 분진 기연성 가스, 인화성 물질 석유류, 화학류 등 위험물질을 다루는 건조물에 해당되지 아니할 것
ⓔ 독립된 주거생활을 할 수 있는 단독주택, 공동주택 및 학교, 병원 등 불특정 다수가 이용하는 다중이용시설의 건조물이 아닐 것

---

★ 기사 16년 2회

**119** 특고압 가공전선로에서 발생하는 극저주파 전자계는 자계의 경우 지표상 1[m]에서 측정 시 몇 [μT] 이하인가?

① 28.0      ② 46.5
③ 70.0      ④ 83.3

📝 해설 **특고압 가공전선과 건조물의 접근(KEC 333.23)**
사용전압이 400[kV] 이상의 특고압 가공전선이 건조물과 제2차 접근상태로 있는 경우에는 다음에 따라 시설할 것
㉠ 전선높이가 최저상태일 때 가공전선과 건조물 상부와의 수직거리가 28[m] 이상일 것
㉡ 건조물 최상부에서 전계(3.5[kV/m]) 및 자계(83.3 [μT])를 초과하지 아니할 것

---

★★ 기사 16년 3회 / 산업 11년 2회, 14년 3회

**120** 특고압 가공전선이 도로 · 횡단보도교 · 철도 또는 궤도와 제1차 접근상태로 시설되는 경우 특고압 가공전선로는 제 몇 종 보안공사에 의하여야 하는가?

① 제1종 특고압 보안공사
② 제2종 특고압 보안공사
③ 제3종 특고압 보안공사
④ 특별 제3종 특고압 보안공사

📝 해설 **특고압 가공전선과 도로 등의 접근 또는 교차 (KEC 333.24)**
특고압 가공전선이 도로 · 횡단보도교 · 철도 또는 궤도와 제1차 접근상태로 시설되는 경우
㉠ 특고압 가공전선로는 제3종 특고압 보안공사에 의할 것
㉡ 특고압 가공전선과 도로 등 사이의 이격거리(특고압 절연전선을 사용할 경우 35[kV] 이하에서는 1.2[m] 이상 이격)

| 사용전압의 구분 | 이격거리 |
|---|---|
| 35[kV] 이하 | 3[m] |
| 35[kV] 초과 | 3[m]에 사용전압이 35[kV]를 초과하는 10[kV] 또는 그 단수마다 0.15[m]를 더한 값 |

---

★ 산업 15년 3회

**121** 시가지에 시설하는 154[kV] 가공전선로를 도로와 제1차 접근상태로 시설하는 경우 전선과 도로와의 이격거리는 몇 [m] 이상이어야 하는가?

① 4.4　　　　② 4.8
③ 5.2　　　　④ 5.6

**해설** 특고압 가공전선과 도로 등의 접근 또는 교차 (KEC 333.24)

특고압 가공전선이 도로 · 횡단보도교 · 철도 또는 궤도와 제1차 접근상태로 시설되는 경우
㉠ 특고압 가공전선로는 제3종 특고압 보안공사에 의할 것
㉡ 특고압 가공전선과 도로 등 사이의 이격거리(특고압 절연전선을 사용할 경우 35[kV] 이하에서는 1.2[m] 이상 이격)

| 사용전압의 구분 | 이격거리 |
|---|---|
| 35[kV] 이하 | 3[m] |
| 35[kV] 초과 | 3[m]에 사용전압이 35[kV]를 초과하는 10[kV] 또는 그 단수마다 0.15[m]를 더한 값 |

154[kV] 가공전선로의 접근 · 교차의 경우 도로와의 이격거리 : 3[m] + 0.15$N$

$N = \dfrac{154 - 35}{10} = 11.9$에서 단수 $N = 12$로 하여 계산하면 다음과 같다.
이격거리 = 3 + 0.15 × 12 = 4.8[m]

★★ 산업 89년 6회

**122** 고압 가공전선로에 시설한 보호망의 횡선에 경동선을 사용하는 경우 지름의 최솟값은 몇 [mm]인가?

① 2.6　　　　② 3.2
③ 4　　　　　④ 5

**해설** 특고압 가공전선과 도로 등의 접근 또는 교차 (KEC 333.24)

㉠ 보호망은 접지공사를 한 금속제의 망상장치로 하고 견고하게 지지할 것
㉡ 보호망을 구성하는 금속선은 그 외주 및 특고압 가공전선의 직하에 시설하는 금속선에는 인장강도 8.01[kN] 이상의 것 또는 지름 5[mm] 이상의 경동선을 사용하고 그 밖의 부분에 시설하는 금속선에는 인장강도 5.26[kN] 이상의 것 또는 지름 4[mm] 이상의 경동선을 사용할 것
㉢ 보호망을 구성하는 금속선 상호간격은 가로, 세로 각 1.5[m] 이하일 것

㉣ 보호망이 특고압 가공전선의 외부에 뻗은 폭은 특고압 가공전선과 보호망과의 수직거리의 $\dfrac{1}{2}$ 이상일 것. 단, 6[m]를 넘지 아니하여도 된다.

★★★ 기사 16년 2회

**123** 154[kV] 가공전선과 가공약전류전선이 교차하는 경우에 시설하는 보호망을 구성하는 금속선 중 가공전선의 바로 아래에 시설되는 것 이외의 다른 부분에 시설되는 금속선은 지름 몇 [mm] 이상의 아연도금철선이어야 하는가?

① 2.6　　　　② 3.2
③ 4.0　　　　④ 5.0

**해설** 특고압 가공전선과 도로 등의 접근 또는 교차 (KEC 333.24)

보호망시설을 살펴보면 다음과 같다.
㉠ 보호망은 제1종 접지공사를 한 금속제의 망상장치로 하고 견고하게 지지할 것
㉡ 보호망을 구성하는 금속선은 그 외주 및 특고압 가공전선의 직하에 시설하는 금속선에는 인장강도 8.01[kN] 이상의 것 또는 지름 5[mm] 이상의 경동선을 사용하고 그 밖의 부분에 시설하는 금속선에는 인장강도 5.26[kN] 이상의 것 또는 지름 4[mm] 이상의 경동선을 사용할 것
㉢ 보호망을 구성하는 금속선 상호간격은 가로, 세로 각 1.5[m] 이하일 것
㉣ 보호망이 특고압 가공전선의 외부에 뻗은 폭은 특고압 가공전선과 보호망과의 수직거리의 $\dfrac{1}{2}$ 이상일 것. 단, 6[m]를 넘지 아니하여도 된다.

★ 산업 10년 1회

**124** 사용전압이 22.9[kV]인 가공전선이 삭도와 제1차 접근상태로 시설되어 있는 경우 가공전선과 삭도 또는 삭도용 지주 사이의 이격거리는 최소 몇 [m] 이상으로 하여야 하는가? (단, 전선으로는 특고압 절연전선을 사용한다고 한다.)

① 0.5　　　　② 1
③ 2　　　　　④ 2.12

**해설** 특고압 가공전선과 삭도의 접근 또는 교차 (KEC 333.25)

㉠ 특고압 가공전선로는 제3종 특고압 보안공사에 의할 것

ⓒ 특고압 가공전선과 삭도 또는 삭도용 지주 사이의 이격거리는 다음에서 정한 값 이상일 것

| 사용전압의 구분 | 이격거리 |
|---|---|
| 35[kV] 이하 | 2[m]<br>(전선이 특고압 절연전선인 경우는 1[m], 케이블인 경우는 0.5[m]) |
| 35[kV] 초과<br>60[kV] 이하 | 2[m] |
| 60[kV] 초과 | 2[m]에 사용전압이 60[kV]를 초과하는 10[kV] 또는 그 단수마다 0.12[m]를 더한 값 |

**★★** 기사 90년 2회, 96년 5회 / 산업 90년 2회, 98년 5회, 00년 4회

**125** 나전선을 사용한 69,000[V] 가공전선이 삭도와 제1차 접근상태에 시설되는 경우 전선과 삭도와의 최소이격거리는?

① 2.12[m]  ② 2.24[m]
③ 2.36[m]  ④ 2.48[m]

**해설** 특고압 가공전선과 삭도의 접근 또는 교차 (KEC 333.25)

ⓐ 특고압 가공전선로는 제3종 특고압 보안공사에 의할 것

ⓑ 특고압 가공전선과 삭도 또는 삭도용 지주 사이의 이격거리는 다음에서 정한 값 이상일 것

| 사용전압의 구분 | 이격거리 |
|---|---|
| 35[kV] 이하 | 2[m]<br>(전선이 특고압 절연전선인 경우는 1[m], 케이블인 경우는 0.5[m]) |
| 35[kV] 초과<br>60[kV] 이하 | 2[m] |
| 60[kV] 초과 | 2[m]에 사용전압이 60[kV]를 초과하는 10[kV] 또는 그 단수마다 0.12[m]를 더한 값 |

60[kV]를 넘는 경우 10[kV] 단수는 (345 − 60) ÷ 10 = 28.5로 절상하여 단수는 29이다.
69[kV] 가공전선과 삭도와의 이격거리
= 2 + (1 × 0.12) = 2.12[m]

**★★** 산업 12년 1회, 16년 2회

**126** 특고압 가공전선이 삭도와 2차 접근상태로 시설할 경우에 특고압 가공전선로의 보안공사는?

① 고압 보안공사
② 제1종 특고압 보안공사
③ 제2종 특고압 보안공사
④ 제3종 특고압 보안공사

**해설** 특고압 가공전선과 삭도의 접근 또는 교차 (KEC 333.25)

ⓐ 삭도와 제2차 접근상태로 시설 시 특고압 가공전선은 제2종 특고압 보안공사 적용

ⓑ 삭도와 제1차 접근상태로 시설 시 특고압 가공전선은 제3종 특고압 보안공사 적용

**★★★★** 기사 97년 7회, 03년 4회, 12년 3회 / 산업 09년 1회, 12년 2회, 20년 1 · 2회

**127** 특고압 가공전선과 가공약전류전선 사이에 사용하는 보호망에 있어서 보호망을 구성하는 금속선의 상호 간격[m]은 얼마 이하로 시설하여야 하는가?

① 0.75  ② 1.0
③ 1.25  ④ 1.5

**해설** 특고압 가공전선과 저 · 고압 가공전선 등의 접근 또는 교차(KEC 333.26)

ⓐ 보호망을 구성하는 금속선 상호 간격은 가로, 세로 각 1.5[m] 이하일 것

ⓑ 보호망과 저 · 고압 가공전선 등과의 수직 이격거리는 60[cm] 이상일 것

**★★** 기사 03년 4회 / 산업 09년 1회

**128** 특고압 가공전선이 저 · 고압 가공전선 등과 제2차 접근상태로 시설되는 경우 사용전압이 35,000[V] 이하인 특고압 가공전선과 저 · 고압 가공전선 등 사이에 무엇을 시설하는 경우에 특고압 가공전선로를 제2종 특고압 보안공사에 의하지 않아도 되는가? (단, 애자장치에 관한 부분에 한한다.)

① 접지설비  ② 보호망
③ 차폐장치  ④ 전류제한장치

**해설** 특고압 가공전선과 저 · 고압 가공전선 등의 접근 또는 교차(KEC 333.26)

특고압 가공전선로는 제2종 특고압 보안공사에 의한다. 단, 사용전압이 35,000[V] 이하인 특고압 가공전선과 저 · 고압 가공전선 등 사이에 보호망을 시설하는 경우에는 제2종 특고압 보안공사(애자장치에 관한 부분에 한한다)에 의하지 아니할 수 있다.

**129** ★★★★ 기사 03년 3회, 14년 2회, 17년 3회 / 산업 01년 1회, 05년 1회, 06년 4회

345[kV] 가공전선이 154[kV] 가공전선과 교차하는 경우 이들 양 전선 상호 간의 이격거리는 몇 [m] 이상인가?

① 4.48  ② 4.96
③ 5.48  ④ 5.82

**해설** 특고압 가공전선 상호 간의 접근 또는 교차 (KEC 333.27)

특고압 가공전선과 다른 특고압 가공전선 사이의 이격거리는 다음의 규정에 준할 것

| 사용전압의 구분 | 이격거리 |
|---|---|
| 60[kV] 이하 | 2[m] |
| 60[kV] 초과 | 2[m]에 사용전압이 60[kV]를 초과하는 10[kV] 또는 그 단수마다 0.12[m]를 더한 값 |

60[kV]를 넘는 경우 10[kV] 단수는 (345 − 60)÷10 =28.5로 절상하여 단수는 29이다.
345[kV]와 154[kV] 가공전선 사이의 이격거리는 다음과 같다.
전선 간의 이격거리=2 + (29×0.12) = 5.48[m]

**130** ★★★ 산업 96년 7회, 09년 3회, 17년 3회

60[kV]의 송전선로의 송전선과 수목과의 최소이격거리는 몇 [m]인가?

① 2.0  ② 2.2
③ 2.12  ④ 3.45

**해설** 특고압 가공전선과 식물의 이격거리 (KEC 333.30)

| 사용전압의 구분 | 이격거리 |
|---|---|
| 60[kV] 이하 | 2[m] 이상 |
| 60[kV] 초과 | 2[m]에 사용전압이 60[kV]를 초과하는 10[kV] 또는 그 단수마다 0.12[m]를 더한 값 이상 |

**131** ★★★ 기사 96년 4회, 04년 2회, 10년 1회, 19년 1회 / 산업 08년 4회, 11년 2회, 13년 3회, 20년 3회

사용전압 154[kV]의 가공전선과 식물 사이의 이격거리는 최소 몇 [m] 이상이어야 하는가?

① 2  ② 2.6
③ 3.2  ④ 3.8

**해설** 특고압 가공전선과 식물의 이격거리 (KEC 333.30)

| 사용전압의 구분 | 이격거리 |
|---|---|
| 60[kV] 이하 | 2[m] 이상 |
| 60[kV] 초과 | 2[m]에 사용전압이 60[kV]를 초과하는 10[kV] 또는 그 단수마다 0.12[m]를 더한 값 이상 |

(154[kV] − 60[kV])÷10=9.4에서 절상하여 단수는 10으로 한다.
식물과의 이격거리=2 + (10×0.12)=3.2[m]

**132** ★★★★ 기사 04년 3회, 12년 2회 / 산업 93년 3회, 99년 3회, 09년 3회

중성선 다중접지식으로서 전로에 지락이 생겼을 때 2[sec] 이내에 자동적으로 이를 전로로부터 차단하는 장치가 되어 있는 사용전압 22,900[V]인 특고압 가공전선과 식물과의 이격거리는 몇 [m] 이상이어야 하는가?

① 1.5  ② 2.0
③ 2.5  ④ 3.0

**해설** 25[kV] 이하인 특고압 가공전선로의 시설 (KEC 333.32)

60[kV] 이하의 특고압 가공전선로와 식물과의 이격거리는 2[m] 이상으로 하고, 중성선 다중접지한 25[kV] 이하의 가공전선로와 식물 사이의 이격거리는 1.5[m] 이상일 것

**133** ★★ 기사 90년 2회, 18년 2회 / 산업 90년 2회, 01년 1회, 06년 4회

사용전압이 22.9[kV]인 특고압 가공전선로(중성선 다중접지식의 것으로서, 전로에 지락이 생겼을 때 2[sec] 이내에 자동적으로 이를 전로로부터 차단하는 장치가 되어 있는 것에 한한다)가 상호 간 접근 또는 교차하는 경우 사용전선이 양쪽 모두 케이블인 경우 이격거리는 몇 [m] 이상인가?

① 0.25  ② 0.5
③ 0.75  ④ 1.0

**해설** 25[kV] 이하인 특고압 가공전선로의 시설 (KEC 333.32)

특고압 가공전선로가 상호 간 접근 또는 교차하는 경우에는 다음에 의할 것
㉠ 특고압 가공전선이 다른 특고압 가공전선과 접근 또는 교차하는 경우의 이격거리

| 사용전선의 종류 | 이격거리 |
|---|---|
| 어느 한쪽 또는 양쪽이 나전선인 경우 | 1.5[m] |
| 양쪽이 특고압 절연전선인 경우 | 1.0[m] |
| 한쪽이 케이블이고, 다른 한쪽이 케이블이거나 특고압 절연전선인 경우 | 0.5[m] |

ⓛ 특고압 가공전선과 다른 특고압 가공전선로를 동일 지지물에 시설 시의 이격거리는 1[m](사용전선이 케이블인 경우에는 0.6[m]) 이상일 것

**★★** 산업 08년 2회, 17년 1회

**134** 22.9[kV] 특고압 가공전선로의 시설에 있어서 중성선을 다중접지하는 경우에 각각 접지한 곳 상호 간의 거리는 전선로에 따라 몇 [m] 이하이어야 하는가?

① 150
② 300
③ 400
④ 500

**해설** 25[kV] 이하인 특고압 가공전선로의 시설 (KEC 333.32)

㉠ 사용전압이 15[kV] 이하인 특고압 가공전선로의 중성선의 다중접지 및 중성선의 시설(접지공사를 하고 접지한 곳 상호 간의 거리는 전선로에 따라 300[m] 이하일 것)

| 각 접지점의 대지 전기저항값 | 1[km]마다의 합성 전기저항값 |
|---|---|
| 300[Ω] | 15[Ω] |

㉡ 사용전압이 15[kV]를 초과하고 25[kV] 이하인 특고압 가공전선로 중성선 다중접지식으로 지락 시 2[sec] 이내에 전로 차단장치가 되어 있는 경우(각각 접지한 곳 상호 간의 거리는 전선로에 따라 150[m] 이하일 것)

| 각 접지점의 대지 전기저항값 | 1[km]마다의 합성 전기저항값 |
|---|---|
| 300[Ω] | 15[Ω] |

**★★★★** 기사 97년 7회, 02년 2회 / 산업 00년 5 · 6회, 05년 2회, 06년 2회, 13년 2회, 19년 1회

**135** 중성선 다중접지식의 것으로, 전로에 지락이 생긴 경우에 2[sec] 안에 자동적으로 이를 차단하는 장치를 가지는 22.9[kV] 특고압 가공전선로에서 각 접지점의 대지 전기저항값이 300[Ω] 이하이며, 1[km]마다의 중성선과 대지 간의 합성 전기저항값은 몇 [Ω] 이하이어야 하는가?

① 10
② 15
③ 20
④ 30

**해설** 25[kV] 이하인 특고압 가공전선로의 시설 (KEC 333.32)

| 각 접지점의 대지 전기저항값 | 1[km]마다의 합성 전기저항값 |
|---|---|
| 300[Ω] | 15[Ω] |

**★★★** 산업 01년 3회, 04년 4회, 14년 1회

**136** 22.9[kV] 중성선 다중접지계통에서 각 접지선을 중성선으로부터 분리하였을 경우의 매 1[km]마다 중성선과 각 접지점의 대지 전기저항값은 몇 [Ω] 이하이어야 하는가?

① 100
② 150
③ 200
④ 300

**해설** 25[kV] 이하인 특고압 가공전선로의 시설 (KEC 333.32)

사용전압이 15[kV]를 초과하고 25[kV] 이하인 특고압 가공전선로 중성선 다중접지식으로 지락 시 2[sec] 이내에 전로 차단장치가 되어 있는 경우(각각 접지한 곳 상호 간의 거리는 전선로에 따라 150[m] 이하일 것)

| 각 접지점의 대지 전기저항값 | 1[km]마다의 합성 전기저항값 |
|---|---|
| 300[Ω] | 15[Ω] |

**★★★★** 기사 90년 2회, 93년 6회, 03년 2회 / 산업 91년 6회, 95년 7회, 99년 6회, 00년 6회, 07년 3회

**137** 특고압 절연전선을 사용한 22,900[V] 가공전선과 안테나와의 최소이격거리는 몇 [m]인가? (단, 중성선 다중접지식의 것으로 전로에 지기가 생겼을 때 2[sec] 이내에 전로로부터 차단하는 장치가 되어 있음)

① 1.0
② 1.2
③ 1.5
④ 2.0

**해설** 25[kV] 이하인 특고압 가공전선로의 시설 (KEC 333.32)

15[kV] 초과 25[kV] 이하 특고압 가공전선로 이격거리

| 구 분 | 가공전선의 종류 | 이격(수평이격) 거리 |
|---|---|---|
| 가공약전류전선, 저압 또는 고압 가공전선 · 안테나, 저압 또는 고압의 전차선 | 나전선 | 2.0[m] |
| | 특고압 절연전선 | 1.5[m] |
| | 케이블 | 0.5[m] |

정답 134. ① 135. ② 136. ④ 137. ③

★★★★★ 기사 19년 1회 / 산업 07년 1회, 14년 1회, 18년 1회

## 138 지중전선로의 매설방법이 아닌 것은?

① 직접 매설식     ② 관로식

③ 압착식        ④ 암거식

▣ 해설 **지중전선로의 시설(KEC 334.1)**

지중전선로는 전선에 케이블을 사용하고 또한 관로식·암거식(暗渠式) 또는 직접 매설식에 의하여 시설한다.

★★★ 기사 03년 1·3회, 05년 2회, 14년 1회, 15년 1회, 20년 1·2회 / 산업 10년 2회, 15년 1·3회

## 139 지중전선로를 직접 매설식에 의하여 시설할 때 중량물의 압력을 받을 우려가 있는 장소에 지중전선을 견고한 트라프, 기타 방호물에 넣지 않고도 부설할 수 있는 케이블은?

① 염화비닐 절연 케이블

② 폴리에틸렌 외장 케이블

③ 콤바인덕트케이블

④ 알루미늄피케이블

▣ 해설 **지중전선로의 시설(KEC 334.1)**

㉠ 깊이를 차량, 기타 중량물의 압력을 받을 우려가 있는 장소에는 1.0[m] 이상, 기타 장소에는 0.6[m] 이상으로 하고 또한 지중전선을 견고한 트라프, 기타 방호물에 넣어서 시설

㉡ 케이블을 견고한 트라프, 기타 방호물에 넣지 않아도 되는 경우
- 차량, 기타 중량물의 압력을 받을 우려가 없는 경우에 그 위를 견고한 판 또는 몰드로 덮어 시설하는 경우
- 저압 또는 고압의 지중전선에 콤바인덕트케이블을 사용하여 시설하는 경우
- 지중전선에 파이프형 압력케이블을 사용하고 또한 지중전선의 위를 견고한 판 또는 몰드 등으로 덮어 시설하는 경우
- 지중전선에 파이프형 압력케이블을 사용하거나 최대사용전압이 60[kV]를 초과하는 연피케이블, 알루미늄피케이블 그 밖의 금속피복을 한 특고압 케이블을 사용하고 또한 지중전선의 위를 견고한 판 또는 몰드 등으로 덮어 시설하는 경우

★★★★★ 기사 06년 3회, 13년 3회 / 산업 94년 7회, 95년 2회, 96년 2·5회, 98년 5회, 99년 3회, 05년 3회, 16년 1회

## 140 지중전선로의 전선으로 사용되는 것은?

① 절연전선     ② 케이블

③ 다심형 전선    ④ 나전선

▣ 해설 **지중전선로의 시설(KEC 334.1)**

㉠ 지중전선로에는 케이블을 사용

㉡ 지중전선로의 매설방법 : 직접 매설식, 관로식, 암거식

㉢ 관로식 및 직접 매설식을 시설하는 경우 매설깊이를 차량, 기타 중량물의 압력을 받을 우려가 있는 장소에는 1.0[m] 이상, 기타 장소에는 0.6[m] 이상 시설

★★ 산업 03년 4회

## 141 지중전선로의 시설에 관한 사항으로 옳은 것은?

① 전선은 케이블을 사용하고 관로식, 암거식 또는 직접 매설식에 의하여 시설한다.

② 전선은 절연전선을 사용하고 관로식, 암거식 또는 직접 매설식에 의하여 시설한다.

③ 전선은 케이블을 사용하고 내화성능이 있는 비닐관에 인입하여 시설한다.

④ 전선은 절연전선을 사용하고 내화성능이 있는 비닐관에 인입하여 시설한다.

▣ 해설 **지중전선로의 시설(KEC 334.1)**

지중전선로는 전선에 케이블을 사용하고 또한 관로식·암거식(暗渠式) 또는 직접 매설식에 의하여 시설한다.

★★★★★ 기사 03년 2회, 06년 1·2회, 12년 2회, 16년 2회 / 산업 91년 6회, 94년 2회, 95년 6회, 97년 2회, 00년 3회, 01년 1회, 08년 1·3회, 16년 3회

## 142 차량, 기타 중량물의 압력을 받을 우려가 없는 장소에 지중전선을 직접 매설식에 의하여 매설하는 경우 최소매설깊이는 몇 [m]인가?

① 0.3

② 0.6

③ 1.0

④ 1.5

▣ 해설 **지중전선로의 시설(KEC 334.1)**

차량 등 중량을 받을 우려가 있는 장소에서는 1.0[m] 이상, 기타의 장소에는 0.6[m] 이상으로 한다.

★★★★ 기사 17년 3회 / 산업 17년 2회

## 143 지중전선로의 시설에서 관로식에 의하여 시설하는 경우 매설깊이는 몇 [m] 이상으로 하여야 하는가?

① 0.6       ② 1.0

③ 1.2       ④ 1.5

🔍 정답   138. ③   139. ③   140. ②   141. ①   142. ②   143. ②

**해설** 지중전선로의 시설(KEC 334.1)

㉠ 관로식의 경우 케이블 매설깊이
- 차량, 기타 중량물에 의한 압력을 받을 우려가 있는 장소 : 1.0[m] 이상
- 기타 장소 : 0.6[m] 이상

㉡ 직접 매설식의 경우 케이블 매설깊이
- 차량, 기타 중량물에 의한 압력을 받을 우려가 있는 장소 : 1.0[m] 이상
- 기타 장소 : 0.6[m] 이상

★★★★★ 기사 01년 2회, 11년 1회, 19년 1회, 20년 4회 / 산업 06년 3회, 08년 2회, 15년 3회, 18년 1회

**144** 지중전선로에 사용하는 지중함의 시설기준이 아닌 것은?

① 견고하고 차량, 기타 중량물의 압력에 견딜 수 있을 것
② 그 안의 고인 물을 제거할 수 있는 구조일 것
③ 뚜껑은 시설자 이외의 자가 쉽게 열 수 없도록 할 것
④ 조명 및 세척이 가능한 장치를 하도록 할 것

**해설** 지중함의 시설(KEC 334.2)

㉠ 지중함은 견고하고 차량, 기타 중량물의 압력에 견디는 구조일 것
㉡ 지중함은 그 안의 고인 물을 제거할 수 있는 구조로 되어 있을 것
㉢ 폭발성 또는 연소성의 가스가 침입할 우려가 있는 것에 시설하는 지중함으로서 그 크기가 1[m³] 이상인 것에는 통풍장치, 기타 가스를 방산시키기 위한 적당한 장치를 시설할 것
㉣ 지중함의 뚜껑은 시설자 이외의 자가 쉽게 열 수 없도록 시설할 것

★★★★ 기사 06년 3회, 16년 1회, 18년 3회, 19년 3회 / 산업 07년 1회, 10년 3회, 16년 3회

**145** 폭발성 또는 연소성의 가스가 침입할 우려가 있는 곳에 시설하는 지중함으로서 그 크기가 몇 [m³] 이상인 것에는 통풍장치, 기타 가스를 방산시키기 위한 적당한 장치를 시설하여야 하는가?

① 0.5
② 0.75
③ 1
④ 2

**해설** 지중함의 시설(KEC 334.2)

㉠ 지중함은 견고하고 차량, 기타 중량물의 압력에 견디는 구조일 것

㉡ 지중함은 그 안의 고인 물을 제거할 수 있는 구조로 되어 있을 것
㉢ 폭발성 또는 연소성의 가스가 침입할 우려가 있는 것에 시설하는 지중함으로서 그 크기가 1[m³] 이상인 것에는 통풍장치, 기타 가스를 방산시키기 위한 적당한 장치를 시설할 것
㉣ 지중함의 뚜껑은 시설자 이외의 자가 쉽게 열 수 없도록 시설할 것

★★★★ 기사 01년 1회, 16년 2회, 19년 3회, 21년 1회 / 산업 03년 3회, 12년 2회, 17년 1회

**146** 다음 ㉠, ㉡에 알맞은 말은?

> 지중전선로는 기설 지중약전류전선로에 대하여 ( ㉠ ) 또는 ( ㉡ )에 대하여 통신상의 장해를 주지 않도록 기설 약전류전선로로부터 충분히 이격시키거나 적당한 방법으로 시설하여야 한다.

① ㉠ 정전용량, ㉡ 표피작용
② ㉠ 정전용량, ㉡ 유도작용
③ ㉠ 누설전류, ㉡ 표피작용
④ ㉠ 누설전류, ㉡ 유도작용

**해설** 지중약전류전선의 유도장해방지(KEC 334.5)

지중전선로는 기설 지중약전류전선로에 대하여 누설전류 또는 유도작용에 의하여 통신상의 장해를 주지 않도록 기설 약전류전선로로부터 충분히 이격시키거나 기타 적당한 방법으로 시설하여야 한다.

★★★ 기사 06년 1회, 10년 2회, 12년 1회, 20년 3회 / 산업 03년 4회, 11년 2회, 12년 2회, 19년 3회

**147** 고압 지중선이 지중약전류전선 등과 접근하여 이격거리가 몇 [cm] 이하인 때 양 전선 사이에 견고한 내화성의 격벽을 설치하는 경우 이외에는 지중전선을 견고한 절연성 또는 난연성의 관에 넣어 그 관이 지중약전류전선 등과 직접 접촉되지 않도록 하여야 하는가?

① 15
② 20
③ 25
④ 30

**해설** 지중전선과 지중약전류전선 등 또는 관과의 접근 또는 교차(KEC 334.6)

지중전선이 지중약전류전선 등과 접근하거나 교차하는 경우에 상호 간의 이격거리가 저압 또는 고압의 지중전선은 0.3[m] 이하, 특고압 지중전선은 0.6[m] 이하인

때에는 지중전선과 지중약전류전선 등 사이에 견고한 내화성의 격벽을 설치하는 경우 이외에는 지중전선을 견고한 불연성 또는 난연성의 관에 넣어 그 관이 지중약전류전선 등과 직접 접촉하지 아니하도록 시설할 것

★ 산업 91년 7회

**148** 특고압 지중전선과 지중약전류전선의 접근·교차 시 이격거리는 몇 [cm] 이하인가?

① 30　　② 60
③ 80　　④ 90

**해설** 지중전선과 지중약전류전선 등 또는 관과의 접근 또는 교차(KEC 334.6)
㉠ 고압 및 저압 지중전선과 약전류전선 등은 0.3[m] 이하
㉡ 특고압 지중전선과 약전류전선 등은 0.6[m] 이하

★★★ 기사 99년 5회, 04년 1회 / 산업 93년 5회, 11년 3회

**149** 특고압 지중전선이 가연성이나 유독성의 유체(流體)를 내포하는 관과 접근하기 때문에 상호 간에 견고한 내화성의 격벽을 시설하였다. 상호 간의 이격거리가 몇 [cm] 이하인 경우인가?

① 30　　② 60
③ 80　　④ 100

**해설** 지중전선과 지중약전류전선 등 또는 관과의 접근 또는 교차(KEC 334.6)
㉠ 고압 및 저압 지중전선과 약전류전선 등은 0.3[m] 이하
㉡ 특고압 지중전선과 약전류전선 등은 0.6[m] 이하
㉢ 특고압 지중전선이 가연성이나 유독성의 유체를 내포하는 관과 접근하거나 교차하는 경우에 상호 간의 이격거리가 1[m] 이하(단, 사용전압이 25[kV] 이하인 다중접지방식 지중전선로의 경우에는 0.5[m] 이하인 때에는 지중전선과 관 사이에 견고한 내화성의 격벽을 시설하는 경우 이외에는 지중전선을 견고한 불연성 또는 난연성의 관에 넣어 그 관이 가연성이나 유독성의 유체를 내포하는 관과 직접 접촉하지 아니하도록 시설하여야 한다.

★ 산업 09년 2회

**150** 철도·궤도 또는 자동차도 전용터널 안의 전선로를 시설할 때 저압전선은 인장강도가 몇 [kN] 이상의 절연전선을 사용하여야 하는가?

① 1.38　　② 2.30
③ 2.46　　④ 5.26

**해설** 터널 안 전선로의 시설(KEC 335.1)
철도·궤도 또는 자동차도 전용터널 안의 저압전선로 시설
㉠ 인장강도 2.30[kN] 이상의 절연전선 또는 지름 2.6[mm] 이상의 경동선의 절연전선을 사용
㉡ 애자사용배선에 의하여 시설하여야 하며, 레일면상 또는 노면상 2.5[m] 이상의 높이로 유지할 것

★★ 기사 18년 1회

**151** 터널 안 전선로의 시설방법으로 옳은 것은?

① 저압전선은 지름 2.6[mm]의 경동선의 절연전선을 사용하였다.
② 고압전선은 절연전선을 사용하여 합성수지관공사로 하였다.
③ 저압전선을 애자사용공사에 의하여 시설하고 이를 레일면상 또는 노면상 2.2[m]의 높이로 시설하였다.
④ 고압전선을 금속관공사에 의하여 시설하고 이를 레일면상 또는 노면상 2.4[m]의 높이로 시설하였다.

**해설** 터널 안 전선로의 시설(KEC 335.1)

| 구 분 | 전선의 굵기 | 레일면 또는 노면상 높이 | 사용공사의 종류 |
|---|---|---|---|
| 저압 | 2.6[mm] 이상 (인장강도 2.30[kN]) | 2.5[m] 이상 | 케이블·금속관·합성수지관·금속제 가요전선관·애자사용공사 |
| 고압 | 4.0[mm] 이상 (인장강도 5.26[kN]) | 3[m] 이상 | 케이블공사, 애자사용공사 |

★★★★ 기사 13년 3회, 15년 2회 / 산업 12년 1회, 17년 2회

**152** 사람이 상시 통행하는 터널 안의 배선을 애자사용공사에 의하여 시설하는 경우 설치높이는 노면상 몇 [m] 이상인가?

① 1.5
② 2
③ 2.5
④ 3

**해설** 터널 안 전선로의 시설(KEC 335.1)

㉠ 사람이 상시 통행하는 터널 안의 전선로 사용전압은 저압 또는 고압으로 시설

㉡ 저압전선
- 인장강도 2.30[kN] 이상의 절연전선 또는 지름 2.6[mm] 이상의 경동선의 절연전선을 사용하여 애자사용배선에 의해 시설하고 노면상 2.5[m] 이상의 높이를 유지할 것
- 합성수지관·금속관·금속제 가요전선관·케이블의 규정에 준하는 케이블배선에 의해 시설할 것

㉢ 고압전선
- 전선은 케이블일 것
- 케이블은 견고한 관 또는 트라프에 넣거나 사람이 접촉할 우려가 없도록 시설할 것

---

★★ 기사 21년 1회 / 산업 07년 2회

**153** 터널 등에 시설하는 고압배선이 그 터널 등에 시설하는 다른 고압배선, 저압배선, 약전류전선 등 또는 수관·가스관이나 이와 유사한 것과 접근하거나 교차하는 경우에는 몇 [m] 이상 이격하여야 하는가?

① 0.1  ② 0.15
③ 0.2  ④ 0.25

**해설** 터널 안 전선로의 전선과 약전류전선 등 또는 관 사이의 이격거리(KEC 335.2)

터널 안의 전선로의 고압전선 또는 특고압전선이 그 터널 안의 저압전선·고압전선·약전류전선 등 또는 수관·가스관이나 이와 유사한 것과 접근하거나 교차하는 경우에는 0.15[m] 이상으로 시설할 것

---

★★★ 기사 17년 1회 / 산업 06년 4회, 13년 1회

**154** 철도·궤도 또는 자동차도의 전용터널 안의 터널 내 전선로의 시설방법으로 틀린 것은?

① 저압전선으로 지름 2.0[mm]의 경동선을 사용하였다.

② 고압전선은 케이블공사로 하였다.

③ 저압전선을 애자사용공사에 의하여 시설하고 이를 레일면상 또는 노면상 2.5[m] 이상으로 하였다.

④ 저압전선을 가요전선관공사에 의하여 시설하였다.

---

**해설** 터널 안 전선로의 시설(KEC 335.1)

철도·궤도 또는 자동차도 전용터널 안의 저압전선 시설

㉠ 인장강도 2.30[kN] 이상의 절연전선 또는 지름 2.6[mm] 이상의 경동선의 절연전선을 사용

㉡ 애자사용배선에 의하여 시설하여야 하며 레일면상 또는 노면상 2.5[m] 이상의 높이로 유지할 것

---

★★ 기사 20년 1·2회 / 산업 16년 1회

**155** 저압 수상전선로에 사용되는 전선은?

① MI 케이블

② 알루미늄과 케이블

③ 클로로프렌시스 케이블

④ 클로로프렌 캡타이어케이블

**해설** 수상전선로의 시설(KEC 335.3)

전선은 전선로의 사용전압이 저압인 경우에는 클로로프렌 캡타이어케이블이어야 하며, 고압인 경우에는 캡타이어케이블일 것

---

★ 산업 04년 1회, 07년 1회, 12년 3회

**156** 수상전선로를 시설하는 경우 알맞은 것은?

① 사용전압이 고압인 경우에는 3종 캡타이어케이블을 사용한다.

② 가공전선로의 전선과 접속하는 경우, 접속점이 육상에 있는 경우에는 지표상 4[m] 이상의 높이로 지지물에 견고하게 붙인다.

③ 가공전선로의 전선과 접속하는 경우, 접속점이 수면상에 있는 경우, 사용전압이 고압인 경우에는 수면상 5[m] 이상의 높이로 지지물에 견고하게 붙인다.

④ 고압 수상전선로에 지기가 생길 때를 대비하여 전로를 수동으로 차단하는 장치를 시설한다.

**해설** 수상전선로의 시설(KEC 335.3)

수상전선로를 시설하는 경우에는 그 사용전압은 저압 또는 고압인 것에 한하며 다음에 의하고 또한 위험의 우려가 없도록 시설하여야 한다.

㉠ 전선은 전선로의 사용전압이 저압인 경우에는 클로로프렌 캡타이어케이블이어야 하며, 고압인 경우에는 캡타이어케이블일 것

---

ⓒ 접속점이 육상에 있는 경우에는 지표상 5[m] 이상. 단, 수상전선로의 사용전압이 저압인 경우에 도로상 이외의 곳에 있을 때에는 지표상 4[m]까지로 감할 수 있다.

ⓒ 접속점이 수면상에 있는 경우에는 수상전선로의 사용전압이 저압인 경우에는 수면상 4[m] 이상, 고압인 경우에는 수면상 5[m] 이상

ⓔ 수상전선로에는 이와 접속하는 가공전선로에 전용 개폐기 및 과전류차단기를 각 극(과전류차단기는 다선식 전로의 중성극을 제외한다)에 시설하고 또한 수상전선로의 사용전압이 고압인 경우에는 전로에 지락이 생겼을 때 자동적으로 전로를 차단하기 위한 장치를 시설하여야 한다.

---

**157** 교량 위에 시설하는 조명용 저압 가공전선로에 사용되는 경동선의 최소굵기는 몇 [mm]인가?

① 1.6
② 2.0
③ 2.6
④ 3.2

**해설** 교량에 시설하는 전선로(KEC 335.6)
전선은 케이블인 경우 이외에는 인장강도 2.30[kN] 이상의 것 또는 지름 2.6[mm] 이상의 경동선의 절연전선일 것

---

**158** 특고압 전선로에 접속하는 배전용 변압기의 1·2차 전압은?

① 1차 : 35,000[V] 이하, 2차 : 저압 또는 고압
② 1차 : 35,000[V] 이하, 2차 : 특고압 또는 고압
③ 1차 : 50,000[V] 이하, 2차 : 저압 또는 고압
④ 1차 : 50,000[V] 이하, 2차 : 특고압 또는 고압

**해설** 특고압 배전용 변압기의 시설(KEC 341.2)
ⓐ 1차 전압은 35,000[V] 이하, 2차 전압은 저압 또는 고압일 것
ⓑ 변압기의 특고압측에 개폐기 및 과전류차단기를 시설할 것
ⓒ 변압기의 2차측이 고압인 경우에는 개폐기를 시설하고 지상에서 쉽게 개폐할 수 있도록 시설할 것
ⓓ 특고압측과 고압측에는 피뢰기를 시설할 것

---

**159** 특고압 전선로에 접속하는 배전용 변압기를 시설하는 경우에 대한 설명으로 틀린 것은?

① 변압기의 2차 전압이 고압인 경우에는 저압측에 개폐기를 시설한다.
② 특고압 전선으로 특고압 절연전선 또는 케이블을 사용한다.
③ 변압기의 특고압측에 개폐기 및 과전류차단기를 시설한다.
④ 변압기의 1차 전압은 35[kV] 이하, 2차 전압은 저압 또는 고압이어야 한다.

**해설** 특고압 배전용 변압기의 시설(KEC 341.2)
ⓐ 1차 전압은 35,000[V] 이하, 2차 전압은 저압 또는 고압일 것
ⓑ 변압기의 특고압측에 개폐기 및 과전류차단기를 시설할 것
ⓒ 변압기의 2차측이 고압인 경우에는 개폐기를 시설하고 지상에서 쉽게 개폐할 수 있도록 시설할 것
ⓓ 특고압측과 고압측에는 피뢰기를 시설할 것

---

**160** 특고압을 직접 저압으로 변성하는 변압기를 시설하여서는 안 되는 변압기는?

① 광산에서 물을 양수하기 위한 양수기용 변압기
② 전기로 등 전류가 큰 전기를 소비하기 위한 변압기
③ 교류식 전기철도용 신호회로에 전기를 공급하기 위한 변압기
④ 발전소·변전소·개폐소 또는 이에 준하는 곳의 소내용 변압기

**해설** 특고압을 직접 저압으로 변성하는 변압기의 시설(KEC 341.3)
ⓐ 전기로 등 전류가 큰 전기를 소비하기 위한 변압기
ⓑ 발전소·변전소·개폐소 또는 이에 준하는 곳의 소내용 변압기
ⓒ 교류식 전기철도용 신호회로에 전기를 공급하기 위한 변압기
ⓓ 사용전압이 35[kV] 이하인 변압기로서, 그 특고압측 권선과 저압측 권선이 혼촉한 경우에 자동적으로 변압기를 전로로부터 차단하기 위한 장치를 설치한 것

---

정답　157. ③　158. ①　159. ①　160. ①

**161** ★★★★ 기사 94년 2회, 06년 2회, 11년 1회(유사) / 산업 12년 1회, 13년 1회, 18년 1회(유사)

345[kV]의 옥외변전소에 있어서 울타리의 높이와 울타리에서 기기의 충전부분까지 거리의 합계는 최소 몇 [m] 이상인가?

① 6.48
② 8.16
③ 8.28
④ 8.40

**[해설] 특고압용 기계기구의 시설(KEC 341.4)**

울타리까지 거리와 울타리 높이의 합계는 160[kV]까지는 6[m]이고, 160[kV]가 넘는 10[kV] 단수는 (345 − 160)÷10=18.5이므로 19단수이다.
그러므로 울타리까지 거리와 높이의 합계는 다음과 같다.
6 + (19×0.12)=8.28[m]

**162** ★★★★★ 기사 96년 2회, 04년 3회, 07년 1회 / 산업 09년 2회, 13년 3회, 17년 2회

고압용의 개폐기, 차단기, 피뢰기, 기타 이와 유사한 기구로서 동작 시에 아크가 생기는 것은 목재의 벽 또는 천장, 기타의 가연성 물체로부터 몇 [m] 이상 떼어놓아야 하는가?

① 1
② 0.8
③ 0.5
④ 0.3

**[해설] 아크를 발생하는 기구의 시설(KEC 341.7)**

고압용 또는 특고압용의 개폐기, 차단기, 피뢰기, 기타 이와 유사한 기구로서 동작 시에 아크가 생기는 것은 목재의 벽 또는 천장, 기타의 가연성 물체로부터 떼어놓아야 한다.
㉠ 고압 : 1[m] 이상
㉡ 특고압 : 2[m] 이상(화재의 위험이 없으면 1[m] 이상으로 한다)

**163** ★★★ 기사 94년 5회, 07년 1회, 20년 3회 / 산업 91년 2회, 96년 5회, 03년 2회, 05년 1회

고압용 기계기구를 시가지에 시설할 때 지표상의 최소높이는 몇 [m]인가?

① 4
② 4.5
③ 5
④ 5.5

**[해설] 고압용 기계기구의 시설(KEC 341.8)**

고압용 기계기구를 지표상 4.5[m]의 높이에 시설할 것 (시가지 외에서는 4[m] 이상)

**164** ★★ 산업 97년 5회, 03년 2회

농촌지역에서 고압 가공전선로에 접속되는 배전용 변압기를 시설하는 경우 지표상의 높이는 몇 [m] 이상이어야 하는가?

① 3.5
② 4
③ 4.5
④ 5

**[해설] 고압용 기계기구의 시설(KEC 341.8)**

고압용 기계기구를 지표상 4.5[m]의 높이에 시설할 것 (시가지 외에서는 4[m] 이상)

**165** ★ 기사 98년 3회, 05년 1회

고압용 또는 특고압용 단로기로서 부하전류의 차단을 방지하기 위한 조치가 아닌 것은?

① 단로기의 조작위치에 부하전류 유무표시
② 단로기 설치위치의 1차측에 방전장치시설
③ 단로기의 조작위치에 전화기, 기타의 지령장치시설
④ 터블렛 등을 사용함으로써 부하전류가 통하고 있을 때 개로조작을 방지하기 위한 조치

**[해설] 개폐기의 시설(KEC 341.9)**

㉠ 전로 중에 개폐기를 시설하는 경우 각 극에 시설하여야 한다.
㉡ 고압용 또는 특고압용은 개폐상태를 표시하여야 한다.
㉢ 중력 등에 자연히 작동할 우려가 있는 것은 자물쇠장치(쇄정장치)를 한다.
㉣ 부하전류를 차단하기 위한 것이 아닌 개폐기는 부하전류가 통하고 있을 경우 개로될 수 없도록 시설하거나 이를 방지하기 위한 조치를 하여야 한다.
 • 보기 쉬운 위치에 부하전류의 유무를 표시한 장치
 • 전화기 등 기타의 지령장치
 • 터블렛 등 사용

**166** ★★ 기사 93년 6회 / 산업 01년 3회, 08년 4회

고압용 또는 특고압용의 개폐기로서 중력 등에 의하여 자연히 작동할 우려가 있는 것은 어떤 장치를 시설하여야 하는가?

① 차단장치
② 제어장치
③ 단락장치
④ 자물쇠장치

**해설** 개폐기의 시설(KEC 341.9)
㉠ 전로 중에 개폐기를 시설하는 경우 각 극에 시설하여야 한다.
㉡ 고압용 또는 특고압용은 개폐상태를 표시하여야 한다.
㉢ 중력 등에 자연히 작동할 우려가 있는 것은 자물쇠장치(쇄정장치)를 한다.
㉣ 부하전류를 차단하기 위한 것이 아닌 개폐기는 부하전류가 통하고 있을 경우 개로될 수 없도록 시설하거나 이를 방지하기 위한 조치를 하여야 한다.
  • 보기 쉬운 위치에 부하전류의 유무를 표시한 장치
  • 전화기 등 기타의 지령장치
  • 터블렛 등 사용

**★★** 기사 95년 7회 / 산업 00년 1회, 04년 2회, 08년 3회
**167** 고압용 또는 특고압용 개폐기를 시설할 때 반드시 조치하지 않아도 되는 것은?
① 작동 시에 개폐상태가 쉽게 확인될 수 없는 경우에는 개폐상태를 표시하는 장치
② 중력 등에 의하여 자연히 작동할 우려가 있는 것은 자물쇠장치, 기타 이를 방지하는 장치
③ 고압용 또는 특고압용이라는 위험표시
④ 부하전류의 차단용이 아닌 것은 부하전류가 통하고 있을 경우 개로할 수 없도록 시설

**해설** 개폐기의 시설(KEC 341.9)
㉠ 전로 중에 개폐기를 시설하는 경우 각 극에 시설하여야 한다.
㉡ 고압용 또는 특고압용은 개폐상태를 표시하여야 한다.
㉢ 중력 등에 자연히 작동할 우려가 있는 것은 자물쇠장치(쇄정장치)를 한다.
㉣ 부하전류를 차단하기 위한 것이 아닌 개폐기는 부하전류가 통하고 있을 경우 개로될 수 없도록 시설하거나 이를 방지하기 위한 조치를 하여야 한다.
  • 보기 쉬운 위치에 부하전류의 유무를 표시한 장치
  • 전화기 등 기타의 지령장치
  • 터블렛 등 사용

**★★★★★** 기사 18년 1회 / 산업 91년 3회, 95년 7회, 00년 1회, 12년 3회, 14년 2회
**168** 과전류차단기로 시설하는 퓨즈 중 고압전로에 사용하는 포장퓨즈는 정격전류의 몇 배의 전류에 견디어야 하는가?
① 1.1          ② 1.3
③ 1.5          ④ 2.0

**해설** 고압 및 특고압 전로 중의 과전류차단기의 시설(KEC 341.10)
㉠ 포장퓨즈는 정격전류의 1.3배에 견디고, 또한 2배의 전로로 120분 안에 용단되어야 한다.
㉡ 비포장퓨즈는 정격전류의 1.25배에 견디고, 또한 2배의 전류로 2분 안에 용단되어야 한다.

**★★★** 기사 93년 4회, 12년 2회 / 산업 92년 6회, 96년 2회
**169** 과전류차단기로 시설하는 퓨즈 중 고압전로에 사용하는 포장퓨즈는 2배의 정격전류 시 몇 분 안에 용단되어야 하는가?
① 2          ② 20
③ 60          ④ 120

**해설** 고압 및 특고압 전로 중의 과전류차단기의 시설(KEC 341.10)
㉠ 포장퓨즈는 정격전류의 1.3배에 견디고, 또한 2배의 전로로 120분 안에 용단되어야 한다.
㉡ 비포장퓨즈는 정격전류의 1.25배에 견디고, 또한 2배의 전류로 2분 안에 용단되어야 한다.

**★★★★★** 기사 97년 2회, 98년 6회, 99년 7회 / 산업 94년 3회, 11년 3회, 19년 1회
**170** 과전류차단기로 시설하는 퓨즈용 고압전로에 사용하는 비포장퓨즈는 정격전류의 몇 배의 전류에 견디어야 하는가?
① 1.1          ② 1.25
③ 1.3          ④ 2

**해설** 고압 및 특고압 전로 중의 과전류차단기의 시설(KEC 341.10)
㉠ 포장퓨즈는 정격전류의 1.3배에 견디고, 또한 2배의 전로로 120분 안에 용단되어야 한다.
㉡ 비포장퓨즈는 정격전류의 1.25배에 견디고, 또한 2배의 전류로 2분 안에 용단되어야 한다.

**★★★** 기사 04년 3회 / 산업 94년 5회, 99년 3회, 05년 1회, 15년 3회, 16년 2회(유사)
**171** 전로 중에 기계기구 및 전선을 보호하기 위하여 필요한 곳에는 과전류차단기를 시설하여야 한다. 다음 중 과전류차단기를 시설하여도 되는 곳은?
① 접지공사의 접지선
② 다선식 전로의 중성선
③ 방전장치를 시설한 고압전로의 전선
④ 전로의 일부에 접지공사를 한 저압 가공전선로의 접지측 전선

**정답** 167. ③  168. ②  169. ④  170. ②  171. ③

**해설 과전류차단기의 시설 제한(KEC 341.11)**

㉠ 시설할 곳 : 전선과 기계기구를 과전류로부터 보호
㉡ 과전류차단기의 시설 제한
  • 접지공사의 접지선
  • 다선식 전로의 중성선
  • 접지공사를 한 저압 가공전선로의 접지측 전선

★★ 산업 16년 1회, 19년 3회

**172 과전류차단기를 설치하지 않아야 할 곳은?**

① 수용가의 인입선 부분
② 고압 배전선로의 인출장소
③ 직접 접지계통에 설치한 변압기의 접지선
④ 역률조정용 고압 병렬 콘덴서 뱅크의 분기선

**해설 과전류차단기의 시설 제한(KEC 341.11)**

㉠ 시설할 곳 : 전선과 기계기구를 과전류로부터 보호
㉡ 과전류차단기의 시설 제한
  • 접지공사의 접지선
  • 다선식 전로의 중성선
  • 접지공사를 한 저압 가공전선로의 접지측 전선

★★★ 기사 96년 4회, 98년 3회 / 산업 97년 5회, 99년 4회

**173 가공전선로와 지중전선로가 접속되는 곳에 반드시 시설하여야 하는 것은?**

① 직렬 리액터
② 방출보호등
③ 동기조상기
④ 피뢰기

**해설 피뢰기의 시설(KEC 341.13)**

고압 및 특고압의 전로 중 피뢰기를 시설하여야 할 곳
㉠ 발전소 · 변전소 또는 이에 준하는 장소의 가공전선 인입구 및 인출구
㉡ 가공전선로에 접속하는 배전용 변압기의 고압측 및 특고압측
㉢ 고압 및 특고압 가공전선로로부터 공급을 받는 수용장소의 인입구
㉣ 가공전선로와 지중전선로가 접속되는 곳

★★★★★ 기사 94년 2 · 4회, 96년 6회, 07년 1회 / 산업 90년 7회, 99년 6회, 13년 2회, 15년 3회

**174 피뢰기를 반드시 시설하지 않아도 되는 곳은?**

① 고압 전선로에 접속되는 단권변압기의 고압측

② 가공전선로와 지중전선로가 접속되는 곳
③ 고압 가공전선로로부터 공급을 받는 수용장소의 인입구
④ 특고압 가공전선로로부터 공급을 받는 수용장소의 인입구

**해설 피뢰기의 시설(KEC 341.13)**

고압 및 특고압의 전로 중 피뢰기를 시설하여야 할 곳
㉠ 발전소 · 변전소 또는 이에 준하는 장소의 가공전선 인입구 및 인출구
㉡ 가공전선로에 접속하는 배전용 변압기의 고압측 및 특고압측
㉢ 고압 및 특고압 가공전선로로부터 공급을 받는 수용장소의 인입구
㉣ 가공전선로와 지중전선로가 접속되는 곳

★★★★★ 기사 10년 3회(유사) / 산업 91년 6회, 16년 1회

**175 발전소나 변전소의 차단기에 사용하는 압축공기장치에 대한 설명 중 틀린 것은?**

① 공기압축기를 통하는 관은 용접에 의한 잔류응력이 생기지 않도록 할 것
② 주공기탱크에는 사용압력 1.5배 이상 3배 이하의 최고눈금이 있는 압력계를 시설할 것
③ 공기압축기는 최고사용압력의 1.5배 수압을 연속하여 10분간 가하여 시험하였을 때 이에 견디고 새지 아니할 것
④ 공기탱크는 사용압력에서 공기의 보급이 없는 상태로 차단기의 투입 및 차단을 연속하여 3회 이상 할 수 있는 용량을 가질 것

**해설 압축공기계통(KEC 341.15)**

㉠ 공기압축기는 최고사용압력의 1.5배의 수압(1.25배 기압)을 10분간 견디어야 한다.
㉡ 사용압력에서 공기의 보급이 없는 상태로 개폐기 또는 차단기의 투입 및 차단을 계속하여 1회 이상 할 수 있는 용량을 가지는 것이어야 한다.
㉢ 주공기탱크는 사용압력의 1.5배 이상 3배 이하의 최고눈금이 있는 압력계를 시설해야 한다.

**★★★** 기사 94년 6회, 03년 4회 / 산업 01년 3회, 07년 3회

**176** 발·변전소의 차단기에 사용하는 압축공기장치의 공기탱크는 사용압력에서 공기의 보급이 없는 상태에서 차단기의 투입 및 차단을 연속하여 몇 회 이상 할 수 있는 용량을 가져야 하는가?

① 1회  ② 2회
③ 3회  ④ 4회

**해설** 압축공기계통(KEC 341.15)

사용압력에서 공기의 보급이 없는 상태로 개폐기 또는 차단기의 투입 및 차단을 계속하여 1회 이상 할 수 있는 용량을 가지는 것이어야 한다.

**★★★★★** 기사 93년 1회, 04년 4회, 12년 2회 / 산업 00년 3회, 10년 1회, 14년 1회

**177** 애자사용배선에 의한 고압 옥내배선 등의 시설에서 사용되는 연동선의 공칭단면적은 몇 [mm²] 이상인가?

① 6  ② 10
③ 16  ④ 22

**해설** 고압 옥내배선 등의 시설(KEC 342.1)

㉠ 고압 옥내배선은 다음에 의하여 시설한다.
 • 애자사용배선(건조한 장소로서 전개된 장소에 한한다)
 • 케이블배선
 • 케이블트레이배선
㉡ 애자사용배선에 의한 고압 옥내배선은 다음에 의한다.
 • 전선은 공칭단면적 6[mm²] 이상의 연동선 또는 이와 동등 이상의 세기 및 굵기의 고압 절연전선이나 특고압 절연전선 또는 인하용 고압 절연전선일 것
 • 전선의 지지점 간의 거리는 6[m] 이하일 것. 다만, 전선을 조영재의 면을 따라 붙이는 경우에는 2[m] 이하이어야 한다.
 • 전선 상호 간의 간격은 0.08[m] 이상, 전선과 조영재 사이의 이격거리는 0.05[m] 이상일 것

**★★★** 기사 11년 1회, 14년 2회, 17년 2회 / 산업 05년 1회, 13년 3회(유사), 19년 1·3회

**178** 건조한 장소로서 전개된 장소에 고압 옥내배선을 할 수 있는 것은?

① 애자사용공사
② 합성수지관공사
③ 금속관공사
④ 가요전선관공사

**해설** 고압 옥내배선 등의 시설(KEC 342.1)

고압 옥내배선은 다음에 의하여 시설한다.
㉠ 애자사용배선(건조한 장소로서 전개된 장소에 한한다)
㉡ 케이블배선
㉢ 케이블트레이배선

**★★** 산업 17년 2회

**179** 애자사용공사에 의한 고압 옥내배선을 시설하고자 할 경우 전선과 조영재 사이의 이격거리는 몇 [cm] 이상인가?

① 3  ② 4
③ 5  ④ 6

**해설** 고압 옥내배선 등의 시설(KEC 342.1)

애자사용배선에 의한 고압 옥내배선은 다음에 의한다.
㉠ 전선은 공칭단면적 6[mm²] 이상의 연동선 또는 이와 동등 이상의 세기 및 굵기의 고압 절연전선이나 특고압 절연전선 또는 인하용 고압 절연전선일 것
㉡ 전선의 지지점 간의 거리는 6[m] 이하일 것. 다만, 전선을 조영재의 면을 따라 붙이는 경우에는 2[m] 이하이어야 한다.
㉢ 전선 상호 간의 간격은 0.08[m] 이상, <u>전선과 조영재 사이의 이격거리는 0.05[m] 이상일 것</u>

**★★★** 기사 98년 4회, 00년 3회, 10년 3회 / 산업 94년 5회, 99년 6회, 04년 3회, 19년 2회

**180** 6[kV] 고압 옥내배선을 애자사용공사로 하는 경우 전선의 지지점 간의 거리는 전선을 조영재의 면을 따라 붙이는 경우에는 몇 [m] 이하이어야 하는가?

① 1
② 2
③ 3
④ 5

**해설** 고압 옥내배선 등의 시설(KEC 342.1)

애자사용배선에 의한 고압 옥내배선은 다음에 의한다.
㉠ 전선은 공칭단면적 6[mm²] 이상의 연동선 또는 이와 동등 이상의 세기 및 굵기의 고압 절연전선이나 특고압 절연전선 또는 인하용 고압 절연전선일 것
㉡ 전선의 지지점 간의 거리는 6[m] 이하일 것. 다만, 전선을 조영재의 면을 따라 붙이는 경우에는 <u>2[m] 이하</u>이어야 한다.
㉢ 전선 상호 간의 간격은 0.08[m] 이상, 전선과 조영재 사이의 이격거리는 0.05[m] 이상일 것

정답 176. ①  177. ①  178. ①  179. ③  180. ②

**★** 산업 10년 3회

**181** 애자사용공사에 의한 고압 옥내배선을 시설하고자 한다. 다음 중 잘못된 내용은?

① 저압 옥내배선과 쉽게 식별되도록 시설한다.

② 전선은 공칭단면적 6[mm²] 이상의 연동선을 사용한다.

③ 전선 상호 간의 간격은 8[cm] 이상이어야 한다.

④ 전선과 조영재 사이의 이격거리는 4[cm] 이상이어야 한다.

**해설** 고압 옥내배선 등의 시설(KEC 342.1)

㉠ 고압 옥내배선은 다음에 의하여 시설한다.
- 애자사용배선(건조한 장소로서 전개된 장소에 한한다)
- 케이블배선
- 케이블트레이배선

㉡ 애자사용배선에 의한 고압 옥내배선은 다음에 의한다.
- 전선은 공칭단면적 6[mm²] 이상의 연동선 또는 이와 동등 이상의 세기 및 굵기의 고압 절연전선이나 특고압 절연전선 또는 인하용 고압 절연전선일 것
- 전선의 지지점 간의 거리는 6[m] 이하일 것. 다만, 전선을 조영재의 면을 따라 붙이는 경우에는 2[m] 이하이어야 한다.
- 전선 상호 간의 간격은 0.08[m] 이상, 전선과 조영재 사이의 이격거리는 0.05[m] 이상일 것

**★** 기사 00년 6회 / 산업 96년 7회, 01년 1회

**182** 애자사용공사에 의한 고압 옥내배선을 사람이 접촉할 우려가 없도록 시설한 경우 전선의 지지점 간의 간격은 일반적으로 몇 [m] 이하이어야 하는가?

① 4       ② 5

③ 6       ④ 7

**해설** 고압 옥내배선 등의 시설(KEC 342.1)

애자사용배선에 의한 고압 옥내배선은 다음에 의한다.

㉠ 전선은 공칭단면적 6[mm²] 이상의 연동선 또는 이와 동등 이상의 세기 및 굵기의 고압 절연전선이나 특고압 절연전선 또는 인하용 고압 절연전선일 것

㉡ 전선의 지지점 간의 거리는 6[m] 이하일 것. 다만, 전선을 조영재의 면을 따라 붙이는 경우에는 2[m] 이하이어야 한다.

㉢ 전선 상호 간의 간격은 0.08[m] 이상, 전선과 조영재 사이의 이격거리는 0.05[m] 이상일 것

**★★★** 기사 90년 2회, 03년 4회, 19년 1회 / 산업 97년 4회, 01년 2회, 03년 4회

**183** 애자사용공사에 의하여 시설하는 고압 옥내배선과 수도관과의 최소이격거리는 몇 [cm]인가?

① 10       ② 15

③ 30       ④ 60

**해설** 고압 옥내배선 등의 시설(KEC 342.1)

고압 옥내배선과 수관·가스관이나 이와 유사한 것 사이의 이격거리는 0.15[m](애자사용배선에 의하여 시설하는 저압 옥내전선이 나전선인 경우에는 0.3[m], 가스계량기 및 가스관의 이음부와 전력량계 및 개폐기와는 0.6[m]) 이상이어야 한다.

**★★★★** 기사 11년 3회, 18년 3회 / 산업 03년 3회, 06년 1회, 08년 4회, 09년 2회

**184** 다음 중 옥내에 시설하는 고압용 이동전선의 종류는?

① 150[mm²] 연동선

② 비닐 캡타이어케이블

③ 고압용 캡타이어케이블

④ 강심알루미늄연선

**해설** 옥내 고압용 이동전선의 시설(KEC 342.2)

옥내에 시설하는 고압의 이동전선은 다음에 따라 시설하여야 한다.

㉠ 전선은 고압용의 캡타이어케이블일 것

㉡ 이동전선과 전기사용기계기구와는 볼트조임, 기타의 방법에 의하여 견고하게 접속할 것

㉢ 이동전선에 전기를 공급하는 전로(유도전동기의 2차측 전로를 제외)에는 전용 개폐기 및 과전류차단기를 각 극(과전류차단기는 다선식 전로의 중성극을 제외)에 시설하고, 또한 전로에 지락이 생겼을 때에 자동적으로 전로를 차단하는 장치를 시설할 것

**★★** 기사 01년 1회, 02년 1회 / 산업 13년 2회

**185** 옥내 고압용 이동전선의 시설방법으로 옳은 것은?

① 전선은 MI 케이블을 사용하였다.

② 다선식 전로의 중성선에 과전류차단기를 시설하였다.

③ 이동전선과 전기사용기계기구와는 해체가 쉽게 되도록 느슨하게 접속하였다.

④ 전로에 지기가 생겼을 때 자동적으로 전로를 차단하는 장치를 시설하였다.

**정답** 181. ④   182. ③   183. ②   184. ③   185. ④

**해설 옥내 고압용 이동전선의 시설(KEC 342.2)**
옥내에 시설하는 고압의 이동전선은 다음에 따라 시설하여야 한다.
㉠ 전선은 고압용의 캡타이어케이블일 것
㉡ 이동전선과 전기사용기계기구와는 볼트조임, 기타의 방법에 의하여 견고하게 접속할 것
㉢ 이동전선에 전기를 공급하는 전로(유도전동기의 2차측 전로를 제외)에는 전용 개폐기 및 과전류차단기를 각 극(과전류차단기는 다선식 전로의 중성극을 제외)에 시설하고, 또한 전로에 지락이 생겼을 때에 자동적으로 전로를 차단하는 장치를 시설할 것

★★★★★ 기사 93년 6회, 97년 6회, 01년 2회, 18년 2회 / 산업 92년 2회, 05년 1회
**186** 특고압을 옥내에 시설하는 경우 그 사용전압의 최대한도는 몇 [kV] 이하인가? (단, 케이블트레이공사는 제외)

① 100
② 170
③ 250
④ 345

**해설 특고압 옥내전기설비의 시설(KEC 342.4)**
사용전압은 100[kV] 이하일 것(다만, 케이블트레이 배선에 의하여 시설하는 경우에는 35[kV] 이하일 것)

★★ 산업 96년 2회, 98년 2회, 13년 3회
**187** 특고압 옥내배선과 저압 옥내전선, 관등회로의 배선 또는 고압 옥내전선 사이의 이격거리는 몇 [cm] 이상이어야 하는가?

① 15
② 30
③ 45
④ 60

**해설 특고압 옥내전기설비의 시설(KEC 342.4)**
특고압 옥내배선과 저압 옥내전선 · 관등회로의 배선 또는 고압 옥내전선 사이의 이격거리는 0.6[m] 이상일 것. 다만, 상호 간에 견고한 내화성의 격벽을 시설할 경우에는 그러하지 아니하다.

★ 산업 90년 7회
**188** 다음 중 특고압 옥내전기공작물시설에서 잘못된 것은?

① 사용전압은 100[kV] 이하일 것
② 전선은 절연전선일 것

③ 전선은 철제 또는 철근콘크리트제의 관, 덕트, 기타의 견고한 방호장치에 넣어 사용할 것
④ 관, 기타의 케이블을 넣는 방호장치의 금속제의 전선접속함 및 케이블의 피복의 금속체에는 접지공사를 할 것

**해설 특고압 옥내전기설비의 시설(KEC 342.4)**
㉠ 사용전압은 100[kV] 이하일 것(다만, 케이블트레이 배선에 의하여 시설하는 경우에는 35[kV] 이하일 것)
㉡ 전선은 케이블일 것
㉢ 케이블은 철제 또는 철근콘크리트제의 관 · 덕트, 기타의 견고한 방호장치에 넣어 시설할 것

★★★★ 기사 99년 7회, 11년 1회
**189** 특고압 옥내배선을 위험의 우려가 없도록 시설하며 케이블트레이공사로는 시설하지 않는 경우 사용전압은 몇 [V] 이하이어야 하는가?

① 100,000
② 170,000
③ 220,000
④ 350,000

**해설 특고압 옥내전기설비의 시설(KEC 342.4)**
사용전압은 100[kV] 이하일 것(다만, 케이블트레이 배선에 의하여 시설하는 경우에는 35[kV] 이하일 것)

★★★★ 기사 10년 3회, 18년 2회(유사) / 산업 00년 5 · 6회, 06년 1회, 09년 1회, 15년 2회
**190** 다음에서 ㉠, ㉡에 들어갈 것으로 알맞은 것은?

> 고압 또는 특고압의 기계기구모선을 옥외에 시설하는 발전소, 변전소, 개폐소 또는 이에 준하는 곳에 시설하는 울타리, 담 등의 높이는 ( ㉠ )[m] 이상으로 하고, 지표면과 울타리, 담 등의 하단 사이의 간격은 ( ㉡ )[cm] 이하로 하여야 한다.

① ㉠ 3, ㉡ 15
② ㉠ 2, ㉡ 15
③ ㉠ 3, ㉡ 25
④ ㉠ 2, ㉡ 25

**해설** 발전소 등의 울타리·담 등의 시설
(KEC 351.1)

㉠ 울타리·담 등의 높이는 2[m] 이상으로 하고, 지표면과 울타리·담 등의 하단 사이의 간격은 15[cm] 이하로 한다.

㉡ 울타리·담 등의 높이와 울타리·담 등으로부터 충전부분까지 거리의 합계는 다음 표에서 정한 값 이상으로 한다.

| 사용전압의 구분 | 울타리·담 등의 높이와 울타리·담 등으로부터 충전부분까지 거리의 합계 |
|---|---|
| 35[kV] 이하 | 5[m] |
| 35[kV] 초과 160[kV] 이하 | 6[m] |
| 160[kV] 초과 | 6[m]에 160[kV]를 초과하는 10[kV] 또는 그 단수마다 12[cm]를 더한 값 |

**★★** 산업 92년 6회, 99년 4회

**191** 20[kV] 전로에 접속한 전력용 콘덴서장치에 울타리를 하고자 한다. 울타리의 높이를 2[m]로 하면 울타리로부터 콘덴서장치의 최단 충전부까지의 거리는 몇 [m] 이상이어야 하는가?

① 1
② 2
③ 3
④ 4

**해설** 발전소 등의 울타리·담 등의 시설
(KEC 351.1)

| 사용전압의 구분 | 울타리·담 등의 높이와 울타리·담 등으로부터 충전부분까지 거리의 합계 |
|---|---|
| 35[kV] 이하 | 5[m] |
| 35[kV] 초과 160[kV] 이하 | 6[m] |
| 160[kV] 초과 | 6[m]에 160[kV]를 초과하는 10[kV] 또는 그 단수마다 12[cm]를 더한 값 |

울타리 높이와 울타리까지 거리의 합계는 35[kV] 이하는 5[m] 이상이므로 울타리 높이를 2[m]로 하려면 울타리까지 거리는 3[m] 이상으로 하여야 한다.

**★★★★★** 기사 12년 2회, 13년 3회 / 산업 98년 7회, 09년 3회, 14년 2회, 16년 1회

**192** 변전소에서 154[kV], 용량 2,100[kVA] 변압기를 옥외에 시설할 때 울타리의 높이와

울타리에서 충전부분까지의 거리의 합계는 몇 [m] 이상이어야 하는가?

① 5
② 5.5
③ 6
④ 6.5

**해설** 발전소 등의 울타리·담 등의 시설
(KEC 351.1)

㉠ 기계기구 주위에 울타리, 담 등을 시설한다.

㉡ 기계기구를 지표상 5[m] 이상의 높이에 시설한다.

| 사용전압의 구분 | 울타리·담 등의 높이와 울타리·담 등으로부터 충전부분까지 거리의 합계 |
|---|---|
| 35[kV] 이하 | 5[m] |
| 35[kV] 초과 160[kV] 이하 | 6[m] |
| 160[kV] 초과 | 6[m]에 160[kV]를 초과하는 10[kV] 또는 그 단수마다 12[cm]를 더한 값 |

**★★★★** 기사 92년 3회, 98년 7회, 99년 7회, 01년 1회, 05년 2회, 16년 2회 / 산업 94년 5회, 99년 5회

**193** 발전소, 변전소 또는 이에 준하는 곳에 특고압전로의 접속상태를 모의모선(模擬母線)의 사용 또는 기타의 방법으로 표시하여야 하는 데 표시의 의무가 없는 것은?

① 전선로의 회선수가 3회선 이하로서 복모선
② 전선로의 회선수가 2회선 이하로서 복모선
③ 전선로의 회선수가 3회선 이하로서 단일모선
④ 전선로의 회선수가 2회선 이하로서 단일모선

**해설** 특고압전로의 상 및 접속상태의 표시
(KEC 351.2)

㉠ 발전소·변전소 등의 특고압전로에는 그의 보기 쉬운 곳에 상별 표시

㉡ 발전소·변전소 등의 특고압전로에 대하여는 접속상태를 모의모선에 의해 사용 표시

㉢ 특고압 전선로의 회선수가 2 이하이고 또한 특고압의 모선이 단일모선인 경우 생략 가능

**★★★** 기사 13년 3회 / 산업 15년 2회

**194** 발전기의 용량에 관계없이 자동적으로 이를 전로로부터 차단하는 장치를 시설하여야 하는 경우는?

① 과전류 인입
② 베어링
③ 발전기 내부고장
④ 유압의 과팽창

**[해설] 발전기 등의 보호장치(KEC 351.3)**
발전기에 과전류나 과전압이 생기는 경우 자동적으로 이를 전로로부터 자동차단하는 장치를 하여야 한다.

**★★★★ 기사 96년 4회, 11년 1회, 18년 2회 / 산업 07년 1회**

**195** 다음 중 발전기를 전로로부터 자동적으로 차단하는 장치를 시설하여야 하는 경우에 해당되지 않는 것은?

① 발전기에 과전류가 생긴 경우
② 용량이 500[kVA] 이상의 발전기를 구동하는 수차의 압유장치의 유압이 현저히 저하한 경우
③ 용량이 100[kVA] 이상의 발전기를 구동하는 풍차의 압유장치의 유압, 압축공기장치의 공기압이 현저히 저하한 경우
④ 용량이 5,000[kVA] 이상인 발전기의 내부에 고장이 생긴 경우

**[해설] 발전기 등의 보호장치(KEC 351.3)**
다음의 경우 자동적으로 이를 전로로부터 자동차단하는 장치를 하여야 한다.
㉠ 발전기에 과전류나 과전압이 생기는 경우
㉡ 500[kVA] 이상 : 수차의 압유장치의 유압 또는 전동식 제어장치(가이드밴, 니들, 디플렉터 등)의 전원전압이 현저하게 저하한 경우
㉢ 100[kVA] 이상 : 발전기를 구동하는 풍차의 압유장치의 유압, 압축공기장치의 공기압 또는 전동식 블레이드 제어장치의 전원전압이 현저히 저하한 경우
㉣ 2,000[kVA] 이상 : 수차발전기의 스러스트베어링의 온도가 현저하게 상승하는 경우
㉤ 10,000[kVA] 이상 : 발전기 내부고장이 생긴 경우
㉥ 출력 10,000[kW] 넘는 증기 터빈의 스러스트베어링이 현저하게 마모되거나 온도가 현저히 상승하는 경우

**★★ 산업 05년 2회**

**196** 스러스트베어링의 온도가 현저히 상승하는 경우 자동적으로 이를 전로로부터 차단하는 장치를 시설하여야 하는 수차발전기의 용량은 최소 몇 [kVA] 이상인 것인가?

① 500　　　　② 1,000
③ 1,500　　　④ 2,000

**[해설] 발전기 등의 보호장치(KEC 351.3)**
발전기의 운전 중에 용량이 2,000[kVA] 이상의 수차발전기는 스러스트베어링의 온도가 현저하게 상승하는 경우 자동차단장치를 동작시켜 발전기를 보호하여야 한다.

**★★★★★ 기사 05년 1회, 11년 2회**

**197** 뱅크용량이 10,000[kVA] 이상인 특고압 변압기의 내부고장이 발생하면 어떤 보호장치를 설치하여야 하는가?

① 자동차단장치
② 경보장치
③ 표시장치
④ 경보 및 자동차단장치

**[해설] 특고압용 변압기의 보호장치(KEC 351.4)**

| 뱅크용량의 구분 | 동작조건 | 장치의 종류 |
|---|---|---|
| 5,000[kVA] 이상 10,000[kVA] 미만 | 변압기 내부고장 | 자동차단장치 또는 경보장치 |
| 10,000[kVA] 이상 | 변압기 내부고장 | 자동차단장치 |
| 타냉식 변압기(변압기의 권선 및 철심을 직접 냉각시키기 위하여 봉입한 냉매를 강제 순환시키는 냉각방식을 말한다) | 냉각장치에 고장이 생긴 경우 또는 변압기의 온도가 현저히 상승한 경우 | 경보장치 |

**★★★★ 기사 97년 4회, 98년 7회, 18년 3회 / 산업 03년 3회, 08년 2회, 16년 2회, 17년 1회**

**198** 특고압용 타냉식 변압기의 냉각장치에 고장이 생긴 경우를 대비하여 어떤 보호장치를 하여야 하는가?

① 경보장치　　　② 속도조정장치
③ 온도시험장치　④ 냉매흐름장치

**[해설] 특고압용 변압기의 보호장치(KEC 351.4)**

| 뱅크용량의 구분 | 동작조건 | 장치의 종류 |
|---|---|---|
| 5,000[kVA] 이상 10,000[kVA] 미만 | 변압기 내부고장 | 자동차단장치 또는 경보장치 |
| 10,000[kVA] 이상 | 변압기 내부고장 | 자동차단장치 |
| 타냉식 변압기(변압기의 권선 및 철심을 직접 냉각시키기 위하여 봉입한 냉매를 강제 순환시키는 냉각방식을 말한다) | 냉각장치에 고장이 생긴 경우 또는 변압기의 온도가 현저히 상승한 경우 | 경보장치 |

**★★★★★** 기사 13년 2회, 19년 1회(유사) / 산업 94년 5회, 99년 5회, 00년 6회, 08년 3회, 15년 1회

**199** 일정 용량 이상의 특고압용 변압기에 내부 고장이 생겼을 경우 자동적으로 이를 전로로부터 자동차단하는 장치 또는 경보장치를 시설해야 하는 뱅크용량은?

① 1,000[kVA] 이상 5,000[kVA] 미만

② 5,000[kVA] 이상 10,000[kVA] 미만

③ 10,000[kVA] 이상 15,000[kVA] 미만

④ 15,000[kVA] 이상 20,000[kVA] 미만

**해설** 특고압용 변압기의 보호장치(KEC 351.4)

| 뱅크용량의 구분 | 동작조건 | 장치의 종류 |
| --- | --- | --- |
| 5,000[kVA] 이상 10,000[kVA] 미만 | 변압기 내부고장 | 자동차단장치 또는 경보장치 |
| 10,000[kVA] 이상 | 변압기 내부고장 | 자동차단장치 |
| 타냉식 변압기(변압기의 권선 및 철심을 직접 냉각시키기 위하여 봉입한 냉매를 강제 순환시키는 냉각방식을 말한다) | 냉각장치에 고장이 생긴 경우 또는 변압기의 온도가 현저히 상승한 경우 | 경보장치 |

**★★★★** 기사 99년 5회, 15년 3회, 20년 3회 / 산업 01년 1회

**200** 전력용 콘덴서의 내부에 고장이 생긴 경우 및 과전류 또는 과전압이 생긴 경우에 자동적으로 전로로부터 차단하는 장치가 필요한 뱅크용량은 몇 [kVA] 이상인가?

① 1,000 ② 5,000

③ 10,000 ④ 15,000

**해설** 조상설비의 보호장치(KEC 351.5)

조상설비에는 그 내부에 고장이 생긴 경우에 보호하는 장치를 시설하여야 한다.

| 설비종별 | 뱅크용량의 구분 | 자동적으로 전로로부터 차단하는 장치 |
| --- | --- | --- |
| 전력용 커패시터 및 분로리액터 | 500[kVA] 초과 15,000[kVA] 미만 | 내부고장 및 과전류 발생 시 보호장치 |
| | 15,000[kVA] 이상 | 내부고장 및 과전류 · 과전압 발생 시 보호장치 |
| 조상기 | 15,000[kVA] 이상 | 내부고장 시 보호장치 |

**★★★★★** 기사 99년 5회, 14년 3회(유사) / 산업 06년 4회, 10년 2회(유사), 11년 2회, 16년 3회

**201** 전력용 콘덴서의 용량이 15,000[kVA] 이상인 경우에 시설하는 차단장치의 설명으로 옳지 않은 것은?

① 내부에 고장이 생긴 경우 동작하는 장치

② 절연유의 압력이 변화할 때 동작하는 장치

③ 과전류가 생긴 경우에 동작하는 장치

④ 과전압이 생긴 경우에 동작하는 장치

**해설** 조상설비의 보호장치(KEC 351.5)

조상설비에는 그 내부에 고장이 생긴 경우에 보호하는 장치를 시설하여야 한다.

| 설비종별 | 뱅크용량의 구분 | 자동적으로 전로로부터 차단하는 장치 |
| --- | --- | --- |
| 전력용 커패시터 및 분로리액터 | 500[kVA] 초과 15,000[kVA] 미만 | 내부고장 및 과전류 발생 시 보호장치 |
| | 15,000[kVA] 이상 | 내부고장 및 과전류 · 과전압 발생 시 보호장치 |
| 조상기 | 15,000[kVA] 이상 | 내부고장 시 보호장치 |

**★★★★** 기사 06년 3회, 10년 1 · 2회, 17년 2회, 19년 2회 / 산업 00년 2회, 04년 4회, 07년 1회

**202** 조상기의 보호장치에서 용량이 몇 [kVA] 이상의 조상기에는 그 내부에 고장이 생긴 경우에 자동적으로 이를 전로로부터 차단하는 장치를 하여야 하는가?

① 1,000 ② 1,500

③ 10,000 ④ 15,000

**해설** 조상설비의 보호장치(KEC 351.5)

용량이 15,000[kVA] 이상의 조상기에 내부고장이 발생한 경우 자동적으로 차단하는 장치를 이용하여 보호한다.

**★★★★★** 기사 02년 2회, 10년 3회(유사), 12년 2 · 3회, 19년 3회, 20년 4회(유사) / 산업 12년 1 · 3회, 13년 3회

**203** 발전소에서 계측장치를 시설하지 않아도 되는 것은?

① 발전기의 전압, 전류 또는 전력

② 발전기의 베어링 및 고정자의 온도

③ 특고압 모선의 전압 및 전류 또는 전력

④ 특고압용 변압기의 온도

**해설** 계측장치(KEC 351.6)

㉠ 발전기, 연료전지 또는 태양전지 모듈의 전압, 전류, 전력

㉡ 발전기 베어링(수중 메탈은 제외) 및 고정자의 온도

㉢ 정격출력이 10,000[kW]를 넘는 증기 터빈에 접속된 발전기 진동의 진폭

㉣ 주요 변압기의 전압, 전류, 전력

㉤ 특고압용 변압기의 온도

**★★★★** 산업 15년 2회, 17년 1·2회

**204** 변전소의 주요 변압기에서 계측하여야 하는 사항 중 계측장치가 꼭 필요하지 않는 것은? (단, 전기철도용 변전소의 주요 변압기는 제외한다.)

① 전압      ② 전류
③ 전력      ④ 주파수

**해설** 계측장치(KEC 351.6)
변전소에 설치하는 계측장치
㉠ 주요 변압기의 전압 및 전류 또는 전력
㉡ 특고압용 변압기의 온도

**★★★★** 기사 17년 3회 / 산업 99년 6회, 00년 5회, 05년 4회, 06년 2회, 10년 1회

**205** 일반 변전소 또는 이에 준하는 곳의 주요 변압기에 시설하여야 하는 계측장치로 옳은 것은?

① 전류, 전력 및 주파수
② 전압, 주파수 및 전력품질
③ 전압 및 전류 또는 전력
④ 전력, 역률 또는 주파수

**해설** 계측장치(KEC 351.6)
변전소에 설치하는 계측장치
㉠ 주요 변압기의 전압 및 전류 또는 전력
㉡ 특고압용 변압기의 온도

**★★★** 기사 01년 2회, 06년 2회, 13년 3회 / 산업 09년 1회, 10년 1회, 11년 2회

**206** 수소냉각식 발전기의 경보장치는 발전기 내 수소의 순도가 몇 [%] 이하로 저하한 경우 이를 경보하는 장치를 시설하여야 하는가?

① 75      ② 80
③ 85      ④ 90

**해설** 수소냉각식 발전기 등의 시설(KEC 351.10)
발전기 내부 또는 조상기 내부의 수소의 순도가 85[%] 이하로 저하한 경우에 이를 경보하는 장치를 시설할 것

**★★★★** 기사 14년 1회, 16년 3회, 17년 1회, 21년 1회 / 산업 14년 2회, 17년 2회, 18년 3회

**207** 수소냉각식 발전기 및 이에 부속하는 수소 냉각장치에 대한 설명으로 틀린 것은?

① 발전기는 기밀구조의 것이고 또한 수소가 대기압에서 폭발하는 경우에 생기는 압력에 견디는 강도를 가지는 것일 것

② 발전기 안의 수소의 순도가 70[%] 이하로 저하한 경우 경보하는 장치를 시설할 것

③ 발전기 안의 수소의 온도를 계측하는 장치를 시설할 것

④ 수소의 압력계측장치 및 압력변동에 대한 경보장치를 시설할 것

**해설** 수소냉각식 발전기 등의 시설(KEC 351.10)
㉠ 기밀구조의 것이고 수소가 대기압에서 발생하는 경우 생기는 압력에 견디는 강도를 가지는 것일 것
㉡ 수소의 순도가 85[%] 이하로 저하한 경우 경보하는 장치를 시설할 것
㉢ 수소의 압력 및 온도를 계측하고 현저히 변동하는 경우 경보장치를 할 것

**★★★★★** 산업 01년 1회, 05년 1회, 06년 1회, 10년 3회, 18년 1회

**208** 전력보안통신설비를 반드시 시설하지 않아도 되는 곳은?

① 원격감시제어가 되지 않는 발전소
② 원격감시제어가 되지 않는 변전소
③ 2 이상의 급전소 상호 간과 이들을 총합 운용하는 급전소 간
④ 발전소로서 전기공급에 지장을 미치지 않고, 휴대용 전력보안통신전화설비에 의하여 연락이 확보된 경우

**해설** 전력보안통신설비의 시설 요구사항
(KEC 362.1)
다음에는 전력보안통신설비를 시설하여야 한다.
㉠ 원격감시제어가 되지 않는 발전소, 원격감시제어가 되지 않는 변전소, 발전제어소, 변전제어소, 개폐소 및 전선로의 기술원 주재소와 이를 운용하는 급전소 간
㉡ 2 이상의 급전소 상호 간과 이들을 총합 운용하는 급전소 간
㉢ 수력설비 중 필요한 곳, 수력설비의 보안상 필요한 양수소(量水所) 및 강수량 관측소와 수력발전소 간
㉣ 동일 수계에 속하고 안전상 긴급연락의 필요가 있는 수력발전소 상호 간
㉤ 동일 전력계통에 속하고 또한 안전상 긴급연락의 필요가 있는 발전소·변전소 및 개폐소 상호 간
㉥ 발전소·변전소 및 개폐소와 기술원 주재소 간
㉦ 발전소·변전소·개폐소·급전소 및 기술원 주재소와 전기설비의 안전상 긴급연락의 필요가 있는 기상대·측후소·소방서 및 방사선 감시계측 시설물 등의 사이

★ 산업 11년 2회

**209** 전력보안통신선을 조가할 경우 조가용선은?

① 금속으로 된 단선
② 알루미늄으로 된 단선
③ 강심알루미늄연선
④ 아연도강연선

**해설 조가선 시설기준(KEC 362.3)**
조가선은 단면적 38[mm²] 이상의 아연도강연선을 사용할 것

★★ 산업 08년 4회

**210** 일반적으로 가공전선로의 지지물에 시설하는 통신선과 고압 가공전선 사이의 이격거리는 몇 [m] 이상이어야 하는가?

① 0.4  ② 0.6
③ 0.8  ④ 1

**해설 전력보안통신선의 시설 높이와 이격거리 (KEC 362.2)**
통신선과 고압 가공전선 사이의 이격거리는 0.6[m] 이상일 것. 다만, 고압 가공전선이 케이블인 경우에 통신선이 절연전선과 동등 이상의 절연성능이 있는 것인 경우에는 0.3[m] 이상으로 할 수 있다.

★★★ 산업 04년 1회, 05년 4회

**211** 통신선과 특고압 가공전선 사이의 이격거리는 몇 [m] 이상이어야 하는가? (단, 특고압 가공전선로의 다중접지를 한 중성선을 제외한다.)

① 0.8  ② 1
③ 1.2  ④ 1.4

**해설 전력보안통신선의 시설 높이와 이격거리 (KEC 362.2)**
통신선과 특고압 가공전선 사이의 이격거리는 1.2[m] 이상일 것. 다만, 특고압 가공전선이 케이블인 경우에 통신선이 절연전선과 동등 이상의 절연성능이 있는 것인 경우에는 0.3[m] 이상으로 할 수 있다.

★★★ 기사 11년 1회 / 산업 17년 2회(유사)

**212** 가공전선로의 지지물에 시설하는 통신선 또는 이에 직접 접속하는 가공통신선의 높이에 대한 설명으로 적합한 것은?

① 도로를 횡단하는 경우에는 지표상 5[m] 이상
② 철도 또는 궤도를 횡단하는 경우에는 레일면상 6.5[m] 이상
③ 횡단보도교 위에 시설하는 경우에는 그 노면상 3.5[m] 이상
④ 도로를 횡단하며 교통에 지장이 없는 경우에는 4.5[m] 이상

**해설 전력보안통신선의 시설 높이와 이격거리 (KEC 362.2)**
가공전선로의 지지물에 시설하는 통신선 또는 이에 직접 접속하는 가공통신선의 높이

㉠ 도로를 횡단하는 경우에는 지표상 6[m] 이상으로 한다. 단, 저압이나 고압의 가공전선로의 지지물에 시설하는 통신선 또는 이에 직접 접속하는 가공통신선을 시설하는 경우에 교통에 지장을 줄 우려가 없을 때에는 지표상 5[m]까지로 감할 수 있다.
㉡ 철도 또는 궤도를 횡단하는 경우에는 레일면상 6.5[m] 이상으로 한다.
㉢ 횡단보도교의 위에 시설하는 경우에는 그 노면상 5[m] 이상으로 한다(단, 다음 중 1에 해당하는 경우에는 제외).
• 저압 또는 고압의 가공전선로의 지지물에 시설하는 통신선 또는 이에 직접 접속하는 가공통신선을 노면상 3.5[m](통신선이 절연전선과 동등 이상의 절연효력이 있는 것인 경우에는 3[m]) 이상으로 하는 경우
• 특고압 전선로의 지지물에 시설하는 통신선 또는 이에 직접 접속하는 가공통신선으로서 광섬유케이블을 사용하는 것을 그 노면상 4[m] 이상으로 하는 경우

★★ 산업 99년 4회, 04년 3회

**213** 전력선 가공통신선을 교통에 지장을 줄 우려가 있는 곳의 도로 위에 시설할 경우에는 지표상 몇 [m] 이상으로 시설하여야 하는가?

① 4  ② 4.5
③ 5  ④ 5.5

**해설 전력보안통신선의 시설 높이와 이격거리 (KEC 362.2)**
전력보안통신선의 지표상 높이는 다음과 같다.
㉠ 도로 위에 시설하는 경우에는 지표상 5[m] 이상 (교통에 지장이 없을 경우 4.5[m] 이상)

ⓛ 철도의 궤도를 횡단하는 경우에는 레일면상 6.5[m] 이상

ⓒ 횡단보도교 위에 시설하는 경우에는 그 노면상 3[m] 이상

ⓔ 위의 사항에 해당하지 않는 일반적인 경우 3.5[m] 이상

**★★★★** 기사 11년 2회, 20년 3회 / 산업 07년 4회, 13년 3회, 18년 3회

**214** 전력보안 가공통신선을 횡단보도교의 위에 시설하는 경우에는 그 노면상 몇 [m] 이상의 높이에 시설하여야 하는가?

① 3.0 　　　　② 3.5
③ 4.0 　　　　④ 5.0

**🖐️ 해설** **전력보안통신선의 시설 높이와 이격거리**
**(KEC 362.2)**

전력보안통신선의 지표상 높이는 다음과 같다.

⊙ 도로 위에 시설하는 경우에는 지표상 5[m] 이상(교통에 지장이 없을 경우 4.5[m] 이상)

ⓛ 철도의 궤도를 횡단하는 경우에는 레일면상 6.5[m] 이상

ⓒ 횡단보도교 위에 시설하는 경우에는 그 <u>노면상 3[m] 이상</u>

ⓔ 위의 사항에 해당하지 않는 일반적인 경우 3.5[m] 이상

**★★★★** 기사 01년 1회, 18년 1회 / 산업 00년 1회, 03년 4회

**215** 그림은 전력선 반송 통신용 결합장치의 보안장치이다. S는 어떤 용도의 개폐기인가?

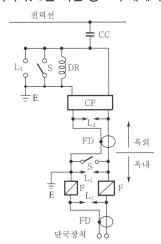

① 동축케이블 　　② 결합 콘덴서
③ 접지용 개폐기 　④ 구상용 방전갭

**🖐️ 해설** **전력선 반송 통신용 결합장치의 보안장치**
**(KEC 362.11)**

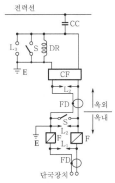

⊙ CC : 결합 커패시터(결합 안테나를 포함)

ⓛ $L_3$ : 동작전압이 교류 2[kV]를 초과하고 3[kV] 이하로 조정된 구상 방전갭

ⓒ S : 접지용 개폐기

ⓔ DR : 전류용량 2[A] 이상의 배류선륜

ⓜ CF : 결합필터

ⓗ $L_2$ : 동작전압이 교류 1,300[V]를 초과하고 1,600[V] 이하로 조정된 방전갭

ⓢ FD : 동축케이블

ⓞ F : 정격전류 10[A] 이상의 포장퓨즈

ⓩ $L_1$ : 교류 300[V] 이하에서 동작하는 피뢰기

ⓩ E : 접지

**★★** 기사 00년 6회, 20년 4회 / 산업 05년 1회

**216** 그림은 전력선 반송 통신용 결합장치의 보안장치이다. 여기서, CC는 어떤 콘덴서인가?

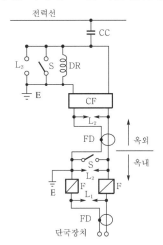

① 전력용 콘덴서 　② 정류용 콘덴서
③ 결합용 콘덴서 　④ 축전용 콘덴서

**🖐️ 해설** 문제 215번 해설 참조

★★★★ 산업 09년 3회, 12년 2회, 18년 2회, 20년 1 · 2회

**217** 전력보안통신설비인 무선통신용 안테나를 지지하는 목주는 풍압하중에 대한 안전율이 얼마 이상이어야 하는가?

① 1.0　　　　② 1.2

③ 1.5　　　　④ 2.0

**해설** 무선용 안테나 등을 지지하는 철탑 등의 시설 (KEC 364.1)

목주, 철주, 철근콘크리트주, 철탑의 기초안전율은 1.5 이상으로 한다.

★★★★★ 기사 19년 2회 / 산업 10년 2회, 16년 1회

**218** 무선용 안테나 등을 지지하는 철탑의 기초 안전율은 얼마 이상이어야 하는가?

① 1.0　　　　② 1.5

③ 2.0　　　　④ 2.5

**해설** 무선용 안테나 등을 지지하는 철탑 등의 시설 (KEC 364.1)

목주, 철주, 철근콘크리트주, 철탑의 기초안전율은 1.5 이상으로 한다.

 memo

CHAPTER

# 04

# 전기철도설비

**8.3%** 출제

이렇게 공부하세요!!

**출제경향분석**

8.3%

**기사 / 산업기사 출제비율**

**출제포인트**

☑ 전기철도에 대한 용어 및 전기방식에 대해 이해한다.

☑ 전차선의 가선방식과 설비의 보호 및 안전에 대해 이해한다.

# 전기철도설비

기사 / 산업기사 8.3% 출제

## 출제 01 통칙(KEC 400) – 전기철도의 용어 정의(KEC 402)

전기철도에서 사용하는 용어의 정의는 다음과 같다.

### (1) 전기철도

전기를 공급받아 열차를 운행하여 여객(승객)이나 화물을 운송하는 철도를 말한다.

### (2) 전기철도설비

전기철도설비는 전철 변전설비, 급전설비, 부하설비(전기철도차량설비 등)로 구성된다.

### (3) 전기철도차량

전기적 에너지를 기계적 에너지로 바꾸어 열차를 견인하는 차량으로 전기방식에 따라 직류, 교류, 직·교류 겸용, 성능에 따라 전동차, 전기기관차로 분류한다.

### (4) 궤도

레일·침목 및 도상과 이들의 부속품으로 구성된 시설을 말한다.

### (5) 차량

전동기가 있거나 또는 없는 모든 철도의 차량(객차, 화차 등)을 말한다.

### (6) 열차

동력차에 객차, 화차 등을 연결하고 본선을 운전할 목적으로 조성된 차량을 말한다.

### (7) 레일

철도에 있어서 차륜을 직접 지지하고 안내해서 차량을 안전하게 주행시키는 설비를 말한다.

### (8) 전차선

전기철도차량의 집전장치와 접촉하여 전력을 공급하기 위한 전선을 말한다.

### (9) 전차선로

전기철도차량에 전력를 공급하기 위하여 선로를 따라 설치한 시설물로서 전차선, 급전선, 귀선과 그 지지물 및 설비를 총괄한 것을 말한다.

### (10) 급전선

전기철도차량에 사용할 전기를 변전소로부터 합성전차선에 공급하는 전선을 말한다.

### (11) 급전선로

급전선 및 이를 지지하거나 수용하는 설비를 총괄한 것을 말한다.

**(12) 급전방식**

전기철도차량에 전력을 공급하기 위하여 변전소로부터 급전선, 전차선, 레일, 귀선으로 구성되는 전력공급방식을 말한다.

**(13) 합성전차선**

전기철도차량에 전력을 공급하기 위하여 설치하는 전차선, 조가선(강체 포함), 행어이어, 드로퍼 등으로 구성된 가공전선을 말한다.

**(14) 조가선**

전차선이 레일면상 일정한 높이를 유지하도록 행어이어, 드로퍼 등을 이용하여 전차선 상부에서 조가하여 주는 전선을 말한다.

**(15) 가선방식**

**전기철도차량에 전력을 공급하는 전차선의 가선방식으로 가공식, 강체식, 제3궤조식으로 분류한다.**

**(16) 전차선 기울기**

연접하는 2개의 지지점에서, 레일면에서 측정한 전차선 높이의 차와 경간길이와의 비율을 말한다.

**(17) 전차선 높이**

지지점에서 레일면과 전차선 간의 수직거리를 말한다.

**(18) 전차선 편위**

팬터그래프 집전판의 편마모를 방지하기 위하여 전차선을 레일면 중심 수직선으로부터 한쪽으로 치우친 정도의 치수를 말한다.

**(19) 귀선회로**

전기철도차량에 공급된 전력을 변전소로 되돌리기 위한 귀로를 말한다.

**(20) 누설전류**

전기철도에 있어서 레일 등에서 대지로 흐르는 전류를 말한다.

**(21) 수전선로**

전기사업자에서 전철변전소 또는 수전설비 간의 전선로와 이에 부속되는 설비를 말한다.

**(22) 전철변전소**

외부로부터 공급된 전력을 구내에 시설한 변압기, 정류기 등 기타의 기계기구를 통해 변성하여 전기철도차량 및 전기철도설비에 공급하는 장소를 말한다.

**(23) 지속성 최저전압**

무한정 지속될 것으로 예상되는 전압의 최저값을 말한다.

**(24) 지속성 최고전압**

무한정 지속될 것으로 예상되는 전압의 최고값을 말한다.

**(25) 장기 과전압**

지속시간이 20[ms] 이상인 과전압을 말한다.

---

### 출제 02 전기철도의 전기방식(KEC 410) – 일반사항(KEC 411)

#### 1 전력수급조건(KEC 411.1)

**(1)** 수전선로의 전력수급조건은 부하의 크기 및 특성, 전압강하, 운용의 합리성, 장래의 수송 수요 등을 고려하여 공칭전압(수전전압)으로 선정하여야 한다.

| 공칭전압(수전전압)[kV] | 교류 3상 22.9, 154, 345 |
|---|---|

**(2)** 수전선로의 계통 구성에는 3상 단락전류, 3상 단락용량, 전압강하, 전압불평형 및 전압왜형률, 플리커 등을 고려하여 시설하여야 한다.

**(3)** 수전선로는 지형적 여건 등 시설조건에 따라 가공 또는 지중 방식으로 시설하며, 비상시를 대비하여 예비선로를 확보하여야 한다.

#### 2 전차선로의 전압(KEC 411.2)

전차선로의 전압은 직류방식과 교류방식으로 구분된다.

**(1) 직류방식**

① 사용전압과 각 전압별 최고·최저 전압은 다음 표에 따라 선정

② 비지속성 최고전압은 지속시간이 5분 이하로 예상되는 전압의 최고값으로 하되, 기존 운행 중인 전기철도차량과의 인터페이스를 고려할 것

| 구 분 | 지속성 최저전압 | 공칭전압 | 지속성 최고전압 | 비지속성 최고전압 | 장기 과전압 |
|---|---|---|---|---|---|
| DC (평균값) | 500[V] 900[V] | 750[V] 1,500[V] | 900[V] 1,800[V] | 950[V]* 1,950[V] | 1,269[V] 2,538[V] |

* 회생제동의 경우 1,000[V]의 비지속성 최고전압은 허용 가능하다.

**(2) 교류방식**

① 사용전압과 각 전압별 최고·최저 전압은 다음 표에 따라 선정

② 비지속성 최저전압은 지속시간이 2분 이하로 예상되는 전압의 최저값으로 하되, 기존 운행 중인 전기철도차량과의 인터페이스를 고려할 것

| 주파수<br>(실효값) | 비지속성<br>최저전압 | 지속성<br>최저전압 | 공칭전압* | 지속성<br>최고전압 | 비지속성<br>최고전압 | 장기<br>과전압 |
|---|---|---|---|---|---|---|
| 60[Hz] | 17,500[V]<br>35,000[V] | 19,000[V]<br>38,000[V] | 25,000[V]<br>50,000[V] | 27,500[V]<br>55,000[V] | 29,000[V]<br>58,000[V] | 38,746[V]<br>77,492[V] |

\* 급전선과 전차선 간의 공칭전압은 단상교류 50[kV](급전선과 레일 및 전차선과 레일 사이의 전압은 25[kV])를
표준으로 한다.

## 출제 03 전기철도의 변전방식(KEC 420)

### (1) 변전소의 용량
① 변전소의 용량은 급전구간별 정상적인 열차부하조건에서 1시간 최대출력 또는 순시최대출
력을 기준으로 결정하고, 연장급전 등 부하의 증가를 고려하여야 한다.
② 변전소의 용량 산정 시 현재의 부하와 장래의 수송수요 및 고장 등을 고려하여 변압기
뱅크를 구성하여야 한다.

### (2) 변전소의 설비
① 급전용 변압기는 급전계통에 적합하게 선정하여야 한다.
 ㉠ 직류 전기철도 : 3상 정류기용 변압기
 ㉡ 교류 전기철도 : 3상 스코트결선 변압기
② 제어용 교류전원은 상용과 예비의 2계통으로 구성할 것
③ 제어반의 경우 디지털계전기방식을 원칙으로 할 것

## 출제 04 전기철도의 전차선로(KEC 430) – 일반사항(KEC 431)

### (1) 전차선 가선방식
전차선의 가선방식은 열차의 속도 및 노반의 형태, 부하전류 특성에 따라 적합한 방식을 채택
하여야 하며 가공방식, 강체방식, 제3레일방식을 표준으로 한다.

### (2) 전차선로의 충전부와 건조물 간의 절연이격

| 시스템 종류 | 공칭전압[V] | 동적[mm] | | 정적[mm] | |
|---|---|---|---|---|---|
| | | 비오염 | 오염 | 비오염 | 오염 |
| 직류 | 750 | 25 | 25 | 25 | 25 |
| | 1,500 | 100 | 110 | 150 | 160 |
| 단상교류 | 25,000 | 170 | 220 | 270 | 320 |

**(3) 전차선로의 충전부와 차량 간의 절연이격**

| 시스템 종류 | 공칭전압[V] | 동적[mm] | 정적[mm] |
|---|---|---|---|
| 직류 | 750 | 25 | 25 |
| | 1,500 | 100 | 150 |
| 단상교류 | 25,000 | 190 | 290 |

**(4) 급전선로**

① 급전선은 나전선을 적용하여 가공식으로 가설할 것

(전기적 이격거리, 지락 및 섬락 등을 고려할 경우 급전선을 케이블로 시공할 것)

② 가공식은 전차선의 높이 이상으로 전차선로 지지물에 병가하며, 나전선의 접속은 직선접속으로 할 것

③ 신설 터널 내 급전선을 가공으로 설계할 경우 지지물의 취부는 C찬넬 또는 매입전을 이용하여 고정할 것

**(5) 귀선로**

① 귀선로는 비절연보호도체, 매설접지도체, 레일 등으로 구성하여 단권변압기 중성점과 공통접지에 접속한다.

② 귀선로는 사고 및 지락 시에도 충분한 허용전류용량을 갖도록 하여야 한다.

**(6) 전차선 및 급전선의 높이**

| 시스템 종류 | 공칭전압[V] | 동적[mm] | 정적[mm] |
|---|---|---|---|
| 직류 | 750 | 4,800 | 4,400 |
| | 1,500 | 4,800 | 4,400 |
| 단상교류 | 25,000 | 4,800 | 4,570 |

**(7) 전차선 등과 식물 사이의 이격거리**

교류 전차선 등 충전부와 식물 사이의 이격거리는 5[m] 이상이어야 한다.

**출제 05 전기철도의 전기철도차량설비(KEC 440) – 일반사항(KEC 441)**

**(1) 전기철도차량의 역률**

① 비지속성 최저전압에서 비지속성 최고전압까지의 전압범위에서 유도성 역률 및 전력소비에 대해서만 적용되며, 회생제동 중에는 전압을 제한범위 내로 유지시키기 위하여 유도성 역률을 낮출 수 있을 것

② 전기철도차량이 전차선로와 접촉한 상태에서 견인력을 끄고 보조전력을 가동한 상태로 정지해 있는 경우, 가공전차선로의 유효전력이 200[kW] 이상일 경우 총 역률은 0.8 이상일 것

③ 역행 모드에서 전압을 제한범위 내로 유지하기 위하여 용량성 역률이 허용될 것

## (2) 회생제동

전기철도차량은 다음과 같은 경우에 회생제동의 사용을 중단해야 한다.

① 전차선로 지락이 발생한 경우

② 전차선로에서 전력을 받을 수 없는 경우

③ 규정된 선로전압이 장기 과전압보다 높은 경우

## 출제 06 전기철도의 설비를 위한 보호(KEC 450) – 일반사항(KEC 451)

### (1) 보호협조

① 급전선로는 안정도 향상, 자동복구, 정전시간 감소를 위하여 보호계전방식에 자동재폐로 기능을 구비할 것

② 전차선로용 애자를 섬락사고로부터 보호하고 접지전위 상승을 억제하기 위하여 적정한 보호설비를 구비할 것

③ 가공선로측에서 발생한 지락 및 사고 전류의 파급을 방지하기 위하여 피뢰기를 설치할 것

### (2) 피뢰기 설치장소

① 다음의 장소에 피뢰기를 설치하여야 한다.

　㉠ 변전소 인입측 및 급전선 인출측

　㉡ 가공전선과 직접 접속하는 지중케이블에서 낙뢰에 의해 절연파괴의 우려가 있는 케이블 단말

② 피뢰기는 가능한 한 보호하는 기기와 가깝게 시설하되 누설전류 측정이 용이하도록 지지대와 절연하여 설치할 것

### (3) 피뢰기의 선정

① 피뢰기는 밀봉형을 사용하고 유효보호거리를 증가시키기 위하여 방전개시전압 및 제한전압이 낮은 것을 사용할 것

② 유도뢰 서지에 대하여 2선 또는 3선의 피뢰기 동시동작이 우려되는 변전소 근처의 단락 전류가 큰 장소에는 속류차단능력이 크고 또한 차단성능이 회로조건의 영향을 받을 우려가 적은 것을 사용할 것

# 단원 자주 출제되는 기출문제

**★★★** 개정 신규문제

**01** 전기철도차량에 사용할 전기를 변전소로부터 전차선에 공급하는 전선은 어느 것인가?

① 급전선
② 중성선
③ 분기선
④ 배전선

**해설** 전기철도의 용어 정의(KEC 402)

급전선은 전기철도차량에 사용할 전기를 변전소로부터 전차선에 공급하는 전선을 말한다.

**★★★** 개정 신규문제

**02** 전차선로의 전압 중 직류방식에서 비지속성 최고전압은 지속시간이 몇 분 이하로 예상되는 전압의 최고값으로 해야 하는가?

① 1분
② 2분
③ 5분
④ 10분

**해설** 전차선로의 전압(KEC 411.2)

㉠ 직류방식에서 비지속성 최고전압은 지속시간이 5분 이하로 예상되는 전압의 최고값으로 할 것
㉡ 교류방식에서 비지속성 최저전압은 지속시간이 2분 이하로 예상되는 전압의 최저값으로 할 것

**★★★★★** 기사 21년 1회

**03** 다음 중 전기철도의 전차선로 가선방식에 속하지 않는 것은?

① 가공방식
② 강체방식
③ 지중조가선방식
④ 제3레일방식

**해설** 전차선 가선방식(KEC 431.1)

전차선의 가선방식은 열차의 속도 및 노반의 형태, 부하전류 특성에 따라 적합한 방식을 채택하여야 하며 가공방식, 강체방식, 제3레일방식을 표준으로 한다.

**★★★** 개정 신규문제

**04** 전기철도차량이 전차선로와 접촉한 상태에서 견인력을 끄고 보조전력을 가동한 상태로 정지해 있는 경우, 가공전차선로의 유효전력이 200[kW] 이상일 경우 총 역률은 얼마 이상이어야 하는가?

① 0.6
② 0.7
③ 0.8
④ 1.0

**해설** 전기철도차량의 역률(KEC 441.4)

가공전차선로의 유효전력이 200[kW] 이상일 경우 총 역률은 0.8보다는 작아서는 안 된다.

**★★** 개정 신규문제

**05** 전차선로에서 귀선로를 구성하는 것이 아닌 것은?

① 보호도체
② 비절연보호도체
③ 매설접지도체
④ 레일

**해설** 귀선로(KEC 431.5)

㉠ 귀선로는 비절연보호도체, 매설접지도체, 레일 등으로 구성하여 단권변압기 중성점과 공통접지에 접속한다.
㉡ 비절연보호도체의 위치는 통신유도장해 및 레일전위의 상승의 경감을 고려하여 결정하여야 한다.
㉢ 귀선로는 사고 및 지락 시에도 충분한 허용전류용량을 갖도록 하여야 한다.

**★** 개정 신규문제

**06** 전기철도의 변전방식에서 변전소설비에 대한 내용 중 해당되지 않는 것은?

① 급전용 변압기에서 직류 전기철도는 3상 정류기용 변압기로 해야 한다.
② 제어용 교류전원은 상용과 예비의 2계통으로 구성한다.
③ 제어반의 경우 디지털계전기방식을 원칙으로 한다.
④ 제어반의 경우 아날로그계전기방식을 원칙으로 한다.

**정답** 01. ① 02. ③ 03. ③ 04. ③ 05. ① 06. ④

**해설 전기철도의 변전소설비(KEC 421.4)**

㉠ 급전용 변압기는 직류 전기철도의 경우 3상 정류기
　용 변압기, 교류 전기철도의 경우 3상 스코트결선
　변압기의 적용을 원칙으로 하고, 급전계통에 적합하
　게 선정하여야 한다.
㉡ 제어용 교류전원은 상용과 예비의 2계통으로 구성
　하여야 한다.
㉢ 제어반의 경우 디지털계전기방식을 원칙으로 하여
　야 한다.

★★ 　기사 21년 1회

**07** 전기철도의 설비를 보호하기 위해 시설하
는 피뢰기의 시설기준으로 틀린 것은?

① 피뢰기는 변전소 인입측 및 급전선 인출
　측에 설치하여야 한다.
② 피뢰기는 가능한 한 보호하는 기기와 가
　깝게 시설하되 누설전류 측정이 용이하
　도록 지지대와 절연하여 설치한다.
③ 피뢰기는 개방형을 사용하고 유효보호거
　리를 증가시키기 위하여 방전개시전압
　및 제한전압이 낮은 것을 사용한다.
④ 피뢰기는 가공전선과 직접 접속하는 지
　중케이블에서 낙뢰에 의해 절연파괴의
　우려가 있는 케이블 단말에 설치하여야
　한다.

**해설 전기철도의 피뢰기 설치장소(KEC 451.3)**

㉠ 변전소 인입측 및 급전선 인출측
㉡ 가공전선과 직접 접속하는 지중케이블에서 낙뢰에
　의해 절연파괴의 우려가 있는 케이블 단말
㉢ 피뢰기는 가능한 한 보호하는 기기와 가깝게 시설하
　되 누설전류 측정이 용이하도록 지지대와 절연하여
　설치

CHAPTER

# 05

# 분산형 전원설비

**5%** 출제

이렇게 공부하세요!!

## 출제경향분석

5%

기사 / 산업기사 출제비율

## 출제포인트

☑ 분산형 전원설비의 용어와 연계설비에 대해 이해한다.

☑ 전기저장장치 및 태양광발전설비에 대해 이해한다.

☑ 풍력발전설비 및 연료전지설비에 대해 이해한다.

## 출제 01 통칙(KEC 500)

### 1 용어의 정의(KEC 502)

#### (1) 건물 일체형 태양광발전시스템(BIPV ; Building Integrated Photo Voltaic)

태양광 모듈을 건축물에 설치하여 건축 부자재의 역할 및 기능과 전력생산을 동시에 할 수 있는 시스템으로 창호, 스팬드럴, 커튼월, 이중파사드, 외벽, 지붕재 등 건축물을 완전히 둘러싸는 벽·창·지붕형태로 한정한다.

#### (2) 풍력터빈

바람의 운동에너지를 기계적 에너지로 변환하는 장치(가동부 베어링, 나셀, 블레이드 등의 부속물을 포함)를 말한다.

#### (3) 풍력터빈을 지지하는 구조물

타워와 기초로 구성된 풍력터빈의 일부분을 말한다.

#### (4) 풍력발전소

단일 또는 복수의 풍력터빈(풍력터빈을 지지하는 구조물을 포함)을 원동기로 하는 발전기와 그 밖의 기계기구를 시설하여 전기를 발생시키는 곳을 말한다.

#### (5) 자동정지

풍력터빈의 설비보호를 위한 보호장치의 작동으로 인하여 자동적으로 풍력터빈을 정지시키는 것을 말한다.

#### (6) MPPT(Maximum Power Point Tracking)

태양광발전이나 풍력발전 등이 현재 조건에서 가능한 최대의 전력을 생산할 수 있도록 인버터 제어를 이용하여 해당 발전원의 전압이나 회전속도를 조정하는 최대출력추종(MPPT) 기능을 말한다.

### 2 분산형 전원계통 연계설비의 시설(KEC 503)

#### (1) 계통 연계의 범위(KEC 503.1)

① 분산형 전원설비 등을 전력계통에 연계하는 경우에 적용
② 전력계통이라 함은 전력판매사업자의 계통, 구내계통 및 독립전원계통 모두를 말함

## (2) 시설기준(KEC 503.2)

① 전기공급방식 등(KEC 503.2.1)

㉠ 분산형 전원설비의 전기공급방식은 전력계통과 연계되는 전기공급방식과 동일할 것

**㉡ 분산형 전원설비 사업자의 한 사업장의 설비용량 합계가 250[kVA] 이상일 경우에는 송·배전계통과 연계지점의 연결상태를 감시 또는 유효전력, 무효전력 및 전압을 측정할 수 있는 장치를 시설할 것**

② 저압계통 연계 시 직류유출방지 변압기의 시설(KEC 503.2.2)

분산형 전원설비를 인버터를 이용하여 전력판매사업자의 저압 전력계통에 연계하는 경우 인버터로부터 직류가 계통으로 유출되는 것을 방지하기 위하여 접속점(접속설비와 분산형 전원설비 설치자측 전기설비의 접속점을 말한다)과 인버터 사이에 상용주파수 변압기(단권변압기를 제외)를 시설할 것

> **참고** 다음을 모두 충족하는 경우에는 예외로 함
>
> • 인버터의 직류측 회로가 비접지인 경우 또는 고주파 변압기를 사용하는 경우
> • 인버터의 교류출력측에 직류 검출기를 구비하고, 직류 검출 시에 교류출력을 정지하는 기능을 갖춘 경우

③ 단락전류 제한장치의 시설(KEC 503.2.3)

분산형 전원을 계통 연계하는 경우 전력계통의 단락용량이 다른 자의 차단기의 차단용량 또는 전선의 순시허용전류 등을 상회할 우려가 있을 때에는 그 분산형 전원 설치자가 전류제한리액터 등 단락전류를 제한하는 장치를 시설할 것

④ 계통 연계용 보호장치의 시설(KEC 503.2.4)

㉠ 계통 연계하는 분산형 전원설비를 설치하는 경우 다음에 해당하는 이상 또는 고장 발생 시 자동적으로 분산형 전원설비를 전력계통으로부터 분리하기 위한 장치 시설 및 해당 계통과의 보호협조를 실시할 것

• **분산형 전원설비의 이상 또는 고장**

• **연계한 전력계통의 이상 또는 고장**

• **단독운전상태**

㉡ 단순 병렬운전 분산형 전원설비의 경우에는 역전력 계전기를 설치할 것

## 출제 02 전기저장장치(KEC 510)

### 1 옥내전로의 대지전압 제한(KEC 511.3)

주택의 전기저장장치의 축전지에 접속하는 부하측 옥내배선을 다음에 따라 시설하는 경우에 **주택의 옥내전로의 대지전압은 직류 600[V] 이하로 할 것**

① 전로에 지락이 생겼을 때 자동적으로 전로를 차단하는 장치를 시설할 것

② **사람이 접촉할 우려가 없는 은폐된 장소에 합성수지관배선, 금속관배선 및 케이블배선에 의하여 시설할 것**

③ 사람이 접촉할 우려가 없도록 케이블배선에 의하여 시설하고 전선에 적당한 방호장치를 시설할 것

### 2 전기저장장치의 시설(KEC 512)

#### (1) 전기배선(KEC 512.1.1)

전기배선은 다음에 의하여 시설하여야 한다.

① **전선은 공칭단면적 2.5[mm$^2$] 이상의 연동선을 사용할 것**

② 배선설비공사는 옥내에 시설할 경우에는 합성수지관공사, 금속관공사, 금속제 가요전선관공사, 케이블공사로 시설할 것

③ 옥측 또는 옥외에 시설할 경우에는 합성수지관공사, 금속관공사, 금속제 가요전선관공사, 케이블공사로 시설할 것

#### (2) 제어 및 보호장치 등(KEC 512.2)

① 충전 및 방전 기능(KEC 512.2.1)

　㉠ 충전기능

　　• 전기저장장치는 배터리의 SOC 특성(충전상태 : State of Charge)에 따라 제조자가 제시한 정격으로 충전할 수 있을 것

　　• 충전할 때에는 전기저장장치의 충전상태 또는 배터리 상태를 시각화하여 정보를 제공해야 할 것

　㉡ 방전기능

　　• 전기저장장치는 배터리의 SOC 특성에 따라 제조자가 제시한 정격으로 방전할 수 있을 것

　　• 방전할 때에는 전기저장장치의 방전상태 또는 배터리 상태를 시각화하여 정보를 제공해야 할 것

② 제어 및 보호장치(KEC 512.2.2)

　㉠ 전기저장장치의 접속점에는 쉽게 개폐할 수 있는 곳에 개방상태를 육안으로 확인할 수 있는 전용의 개폐기를 시설할 것

ⓛ 전기저장장치의 이차전지는 다음에 따라 자동으로 전로로부터 차단하는 장치를 시설할 것

- 과전압 또는 과전류가 발생한 경우
- 제어장치에 이상이 발생한 경우
- 이차전지 모듈의 내부 온도가 급격히 상승할 경우

ⓒ 직류 전로에 과전류차단기를 설치하는 경우 직류 단락전류를 차단하는 능력을 가지는 것이어야 하고 "직류용" 표시를 할 것

ⓔ 직류 전로에 지락이 생겼을 때에 자동적으로 전로를 차단하는 장치를 시설할 것

ⓜ 발전소 또는 변전소 혹은 이에 준하는 장소에 전기저장장치를 시설하는 경우 전로가 차단되었을 때에 경보하는 장치를 시설할 것

③ 계측장치(KEC 512.2.3)

전기저장장치를 시설하는 곳에는 다음의 사항을 계측하는 장치를 시설할 것

ⓖ 축전지 출력 단자의 전압, 전류, 전력 및 충·방전 상태

ⓛ 주요 변압기의 전압, 전류 및 전력

④ 접지 등의 시설(KEC 512.2.4)

금속제 외함 및 지지대 등은 접지공사를 할 것

## 출제 03 태양광발전설비(KEC 520)

### 1 옥내전로의 대지전압 제한(KEC 521.3)

주택의 태양전지 모듈에 접속하는 부하측 옥내배선의 **대지전압 제한은 직류 600[V] 이하일 것**

### 2 태양광설비의 시설(KEC 522)

#### (1) 전기배선(KEC 522.1.1)

전선은 다음에 의하여 시설하여야 한다.

① 모듈 및 기타 기구에 전선을 접속하는 경우는 나사로 조이고, 기타 이와 동등 이상의 효력이 있는 방법으로 기계적·전기적으로 안전하게 접속하고, 접속점에 장력이 가해지지 않도록 할 것

② 배선시스템은 바람, 결빙, 온도, 태양방사와 같이 예상되는 외부 영향을 견디도록 시설할 것

③ 모듈의 출력배선은 극성별로 확인할 수 있도록 표시할 것

#### (2) 태양광설비의 시설기준(KEC 522.2)

① 태양전지 모듈의 시설(KEC 522.2.1)

ⓖ 모듈은 자중, 적설, 풍압, 지진 및 기타의 진동과 충격에 대하여 탈락하지 아니하도록 지지물에 의하여 견고하게 설치할 것

ⓛ 모듈의 각 직렬군은 동일한 단락전류를 가진 모듈로 구성하여야 하며 1대의 인버터에 연결된 모듈 직렬군이 2병렬 이상일 경우에는 각 직렬군의 출력전압 및 출력전류가 동일하게 형성되도록 배열할 것

② 전력변환장치의 시설(KEC 522.2.2)
  ㉠ 인버터는 실내·실외용을 구분할 것
  ㉡ 각 직렬군의 태양전지 개방전압은 인버터 입력전압 범위 이내일 것
  ㉢ 옥외에 시설하는 경우 방수등급은 IPX4 이상일 것

③ 피뢰설비(KEC 522.3.5)
  **태양광설비에는 외부피뢰시스템을 설치할 것**

④ 태양광설비의 계측장치(KEC 522.3.6)
  **태양광설비에는 전압, 전류 및 전력을 계측하는 장치를 시설할 것**

## 출제 04 풍력발전설비(KEC 530)

### (1) 간선의 시설기준(KEC 532.1)
출력배선에 쓰이는 전선은 CV선 또는 TFR-CV선을 사용할 것

### (2) 주전원 개폐장치(KEC 532.3.2)
풍력터빈은 작업자의 안전을 위하여 유지, 보수 및 점검 시 전원 차단을 위해 풍력터빈 타워의 기저부에 개폐장치를 시설할 것

### (3) 접지설비(KEC 532.3.4)
접지설비는 풍력발전설비 타워 기초를 이용한 통합접지공사를 하여야 하며, 설비 사이의 전위 차가 없도록 등전위본딩을 할 것

### (4) 피뢰설비(KEC 532.3.5)
① **피뢰설비는 별도의 언급이 없다면 피뢰레벨(LPL)은 I등급을 적용할 것**
② 풍력터빈의 피뢰설비는 다음에 따라 시설할 것
  ㉠ 풍력터빈에 설치하는 인하도선은 쉽게 부식되지 않는 금속선으로서 뇌격전류를 안전하게 흘릴 수 있는 충분한 굵기여야 하며, 가능한 직선으로 시설할 것
  ㉡ 풍력터빈 내부의 계측 센서용 케이블은 금속관 또는 차폐케이블 등을 사용하여 뇌유도 과전압으로부터 보호할 것
  ㉢ 풍력터빈에 설치한 피뢰설비(리셉터, 인하도선 등)의 기능 저하로 인해 다른 기능에 영향을 미치지 않을 것
③ 풍향·풍속계가 보호범위에 들도록 나셀 상부에 피뢰침을 시설하고 피뢰도선은 나셀프레임에 접속할 것

④ 전력기기 · 제어기기 등의 피뢰설비는 다음에 따라 시설할 것

  ㉠ **전력기기는 금속시스케이블, 내뢰변압기 및 서지보호장치(SPD)를 적용할 것**

  ㉡ 제어기기는 광케이블 및 포토커플러를 적용할 것

## 출제 05 연료전지설비(KEC 540)

### 1 전기배선(KEC 542.1.1)

전기배선은 열적 영향이 적은 방법으로 시설할 것

### 2 제어 및 보호장치 등(KEC 542.2)

#### (1) 연료전지설비의 보호장치(KEC 542.2.1)

연료전지는 다음의 경우에 자동적으로 이를 전로에서 차단하고 연료전지에 연료가스 공급을 자동적으로 차단하며 연료전지 내의 연료가스를 자동적으로 배제하는 장치를 시설할 것

① **연료전지에 과전류가 생긴 경우**

② **발전요소의 발전전압에 이상이 생겼을 경우 또는 연료가스 출구에서의 산소농도 또는 공기 출구에서의 연료가스 농도가 현저히 상승한 경우**

③ **연료전지의 온도가 현저하게 상승한 경우**

#### (2) 연료전지설비의 계측장치(KEC 542.2.2)

전압, 전류 및 전력을 계측하는 장치를 시설할 것

#### (3) 접지설비(KEC 542.2.5)

연료전지의 전로 또는 이것에 접속하는 직류 전로에 접지공사를 할 때에는 다음에 따라 시설할 것

① 접지극은 고장 시 그 근처의 대지 사이에 생기는 전위차에 의하여 사람이나 가축 또는 다른 시설물에 위험을 줄 우려가 없도록 시설할 것

② **접지도체는 16[mm²] 이상의 연동선을 사용할 것(저압전로의 중성점에 시설하는 것은 6[mm²] 이상의 연동선)**

# 단원 자주 출제되는 기출문제

**★★★** 개정 신규문제

**01** 분산형 전원계통 연계설비의 시설에서 전력계통으로 언급되지 않는 것은?

① 전력판매사업자의 계통
② 구내계통
③ 구외계통
④ 독립전원계통

> **해설** 계통 연계의 범위(KEC 503.1)
> 분산형 전원설비 등을 전력계통에 연계하는 경우에 적용하며, 여기서 전력계통이라 함은 전력판매사업자의 계통, 구내계통 및 독립전원계통 모두를 말한다.

**★★★★★** 개정 신규문제

**02** 전기저장장치의 이차전지에서 자동으로 전로로부터 차단하는 장치를 시설해야 하는 경우가 아닌 것은?

① 과전압 또는 과전류가 발생한 경우
② 제어장치에 이상이 발생한 경우
③ 전압 및 전류가 낮아지는 경우
④ 이차전지 모듈의 내부 온도가 급격히 상승할 경우

> **해설** 제어 및 보호장치(KEC 512.2.2)
> 전기저장장치의 이차전지는 다음에 따라 자동으로 전로로부터 차단하는 장치를 시설하여야 한다.
> ㉠ 과전압 또는 과전류가 발생한 경우
> ㉡ 제어장치에 이상이 발생한 경우
> ㉢ 이차전지 모듈의 내부 온도가 급격히 상승할 경우

**★★★** 개정 신규문제

**03** 태양광발전설비에서 주택의 태양전지 모듈에 접속하는 부하측 옥내배선의 대지전압 제한은 직류 몇 [V] 이하여야 하는가?

① 250 ② 300
③ 400 ④ 600

> **해설** 옥내전로의 대지전압 제한(KEC 511.3)
> 주택의 태양전지 모듈에 접속하는 부하측 옥내배선의 대지전압 제한은 직류 600[V] 이하이어야 한다.

**★★★** 개정 신규문제

**04** 태양광설비의 계측장치에서 시설하지 않아도 되는 것은?

① 주파수
② 전류
③ 전력
④ 전압

> **해설** 태양광설비의 계측장치(KEC 522.2.3)
> 태양광설비에는 전압, 전류 및 전력을 계측하는 장치를 시설하여야 한다.

**★** 개정 신규문제

**05** 풍력발전설비에서 화재방호설비를 시설해야 하는 출력[kW]은?

① 200
② 300
③ 400
④ 500

> **해설** 화재방호설비시설(KEC 531.3)
> 500[kW] 이상의 풍력터빈은 나셀 내부의 화재 발생 시, 이를 자동으로 소화할 수 있는 화재방호설비를 시설하여야 한다.

**★★** 개정 신규문제

**06** 분산형 전원설비에서 사업장의 설비용량 합계가 몇 [kVA] 이상인 경우 송·배전계통과의 연결상태 감시 및 유효전력, 무효전력, 전압 등을 측정할 수 있는 장치를 시설하여야 하는가?

① 100 ② 150
③ 200 ④ 250

> **해설** 분산형 전원계통 연계설비의 시설(KEC 503)
> 분산형 전원설비 사업자의 한 사업장의 설비용량 합계가 250[kVA] 이상일 경우에는 송·배전계통과 연계지점의 연결상태를 감시 또는 유효전력, 무효전력 및 전압을 측정할 수 있는 장치를 시설하여야 한다.

**정답** 01. ③ 02. ③ 03. ④ 04. ① 05. ④ 06. ④

**★ 개정 신규문제**

**07** 전기저장장치의 전용건물에 이차전지를 시설할 경우 벽면으로부터 몇 [m] 이상 이격하여야 하는가?

① 0.5[m]     ② 1.0[m]

③ 1.5[m]     ④ 2.0[m]

**해설** 전용건물에 시설하는 경우(KEC 515.2.1)
이차전지는 벽면으로부터 1[m] 이상 이격하여 설치하여야 한다.

**★★ 기사 21년 1회**

**08** 태양광설비에 시설하여야 하는 계측기의 계측대상에 해당하는 것은?

① 전압과 전류

② 전력과 역률

③ 전류와 역률

④ 역률과 주파수

**해설** 태양광설비의 계측장치(KEC 522.3.6)
태양광설비에는 전압과 전류 또는 전압과 전력을 계측하는 장치를 시설하여야 한다.

**★★★★ 개정 신규문제**

**09** 풍력발전설비의 경우 어떤 접지공사를 하여야 하는가?

① 단독접지     ② 공통접지

③ 통합접지     ④ 중성점접지

**해설** 접지설비(KEC 532.3.4)
접지설비는 풍력발전설비 타워 기초를 이용한 통합접지공사를 하여야 하며, 설비 사이의 전위차가 없도록 등전위본딩을 하여야 한다.

**★★ 개정 신규문제**

**10** 풍력터빈에 설비의 손상을 방지하기 위하여 시설하는 운전상태를 계측하는 계측장치로 틀린 것은?

① 조도계     ② 압력계

③ 온도계     ④ 풍속계

**해설** 계측장치의 시설(KEC 532.3.7)
풍력터빈에는 설비의 손상을 방지하기 위하여 운전상태를 계측하는 다음의 계측장치를 시설하여야 한다.

㉠ 회전속도계
㉡ 나셀(nacelle) 내의 진동을 감시하기 위한 진동계
㉢ 풍속계
㉣ 압력계
㉤ 온도계

**★ 개정 신규문제**

**11** 연료전지설비에서 연료전지를 자동적으로 전로에서 차단하고 연료전지에 연료가스 공급을 자동적으로 차단하며, 연료전지 내의 연료가스를 자동적으로 배기하는 장치를 시설해야 하는 경우에 해당되지 않는 것은?

① 연료전지에 저전류가 생긴 경우

② 발전요소(發電要素)의 발전전압에 이상이 생겼을 경우

③ 연료가스 출구에서의 산소농도 또는 공기 출구에서의 연료가스 농도가 현저히 상승한 경우

④ 연료전지의 온도가 현저하게 상승한 경우

**해설** 연료전지설비의 보호장치(KEC 542.2.1)
연료전지는 다음의 경우에 자동적으로 이를 전로에서 차단하고 연료전지에 연료가스 공급을 자동적으로 차단하며 연료전지 내의 연료가스를 자동적으로 배제하는 장치를 시설할 것
㉠ 연료전지에 과전류가 생긴 경우
㉡ 발전요소의 발전전압에 이상이 생겼을 경우 또는 연료가스 출구에서의 산소농도 또는 공기 출구에서의 연료가스 농도가 현저히 상승한 경우
㉢ 연료전지의 온도가 현저하게 상승한 경우

**★★ 개정 신규문제**

**12** 연료전지의 접지설비에서 접지도체의 공칭단면적은 몇 [mm²] 이상인가? (단, 저압전로의 중성점 시설은 제외한다.)

① 2.5

② 6

③ 16

④ 25

**해설** 접지설비(KEC 542.2.5)
접지도체는 공칭단면적 16[mm²] 이상의 연동선을 사용할 것(저압전로의 중성점에 시설하는 것은 공칭단면적 6[mm²] 이상의 연동선을 사용할 것)

**정답** 07. ②   08. ①   09. ③   10. ①   11. ①   12. ③

 **memo**

# 부록

## 과년도 출제문제

전 기 기 사
/
전기산업기사

**하** 제3장 고압·특고압 전기설비

**01** 저압 가공전선이 안테나와 접근상태로 시설될 때 상호 간의 이격거리는 몇 [cm] 이상이어야 하는가? (단, 전선이 고압 절연전선, 특고압 절연전선 또는 케이블이 아닌 경우이다.)

① 60 　　　　② 80
③ 100 　　　　④ 120

**해설** 고압 가공전선과 안테나의 접근 또는 교차 (KEC 332.14)

㉠ 고압 가공전선은 고압 보안공사에 의할 것
㉡ 가공전선과 안테나 사이의 수평이격거리
  • 저압 사용 시 0.6[m] 이상(절연전선, 케이블인 경우 : 0.3[m] 이상)
  • 고압 사용 시 0.8[m] 이상(케이블인 경우 : 0.4[m] 이상)

**상** 제3장 고압·특고압 전기설비

**02** 고압 가공전선으로 사용한 경동선은 안전율이 얼마 이상인 이도로 시설하여야 하는가?

① 2.0 　　　　② 2.2
③ 2.5 　　　　④ 3.0

**해설** 고압 가공전선의 안전율(KEC 332.4)

㉠ 경동선 또는 내열 동합금선 : 2.2 이상이 되는 이도로 시설
㉡ 그 밖의 전선(예 : 강심 알루미늄 연선, 알루미늄선) : 2.5 이상이 되는 이도로 시설

**중** 제4장 전기철도설비

**03** 급전선에 대한 설명으로 틀린 것은?

① 급전선은 비절연보호도체, 매설접지도체, 레일 등으로 구성하여 단권변압기 중성점과 공통접지에 접속한다.
② 가공식은 전차선의 높이 이상으로 전차선로 지지물에 병가하며, 나전선의 접속은 직선접속을 원칙으로 한다.
③ 선상승강장, 인도교, 과선교 또는 교량 하부 등에 설치할 때에는 최소 절연이격거리 이상을 확보하여야 한다.
④ 신설 터널 내 급전선을 가공으로 설계할 경우 지지물의 취부는 C찬넬 또는 매입전을 이용하여 고정하여야 한다.

**해설** 비절연보호도체, 매설접지도체, 레일 등으로 구성하여 단권변압기 중성점과 공통접지에 접속하는 것은 귀선로이다.
[참고] 2023.12.14. 개정 시 삭제됨

**하** 제3장 고압·특고압 전기설비

**04** 사용전압이 22.9[kV]인 특고압 가공전선과 그 지지물·완금류·지주 또는 지선 사이의 이격거리는 몇 [cm] 이상이어야 하는가?

① 15 　　　　② 20
③ 25 　　　　④ 30

**해설** 특고압 가공전선과 지지물 등의 이격거리 (KEC 333.5)

특고압 가공전선과 그 지지물·완금류·지주 또는 지선 사이의 이격거리는 다음 표에서 정한 값 이상이어야 한다. 단, 기술상 부득이한 경우 위험의 우려가 없도록 시설한 때에는 표에서 정한 값의 0.8배까지 감할 수 있다.

| 사용전압 [kV] | 이격거리 [cm] | 사용전압 [kV] | 이격거리 [cm] |
|---|---|---|---|
| 15 미만 | 15 | 70 이상 80 미만 | 45 |
| 15 이상 25 미만 | 20 | 80 이상 130 미만 | 65 |
| 25 이상 35 미만 | 25 | 130 이상 160 미만 | 90 |
| 35 이상 50 미만 | 30 | 160 이상 200 미만 | 110 |
| 50 이상 60 미만 | 35 | 200 이상 230 미만 | 130 |
| 60 이상 70 미만 | 40 | 230 이상 | 160 |

**상** 제2장 저압 전기설비

**05** 진열장 내의 배선으로 사용전압 400[V] 이하에 사용하는 코드 또는 캡타이어케이블의 최소 단면적은 몇 [mm²]인가?

① 1.25
② 1.0
③ 0.75
④ 0.5

**해설** 진열장 또는 이와 유사한 것의 내부 배선 (KEC 234.8)

㉠ 건조한 장소에 시설하고 또한 내부를 건조한 상태로 사용하는 진열장 또는 이와 유사한 것의 내부에 사용전압이 400[V] 이하인 배선을 외부에서 잘 보이는 장소에 한하여 코드 또는 캡타이어케이블로 직접 조영재에 밀착하여 배선할 것
㉡ 전선의 배선은 단면적 0.75[mm²] 이상의 코드 또는 캡타이어케이블일 것

**상** 제1장 공통사항

**06** 최대사용전압이 23000[V]인 중성점 비접지식 전로의 절연내력시험전압은 몇 [V]인가?

① 16560
② 21160
③ 25300
④ 28750

**해설** 전로의 절연저항 및 절연내력(KEC 132)

중성점 비접지식 전로의 절연내력시험은 최대사용전압에 1.25배를 한 시험전압을 10분간 가하여 시행한다.
절연내력시험전압 = 23000 × 1.25 = 28750[V]

**상** 제3장 고압·특고압 전기설비

**07** 지중전선로를 직접 매설식에 의하여 시설할 때, 차량 기타 중량물의 압력을 받을 우려가 있는 장소인 경우 매설깊이는 몇 [m] 이상으로 시설하여야 하는가?

① 0.6
② 1.0
③ 1.2
④ 1.5

**해설** 지중전선로의 시설(KEC 334.1)

차량 등 중량을 받을 우려가 있는 장소에서는 1.0[m] 이상, 기타의 장소에는 0.6[m] 이상으로 한다.

**상** 제2장 저압 전기설비

**08** 플로어덕트공사에 의한 저압 옥내배선공사 시 시설기준으로 틀린 것은?

① 덕트의 끝부분은 막을 것
② 옥외용 비닐절연전선을 사용할 것
③ 덕트 안에는 전선에 접속점이 없도록 할 것
④ 덕트 및 박스 기타의 부속품은 물이 고이는 부분이 없도록 시설하여야 한다.

**해설** 플로어덕트공사(KEC 232.32)

㉠ 전선은 절연전선일 것(옥외용 비닐절연전선은 제외)
㉡ 전선은 연선일 것 단, 단면적 10[mm²](알루미늄선은 단면적 16[mm²]) 이하인 것은 단선을 사용할 수 있음
㉢ 플로어덕트 안에는 전선에 접속점이 없도록 할 것
㉣ 덕트의 끝부분은 막을 것

**중** 제1장 공통사항

**09** 중앙급전 전원과 구분되는 것으로서 전력소비지역 부근에 분산하여 배치 가능한 신·재생에너지 발전설비 등의 전원으로 정의되는 용어는?

① 임시전력원
② 분전반전원
③ 분산형전원
④ 계통연계전원

**해설** 용어 정의(KEC 112)

분산형전원은 중앙급전 전원과 구분되는 것으로서 전력소비지역 부근에 분산하여 배치 가능한 전원을 말한다. 상용전원의 정전 시에만 사용하는 비상용 예비전원은 제외하며, 신·재생에너지 발전설비, 전기저장장치 등을 포함한다.

**하** 제2장 저압 전기설비

**10** 애자공사에 의한 저압 옥측전선로는 사람이 쉽게 접촉될 우려가 없도록 시설하고, 전선의 지지점 간의 거리는 몇 [m] 이하이어야 하는가?

① 1
② 1.5
③ 2
④ 3

**해설 옥측전선로(KEC 221.2)**

애자공사에 의한 저압 옥측전선로는 다음에 의하고 또한 사람이 쉽게 접촉될 우려가 없도록 시설할 것
㉠ 전선은 공칭단면적 4[mm²] 이상의 연동 절연전선 (옥외용 및 인입용 절연전선은 제외)일 것
㉡ 전선의 지지점 간의 거리는 2[m] 이하일 것

**하 | 제2장 저압 전기설비**

**11** 저압 가공전선로의 지지물이 목주인 경우 풍압하중의 몇 배의 하중에 견디는 강도를 가지는 것이어야 하는가?

① 1.2　　② 1.5
③ 2　　④ 3

**해설 저압 가공전선로의 지지물의 강도 (KEC 222.8)**

저압 가공전선로의 지지물은 목주인 경우에는 풍압하중의 1.2배의 하중, 기타의 경우에는 풍압하중에 견디는 강도를 가지는 것이어야 한다.

**중 | 제4장 전기철도설비**

**12** 교류 전차선 등 충전부와 식물 사이의 이격거리는 몇 [m] 이상이어야 하는가? (단, 현장여건을 고려한 방호벽 등의 안전조치를 하지 않은 경우이다.)

① 1　　② 3
③ 5　　④ 10

**해설 전차선 등과 식물사이의 이격거리 (KEC 431.11)**

교류 전차선 등 충전부와 식물 사이의 이격거리는 5[m] 이상이어야 한다. 다만, 5[m] 이상 확보하기 곤란한 경우에는 현장여건을 고려하여 방호벽 등 안전조치를 하여야 한다.

**상 | 제3장 고압·특고압 전기설비**

**13** 조상기에 내부 고장이 생긴 경우, 조상기의 뱅크용량이 몇 [kVA] 이상일 때 전로로부터 자동 차단하는 장치를 시설하여야 하는가?

① 5000　　② 10000
③ 15000　　④ 20000

**해설 조상설비의 보호장치(KEC 351.5)**

조상설비에는 그 내부에 고장이 생긴 경우에 보호하는 장치를 시설하여야 한다.

| 설비종별 | 뱅크용량의 구분 | 자동적으로 전로로부터 차단하는 장치 |
|---|---|---|
| 전력용 커패시터 및 분로리액터 | 500[kVA] 초과 15000[kVA] 미만 | 내부고장, 과전류 발생 시 보호장치 |
| | 15000[kVA] 이상 | 내부고장 및 과전류·과전압 발생 시 보호장치 |
| 조상기 | 15000[kVA] 이상 | 내부고장 시 보호장치 |

**중 | 제1장 공통사항**

**14** 고장보호에 대한 설명으로 틀린 것은?

① 고장보호는 일반적으로 직접 접촉을 방지하는 것이다.
② 고장보호는 인축의 몸을 통해 고장전류가 흐르는 것을 방지하여야 한다.
③ 고장보호는 인축의 몸에 흐르는 고장전류를 위험하지 않는 값 이하로 제한하여야 한다.
④ 고장보호는 인축의 몸에 흐르는 고장전류의 지속시간을 위험하지 않은 시간까지로 제한하여야 한다.

**해설 감전에 대한 보호(KEC 113.2)**

㉠ 고장보호는 일반적으로 기본절연의 고장에 의한 간접 접촉을 방지하는 것이다.
㉡ 고장보호는 다음 중 어느 하나에 적합하여야 한다.
• 인축의 몸을 통해 고장전류가 흐르는 것을 방지
• 인축의 몸에 흐르는 고장전류를 위험하지 않는 값 이하로 제한
• 인축의 몸에 흐르는 고장전류의 지속시간을 위험하지 않은 시간까지로 제한

**중 | 제2장 저압 전기설비**

**15** 네온방전등의 관등회로의 전선을 애자공사에 의해 자기 또는 유리제 등의 애자로 견고하게 지지하여 조영재의 아랫면 또는 옆면에 부착한 경우 전선 상호 간의 이격거리는 몇 [mm] 이상이어야 하는가?

① 30　　② 60
③ 80　　④ 100

**해설** 네온방전등(KEC 234.12)

㉠ 사람이 쉽게 접촉할 우려가 없는 곳에 위험의 우려가 없도록 시설할 것

㉡ 배선은 전개된 장소 또는 점검할 수 있는 은폐된 장소에 시설할 것

㉢ 배선은 애자사용공사에 의하여 시설한다.
- 전선은 네온관용 전선을 사용할 것
- 전선지지점 간의 거리는 1[m] 이하로 할 것
- 전선 상호 간의 이격거리는 60[mm] 이상일 것

**중** 제3장 고압 · 특고압 전기설비

**16** 수소냉각식 발전기에서 사용하는 수소냉각 장치에 대한 시설기준으로 틀린 것은?

① 수소를 통하는 관으로 동관을 사용할 수 있다.

② 수소를 통하는 관은 이음매가 있는 강판이어야 한다.

③ 발전기 내부의 수소의 온도를 계측하는 장치를 시설하여야 한다.

④ 발전기 내부의 수소의 순도가 85[%] 이하로 저하한 경우에 이를 경보하는 장치를 시설하여야 한다.

**해설** 수소냉각식 발전기 등의 시설(KEC 351.10)

㉠ 발전기 내부 또는 조상기 내부의 수소의 순도가 85[%] 이하로 저하한 경우에 이를 경보하는 장치를 시설할 것

㉡ 발전기 내부 또는 조상기 내부의 수소의 온도를 계측하는 장치를 시설할 것

㉢ 수소를 통하는 관은 동관 또는 이음매 없는 강판이어야 하며, 또한 수소가 대기압에서 폭발하는 경우에 생기는 압력에 견디는 강도의 것일 것

**상** 제3장 고압 · 특고압 전기설비

**17** 전력보안통신설비인 무선통신용 안테나 등을 지지하는 철주의 기초 안전율은 얼마 이상이어야 하는가? (단, 무선용 안테나 등이 전선로의 주위상태를 감시할 목적으로 시설되는 것이 아닌 경우이다.)

① 1.3
② 1.5
③ 1.8
④ 2.0

**해설** 무선용 안테나 등을 지지하는 철탑 등의 시설(KEC 364.1)

목주, 철주, 철근콘크리트주, 철탑의 기초 안전율은 1.5 이상으로 한다.

**상** 제3장 고압 · 특고압 전기설비

**18** 특고압 가공전선로의 지지물 양측의 경간의 차가 큰 곳에 사용하는 철탑의 종류는?

① 내장형
② 보강형
③ 직선형
④ 인류형

**해설** 특고압 가공전선로의 철주 · 철근콘크리트주 또는 철탑의 종류(KEC 333.11)

특고압 가공전선로의 지지물로 사용하는 B종 철근 · B종 콘크리트주 또는 철탑의 종류는 다음과 같다.

㉠ 직선형 : 전선로의 직선부분(수평각도 3° 이하)에 사용하는 것(내장형 및 보강형 제외)

㉡ 각도형 : 전선로 중 3°를 초과하는 수평각도를 이루는 곳에 사용하는 것

㉢ 인류형 : 전가섭선을 인류하는 곳에 사용하는 것

㉣ 내장형 : 전선로의 지지물 양쪽의 경간의 차가 큰 곳에 사용하는 것

㉤ 보강형 : 전선로의 직선부분에 그 보강을 위하여 사용하는 것

**상** 제2장 저압 전기설비

**19** 사무실 건물의 조명설비에 사용되는 백열전등 또는 방전등에 전기를 공급하는 옥내전로의 대지전압은 몇 [V] 이하인가?

① 250
② 300
③ 350
④ 400

**해설** 옥내전로의 대지전압의 제한(KEC 231.6)

백열전등 또는 방전등에 공급하는 옥내의 전로의 대지전압은 300[V] 이하이어야 하며, 다음에 의하여 시설할 것(150[V] 이하의 전로인 경우는 예외로 함)

㉠ 백열전등 또는 방전등 및 이에 부속하는 전선은 사람이 접촉할 우려가 없도록 시설할 것

㉡ 백열전등 또는 방전등용 안전기는 저압 옥내배선과 직접 접속하여 시설할 것

㉢ 전구소켓은 키나 그 밖의 점멸기구가 없도록 시설할 것

**중** 제5장 분산형 전원설비

**20** 전기저장장치를 전용건물에 시설하는 경우에 대한 설명이다. 다음 (  )에 들어갈 내용으로 옳은 것은?

> 전기저장장치 시설장소는 주변 시설(도로, 건물, 가연물질 등)로부터 ( ㉠ )[m] 이상 이격하고 다른 건물의 출입구나 피난계단 등 이와 유사한 장소로부터는 ( ㉡ )[m] 이상 이격하여야 한다.

① ㉠ 3, ㉡ 1　　　② ㉠ 2, ㉡ 1.5
③ ㉠ 1, ㉡ 2　　　④ ㉠ 1.5, ㉡ 3

**해설** 특정 기술을 이용한 전기저장장치의 시설 (KEC 515)

전기저장장치 시설장소는 주변 시설(도로, 건물, 가연물질 등)로부터 1.5[m] 이상 이격하고 다른 건물의 출입구나 피난계단 등 이와 유사한 장소로부터는 3[m] 이상 이격하여야 한다.

**하** 제3장 고압·특고압 전기설비

**01** 다음 중 옥내에 시설하는 고압용 이동전선의 종류는?

① 150[mm²] 연동선

② 비닐 캡타이어케이블

③ 고압용 캡타이어케이블

④ 강심 알루미늄 연선

**☑ 해설** 옥내 고압용 이동전선의 시설(KEC 342.2)

옥내에 시설하는 고압의 이동전선은 다음에 따라 시설하여야 한다.
㉠ 전선은 고압용의 캡타이어케이블일 것
㉡ 이동전선과 전기사용기계기구와는 볼트 조임 기타의 방법에 의하여 견고하게 접속할 것
㉢ 이동전선에 전기를 공급하는 전로(유도전동기의 2차측 전로를 제외)에는 전용 개폐기 및 과전류차단기를 각 극(과전류차단기는 다선식 전로의 중성극을 제외)에 시설하고, 또한 전로에 지락이 생겼을 때에 자동적으로 전로를 차단하는 장치를 시설할 것

**상** 제2장 저압 전기설비

**02** 계통접지에 사용되는 문자 중 제1문자의 정의로 맞게 설명한 것은?

① 전원계통과 대지의 관계

② 전기설비의 노출도전부와 대지의 관계

③ 중성선과 보호도체의 배치

④ 노출도전부와 보호도체의 배치

**☑ 해설** 계통접지 구성(KEC 203.1)

㉠ 제1문자 : 전원계통과 대지의 관계
㉡ 제2문자 : 전기설비의 노출도전부와 대지의 관계
㉢ 제2문자 다음 문자(문자가 있을 경우) : 중성선과 보호도체의 배치

**상** 제3장 고압·특고압 전기설비

**03** 특고압 가공전선로에서 사용전압이 60[kV]를 넘는 경우 전화선로의 길이 몇 [km]마다 유도전류가 3[μA]를 넘지 않도록 하여야 하는가?

① 12 ② 40

③ 80 ④ 100

**☑ 해설** 유도장해의 방지(KEC 333.2)

㉠ 사용전압이 60000[V] 이하인 경우에는 전화선로의 길이 12[km]마다 유도전류가 2[μA]를 넘지 않도록 할 것
㉡ 사용전압이 60000[V]를 넘는 경우에는 전화선로의 길이 40[km]마다 유도전류가 3[μA]를 넘지 않도록 할 것

**중** 제3장 고압·특고압 전기설비

**04** 발전소에서 계측장치를 시설하지 않아도 되는 것은?

① 발전기의 전압, 전류 또는 전력

② 발전기의 베어링 및 고정자의 온도

③ 특고압 모선의 전압 및 전류 또는 전력

④ 특고압용 변압기의 온도

**☑ 해설** 계측장치(KEC 351.6)

㉠ 발전기, 연료전지 또는 태양전지 모듈의 전압, 전류, 전력
㉡ 발전기 베어링(수중 메탈은 제외) 및 고정자의 온도
㉢ 정격출력이 10000[kW]를 넘는 증기터빈에 접속된 발전기 진동의 진폭
㉣ 주요 변압기의 전압, 전류, 전력
㉤ 특고압용 변압기의 온도

**상** 제3장 고압·특고압 전기설비

**05** 저압 및 고압 가공전선의 높이는 도로를 횡단하는 경우와 철도를 횡단하는 경우에 각각 몇 [m] 이상이어야 하는가?

① 도로 : 지표상 5, 철도 : 레일면상 6

② 도로 : 지표상 5, 철도 : 레일면상 6.5

③ 도로 : 지표상 6, 철도 : 레일면상 6

④ 도로 : 지표상 6, 철도 : 레일면상 6.5

**☑ 해설** 저압 및 고압 가공전선의 높이
(KEC 222.7, 332.5)

㉠ 도로를 횡단하는 경우에는 지표상 6[m] 이상
㉡ 철도 또는 궤도를 횡단하는 경우에는 레일면상 6.5[m] 이상

**정답** 01. ③ 02. ① 03. ② 04. ③ 05. ④

**하** 제5장 분산형 전원설비

**06** 전기저장장치의 전용건물에 이차전지를 시설할 경우 벽면으로부터 몇 [m] 이상 이격하여야 하는가?

① 0.5[m] 이상
② 1.0[m] 이상
③ 1.5[m] 이상
④ 2.0[m] 이상

**해설** 전용건물에 시설하는 경우(KEC 515.2.1)

이차전지는 벽면으로부터 1[m] 이상 이격하여 설치하여야 한다.

**중** 제4장 전기철도설비

**07** 전차선로에서 귀선로를 구성하는 것이 아닌 것은?

① 보호도체
② 비절연보호도체
③ 매설접지도체
④ 레일

**해설** 귀선로(KEC 431.5)

㉠ 귀선로는 비절연보호도체, 매설접지도체, 레일 등으로 구성하여 단권변압기 중성점과 공통접지에 접속한다.
㉡ 비절연보호도체의 위치는 통신유도장해 및 레일전위의 상승의 경감을 고려하여 결정하여야 한다.
㉢ 귀선로는 사고 및 지락 시에도 충분한 허용전류용량을 갖도록 하여야 한다.

**중** 제5장 분산형 전원설비

**08** 연료전지의 접지설비에서 접지도체의 공칭단면적은 몇 [mm²] 이상인가? (단, 저압 전로의 중성점 시설은 제외한다.)

① 2.5
② 6
③ 16
④ 25

**해설** 접지설비(KEC 542.2.5)

접지도체는 공칭단면적 16[mm²] 이상의 연동선을 사용할 것(저압 전로의 중성점에 시설하는 것은 공칭단면적 6[mm²] 이상의 연동선을 사용할 것)

**하** 제2장 저압 전기설비

**09** 저압 가공전선이 가공약전류전선과 접근하여 시설될 때 저압 가공전선과 가공약전류전선 사이의 이격거리는 몇 [cm] 이상이어야 하는가?

① 30
② 40
③ 50
④ 60

**해설** 저압 가공전선과 가공약전류전선 등의 접근 또는 교차(KEC 222.13)

| 가공전선의 종류 | 이격거리 |
|---|---|
| 저압 가공전선 | 0.6[m] (절연전선 또는 케이블인 경우에는 0.3[m]) |
| 고압 가공전선 | 0.8[m] (전선이 케이블인 경우에는 0.4[m]) |

**중** 제3장 고압·특고압 전기설비

**10** 가공약전류전선을 사용전압이 22.9[kV]인 특고압 가공전선과 동일 지지물에 공가하고자 할 때 가공전선으로 경동연선을 사용한다면 단면적이 몇 [mm²] 이상이어야 하는가?

① 22
② 38
③ 50
④ 55

**해설** 특고압 가공전선과 가공약전류전선 등의 공용설치(KEC 333.19)

사용전압이 35[kV] 이하인 특고압 가공전선과 가공약전류전선 등을 동일 지지물에 시설하는 경우는 다음과 같이 한다.
㉠ 특고압 가공전선로는 제2종 특고압 보안공사에 의한다.
㉡ 특고압 가공전선은 가공약전류전선 등의 위로 하고 별개의 완금에 시설한다.
㉢ 특고압 가공전선은 인장강도 21.67[kN] 이상의 연선 또는 단면적이 50[mm²] 이상인 경동연선이어야 한다.
㉣ 특고압 가공전선과 가공약전류전선 등 사이의 이격거리는 2[m] 이상으로 한다.

**상** 제3장 고압·특고압 전기설비

**11** 다음 중 제1종 특고압 보안공사를 필요로 하는 가공전선로에 지지물로 사용할 수 있는 것은 어느 것인가?

① A종 철근콘크리트주
② B종 철근콘크리트주
③ A종 철주
④ 목주

**해설** 특고압 보안공사(KEC 333.22)

제1종 특고압 보안공사 시 전선로의 지지물에는 B종 철주·B종 철근콘크리트주 또는 철탑을 사용할 것(지지물의 강도가 약한 A종 지지물과 목주는 사용할 수 없음)

**정답** 06. ② 07. ① 08. ③ 09. ④ 10. ③ 11. ②

**12** 가공전선으로의 지지물에 시설하는 지선의 시방세목으로 옳은 것은?

① 안전율은 1.2일 것
② 소선은 3조 이상의 연선일 것
③ 소선은 지름 2.0[mm] 이상인 금속선을 사용한 것일 것
④ 허용인장하중의 최저는 3.2[kN]으로 할 것

**해설 지선의 시설(KEC 331.11)**

가공전선로의 지지물에 시설하는 지선은 다음에 따라야 한다.

㉠ 지선의 안전율 : 2.5 이상(목주·A종 철주, A종 철근 콘크리트주 등 1.5 이상)
㉡ 허용인장하중 : 4.31[kN] 이상
㉢ 소선(素線) 3가닥 이상의 연선일 것
㉣ 소선은 지름 2.6[mm] 이상의 금속선을 사용한 것일 것 또는 소선의 지름이 2[mm] 이상인 아연도강 연선으로서, 소선의 인장강도가 0.68[kN/mm²] 이상인 것
㉤ 지중부분 및 지표상 0.3[m]까지의 부분에는 내식성이 있는 아연도금철봉 사용

**13** 전기울타리의 시설에서 전기울타리용 전원장치에 전기를 공급하는 전로의 사용전압은 몇 [V] 이하인가?

① 250 　② 300
③ 440 　④ 600

**해설 전기울타리(KEC 241.1)**

㉠ 전기울타리는 사람이 쉽게 출입하지 아니하는 곳에 시설할 것
㉡ 전선은 인장강도 1.38[kN] 이상의 것 또는 지름 2[mm] 이상의 경동선일 것
㉢ 전선과 이를 지지하는 기둥 사이의 이격거리는 25[mm] 이상일 것
㉣ 전선과 다른 시설물(가공전선은 제외) 또는 수목과의 이격거리는 0.3[m] 이상일 것
㉤ 전기울타리를 시설한 곳에는 사람이 보기 쉽도록 적당한 간격으로 위험표시를 할 것
㉥ 전기울타리에 전기를 공급하는 전로에는 쉽게 개폐할 수 있는 곳에 전용 개폐기를 시설할 것
㉦ 전기울타리용 전원장치에 전기를 공급하는 전로의 사용전압은 250[V] 이하일 것

**14** 감전에 대한 보호에서 전원의 자동차단에 의한 보호대책에 속하지 않는 것은?

① 기본보호는 충전부의 기본절연 또는 격벽이나 외함에 의한다.
② 고장보호는 보호등전위본딩 및 자동차단에 의한다.
③ 추가적인 보호로 배선용 차단기를 시설할 수 있다.
④ 추가적인 보호로 누전차단기를 시설할 수 있다.

**해설 감전에 대한 보호에서 전원의 자동차단에 의한 보호대책(KEC 211.2)**

㉠ 기본보호는 충전부의 기본절연 또는 격벽이나 외함에 의한다.
㉡ 고장보호는 보호등전위본딩 및 자동차단에 의한다.
㉢ 추가적인 보호로 누전차단기를 시설할 수 있다.

**15** 가요전선관공사에 의한 저압 옥내배선시설에 대한 설명으로 옳지 않은 것은?

① 옥외용 비닐전선을 제외한 절연전선을 사용한다.
② 제1종 금속제가요전선관의 두께는 0.8[mm] 이상으로 한다.
③ 중량물의 압력 또는 기계적 충격을 받을 우려가 없도록 시설한다.
④ 전선은 연선을 사용하나 단면적 10[mm²] 이상인 경우에는 단선을 사용한다.

**해설 금속제 가요전선관공사(KEC 232.13)**

㉠ 전선은 절연전선일 것(옥외용 비닐절연전선은 제외)
㉡ 전선은 연선일 것. 단, 단면적 10[mm²](알루미늄선은 단면적 16[mm²]) 이하인 것은 단선을 사용할 것
㉢ 가요전선관 안에는 전선에 접속점이 없도록 할 것
㉣ 가요전선관은 2종 금속제 가요전선관일 것
※ [예외]
 • 전개된 장소 또는 점검할 수 있는 은폐된 장소에는 1종 가요전선관을 사용
 • 습기가 많은 장소 또는 물기가 있는 장소에는 비닐피복 1종 가요전선관을 사용

**상** 제3장 고압·특고압 전기설비

**16** 애자사용공사에 의한 고압 옥내배선을 시설하고자 할 경우 전선과 조영재 사이의 이격거리는 몇 [cm] 이상인가?

① 3
② 4
③ 5
④ 6

**해설 고압 옥내배선 등의 시설(KEC 342.1)**

애자사용배선에 의한 고압 옥내배선은 다음에 의한다.
㉠ 전선은 공칭단면적 6[mm²] 이상의 연동선 또는 이와 동등 이상의 세기 및 굵기의 고압 절연전선이나 특고압 절연전선 또는 인하용 고압 절연전선일 것
㉡ 전선의 지지점 간의 거리는 6[m] 이하일 것. 다만, 전선을 조영재의 면을 따라 붙이는 경우에는 2[m] 이하이어야 한다.
㉢ 전선 상호 간의 간격은 0.08[m] 이상, 전선과 조영재 사이의 이격거리는 0.05[m] 이상일 것

**상** 제2장 저압 전기설비

**17** 시가지에서 400[V] 이하의 저압 가공전선로에 사용하는 절연전선의 지름은 최소 몇 [mm] 이상의 것이어야 하는가?

① 2.0
② 2.6
③ 3.2
④ 5.0

**해설 저압 가공전선의 굵기 및 종류(KEC 222.5)**

㉠ 저압 가공전선은 나전선(중성선 또는 다중접지된 접지측 전선으로 사용하는 전선), 절연전선, 다심형 전선 또는 케이블을 사용할 것
㉡ 사용전압이 400[V] 이하인 저압 가공전선
　• 지름 3.2[mm] 이상(인장강도 3.43[kN] 이상)
　• 절연전선인 경우는 지름 2.6[mm] 이상(인장강도 2.3[kN] 이상)
㉢ 사용전압이 400[V] 초과인 저압 가공전선
　• 시가지 : 지름 5[mm] 이상(인장강도 8.01[kN] 이상)
　• 시가지 외 : 지름 4[mm] 이상(인장강도 5.26[kN] 이상)
㉣ 사용전압이 400[V] 초과인 저압 가공전선에는 인입용 비닐절연전선을 사용하지 않을 것

**상** 제1장 공통사항

**18** 다음 중 제2차 접근상태를 바르게 설명한 것은 무엇인가?

① 가공전선이 전선의 절단 또는 지지물의 절단이 되는 경우 당해 전선이 다른 공작물에 접속될 우려가 있는 상태를 말한다.
② 가공전선이 다른 공작물과 접근하는 경우 당해 가공전선이 다른 공작물의 상방 또는 측방에서 수평거리로 3[m] 미만인 곳에 시설되는 상태를 말한다.
③ 가공전선이 다른 공작물과 접근하는 경우 가공전선이 다른 공작물의 상방 또는 측방에서 수평거리로 5[m] 이상에 시설되는 것을 말한다.
④ 가공선로 중 제1차 시설로 접근할 수 없는 시설과의 제2차 보호조치나 안전시설을 하여야 접근할 수 있는 상태의 시설을 말한다.

**해설 용어 정의(KEC 112)**

제2차 접근상태라 함은 가공전선이 다른 시설물과 접근하는 경우 그 가공전선이 다른 시설물의 위쪽 또는 옆쪽에서 수평거리로 3[m] 미만인 곳에 시설되는 상태를 말한다.

**상** 제1장 공통사항

**19** 220[V]의 연료전지 및 태양전지 모듈의 절연내력시험 시 직류시험전압은 몇 [V]이어야 하는가?

① 220
② 330
③ 500
④ 750

**해설 연료전지 및 태양전지 모듈의 절연내력 (KEC 134)**

연료전지 및 태양전지 모듈은 최대사용전압의 1.5배의 직류전압 또는 1배의 교류전압을 충전부분과 대지 사이에 연속하여 10분간 가하여 절연내력을 시험하였을 때에 이에 견디는 것이어야 한다. 단, 시험전압 계산값이 500[V] 미만인 경우 500[V]로 시험한다.

**상** 제1장 공통사항

**20** 저압의 전선로 중 절연부분의 전선과 대지 간의 절연저항은 사용전압에 대한 누설전류가 최대 공급전류의 얼마를 넘지 않도록 유지하여야 하는가?

① $\dfrac{1}{2000}$  ② $\dfrac{1}{1000}$

③ $\dfrac{1}{200}$  ④ $\dfrac{1}{100}$

**해설** 전선로의 전선 및 절연성능(기술기준 제27조)

저압전선로 중 절연부분의 전선과 대지 사이 및 전선의 심선 상호 간의 절연저항은 사용전압에 대한 누설전류가 최대 공급전류의 $\dfrac{1}{2000}$ 을 넘지 않도록 하여야 한다.

하 제5장 분산형 전원설비

**01** 풍력터빈의 피뢰설비시설기준에 대한 설명으로 틀린 것은?

① 풍력터빈에 설치한 피뢰설비(리셉터, 인하도선 등)의 기능저하로 인해 다른 기능에 영향을 미치지 않을 것

② 풍력터빈 내부의 계측 센서용 케이블은 금속관 또는 차폐케이블 등을 사용하여 뇌유도과전압으로부터 보호할 것

③ 풍력터빈에 설치하는 인하도선은 쉽게 부식되지 않는 금속선으로서 뇌격전류를 안전하게 흘릴 수 있는 충분한 굵기여야 하며, 가능한 직선으로 시설할 것

④ 수뢰부를 풍력터빈 중앙부분에 배치하되 뇌격전류에 의한 발열에 용손(溶損)되지 않도록 재질, 크기, 두께 및 형상 등을 고려할 것

**🖋 해설** 피뢰설비(KEC 532.3.5)

풍력터빈의 피뢰설비는 다음에 따라 시설하여야 한다.
㉠ 수뢰부를 풍력터빈 선단부분 및 가장자리 부분에 배치하되 뇌격전류에 의한 발열에 용손(溶損)되지 않도록 재질, 크기, 두께 및 형상 등을 고려할 것
㉡ 풍력터빈에 설치하는 인하도선은 쉽게 부식되지 않는 금속선으로서 뇌격전류를 안전하게 흘릴 수 있는 충분한 굵기여야 하며, 가능한 직선으로 시설할 것
㉢ 풍력터빈 내부의 계측 센서용 케이블은 금속관 또는 차폐케이블 등을 사용하여 뇌유도과전압으로부터 보호할 것
㉣ 풍력터빈에 설치한 피뢰설비(리셉터, 인하도선 등)의 기능저하로 인해 다른 기능에 영향을 미치지 않을 것

중 제2장 저압 전기설비

**02** 샤워시설이 있는 욕실 등 인체가 물에 젖어있는 상태에서 전기를 사용하는 장소에 콘센트를 시설할 경우 인체감전보호용 누전차단기의 정격감도전류는 몇 [mA] 이하인가?

① 5　　　　　　② 10
③ 15　　　　　④ 30

**🖋 해설** 콘센트의 시설(KEC 234.5)

욕조나 샤워시설이 있는 욕실 또는 화장실 등 인체가 물에 젖어있는 상태에서 전기를 사용하는 장소에 콘센트를 시설하는 경우에는 다음에 따라 시설하여야 한다.
㉠ 「전기용품 및 생활용품 안전관리법」의 적용을 받는 인체감전보호용 누전차단기(정격감도전류 15[mA] 이하, 동작시간 0.03초 이하의 전류동작형의 것에 한한다) 또는 절연변압기(정격용량 3[kVA] 이하인 것에 한한다)로 보호된 전로에 접속하거나, 인체감전보호용 누전차단기가 부착된 콘센트를 시설하여야 한다.
㉡ 콘센트는 접지극이 있는 방적형 콘센트를 사용하여 접지하여야 한다.
㉢ 습기가 많은 장소 또는 수분이 있는 장소에 시설하는 콘센트 및 기계기구용 콘센트는 접지용 단자가 있는 것을 사용하여 접지하고 방습장치를 하여야 한다.

상 제3장 고압·특고압 전기설비

**03** 강관으로 구성된 철탑의 갑종 풍압하중은 수직 투영면적 1[m²]에 대한 풍압을 기초로 하여 계산한 값이 몇 [Pa]인가? (단, 단주는 제외한다.)

① 1255
② 1412
③ 1627
④ 2157

**🖋 해설** 풍압하중의 종별과 적용(KEC 331.6)

| 풍압을 받는 구분 | | | 풍압[Pa] |
|---|---|---|---|
| 지지물 | | 목주 | 588 |
| | | 원형 철주 | |
| | | 원형 철근콘크리트주 | |
| | 철탑 | 강관으로 구성 | 1255 |
| | | 기타 | 2157 |

**중** 제1장 공통사항

**04** 한국전기설비규정에 따른 용어의 정의에서 감전에 대한 보호 등 안전을 위해 제공되는 도체를 말하는 것은?

① 접지도체
② 보호도체
③ 수평도체
④ 접지극도체

**해설** 용어 정의(KEC 112)

보호도체(PE, Protective Conductor)
감전에 대한 보호 등 안전을 위해 제공되는 도체를 말한다.

**중** 제4장 전기철도설비

**05** 통신상의 유도장해 방지시설에 대한 설명이다. 다음 ( )에 들어갈 내용으로 옳은 것은?

교류식 전기철도용 전차선로는 기설 가공약전류전선로에 대하여 ( )에 의한 통신상의 장해가 생기지 않도록 시설하여야 한다.

① 정전작용
② 유도작용
③ 가열작용
④ 산화작용

**해설** 통신상의 유도장해 방지시설(KEC 461.7)

교류식 전기철도용 전차선로는 기설 가공약전류전선로에 대하여 유도작용에 의한 통신상의 장해가 생기지 않도록 시설하여야 한다.

**중** 제5장 분산형 전원설비

**06** 주택의 전기저장장치의 축전지에 접속하는 부하측 옥내배선을 사람이 접촉할 우려가 없도록 케이블배선에 의하여 시설하고 전선에 적당한 방호장치를 시설한 경우 주택의 옥내전로의 대지전압은 직류 몇 [V]까지 적용할 수 있는가? (단, 전로에 지락이 생겼을 때 자동적으로 전로를 차단하는 장치를 시설한 경우이다.)

① 150
② 300
③ 400
④ 600

**해설** 옥내전로의 대지전압 제한(KEC 511.3)

주택의 전기저장장치의 축전지에 접속하는 부하측 옥내배선을 다음에 따라 시설하는 경우에 주택의 옥내전로의 대지전압은 직류 600[V]까지 적용할 수 있다.
㉠ 전로에 지락이 생겼을 때 자동적으로 전로를 차단하는 장치를 시설할 것
㉡ 사람이 접촉할 우려가 없는 은폐된 장소에 합성수지관배선, 금속관배선 및 케이블배선에 의하여 시설하거나, 사람이 접촉할 우려가 없도록 케이블배선에 의하여 시설하고 전선에 적당한 방호장치를 시설할 것

**상** 제1장 공통사항

**07** 전압의 구분에 대한 설명으로 옳은 것은?

① 직류에서의 저압은 1000[V] 이하의 전압을 말한다.
② 교류에서의 저압은 1500[V] 이하의 전압을 말한다.
③ 직류에서의 고압은 3500[V]를 초과하고 7000[V] 이하인 전압을 말한다.
④ 특고압은 7000[V]를 초과하는 전압을 말한다.

**해설** 적용범위(KEC 111.1)

전압의 구분은 다음과 같다.

| 구분 | 교류(AC) | 직류(DC) |
|---|---|---|
| 저압 | 1[kV] 이하 | 1.5[kV] 이하 |
| 고압 | 저압을 초과하고 7[kV] 이하인 것 | |
| 특고압 | 7[kV]를 초과하는 것 | |

**상** 제3장 고압·특고압 전기설비

**08** 고압 가공전선로의 가공지선으로 나경동선을 사용할 때의 최소 굵기는 지름 몇 [mm] 이상인가?

① 3.2
② 3.5
③ 4.0
④ 5.0

**해설** 고압 가공전선로의 가공지선(KEC 332.6)

고압 가공전선로의 가공지선 → 4[mm](인장강도 5.26[kN]) 이상의 나경동선

중 **제3장 고압·특고압 전기설비**

**09** 특고압용 변압기의 내부에 고장이 생겼을 경우에 자동차단장치 또는 경보장치를 하여야 하는 최소 뱅크용량은 몇 [kVA]인가?

① 1000      ② 3000

③ 5000      ④ 10000

📝 **해설** 특고압용 변압기의 보호장치(KEC 351.4)

| 뱅크용량의 구분 | 동작조건 | 장치의 종류 |
|---|---|---|
| 5000[kVA] 이상 10000[kVA] 미만 | 변압기 내부고장 | 자동차단장치 또는 경보장치 |
| 10000[kVA] 이상 | 변압기 내부고장 | 자동차단장치 |
| 타냉식변압기(변압기의 권선 및 철심을 직접 냉각시키기 위하여 봉입한 냉매를 강제 순환시키는 냉각 방식을 말한다) | 냉각장치에 고장이 생긴 경우 또는 변압기의 온도가 현저히 상승한 경우 | 경보장치 |

하 **제2장 저압 전기설비**

**10** 합성수지관 및 부속품의 시설에 대한 설명으로 틀린 것은?

① 관의 지지점 간의 거리는 1.5[m] 이하로 할 것

② 합성수지제 가요전선관 상호 간은 직접 접속할 것

③ 접착제를 사용하여 관 상호 간을 삽입하는 깊이는 관의 바깥지름의 0.8배 이상으로 할 것

④ 접착제를 사용하지 않고 관 상호 간을 삽입하는 깊이는 관의 바깥지름의 1.2배 이상으로 할 것

📝 **해설** 합성수지관공사(KEC 232.11)

㉠ 전선은 절연전선을 사용(옥외용 비닐절연전선은 사용불가)

㉡ 전선은 연선일 것 다만, 다음의 것은 적용하지 않음
  • 짧고 가는 합성수지관에 넣은 것
  • 단면적 10[mm²](알루미늄선은 단면적 16[mm²]) 이하의 것

㉢ 전선은 합성수지관 안에서 접속점이 없도록 할 것

㉣ 합성수지관의 지지점 간의 거리는 1.5[m] 이하 일 것

㉤ 관 상호간 및 박스와는 관을 삽입하는 깊이를 관의 바깥지름의 1.2배(접착제를 사용 : 0.8배)로 함

㉥ 합성수지제 가요전선관 상호 간은 직접 접속하지 말 것

상 **제3장 고압·특고압 전기설비**

**11** 사용전압이 22.9[kV]인 가공전선이 철도를 횡단하는 경우, 전선의 레일면상의 높이는 몇 [m] 이상인가?

① 5      ② 5.5

③ 6      ④ 6.5

📝 **해설** 특고압 가공전선의 높이(KEC 333.7)

사용전압 35[kV] 이하에서 전선 지표상의 높이

㉠ 철도 또는 궤도를 횡단하는 경우에는 6.5[m] 이상

㉡ 도로를 횡단하는 경우에는 6[m] 이상

㉢ 횡단보도교의 위에 시설하는 경우 특고압 절연전선 또는 케이블인 경우에는 4[m] 이상

상 **제3장 고압·특고압 전기설비**

**12** 가공전선로의 지지물에 시설하는 통신선 또는 이에 직접 접속하는 가공통신선이 철도 또는 궤도를 횡단하는 경우 그 높이는 레일면상 몇 [m] 이상으로 하여야 하는가?

① 3      ② 3.5

③ 5      ④ 6.5

📝 **해설** 전력보안통신선의 시설높이와 이격거리 (KEC 362.2)

가공전선로의 지지물에 시설하는 통신선 또는 이에 직접 접속하는 가공통신선의 높이

㉠ 도로를 횡단하는 경우에는 지표상 6[m] 이상으로 한다. 단, 저압이나 고압의 가공전선로의 지지물에 시설하는 통신선 또는 이에 직접 접속하는 가공통신선을 시설하는 경우에 교통에 지장을 줄 우려가 없을 때에는 지표상 5[m]까지로 감할 수 있다.

㉡ 철도 또는 궤도를 횡단하는 경우에는 레일면상 6.5[m] 이상으로 한다.

㉢ 횡단보도교의 위에 시설하는 경우에는 그 노면상 5[m] 이상으로 한다(단, 다음 중 하나에 해당하는 경우에는 제외).
  • 저압 또는 고압의 가공전선로의 지지물에 시설하는 통신선 또는 이에 직접 접속하는 가공통신선을 노면상 3.5[m](통신선이 절연전선과 동등 이상의 절연효력이 있는 것인 경우에는 3[m]) 이상으로 하는 경우
  • 특고압 전선로의 지지물에 시설하는 통신선 또는 이에 직접 접속하는 가공통신선으로서 광섬유 케이블을 사용하는 것을 그 노면상 4[m] 이상으로 하는 경우

**[상]** 제3장 고압 · 특고압 전기설비

**13** 전력보안통신설비의 조가선은 단면적 몇 [mm$^2$] 이상의 아연도강연선을 사용하여야 하는가?

① 16  ② 38
③ 50  ④ 55

**[해설]** 조가선 시설기준(KEC 362.3)

조가선은 단면적 38[mm$^2$] 이상의 아연도강연선을 사용할 것

**[중]** 제2장 저압 전기설비

**14** 가요전선관 및 부속품의 시설에 대한 내용이다. 다음 (  )에 들어갈 내용으로 옳은 것은?

> 1종 금속제 가요전선관에는 단면적 (  ) [mm$^2$] 이상의 나연동선을 전체 길이에 걸쳐 삽입 또는 첨가하여 그 나연동선과 1종 금속제 가요전선관을 양쪽 끝에서 전기적으로 완전하게 접속할 것 다만, 관의 길이가 4[m] 이하인 것을 시설하는 경우에는 그러하지 아니하다.

① 0.75  ② 1.5
③ 2.5  ④ 4

**[해설]** 가요전선관 및 부속품의 시설(KEC 232.13.3)

1종 금속제 가요전선관에는 단면적 2.5[mm$^2$] 이상의 나연동선을 전체 길이에 걸쳐 삽입 또는 첨가하여 그 나연동선과 1종 금속제 가요전선관을 양쪽 끝에서 전기적으로 완전하게 접속할 것 다만, 관의 길이가 4[m] 이하인 것을 시설하는 경우에는 그러하지 아니하다.

**[상]** 제3장 고압 · 특고압 전기설비

**15** 사용전압이 154[kV]인 전선로를 제1종 특고압 보안공사로 시설할 경우, 여기에 사용되는 경동연선의 단면적은 몇 [mm$^2$] 이상이어야 하는가?

① 100  ② 125
③ 150  ④ 200

**[해설]** 특고압 보안공사(KEC 333.22)

제1종 특고압 보안공사는 다음에 따라 시설할 것
㉠ 35[kV] 넘는 특고압 가공전선로가 건조물 등과 제2차 접근상태로 시설되는 경우에 적용

㉡ 전선의 굵기
• 100[kV] 미만 : 인장강도 21.67[kN] 이상, 55[mm$^2$] 이상의 경동연선일 것
• 100[kV] 이상 300[kV] 미만 : 인장강도 58.84[kN] 이상, 150[mm$^2$] 이상의 경동연선일 것
• 300[kV] 이상 : 인장강도 77.47[kN] 이상, 200[mm$^2$] 이상의 경동연선일 것

**[하]** 제2장 저압 전기설비

**16** 사용전압이 400[V] 이하인 저압 옥측전선로를 애자공사에 의해 시설하는 경우 전선 상호 간의 간격은 몇 [m] 이상이어야 하는가? (단, 비나 이슬에 젖지 않는 장소에 사람이 쉽게 접촉될 우려가 없도록 시설한 경우이다.)

① 0.025  ② 0.045
③ 0.06  ④ 0.12

**[해설]** 옥측전선로(KEC 221.2)

전선 상호 간의 간격 및 전선과 그 저압 옥측전선로를 시설하는 조영재 사이의 이격거리

| 시설장소 | 전선 상호 간의 간격 | | 전선과 조영재 사이의 이격거리 | |
|---|---|---|---|---|
| | 사용전압이 400[V] 이하인 경우 | 사용전압이 400[V] 초과인 경우 | 사용전압이 400[V] 이하인 경우 | 사용전압이 400[V] 초과인 경우 |
| 비나 이슬에 젖지 않는 장소 | 0.06[m] | 0.06[m] | 0.025[m] | 0.025[m] |
| 비나 이슬에 젖는 장소 | 0.06[m] | 0.12[m] | 0.025[m] | 0.045[m] |

**[상]** 제3장 고압 · 특고압 전기설비

**17** 지중전선로는 기설 지중약전류전선로에 대하여 통신상의 장해를 주지 않도록 기설 약전류전선로로부터 충분히 이격시키거나 기타 적당한 방법으로 시설하여야 한다. 이때 통신상의 장해가 발생하는 원인으로 옳은 것은?

① 충전전류 또는 표피작용
② 충전전류 또는 유도작용
③ 누설전류 또는 표피작용
④ 누설전류 또는 유도작용

**[정답]** 13. ②  14. ③  15. ③  16. ③  17. ④

**해설** 지중약전류전선의 유도장해방지(KEC 334.5)

지중전선로는 기설 지중약전류전선로에 대하여 누설전류 또는 유도작용에 의하여 통신상의 장해를 주지 않도록 기설 약전류전선로로부터 충분히 이격시키거나 기타 적당한 방법으로 시설하여야 한다.

**중** 제1장 공통사항

**18** 최대사용전압이 10.5[kV]를 초과하는 교류의 회전기 절연내력을 시험하고자 한다. 이때 시험전압은 최대사용전압의 몇 배의 전압으로 하여야 하는가? (단, 회전변류기는 제외한다.)

① 1
② 1.1
③ 1.25
④ 1.5

**해설** 회전기 및 정류기의 절연내력(KEC 133)

| 종류 | | | 시험전압 | 시험방법 |
|---|---|---|---|---|
| 회전기 | 발전기 · 전동기 · 조상기 · 기타 회전기 (회전변류기를 제외한다) | 최대사용전압 7[kV] 이하 | 최대사용전압의 1.5배의 전압(500[V] 미만으로 되는 경우에는 500[V]) | 권선과 대지 사이에 연속하여 10분간 가한다. |
| | | 최대사용전압 7[kV] 초과 | 최대사용전압의 1.25배의 전압(10.5[kV] 미만으로 되는 경우에는 10.5[kV]) | |
| | 회전변류기 | | 직류측의 최대사용전압의 1배의 교류전압 (500[V] 미만으로 되는 경우에는 500[V]) | |
| 정류기 | 최대사용전압 60[kV] 이하 | | 직류측의 최대사용전압의 1배의 교류전압 (500[V] 미만으로 되는 경우에는 500[V]) | 충전부분과 외함 간에 연속하여 10분간 가한다. |
| | 최대사용전압 60[kV] 초과 | | 교류측의 최대사용전압의 1.1배의 교류전압 또는 직류측의 최대사용전압의 1.1배의 직류전압 | 교류측 및 직류 고전압측 단자와 대지 사이에 연속하여 10분간 가한다. |

**상** 제2장 저압 전기설비

**19** 폭연성 분진 또는 화약류의 분말에 전기설비가 발화원이 되어 폭발할 우려가 있는 곳에 시설하는 저압 옥내배선의 공사방법으로 옳은 것은? (단, 사용전압이 400[V] 초과인 방전등을 제외한 경우이다.)

① 금속관공사
② 애자사용공사
③ 합성수지관공사
④ 캡타이어 케이블공사

**해설** 분진 위험장소(KEC 242.2)

㉠ 폭연성 분진(마그네슘 · 알루미늄 · 티탄 등)이 발화원이 되어 폭발할 우려가 있는 곳에 시설하는 저압 옥내 전기설비 → 금속관공사, 케이블공사(캡타이어케이블은 제외)

㉡ 가연성 분진(소맥분 · 전분 · 유황 등)이 발화원이 되어 폭발할 우려가 있는 곳에 시설하는 저압 옥내 전기설비 → 금속관공사, 케이블공사, 합성수지관공사(두께 2[mm] 미만은 제외)

**중** 제2장 저압 전기설비

**20** 과전류차단기로 저압전로에 사용하는 범용의 퓨즈(「전기용품 및 생활용품 안전관리법」에서 규정하는 것을 제외한다)의 정격전류가 16[A]인 경우 용단전류는 정격전류의 몇 배인가? [단, 퓨즈(gG)인 경우이다.]

① 1.25          ② 1.5
③ 1.6           ④ 1.9

**해설** 보호장치의 특성(KEC 212.3.4)

과전류차단기로 저압전로에 사용하는 범용의 퓨즈는 다음표에 적합한 것이어야 한다.

| 정격전류의 구분 | 시간 | 정격전류의 배수 | |
|---|---|---|---|
| | | 불용단전류 | 용단전류 |
| 4[A] 이하 | 60분 | 1.5배 | 2.1배 |
| 4[A] 초과 16[A] 미만 | 60분 | 1.5배 | 1.9배 |
| 16[A] 이상 63[A] 이하 | 60분 | 1.25배 | 1.6배 |
| 63[A] 초과 160[A] 이하 | 120분 | | |
| 160[A] 초과 400[A] 이하 | 180분 | | |
| 400[A] 초과 | 240분 | | |

상 제1장 공통사항

**01** 피뢰레벨을 선정하는 과정에서 위험물의 제조소 · 저장소 및 처리장의 피뢰시스템은 몇 등급 이상으로 해야 하는가?

① Ⅰ등급 이상　　② Ⅱ등급 이상
③ Ⅲ등급 이상　　④ Ⅳ등급 이상

**해설** 피뢰시스템 등급선정(KEC 151.3)

위험물의 제조소 등에 설치하는 피뢰시스템은 Ⅱ등급 이상으로 하여야 한다.

하 제5장 분산형 전원설비

**02** 전기저장장치의 이차전지에서 자동으로 전로로부터 차단하는 장치를 시설해야 하는 경우가 아닌 것은?

① 과전압 또는 과전류가 발생한 경우
② 제어장치에 이상이 발생한 경우
③ 전압 및 전류가 낮아지는 경우
④ 이차전지 모듈의 내부 온도가 급격히 상승할 경우

**해설** 제어 및 보호장치(KEC 512.2.2)

전기저장장치의 이차전지는 다음에 따라 자동으로 전로로부터 차단하는 장치를 시설하여야 한다.
㉠ 과전압 또는 과전류가 발생한 경우
㉡ 제어장치에 이상이 발생한 경우
㉢ 이차전지 모듈의 내부 온도가 급격히 상승할 경우

하 제3장 고압 · 특고압 전기설비

**03** 35[kV] 이하의 특고압 가공전선이 건조물과 제1차 접근상태로 시설되는 경우의 이격거리는 일반적인 경우 몇 [m] 이상이어야 하는가?

① 3　　　　　　② 3.5
③ 4　　　　　　④ 4.5

**해설** 특고압 가공전선과 건조물의 접근
(KEC 333.23)

특고압 가공전선이 건조물과 제1차 접근상태로 시설되는 경우에는 다음에 따라 시설할 것

㉠ 특고압 가공전선로는 제3종 특고압 보안공사에 의할 것
㉡ 35[kV] 이하인 특고압 가공전선과 건조물의 조영재 이격거리는 다음의 이상일 것

| 건조물과 조영재의 구분 | 전선종류 | 접근형태 | 이격거리 |
|---|---|---|---|
| 상부 조영재 | 특고압 절연전선 | 위쪽 | 2.5[m] |
| | | 옆쪽 또는 아래쪽 | 1.5[m](사람의 접촉 우려가 적을 경우 1[m]) |
| | 케이블 | 위쪽 | 1.2[m] |
| | | 옆쪽 또는 아래쪽 | 0.5[m] |
| | 기타 전선 | | 3[m] |
| 기타 조영재 | 특고압 절연전선 | | 1.5[m](사람의 접촉 우려가 적을 경우 1[m]) |
| | 케이블 | | 0.5[m] |
| | 기타 전선 | | 3[m] |

※ 35[kV]를 초과하는 경우 10[kV] 단수마다 15[cm] 가산할 것

중 제4장 전기철도설비

**04** 전기철도차량에 사용할 전기를 변전소로부터 전차선에 공급하는 전선은 어느 것인가?

① 급전선　　　　② 중성선
③ 분기선　　　　④ 배전선

**해설** 전기철도의 용어 정의(KEC 402)

급전선은 전기철도차량에 사용할 전기를 변전소로부터 전차선에 공급하는 전선을 말한다.
[참고] 2023.12.14. 개정 시 삭제됨

상 제3장 고압 · 특고압 전기설비

**05** 154[kV] 가공전선로를 제1종 특고압 보안공사에 의하여 시설하는 경우 사용전선은 인장강도 58.84[kN] 이상의 연선 또는 단면적 몇 [mm²] 이상의 경동연선이어야 하는가?

① 100　　　　　② 125
③ 150　　　　　④ 200

**해설 특고압 보안공사(KEC 333.22)**

제1종 특고압 보안공사는 다음에 따라 시설함
㉠ 100[kV] 미만 : 인장강도 21.67[kN] 이상, 55[mm²]
  이상의 경동연선.
㉡ 100[kV] 이상 300[kV] 미만 : 인장강도 58.84[kN]
  이상, 150[mm²] 이상의 경동연선
㉢ 300[kV] 이상 : 인장강도 77.47[kN] 이상, 200
  [mm²] 이상의 경동연선

---

**상** **제1장 공통사항**

**06** 중앙급전 전원과 구분되는 것으로서 전력소
비지역 부근에 분산하여 배치 가능한 전원을
말하며 사용전원의 정전 시에만 사용하는 비
상용 예비전원은 제외하고 신·재생에너지
발전설비, 전기저장장치 등을 포함하는 설비
를 무엇이라 하는가?

① 급전소　　　　　② 발전소
③ 분산형전원　　　④ 개폐소

**해설 용어 정의(KEC 112)**

㉠ 급전소 : 전력계통의 운용에 관한 지시 및 급전조
  작을 하는 곳을 말한다.
㉡ 발전소 : 발전기·원동기·연료전지·태양전지·
  해양에너지발전설비·전기저장장치 그 밖의 기계
  기구를 시설하여 전기를 생산하는 곳을 말한다.
㉢ 개폐소 : 개폐기 및 기타 장치에 의하여 전로를 개
  폐하는 곳으로서 발전소·변전소 및 수용장소 이외
  의 곳을 말한다.

---

**중** **제2장 저압 전기설비**

**07** 저압 연접인입선은 인입선에서 분기하는 점
으로부터 몇 [m]를 초과하는 지역에 미치지
않도록 시설하여야 하는가?

① 60　　　　　② 80
③ 100　　　　④ 120

**해설 연접인입선의 시설(KEC 221.1.2)**

저압 연접이웃 연결인입선은 다음에 따라 시설하여야 한다
㉠ 인입선에서 분기하는 점으로부터 100[m]를 초과
  하는 지역에 미치지 아니할 것
㉡ 폭 5[m]를 초과하는 도로를 횡단하지 아니할 것
㉢ 옥내를 통과하지 아니할 것

---

**상** **제2장 저압 전기설비**

**08** 금속관공사를 콘크리트에 매설하여 시행하는
경우 관의 두께는 몇 [mm] 이상이어야 하는가?

① 1.0　　　　　② 1.2
③ 1.4　　　　　④ 1.6

**해설 금속관공사(KEC 232.12)**

㉠ 전선은 절연전선을 사용(옥외용 비닐절연전선은 사
  용불가)
㉡ 전선은 연선일 것 다만, 다음의 것은 적용하지 않음
  • 짧고 가는 금속관에 넣은 것
  • 단면적 10[mm²](알루미늄선은 단면적 16[mm²])
    이하의 것
㉢ 전선은 금속관 안에서 접속점이 없도록 할 것
㉣ 관 두께는 콘크리트에 매입하는 것은 1.2[mm] 이상
  기타 경우 1[mm] 이상으로 할 것

---

**상** **제1장 공통사항**

**09** 저압전로의 절연성능에서 SELV, PELV 전
로에서 절연저항은 얼마 이상이어야 하는가?

① 0.1[MΩ]　　　② 0.3[MΩ]
③ 0.5[MΩ]　　　④ 1.0[MΩ]

**해설 저압전로의 절연성능(기술기준 제52조)**

| 전로의 사용전압[V] | DC시험전압[V] | 절연저항[MΩ] |
|---|---|---|
| SELV 및 PELV | 250 | 0.5 |
| FELV, 500[V] 이하 | 500 | 1.0 |
| 500[V] 초과 | 1,000 | 1.0 |

---

**중** **제3장 고압·특고압 전기설비**

**10** 스러스트 베어링의 온도가 현저히 상승하는
경우 자동적으로 이를 전로로부터 차단하는
장치를 시설하여야 하는 수차발전기의 용량
은 최소 몇 [kVA] 이상인 것인가?

① 500　　　　　② 1000
③ 1500　　　　④ 2000

**해설 발전기 등의 보호장치(KEC 351.3)**

발전기의 운전 중에 용량이 2000[kVA] 이상의 수차발전
기는 스러스트 베어링의 온도가 현저하게 상승하는 경우
자동차단장치를 동작시켜 발전기를 보호하여야 한다.

---

**상** **제3장 고압·특고압 전기설비**

**11** 건조한 장소로서 전개된 장소에 고압 옥내
배선을 할 수 있는 것은?

① 애자사용공사　　② 합성수지관공사
③ 금속관공사　　　④ 가요전선관공사

**해설** 고압 옥내배선 등의 시설(KEC 342.1)

고압 옥내배선은 다음에 의하여 시설한다.
㉠ 애자사용배선(건조한 장소로서 전개된 장소에 한한다)
㉡ 케이블배선
㉢ 케이블트레이배선

---

**하** 제3장 고압·특고압 전기설비

**12** 통신선과 특고압 가공전선 사이의 이격거리는 몇 [m] 이상이어야 하는가? (단, 특고압 가공전선로의 다중 접지를 한 중성선은 제외한다.)

① 0.8  ② 1
③ 1.2  ④ 1.4

**해설** 전력보안통신선의 시설 높이와 이격거리
(KEC 362.2)

통신선과 특고압 가공전선 사이의 이격거리는 1.2[m] 이상일 것. 다만, 특고압 가공전선이 케이블인 경우에 통신선이 절연전선과 동등 이상의 절연성능이 있는 것인 경우에는 0.3[m] 이상으로 할 수 있다.

---

**하** 제3장 고압·특고압 전기설비

**13** 터널 안 전선로의 시설방법으로 옳은 것은?

① 저압 전선은 지름 2.6[mm]의 경동선의 절연전선을 사용하였다.
② 고압 전선은 절연전선을 사용하여 합성수지관공사로 하였다.
③ 저압 전선을 애자사용공사에 의하여 시설하고 이를 레일면상 또는 노면상 2.2[m]의 높이로 시설하였다.
④ 고압 전선을 금속관공사에 의하여 시설하고 이를 레일면상 또는 노면상 2.4[m]의 높이로 시설하였다.

**해설** 터널 안 전선로의 시설(KEC 335.1)

| 구분 | 전선의 굵기 | 레일면 또는 노면상 높이 | 사용공사의 종류 |
|---|---|---|---|
| 저압 | 2.6[mm] 이상 (인장강도 2.30[kN]) | 2.5[m] 이상 | 케이블·금속관·합성수지관·금속제 가요전선관·애자사용공사 |
| 고압 | 4.0[mm] 이상 (인장강도 5.26[kN]) | 3[m] 이상 | 케이블공사·애자사용공사 |

---

**상** 제3장 고압·특고압 전기설비

**14** 154[kV] 특고압 가공전선로를 시가지에 경동연선으로 시설할 경우 단면적은 몇 [mm²] 이상을 사용하여야 하는가?

① 100
② 150
③ 200
④ 250

**해설** 시가지 등에서 특고압 가공전선로의 시설
(KEC 333.1)

특고압 가공전선 시가지 시설제한의 전선 굵기는 다음과 같다.
㉠ 100[kV] 미만은 55[mm²] 이상의 경동연선 또는 알루미늄이나 절연전선
㉡ 100[kV] 이상은 150[mm²] 이상의 경동연선 또는 알루미늄이나 절연전선

---

**상** 제2장 저압 전기설비

**15** 전자개폐기의 조작회로 또는 초인벨, 경보벨용에 접속하는 전로로서, 최대사용전압이 몇 [V] 이하인 것을 소세력회로라 하는가?

① 60  ② 80
③ 100  ④ 150

**해설** 소세력회로(KEC 241.14)

전자개폐기의 조작회로 또는 초인벨·경보벨 등에 접속하는 전로로서 최대사용전압이 60[V] 이하이다.

---

**상** 제2장 저압 전기설비

**16** 케이블트레이공사에 사용되는 케이블트레이는 수용된 모든 전선을 지지할 수 있는 적합한 강도의 것으로서, 이 경우 케이블트레이의 안전율은 얼마 이상으로 하여야 하는가?

① 1.1  ② 1.2
③ 1.3  ④ 1.5

**해설** 케이블트레이공사(KEC 232.41)

수용된 모든 전선을 지지할 수 있는 적합한 강도의 것이어야 한다. 이 경우 케이블트레이의 안전율은 1.5 이상으로 하여야 한다.

---

**중** 제2장 저압 전기설비

**17** 의료장소의 전로에는 누전차단기를 설치하여야 하는데 이를 생략할 수 있는 조명기구의 설치 높이는 얼마인가?

① 0.5[m] 초과
② 1.0[m] 초과
③ 1.5[m] 초과
④ 2.5[m] 초과

**해설** 의료장소의 안전을 위한 보호설비 (KEC 242.10.3)

의료장소의 전로에는 정격감도전류 30[mA] 이하, 동작시간 0.03초 이내의 누전차단기를 설치할 것. 다만, 다음의 경우는 그러하지 아니하다.
㉠ 의료 IT 계통의 전로
㉡ TT 계통 또는 TN 계통에서 전원자동차단에 의한 보호가 의료행위에 중대한 지장을 초래할 우려가 있는 회로에 누전경보기를 시설하는 경우
㉢ 의료장소의 바닥으로부터 2.5[m]를 초과하는 높이에 설치된 조명기구의 전원회로
㉣ 건조한 장소에 설치하는 의료용 전기기기의 전원회로

**중** 제5장 분산형 전원설비

**18** 태양전지 모듈의 시설에 대한 설명으로 옳은 것은?

① 충전부분은 노출하여 시설할 것
② 출력배선은 극성별로 확인 가능하도록 표시할 것
③ 전선은 공칭단면적 1.5[mm²] 이상의 연동선을 사용할 것
④ 전선을 옥내에 시설할 경우에는 애자사용공사에 준하여 시설할 것

**해설** 태양광발전설비(KEC 520)

㉠ 태양전지 모듈, 전선, 개폐기 및 기타 기구는 충전부분이 노출되지 않도록 시설할 것
㉡ 모듈의 출력배선은 극성별로 확인할 수 있도록 표시할 것
㉢ 전선은 공칭단면적 2.5[mm²] 이상의 연동선 또는 이와 동등 이상의 세기 및 굵기의 것일 것
㉣ 배선설비공사는 옥내에 시설할 경우에는 합성수지관공사, 금속관공사, 금속제 가요전선관공사, 케이블공사에 준하여 시설할 것

**상** 제2장 저압 전기설비

**19** 버스덕트공사에 대한 설명 중 옳은 것은?

① 버스덕트 끝부분을 개방할 것
② 덕트를 수직으로 붙이는 경우 지지점 간 거리는 12[m] 이하로 할 것
③ 덕트를 조영재에 붙이는 경우 덕트의 지지점 간 거리는 6[m] 이하로 할 것
④ 덕트는 접지공사를 할 것

**해설** 버스덕트공사(KEC 232.61)

㉠ 덕트 및 전선 상호 간은 견고하고 또한 전기적으로 완전하게 접속할 것
㉡ 덕트의 지지점 간의 거리를 3[m] 이하로 할 것(취급자 이외의 자가 출입할 수 없는 곳에서 수직으로 시설할 경우 6[m] 이하)
㉢ 덕트의 끝부분은 막을 것(환기형의 것을 제외)
㉣ 덕트의 내부에 먼지가 침입하지 아니하도록 할 것(환기형의 것은 제외)
㉤ 덕트는 접지공사를 할 것
㉥ 습기 또는 물기가 있는 장소에 시설하는 경우 옥외용 버스덕트를 사용하고 버스덕트 내부에 물이 침입하여 고이지 아니하도록 할 것

**상** 제3장 고압·특고압 전기설비

**20** 지지물이 A종 철근콘크리트주일 때 고압 가공전선로의 경간은 몇 [m] 이하인가?

① 150
② 200
③ 250
④ 300

**해설** 고압 가공전선로 경간의 제한(KEC 332.9)

고압 가공전선로의 경간은 다음에서 정한 값 이하이어야 한다.

| 지지물의 종류 | 표준경간 |
| --- | --- |
| 목주·A종 철주 또는 A종 철근콘크리트주 | 150[m] |
| B종 철주 또는 B종 철근콘크리트주 | 250[m] |
| 철탑 | 600[m] |

**정답** 17. ④  18. ②  19. ④  20. ①

# 2022년 제3회 전기기사 CBT 기출복원문제

**01** 연료전지설비에서 연료전지를 자동적으로 전로에서 차단하고 연료전지에 연료가스 공급을 자동적으로 차단하며, 연료전지 내의 연료가스를 자동적으로 배기하는 장치를 시설해야 하는 경우에 해당되지 않는 것은?

① 연료전지에 저전류가 생긴 경우
② 발전요소(發電要素)의 발전전압에 이상이 생겼을 경우
③ 연료가스 출구에서의 산소농도 또는 공기 출구에서의 연료가스 농도가 현저히 상승한 경우
④ 연료전지의 온도가 현저하게 상승한 경우

**해설** 연료전지설비의 보호장치(KEC 542.2.1)

연료전지는 다음의 경우에 자동적으로 이를 전로에서 차단하고 연료전지에 연료가스 공급을 자동적으로 차단하며 연료전지 내의 연료가스를 자동적으로 배기하는 장치를 시설할 것
㉠ 연료전지에 과전류가 생긴 경우
㉡ 발전요소의 발전전압에 이상이 생겼을 경우 또는 연료가스 출구에서의 산소농도 또는 공기 출구에서의 연료가스 농도가 현저히 상승한 경우
㉢ 연료전지의 온도가 현저하게 상승한 경우

**02** 태양광설비에서 전력변환장치의 시설부분 중 잘못된 것은?

① 옥외에 시설하는 경우 방수등급은 IPX4 이상으로 할 것
② 인버터는 실내 · 실외용을 구분할 것
③ 각 직렬군의 태양전지 개방전압은 인버터 입력전압 범위 이내일 것
④ 태양광설비에는 외부피뢰시스템을 설치하지 않을 것

**해설** 태양광설비의 전력변환장치의 시설 (KEC 522.2.2)

㉠ 인버터는 실내 · 실외용을 구분할 것
㉡ 각 직렬군의 태양전지 개방전압은 인버터 입력전압 범위 이내일 것
㉢ 옥외에 시설하는 경우 방수등급은 IPX4 이상일 것

**03** 풍력발전설비의 접지설비에서 고려해야 할 것은?

① 타워기초를 이용한 통합접지공사를 할 것
② 공통접지를 할 것
③ IT접지계통을 적용하여 인체에 감전사고가 없도록 할 것
④ 단독접지를 적용하여 전위차가 없도록 할 것

**해설** 풍력발전설비의 접지설비(KEC 532.3.4)

접지설비는 풍력발전설비 타워기초를 이용한 통합접지공사를 하여야 하며, 설비 사이의 전위차가 없도록 등전위본딩을 하여야 한다.

**04** 지중전선로의 시설에서 관로식에 의하여 시설하는 경우 매설깊이는 몇 [m] 이상으로 하여야 하는가? (단, 중량물의 압력을 받을 우려가 있는 경우)

① 0.6  ② 1.0
③ 1.2  ④ 1.5

**해설** 지중전선로의 시설(KEC 334.1)

㉠ 관로식의 경우 케이블 매설깊이
 • 차량, 기타 중량물에 의한 압력을 받을 우려가 있는 장소 : 1.0[m] 이상
 • 기타 장소 : 0.6[m] 이상
㉡ 직접 매설식의 경우 케이블 매설깊이
 • 차량, 기타 중량물에 의한 압력을 받을 우려가 있는 장소 : 1.0[m] 이상
 • 기타 장소 : 0.6[m] 이상

**하** 제4장 전기철도시설

**05** 전기철도의 변전방식에서 변전소 설비에 대한 내용 중 옳지 않은 것은?

① 급전용 변압기에서 직류 전기철도는 3상 정류기용 변압기로 해야 한다.
② 제어용 교류전원은 상용과 예비의 2계통으로 구성한다.
③ 제어반의 경우 디지털계전기방식을 원칙으로 한다.
④ 제어반의 경우 아날로그계전기방식을 원칙으로 한다.

**해설** 전기철도의 변전소 설비(KEC 421.4)

㉠ 급전용 변압기는 직류 전기철도의 경우 3상 정류기용 변압기, 교류 전기철도의 경우 3상 스코트결선 변압기의 적용을 원칙으로 하고, 급전계통에 적합하게 선정하여야 한다.
㉡ 제어용 교류전원은 상용과 예비의 2계통으로 구성하여야 한다.
㉢ 제어반의 경우 디지털계전기방식을 원칙으로 하여야 한다.

**중** 제2장 저압 전기설비

**06** 감전에 대한 보호에서 설비의 각 부분에 하나 이상의 보호대책을 적용하여야 하는 데 이에 속하지 않는 것은?

① 전원의 자동차단
② 단절연 및 저감절연
③ 한 개의 전기사용기기에 전기를 공급하기 위한 전기적 분리
④ SELV와 PELV에 의한 특별저압

**해설** 감전에 대한 보호대책 일반 요구사항 (KEC 211.1.2)

설비의 각 부분에서 하나 이상의 보호대책은 외부영향의 조건을 고려하여 적용하여야 한다.
㉠ 전원의 자동차단
㉡ 이중절연 또는 강화절연
㉢ 한 개의 전기사용기기에 전기를 공급하기 위한 전기적 분리
㉣ SELV와 PELV에 의한 특별저압

**하** 제2장 저압 전기설비

**07** 저압 가공전선이 가공약전류전선과 접근하여 시설될 때 저압 가공전선과 가공약전류전선 사이의 이격거리는 몇 [cm] 이상이어야 하는가?

① 30
② 40
③ 50
④ 60

**해설** 저압 가공전선과 가공약전류전선 등의 접근 또는 교차(KEC 222.13)

| 가공전선의 종류 | 이격거리 |
| --- | --- |
| 저압 가공전선 | 0.6[m]<br>(절연전선 또는 케이블인 경우에는 0.3[m]) |
| 고압 가공전선 | 0.8[m]<br>(전선이 케이블인 경우에는 0.4[m]) |

**상** 제1장 공통사항

**08** 저압전로의 절연성능에서 전로의 사용전압이 500[V] 초과 시 절연저항은 몇 [MΩ] 이상인가?

① 0.1
② 0.2
③ 0.5
④ 1.0

**해설** 저압전로의 절연성능(기술기준 제52조)

| 전로의 사용전압[V] | DC시험전압[V] | 절연저항[MΩ] |
| --- | --- | --- |
| SELV 및 PELV | 250 | 0.5 |
| FELV, 500[V] 이하 | 500 | 1.0 |
| 500[V] 초과 | 1000 | 1.0 |

**상** 제3장 고압 · 특고압 전기설비

**09** 사용전압이 35[kV] 이하인 특고압 가공전선과 가공약전류전선 등을 동일 지지물에 시설하는 경우, 특고압 가공전선로는 어떤 종류의 보안공사를 하여야 하는가?

① 제1종 특고압 보안공사
② 제2종 특고압 보안공사
③ 제3종 특고압 보안공사
④ 고압 보안공사

🔎 해설 **특고압 가공전선과 가공약전류전선 등의 공용설치(KEC 333.19)**

㉠ 특고압 가공전선로는 제2종 특고압 보안공사에 의할 것

㉡ 특고압 가공전선은 가공약전류전선 등의 위로 하고, 별개의 완금류에 시설할 것

㉢ 특고압 가공전선은 케이블인 경우 이외에는 인장강도 21.67[kN] 이상의 연선 또는 단면적이 50[mm$^2$] 이상인 경동연선일 것

㉣ 특고압 가공전선과 가공약전류전선 등 사이의 이격거리는 2[m] 이상으로 할 것. 다만, 특고압 가공전선이 케이블인 경우에는 0.5[m]까지 감할 수 있다.

---

상 제3장 고압 · 특고압 전기설비

**10** 발전소, 변전소, 개폐소 또는 이에 준하는 곳 이외에 시설하는 특고압 옥외배전용 변압기를 시가지 외에서 옥외에 시설하는 경우 변압기의 1차 전압은 특별한 경우를 제외하고 몇 [V] 이하이어야 하는가?

① 10000　　　② 25000
③ 35000　　　④ 50000

🔎 해설 **특고압 배전용 변압기의 시설(KEC 341.2)**

㉠ 변압기의 1차 전압은 35[kV] 이하, 2차 전압은 저압 또는 고압일 것

㉡ 변압기의 특고압측에 개폐기 및 과전류차단기를 시설할 것

㉢ 변압기의 2차측이 고압인 경우에는 개폐기를 시설하고 지상에서 쉽게 개폐할 수 있도록 시설할 것

㉣ 특고압측과 고압측에는 피뢰기를 시설할 것

---

상 제3장 고압 · 특고압 전기설비

**11** 뱅크용량이 20000[kVA]인 전력용 콘덴서에 자동적으로 이를 전로로부터 차단하는 보호장치를 하려고 한다. 다음 중 반드시 시설하여야 할 보호장치가 아닌 것은?

① 내부에 고장이 생긴 경우에 동작하는 장치
② 절연유의 압력이 변화할 때 동작하는 장치
③ 과전류가 생긴 경우에 동작하는 장치
④ 과전압이 생긴 경우에 동작하는 장치

---

🔎 해설 **조상설비의 보호장치(KEC 351.5)**

조상설비에는 그 내부에 고장이 생긴 경우에 보호하는 장치를 시설하여야 한다.

| 설비종별 | 뱅크용량의 구분 | 자동적으로 전로로부터 차단하는 장치 |
|---|---|---|
| 전력용 커패시터 및 분로리액터 | 500[kVA] 초과 15000[kVA] 미만 | 내부고장 및 과전류 발생 시 보호장치 |
| | 15000[kVA] 이상 | 내부고장 및 과전류 · 과전압 발생 시 보호장치 |
| 조상기 | 15000[kVA] 이상 | 내부고장 시 보호장치 |

---

중 제3장 고압 · 특고압 전기설비

**12** 다음 중 이상 시 상정하중에 속하는 것은 어느 것인가?

① 각도주에 있어서의 수평 횡하중
② 전선배치가 비대칭으로 인한 수직편심하중
③ 전선 절단에 의하여 생기는 압력에 의한 하중
④ 전선로에 현저한 수직각도가 있는 경우의 수직하중

🔎 해설 **이상 시 상정하중(KEC 333.14)**

철탑의 강도 계산에 사용하는 이상 시 상정하중은 풍압이 전선로에 직각방향으로 가해지는 경우의 하중과 전선로의 방향으로 가해지는 경우의 하중을 전선 및 가섭선의 절단으로 인한 불평균하중을 계산하여 각 부재에 대한 이들의 하중 중 그 부재에 큰 응력이 생기는 쪽의 하중을 채택하는 것으로 한다.

---

중 제2장 저압 전기설비

**13** 옥내의 네온방전등 공사 방법으로 옳은 것은?

① 방전등용 변압기는 절연변압기일 것
② 관등회로의 배선은 점검할 수 없는 은폐장소에 시설할 것
③ 관등회로의 배선은 애자사용공사에 의할 것
④ 전선의 지지점 간의 거리는 2[m] 이하일 것

---

**[해설] 네온방전등(KEC 234.12)**

㉠ 사람이 쉽게 접촉할 우려가 없는 곳에 위험의 우려가 없도록 시설할 것

㉡ 배선은 전개된 장소 또는 점검할 수 있는 은폐된 장소에 시설할 것

㉢ 배선은 애자사용공사에 의하여 시설한다.
- 전선은 네온관용 전선을 사용할 것
- 전선지지점 간의 거리는 1[m] 이하로 할 것
- 전선 상호 간의 이격거리는 60[mm] 이상일 것

**상** 제2장 저압 전기설비

**14** 전기온상의 발열선의 온도는 몇 [℃]를 넘지 아니하도록 시설하여야 하는가?

① 70　　　　　② 80
③ 90　　　　　④ 100

**[해설] 전기온상 등(KEC 241.5)**

전기온상의 발열선은 그 온도가 80[℃]를 넘지 아니하도록 시설할 것

**상** 제2장 저압 전기설비

**15** 호텔 또는 여관의 각 객실의 입구등은 몇 분 이내에 소등되는 타임스위치를 시설하여야 하는가?

① 1　　　　　② 2
③ 3　　　　　④ 5

**[해설] 점멸기의 시설(KEC 234.6)**

다음의 경우에는 센서등(타임스위치 포함)을 시설하여야 한다.

㉠ 「관광진흥법」과 「공중위생관리법」에 의한 관광숙박업 또는 숙박업(여인숙업을 제외한다)에 이용되는 객실의 입구등은 1분 이내에 소등되는 것

㉡ 일반주택 및 아파트 각 호실의 현관등은 3분 이내에 소등되는 것

**하** 제2장 저압 전기설비

**16** 저압 옥측전선로의 시설로 잘못된 것은?

① 철골조 조영물에 버스덕트공사로 시설
② 목조 조영물에 합성수지관공사로 시설
③ 목조 조영물에 금속관공사로 시설
④ 전개된 장소에 애자사용공사로 시설

**[해설] 옥측전선로(KEC 221.2)**

저압 옥측전선로는 다음에 따라 시설하여야 한다.

㉠ 애자사용공사(전개된 장소에 한한다)

㉡ 합성수지관공사

㉢ 금속관공사(목조 이외의 조영물에 시설하는 경우에 한한다)

㉣ 버스덕트공사[목조 이외의 조영물(점검할 수 없는 은폐된 장소를 제외한다)에 시설하는 경우에 한한다]

㉤ 케이블공사(연피케이블, 알루미늄피케이블 또는 무기물절연(MI)케이블을 사용하는 경우에는 목조 이외의 조영물에 시설하는 경우에 한한다)

**중** 제2장 저압 전기설비

**17** 옥내배선의 사용전압이 400[V] 이하일 때 전광표시장치, 기타 이와 유사한 장치 또는 제어회로 등의 배선에 다심케이블을 시설하는 경우 배선의 단면적은 몇 [mm²] 이상인가?

① 0.75　　　　② 1.5
③ 1　　　　　④ 2.5

**[해설] 저압 옥내배선의 사용전선(KEC 231.3.1)**

㉠ 연동선 : 2.5[mm²] 이상

㉡ 전광표시장치, 기타 이와 유사한 장치 또는 제어회로 등에 사용하는 배선에 단면적 1.5[mm²] 이상의 연동선을 사용하고 이를 합성수지관공사 · 금속관공사 · 금속몰드공사 · 금속덕트공사 · 플로어덕트공사 또는 셀룰러덕트공사에 의하여 시설

㉢ 전광표시장치, 기타 이와 유사한 장치 또는 제어회로 등의 배선에 단면적 0.75[mm²] 이상인 다심케이블 또는 다심캡타이어케이블을 사용하고 또한 과전류가 생겼을 때 자동적으로 전로에서 차단하는 장치를 시설

**상** 제1장 공통사항

**18** 건축물 및 구조물을 낙뢰로부터 보호하기 위해 피뢰시스템을 지상으로부터 몇 [m] 이상인 곳에 적용해야 하는가?

① 10[m] 이상　　② 20[m] 이상
③ 30[m] 이상　　④ 40[m] 이상

**[해설] 피뢰시스템의 적용범위 및 구성(KEC 151)**

**피뢰시스템이 적용되는 시설**

㉠ 전기전자설비가 설치된 건축물 · 구조물로서 낙뢰로부터 보호가 필요한 것 또는 지상으로부터 높이가 20[m] 이상인 것

㉡ 전기설비 및 전자설비 중 낙뢰로부터 보호가 필요한 설비

**상** 제2장 저압 전기설비

**19** 계통 전체에 대해 중성선과 보호도체의 기능을 동일도체로 겸용한 PEN 도체를 사용하거나, 배전계통에서 PEN 도체를 추가로 접지할 수 있는 접지 계통은?

① IT
② TT
③ TC
④ TN-C

**해설** TN 계통(KEC 203.2)

TN-C 계통은 그 계통 전체에 대해 중성선과 보호도체의 기능을 동일도체로 겸용한 PEN 도체를 사용한다. 배전계통에서 PEN 도체를 추가로 접지할 수 있다.

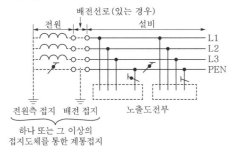

**상** 제1장 공통사항

**20** 최대사용전압이 154[kV]인 중성점 직접접지식 전로의 절연내력시험전압은 몇 [V]인가?

① 110880
② 141680
③ 169400
④ 192500

**해설** 전로의 절연저항 및 절연내력(KEC 132)

60[kV]를 초과하는 중성점 직접접지식일 때 시험전압은 최대사용전압의 0.72배를 가해야 한다.
시험전압 $E = 154000 \times 0.72 = 110880[V]$

**하** | 제2장 저압 전기설비

## 01 저압 옥측전선로의 시설로 잘못된 것은?

① 철골주 조영물에 버스덕트공사로 시설
② 합성수지관공사로 시설
③ 목조조영물에 금속관공사로 시설
④ 전개된 장소에 애자사용공사로 시설

**해설** 옥측전선로(KEC 221.2)

저압 옥측전선로는 다음에 따라 시설하여야 한다.
㉠ 애자사용공사(전개된 장소에 한한다.)
㉡ 합성수지관공사
㉢ 금속관공사(목조 이외의 조영물에 시설하는 경우에 한한다.)
㉣ 버스덕트공사[목조 이외의 조영물(점검할 수 없는 은폐된 장소를 제외)에 시설하는 경우에 한한다.]
㉤ 케이블공사[연피케이블, 알루미늄피케이블 또는 무기물절연(MI)케이블을 사용하는 경우에는 목조 이외의 조영물에 시설하는 경우에 한한다.)

**상** | 제3장 고압·특고압 전기설비

## 02 특고압 가공전선로에 사용되는 B종 철주 중 각도형은 전선로 중 최소 몇 도를 넘는 수평 각도를 이루는 곳에 사용되는가?

① 3
② 5
③ 8
④ 10

**해설** 특고압 가공전선로의 철주·철근콘크리트 주 또는 철탑의 종류(KEC 333.11)

각도형은 전선로 중 3도를 넘는 수평각도를 이루는 곳에 사용하는 것이다.

**상** | 제2장 저압 전기설비

## 03 전기온상 등의 시설에서 전기온상 등에 전기를 공급하는 전로의 대지전압은 몇 [V] 이하인가?

① 500
② 300
③ 600
④ 700

**해설** 전기온상 등(KEC 241.5)

㉠ 전기온상에 전기를 공급하는 전로의 대지전압은 300[V] 이하일 것

㉡ 발열선 및 발열선에 직접 접속하는 전선은 전기온상선일 것
㉢ 발열선은 그 온도가 80[℃]를 넘지 아니하도록 시설할 것

**상** | 제2장 저압 전기설비

## 04 사용전압이 400[V] 이하인 저압 가공전선은 케이블이나 절연전선인 경우를 제외하고 인장강도가 3.43[kN] 이상인 것 또는 지름 몇 [mm] 이상의 경동선이어야 하는가?

① 1.2
② 2.6
③ 3.2
④ 4.0

**해설** 저압 가공전선의 굵기 및 종류(KEC 222.5)

㉠ 저압 가공전선은 나전선(중성선 또는 다중접지된 접지측 전선으로 사용하는 전선), 절연전선, 다심형 전선 또는 케이블을 사용할 것
㉡ 사용전압이 400[V] 이하인 저압 가공전선
  • 지름 3.2[mm] 이상(인장강도 3.43[kN] 이상)
  • 절연전선인 경우는 지름 2.6[mm] 이상(인장강도 2.3[kN] 이상)
㉢ 사용전압이 400[V] 초과인 저압 가공전선
  • 시가지 : 지름 5[mm] 이상(인장강도 8.01[kN] 이상)
  • 시가지 외 : 지름 4[mm] 이상(인장강도 5.26[kN] 이상)
㉣ 사용전압이 400[V] 초과인 저압 가공전선에는 인입용 비닐절연전선을 사용하지 않을 것

**상** | 제3장 고압·특고압 전기설비

## 05 발전소나 변전소의 차단기에 사용하는 압축 공기장치에 대한 설명 중 틀린 것은?

① 공기압축기를 통하는 관은 용접에 의한 잔류응력이 생기지 않도록 할 것
② 주공기탱크에는 사용압력 1.5배 이상 3배 이하의 최고눈금이 있는 압력계를 시설할 것
③ 공기압축기는 최고사용압력의 1.5배 수압을 연속하여 10분간 가하여 시험하였을 때 이에 견디고 새지 아니할 것
④ 공기탱크는 사용압력에서 공기의 보급이 없는 상태로 차단기의 투입 및 차단을 연속하여 3회 이상 할 수 있는 용량을 가질 것

**해설 압축공기계통(KEC 341.15)**

㉠ 공기압축기는 최고사용압력에 1.5배의 수압(1.25배 기압)을 10분간 견디어야 한다.

㉡ 사용압력에서 공기의 보급이 없는 상태로 개폐기 또는 차단기의 투입 및 차단을 계속하여 1회 이상 할 수 있는 용량을 가지는 것이어야 한다.

㉢ 주공기탱크는 사용압력의 1.5배 이상 3배 이하의 최고눈금이 있는 압력계를 시설해야 한다.

**하** 제3장 고압·특고압 전기설비

**06** 전력보안 가공통신선을 횡단보도교의 위에 시설하는 경우에는 그 노면상 몇 [m] 이상의 높이에 시설하여야 하는가?

① 3.0　　　　② 3.5
③ 4.0　　　　④ 5.0

**해설 전력보안통신선의 시설 높이와 이격거리 (KEC 362.2)**

전력보안통신선의 지표상 높이는 다음과 같다.

㉠ 도로 위에 시설하는 경우에는 지표상 5[m] 이상(교통에 지장이 없을 경우 4.5[m] 이상)

㉡ 철도의 궤도를 횡단하는 경우에는 레일면상 6.5[m] 이상

㉢ 횡단보도교 위에 시설하는 경우에는 그 노면상 3[m] 이상

㉣ 위의 사항에 해당하지 않는 일반적인 경우 3.5[m] 이상

**상** 제1장 공통사항

**07** 전압을 구분하는 경우 교류에서 저압은 몇 [kV] 이하인가?

① 0.5[kV]　　　② 1[kV]
③ 1.5[kV]　　　④ 7[kV]

**해설 적용범위(KEC 111.1)**

전압의 구분은 다음과 같다.

㉠ 저압 : 교류는 1[kV] 이하, 직류는 1.5[kV] 이하인 것

㉡ 고압 : 교류는 1[kV]를, 직류는 1.5[kV]를 초과하고, 7[kV] 이하인 것

㉢ 특고압 : 7[kV]를 초과하는 것

**상** 제2장 저압 전기설비

**08** 의료장소의 안전을 위한 보호설비에서 누전차단기를 설치할 경우 정격감도전류 및 동작시간으로 맞는 것은?

① 정격감도전류 30[mA] 이하, 동작시간 0.03초 이내

② 정격감도전류 30[mA] 이하, 동작시간 0.3초 이내

③ 정격감도전류 50[mA] 이하, 동작시간 0.03초 이내

④ 정격감도전류 50[mA] 이하, 동작시간 0.3초 이내

**해설 의료장소의 안전을 위한 보호설비(KEC 242.10.3)**

의료장소의 전로에는 정격감도전류 30[mA] 이하, 동작시간 0.03초 이내의 누전차단기를 설치할 것

**중** 제5장 분산형 전원설비

**09** 전기저장장치의 시설에서 전기배선에 사용되는 전선의 굵기는 몇 [mm²] 이상이어야 하는가?

① 1.0　　　　② 1.5
③ 2.0　　　　④ 2.5

**해설 전기저장장치의 전기배선(KEC 512.1.1)**

전기배선 시 전선은 공칭단면적 2.5[mm²] 이상의 연동선 또는 이와 동등 이상의 세기 및 굵기의 것일 것

**상** 제2장 저압 전기설비

**10** 전원의 한 점을 직접 접지하고 설비의 노출도전부는 전원의 접지전극과 전기적으로 독립적인 접지극에 접속시키고 배전계통에서 PE도체를 추가로 접지할수 있는 계통은?

① TN　　　　② TT
③ IT　　　　④ TN－C

**해설 TT 계통(KEC 203.3)**

전원의 한 점을 직접 접지하고 설비의 노출도전부는 전원의 접지전극과 전기적으로 독립적인 접지극에 접속시킨다. 배전계통에서 PE 도체를 추가로 접지할 수 있다.

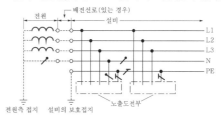

**정답** 06. ① 07. ② 08. ① 09. ④ 10. ②

**하** 제3장 고압 · 특고압 전기설비

**11** 지중통신선로시설에서 지중 공가설비로 사용하는 광섬유케이블 및 동축케이블의 굵기로 맞는 것은?

① 22[mm] 이하
② 38[mm] 이하
③ 55[mm] 이하
④ 100[mm] 이하

**해설** 지중통신선로설비시설(KEC 363.1)

지중 공가설비로 통신선에 사용하는 광섬유케이블 및 동축케이블은 지름 22[mm] 이하일 것

**하** 제3장 고압 · 특고압 전기설비

**12** 수상전선로를 시설하는 경우 알맞은 것은?

① 사용전압이 고압인 경우에는 3종 캡타이어케이블을 사용한다.
② 가공전선로의 전선과 접속하는 경우, 접속점이 육상에 있는 경우에는 지표상 4[m] 이상의 높이로 지지물에 견고하게 붙인다.
③ 가공전선로의 전선과 접속하는 경우, 접속점이 수면상에 있는 경우, 사용전압이 고압인 경우에는 수면상 5[m] 이상의 높이로 지지물에 견고하게 붙인다.
④ 고압 수상전선로에 지기가 생길 때를 대비하여 전로를 수동으로 차단하는 장치를 시설한다.

**해설** 수상전선로의 시설(KEC 335.3)

수상전선로를 시설하는 경우에는 그 사용전압은 저압 또는 고압인 것에 한하며 다음에 의하고 또한 위험의 우려가 없도록 시설하여야 한다.
㉠ 전선은 전선로의 사용전압이 저압인 경우에는 클로로프렌 캡타이어케이블이어야 하며, 고압인 경우에는 캡타이어케이블일 것
㉡ 접속점이 육상에 있는 경우에는 지표상 5[m] 이상. 단, 수상전선로의 사용전압이 저압인 경우에 도로상 이외의 곳에 있을 때에는 지표상 4[m]까지로 감할 수 있다.
㉢ 접속점이 수면상에 있는 경우에는 수상전선로의 사용전압이 저압인 경우에는 수면상 4[m] 이상, 고압인 경우에는 수면상 5[m] 이상

㉣ 수상전선로에는 이와 접속하는 가공전선로에 전용 개폐기 및 과전류차단기를 각 극(과전류차단기는 다선식 전로의 중성극을 제외)에 시설하고 또한 수상전선로의 사용전압이 고압인 경우에는 전로에 지락이 생겼을 때 자동적으로 전로를 차단하기 위한 장치를 시설하여야 한다.

**상** 제1장 공통사항

**13** 최대사용전압이 1차 22000[V], 2차 6600[V]의 권선으로써 중성점 비접지식 전로에 접속하는 변압기의 특고압측 절연내력시험전압은 몇 [V]인가?

① 44000
② 33000
③ 27500
④ 24000

**해설** 변압기 전로의 절연내력(KEC 135)

| 권선의 종류 | 시험전압 | 시험방법 |
|---|---|---|
| 최대 사용전압 7[kV] 이하 | 최대사용전압의 1.5배의 전압(500[V] 미만으로 되는 경우에는 500[V]) 다만, 중성점이 접지되고 다중접지된 중성선을 가지는 전로에 접속하는 것은 0.92배의 전압(500[V] 미만으로 되는 경우에는 500[V]) | 시험되는 권선과 다른 권선 철심 및 외함 간에 시험전압을 연속하여 10분간 가한다. |

∴ 시험전압＝22000×1.25＝27500[V]

**상** 제2장 저압 전기설비

**14** 옥내에 시설하는 저압 전선으로 나전선을 사용해서는 안 되는 경우는?

① 금속덕트공사에 의한 전선
② 버스덕트공사에 의한 전선
③ 이동기중기에 사용되는 접촉전선
④ 전개된 곳의 애자사용공사에 의한 전기로용 전선

**해설** 나전선의 사용 제한(KEC 231.4)

다음 내용에서만 나전선을 사용할 수 있다.
㉠ 애자공사에 의하여 전개된 곳에 다음의 전선을 시설하는 경우
• 전기로용 전선
• 전선의 피복절연물이 부식하는 장소에 시설하는 전선
• 취급자 이외의 사람이 출입할 수 없도록 설비한 장소
㉡ 버스덕트공사에 의하여 시설하는 경우
㉢ 라이팅덕트공사에 의하여 시설하는 경우
㉣ 저압 접촉전선 및 유희용 전차를 시설하는 경우

**상** 제2장 저압 전기설비

**15** 제어회로용 절연전선을 금속덕트공사에 의하여 시설하고자 한다. 금속덕트공사에 넣는 전선의 단면적은 덕트 내부 단면적의 몇 [%]까지 넣을 수 있는가?

① 20
② 30
③ 40
④ 50

**해설** 금속덕트공사(KEC 232.31)

금속덕트에 넣은 전선의 단면적(절연피복의 단면적을 포함)의 합계는 덕트의 내부 단면적의 20[%](전광표시장치 기타 이와 유사한 장치 또는 제어회로 등의 배선만을 넣는 경우에는 50[%]) 이하일 것

**상** 제3장 고압 · 특고압 전기설비

**16** 특고압 가공전선로의 지지물 양측의 경간의 차가 큰 곳에 사용되는 철탑은?

① 내장형 철탑
② 인류형 철탑
③ 각도형 철탑
④ 보강형 철탑

**해설** 특고압 가공전선로의 철주 · 철근콘크리트주 또는 철탑의 종류(KEC 333.11)

특고압 가공전선로의 지지물로 사용하는 B종 철근 · B종 콘크리트주 또는 철탑의 종류는 다음과 같다.
㉠ 직선형 : 전선로의 직선부분(수평각도 3° 이하)에 사용하는 것(내장형 및 보강형 제외)
㉡ 각도형 : 전선로 중 3°를 초과하는 수평각도를 이루는 곳에 사용하는 것
㉢ 인류형 : 전가섭선을 인류하는 곳에 사용하는 것
㉣ 내장형 : 전선로의 지지물 양쪽의 경간의 차가 큰 곳에 사용하는 것
㉤ 보강형 : 전선로의 직선부분에 그 보강을 위하여 사용하는 것

**하** 제2장 저압 전기설비

**17** 전기욕기에서 욕탕 안의 전극 간의 거리는 몇 [m] 이상이어야 하는가?

① 1
② 2
③ 3
④ 5

**해설** 전기욕기(KEC 241.2)

㉠ 전기욕기용 전원장치(변압기의 2차측 사용전압이 10[V] 이하인 것)를 사용할 것.
㉡ 욕탕 안의 전극 간의 거리는 1[m] 이상이어야 한다.
㉢ 욕탕 안의 전극은 사람이 쉽게 접촉할 우려가 없도록 시설한다.

**상** 제3장 고압 · 특고압 전기설비

**18** 뱅크용량이 10000[kVA] 이상인 특고압 변압기에 내부고장이 발생하면 어떤 보호장치를 설치하여야 하는가?

① 자동차단장치
② 경보장치
③ 표시장치
④ 경보 및 자동차단장치

**해설** 특고압용 변압기의 보호장치(KEC 351.4)

| 뱅크용량의 구분 | 동작조건 | 장치의 종류 |
|---|---|---|
| 5,000[kVA] 이상 10,000[kVA] 미만 | 변압기 내부고장 | 자동차단장치 또는 경보장치 |
| 10,000[kVA] 이상 | 변압기 내부고장 | 자동차단장치 |
| 타냉식 변압기(변압기의 권선 및 철심을 직접 냉각시키기 위하여 봉입한 냉매를 강제 순환시키는 냉각 방식을 말한다.) | 냉각장치에 고장이 생긴 경우 또는 변압기의 온도가 현저히 상승한 경우 | 경보장치 |

**중** 제4장 전기철도설비

**19** 전기철도차량이 전차선로와 접촉한 상태에서 견인력을 끄고 보조전력을 가동한 상태로 정지해 있는 경우, 가공 전차선로의 유효전력이 200[kW] 이상일 경우 총 역률은 얼마 이상이어야 하는가?

① 0.6
② 0.7
③ 0.8
④ 1.0

**해설** 전기철도차량의 역률(KEC 441.4)

가공 전차선로의 유효전력이 200[kW] 이상일 경우 총 역률은 0.8보다 작아서는 안 된다.

상 | 제3장 고압 · 특고압 전기설비

**20** 지중전선로의 시설에서 관로식에 의하여 시설하는 경우 매설깊이는 몇 [m] 이상으로 하여야 하는가?

① 0.6      ② 1.0
③ 1.2      ④ 1.5

해설 **지중전선로의 시설(KEC 334.1)**

㉠ 관로식의 경우 케이블 매설깊이
- 차량, 기타 중량물에 의한 압력을 받을 우려가 있는 장소 : 1.0[m] 이상
- 기타 장소 : 0.6[m] 이상
㉡ 직접 매설식의 경우 케이블 매설깊이
- 차량, 기타 중량물에 의한 압력을 받을 우려가 있는 장소 : 1.0[m] 이상
- 기타 장소 : 0.6[m] 이상

---

**제3장 고압·특고압 전기설비**

**01** 폭발성 또는 연소성의 가스가 침입할 우려가 있는 곳에 시설하는 지중함으로서 그 크기가 최소 몇 [m³] 이상인 것에는 통풍장치 기타 가스를 방산시키기 위한 적당한 장치를 시설하여야 하는가?

① 0.5
② 0.75
③ 1
④ 2

**해설 지중함의 시설(KEC 334.2)**

㉠ 지중함은 견고하고 차량 기타 중량물의 압력에 견디는 구조일 것
㉡ 지중함은 그 안의 고인 물을 제거할 수 있는 구조로 되어 있을 것
㉢ 폭발성 또는 연소성의 가스가 침입할 우려가 있는 것에 시설하는 지중함으로서 그 크기가 1[m³] 이상인 것에는 통풍장치 기타 가스를 방산시키기 위한 적당한 장치를 시설할 것
㉣ 지중함의 뚜껑은 시설자 이외의 자가 쉽게 열 수 없도록 시설할 것

---

**제1장 공통사항**

**02** 저압 수용가의 인입구 부근에 접지저항치가 얼마 이하의 금속제 수도관로를 접지극으로 사용할 수 있는가?

① 2[Ω] 이하
② 3[Ω] 이하
③ 5[Ω] 이하
④ 10[Ω] 이하

**해설 접지극의 시설 및 접지저항(KEC 142.2)**

지중에 매설되어 있고 대지와의 전기저항값이 3[Ω] 이하의 값을 유지하고 있는 금속제 수도관로는 접지극으로 사용이 가능하다.

---

**제1장 공통사항**

**03** 전동기의 절연내력시험은 권선과 대지 간에 계속하여 시험전압을 가할 경우 몇 분간은 견디어야 하는가?

① 5
② 10
③ 20
④ 30

**해설 회전기 및 정류기의 절연내력(KEC 133)**

회전기의 절연내력시험을 살펴보면 다음과 같다.

| | 종류 | 시험전압 | 시험방법 |
|---|---|---|---|
| 회전기 | 발전기·전동기·조상기·기타회전기 (회전변류기를 제외한다) | 최대사용전압 7[kV] 이하 | 최대사용전압의 1.5배의 전압(500[V] 미만으로 되는 경우에는 500[V]) | 권선과 대지 사이에 연속하여 10분간 가한다. |
| | | 최대사용전압 7[kV] 초과 | 최대사용전압의 1.25배의 전압 (10.5[kV] 미만으로 되는 경우에는 10.5[kV]) | |
| | 회전변류기 | | 직류측의 최대사용전압의 1배의 교류전압(500[V] 미만으로 되는 경우에는 500[V]) | |

---

**제3장 고압·특고압 전기설비**

**04** 고압 가공전선이 철도를 횡단하는 경우 레일면상의 최소 높이는 얼마인가?

① 5[m]
② 5.5[m]
③ 6[m]
④ 6.5[m]

**해설 고압 가공전선의 높이(KEC 332.5)**

고압 가공전선의 높이는 다음에 따라야 한다.
㉠ 도로를 횡단하는 경우에는 지표상 6[m] 이상(교통에 지장을 줄 우려가 없는 경우 5[m] 이상)
㉡ 철도 또는 궤도를 횡단하는 경우에는 레일면상 6.5[m] 이상
㉢ 횡단보도교의 위에 시설하는 경우에는 그 노면상 3.5[m] 이상

---

**정답** 01. ③  02. ②  03. ②  04. ④

**상** 제1장 공통사항

**05** 부하의 설비용량이 커서 두 개 이상의 전선을 병렬로 사용하여 시설하는 경우 잘못된 것은?

① 병렬로 사용하는 전선에는 각각에 퓨즈를 설치하여야 한다.

② 병렬로 사용하는 각 전선의 굵기는 동선 50[mm²] 이상 또는 알루미늄 70[mm²] 이상으로 하고, 전선은 같은 도체, 같은 재료, 같은 길이 및 같은 굵기의 것을 사용하여야 한다.

③ 같은 극의 각 전선은 동일한 터미널러그에 완전히 접속하여야 한다.

④ 교류회로에서 병렬로 사용하는 전선은 금속관 안에 전자적 불평형이 생기지 않도록 시설하여야 한다.

**해설** 전선의 접속(KEC 123)

두 개 이상의 전선을 병렬로 사용하는 경우에는 다음에 의하여 시설할 것
㉠ 병렬로 사용하는 각 전선의 굵기는 동선 50[mm²] 이상 또는 알루미늄 70[mm²] 이상으로 하고, 전선은 같은 도체, 같은 재료, 같은 길이 및 같은 굵기의 것을 사용할 것
㉡ 같은 극의 각 전선은 동일한 터미널러그에 완전히 접속할 것
㉢ 같은 극인 각 전선의 터미널러그는 동일한 도체에 2개 이상의 리벳 또는 2개 이상의 나사로 접속할 것
㉣ 병렬로 사용하는 전선에는 각각에 퓨즈를 설치하지 말 것
㉤ 교류회로에서 병렬로 사용하는 전선은 금속관 안에 전자적 불평형이 생기지 않도록 시설할 것

**상** 제3장 고압·특고압 전기설비

**06** 고압 가공전선로의 전선으로 단면적 14[mm²]의 경동연선을 사용할 때 그 지지물이 B종 철주인 경우라면, 경간은 몇 [m]이어야 하는가?

① 150[m]
② 250[m]
③ 500[m]
④ 600[m]

**해설** 고압 가공전선로 경간의 제한(KEC 332.9)

고압 가공전선의 단면적이 22[mm²](인장강도 8.71[kN])인 경동연선의 경우의 경간
㉠ 목주·A종 철주 또는 A종 철근콘크리트주를 사용하는 경우 300[m] 이하
㉡ B종 철주 또는 B종 철근콘크리트주를 사용하는 경우 500[m] 이하
[참고] 단면적 22[mm²] 이상이어야만 늘릴 수 있으므로 B종의 표준경간을 적용한다.
  • B종 철주의 표준경간 : 250[m] 이하

**상** 제2장 저압 전기설비

**07** 샤워시설이 있는 욕실 등 인체가 물에 젖어있는 상태에서 전기를 사용하는 장소에 콘센트를 시설할 경우 인체감전보호용 누전차단기의 정격감도전류는 몇 [mA] 이하인가?

① 5
② 10
③ 15
④ 30

**해설** 콘센트의 시설(KEC 234.5)

욕조나 샤워시설이 있는 욕실 또는 화장실 등 인체가 물에 젖어있는 상태에서 전기를 사용하는 장소에 콘센트를 시설하는 경우에는 다음에 따라 시설하여야 한다.
㉠ 「전기용품 및 생활용품 안전관리법」의 적용을 받는 인체감전보호용 누전차단기(정격감도전류 15[mA] 이하, 동작시간 0.03초 이하의 전류동작형의 것에 한한다) 또는 절연변압기(정격용량 3[kVA] 이하인 것에 한한다)로 보호된 전로에 접속하거나, 인체감전보호용 누전차단기가 부착된 콘센트를 시설하여야 한다.
㉡ 콘센트는 접지극이 있는 방적형 콘센트를 사용하여 접지하여야 한다.
㉢ 습기가 많은 장소 또는 수분이 있는 장소에 시설하는 콘센트 및 기계기구용 콘센트는 접지용 단자가 있는 것을 사용하여 접지하고 방습장치를 하여야 한다.

**하** 제3장 고압·특고압 전기설비

**08** 특고압을 옥내에 시설하는 경우 그 사용전압의 최대 한도는 몇 [kV] 이하인가? (단, 케이블트레이공사는 제외)

① 100
② 170
③ 250
④ 345

**해설** 특고압 옥내전기설비의 시설(KEC 342.4)

사용전압은 100[kV] 이하일 것(다만, 케이블트레이 배선에 의하여 시설하는 경우에는 35[kV] 이하일 것)

**정답** 05. ①  06. ②  07. ③  08. ①

**상** 제3장 고압·특고압 전기설비

**09** 지중전선로에 사용되는 전선은?

① 절연전선
② 동복강선
③ 케이블
④ 나경동선

**해설** 지중전선로의 시설(KEC 334.1)

㉠ 지중전선로에는 케이블을 사용
㉡ 지중전선로의 매설방법 : 직접 매설식, 관로식, 암거식
㉢ 관로식 및 직접 매설식을 시설하는 경우 매설깊이를 차량, 기타 중량물의 압력을 받을 우려가 있는 장소에는 1.0[m] 이상, 기타 장소에는 0.6[m] 이상 시설

**중** 제3장 고압·특고압 전기설비

**10** 345000[V]의 전압을 변전하는 변전소가 있다. 이 변전소에 울타리를 시설하고자 하는 경우 울타리의 높이는 몇 [m] 이상이어야 하는가?

① 1.6
② 2
③ 2.2
④ 2.4

**해설** 발전소 등의 울타리·담 등의 시설(KEC 351.1)

㉠ 울타리·담 등의 높이는 2[m] 이상으로 하고, 지표면과 울타리·담 등의 하단 사이의 간격은 15[cm] 이하로 한다.
㉡ 울타리·담 등의 높이와 울타리·담 등으로부터 충전부분까지 거리의 합계는 다음 표에서 정한 값 이상으로 한다.

| 사용전압의 구분 | 울타리·담 등의 높이와 울타리·담 등으로부터 충전부분까지 거리의 합계 |
|---|---|
| 35[kV] 이하 | 5[m] |
| 35[kV] 초과 160[kV] 이하 | 6[m] |
| 160[kV] 초과 | 6[m]에 160[kV]를 초과하는 10[kV] 또는 그 단수마다 12[cm]를 더한 값 |

**상** 제2장 저압 전기설비

**11** 전기온상 등의 시설에서 전기온상 등에 전기를 공급하는 전로의 대지전압은 몇 [V] 이하이어야 하는가?

① 500
② 300
③ 600
④ 700

**해설** 전기온상 등(KEC 241.5)

㉠ 전기온상에 전기를 공급하는 전로의 대지전압은 300[V] 이하일 것
㉡ 발열선 및 발열선에 직접 접속하는 전선은 전기온상선일 것
㉢ 발열선은 그 온도가 80[℃]를 넘지 아니하도록 시설할 것

**중** 제5장 분산형 전원설비

**12** 분산형 전원계통 연계설비의 시설에서 전력계통으로 언급되지 않는 것은?

① 전력판매사업자의 계통
② 구내계통
③ 구외계통
④ 독립전원계통

**해설** 계통 연계의 범위(KEC 503.1)

분산형 전원설비 등을 전력계통에 연계하는 경우에 적용하며, 여기서 전력계통이라 함은 전력판매사업자의 계통, 구내계통 및 독립전원계통 모두를 말한다.

**상** 제2장 저압 전기설비

**13** 금속제 외함을 가진 저압의 기계기구로서 사람이 쉽게 접촉될 우려가 있는 곳에 시설하는 경우 전기를 공급받는 전로에 지락이 생겼을 때 자동적으로 전로를 차단하는 장치를 설치하여야 하는 기계기구의 사용전압은 몇 [V]를 초과하는 경우인가?

① 30
② 50
③ 100
④ 150

**해설** 누전차단기의 시설(KEC 211.2.4)

금속제 외함을 가지는 사용전압이 50[V]를 초과하는 저압의 기계기구로서, 사람이 쉽게 접촉할 우려가 있는 곳에 시설하는 것에 전기를 공급하는 전로에는 전로에 지락이 생겼을 때 자동적으로 전로를 차단하는 장치를 하여야 한다.

**정답** 09. ③ 10. ② 11. ② 12. ③ 13. ②

**상** 제1장 공통사항

**14** 계통외도전부(Extraneous Conductive Part)에 대한 용어의 정의로 옳은 것은?

① 전력계통에서 돌발적으로 발생하는 이상현상에 대비하여 대지와 계통을 연결하는 것으로, 중성점을 대지에 접속하는 것을 말한다.

② 전기설비의 일부는 아니지만 지면에 전위 등을 전해줄 위험이 있는 도전성 부분을 말한다.

③ 충전부는 아니지만 고장 시에 충전될 위험이 있고, 사람이 쉽게 접촉할 수 있는 기기의 도전성 부분을 말한다.

④ 통상적인 운전상태에서 전압이 걸리도록 되어 있는 도체 또는 도전부를 말한다. 중성선을 포함하나 PEN 도체, PEM 도체 및 PEL 도체는 포함하지 않는다.

**해설** 용어 정의(KEC 112)

㉠ 계통접지 : 전력계통에서 돌발적으로 발생하는 이상현상에 대비하여 대지와 계통을 연결하는 것으로, 중성점을 대지에 접속하는 것을 말한다.

㉡ 노출도전부 : 충전부는 아니지만 고장 시에 충전될 위험이 있고, 사람이 쉽게 접촉할 수 있는 기기의 도전성 부분을 말한다.

㉢ 충전부 : 통상적인 운전상태에서 전압이 걸리도록 되어 있는 도체 또는 도전부를 말한다. 중성선을 포함하나 PEN 도체, PEM 도체 및 PEL 도체는 포함하지 않는다.

**중** 제5장 분산형 전원설비

**15** 태양광발전설비에서 주택의 태양전지 모듈에 접속하는 부하측 옥내배선의 대지전압 제한은 직류 몇 [V] 이하여야 하는가?

① 250

② 300

③ 400

④ 600

**해설** 옥내전로의 대지전압 제한(KEC 511.3)

주택의 태양전지 모듈에 접속하는 부하측 옥내배선의 대지전압 제한은 직류 600[V] 이하이어야 한다.

**상** 제2장 저압 전기설비

**16** 제어회로용 절연전선을 금속덕트공사에 의하여 시설하고자 한다. 절연피복을 포함한 전선의 총단면적은 덕트 내부 단면적의 몇 [%]까지 할 수 있는가?

① 20

② 30

③ 40

④ 50

**해설** 금속덕트공사(KEC 232.31)

금속덕트에 넣은 전선의 단면적(절연피복의 단면적을 포함)의 합계는 덕트의 내부 단면적의 20[%](전광표시장치 기타 이와 유사한 장치 또는 제어회로 등의 배선만을 넣는 경우에는 50[%]) 이하일 것

**중** 제2장 저압 전기설비

**17** 옥내 저압전선으로 나전선의 사용이 기본적으로 허용되지 않는 것은?

① 애자사용공사의 전기로용 전선

② 유희용 전차에 전기공급을 위한 접촉전선

③ 제분공장의 전선

④ 애자사용공사의 전선의 피복절연물이 부식하는 장소에 시설하는 전선

**해설** 나전선의 사용제한(KEC 231.4)

다음 내용에서만 나전선을 사용할 수 있다.

㉠ 애자공사에 의하여 전개된 곳에 다음의 전선을 시설하는 경우
  • 전기로용 전선
  • 전선의 피복절연물이 부식하는 장소에 시설하는 전선
  • 취급자 이외의 사람이 출입할 수 없도록 설비한 장소

㉡ 버스덕트공사에 의하여 시설하는 경우

㉢ 라이팅덕트공사에 의하여 시설하는 경우

㉣ 저압 접촉전선 및 유희용 전차를 시설하는 경우

**하** 제1장 공통사항

**18** 다음 각 케이블 중 특히 특고압 전선용으로만 사용할 수 있는 것은?

① 용접용 케이블

② MI 케이블

③ CD 케이블

④ 파이프형 압력 케이블

**해설 고압 및 특고압케이블(KEC 122.5)**

사용전압이 특고압인 전로에 전선으로 사용하는 케이블은 절연체가 부틸 고무혼합물 · 에틸렌 프로필렌 고무혼합물 또는 폴리에틸렌 혼합물인 케이블로서, 선심 위에 금속제의 전기적 차폐층을 설치한 것이거나 파이프형 압력 케이블 · 연피 케이블 · 알루미늄피 케이블 그 밖의 금속피복을 한 케이블을 사용하여야 한다.

**하** 제5장 분산형 전원설비

**19** 전기저장장치의 이차전지에서 자동으로 전로로부터 차단하는 장치를 시설해야 하는 경우가 아닌 것은?

① 과전압 또는 과전류가 발생한 경우
② 제어장치에 이상이 발생한 경우
③ 전압 및 전류가 낮아지는 경우
④ 이차전지 모듈의 내부 온도가 급격히 상승할 경우

**해설 제어 및 보호장치(KEC 512.2.2)**

전기저장장치의 이차전지는 다음에 따라 자동으로 전로로부터 차단하는 장치를 시설하여야 한다.
㉠ 과전압 또는 과전류가 발생한 경우
㉡ 제어장치에 이상이 발생한 경우
㉢ 이차전지 모듈의 내부 온도가 급격히 상승할 경우

**상** 제1장 공통사항

**20** 고압전로의 1선 지락전류가 20[A]인 경우 이에 결합된 변압기 저압측의 접지저항값은 최대 몇 [Ω]이 되는가? (단, 이 전로는 고 · 저압 혼촉 시에 저압전로의 대지전압이 150[V]를 넘는 경우에 1초를 넘고 2초 내에 자동 차단하는 장치가 되어 있다.)

① 7.5
② 10
③ 15
④ 30

**해설 변압기 중성점 접지(KEC 142.5)**

1초 초과 2초 이내에 고압 · 특고압 전로를 자동으로 차단하는 장치를 설치할 때는 300을 1선 지락전류로 나눈 값 이하로 한다.
변압기의 중성점 접지저항

$$R = \frac{300}{1선\ 지락전류} = \frac{300}{20} = 15[\Omega]$$

---

**상** 제3장 고압·특고압 전기설비

**01** 다음 중 제1종 특고압 보안공사를 필요로 하는 가공전선로에 지지물로 사용할 수 있는 것은 어느 것인가?

① A종 철근콘크리트주
② B종 철근콘크리트주
③ A종 철주
④ 목주

📝 **해설** 특고압 보안공사(KEC 333.22)

제1종 특고압 보안공사 시 전선로의 지지물에는 B종 철주·B종 철근콘크리트주 또는 철탑을 사용할 것(지지물의 강도가 약한 A종 지지물과 목주는 사용할 수 없음)

---

**상** 제2장 저압 전기설비

**02** 합성수지관공사 시에 관의 지지점 간의 거리는 몇 [m] 이하로 하여야 하는가?

① 1.0
② 1.5
③ 2.0
④ 2.5

📝 **해설** 합성수지관공사(KEC 232.11)

㉠ 전선은 절연전선을 사용(옥외용 비닐절연전선은 사용 불가)
㉡ 전선은 연선일 것. 다만, 다음의 것은 적용하지 않음
  • 짧고 가는 합성수지관에 넣은 것
  • 단면적 10[mm²](알루미늄선은 단면적 16[mm²]) 이하의 것
㉢ 전선은 합성수지관 안에서 접속점이 없도록 할 것
㉣ 합성수지관의 지지점 간의 거리는 1.5[m] 이하일 것
㉤ 관 상호 간 및 박스와는 관을 삽입하는 깊이를 관의 바깥지름의 1.2배(접착제를 사용 : 0.8배)로 함
㉥ 합성수지제 가요전선관 상호 간은 직접 접속하지 말 것

---

**중** 제2장 저압 전기설비

**03** FELV 계통용 플러그와 콘센트의 사용 시 잘못된 것은?

① 플러그를 다른 전압계통의 콘센트에 꽂을 수 없어야 한다.
② 콘센트는 다른 전압계통의 플러그를 수용할 수 없어야 한다.
③ 콘센트는 보호도체에 접속하여야 한다.
④ 콘센트는 접지도체 및 보호도체에 접속하지 않는다.

📝 **해설** 기능적 특별저압(FELV)(KEC 211.2.8)

FELV 계통용 플러그와 콘센트는 다음의 모든 요구사항에 부합하여야 한다.
㉠ 플러그를 다른 전압계통의 콘센트에 꽂을 수 없어야 한다.
㉡ 콘센트는 다른 전압계통의 플러그를 수용할 수 없어야 한다.
㉢ 콘센트는 보호도체에 접속하여야 한다.

---

**상** 제3장 고압·특고압 전기설비

**04** 저압 또는 고압 가공전선로(전기철도용 급전선로는 제외)와 기설 가공약전류전선로(단선식 전화선로 제외)가 병행할 때 유도작용에 의한 통신상의 장해가 생기지 아니하도록 하려면 양자의 이격거리는 최소 몇 [m] 이상으로 하여야 하는가?

① 2 ② 4
③ 6 ④ 8

📝 **해설** 가공약전류전선로의 유도장해 방지(KEC 332.1)

고·저압 가공전선로가 가공약전류전선과 병행하는 경우 약전류전선과 2[m] 이상 이격시켜야 한다.

---

**상** 제1장 공통사항

**05** 접지도체 중 중성점 접지용으로 사용하는 전선의 단면적은 얼마 이상인가?

① 6[mm²] 이상 　② 10[mm²] 이상

③ 16[mm²] 이상 　④ 50[mm²] 이상

**해설** 접지도체(KEC 142.3.1)

접지도체의 굵기
㉠ 특고압·고압 전기설비용은 6[mm²] 이상의 연동선
㉡ 중성점 접지용은 16[mm²] 이상의 연동선
㉢ 7[kV] 이하의 전로 또는 25[kV] 이하인 특고압 가공전선로로 중성점 다중접지방식(지락 시 2초 이내 전로차단)인 경우 6[mm²] 이상의 연동선

**중** 제2장 저압 전기설비

**06** SELV 또는 PELV 계통에서 건조한 장소의 경우 기본보호를 하지 않아도 되는 것은?

① 교류 12[V] 또는 직류 30[V]를 초과하지 않는 경우

② 교류 15[V] 또는 직류 40[V]를 초과하지 않는 경우

③ 교류 12[V] 또는 직류 40[V]를 초과하지 않는 경우

④ 교류 15[V] 또는 직류 30[V]를 초과하지 않는 경우

**해설** SELV와 PELV 회로에 대한 요구사항 (KEC 211.5.4)

SELV 또는 PELV 계통의 공칭전압이 교류 12[V] 또는 직류 30[V]를 초과하지 않는 경우에는 기본보호를 하지 않아도 된다.

**상** 제3장 고압·특고압 전기설비

**07** 건조한 장소로서 전개된 장소에 한하여 고압 옥내배선을 할 수 있는 것은?

① 애자사용공사 　② 합성수지관공사
③ 금속관공사 　④ 가요전선관공사

**해설** 고압 옥내배선 등의 시설(KEC 342.1)

고압 옥내배선은 다음에 의하여 시설한다.
㉠ 애자사용배선(건조한 장소로서 전개된 장소에 한한다)
㉡ 케이블배선
㉢ 케이블트레이배선

**하** 제1장 공통사항

**08** 건축물·구조물과 분리되지 않은 피뢰시스템의 인하도선을 병렬로 설치할 때 I·II등급의 최대 간격은 얼마인가?

① 10[m] 　② 20[m]

③ 30[m] 　④ 40[m]

**해설** 인하도선시스템(KEC 152.2)

건축물·구조물과 분리되지 않은 피뢰시스템인 경우
㉠ 벽이 불연성 재료로 된 경우에는 벽의 표면 또는 내부에 시설할 수 있다. 다만, 벽이 가연성 재료인 경우에는 0.1[m] 이상 이격하고, 이격이 불가능한 경우에는 도체의 단면적을 100[mm²] 이상으로 한다.
㉡ 인하도선의 수는 2가닥 이상으로 한다.
㉢ 보호대상 건축물·구조물의 투영에 따른 둘레에 가능한 한 균등한 간격으로 배치한다. 다만, 노출된 모서리 부분에 우선하여 설치한다.
㉣ 병렬 인하도선의 최대 간격은 피뢰시스템 등급에 따라 I·II등급은 10[m], III등급은 15[m], IV등급은 20[m]로 한다.

**상** 전기설비기술기준

**09** 저압전로의 절연성능에서 SELV, PELV 전로에서의 절연저항은 얼마 이상인가?

① 0.1[MΩ] 　② 0.3[MΩ]

③ 0.5[MΩ] 　④ 1.0[MΩ]

**해설** 저압전로의 절연성능(전기설비기술기준 제52조)

| 전로의 사용전압 [V] | DC시험전압 [V] | 절연저항 [MΩ] |
|---|---|---|
| SELV 및 PELV | 250 | 0.5 |
| FELV, 500[V] 이하 | 500 | 1.0 |
| 500[V] 초과 | 1,000 | 1.0 |

**상** 제3장 고압·특고압 전기설비

**10** 고압용의 개폐기, 차단기, 피뢰기, 기타 이와 유사한 기구로서 동작 시에 아크가 생기는 것은 목재의 벽 또는 천장, 기타의 가연성 물체로부터 몇 [m] 이상 떼어놓아야 하는가?

① 1 　② 0.8

③ 0.5 　④ 0.3

**해설** 아크를 발생하는 기구의 시설(KEC 341.7)

고압용 또는 특고압용의 개폐기, 차단기, 피뢰기, 기타 이와 유사한 기구로서 동작 시에 아크가 생기는 것은 목재의 벽 또는 천장, 기타의 가연성 물체로부터 떼어놓아야 한다.
㉠ 고압 : 1[m] 이상
㉡ 특고압 : 2[m] 이상(화재의 위험이 없으면 1[m] 이상으로 한다)

**상** 제3장 고압 · 특고압 전기설비

**11** 전로의 중성점을 접지하는 목적에 해당되지 않는 것은?

① 보호장치의 확실한 동작의 확보
② 이상전압의 억제
③ 대지전압의 저하
④ 부하전류의 일부를 대지로 흐르게 함으로써 전선을 절약

**해설** 전로의 중성점의 접지(KEC 322.5)

㉠ 전로의 중성점을 접지하는 목적은 전로의 보호장치의 확실한 동작 확보, 이상전압의 억제 및 대지전압의 저하이다.
㉡ 접지도체는 공칭단면적 16[mm²] 이상의 연동선 또는 이와 동등 이상의 세기 및 굵기의 쉽게 부식하지 아니하는 금속선(저압전로의 중성점에 시설하는 것은 공칭단면적 6[mm²] 이상의 연동선 또는 이와 동등 이상의 세기 및 굵기의 쉽게 부식하지 않는 금속선)으로서, 고장 시 흐르는 전류가 안전하게 통할 수 있는 것을 사용하고 또한 손상을 받을 우려가 없도록 시설한다.

**중** 제3장 고압 · 특고압 전기설비

**12** 특고압 가공전선로의 지지물로 A종 철주를 사용하여 경간을 300[m]로 하는 경우, 전선으로 사용되는 경동연선의 최소 굵기는 몇 [mm²] 이상인가?

① 38          ② 50
③ 100         ④ 150

**해설** 특고압 가공전선로의 경간 제한(KEC 333.21)

특고압 가공전선의 단면적이 50[mm²](인장강도 21.67 [kN])인 경동연선의 경우의 경간
㉠ 목주 · A종 철주 또는 A종 철근콘크리트주를 사용하는 경우 300[m] 이하
㉡ B종 철주 또는 B종 철근콘크리트주를 사용하는 경우 500[m] 이하

**상** 제3장 고압 · 특고압 전기설비

**13** 사용전압 154[kV]의 가공전선과 식물 사이의 이격거리는 최소 몇 [m] 이상이어야 하는가?

① 2           ② 2.6
③ 3.2         ④ 3.8

**해설** 특고압 가공전선과 식물의 이격거리(KEC 333.30)

| 사용전압의 구분 | 이격거리 |
|---|---|
| 60[kV] 이하 | 2[m] 이상 |
| 60[kV] 초과 | 2[m]에 사용전압이 60[kV]를 초과하는 10[kV] 또는 그 단수마다 0.12[m]을 더한 값 이상 |

(154[kV] − 60[kV]) ÷ 10 = 9.4에서 절상하여 단수는 10으로 한다.
식물과의 이격거리 = 2 + (10 × 0.12) = 3.2[m]

**상** 제1장 공통사항

**14** 다음 중 접지시스템의 시설 종류에 해당되지 않는 것은?

① 보호접지      ② 단독접지
③ 공통접지      ④ 통합접지

**해설** 접지시스템의 구분 및 종류(KEC 141)

접지시스템의 시설 종류에는 단독접지, 공통접지, 통합접지가 있다.

**상** 제2장 저압 전기설비

**15** 금속덕트공사에 의한 저압 옥내배선공사 중 시설기준에 적합하지 않은 것은?

① 금속덕트에 넣은 전선의 단면적의 합계가 내부 단면적의 20[%] 이하가 되게 하였다.
② 덕트 상호 및 덕트와 금속관과는 전기적으로 완전하게 접속했다.
③ 덕트를 조영재에 붙이는 경우 덕트의 지지점 간의 거리를 4[m] 이하로 견고하게 붙였다.
④ 안쪽 면은 전선의 피복을 손상시키는 돌기가 없는 것을 사용하였다.

**정답** 11. ④  12. ②  13. ③  14. ①  15. ③

**[해설] 금속덕트공사(KEC 232.31)**

㉠ 전선은 절연전선일 것(옥외용 비닐절연전선은 제외)
㉡ 금속덕트에 넣은 전선의 단면적(절연피복의 단면적을 포함)의 합계는 덕트의 내부 단면적의 20[%](전광표시장치, 기타 이와 유사한 장치 또는 제어회로 등의 배선만을 넣는 경우에는 50[%]) 이하일 것
㉢ 금속덕트 안에는 전선에 접속점이 없도록 할 것
㉣ 폭이 40[mm] 이상, 두께가 1.2[mm] 이상인 철판 또는 동등 이상의 기계적 강도를 가지는 금속제의 것으로 견고하게 제작한 것일 것
㉤ 안쪽 면은 전선의 피복을 손상시키는 돌기가 없는 것일 것
㉥ 덕트의 지지점 간의 거리는 3[m](취급자 이외의 자가 출입할 수 없도록 설비한 곳에서 수직으로 붙이는 경우에는 6[m]) 이하로 할 것

**중** 제2장 저압 전기설비

**16** 과부하에 대해 케이블 및 전선을 보호하는 장치의 동작전류 $I_2$(보호장치가 규약시간 이내에 유효하게 동작하는 것을 보장하는 전류)는 케이블의 허용전류 몇 배 이내에 동작하여야 하는가?

① 1.1
② 1.13
③ 1.45
④ 1.6

**[해설] 과부하전류에 대한 보호(KEC 212.4)**

과부하에 대해 케이블(전선)을 보호하는 장치의 동작특성
㉠ $I_B \le I_n \le I_Z$
㉡ $I_2 \le 1.45 \times I_Z$
($I_B$ : 회로의 설계전류, $I_Z$ : 케이블의 허용전류, $I_n$ : 보호장치의 정격전류, $I_2$ : 보호장치가 규약시간 이내에 유효하게 동작하는 것을 보장하는 전류)

**상** 제3장 고압·특고압 전기설비

**17** 고압 가공전선에 경동선을 사용하는 경우 안전율은 얼마 이상이 되는 이도로 시설하여야 하는가?

① 2.0
② 2.2
③ 2.5
④ 2.6

**[해설] 고압 가공전선의 안전율(KEC 332.4)**

㉠ 경동선 또는 내열 동합금선 : 2.2 이상이 되는 이도로 시설
㉡ 그 밖의 전선(예 강심알루미늄연선, 알루미늄선) : 2.5 이상이 되는 이도로 시설

**상** 제3장 고압·특고압 전기설비

**18** 154[kV]의 특고압 가공전선을 시가지에 시설하는 경우 전선의 지표상의 최소 높이는 얼마인가?

① 11.44[m]
② 11.8[m]
③ 13.44[m]
④ 13.8[m]

**[해설] 시가지 등에서 특고압 가공전선로의 시설 (KEC 333.1)**

전선의 지표상의 높이는 다음에서 정한 값 이상일 것

| 사용전압의 구분 | 지표상의 높이 |
|---|---|
| 35[kV] 이하 | 10[m] 이상 (전선이 특고압 절연전선인 경우에는 8[m]) |
| 35[kV] 초과 | 10[m]에 35[kV]를 초과하는 10[kV] 또는 그 단수마다 0.12[m]를 더한 값 |

35[kV]를 넘는 10[kV] 단수는 다음과 같다.
$(154 - 35) \div 10 = 11.9$에서 절상하여 단수는 12로 한다.
12단수이므로 154[kV] 가공전선의 지표상 높이는 다음과 같다.
$10 + 12 \times 0.12 = 11.44$[m]

**하** 제2장 저압 전기설비

**19** 사용전압 400[V] 미만인 진열장 내의 배선에 사용하는 캡타이어케이블의 단면적은 최소 몇 [mm$^2$]인가?

① 0.5
② 0.75
③ 1.5
④ 1.25

**[해설] 진열장 또는 이와 유사한 것의 내부 배선 (KEC 234.8)**

㉠ 건조한 장소에 시설하고 또한 내부를 건조한 상태로 사용하는 진열장 또는 이와 유사한 것의 내부에 사용전압이 400[V] 이하의 배선을 외부에서 잘 보이는 장소에 한하여 코드 또는 캡타이어케이블로 직접 조영재에 밀착하여 배선할 것
㉡ 전선의 배선은 단면적 0.75[mm$^2$] 이상의 코드 또는 캡타이어케이블일 것

**상** 제3장 고압·특고압 전기설비

**20** 일반 변전소 또는 이에 준하는 곳의 주요 변압기에 시설하여야 하는 계측장치로 옳은 것은?

① 전류, 전력 및 주파수

② 전압, 주파수 및 역률

③ 전압 및 전류 또는 전력

④ 전력, 역률 또는 주파수

**해설** 계측장치(KEC 351.6)

변전소에 설치하는 계측하는 장치
㉠ 주요 변압기의 전압 및 전류 또는 전력
㉡ 특고압용 변압기의 온도

**상** 제3장 고압·특고압 전기설비

**01** 전력용 콘덴서의 내부에 고장이 생긴 경우 및 과전류 또는 과전압이 생긴 경우에 자동적으로 전로로부터 차단하는 장치가 필요한 뱅크 용량은 몇 [kVA] 이상인가?

① 1000

② 5000

③ 10000

④ 15000

**해설** 조상설비의 보호장치(KEC 351.5)

조상설비에는 그 내부에 고장이 생긴 경우에 보호하는 장치를 시설하여야 한다.

| 설비종별 | 뱅크용량의 구분 | 자동적으로 전로로부터 차단하는 장치 |
|---|---|---|
| 전력용 커패시터 및 분로리액터 | 500[kVA] 초과 15000[kVA] 미만 | 내부고장 및 과전류 발생 시 보호장치 |
| | 15000[kVA] 이상 | 내부고장 및 과전류·과전압 발생 시 보호장치 |
| 조상기 | 15000[kVA] 이상 | 내부고장 시 보호장치 |

**상** 제3장 고압·특고압 전기설비

**02** 특고압 가공전선로에 사용되는 B종 철주 중 각도형은 전선로 중 최소 몇 도를 넘는 수평 각도를 이루는 곳에 사용되는가?

① 3

② 5

③ 8

④ 10

**해설** 특고압 가공전선로의 철주·철근콘크리트주 또는 철탑의 종류(KEC 333.11)

특고압 가공전선로의 지지물로 사용하는 B종 철근·B종 콘크리트주 또는 철탑의 종류는 다음과 같다.

㉠ 직선형 : 전선로의 직선부분(수평각도 3° 이하)에 사용하는 것(내장형 및 보강형 제외)

㉡ 각도형 : 전선로 중 3°를 초과하는 수평각도를 이루는 곳에 사용하는 것

㉢ 인류형 : 전가섭선을 인류하는 곳에 사용하는 것

㉣ 내장형 : 전선로의 지지물 양쪽의 경간의 차가 큰 곳에 사용하는 것

㉤ 보강형 : 전선로의 직선부분에 그 보강을 위하여 사용하는 것

**상** 제2장 저압 전기설비

**03** 전기온상의 발열선의 온도는 몇 [℃]를 넘지 아니하도록 시설하여야 하는가?

① 70

② 80

③ 90

④ 100

**해설** 전기온상 등(KEC 241.5)

전기온상의 발열선은 그 온도가 80[℃]를 넘지 아니하도록 시설할 것

**상** 제3장 고압·특고압 전기설비

**04** 중성점접지식 22.9[kV] 특고압 가공전선을 A종 철근콘크리트주를 사용하여 시가지에 시설하는 경우 반드시 지키지 않아도 되는 것은?

① 전선로의 경간은 75[m] 이하로 할 것

② 전선의 단면적은 55[mm²] 경동연선 또는 이와 동등 이상의 세기 및 굵기의 것일 것

③ 전선이 특고압 절연전선인 경우 지표상의 높이는 8[m] 이상일 것

④ 전로에 지기가 생긴 경우 또는 단락한 경우에 1초 안에 자동차단하는 장치를 시설할 것

**해설** 시가지 등에서 특고압 가공전선로의 시설 (KEC 333.1)

사용전압이 100[kV]를 초과하는 특고압 가공전선에 지락 또는 단락이 생겼을 때에는 1초 이내에 자동적으로 이를 전로로부터 차단하는 장치를 시설할 것

**중** 제3장 고압·특고압 전기설비

**05** 특고압전로와 비접지식 저압전로를 결합하는 변압기로써 그 특고압권선과 저압권선 간에 혼촉방지판이 있는 변압기에 접속하는 저압 옥상전선로의 전선으로 사용할 수 있는 것은?

① 케이블
② 절연전선
③ 경동연선
④ 강심알루미늄선

> **해설** 혼촉방지판이 있는 변압기에 접속하는 저압 옥외전선의 시설 등(KEC 322.2)
>
> ㉠ 저압전선은 1구내에만 시설할 것
> ㉡ 저압 가공전선로 및 옥상전선로의 전선은 케이블일 것
> ㉢ 저압 가공전선과 고압 또는 특고압의 가공전선을 동일 지지물에 시설하지 아니할 것
> [예외] 고압 및 특고압 가공전선이 케이블인 경우

**상** 제2장 저압 전기설비

**06** 전원의 한 점을 직접 접지하고, 설비의 노출 도전성 부분을 전원계통의 접지극과 별도로 전기적으로 독립하여 접지하는 방식은?

① TT 계통
② TN-C 계통
③ TN-S 계통
④ TN-CS 계통

> **해설** TT 계통(KEC 203.3)
>
> 전원의 한 점을 직접 접지하고 설비의 노출도전부는 전원의 접지전극과 전기적으로 독립적인 접지극에 접속시킨다. 배전계통에서 PE 도체를 추가로 접지할 수 있다.

**상** 제3장 고압·특고압 전기설비

**07** 특고압 가공전선로를 시가지에 위험의 우려가 없도록 시설하는 경우, 지지물로 A종 철주를 사용한다면 경간은 최대 몇 [m] 이하이어야 하는가?

① 50
② 75
③ 150
④ 200

> **해설** 시가지 등에서 특고압 가공전선로의 시설 (KEC 333.1)
>
> ㉠ 지지물에는 철주, 철근콘크리트주 또는 철탑을 사용한다.
> ㉡ A종은 75[m] 이하, B종은 150[m] 이하, 철탑은 400[m] (2 이상의 전선이 수평이고 간격이 4[m] 미만인 경우는 250[m]) 이하로 한다.

**하** 제3장 고압·특고압 전기설비

**08** 고압 가공전선과 건조물의 상부 조영재와의 옆쪽 이격거리는 일반적인 경우 최소 몇 [m] 이상이어야 하는가? (단, 전선은 경동연선이라고 한다.)

① 1.5
② 1.2
③ 0.9
④ 0.6

> **해설** 고압 가공전선과 건조물의 접근(KEC 332.11)

| 건조물 조영재의 구분 | 접근형태 | 이격거리 |
|---|---|---|
| 상부 조영재 | 위쪽 | 2[m]<br>(전선이 케이블인 경우에는 1[m]) |
| | 옆쪽 또는 아래쪽 | 1.2[m]<br>(전선에 사람이 쉽게 접촉할 우려가 없도록 시설한 경우에는 0.8[m], 케이블인 경우에는 0.4[m]) |
| 기타의 조영재 | | 1.2[m]<br>(전선에 사람이 쉽게 접촉할 우려가 없도록 시설한 경우에는 0.8[m], 케이블인 경우에는 0.4[m]) |

**하** 제2장 저압 전기설비

**09** 주택의 옥내를 통과하여 그 주택 이외의 장소에 전기를 공급하기 위한 옥내배선을 공사하는 방법이다. 사람이 접촉할 우려가 없는 은폐된 장소에서 시행하는 공사종류가 아닌 것은? (단, 주택의 옥내전로의 대지전압은 300[V]이다.)

① 금속관공사
② 금속덕트공사
③ 케이블공사
④ 합성수지관공사

> **해설** 옥내전로의 대지전압의 제한(KEC 231.6)
>
> 주택의 옥내를 통과하여 그 주택 이외의 장소에 전기를 공급하기 위한 옥내배선은 사람이 접촉할 우려가 없는 은폐된 장소에는 합성수지관공사, 금속관공사, 케이블공사에 의하여 시설하여야 한다.

④ 의료 IT 계통의 누설전류 계측 시 10[mA]
에 도달하면 표시 및 경보하도록 시설

**해설 의료장소(KEC 242.10)**

㉠ 그룹 0 : TT 계통 또는 TN 계통
㉡ 의료 IT 계통의 분전반은 의료장소의 내부 혹은 가까운 외부에 설치할 것
㉢ 그룹 1 또는 그룹 2의 의료장소의 수술등, 내시경, 수술실 테이블, 기타 필수 조명등의 정전 시 절환시간 0.5초 이내에 비상전원을 공급할 것
㉣ 의료 IT 계통의 절연상태를 지속적으로 계측, 감시하는 장치를 하여 절연저항이 50[kΩ]까지 감소하면 표시설비 및 음향설비로 경보를 발하도록 할 것

**상** 제1장 공통사항

**10** 사용전압이 35000[V] 이하인 특고압 가공전선이 건조물과 제2차 접근상태로 시설되는 경우에 특고압 가공전선로는 어떤 보안공사를 하여야 하는가?

① 제1종 특고압 보안공사
② 제2종 특고압 보안공사
③ 제3종 특고압 보안공사
④ 제4종 특고압 보안공사

**해설 특고압 가공전선과 건조물의 접근(KEC 333.23)**

특고압 보안공사를 구분하면 다음과 같다.
㉠ 제1종 특고압 보안공사 : 35[kV] 넘고, 2차 접근상태인 경우
㉡ 제2종 특고압 보안공사 : 35[kV] 이하이고, 2차 접근상태인 경우
㉢ 제3종 특고압 보안공사 : 특고압 가공전선이 다른 시설물과 1차 접근상태인 경우

**상** 제1장 공통사항

**11** 3300[V] 고압 유도전동기의 절연내력 시험전압은 최대사용전압의 몇 배를 10분간 가하는가?

① 1
② 1.25
③ 1.5
④ 2

**해설 회전기 및 정류기의 절연내력(KEC 133)**

최대사용전압이 7[kV] 이하이므로 최대사용전압의 1.5배의 전압을 10분간 가한다.

**중** 제2장 저압 전기설비

**12** 의료장소에서의 전기설비시설로 적합하지 않은 것은?

① 그룹 0장소는 TN 또는 TT 접지계통 적용
② 의료 IT 계통의 분전반은 의료장소의 내부 혹은 가까운 외부에 설치
③ 그룹 1 또는 그룹 2 의료장소의 수술등, 내시경 조명등은 정전 시 0.5초 이내 비상전원공급

**상** 제1장 공통사항

**13** 대지로부터 반드시 절연하여야 하는 것은?

① 전로의 중성점에 접지공사를 하는 경우의 접지점
② 계기용 변성기 2차측 전로에 접지공사를 하는 경우의 접지점
③ 시험용 변압기
④ 저압 가공전선로 접지측 전선

**해설 전로의 절연원칙(KEC 131)**

다음 각 부분 이외에는 대지로부터 절연하여야 한다.
㉠ 전로의 중성점에 접지공사를 하는 경우의 접지점
㉡ 계기용 변성기의 2차측 전로에 접지공사를 하는 경우의 접지점
㉢ 저압 가공전선의 특고압 가공전선과 동일 지지물에 시설되는 부분에 접지공사를 하는 경우의 접지점
㉣ 중성점이 접지된 특고압 가공전선로의 중성선에 다중접지를 하는 경우의 접지점
㉤ 저압전로와 사용전압이 300[V] 이하의 저압전로를 결합하는 변압기의 2차측 전로에 접지공사를 하는 경우의 접지점
㉥ 다음과 같이 절연할 수 없는 부분
  • 시험용 변압기, 전력선 반송용 결합 리액터, 전기울타리용 전원장치, X선 발생장치, 전기부식방지용 양극, 단선식 전기철도의 귀선 등 전로의 일부를 대지로부터 절연하지 않고 전기를 사용하는 것이 부득이한 것
  • 전기욕기·전기로·전기보일러·전해조 등 대지로부터 절연이 기술상 곤란한 것
㉦ 저압 옥내직류 전기설비의 접지에 의하여 직류계통에 접지공사를 하는 경우의 접지점

**중** 제2장 저압 전기설비

**14** 진열장 안의 사용전압이 400[V] 미만인 저압 옥내배선으로 외부에서 보기 쉬운 곳에 한하여 시설할 수 있는 전선은? (단, 진열장은 건조한 곳에 시설하고 진열장 내부를 건조한 상태로 사용하는 경우이다.)

① 단면적이 $0.75[\text{mm}^2]$ 이상인 코드 또는 캡타이어케이블

② 단면적이 $0.75[\text{mm}^2]$ 이상인 나전선 또는 캡타이어케이블

③ 단면적이 $1.25[\text{mm}^2]$ 이상인 코드 또는 절연전선

④ 단면적이 $1.25[\text{mm}^2]$ 이상인 나전선 또는 다심형 전선

**해설** 진열장 또는 이와 유사한 것의 내부 배선 (KEC 234.8)

㉠ 건조한 장소에 시설하고 또한 내부를 건조한 상태로 사용하는 진열장 또는 이와 유사한 것의 내부에 사용전압이 400[V] 이하의 배선을 외부에서 잘 보이는 장소에 한하여 코드 또는 캡타이어케이블로 직접 조영재에 밀착하여 배선할 것

㉡ 전선의 배선은 단면적 $0.75[\text{mm}^2]$ 이상의 코드 또는 캡타이어케이블일 것

**상** 제2장 저압 전기설비

**15** 과전류차단기로 저압전로에 사용하는 산업용 배선차단기의 부동작전류와 동작전류로 적합한 것은?

① 1.0배, 1.2배

② 1.05배, 1.3배

③ 1.25배, 1.6배

④ 1.3배, 1.8배

**해설** 보호장치의 특성(KEC 212.3.4)

과전류 트립 동작시간 및 특성(산업용 배선차단기)

| 정격전류의 구분 | 시간 | 정격전류의 배수 (모든 극에 통전) | |
|---|---|---|---|
| | | 부동작전류 | 동작전류 |
| 63[A] 이하 | 60분 | 1.05배 | 1.3배 |
| 63[A] 초과 | 120분 | 1.05배 | 1.3배 |

**상** 제3장 고압·특고압 전기설비

**16** 345[kV]의 송전선을 사람이 쉽게 들어갈 수 없는 산지에 시설하는 경우 전선의 지표상 높이는 최소 몇 [m] 이상이어야 하는가?

① 7.28 ② 7.85

③ 8.28 ④ 8.85

**해설** 특고압 가공전선의 높이(KEC 333.7)

산지의 경우 160[kV] 이하는 5[m] 이상, 160[kV]를 초과하는 경우 10[kV]마다 단수를 적용하여 가산한다.

$(345[\text{kV}] - 160[\text{kV}]) \div 10 = 18.5$에서 절상하여 단수는 19로 한다.

∴ 전선 지표상 높이 $= 5 + 0.12 \times 19 = 7.28[\text{m}]$

**하** 제4장 전기철도설비

**17** 전기철도의 변전방식에서 변전소설비에 대한 내용 중 해당되지 않는 것은?

① 급전용 변압기에서 직류 전기철도는 3상 정류기용 변압기로 해야 한다.

② 제어용 교류전원은 상용과 예비의 2계통으로 구성한다.

③ 제어반의 경우 디지털계전기방식을 원칙으로 한다.

④ 제어반의 경우 아날로그계전기방식을 원칙으로 한다.

**해설** 전기철도의 변전소설비(KEC 421.4)

㉠ 급전용 변압기는 직류 전기철도의 경우 3상 정류기용 변압기, 교류 전기철도의 경우 3상 스코트결선 변압기의 적용을 원칙으로 하고, 급전계통에 적합하게 선정하여야 한다.

㉡ 제어용 교류전원은 상용과 예비의 2계통으로 구성하여야 한다.

㉢ 제어반의 경우 디지털계전기방식을 원칙으로 하여야 한다.

**중** 제1장 공통사항

**18** 다음 중 특고압전로의 다중접지 지중 배전계통에 사용하는 케이블은?

① 알루미늄피케이블

② 클로로프렌외장케이블

③ 폴리에틸렌외장케이블

④ 동심중성선 전력케이블

**정답** 14. ① 15. ② 16. ① 17. ④ 18. ④

**해설** 고압 및 특고압케이블(KEC 122.5)

특고압전로의 다중접지 지중 배전계통에 사용하는 케이블은 동심중성선 전력케이블로서 최대사용전압은 25.8[kV] 이하이다.

**상** 제2장 저압 전기설비

**19** 저압 및 고압 가공전선의 높이는 도로를 횡단하는 경우와 철도를 횡단하는 경우에 각각 몇 [m] 이상이어야 하는가?

① 도로 : 지표상 5, 철도 : 레일면상 6
② 도로 : 지표상 5, 철도 : 레일면상 6.5
③ 도로 : 지표상 6, 철도 : 레일면상 6
④ 도로 : 지표상 6, 철도 : 레일면상 6.5

**해설** 저압 및 고압 가공전선의 높이(KEC 222.7, 332.5)

㉠ 도로를 횡단하는 경우에는 지표상 6[m] 이상
㉡ 철도 또는 궤도를 횡단하는 경우에는 레일면상 6.5[m] 이상

**중** 제3장 고압 · 특고압 전기설비

**20** 지중전선로를 직접 매설식에 의하여 시설할 때 중량물의 압력을 받을 우려가 있는 장소에 지중전선을 견고한 트라프, 기타 방호물에 넣지 않고도 부설할 수 있는 케이블은?

① 염화비닐 절연 케이블
② 폴리에틸렌 외장 케이블
③ 콤바인덕트케이블
④ 알루미늄피케이블

**해설** 지중전선로의 시설(KEC 334.1)

㉠ 깊이를 차량, 기타 중량물의 압력을 받을 우려가 있는 장소에는 1.0[m] 이상, 기타 장소에는 0.6[m] 이상으로 하고 또한 지중전선을 견고한 트라프, 기타 방호물에 넣어서 시설
㉡ 케이블을 견고한 트라프, 기타 방호물에 넣지 않아도 되는 경우
  • 차량, 기타 중량물의 압력을 받을 우려가 없는 경우에 그 위를 견고한 판 또는 몰드로 덮어 시설하는 경우
  • 저압 또는 고압의 지중전선에 콤바인덕트케이블을 사용하여 시설하는 경우
  • 지중전선에 파이프형 압력케이블을 사용하고 또한 지중전선의 위를 견고한 판 또는 몰드 등으로 덮어 시설하는 경우
  • 지중전선에 파이프형 압력케이블을 사용하거나 최대 사용전압이 60[kV]를 초과하는 연피케이블, 알루미늄피케이블, 그 밖의 금속피복을 한 특고압 케이블을 사용하고 또한 지중전선의 위를 견고한 판 또는 몰드 등으로 덮어 시설하는 경우

**상** 제2장 저압 전기설비

**01** 가반형의 용접전극을 사용하는 아크용접장치의 시설에 대한 설명으로 옳은 것은?

① 용접변압기의 1차측 전로의 대지전압은 600[V] 이하일 것

② 용접변압기의 1차측 전로에는 리액터를 사용할 것

③ 용접변압기는 절연변압기일 것

④ 전선은 용접용 나전선을 사용할 것

**해설** 아크 용접기(KEC 241.10)

㉠ 용접변압기는 절연변압기일 것

㉡ 용접변압기의 1차측 전로의 대지전압은 300[V] 이하일 것

㉢ 용접변압기의 1차측 전로에는 용접변압기에 가까운 곳에 쉽게 개폐할 수 있는 개폐기를 시설할 것

㉣ 전선은 용접용 케이블을 사용할 것

㉤ 용접기 외함 및 피용접재 또는 이와 전기적으로 접속되는 받침대·정반 등의 금속체는 접지공사를 할 것

**상** 제1장 공통사항

**02** 건축물 및 구조물을 낙뢰로부터 보호하기 위해 피뢰시스템을 지상으로부터 몇 [m] 이상인 곳에 적용해야 하는가?

① 10[m] 이상

② 20[m] 이상

③ 30[m] 이상

④ 40[m] 이상

**해설** 피뢰시스템의 적용범위 및 구성(KEC 151)

피뢰시스템이 적용되는 시설

㉠ 전기전자설비가 설치된 건축물·구조물로서 낙뢰로부터 보호가 필요한 것 또는 지상으로부터 높이가 20[m] 이상인 것

㉡ 전기설비 및 전자설비 중 낙뢰로부터 보호가 필요한 설비

**중** 제5장 분산형 전원설비

**03** 전기저장장치의 시설장소는 지표면을 기준으로 몇 [m] 이내로 해야 하는가?

① 22[m]

② 25[m]

③ 28[m]

④ 32[m]

**해설** 전기저장장치 시설장소의 요구사항(KEC 515.2)

전기저장장치 시설장소는 지표면을 기준으로 높이 22[m] 이내로 하고 해당 장소의 출구가 있는 바닥면을 기준으로 깊이 9[m] 이내로 하여야 한다.

**상** 제2장 저압 전기설비

**04** 애자사용공사에 의한 저압 옥내배선 시 전선 상호 간의 간격은 몇 [cm] 이상이어야 하는가?

① 2

② 4

③ 6

④ 8

**해설** 애자공사(KEC 232.56)

㉠ 전선은 절연전선 사용(옥외용·인입용 비닐절연전선 사용 불가)

㉡ 전선 상호 간격 : 0.06[m] 이상

㉢ 전선과 조영재와 이격거리
• 400[V] 이하 : 25[mm] 이상
• 400[V] 초과 : 45[mm] 이상(건조한 장소에 시설하는 경우에는 25[mm])

㉣ 전선의 지지점 간의 거리는 전선을 조영재의 윗면 또는 옆면에 따라 붙일 경우에는 2[m] 이하일 것

㉤ 사용전압이 400[V] 초과인 것의 지지점 간의 거리는 6[m] 이하일 것

**상** 제1장 공통사항

**05** 3상 4선식 Y접속 시 전등과 동력을 공급하는 옥내배선의 경우 상별 부하전류가 평형으로 유지되도록 상별로 결선하기 위하여 전압측 색별 배선을 하거나 색테이프를 감는 등의 방법으로 표시하여야 한다. 이때 L2상의 식별 표시는?

① 적색

② 흑색

③ 청색

④ 회색

**해설** 전선의 식별(KEC 121.2)

| 상(문자) | 색상 |
|---|---|
| L1 | 갈색 |
| L2 | 흑색 |
| L3 | 회색 |
| N | 청색 |
| 보호도체 | 녹색 – 노란색 |

**상** 제2장 저압 전기설비

**06** 라이팅덕트공사에 의한 저압 옥내배선에서 옳지 않은 것은?

① 덕트는 조영재에 견고하게 붙일 것
② 덕트의 지지점 간의 거리는 3[m] 이상일 것
③ 덕트의 종단부는 폐쇄할 것
④ 덕트 상호 간 및 전선 상호 간은 견고하게 또한 전기적으로 완전히 접속할 것

**해설** 라이팅덕트공사(KEC 232.71)

㉠ 덕트 상호 간 및 전선 상호 간은 견고하게 또한 전기적으로 완전히 접속할 것
㉡ 덕트는 조영재에 견고하게 붙일 것
㉢ 덕트의 지지점 간의 거리는 2[m] 이하로 할 것
㉣ 덕트의 끝부분은 막을 것
㉤ 덕트를 사람이 용이하게 접촉할 우려가 있는 장소에 시설하는 경우에는 전로에 지락이 생겼을 때에 자동적으로 전로를 차단하는 장치를 시설할 것

**상** 제1장 공통사항

**07** 최대사용전압이 1차 22000[V], 2차 6600[V]의 권선으로써 중성점 비접지식 전로에 접속하는 변압기의 특고압측의 절연내력 시험전압은 몇 [V]인가?

① 44000[V]
② 33000[V]
③ 27500[V]
④ 24000[V]

**해설** 변압기 전로의 절연내력(KEC 135)

| 권선의 종류 | 시험전압 | 시험방법 |
|---|---|---|
| 최대사용전압 7[kV] 이하 | 최대사용전압의 1.5배의 전압(500[V] 미만으로 되는 경우에는 500[V]) 다만, 중성점이 접지되고 다중접지된 중성선을 가지는 전로에 접속하는 것은 0.92배의 전압(500[V] 미만으로 되는 경우에는 500[V]) | 시험되는 권선과 다른 권선, 철심 및 외함 간에 시험전압을 연속하여 10분간 가한다. |
| 최대사용전압 7[kV] 초과 25[kV] 이하의 권선으로서 중성점 접지식 전로(중성선을 가지는 것으로서 그 중성선에 다중접지를 하는 것에 한한다)에 접속하는 것 | 최대사용전압의 0.92배의 전압 | |

절연내력 시험전압 $= 22000 \times 1.25 = 27500$[V]

**상** 제3장 고압 · 특고압 전기설비

**08** 특고압용 타냉식 변압기의 냉각장치에 고장이 생긴 경우를 대비하여 어떤 보호장치를 하여야 하는가?

① 경보장치
② 속도조정장치
③ 온도시험장치
④ 냉매흐름장치

**해설** 특고압용 변압기의 보호장치(KEC 351.4)

| 뱅크용량의 구분 | 동작조건 | 장치의 종류 |
|---|---|---|
| 5000[kVA] 이상 10000[kVA] 미만 | 변압기 내부고장 | 자동차단장치 또는 경보장치 |
| 10000[kVA] 이상 | 변압기 내부고장 | 자동차단장치 |
| 타냉식 변압기(변압기의 권선 및 철심을 직접 냉각시키기 위하여 봉입한 냉매를 강제 순환시키는 냉각방식을 말한다) | 냉각장치에 고장이 생긴 경우 또는 변압기의 온도가 현저히 상승한 경우 | 경보장치 |

**상** 제3장 고압 · 특고압 전기설비

**09** 수소냉각식 발전기의 경보장치는 발전기 내 수소의 순도가 몇 [%] 이하로 저하한 경우에 이를 경보하는 장치를 시설하여야 하는가?

① 75
② 80
③ 85
④ 90

**해설** 수소냉각식 발전기 등의 시설(KEC 351.10)

발전기 내부 또는 조상기 내부의 수소의 순도가 85[%] 이하로 저하한 경우에 이를 경보하는 장치를 시설할 것

---

**상** 제2장 저압 전기설비

**10** 저압 옥내배선에 사용되는 전선은 지름 몇 [mm²]의 연동선이거나 이와 동등 이상의 세기 및 굵기의 것을 사용하여야 하는가?

① 0.75
② 2
③ 2.5
④ 6

**해설** 저압 옥내배선의 사용전선(KEC 231.3.1)

저압 옥내배선의 전선은 단면적 2.5[mm²] 이상의 연동선 또는 이와 동등 이상의 강도 및 굵기의 것

---

**하** 제3장 고압·특고압 전기설비

**11** 직접 가공전선로의 지지물에 시설하는 통신선 또는 이에 직접 접속하는 가공통신선의 높이는 도로를 횡단하는 경우에 교통에 지장이 없다면 지표상 몇 [m]까지로 감하여 시설할 수 있는가?

① 3.5
② 4
③ 4.5
④ 5

**해설** 전력보안통신선의 시설높이와 이격거리
(KEC 362.2)

가공전선로의 지지물에 시설하는 통신선 또는 이에 직접 접속하는 가공통신선의 높이

㉠ 도로를 횡단하는 경우에는 지표상 6[m] 이상으로 한다. 단, 저압이나 고압의 가공전선로의 지지물에 시설하는 통신선 또는 이에 직접 접속하는 가공통신선을 시설하는 경우에 교통에 지장을 줄 우려가 없을 때에는 지표상 5[m]까지로 감할 수 있다.
㉡ 철도 또는 궤도를 횡단하는 경우에는 레일면상 6.5[m] 이상으로 한다.
㉢ 횡단보도교의 위에 시설하는 경우에는 그 노면상 5[m] 이상으로 한다(단, 다음 중 하나에 해당하는 경우에는 제외).
  • 저압 또는 고압의 가공전선로의 지지물에 시설하는 통신선 또는 이에 직접 접속하는 가공통신선을 노면상 3.5[m](통신선이 절연전선과 동등 이상의 절연효력이 있는 것인 경우에는 3[m]) 이상으로 하는 경우
  • 특고압 전선로의 지지물에 시설하는 통신선 또는 이에 직접 접속하는 가공통신선으로서 광섬유 케이블을 사용하는 것을 그 노면상 4[m] 이상으로 하는 경우

---

**상** 제3장 고압·특고압 전기설비

**12** 단면적 50[mm²]의 경동연선을 사용하는 특고압 가공전선로의 지지물로 내장형의 B종 철근콘크리트주를 사용하는 경우 허용 최대 경간은 몇 [m] 이하인가?

① 150
② 250
③ 300
④ 500

**해설** 특고압 가공전선로의 경간 제한(KEC 333.21)

특고압 가공전선의 단면적이 50[mm²](인장강도 21.67 [kN])인 경동연선의 경우의 경간
㉠ 목주·A종 철주 또는 A종 철근콘크리트주를 사용하는 경우 300[m] 이하
㉡ B종 철주 또는 B종 철근콘크리트주를 사용하는 경우 500[m] 이하

---

**중** 제3장 고압·특고압 전기설비

**13** 터널 등에 시설하는 고압배선이 그 터널 등에 시설하는 다른 고압배선, 저압배선, 약전류전선 등 또는 수관·가스관이나 이와 유사한 것과 접근하거나 교차하는 경우에는 몇 [cm] 이상 이격하여야 하는가?

① 10
② 15
③ 20
④ 25

**해설** 터널 안 전선로의 전선과 약전류전선 등 또는 관 사이의 이격거리(KEC 335.2)

터널 안의 전선로의 고압전선 또는 특고압전선이 그 터널 안의 저압전선·고압전선·약전류전선 등 또는 수관·가스관이나 이와 유사한 것과 접근하거나 교차하는 경우에는 0.15[m] 이상으로 시설할 것

---

**상** 제2장 저압 전기설비

**14** 저압 옥내간선에서 분기하여 전기사용기계기구에 이르는 저압 옥내전로에서 저압 옥내간선과의 분기점에서 전선의 길이가 몇 [m] 이하인 곳에 개폐기 및 과전류차단기를 설치하여야 하는가?

① 2
② 3
③ 5
④ 6

---

**해설** 과부하 보호장치의 설치위치(KEC 212.4.2)

분기회로의 보호장치는 분기회로의 분기점으로부터 3[m]까지 이동하여 설치할 수 있다.

**상** 제3장 고압·특고압 전기설비

**15** 가공전선로의 지지물에 지선을 시설하려고 한다. 이 지선의 최저 기준으로 옳은 것은?

① 소선 지름 : 2.0[mm], 안전율 : 3.0,
허용인장하중 : 2.31[kN]
② 소선 지름 : 2.6[mm], 안전율 : 2.5,
허용인장하중 : 4.31[kN]
③ 소선 지름 : 2.6[mm], 안전율 : 2.0,
허용인장하중 : 4.31[kN]
④ 소선 지름 : 2.6[mm], 안전율 : 1.5,
허용인장하중 : 2.31[kN]

**해설** 지선의 시설(KEC 331.11)

㉠ 지선의 안전율 : 2.5 이상
㉡ 허용인장하중 : 4.31[kN] 이상
㉢ 소선(素線) 3가닥 이상의 연선일 것
㉣ 소선은 지름 2.6[mm] 이상의 금속선을 사용한 것일 것 또는 소선의 지름이 2[mm] 이상인 아연도강연선으로서, 소선의 인장강도가 0.68[kN/mm²] 이상인 것
㉤ 지중부분 및 지표상 30[cm]까지의 부분에는 내식성이 있는 아연도금철봉을 사용
㉥ 도로를 횡단 시 지선의 높이는 지표상 5[m] 이상
㉦ 지선애자를 사용하여 감전사고방지
㉧ 철탑은 지선을 사용하여 강도의 일부를 분담금지

**중** 제2장 저압 전기설비

**16** 시가지에서 저압 가공전선로를 도로에 따라 시설할 경우 지표상의 최저 높이는 몇 [m] 이상이어야 하는가?

① 4.5 ② 5.0
③ 5.5 ④ 6.0

**해설** 저·고압 가공전선의 높이(KEC 222.7, 332.5)

㉠ 도로를 횡단하는 경우 지표상 6[m] 이상
㉡ 철도 또는 궤도를 횡단하는 경우에는 레일면상 6.5[m] 이상
㉢ 횡단보도교의 위인 경우에는 저·고압 가공전선은 노면상 3.5[m] 이상(절연전선 및 케이블인 경우에는 3[m] 이상)
㉣ 기타(도로를 따라 시설)의 경우 지표상 5[m] 이상

**하** 제3장 고압·특고압 전기설비

**17** 나선을 사용한 고압 가공전선이 상부 조영재의 측방에 접근해서 시설되는 경우의 전선과 조영재의 이격거리는 최소 몇 [m] 이상이어야 하는가?

① 0.6
② 1.2
③ 2.0
④ 2.5

**해설** 고압 가공전선과 건조물의 접근(KEC 332.11)

| 건조물 조영재의 구분 | 접근형태 | 이격거리 |
|---|---|---|
| 상부 조영재 | 위쪽 | 2[m] (전선이 케이블인 경우에는 1[m]) |
| | 옆쪽 또는 아래쪽 | 1.2[m] (전선에 사람이 쉽게 접촉할 우려가 없도록 시설한 경우에는 0.8[m], 케이블인 경우에는 0.4[m]) |
| 기타의 조영재 | | 1.2[m] (전선에 사람이 쉽게 접촉할 우려가 없도록 시설한 경우에는 0.8[m], 케이블인 경우에는 0.4[m]) |

**중** 제3장 고압·특고압 전기설비

**18** 35[kV]를 넘고 100[kV] 미만의 특고압 가공전선로의 지지물에 고·저압선을 동일 지지물에 시설할 수 있는 조건으로 틀린 것은?

① 특고압 가공전선로는 제2종 특고압 보안공사에 의한다.
② 특고압 가공전선과 고·저압선과의 이격거리는 1.2[m] 이상으로 한다.
③ 특고압 가공전선은 50[mm²] 경동연선 또는 이와 동등 이상의 세기 및 굵기의 연선을 사용한다.
④ 지지물에는 철주, 철근콘크리트주 또는 철탑을 사용한다.

**해설** 특고압 가공전선과 저고압 가공전선 등의 병행설치(KEC 333.17)

사용전압이 35[kV]를 초과하고 100[kV] 미만인 특고압 가공전선과 저압 또는 고압 가공전선을 동일 지지물에 시설하는 경우에는 다음에 따라 시설하여야 한다.

㉠ 특고압 가공전선과 저압 또는 고압 가공전선 사이의 이격거리는 2[m] 이상일 것(다만, 특고압 가공전선이 케이블인 경우에 저압 가공전선이 절연전선 혹은 케이블인 때 또는 고압 가공전선이 절연전선 혹은 케이블인 때에는 1[m]까지 감할 수 있다.)

㉡ 특고압 가공전선은 케이블인 경우를 제외하고 인장강도 21.67[kN] 이상의 연선 또는 단면적이 50[mm²] 이상인 경동연선일 것

㉢ 특고압 가공전선로의 지지물은 철주·철근콘크리트주 또는 철탑일 것

**하** 제2장 저압 전기설비

**19** 소세력 회로의 배선에서 사용하는 전선은 몇 [mm²] 이상을 사용해야 하는가?

① 0.2
② 0.5
③ 0.8
④ 1

**해설** 소세력 회로의 배선(KEC 241.14.3)

소세력 회로의 전선을 조영재에 붙여 시설하는 경우에는 다음에 의하여 시설하여야 한다.

㉠ 전선은 케이블(통신용 케이블을 포함)인 경우 이외에는 공칭단면적 1[mm²] 이상의 연동선 또는 이와 동등 이상의 세기 및 굵기의 것일 것

㉡ 전선은 코드·캡타이어케이블 또는 케이블일 것

**상** 제2장 저압 전기설비

**20** 주택용 배선차단기의 경우 정격전류 63[A] 이하에서 부동작전류는 몇 배인가?

① 1
② 1.13
③ 2
④ 2.13

**해설** 보호장치의 종류 및 특성(KEC 212.3)

과전류 트립 동작시간 및 특성(주택용 배선차단기)

| 정격전류의 구분 | 시간 | 정격전류의 배수 (모든 극에 통전) | |
|---|---|---|---|
| | | 부동작전류 | 동작전류 |
| 63[A] 이하 | 60분 | 1.13배 | 1.45배 |
| 63[A] 초과 | 120분 | 1.13배 | 1.45배 |

# 2023년 제3회 전기기사 CBT 기출복원문제

**상** 제2장 저압 전기설비

**01** 흥행장의 저압 전기설비공사로 무대, 무대마루 밑, 오케스트라 박스, 영사실, 기타 사람이나 무대도구가 접촉할 우려가 있는 곳에 시설하는 저압 옥내배선, 전구선 또는 이동전선은 사용전압이 몇 [V] 이하이어야 하는가?

① 100  ② 200
③ 300  ④ 400

**해설** 전시회, 쇼 및 공연장의 전기설비(KEC 242.6)

무대·무대마루 밑·오케스트라 박스·영사실 기타 사람이나 무대도구가 접촉할 우려가 있는 곳에 시설하는 저압 옥내배선, 전구선 또는 이동전선은 사용전압이 400[V] 이하이어야 한다.

**상** 제1장 공통사항

**02** 3상 4선식 22.9[kV] 중성점 다중접지식 가공전선로의 전로와 대지 간의 절연내력 시험전압은?

① 28625[V]
② 22900[V]
③ 21068[V]
④ 16488[V]

**해설** 전로의 절연저항 및 절연내력(KEC 132)

최대사용전압이 25000[V] 이하, 중성점 다중접지식일 때 시험전압은 최대사용전압의 0.92배를 가해야 한다.
시험전압 $E = 22900 \times 0.92 = 21068[V]$

**중** 제1장 공통사항

**03** 주택 등 저압수용장소에서 고정 전기설비에 TN-C-S 접지방식으로 중성선 겸용 보호도체(PEN)를 알루미늄으로 사용할 경우 단면적은 몇 [mm²] 이상이어야 하는가?

① 2.5  ② 6
③ 10  ④ 16

**해설** 주택 등 저압수용장소 접지(KEC 142.4.2)

저압수용장소에서 계통접지가 TN-C-S 방식인 경우에 보호도체의 시설에서 중성선 겸용 보호도체(PEN)는 고정 전기설비에만 사용할 수 있고, 그 도체의 단면적이 구리는 10[mm²] 이상, 알루미늄은 16[mm²] 이상이어야 하며, 그 계통의 최고전압에 대하여 절연되어야 한다.

**상** 제3장 고압·특고압 전기설비

**04** 철탑의 강도계산에 사용하는 이상 시 상정하중에 대한 철탑의 기초에 대한 안전율은 얼마 이상이어야 되겠는가?

① 1.33  ② 1.83
③ 2.25  ④ 2.75

**해설** 가공전선로 지지물의 기초안전율(KEC 331.7)

가공전선로의 지지물에 하중이 가하여지는 경우에는 그 하중을 받는 지지물의 기초안전율은 2로 한다. 단, 철탑에 이상 시 상정하중이 가하여 지는 경우에는 1.33으로 한다.

**상** 제3장 고압·특고압 전기설비

**05** 피뢰기를 반드시 시설하지 않아도 되는 곳은?

① 고압 전선로에 접속되는 단권변압기의 고압측
② 가공전선로와 지중전선로가 접속되는 곳
③ 고압 가공전선로로부터 공급을 받는 수용장소의 인입구
④ 특고압 가공전선로로부터 공급을 받는 수용장소의 인입구

**해설** 피뢰기의 시설(KEC 341.13)

고압 및 특고압의 전로 중 피뢰기를 시설하여야 할 곳
㉠ 발전소·변전소 또는 이에 준하는 장소의 가공전선 인입구 및 인출구
㉡ 가공전선로에 접속하는 배전용 변압기의 고압측 및 특고압측
㉢ 고압 및 특고압 가공전선로로부터 공급을 받는 수용장소의 인입구
㉣ 가공전선로와 지중전선로가 접속되는 곳

**정답** 01. ④  02. ③  03. ④  04. ①  05. ①

**상** 제2장 저압 전기설비

**06** 옥내에 시설하는 전동기가 소손되는 것을 방지하기 위한 과부하보호장치를 하지 않아도 되는 것은?

① 전동기출력이 4[kW]이며, 취급자가 감시할 수 없는 경우
② 정격출력이 0.2[kW] 이하의 경우
③ 과전류차단기가 없는 경우
④ 정격출력이 10[kW] 이상인 경우

**해설** 저압전로 중의 전동기 보호용 과전류보호장치의 시설(KEC 212.6.3)

다음의 어느 하나에 해당하는 경우에는 과전류 보호장치의 시설 생략 가능
㉠ 전동기를 운전 중 상시 취급자가 감시할 수 있는 위치에 시설하는 경우
㉡ 전동기의 구조나 부하의 성질로 보아 전동기가 손상될 수 있는 과전류가 생길 우려가 없는 경우
㉢ 단상 전동기로써 그 전원측 전로에 시설하는 과전류차단기의 정격전류가 16[A](배선차단기는 20[A]) 이하인 경우
㉣ 전동기의 정격출력이 0.2[kW] 이하인 경우

**하** 제5장 분산형 전원설비

**07** 태양전지발전소에 시설하는 태양전지 모듈, 전선 및 개폐기의 시설에 대한 설명으로 틀린 것은?

① 전선은 공칭단면적 2.5[mm²] 이상의 연동선을 사용할 것
② 태양전지 모듈에 접속하는 부하측 전로에는 개폐기를 시설할 것
③ 태양전지 모듈을 병렬로 접속하는 전로에는 과전류차단기를 시설할 것
④ 옥측에 시설하는 경우 금속관공사, 합성수지관공사, 애자사용공사로 배선할 것

**해설** 태양광발전설비(KEC 520)

㉠ 전선은 2.5[mm²] 이상의 연동선을 사용
㉡ 옥내시설 : 합성수지관공사, 금속관공사, 가요전선관공사 또는 케이블공사
㉢ 옥측 또는 옥외시설 : 합성수지관공사, 금속관공사, 가요전선관공사 또는 케이블공사

**상** 제3장 고압 · 특고압 전기설비

**08** 특고압 가공전선로에 사용하는 가공지선에는 지름 몇 [mm]의 나경동선 또는 이와 동등 이상의 세기 및 굵기의 나선을 사용하여야 하는가?

① 2.6
② 3.5
③ 4
④ 5

**해설** 특고압 가공전선로의 가공지선(KEC 333.8)

㉠ 지름 5[mm](인장강도 8.01[kN]) 이상의 나경동선
㉡ 아연도강연선 22[mm²] 또는 OPGW(광섬유 복합 가공지선) 전선을 사용

**상** 제2장 저압 전기설비

**09** 금속관공사에 의한 저압 옥내배선시설에 대한 설명으로 틀린 것은?

① 인입용 비닐절연전선을 사용했다.
② 옥외용 비닐절연전선을 사용했다.
③ 짧고 가는 금속관에 연선을 사용했다.
④ 단면적 10[mm²] 이하의 전선을 사용했다.

**해설** 금속관공사(KEC 232.12)

㉠ 전선은 절연전선을 사용(옥외용 비닐절연전선은 사용 불가)
㉡ 전선은 연선일 것. 다만, 다음의 것은 적용하지 않음
　• 짧고 가는 금속관에 넣은 것
　• 단면적 10[mm²](알루미늄선은 단면적 16[mm²]) 이하의 것
㉢ 전선은 금속관 안에서 접속점이 없도록 할 것
㉣ 관 두께는 콘크리트에 매입하는 것은 1.2[mm] 이상, 기타 경우 1[mm] 이상으로 할 것

**중** 제2장 저압 전기설비

**10** 의료장소에서 인접하는 의료장소와의 바닥면적 합계가 몇 [m²] 이하인 경우 등전위본딩 바를 공용으로 할 수 있는가?

① 30
② 50
③ 80
④ 100

**해설** 의료장소 내의 접지 설비(KEC 242.10.4)

의료장소마다 그 내부 또는 근처에 등전위본딩 바를 설치할 것. 다만, 인접하는 의료장소와의 바닥면적 합계가 50[m²] 이하인 경우에는 등전위본딩 바를 공용할 수 있다.

**정답** 06. ② 07. ④ 08. ④ 09. ② 10. ②

**하** 제2장 저압 전기설비

**11** 전동기의 과부하보호장치의 시설에서 전원 측 전로에 시설한 배선용 차단기의 정격전류가 몇 [A] 이하의 것이면 이 전로에 접속하는 단상 전동기에는 과부하보호장치를 생략할 수 있는가?

① 15　　　　　② 20
③ 30　　　　　④ 50

**해설** 저압전로 중의 전동기 보호용 과전류보호장치의 시설(KEC 212.6.3)

㉠ 옥내에 시설하는 전동기(정격출력이 0.2[kW] 이하인 것을 제외)에는 전동기가 손상될 우려가 있는 과전류가 생겼을 때에 자동적으로 이를 저지하거나 이를 경보하는 장치를 하여야 한다.
㉡ 다음의 어느 하나에 해당하는 경우에는 과전류보호장의 시설 생략 가능
　• 전동기를 운전 중 상시 취급자가 감시할 수 있는 위치에 시설하는 경우
　• 전동기의 구조나 부하의 성질로 보아 전동기가 손상될 수 있는 과전류가 생길 우려가 없는 경우
　• 단상 전동기로써 그 전원측 전로에 시설하는 과전류 차단기의 정격전류가 16[A](배선차단기는 20[A]) 이하인 경우
　• 전동기의 정격출력이 0.2[kW] 이하인 경우

**중** 제1장 공통사항

**12** 공통접지공사 적용 시 선도체의 단면적이 16[mm²]인 경우 보호도체(PE)에 적합한 단면적은? (단, 보호도체의 재질이 선도체와 같은 경우)

① 4　　　　　② 6
③ 10　　　　　④ 16

**해설** 보호도체(KEC 142.3.2)

| 선도체의 단면적 $S$ ([mm²], 구리) | 보호도체의 최소 단면적 ([mm²], 구리) | |
|---|---|---|
| | 보호도체의 재질 | |
| | 선도체와 같은 경우 | 선도체와 다른 경우 |
| $S \leq 16$ | $S$ | $(k_1/k_2) \times S$ |
| $16 < S \leq 35$ | $16^{(a)}$ | $(k_1/k_2) \times 16$ |
| $S > 35$ | $S^{(a)}/2$ | $(k_1/k_2) \times (S/2)$ |

**상** 제3장 고압·특고압 전기설비

**13** 사용전압이 22.9[kV]인 특고압 가공전선과 그 지지물·완금류·지주 또는 지선 사이의 이격거리는 몇 [cm] 이상이어야 하는가?

① 15　　　　　② 20
③ 25　　　　　④ 30

**해설** 특고압 가공전선과 지지물 등의 이격거리 (KEC 333.5)

특고압 가공전선과 그 지지물·완금류·지주 또는 지선 사이의 이격거리는 다음 표에서 정한 값 이상이어야 한다. 단, 기술상 부득이한 경우 위험의 우려가 없도록 시설한 때에는 표에서 정한 값의 0.8배까지 감할 수 있다.

| 사용전압 | 이격거리[m] |
|---|---|
| 15[kV] 미만 | 0.15 |
| 15[kV] 이상 25[kV] 미만 | 0.2 |
| 25[kV] 이상 35[kV] 미만 | 0.25 |
| 35[kV] 이상 50[kV] 미만 | 0.3 |
| 50[kV] 이상 60[kV] 미만 | 0.35 |
| 60[kV] 이상 70[kV] 미만 | 0.4 |
| 70[kV] 이상 80[kV] 미만 | 0.45 |
| 80[kV] 이상 130[kV] 미만 | 0.65 |
| 130[kV] 이상 160[kV] 미만 | 0.9 |
| 160[kV] 이상 200[kV] 미만 | 1.1 |
| 200[kV] 이상 230[kV] 미만 | 1.3 |
| 230[kV] 이상 | 1.6 |

**상** 제3장 고압·특고압 전기설비

**14** 저압 가공전선으로 케이블을 사용하는 경우 케이블은 조가용선에 행거로 시설하고 이때 사용전압이 고압인 때에는 행거의 간격을 몇 [cm] 이하로 시설하여야 하는가?

① 30　　　　　② 50
③ 75　　　　　④ 100

**해설** 가공케이블의 시설(KEC 332.2)

㉠ 케이블은 조가용선에 행거로 시설할 것
　• 조가용선에 0.5[m] 이하마다 행거에 의해 시설할 것
　• 조가용선에 접촉시키고 금속테이프 등을 0.2[m] 이하 간격으로 나선형으로 감아 붙일 것
　• 단면적 22[mm²] 이상의 아연도강연선일 것
㉡ 조가용선 및 케이블 피복에는 접지공사를 할 것

**중** 제1장 공통사항

**15** 두 개 이상의 전선을 병렬로 사용하는 경우에 동선과 알루미늄선은 각각 얼마 이상의 전선으로 하여야 하는가?

① 동선 : 20[mm²] 이상,
　알루미늄선 : 40[mm²] 이상
② 동선 : 30[mm²] 이상,
　알루미늄선 : 50[mm²] 이상
③ 동선 : 40[mm²] 이상,
　알루미늄선 : 60[mm²] 이상
④ 동선 : 50[mm²] 이상,
　알루미늄선 : 70[mm²] 이상

**해설** 전선의 접속(KEC 123)

두 개 이상의 전선을 병렬로 사용하는 경우 각 전선의 굵기는 동선 50[mm²] 이상 또는 알루미늄 70[mm²] 이상으로 하고, 전선은 같은 도체, 같은 재료, 같은 길이 및 같은 굵기의 것을 사용하여야 한다.

**상** 제2장 저압 전기설비

**16** 저압 가공전선 또는 고압 가공전선이 도로를 횡단할 때 지표상의 높이는 몇 [m] 이상으로 하여야 하는가? (단, 농로, 기타 교통이 번잡하지 않은 도로 및 횡단보도교는 제외한다.)

① 4　　　　　　② 5
③ 6　　　　　　④ 7

**해설** 저·고압 가공전선의 높이(KEC 222.7, 332.5)

㉠ 도로를 횡단하는 경우 지표상 6[m] 이상
㉡ 철도 또는 궤도를 횡단하는 경우에는 레일면상 6.5[m] 이상
㉢ 횡단보도교의 위인 경우에는 저·고압 가공전선은 노면상 3.5[m] 이상(절연전선 및 케이블인 경우에는 3[m] 이상)
㉣ 기타(도로를 따라 시설)의 경우 지표상 5[m] 이상

**중** 제3장 고압·특고압 전기설비

**17** B종 철주를 사용한 고압 가공전선로를 교류 전차선로와 교차해서 시설하는 경우 고압 가공전선로의 경간은 몇 [m] 이하이어야 하는가?

① 60　　　　　　② 80
③ 100　　　　　　④ 120

**해설** 고압 가공전선과 교류 전차선 등의 접근 또는 교차(KEC 332.15)

고압 및 저압 가공전선이 교류 전차선로 위에서 교차할 때 가공전선로의 경간
㉠ 목주, A종 철주 또는 A종 철근콘크리트주의 경우 60[m] 이하
㉡ B종 철근콘크리트주를 사용하는 경우 120[m] 이하

**상** 제3장 고압·특고압 전기설비

**18** 애자사용배선에 의한 고압 옥내배선 등의 시설에서 사용되는 연동선의 공칭단면적은 몇 [mm²] 이상인가?

① 6　　　　　　② 10
③ 16　　　　　　④ 22

**해설** 고압 옥내배선 등의 시설(KEC 342.1)

㉠ 고압 옥내배선은 다음에 의하여 시설한다.
　• 애자사용배선(건조한 장소로서 전개된 장소에 한한다)
　• 케이블배선
　• 케이블트레이배선
㉡ 애자사용배선에 의한 고압 옥내배선은 다음에 의한다.
　• 전선은 공칭단면적 6[mm²] 이상의 연동선 또는 이와 동등 이상의 세기 및 굵기의 고압 절연전선이나 특고압 절연전선 또는 인하용 고압 절연전선일 것
　• 전선의 지지점 간의 거리는 6[m] 이하일 것. 다만, 전선을 조영재의 면을 따라 붙이는 경우에는 2[m] 이하이어야 한다.
　• 전선 상호 간의 간격은 0.08[m] 이상, 전선과 조영재 사이의 이격거리는 0.05[m] 이상일 것

**상** 제1장 공통사항

**19** 저압용 기계기구에 인체에 대한 감전보호용 누전차단기를 시설하면 외함의 접지를 생략할 수 있다. 이 경우의 누전차단기 정격에 대한 기술기준으로 적합한 것은?

① 정격감도전류 30[mA] 이하,
　동작시간 0.03[sec] 이하의 전류동작형
② 정격감도전류 30[mA] 이하,
　동작시간 0.1[sec] 이하의 전류동작형
③ 정격감도전류 60[mA] 이하,
　동작시간 0.03[sec] 이하의 전류동작형
④ 정격감도전류 60[mA] 이하,
　동작시간 0.1[sec] 이하의 전류동작형

**정답** 15. ④　16. ③　17. ④　18. ①　19. ①

**해설 기계기구의 철대 및 외함의 접지(KEC 142.7)**

저압용의 개별 기계기구에 전기를 공급하는 전로에 인체 감전보호용 누전차단기는 정격감도전류가 30[mA] 이하, 동작시간이 0.03[sec] 이하의 전류동작형의 것을 말한다.

**상** 제3장 고압·특고압 전기설비

**20** 사용전압이 35[kV] 이하인 특고압 가공전선과 가공약전류전선 등을 동일 지지물에 시설하는 경우, 특고압 가공전선로는 어떤 종류의 보안공사를 하여야 하는가?

① 제1종 특고압 보안공사
② 제2종 특고압 보안공사
③ 제3종 특고압 보안공사
④ 고압 보안공사

**해설 특고압 가공전선과 가공약전류전선 등의 공용 설치(KEC 333.19)**

㉠ 특고압 가공전선로는 제2종 특고압 보안공사에 의할 것
㉡ 특고압 가공전선은 가공약전류전선 등의 위로 하고 별개의 완금류에 시설할 것
㉢ 특고압 가공전선은 케이블인 경우 이외에는 인장강도 21.67[kN] 이상의 연선 또는 단면적이 50[mm²] 이상인 경동연선일 것
㉣ 특고압 가공전선과 가공약전류전선 등 사이의 이격거리는 2[m] 이상으로 할 것. 다만, 특고압 가공전선이 케이블인 경우에는 0.5[m]까지로 감할 수 있다.

**상** 제3장 고압·특고압 전기설비

**01** 최대사용전압 161[kV]인 가공전선과 지지물과의 이격거리는 일반적으로 몇 [cm] 이상되어야 하는가?

① 30[cm]
② 60[cm]
③ 90[cm]
④ 110[cm]

**해설** 특고압 가공전선과 지지물 등의 이격거리 (KEC 333.5)

특고압 가공전선과 그 지지물·완금류·지주 또는 지선 사이의 이격거리는 다음 표에서 정한 값 이상이어야 한다. 단, 기술상 부득이한 경우 위험의 우려가 없도록 시설한 때에는 표에서 정한 값의 0.8배까지 감할 수 있다.

| 사용전압 | 이격거리[m] |
| --- | --- |
| 15[kV] 미만 | 0.15 |
| 15[kV] 이상 25[kV] 미만 | 0.2 |
| 25[kV] 이상 35[kV] 미만 | 0.25 |
| 35[kV] 이상 50[kV] 미만 | 0.3 |
| 50[kV] 이상 60[kV] 미만 | 0.35 |
| 60[kV] 이상 70[kV] 미만 | 0.4 |
| 70[kV] 이상 80[kV] 미만 | 0.45 |
| 80[kV] 이상 130[kV] 미만 | 0.65 |
| 130[kV] 이상 160[kV] 미만 | 0.9 |
| 160[kV] 이상 200[kV] 미만 | 1.1 |
| 200[kV] 이상 230[kV] 미만 | 1.3 |
| 230[kV] 이상 | 1.6 |

**상** 제3장 고압·특고압 전기설비

**02** 특고압 가공전선로의 전선으로 케이블을 사용하는 경우의 시설로 옳지 않은 방법은?

① 케이블은 조가용선에 행거에 의하여 시설한다.
② 케이블은 조가용선에 접촉시키고 비닐테이프 등을 30[cm] 이상의 간격으로 감아 붙인다.
③ 조가용선은 단면적 22[mm²]의 아연도강연선 또는 동등 이상의 세기 및 굵기의 연선을 사용한다.
④ 조가용선 및 케이블 피복에는 접지공사를 한다.

**해설** 가공케이블의 시설(KEC 332.2)

㉠ 케이블은 조가용선에 행거로 시설할 것
  • 조가용선에 0.5[m] 이하마다 행거에 의해 시설할 것
  • 조가용선에 접촉시키고 금속테이프 등을 0.2[m] 이하 간격으로 나선형으로 감아 붙일 것
  • 단면적 22[mm²] 이상의 아연도강연선일 것
㉡ 조가용선 및 케이블 피복에는 접지공사를 할 것

**중** 제2장 저압 전기설비

**03** SELV와 PELV용 전원으로 사용할 수 없는 것은?

① 안전절연변압기 전원
② 축전지 및 디젤발전기 등과 같은 독립전원
③ 이중 또는 강화절연된 이동용 전원
④ 접지형 변압기

**해설** SELV와 PELV용 전원(KEC 211.5.3)

특별저압계통에는 다음의 전원을 사용해야 한다.
㉠ 안전절연변압기 전원
㉡ 안전절연변압기 및 이와 동등한 절연의 전원
㉢ 축전지 및 디젤발전기 등과 같은 독립전원
㉣ 안전절연변압기, 전동발전기 등 저압으로 공급되는 이중 또는 강화절연된 이동용 전원

**상** 제3장 고압·특고압 전기설비

**04** 동일 지지물에 고·저압을 병가할 때 저압 가공전선은 어느 위치에 시설하여야 하는가?

① 고압 가공전선의 상부에 시설
② 동일 완금에 고압 가공전선과 평행되게 시설
③ 고압 가공전선의 하부에 시설
④ 고압 가공전선의 측면으로 평행되게 시설

**해설** 고압 가공전선 등의 병행 설치(KEC 332.8)

저압 가공전선(다중접지된 중성선은 제외)과 고압 가공전선을 동일 지지물에 시설하는 경우
㉠ 저압 가공전선을 고압 가공전선의 아래로 하고, 별개의 완금류에 시설할 것
㉡ 저압 가공전선과 고압 가공전선 사이의 이격거리는 0.5[m] 이상일 것(단, 고압측이 케이블일 경우 0.3[m] 이상)

**정답** 01. ④ 02. ② 03. ④ 04. ③

**상** 제3장 고압·특고압 전기설비

**05** 건조한 장소로서 전개된 장소에 고압 옥내배선을 할 수 있는 것은?

① 애자사용공사
② 합성수지관공사
③ 금속관공사
④ 가요전선관공사

**해설** 고압 옥내배선 등의 시설(KEC 342.1)

고압 옥내배선은 다음에 의하여 시설한다.
㉠ 애자사용배선(건조한 장소로서 전개된 장소에 한한다)
㉡ 케이블배선
㉢ 케이블트레이배선

**하** 제2장 저압 전기설비

**06** 저압 가공전선이 상부 조영재 위쪽에서 접근하는 경우 전선과 상부 조영재 간의 이격거리[m]는 얼마 이상이어야 하는가? (단, 특고압 절연전선 또는 케이블인 경우이다.)

① 0.8
② 1.0
③ 1.2
④ 2.0

**해설** 저압 가공전선과 건조물의 접근(KEC 222.11)

| 건조물 조영재의 구분 | 접근형태 | 이격거리 |
|---|---|---|
| 상부 조영재 [지붕·챙 (차양 : 陽) ·옷 말리는 곳 기타 사람이 올라갈 우려가 있는 조영재를 말한다. 이하 같다] | 위쪽 | 2[m] (전선이 고압 절연전선, 특고압 절연전선 또는 케이블인 경우는 1[m]) |
| | 옆쪽 또는 아래쪽 | 1.2[m] (전선에 사람이 쉽게 접촉할 우려가 없도록 시설한 경우에는 0.8[m], 고압 절연전선, 특고압 절연전선 또는 케이블인 경우에는 0.4[m]) |
| 기타의 조영재 | | 1.2[m] (전선에 사람이 쉽게 접촉할 우려가 없도록 시설한 경우에는 0.8[m], 고압 절연전선, 특고압 절연전선 또는 케이블인 경우에는 0.4[m]) |

**상** 제3장 고압·특고압 전기설비

**07** 발전소의 개폐기 또는 차단기에 사용하는 압축공기장치의 주공기탱크에는 어떠한 최고 눈금이 있는 압력계를 설치하여야 하는가?

① 사용압력의 1배 이상 1.5배 이하
② 사용압력의 1.25배 이상 2배 이하
③ 사용압력의 1.5배 이상 3배 이하
④ 사용압력의 2배 이상 4배 이하

**해설** 압축공기계통(KEC 341.15)

㉠ 공기압축기는 최고사용압력에 1.5배의 수압(1.25배 기압)을 10분간 견디어야 한다.
㉡ 사용압력에서 공기의 보급이 없는 상태로 개폐기 또는 차단기의 투입 및 차단을 계속하여 1회 이상 할 수 있는 용량을 가지는 것이어야 한다.
㉢ 주공기탱크는 사용압력의 1.5배 이상 3배 이하의 최고 눈금이 있는 압력계를 시설해야 한다.

**상** 전기설비기술기준

**08** 저압의 전선로 중 절연부분의 전선과 대지 간의 절연저항은 사용전압에 대한 누설전류가 최대공급전류의 얼마를 넘지 않도록 유지하여야 하는가?

① $\frac{1}{2000}$
② $\frac{1}{1000}$
③ $\frac{1}{200}$
④ $\frac{1}{100}$

**해설** 전선로의 전선 및 절연성능(전기설비기술기준 제27조)

저압전선로 중 절연부분의 전선과 대지 사이 및 전선의 심선 상호 간의 절연저항은 사용전압에 대한 누설전류가 최대공급전류의 1/2000을 넘지 않도록 하여야 한다.

**중** 제4장 전기철도설비

**09** 전차선과 식물 사이의 이격거리는 얼마 이상인가?

① 1[m]
② 2[m]
③ 3[m]
④ 5[m]

**해설** 전차선 등과 식물 사이의 이격거리(KEC 431.11)

교류전차선 등 충전부와 식물 사이의 이격거리는 5[m] 이상이어야 한다. 다만, 5[m] 이상 확보하기 곤란한 경우에는 현장여건을 고려하여 방호벽 등 안전조치를 하여야 한다.

**정답** 05. ① 06. ② 07. ③ 08. ① 09. ④

**상** 제1장 공통사항

**10** 저압용 기계기구에 인체에 대한 감전보호용 누전차단기를 시설하면 외함의 접지를 생략할 수 있다. 이 경우의 누전차단기 정격에 대한 기술기준으로 적합한 것은?

① 정격감도전류 30[mA] 이하,
  동작시간 0.03초 이하의 전류동작형

② 정격감도전류 30[mA] 이하,
  동작시간 0.1초 이하의 전류동작형

③ 정격감도전류 60[mA] 이하,
  동작시간 0.03초 이하의 전류동작형

④ 정격감도전류 60[mA] 이하,
  동작시간 0.1초 이하의 전류동작형

**해설** 기계기구의 철대 및 외함의 접지(KEC 142.7)

전기를 공급하는 전로에 인체감전보호용 누전차단기(정격감도전류가 30[mA] 이하, 동작시간이 0.03[sec] 이하의 전류동작형의 것에 한함)를 시설하는 경우 접지를 생략할 수 있다.

**하** 제2장 저압 전기설비

**11** 풀용 수중조명등에 전기를 공급하기 위하여 사용되는 절연변압기의 1차측 및 2차측 전로의 사용전압은?

① 1차 : 300[V] 이하, 2차 : 100[V] 이하

② 1차 : 400[V] 이하, 2차 : 150[V] 이하

③ 1차 : 200[V] 이하, 2차 : 150[V] 이하

④ 1차 : 600[V] 이하, 2차 : 300[V] 이하

**해설** 수중조명등(KEC 234.14)

조명등에 전기를 공급하기 위하여는 1차측 전로의 사용전압 및 2차측 전로의 사용전압이 각각 400[V] 이하 및 150[V] 이하인 절연변압기를 사용할 것

**상** 제3장 고압·특고압 전기설비

**12** 가공전선로의 지지물에 하중이 가하여지는 경우에 그 하중을 받는 지지물의 기초안전율은 일반적인 경우에 얼마 이상이어야 하는가?

① 1.5  ② 2.0
③ 2.5  ④ 3.0

**해설** 가공전선로 지지물의 기초의 안전율(KEC 331.7)

가공전선로의 지지물에 하중이 가해지는 경우 그 하중을 받는 지지물의 기초안전율은 2 이상이어야 한다. (이상 시 상정하중에 대한 철탑의 기초에 대하여는 1.33 이상)

**상** 제2장 저압 전기설비

**13** 전기온상 등의 시설에서 전기온상 등에 전기를 공급하는 전로의 대지전압은 몇 [V] 이하인가?

① 500  ② 300
③ 600  ④ 700

**해설** 전기온상 등(KEC 241.5)

㉠ 전기온상에 전기를 공급하는 전로의 대지전압은 300[V] 이하일 것

㉡ 발열선 및 발열선에 직접 접속하는 전선은 전기온상선일 것

㉢ 발열선은 그 온도가 80[℃]를 넘지 아니하도록 시설할 것

**상** 제2장 저압 전기설비

**14** 옥내에 시설하는 전동기가 소손되는 것을 방지하기 위한 과부하보호장치를 하지 않아도 되는 것은?

① 전동기출력이 4[kW]이며, 취급자가 감시할 수 없는 경우

② 정격출력이 0.2[kW] 이하의 경우

③ 과전류차단기가 없는 경우

④ 정격출력이 10[kW] 이상인 경우

**해설** 저압전로 중의 전동기 보호용 과전류보호장치의 시설(KEC 212.6.3)

㉠ 옥내에 시설하는 전동기(정격출력이 0.2[kW] 이하인 것을 제외)에는 전동기가 손상될 우려가 있는 과전류가 생겼을 때에 자동적으로 이를 저지하거나 이를 경보하는 장치를 하여야 한다.

㉡ 다음의 어느 하나에 해당하는 경우에는 과전류보호장치의 시설 생략 가능
  • 전동기를 운전 중 상시 취급자가 감시할 수 있는 위치에 시설하는 경우
  • 전동기의 구조나 부하의 성질로 보아 전동기가 손상될 수 있는 과전류가 생길 우려가 없는 경우
  • 단상전동기로서 그 전원측 전로에 시설하는 과전류차단기의 정격전류가 16[A](배선차단기는 20[A]) 이하인 경우
  • 전동기의 정격출력이 0.2[kW] 이하인 경우

**정답** 10. ① 11. ② 12. ② 13. ② 14. ②

**상** 제3장 고압·특고압 전기설비

**15** 가공전선로의 지지물에 취급자가 오르고 내리는 데 사용하는 발판못 등은 원칙적으로 지표상 몇 [m] 미만에 시설하여서는 아니 되는가?

① 1.2      ② 1.4
③ 1.6      ④ 1.8

**해설** 가공전선로 지지물의 철탑오름 및 전주오름 방지(KEC 331.4)

가공전선로의 지지물에 취급자가 오르고 내리는 데 사용하는 발판볼트 등을 지표상 1.8[m] 미만에 시설하여서는 아니 된다.

**중** 제2장 저압 전기설비

**16** 의료장소별 계통접지에서 그룹 2에 해당하는 장소에 적용하는 접지방식은? (단, 이동식 X-레이, 5[kVA] 이상의 대형기기, 일반 의료용 전기기기는 제외)

① TN      ② TT
③ IT      ④ TC

**해설** 의료장소별 계통접지(KEC 242.10.2)

의료장소별로 다음과 같이 계통접지를 적용한다.
㉠ 그룹 0 : TT 계통 또는 TN 계통
㉡ 그룹 1 : TT 계통 또는 TN 계통
㉢ 그룹 2 : 의료 IT 계통(이동식 X-레이, 5[kVA] 이상의 대형기기, 일반 의료용 전기기기에는 TT 계통 또는 TN 계통 적용)

**중** 제1장 공통사항

**17** 통합접지시스템으로 낙뢰에 의한 과전압으로부터 전기전자기기를 보호하기 위해 설치하는 기기는?

① 서지보호장치
② 피뢰기
③ 배선차단기
④ 퓨즈

**해설** 공통접지 및 통합접지(KEC 142.6)

전기설비의 접지설비, 건축물의 피뢰설비·전자통신설비 등의 접지극을 공용하는 통합접지시스템으로 하는 경우 낙뢰에 의한 과전압 등으로부터 전기전자기기 등을 보호하기 위해 서지보호장치를 설치하여야 한다.

**상** 제2장 저압 전기설비

**18** 금속관공사를 콘크리트에 매설하여 시행하는 경우 관의 두께는 몇 [mm] 이상이어야 하는가?

① 1.0
② 1.2
③ 1.4
④ 1.6

**해설** 금속관공사(KEC 232.12)

㉠ 전선은 절연전선을 사용(옥외용 비닐절연전선은 사용 불가)
㉡ 전선은 연선일 것. 다만, 다음의 것은 적용하지 않음
  • 짧고 가는 금속관에 넣은 것
  • 단면적 10[mm²](알루미늄선은 단면적 16[mm²]) 이하의 것
㉢ 전선은 금속관 안에서 접속점이 없도록 할 것
㉣ 관 두께는 콘크리트에 매입하는 것은 1.2[mm] 이상, 기타 경우 1[mm] 이상으로 할 것

**하** 제3장 고압·특고압 전기설비

**19** 터널 안 전선로의 시설방법으로 옳은 것은?

① 저압전선은 지름 2.6[mm]의 경동선의 절연전선을 사용하였다.
② 고압전선은 절연전선을 사용하여 합성수지관공사로 하였다.
③ 저압전선을 애자사용공사에 의하여 시설하고 이를 레일면상 또는 노면상 2.2[m]의 높이로 시설하였다.
④ 고압전선을 금속관공사에 의하여 시설하고 이를 레일면상 또는 노면상 2.4[m]의 높이로 시설하였다.

**해설** 터널 안 전선로의 시설(KEC 335.1)

| 구분 | 전선의 굵기 | 레일면 또는 노면상 높이 | 사용공사의 종류 |
|---|---|---|---|
| 저압 | 2.6[mm] 이상 (인장강도 2.30[kN]) | 2.5[m] 이상 | 케이블·금속관·합성수지관·금속제 가요전선관·애자사용공사 |
| 고압 | 4.0[mm] 이상 (인장강도 5.26[kN]) | 3[m] 이상 | 케이블공사, 애자사용공사 |

**상** 전기설비기술기준

**20** 조상설비에 대한 용어의 정의로 옳은 것은?

① 전압을 조정하는 설비를 말한다.
② 전류를 조정하는 설비를 말한다.
③ 유효전력을 조정하는 전기기계기구를 말한다.
④ 무효전력을 조정하는 전기기계기구를 말한다.

**해설** 정의(전기설비기술기준 제3조)

조상설비란 무효전력을 조정하는 전기기계기구를 말한다.

**상** 제3장 고압 · 특고압 전기설비

**01** 345[kV]의 옥외변전소에 있어서 울타리의 높이와 울타리에서 기기의 충전부분까지 거리의 합계는 최소 몇 [m] 이상인가?

① 6.48
② 8.16
③ 8.28
④ 8.40

**해설** 특고압용 기계기구의 시설(KEC 341.4)

울타리까지 거리와 울타리 높이의 합계는 160[kV]까지는 6[m]이고, 160[kV] 넘는 10[kV] 단수는 (345 – 160)÷10 =18.5이므로 19단수이다.
그러므로 울타리까지 거리와 높이의 합계는 다음과 같다.
6 + (19×0.12)=8.28[m]

**상** 제2장 저압 전기설비

**02** 주택의 전로 인입구에 「전기용품 및 생활용품 안전관리법」의 적용을 받는 감전보호용 누전차단기를 시설하는 경우 주택의 옥내전로(전기기계기구 내의 전로를 제외)의 대지전압은 몇 [V] 이하로 하여야 하는가? (단, 대지전압 150[V]를 초과하는 전로이다.)

① 400
② 750
③ 300
④ 600

**해설** 옥내전로의 대지전압의 제한(KEC 231.6)

주택의 옥내전로(전기기계기구 내의 전로를 제외)의 대지전압은 300[V] 이하이어야 하며 다음에 따라 시설하여야 한다(예외 : 대지전압 150[V] 이하의 전로).
㉠ 사용전압은 400[V] 이하일 것
㉡ 주택의 전로 인입구에는 「전기용품 및 생활용품 안전관리법」에 적용을 받는 감전보호용 누전차단기를 시설할 것(예외 : 정격용량이 3[kVA] 이하인 절연변압기를 사람이 쉽게 접촉할 우려가 없도록 시설하고 또한 그 절연변압기의 부하측 전로를 접지하지 않는 경우)

**하** 제4장 전기철도설비

**03** 전기철도의 설비를 보호하기 위해 시설하는 피뢰기의 시설기준으로 틀린 것은?

① 피뢰기는 변전소 인입측 및 급전선 인출측에 설치하여야 한다.
② 피뢰기는 가능한 한 보호하는 기기와 가깝게 시설하되 누설전류 측정이 용이하도록 지지대와 절연하여 설치한다.
③ 피뢰기는 개방형을 사용하고 유효보호거리를 증가시키기 위하여 방전개시전압 및 제한전압이 낮은 것을 사용한다.
④ 피뢰기는 가공전선과 직접 접속하는 지중케이블에서 낙뢰에 의해 절연파괴의 우려가 있는 케이블 단말에 설치하여야 한다.

**해설** 전기철도의 피뢰기 설치장소(KEC 451.3)

㉠ 변전소 인입측 및 급전선 인출측
㉡ 가공전선과 직접 접속하는 지중케이블에서 낙뢰에 의해 절연파괴의 우려가 있는 케이블 단말
㉢ 피뢰기는 가능한 한 보호하는 기기와 가깝게 시설하되 누설전류 측정이 용이하도록 지지대와 절연하여 설치

**상** 제2장 저압 전기설비

**04** 조명용 백열전등을 설치할 때 타임스위치를 시설하여야 할 곳은?

① 공장
② 사무실
③ 병원
④ 아파트 현관

**해설** 점멸기의 시설(KEC 234.6)

다음의 경우에는 센서등(타임스위치 포함)을 시설하여야 한다.
㉠ 「관광진흥법」과 「공중위생관리법」에 의한 관광숙박업 또는 숙박업(여인숙업을 제외한다)에 이용되는 객실의 입구등은 1분 이내에 소등되는 것
㉡ 일반주택 및 아파트 각 호실의 현관등은 3분 이내에 소등되는 것

**중** 제4장 전기철도설비

**05** 전기철도 변전소의 용량에 대한 설명이다. 다음 ( )에 들어갈 내용으로 옳은 것은?

> 변전소의 용량은 급전구간별 정상적인 열차부하조건에서 ( )시간 최대출력 또는 순시최대출력을 기준으로 결정하고, 연장급전 등 부하의 증가를 고려하여야 한다.

① 12 ② 5
③ 3 ④ 1

**해설** 변전소의 용량(KEC 421.3)

㉠ 변전소의 용량은 급전구간별 정상적인 열차부하조건에서 1시간 최대출력 또는 순시최대출력을 기준으로 결정하고, 연장급전 등 부하의 증가를 고려하여야 한다.
㉡ 변전소의 용량 산정 시 현재의 부하와 장래의 수송수요 및 고장 등을 고려하여 변압기 뱅크를 구성하여야 한다.

**하** 제3장 고압 · 특고압 전기설비

**06** 특고압 절연전선을 사용한 22,900[V] 가공전선과 안테나와의 최소 이격거리(간격)는 몇 [m]인가? (단, 중성선 다중접지식의 것으로 전로에 지기가 생겼을 때 2[sec] 이내에 전로로부터 차단하는 장치가 되어 있다.)

① 1.0 ② 1.2
③ 1.5 ④ 2.0

**해설** 25[kV] 이하인 특고압 가공전선로의 시설 (KEC 333.32)

15[kV] 초과 25[kV] 이하 특고압 가공전선로 이격거리(간격)

| 구분 | 가공전선의 종류 | 이격(수평이격) 거리(간격) |
|---|---|---|
| 가공약전류전선, 저압 또는 고압 가공전선 · 안테나, 저압 또는 고압의 전차선 | 나전선 | 2.0[m] |
| | 특고압 절연전선 | 1.5[m] |
| | 케이블 | 0.5[m] |

**상** 제2장 저압 전기설비

**07** 사용전압이 400[V] 이하인 저압 가공전선은 케이블이나 절연전선인 경우를 제외하고 인장강도가 3.43[kN] 이상인 것 또는 지름 몇 [mm] 이상이어야 하는가?

① 2.0 ② 1.2
③ 3.2 ④ 4.0

**해설** 저압 가공전선의 굵기 및 종류(KEC 222.5)

㉠ 저압 가공전선은 나전선(중성선 또는 다중접지된 접지측 전선으로 사용하는 전선), 절연전선, 다심형 전선 또는 케이블을 사용할 것
㉡ 사용전압이 400[V] 이하인 저압 가공전선
 • 지름 3.2[mm] 이상(인장강도 3.43[kN] 이상)
 • 절연전선인 경우는 지름 2.6[mm] 이상(인장강도 2.3[kN] 이상)
㉢ 사용전압이 400[V] 초과인 저압 가공전선
 • 시가지 : 지름 5[mm] 이상(인장강도 8.01[kN] 이상)
 • 시가지 외 : 지름 4[mm] 이상(인장강도 5.26[kN] 이상)
㉣ 사용전압이 400[V] 초과인 저압 가공전선에는 인입용 비닐절연전선을 사용하지 않을 것

**중** 제2장 저압 전기설비

**08** 과전류차단기로 저압전로에 사용하는 산업용 배선차단기의 부동작전류와 동작전류의 배수로 적합한 것은?

① 1.0배, 1.2배
② 1.05배, 1.3배
③ 1.25배, 1.6배
④ 1.3배, 1.8배

**해설** 보호장치의 특성(KEC 212.3.4)

과전류 트립 동작시간 및 특성(산업용 배선차단기)

| 정격전류의 구분 | 시 간 | 정격전류의 배수 (모든 극에 통전) | |
|---|---|---|---|
| | | 부동작전류 | 동작전류 |
| 63[A] 이하 | 60분 | 1.05배 | 1.3배 |
| 63[A] 초과 | 120분 | 1.05배 | 1.3배 |

**상** 제3장 고압 · 특고압 전기설비

**09** 건조한 장소로서 전개된 장소에 고압 옥내배선을 할 수 있는 것은?

① 애자사용공사
② 합성수지관공사
③ 금속관공사
④ 가요전선관공사

**해설** 고압 옥내배선 등의 시설(KEC 342.1)

고압 옥내배선은 다음에 의하여 시설한다.
㉠ 애자사용공사(건조한 장소로서 전개된 장소에 한한다)
㉡ 케이블공사
㉢ 케이블트레이공사

**정답** 05. ④ 06. ③ 07. ③ 08. ② 09. ①

**하** 제3장 고압·특고압 전기설비

**10** 통신설비의 식별표시에 대한 설명으로 틀린 것은?

① 모든 통신기기에는 식별이 용이하도록 인식용 표찰을 부착하여야 한다.
② 통신사업자의 설비표시명판은 플라스틱 및 금속판 등 견고하고 가벼운 재질로 하고 글씨는 각인하거나 지워지지 않도록 제작된 것을 사용하여야 한다.
③ 배전주에 시설하는 통신설비의 설비표시명판의 경우 분기주, 인류주는 각각의 전주에 시설하여야 한다.
④ 배전주에 시설하는 통신설비의 설비표시명판의 경우 직선주는 전주 10경간(전주 간격)마다 시설한다.

**해설** 통신설비의 식별표시(KEC 365.1)

통신설비의 식별은 다음에 따라 표시할 것
㉠ 모든 통신기기에는 식별이 용이하도록 인식용 표찰을 부착하여야 한다.
㉡ 통신사업자의 설비표시명판은 플라스틱 및 금속판 등 견고하고 가벼운 재질로 하고 글씨는 각인하거나 지워지지 않도록 제작된 것을 사용하여야 한다.
㉢ 설비표시명판 시설기준
  • 배전주 중 직선주는 전주 5경간(전주 간격)마다 시설할 것
  • 배전주 중 분기주, 인류주는 매 전주에 시설할 것

**상** 제1장 공통사항

**11** 최대사용전압이 154[kV]인 중성점 직접 접지식 전로의 절연내력시험전압은 몇 [V]인가?

① 110880
② 141680
③ 169400
④ 192500

**해설** 전로의 절연저항 및 절연내력(KEC 132)

60[kV]를 초과하는 중성점 직접 접지식 때 시험전압은 최대사용전압의 0.72배를 가해야 한다.
시험전압 $E = 154000 \times 0.72 = 110880$[V]

**상** 제3장 고압·특고압 전기설비

**12** 154[kV] 특고압 가공전선로를 시가지에 경동연선으로 시설할 경우 단면적은 몇 [mm²] 이상을 사용하여야 하는가?

① 100
② 150
③ 200
④ 250

**해설** 시가지 등에서 특고압 가공전선로의 시설 (KEC 333.1)

특고압 가공전선 시가지 시설제한의 전선굵기는 다음과 같다.
㉠ 100[kV] 미만은 55[mm²] 이상의 경동연선 또는 알루미늄이나 절연전선
㉡ 100[kV] 이상은 150[mm²] 이상의 경동연선 또는 알루미늄이나 절연전선

**상** 제3장 고압·특고압 전기설비

**13** 가공전선으로의 지지물에 지선(지지선)을 시설할 때 옳은 방법은?

① 지선(지지선)의 안전율을 2.0으로 하였다.
② 소선은 최소 2가닥 이상의 연선을 사용하였다.
③ 지중의 부분 및 지표상 20[cm]까지의 부분은 아연도금철봉 등 내부식성 재료를 사용하였다.
④ 도로를 횡단하는 곳의 지선(지지선)의 높이는 지표상 5[m]로 하였다.

**해설** 지선(지지선)의 시설(KEC 331.11)

㉠ 지선(지지선)의 안전율 : 2.5 이상
㉡ 허용인장하중 : 4.31[kN] 이상
㉢ 소선(素線) 3가닥 이상의 연선일 것
㉣ 소선은 지름 2.6[mm] 이상의 금속선을 사용한 것일 것. 또는 소선의 지름이 2[mm] 이상인 아연도강연선으로서, 소선의 인장강도가 0.68[kN/mm²] 이상인 것
㉤ 지중부분 및 지표상 30[cm]까지의 부분에는 내식성이 있는 아연도금철봉을 사용
㉥ 도로를 횡단 시 지선(지지선)의 높이는 지표상 5[m] 이상
㉦ 지선애자를 사용하여 감전사고방지
㉧ 철탑은 지선(지지선)을 사용하여 강도의 일부를 분담금지

**상** 제2장 저압 전기설비

**14** 저압 가공전선 또는 고압 가공전선이 도로를 횡단할 때 지표상의 높이는 몇 [m] 이상으로 하여야 하는가? (단, 농로, 기타 교통이 번잡하지 않은 도로 및 횡단보도교는 제외한다.)

① 4
② 5
③ 6
④ 7

**정답** 10. ④  11. ①  12. ②  13. ④  14. ③

**해설** 저압 가공전선의 높이(KEC 222.7)
고압 가공전선의 높이(KEC 332.5)

㉠ 도로를 횡단하는 경우 지표상 6[m] 이상
㉡ 철도 또는 궤도를 횡단하는 경우에는 레일면상 6.5[m] 이상
㉢ 횡단보도교의 위인 경우에는 저·고압 가공전선은 노면상 3.5[m] 이상(절연전선 및 케이블인 경우에는 3[m] 이상)
㉣ 기타(도로를 따라 시설)의 경우 지표상 5[m] 이상

---

**상** 제3장 고압·특고압 전기설비

**15** 고압 보안공사 시 지지물로 A종 철근 콘크리트주를 사용할 경우 경간(지지물 간 거리)은 몇 [m] 이하이어야 하는가?

① 100
② 200
③ 250
④ 400

**해설** 고압 보안공사(KEC 332.10)

㉠ 전선은 케이블인 경우 이외에는 지름 5[mm] 이상의 경동선일 것
㉡ 풍압하중에 대한 안전율은 1.5 이상일 것
㉢ 경간(지지물 간 거리)은 다음에서 정한 값 이하일 것

| 지지물의 종류 | 경간<br>(지지물 간 거리) |
|---|---|
| 목주·A종 철주 또는 A종 철근 콘크리트주 | 100[m] |
| B종 철주 또는 B종 철근 콘크리트주 | 150[m] |
| 철탑 | 400[m] |

㉣ 단면적 38[mm²] 이상의 경동연선을 사용하는 경우에는 표준경간을 적용

---

**상** 제5장 분산형 전원설비

**16** 전기저장장치를 시설하는 곳에 계측하는 장치를 시설하여 측정하는 대상이 아닌 것은?

① 주요 변압기의 전압
② 이차전지 출력 단자의 전압
③ 이차전지 출력 단자의 주파수
④ 주요 변압기의 전력

**해설** 계측장치(KEC 511.2.10)

전기저장장치를 시설하는 곳에는 다음의 사항을 계측하는 장치를 시설할 것
㉠ 이차전지 출력 단자의 전압, 전류, 전력 및 충방전 상태
㉡ 주요 변압기의 전압, 전류 및 전력

---

**중** 제3장 고압·특고압 전기설비

**17** 특고압 지중전선이 가연성이나 유독성의 유체(流體)를 내포하는 관과 접근하기 때문에 상호 간에 견고한 내화성의 격벽을 시설하였다면 상호 간의 이격거리(간격)가 몇 [cm] 이하인 경우인가?

① 30
② 60
③ 80
④ 100

**해설** 지중전선과 지중약전류전선 등 또는 관과의 접근 또는 교차(KEC 334.6)

특고압 지중전선이 가연성이나 유독성의 유체를 내포하는 관과 접근하거나 교차하는 경우에 상호 간의 간격이 1[m] 이하(단, 사용전압이 25[kV] 이하인 다중접지방식 지중전선로인 경우에는 0.5[m] 이하)인 때에는 지중전선과 관 사이에 견고한 내화성의 격벽을 시설하는 경우 이외에는 지중전선을 견고한 불연성 또는 난연성의 관에 넣어 그 관이 가연성이나 유독성의 유체를 내포하는 관과 직접 접촉하지 아니하도록 시설하여야 한다.

---

**상** 제2장 저압 전기설비

**18** 라이팅덕트공사에 의한 저압 옥내배선에 대한 설명으로 옳지 않은 것은?

① 덕트는 조영재에 견고하게 붙일 것
② 덕트의 지지점 간의 거리는 3[m] 이상일 것
③ 덕트의 종단부는 폐쇄할 것
④ 덕트는 조영재를 관통하여 시설하지 아니할 것

**해설** 라이팅덕트공사(KEC 232.71)

㉠ 덕트 상호 간 및 전선 상호 간은 견고하게 또한 전기적으로 완전히 접속할 것
㉡ 덕트는 조영재에 견고하게 붙일 것
㉢ 덕트의 지지점 간의 거리는 2[m] 이하로 할 것
㉣ 덕트의 끝부분은 막을 것
㉤ 덕트를 사람이 용이하게 접촉할 우려가 있는 장소에 시설하는 경우에는 전로에 지락이 생겼을 때에 자동적으로 전로를 차단하는 장치를 시설할 것

---

**상** 제3장 고압·특고압 전기설비

**19** 지중전선로의 시설에서 관로식에 의하여 시설하는 경우 매설깊이는 몇 [m] 이상으로 하여야 하는가?

① 0.6
② 1.0
③ 1.2
④ 1.5

---

**정답** 15. ①  16. ③  17. ④  18. ②  19. ②

**해설** 지중전선로의 시설(KEC 334.1)

㉠ 관로식의 경우 케이블 매설깊이
- 차량, 기타 중량물에 의한 압력을 받을 우려가 있는 장소 : 1.0[m] 이상
- 기타 장소 : 0.6[m] 이상

㉡ 직접 매설식의 경우 케이블 매설깊이
- 차량, 기타 중량물에 의한 압력을 받을 우려가 있는 장소 : 1.0[m] 이상
- 기타 장소 : 0.6[m] 이상

**중** 제2장 저압 전기설비

**20** 욕탕의 양단에 판상의 전극을 설치하고 그 전극 상호 간에 교류전압을 가하는 전기욕기의 전원변압기 2차 전압은 몇 [V] 이하인 것을 사용하여야 하는가?

① 5  ② 10
③ 12  ④ 15

**해설** 전기욕기(KEC 241.2)

㉠ 전기욕기용 전원장치(변압기의 2차측 사용전압이 10[V] 이하인 것)를 사용할 것
㉡ 욕탕 안의 전극 간의 거리는 1[m] 이상이어야 한다.
㉢ 욕탕 안의 전극은 사람이 쉽게 접촉할 우려가 없도록 시설한다.
㉣ 전기욕기용 전원장치로부터 욕기 안의 전극까지의 배선은 공칭단면적 2.5[mm²] 이상의 연동선과 이와 동등 이상의 세기 및 굵기의 절연전선(옥외용 비닐절연전선을 제외)이나 케이블 또는 공칭단면적이 1.5[mm²] 이상의 캡타이어케이블을 합성수지관공사, 금속관공사 또는 케이블공사에 의하여 시설하거나 또는 공칭단면적이 1.5[mm²] 이상의 캡타이어 코드를 합성수지관(두께가 2[mm] 미만의 합성수지제 전선관 및 난연성이 없는 콤바인덕트관을 제외)이나 금속관에 넣고 관을 조영재에 견고하게 고정할 것
㉤ 전기욕기용 전원장치로부터 욕기 안의 전극까지의 전선 상호 간 및 전선과 대지 사이의 절연저항은 "KEC 132 전로의 절연저항 및 절연내력"에 따를 것

제2장 저압 전기설비

**01** 주택용 배선차단기의 B형은 순시트립범위가 차단기 정격전류($I_n$)의 몇 배인가?

① $3I_n$ 초과 ~ $5I_n$ 이하

② $5I_n$ 초과 ~ $10I_n$ 이하

③ $10I_n$ 초과 ~ $20I_n$ 이하

④ $1I_n$ 초과 ~ $3I_n$ 이하

**해설 보호장치의 특성(KEC 212.3.4)**

순시트립에 따른 구분(주택용 배선차단기)

| 형 | 순시트립범위 |
|---|---|
| B | $3I_n$ 초과 ~ $5I_n$ 이하 |
| C | $5I_n$ 초과 ~ $10I_n$ 이하 |
| D | $10I_n$ 초과 ~ $20I_n$ 이하 |

비고 1. B, C, D : 순시트립전류에 따른 차단기 분류
2. $I_n$ : 차단기 정격전류

제3장 고압 · 특고압 전기설비

**02** 과전류차단기로 시설하는 퓨즈 중 고압전로에 사용하는 포장퓨즈는 정격전류의 몇 배의 전류에 견디어야 하는가?

① 1.1  ② 1.3

③ 1.5  ④ 2.0

**해설 고압 및 특고압전로 중의 과전류차단기의 시설 (KEC 341.10)**

㉠ 포장퓨즈는 정격전류의 1.3배에 견디고, 또한 2배의 전류로 120분 안에 용단되어야 한다.

㉡ 비포장퓨즈는 정격전류의 1.25배에 견디고, 또한 2배의 전류로 2분 안에 용단되어야 한다.

제1장 공통사항

**03** 전력계통의 일부가 전력계통의 전원과 전기적으로 분리된 상태에서 분산형 전원에 의해서만 가압되는 상태를 무엇이라 하는가?

① 계통연계  ② 단독운전

③ 접속설비  ④ 단순병렬운전

**해설 용어 정의(KEC 112)**

㉠ 단독운전 : 전력계통의 일부가 전력계통의 전원과 전기적으로 분리된 상태에서 분산형 전원에 의해서만 운전되는 상태

㉡ 계통연계 : 둘 이상의 전력계통 사이를 전력이 상호 융통될 수 있도록 선로를 통하여 연결하는 것으로 전력계통 상호 간을 송전선, 변압기 또는 직류–교류변환설비 등에 연결

㉢ 접속설비 : 공용 전력계통으로부터 특정 분산형 전원 전기설비에 이르기까지의 전선로와 이에 부속하는 개폐장치, 모선 및 기타 관련 설비

㉣ 단순병렬운전 : 자가용 발전설비 또는 저압 소용량 일반용 발전설비를 배전계통에 연계하여 운전하되, 생산한 전력의 전부를 자체적으로 소비하기 위한 것으로서 생산한 전력이 연계계통으로 송전되지 않는 병렬 형태

제2장 저압 전기설비

**04** 전기온돌 등의 전열장치를 시설할 때 발열선을 도로, 주차장 또는 조영물의 조영재에 고정시켜 시설하는 경우 발열선에 전기를 공급하는 전로의 대지전압은 몇 [V] 이하이어야 하는가?

① 150  ② 300

③ 380  ④ 440

**해설 도로 등의 전열장치(KEC 241.12)**

㉠ 발열선에 전기를 공급하는 전로의 대지전압은 300[V] 이하일 것

㉡ 발열선은 그 온도가 80[℃]를 넘지 아니하도록 시설할 것. 다만, 도로 또는 옥외주차장에 금속피복을 한 발열선을 시설할 경우에는 발열선의 온도를 120[℃] 이하로 할 수 있다.

제2장 저압 전기설비

**05** 전기울타리의 시설에서 전기울타리용 전원장치에 전기를 공급하는 전로의 사용전압은 몇 [V] 이하인가?

① 250

② 300

③ 440

④ 600

**해설 전기울타리(KEC 241.1)**

㉠ 전기울타리는 사람이 쉽게 출입하지 아니하는 곳에 시설할 것

㉡ 전선은 인장강도 1.38[kN] 이상의 것 또는 지름 2[mm] 이상의 경동선일 것

㉢ 전선과 이를 지지하는 기둥 사이의 이격거리(간격)는 25[mm] 이상일 것

㉣ 전선과 다른 시설물(가공전선은 제외) 또는 수목과의 이격거리(간격)는 0.3[m] 이상일 것

㉤ 전기울타리를 시설한 곳에는 사람이 보기 쉽도록 적당한 간격으로 위험표시를 할 것

㉥ 전기울타리에 전기를 공급하는 전로에는 쉽게 개폐할 수 있는 곳에 전용 개폐기를 시설할 것

㉦ 전기울타리용 전원장치에 전기를 공급하는 전로의 사용전압은 250[V] 이하일 것

---

**상** | 제3장 고압·특고압 전기설비

**06** 철탑의 강도계산에 사용하는 이상 시 상정하중에 대한 철탑의 기초에 대한 안전율은 얼마 이상이어야 하는가?

① 0.9

② 1.33

③ 1.83

④ 2.25

**해설 가공전선로 지지물의 기초의 안전율 (KEC 331.7)**

가공전선로의 지지물에 하중이 가하여지는 경우에는 그 하중을 받는 지지물의 기초의 안전율은 2 이상이어야 한다. 단, 철탑에 이상 시 상정하중이 가하여지는 경우에는 1.33 이상이어야 한다.

---

**중** | 제3장 고압·특고압 전기설비

**07** 철주가 강관에 의하여 구성되는 사각형의 것일 때 갑종 풍압하중을 계산하려 한다. 수직투영면적 1[m²]에 대한 풍압하중을 몇 [Pa]로 기초하여 계산하는가?

① 588

② 882

③ 1117

④ 1411

**해설 풍압하중의 종별과 적용(KEC 331.6)**

철주가 강관으로 구성된 사각형일 때 : 1117[Pa]

---

**중** | 제3장 고압·특고압 전기설비

**08** 고압 지중전선이 지중약전류전선 등과 접근하여 이격거리(간격)가 몇 [cm] 이하인 때 양 전선 사이에 견고한 내화성의 격벽을 설치하는 경우 이외에는 지중전선을 견고한 절연성 또는 난연성의 관에 넣어 그 관이 지중약전류전선 등과 직접 접촉되지 않도록 하여야 하는가?

① 15

② 20

③ 25

④ 30

**해설 지중전선과 지중약전류전선 등 또는 관과의 접근 또는 교차(KEC 334.6)**

지중전선이 지중약전류전선 등과 접근하거나 교차하는 경우에 상호 간의 이격거리(간격)가 저압 또는 고압의 지중전선은 0.3[m] 이하, 특고압 지중전선은 0.6[m] 이하인 때에는 지중전선과 지중약전류전선 등 사이에 견고한 내화성의 격벽을 설치하는 경우 이외에는 지중전선을 견고한 불연성 또는 난연성의 관에 넣어 그 관이 지중약전류전선 등과 직접 접촉하지 아니하도록 시설할 것

---

**하** | 제5장 분산형 전원설비

**09** 연료전지를 자동적으로 전로에서 차단하고 연료전지에 연료가스 공급을 자동적으로 차단하며, 연료전지 내의 연료가스를 자동적으로 배기하는 장치를 시설하여야 하는 경우가 아닌 것은?

① 발전요소의 발전전압에 이상이 생겼을 경우

② 연료전지의 온도가 현저하게 상승한 경우

③ 연료전지에 과전류가 생긴 경우

④ 공기 출구에서의 연료가스 농도가 현저히 저하한 경우

**해설 연료전지설비의 보호장치(KEC 542.2.1)**

연료전지는 다음의 경우에 자동적으로 이를 전로에서 차단하고 연료전지에 연료가스 공급을 자동적으로 차단하며 연료전지 내의 연료가스를 자동적으로 배출하는 장치를 시설할 것

㉠ 연료전지에 과전류가 생긴 경우

㉡ 발전요소의 발전전압에 이상이 생겼을 경우 또는 연료가스 출구에서의 산소농도 또는 공기 출구에서의 연료가스 농도가 현저히 상승한 경우

㉢ 연료전지의 온도가 현저하게 상승한 경우

---

**상** 제3장 고압·특고압 전기설비

**10** 옥내에 시설하는 고압의 이동전선은 고압용의 어떤 전선을 사용하는가?

① 절연전선
② 미네럴인슐레이션케이블
③ 광섬유케이블
④ 캡타이어케이블

**해설** 옥내 고압용 이동전선의 시설(KEC 342.2)

옥내에 시설하는 고압의 이동전선은 다음에 따라 시설하여야 한다.

㉠ 전선은 고압용의 캡타이어케이블일 것
㉡ 이동전선과 전기사용기계기구와는 볼트조임 기타의 방법에 의하여 견고하게 접속할 것
㉢ 이동전선에 전기를 공급하는 전로(유도전동기의 2차 측 전로를 제외)에는 전용 개폐기 및 과전류차단기를 각 극(과전류차단기는 다선식 전로의 중성극을 제외)에 시설하고, 또한 전로에 지락이 생겼을 때에 자동적으로 전로를 차단하는 장치를 시설할 것

**상** 제2장 저압 전기설비

**11** 금속관공사를 콘크리트에 매설하여 시행하는 경우 관의 두께는 몇 [mm] 이상이어야 하는가?

① 1.0 　　　② 1.2
③ 1.4 　　　④ 1.6

**해설** 금속관공사(KEC 232.12)

㉠ 전선은 절연전선을 사용(옥외용 비닐절연전선은 사용 불가)
㉡ 전선은 연선일 것. 다만, 다음의 것은 적용하지 않음
 • 짧고 가는 금속관에 넣은 것
 • 단면적 10[mm²](알루미늄선은 단면적 16[mm²]) 이하의 것
㉢ 전선은 금속관 안에서 접속점이 없도록 할 것
㉣ 관 두께는 콘크리트에 매입하는 것은 1.2[mm] 이상, 기타 경우 1[mm] 이상으로 할 것

**상** 제2장 저압 전기설비

**12** 저압 가공전선 또는 고압 가공전선이 도로를 횡단할 때 지표상의 높이는 몇 [m] 이상으로 하여야 하는가? (단, 농로, 기타 교통이 번잡하지 않은 도로 및 횡단보도교는 제외한다.)

① 4 　　　② 5
③ 6 　　　④ 7

**해설** 저압 가공전선의 높이(KEC 222.7)
　　　고압 가공전선의 높이(KEC 332.5)

㉠ 도로를 횡단하는 경우 지표상 6[m] 이상
㉡ 철도 또는 궤도를 횡단하는 경우에는 레일면상 6.5[m] 이상
㉢ 횡단보도교의 위인 경우에는 저·고압 가공전선은 노면상 3.5[m] 이상(절연전선 및 케이블인 경우에는 3[m] 이상)
㉣ 기타(도로를 따라 시설)의 경우 지표상 5[m] 이상

**상** 제3장 고압·특고압 전기설비

**13** 인가가 많이 연접(이웃 연결)된 장소에 시설하는 고·저압 가공전선로의 풍압하중에 대하여 갑종 풍압하중 또는 을종 풍압하중에 갈음하여 병종 풍압하중을 적용할 수 있는 구성재가 아닌 것은?

① 저압 또는 고압 가공전선로의 지지물
② 저압 또는 고압 가공전선로의 가섭선
③ 사용전압이 35000[V] 이하인 특고압 가공전선로의 지지물에 시설하는 저압 또는 고압 가공전선
④ 사용전압이 35000[V] 이상인 특고압 가공전선로에 사용하는 케이블

**해설** 풍압하중의 종별과 적용(KEC 331.6)

인가가 많이 연접(이웃 연결)된 장소로서 병종 풍압하중을 적용할 수 있는 사항은 다음과 같다.
㉠ 저압 또는 고압 가공전선로의 지지물 또는 가섭선
㉡ 사용전압이 35000[V] 이하의 전선에 특고압 절연전선 또는 케이블을 사용하는 특고압 가공전선로의 지지물, 가섭선 및 특고압 가공전선을 지지하는 애자장치 및 완금류

**상** 제3장 고압·특고압 전기설비

**14** 전력보안통신선을 조가할 경우 조가용선(조가선)으로 알맞은 것은?

① 금속으로 된 단선
② 알루미늄으로 된 단선
③ 강심알루미늄연선
④ 아연도강연선

**해설** 조가선 시설기준(KEC 362.3)

조가선은 단면적 38[mm²] 이상의 아연도강연선을 사용할 것

**정답** 10. ④　11. ②　12. ③　13. ④　14. ④

**하** 제5장 분산형 전원설비

**15** 풍력설비의 피뢰설비시설기준에 관한 사항이다. 다음 중 잘못된 것은?

① 수뢰부를 풍력터빈 선단부분 및 가장자리 부분에 배치하되 뇌격전류에 의한 발열에 용손(녹아서 손상)되지 않도록 재질, 크기, 두께 및 형상 등을 고려할 것

② 풍력터빈에 설치하는 인하도선은 쉽게 부식되지 않는 금속선으로서 뇌격전류를 안전하게 흘릴 수 있는 충분한 굵기여야 하며, 가능한 직선으로 시설할 것

③ 풍력터빈 내부의 계측 센서용 케이블은 금속관 또는 차폐케이블 등을 사용하여 뇌유도과전압으로부터 보호할 것

④ 풍력터빈에 설치한 피뢰설비의 기능저하로 인해 다른 기능에 영향을 미치지 않을 것

**해설** **풍력설비의 피뢰설비(KEC 532.3.5)**

풍력터빈의 피뢰설비는 다음에 따라 시설할 것

㉠ 풍력터빈에 설치하는 인하도선은 쉽게 부식되지 않는 금속선으로서 뇌격전류를 안전하게 흘릴 수 있는 충분한 굵기여야 하며, 가능한 직선으로 시설할 것

㉡ 풍력터빈 내부의 계측 센서용 케이블은 금속관 또는 차폐케이블 등을 사용하여 뇌유도과전압으로부터 보호할 것

㉢ 풍력터빈에 설치한 피뢰설비(리셉터, 인하도선 등)의 기능저하로 인해 다른 기능에 영향을 미치지 않을 것

**상** 제3장 고압·특고압 전기설비

**16** 변압기에 의하여 특고압전로에 결합되는 고압전로에는 혼촉 등에 의한 위험방지시설로 어떤 것을 그 변압기의 단자에 가까운 1극에 설치하여야 하는가?

① 댐퍼
② 절연애자
③ 퓨즈
④ 방전장치

**해설** **특고압과 고압의 혼촉 등에 의한 위험방지 시설 (KEC 322.3)**

변압기에 의하여 특고압전로에 결합되는 고압전로에는 사용전압의 3배 이하인 전압이 가하여진 경우에 방전하는 장치를 그 변압기의 단자에 가까운 1극에 설치하여야 한다.

**중** 제2장 저압 전기설비

**17** 터널 등에 시설하는 사용전압이 220[V]인 전구선이 0.6/1[kV] EP 고무절연 클로로프렌 캡타이어 케이블일 경우 단면적은 최소 몇 [mm²] 이상이어야 하는가?

① 0.5
② 1.25
③ 1.4
④ 0.75

**해설** **터널 등의 전구선 또는 이동전선 등의 시설 (KEC 242.7.4)**

터널 등에 시설하는 사용전압이 400[V] 이하인 저압의 전구선은 단면적 0.75[mm²] 이상의 300/300[V] 편조 고무코드 또는 0.6/1[kV] EP 고무절연 클로로프렌 캡타이어 케이블로 시설하여야 한다.

**중** 제3장 고압·특고압 전기설비

**18** 전력보안통신설비로 무선용 안테나 등을 시설할 수 있는 경우로 옳은 것은?

① 항상 가공전선로의 지지물에 시설한다.
② 접지와 공용으로 사용할 수 있도록 시설한다.
③ 전선로의 주위 상태를 감시할 목적으로 시설한다.
④ 피뢰침설비가 불가능한 개소에 시설한다.

**해설** **무선용 안테나 등의 시설 제한(KEC 364.2)**

무선용 안테나 등은 전선로의 주위 상태를 감시하거나 배전자동화, 원격검침 등 지능형 전력망을 목적으로 시설하는 것 이외에는 가공전선로의 지지물에 시설하여서는 안 된다.

**하** 제3장 고압·특고압 전기설비

**19** 특고압 옥내배선과 저압 옥내전선, 관등회로의 배선 또는 고압 옥내전선 사이의 이격거리(간격)는 몇 [cm] 이상이어야 하는가?

① 15
② 30
③ 45
④ 60

**해설** **특고압 옥내 전기설비의 시설(KEC 342.4)**

특고압 옥내배선과 저압 옥내전선·관등회로의 배선 또는 고압 옥내전선 사이의 이격거리(간격)는 0.6[m] 이상일 것. 다만, 상호 간에 견고한 내화성의 격벽을 시설할 경우에는 그러하지 아니하다.

---

**정답** 15. ① 16. ④ 17. ④ 18. ③ 19. ④

**상** 제4장 전기철도설비

**20** 전기철도차량의 집전장치와 접촉하여 전력을 공급하기 위한 전선을 무엇이라 하는가?

① 급전선
② 전차선
③ 급전선로
④ 조가선

**해설** 전기철도의 용어 정의(KEC 402)

㉠ 전차선 : 전기철도차량의 집전장치와 접촉하여 전력을 공급하기 위한 전선
㉡ 조가선 : 절차선이 레일면상 일정한 높이를 유지하도록 행어이어, 드로퍼 등을 이용하여 전차선 상부에서 조가하여 주는 전선

**상** 제3장 고압·특고압 전기설비

**01** 특고압 가공전선로를 시가지에서 A종 철주를 사용하여 시설하는 경우 경간(지지물 간 거리)은 최대는 몇 [m]이어야 하는가?

① 50　　　　② 75

③ 150　　　④ 200

**해설** 시가지 등에서 특고압 가공전선로의 시설 (KEC 333.1)

㉠ 지지물에는 철주, 철근 콘크리트주 또는 철탑을 사용한다.
㉡ 지지물 간 거리는 A종은 75[m] 이하, B종은 150[m] 이하, 철탑은 400[m](2 이상의 전선이 수평이고 간격이 4[m] 미만인 경우는 250[m]) 이하로 한다.

**하** 제5장 분산형 전원설비

**02** 이차전지를 이용한 전기저장장치의 시설기준으로 틀린 것은?

① 전기저장장치를 시설하는 장소는 폭발성 가스의 축적을 방지하기 위한 환기시설을 갖추어야 한다.

② 점검을 용이하게 하기 위해 충전부분이 노출되도록 시설하여야 한다.

③ 침수의 우려가 없도록 시설하여야 한다.

④ 전기저장장치의 이차전지, 제어반, 배전반의 시설은 기기 등을 조작 또는 보수·점검할 수 있는 충분한 공간을 확보하고 조명설비를 설치하여야 한다.

**해설** 전기저장장치의 시설장소 요구사항(KEC 511.1)

㉠ 전기저장장치의 이차전지, 제어반, 배전반의 시설은 기기 등을 조작 또는 보수·점검할 수 있는 충분한 공간을 확보하고 조명설비를 설치할 것
㉡ 전기저장장치를 시설하는 장소는 폭발성 가스의 축적을 방지하기 위한 환기시설을 갖추고 제조사가 권장하는 온도·습도·수분·먼지 등 적정 운영환경을 상시 유지할 것
㉢ 침수 및 누수의 우려가 없도록 시설할 것
㉣ 외벽 등 확인하기 쉬운 위치에 "전기저장장치 시설장소" 표지를 하고, 일반인의 출입을 통제하기 위한 잠금장치 등을 설치할 것

**중** 제3장 고압·특고압 전기설비

**03** 지중전선로를 직접 매설식에 의하여 시설할 때 중량물의 압력을 받을 우려가 있는 장소에 지중전선을 견고한 트로프, 기타 방호물에 넣지 않고도 부설할 수 있는 케이블은?

① 염화비닐 절연 케이블

② 폴리에틸렌 외장 케이블

③ 콤바인덕트 케이블

④ 알루미늄피 케이블

**해설** 지중전선로의 시설(KEC 334.1)

직접 매설식에 의하여 시설하는 경우
㉠ 매설 깊이를 차량, 기타 중량물의 압력을 받을 우려가 있는 장소에는 1.0[m] 이상, 기타 장소에는 0.6[m] 이상으로 하고 또한 지중전선을 견고한 트로프, 기타 방호물에 넣어서 시설
㉡ 케이블을 견고한 트로프, 기타 방호물에 넣지 않아도 되는 경우
 • 차량, 기타 중량물의 압력을 받을 우려가 없는 경우에 그 위를 견고한 판 또는 몰드로 덮어 시설하는 경우
 • 저압 또는 고압의 지중전선에 콤바인덕트 케이블을 사용하여 시설하는 경우
 • 지중전선에 파이프형 압력케이블을 사용하거나 최대 사용전압이 60[kV]를 초과하는 연피케이블, 알루미늄피케이블 그 밖의 금속피복을 한 특고압 케이블을 사용하고 또한 지중전선의 위를 견고한 판 또는 몰드 등으로 덮어 시설하는 경우

**상** 제2장 저압 전기설비

**04** 저압 옥내간선에서 분기하여 전기사용기계기구에 이르는 저압 옥내전로에서 저압 옥내간선과의 분기점에서 전선의 길이가 몇 [m] 이하인 곳에 개폐기 및 과전류차단기를 설치하여야 하는가?

① 2　　　　② 3

③ 5　　　　④ 6

**해설** 과부하 보호장치의 설치 위치(KEC 212.4.2)

분기회로의 보호장치는 분기회로의 분기점으로부터 3[m] 까지 이동하여 설치할 수 있다.

**하** 제4장 전기철도설비

**05** 전차선로의 전기방식에 대한 설명으로 틀린 것은?

① 교류방식에서 최저 비영구 전압은 지속시간이 2분 이하로 예상되는 전압의 최저값으로 한다.

② 직류방식에서 최고 비영구 전압은 지속시간이 3분 이하로 예상되는 전압의 최고값으로 한다.

③ 수전선로의 공칭전압은 교류 3상 22.9[kV], 154[kV], 345[kV]이다.

④ 교류방식의 급전전압 주파수(실효값)는 60[Hz]이다.

**해설** 전차선로의 전압(KEC 411.2)

직류방식에서 최고 비영구 전압은 지속시간이 5분 이하로 예상되는 전압의 최고값으로 한다.

**중** 제3장 고압 · 특고압 전기설비

**06** 특고압을 직접 저압으로 변성하는 변압기를 시설하여서는 안 되는 것은?

① 발전소 · 변전소 · 개폐소 또는 이에 준하는 곳의 소내용 변압기

② 전기로 등 전류가 큰 전기를 소비하기 위한 변압기

③ 사용전압이 35[kV] 이하인 변압기로서 그 특고압측 권선과 저압측 권선이 혼촉한 경우에 자동적으로 변압기를 전로로부터 차단하기 위한 장치를 설치한 것

④ 직류식 전기철도용 신호회로에 전기를 공급하기 위한 변압기

**해설** 특고압을 직접 저압으로 변성하는 변압기의 시설(KEC 341.3)

㉠ 전기로 등 전류가 큰 전기를 소비하기 위한 변압기

㉡ 발전소 · 변전소 · 개폐소 또는 이에 준하는 곳의 소내용 변압기

㉢ 교류식 전기철도용 신호회로에 전기를 공급하기 위한 변압기

㉣ 사용전압이 35[kV] 이하인 변압기로서, 그 특고압측 권선과 저압측 권선이 혼촉한 경우에 자동적으로 변압기를 전로로부터 차단하기 위한 장치를 설치한 것

**상** 제3장 고압 · 특고압 전기설비

**07** 가공전선으로의 지지물에 시설하는 지선(지지선)의 시방세목으로 옳은 것은?

① 안전율은 1.2일 것

② 소선은 3조 이상의 연선일 것

③ 소선은 지름 2.0[mm] 이상인 금속선을 사용한 것일 것

④ 허용인장하중의 최저는 3.2[kN]으로 할 것

**해설** 지선(지지선)의 시설(KEC 331.11)

가공전선로의 지지물에 시설하는 지선(지지선)은 다음에 따라야 한다.

㉠ 지선(지지선)의 안전율 : 2.5 이상(목주 · A종 철주, A종 철근 콘크리트주 등 1.5 이상)

㉡ 허용인장하중 : 4.31[kN] 이상

㉢ 소선(素線) 3가닥 이상의 연선일 것

㉣ 소선은 지름 2.6[mm] 이상의 금속선을 사용한 것일 것. 또는 소선의 지름이 2[mm] 이상인 아연도강연선으로서, 소선의 인장강도가 0.68[kN/mm²] 이상인 것

㉤ 지중부분 및 지표상 0.3[m]까지의 부분에는 내식성이 있는 것 또는 아연도금철봉 사용

**중** 제5장 분산형 전원설비

**08** 전기저장장치의 시설기준에 대한 설명으로 틀린 것은?

① 외부터미널과 접속하기 위해 필요한 접점의 압력이 사용기간 동안 유지되어야 한다.

② 단자를 체결 또는 잠글 때 너트나 나사는 풀림방지 기능이 있는 것을 사용하여야 한다.

③ 전선은 2.5[mm²] 이상의 연동선 또는 이와 동등 이상의 세기 및 굵기여야 한다.

④ 전기배선을 옥측 또는 옥외에 시설할 경우 금속관공사, 합성수지관공사, 애자공사의 규정에 준하여 시설한다.

**해설** 전기저장장치의 시설(KEC 511.2)

㉠ 전선은 2.5[mm²] 이상의 연동선 또는 이와 동등 이상의 세기 및 굵기를 사용한다.

㉡ 단자의 접속은 기계적, 전기적 안전성을 확보하도록 하여야 한다.

**정답** 05. ② 06. ④ 07. ② 08. ④

ⓒ 단자를 체결 또는 잠글 때 너트나 나사는 풀림방지 기능이 있는 것을 사용하여야 한다.
ⓔ 옥측 또는 옥외에 시설할 경우에는 합성수지관공사, 금속관공사, 금속제 가요전선관공사, 케이블공사로 시설할 것

**상** 제3장 고압·특고압 전기설비

**09** 사용전압이 35[kV] 이하인 특고압 가공전선과 가공약전류전선 등을 동일 지지물에 시설하는 경우, 특고압 가공전선로는 어떤 종류의 보안공사를 하여야 하는가?

① 제1종 특고압 보안공사
② 제2종 특고압 보안공사
③ 제3종 특고압 보안공사
④ 고압 보안공사

**해설** 특고압 가공전선과 가공약전류전선 등의 공용 설치(KEC 333.19)

ⓐ 특고압 가공전선로는 제2종 특고압 보안공사에 의할 것
ⓑ 특고압 가공전선은 가공약전류전선 등의 위로 하고 별개의 완금류에 시설할 것
ⓒ 특고압 가공전선은 케이블인 경우 이외에는 인장강도 21.67[kN] 이상의 연선 또는 단면적이 50[mm²] 이상인 경동연선일 것
ⓓ 특고압 가공전선과 가공약전류전선 등 사이의 이격거리(간격)는 2[m] 이상으로 할 것. 다만, 특고압 가공전선이 케이블인 경우에는 0.5[m]까지 감할 수 있다.

**상** 제3장 고압·특고압 전기설비

**10** 가공전선로의 지지물로 사용하는 철주 또는 철근 콘크리트주는 지선(지지선)을 사용하지 않는 상태에서 얼마 이상의 풍압하중에 견디는 강도를 가지는 경우 이외에는 지선(지지선)을 사용하여 그 강도를 분담시켜서는 안 되는가?

① $\frac{1}{2}$
② $\frac{1}{3}$
③ $\frac{1}{5}$
④ $\frac{1}{10}$

**해설** 지선(지지선)의 시설(KEC 331.11)

ⓐ 철탑은 지선(지지선)을 사용하여 그 강도를 분담시켜서는 안 된다.
ⓑ 지지물로 사용하는 철주 또는 철근 콘크리트주는 지선(지지선)을 사용하지 않는 상태에서 2분의 1 이상의 풍압하중에 견디는 강도를 가지는 경우 이외에는 지선(지지선)을 사용하여 그 강도를 분담시켜서는 안 된다.

**상** 제3장 고압·특고압 전기설비

**11** 발전기나 이를 구동시키는 원동기에 사고가 발생하였을 때 발전기를 전로로부터 자동적으로 차단하는 장치를 시설하여야 하는 경우로 옳은 것은?

① 용량이 1,000[kVA]인 수차발전기의 스러스트 베어링의 온도가 현저히 상승한 경우
② 용량이 300[kVA]인 발전기를 구동하는 수차의 압유장치의 유압이 현저히 저하한 경우
③ 용량이 5,000[kVA]인 발전기의 내부에 고장이 생긴 경우
④ 발전기에 과전류나 과전압이 생긴 경우

**해설** 발전기 등의 보호장치(KEC 351.3)

다음의 경우 자동적으로 이를 전로로부터 자동차단하는 장치를 하여야 한다.
ⓐ 발전기에 과전류나 과전압이 생기는 경우
ⓑ 500[kVA] 이상 : 수차의 압유장치의 유압 또는 전동식 제어장치(가이드밴, 니들, 디플렉터 등)의 전원전압이 현저하게 저하한 경우
ⓒ 100[kVA] 이상 : 발전기를 구동하는 풍차의 압유장치의 유압, 압축공기장치의 공기압 또는 전동식 블레이드 제어장치의 전원전압이 현저히 저하한 경우
ⓓ 2,000[kVA] 이상 : 수차발전기의 스러스트 베어링의 온도가 현저하게 상승하는 경우
ⓔ 10,000[kVA] 이상 : 발전기 내부고장이 생긴 경우
ⓕ 출력 10,000[kW] 넘는 증기터빈의 스러스트 베어링이 현저하게 마모되거나 온도가 현저히 상승하는 경우

**상** 제1장 공통사항

**12** 최대사용전압이 69[kV]인 중성점 비접지식 전로의 절연내력시험전압은 몇 [kV]인가?

① 103.5   ② 86.25
③ 63.48   ④ 75.9

**해설 전로의 절연저항 및 절연내력(KEC 132)**

| 전로의 종류 | 시험전압 |
|---|---|
| 1. 최대사용전압 7[kV] 이하인 전로 | 최대사용전압의 1.5배의 전압 |
| 2. 최대사용전압 7[kV] 초과 25[kV] 이하인 중성점 접지식 전로(중성선을 가지는 것으로서 그 중성선을 다중 접지 하는 것에 한함) | 최대사용전압의 0.92배의 전압 |
| 3. 최대사용전압 7[kV] 초과 60[kV] 이하인 전로(2란의 것을 제외) | 최대사용전압의 1.25배의 전압 (10.5[kV] 미만으로 되는 경우는 10.5[kV]) |
| 4. 최대사용전압 60[kV] 초과 중성점 비접지식 전로(전위변성기를 사용하여 접지하는 것을 포함) | 최대사용전압의 1.25배의 전압 |
| 5. 최대사용전압 60[kV] 초과 중성점 접지식 전로(전위변성기를 사용하여 접지하는 것 및 6란과 7란의 것을 제외) | 최대사용전압의1.1배의 전압 (75[kV] 미만으로 되는 경우에는 75[kV]) |
| 6. 최대사용전압이 60[kV] 초과 중성점 직접접지식 전로(7란의 것을 제외) | 최대사용전압의 0.72배의 전압 |
| 7. 최대사용전압이 170[kV] 초과 중성점 직접 접지식 전로로서 그 중성점이 직접 접지되어 있는 발전소 또는 변전소 혹은 이에 준하는 장소에 시설하는 것 | 최대사용전압의 0.64배의 전압 |
| 8. 최대사용전압이 60[kV]를 초과하는 정류기에 접속되고 있는 전로 | 교류측 및 직류 고전압측에 접속되고 있는 전로는 교류측의 최대사용전압의 1.1배의 직류전압<br><br>직류측 중성선 또는 귀선이 되는 전로(이하 이 장에서 "직류 저압측 전로"라 한다)는 아래에 규정하는 계산식에 의하여 구한 값 |

※ 절연내력시험전압
$E = 69000 \times 1.25 = 86250 ≒ 86.25[kV]$

**상 제2장 저압 전기설비**

**13** 저압 옥내배선 합성수지관공사 시 연선이 아닌 경우 사용할 수 있는 연동선의 최대 단면적은 몇 [mm²]인가?

① 4　② 6
③ 10　④ 16

**해설 합성수지관공사(KEC 232.11)**

㉠ 전선은 절연전선을 사용(옥외용 비닐절연전선은 사용 불가)
㉡ 전선은 연선일 것. 다만, 다음의 것은 적용하지 않음
　• 짧고 가는 합성수지관에 넣은 것
　• 단면적 10[mm²](알루미늄선은 단면적 16[mm²]) 이하의 것
㉢ 전선은 합성수지관 안에서 접속점이 없도록 할 것
㉣ 합성수지관의 지지점 간의 거리는 1.5[m] 이하일 것
㉤ 관 상호 간 및 박스와는 관을 삽입하는 깊이를 관의 바깥지름의 1.2배(접착제를 사용 : 0.8배)로 함

**하 제2장 저압 전기설비**

**14** 저압 옥내 직류전기설비에서 직류 2선식을 다음과 같이 시설하였을 때 접지하지 않아도 되는 경우는?

① 사용전압이 80[V] 이하인 경우
② 접지검출기를 설치하고 전체구역의 산업용 기계기구에 공급하는 경우
③ 최대 40[mA] 이하의 직류화재경보회로를 시설한 경우
④ 절연감시장치 또는 절연고장점검출장치를 설치하여 관리자가 확인할 수 있도록 경보장치를 시설하는 경우

**해설 저압 옥내 직류전기설비의 접지(KEC 243.1.8)**

직류 2선식에서 접지공사를 생략할 수 있는 경우
㉠ 사용전압이 60[V] 이하인 경우
㉡ 접지검출기를 설치하고 특정구역 내의 산업용 기계기구에만 공급하는 경우
㉢ 교류전로로부터 공급을 받는 정류기에서 인출되는 직류계통
㉣ 최대전류 30[mA] 이하의 직류화재경보회로
㉤ 절연감시장치 또는 절연고장점검출장치를 설치하여 관리자가 확인할 수 있도록 경보장치를 시설하는 경우

**상 제2장 저압 전기설비**

**15** 일반주택 및 아파트 각 호실의 현관등은 몇 분 이내에 소등되는 타임스위치를 시설하여야 하는가?

① 1분
② 3분
③ 5분
④ 10분

**정답 13. ③ 14. ④ 15. ②**

**해설 점멸기의 시설(KEC 234.6)**

다음의 경우에는 센서등(타임스위치 포함)을 시설하여야 한다.
㉠ 「관광진흥법」과 「공중위생관리법」에 의한 관광숙박업 또는 숙박업(여인숙업을 제외)에 이용되는 객실의 입구 등은 1분 이내에 소등되는 것
㉡ 일반주택 및 아파트 각 호실의 현관등은 3분 이내에 소등되는 것

**상** 제3장 고압·특고압 전기설비

**16** 22.9[kV]의 특고압 가공전선로를 시가지에 시설할 경우 지표상의 최저높이는 몇 [m]이어야 하는가? (단, 전선은 특고압 절연전선이다.)

① 6
② 7
③ 8
④ 10

**해설 시가지 등에서 특고압 가공전선로의 시설 (KEC 333.1)**

전선의 지표상의 높이는 다음에서 정한 값 이상일 것

| 사용전압의 구분 | 지표상의 높이 |
|---|---|
| 35[kV] 이하 | 10[m] 이상 (전선이 특고압 절연전선인 경우에는 8[m]) |
| 35[kV] 초과 | 10[m]에 35[kV]를 초과하는 10[kV] 또는 그 단수마다 0.12[m]를 더한 값 |

**상** 제3장 고압·특고압 전기설비

**17** 발전소, 변전소 또는 이에 준하는 곳에 특고압전로의 접속상태를 모의모선(模擬母線)의 사용 또는 기타의 방법으로 표시하여야 하는데 다음 중 표시의 의무가 없는 것은?

① 전선로의 회선수가 3회선 이하로서 복모선
② 전선로의 회선수가 2회선 이하로서 복모선
③ 전선로의 회선수가 3회선 이하로서 단일모선
④ 전선로의 회선수가 2회선 이하로서 단일모선

**해설 특고압전로의 상 및 접속상태의 표시 (KEC 351.2)**

㉠ 발전소·변전소 등의 특고압전로에는 그의 보기 쉬운 곳에 상별 표시
㉡ 발전소·변전소 등의 특고압전로에 대하여는 접속상태를 모의모선에 의해 사용 표시
㉢ 특고압 전선로의 회선수가 2 이하이고 또한 특고압의 모선이 단일모선인 경우 생략 가능

**중** 제2장 저압 전기설비

**18** 사용전압이 400[V] 초과인 저압 가공전선에 사용할 수 없는 전선은? (단, 시가지에 시설하는 경우이다.)

① 인입용 비닐절연전선
② 지름 5[mm] 이상의 경동선
③ 케이블
④ 나전선(중성선 또는 다중접지된 접지측 전선으로 사용하는 전선에 한한다.)

**해설 저압 가공전선의 굵기 및 종류(KEC 222.5)**

㉠ 저압 가공전선은 나전선(중성선 또는 다중접지된 접지측 전선으로 사용하는 전선), 절연전선, 다심형 전선 또는 케이블을 사용할 것
㉡ 사용전압이 400[V] 이하인 저압 가공전선
　• 지름 3.2[mm] 이상(인장강도 3.43[kN] 이상)
　• 절연전선인 경우는 지름 2.6[mm] 이상(인장강도 2.3[kN] 이상)
㉢ 사용전압이 400[V] 초과인 저압 가공전선
　• 시가지 : 지름 5[mm] 이상(인장강도 8.01[kN] 이상)
　• 시가지 외 : 지름 4[mm] 이상(인장강도 5.26[kN] 이상)
㉣ 사용전압이 400[V] 초과인 저압 가공전선에는 인입용 비닐절연전선을 사용하지 않을 것

**중** 제2장 저압 전기설비

**19** 합성수지관공사에 의한 저압 옥내배선시설 방법에 대한 설명 중 틀린 것은?

① 관의 지지점 간의 거리는 1.2[m] 이하로 할 것
② 박스, 기타의 부속품을 습기가 많은 장소에 시설하는 경우에는 방습장치로 할 것
③ 사용전선은 절연전선일 것
④ 합성수지관 안에는 전선의 접속점이 없도록 할 것

**해설 합성수지관공사(KEC 232.11)**

㉠ 전선은 절연전선을 사용(옥외용 비닐절연전선은 사용불가)
㉡ 전선은 연선일 것. 다만, 다음의 것은 적용하지 않음
　• 짧고 가는 합성수지관에 넣은 것
　• 단면적 10[mm²](알루미늄선은 단면적 16[mm²]) 이하의 것
㉢ 전선은 합성수지관 안에서 접속점이 없도록 할 것
㉣ 합성수지관의 지지점 간의 거리는 1.5[m] 이하일 것
㉤ 관 상호 간 및 박스와는 관을 삽입하는 깊이를 관의 바깥지름의 1.2배(접착제를 사용 : 0.8배)로 함
㉥ 습기가 많은 장소 또는 물기가 있는 장소에 시설하는 경우에는 방습장치를 할 것

**정답** 16. ③　17. ④　18. ①　19. ①

**중** 제3장 고압·특고압 전기설비

**20** 애자사용공사에 의한 고압 옥내배선을 시설하고자 한다. 다음 중 잘못된 내용은?

① 저압 옥내배선과 쉽게 식별되도록 시설한다.

② 전선은 공칭단면적 6[mm²] 이상의 연동선을 사용한다.

③ 전선 상호 간의 간격은 8[cm] 이상이어야 한다.

④ 전선과 조영재 사이의 이격거리(간격)는 4[cm] 이상이어야 한다.

**해설** 고압 옥내배선 등의 시설(KEC 342.1)

㉠ 고압 옥내배선은 다음에 의하여 시설한다.
  • 애자사용공사(건조한 장소로서 전개된 장소에 한한다.)
  • 케이블공사
  • 케이블트레이공사
㉡ 애자사용공사에 의한 고압 옥내배선은 다음에 의한다.
  • 전선은 공칭단면적 6[mm²] 이상의 연동선 또는 이와 동등 이상의 세기 및 굵기의 고압 절연전선이나 특고압 절연전선 또는 인하용 고압 절연전선일 것
  • 전선의 지지점 간의 거리는 6[m] 이하일 것. 다만, 전선을 조영재의 면을 따라 붙이는 경우에는 2[m] 이하이어야 한다.
  • 전선 상호 간의 간격은 0.08[m] 이상, 전선과 조영재 사이의 이격거리(간격)는 0.05[m] 이상일 것

**제1장 공통사항**

**01** 두 개 이상의 전선을 병렬로 사용하는 경우에 구리선과 알루미늄선은 각각 얼마 이상의 전선으로 하여야 하는가?

① 구리선 : 20[mm²] 이상,
　알루미늄선 : 40[mm²] 이상
② 구리선 : 30[mm²] 이상,
　알루미늄선 : 50[mm²] 이상
③ 구리선 : 40[mm²] 이상,
　알루미늄선 : 60[mm²] 이상
④ 구리선 : 50[mm²] 이상,
　알루미늄선 : 70[mm²] 이상

**해설** **전선의 접속(KEC 123)**

두 개 이상의 전선을 병렬로 사용하는 경우 각 전선의 굵기는 구리선 50[mm²] 이상 또는 알루미늄 70[mm²] 이상으로 하고, 전선은 같은 도체, 같은 재료, 같은 길이 및 같은 굵기의 것을 사용하여야 한다.

상 **제2장 저압 전기설비**

**02** 욕탕의 양단에 판상의 전극을 설치하고 그 전극 상호 간에 교류전압을 가하는 전기욕기의 전원변압기 2차 전압은 몇 [V] 이하인 것을 사용하여야 하는가?

① 5　　　　② 10
③ 12　　　④ 15

**해설** **전기욕기(KEC 241.2)**

㉠ 전기욕기용 전원장치(변압기의 2차측 사용전압이 10[V] 이하인 것)를 사용할 것
㉡ 욕탕 안의 전극 간의 거리는 1[m] 이상이어야 한다.
㉢ 욕탕 안의 전극은 사람이 쉽게 접촉할 우려가 없도록 시설한다.
㉣ 전기욕기용 전원장치로부터 욕기 안의 전극까지의 배선은 공칭단면적 2.5[mm²] 이상의 연동선과 이와 동등 이상의 세기 및 굵기의 절연전선(옥외용 비닐절연전선을 제외)이나 케이블 또는 공칭단면적이 1.5[mm²] 이상의 캡타이어케이블을 합성수지관공사, 금속관공사 또는 케이블공사에 의하여 시설하거나 또는 공칭단면적이 1.5[mm²] 이상의 캡타이어 코드를 합성수지관(두께가 2[mm] 미만의 합성수지제 전선관 및 난연성이 없는 콤바인덕트관을 제외)이나 금속관에 넣고 관을 조영재에 견고하게 고정할 것

㉤ 전기욕기용 전원장치로부터 욕기 안의 전극까지의 전선 상호 간 및 전선과 대지 사이의 절연저항은 "KEC 132 전로의 절연저항 및 절연내력"에 따를 것

하 **제2장 저압 전기설비**

**03** 저압 옥상전선로를 전개된 장소에 시설하는 내용으로 틀린 것은?

① 전선은 절연전선일 것
② 전선은 지름 2.5[mm²] 이상의 경동선일 것
③ 전선과 그 저압 옥상전선로를 시설하는 조영재와의 이격거리(간격)는 2[m] 이상일 것
④ 전선은 조영재에 내수성이 있는 애자를 사용하여 지지하고 그 지지점 간의 거리는 15[m] 이하일 것

**해설** **옥상전선로(KEC 221.3)**

㉠ 전선은 인장강도 2.30[kN] 이상의 것 또는 지름 2.6[mm] 이상의 경동선일 것
㉡ 전선은 절연전선일 것(OW전선을 포함)
㉢ 전선은 조영재에 견고하게 붙인 지지기둥 또는 지지대에 절연성·난연성 및 내수성이 있는 애자를 사용하여 지지하고 그 지지점 간의 거리는 15[m] 이하일 것
㉣ 조영재와의 이격거리(간격)는 2[m](고압 및 특고압 절연전선 또는 케이블인 경우에는 1[m]) 이상일 것

중 **제1장 공통사항**

**04** 주택 등 저압수용장소 접지에서 계통접지가 TN-C-S 방식인 경우 적합하지 않은 것은?

① 중성선 겸용 보호도체(PEN)는 고정 전기설비에만 사용하여야 함
② 중성선 겸용 보호도체(PEN)의 단면적은 구리는 10[mm²] 이상, 알루미늄은 16[mm²] 이상으로 함
③ 계통의 공칭전압에 대하여 절연되어야 함
④ 감전보호용 등전위본딩을 하여야 함

**해설** 주택 등 저압수용장소 접지(KEC 142.4.2)

저압수용장소에서 계통접지가 TN-C-S 방식인 경우의 보호도체의 시설에서 중성선 겸용 보호도체(PEN)는 고정 전기설비에만 사용할 수 있고, 그 도체의 단면적이 구리는 10[mm²] 이상, 알루미늄은 16[mm²] 이상이어야 하며, 그 계통의 최고전압에 대하여 절연되어야 한다.

**상** 제3장 고압·특고압 전기설비

**05** 애자사용공사에 의한 고압 옥내배선을 시설하고자 할 경우 전선과 조영재 사이의 이격거리(간격)는 몇 [cm] 이상이어야 하는가?

① 3         ② 4
③ 5         ④ 6

**해설** 고압 옥내배선 등의 시설(KEC 342.1)

애자사용공사에 의한 고압 옥내배선은 다음에 의한다.
㉠ 전선은 공칭단면적 6[mm²] 이상의 연동선 또는 이와 동등 이상의 세기 및 굵기의 고압 절연전선이나 특고압 절연전선 또는 인하용 고압 절연전선일 것
㉡ 전선의 지지점 간의 거리는 6[m] 이하일 것. 다만, 전선을 조영재의 면을 따라 붙이는 경우에는 2[m] 이하이어야 한다.
㉢ 전선 상호 간의 간격은 0.08[m] 이상, 전선과 조영재 사이의 이격거리(간격)는 0.05[m] 이상일 것

**상** 제3장 고압·특고압 전기설비

**06** 가공전선로의 지지물에 하중이 가하여지는 경우 그 하중을 받는 지지물의 기초안전율은 얼마 이상이어야 하는가? (단, 이상 시 상정하중은 무관)

① 1.0        ② 2.0
③ 2.5        ④ 3.0

**해설** 가공전선로 지지물의 기초의 안전율 (KEC 331.7)

가공전선로의 지지물에 하중이 가하여지는 경우 그 하중을 받는 지지물의 기초의 안전율은 2 이상이어야 한다(이상 시 상정하중에 대한 철탑의 기초에 대하여는 1.33 이상).

**하** 제5장 분산형 전원설비

**07** 태양광발전소에 시설하는 태양전지 모듈, 전선 및 개폐기의 시설에 대한 설명으로 틀린 것은?

① 전선은 공칭단면적 2.5[mm²] 이상의 연동선을 사용할 것

② 어레이 출력개폐기는 점검이나 조작이 가능한 곳에 시설할 것
③ 모듈을 병렬로 접속하는 전로에는 그 전로에 단락전류가 발생할 경우에 전로를 보호하는 과전류차단기를 시설할 것
④ 옥측에 시설하는 경우 금속관공사, 합성 수지관공사, 애자사용공사로 배선할 것

**해설** 태양광발전설비(KEC 520)

㉠ 전선은 공칭단면적 2.5[mm²] 이상의 연동선을 사용할 것
㉡ 어레이 출력개폐기는 점검이나 조작이 가능한 곳에 시설할 것
㉢ 모듈을 병렬로 접속하는 전로에는 그 전로에 단락전류가 발생할 경우에 전로를 보호하는 과전류차단기를 시설할 것

**상** 제3장 고압·특고압 전기설비

**08** 저압 가공전선으로 케이블을 사용하는 경우 케이블은 조가용선(조가선)에 행거로 시설하고 이때 사용전압이 고압인 때에는 행거의 간격을 몇 [cm] 이하로 시설하여야 하는가?

① 30        ② 50
③ 75        ④ 100

**해설** 가공케이블의 시설(KEC 332.2)

㉠ 케이블은 조가용선(조가선)에 행거로 시설할 것
  • 조가용선(조가선)에 0.5[m] 이하마다 행거에 의해 시설할 것
  • 조가용선(조가선)에 접촉시키고 금속 테이프 등을 0.2[m] 이하 간격으로 나선형으로 감아 붙일 것
  • 단면적 22[mm²] 이상의 아연도강연선일 것
㉡ 조가용선(조가선) 및 케이블 피복에는 접지공사를 할 것

**하** 제3장 고압·특고압 전기설비

**09** 지중 공가설비로 사용하는 광섬유케이블 및 동축케이블은 지름 몇 [mm] 이하이어야 하는가?

① 4         ② 5
③ 16        ④ 22

**해설** 지중통신선로설비 시설(KEC 363.1)

지중 공가설비로 사용하는 광섬유케이블 및 동축케이블은 지름 22[mm] 이하일 것

**정답** 05.③ 06.② 07.④ 08.② 09.④

**중** 제1장 공통사항

**10** 접지극의 시설방법 중 옳지 않은 것은?

① 콘크리트에 매입된 기초 접지극
② 강화콘크리트의 용접된 금속 보강재
③ 토양에 수직 또는 수평으로 직접 매설된 금속전극
④ 케이블의 금속외장 및 그 밖에 금속피복

**☑ 해설** 접지극의 시설 및 접지저항(KEC 142.2)

접지극은 다음의 방법 중 하나 또는 복합하여 시설하여야 한다.
㉠ 콘크리트에 매입된 기초 접지극
㉡ 토양에 매설된 기초 접지극
㉢ 토양에 수직 또는 수평으로 직접 매설된 금속전극(봉, 전선, 테이프, 배관, 판 등)
㉣ 케이블의 금속외장 및 그 밖에 금속피복
㉤ 지중 금속구조물(배관 등)
㉥ 대지에 매설된 철근콘크리트의 용접된 금속 보강재(강화콘크리트는 제외)

**상** 제3장 고압 · 특고압 전기설비

**11** 가공전선로의 지지물에 취급자가 오르고 내리는 데 사용하는 발판못 등은 지표상 몇 [m] 미만에 시설해서는 안 되는가?

① 1.2
② 1.8
③ 2.2
④ 2.5

**☑ 해설** 가공전선로 지지물의 철탑오름 및 전주오름 방지(KEC 331.4)

가공전선로의 지지물에 취급자가 오르고 내리는 데 사용하는 발판볼트 등을 지표상 1.8[m] 미만에 시설하여서는 아니 된다.

**상** 제2장 저압 전기설비

**12** 옥내에 시설하는 저압 전선으로 나전선을 절대로 사용할 수 없는 것은?

① 애자사용공사의 전기로용 전선
② 유희용(놀이용) 전차에 전기공급을 위한 접촉전선
③ 제분공장의 전선
④ 애자사용공사의 전선피복절연물이 부식하는 장소에 시설하는 전선

**☑ 해설** 나전선의 사용 제한(KEC 231.4)

다음에서만 나전선을 사용할 수 있다.
㉠ 애자공사에 의하여 전개된 곳에 다음의 전선을 시설하는 경우
  • 전기로용 전선
  • 전선의 피복절연물이 부식하는 장소에 시설하는 전선
  • 취급자 이외의 사람이 출입할 수 없도록 설비한 장소에 시설하는 전선
㉡ 버스덕트공사에 의하여 시설하는 경우
㉢ 라이팅덕트공사에 의하여 시설하는 경우
㉣ 저압 접촉전선 및 유희용(놀이용) 전차의 전원장치로 접촉전선을 시설하는 경우

**상** 제2장 저압 전기설비

**13** 애자사용공사에 의한 저압 옥내배선시설에 대한 내용 중 틀린 것은?

① 전선은 인입용 비닐절연전선일 것
② 전선 상호 간의 간격은 6[cm] 이상일 것
③ 전선의 지지점 간의 거리는 전선을 조영재의 윗면에 따라 붙일 경우에는 2[m] 이하일 것
④ 전선과 조영재 사이의 이격거리(간격)는 사용전압이 400[V] 미만인 경우에는 2.5[cm] 이상일 것

**☑ 해설** 애자공사(KEC 232.56)

㉠ 전선은 절연전선 사용(옥외용 · 인입용 비닐절연전선 사용 불가)
㉡ 전선 상호 간격 : 0.06[m] 이상
㉢ 전선과 조영재와의 이격거리(간격)
  • 400[V] 이하 : 25[mm] 이상
  • 400[V] 초과 : 45[mm] 이상(건조한 장소에 시설하는 경우에는 25[mm])
㉣ 전선의 지지점 간의 거리는 전선을 조영재의 윗면 또는 옆면에 따라 붙일 경우에는 2[m] 이하일 것
㉤ 사용전압이 400[V] 초과인 것의 지지점 간의 거리는 6[m] 이하일 것

**상** 제3장 고압 · 특고압 전기설비

**14** 20[kV] 전로에 접속한 전력용 콘덴서장치에 울타리를 하고자 한다. 울타리의 높이를 2[m]로 하면 울타리로부터 콘덴서장치의 최단 충전부까지의 거리는 몇 [m] 이상이어야 하는가?

① 1
② 2
③ 3
④ 4

**해설 발전소 등의 울타리 · 담 등의 시설(KEC 351.1)**

| 사용전압의 구분 | 울타리 · 담 등의 높이와 울타리 · 담 등으로부터 충전부분까지의 거리의 합계 |
|---|---|
| 35[kV] 이하 | 5[m] |
| 35[kV] 초과 160[kV] 이하 | 6[m] |
| 160[kV] 초과 | 6[m]에 160[kV]를 초과하는 10[kV] 또는 그 단수마다 12[cm]를 더한 값 |

울타리 높이와 울타리까지 거리의 합계는 35[kV] 이하는 5[m] 이상이므로 울타리 높이를 2[m]로 하려면 울타리까지 거리는 3[m] 이상으로 하여야 한다.

---

**상 전기설비기술기준**

**15** 저압전로에서 사용전압이 500[V] 초과인 경우 절연저항값은 몇 [MΩ] 이상이어야 하는가?

① 1.5

② 1.0

③ 0.5

④ 0.1

**해설 저압전로의 절연성능(전기설비기술기준 제52조)**

| 전로의 사용전압[V] | DC 시험전압[V] | 절연저항[MΩ] |
|---|---|---|
| SELV 및 PELV | 250 | 0.5 |
| FELV, 500[V] 이하 | 500 | 1.0 |
| 500[V] 초과 | 1,000 | 1.0 |

---

**상 제1장 공통사항**

**16** 저압전로에서 정전이 어려운 경우 등 절연저항 측정이 곤란한 경우 저항성분의 누설전류가 몇 [mA] 이하이면 그 전로의 절연성능은 적합한 것으로 보는가?

① 1

② 2

③ 3

④ 4

**해설 전로의 절연저항 및 절연내력(KEC 132)**

사용전압이 저압인 전로에서 정전이 어려운 경우 등 절연저항 측정이 곤란한 경우에는 누설전류를 1[mA] 이하로 유지하여야 한다.

---

**상 제4장 전기철도설비**

**17** 다음 중 전기철도의 전차선로 가선(전선 설치)방식에 속하지 않는 것은?

① 가공방식

② 강체방식

③ 지중조가선방식

④ 제3레일방식

**해설 전차선 가선(전선 설치)방식(KEC 431.1)**

전차선의 가선(전선 설치)방식은 열차의 속도 및 노반의 형태, 부하전류 특성에 따라 적합한 방식을 채택하여야 하며, 가공방식, 강체방식, 제3레일방식을 표준으로 한다.

---

**상 제2장 저압 전기설비**

**18** 사용전압이 25000[V] 이하의 특고압 가공전선로에서는 전화선로의 길이 12[km]마다 유도전류가 몇 [μA]를 넘지 아니하도록 하여야 하는가?

① 1.5

② 2

③ 2.5

④ 3

**해설 유도장해의 방지(KEC 333.2)**

㉠ 사용전압이 60000[V] 이하인 경우에는 전화선로의 길이 12[km]마다 유도전류가 2[μA]를 넘지 않도록 할 것

㉡ 사용전압이 60000[V]를 넘는 경우에는 전화선로의 길이 40[km]마다 유도전류가 3[μA]를 넘지 않도록 할 것

---

**상 제3장 고압 · 특고압 전기설비**

**19** 사용전압 154[kV]의 가공전선과 식물 사이의 이격거리(간격)는 최소 몇 [m] 이상이어야 하는가?

① 2

② 2.6

③ 3.2

④ 3.8

**해설 특고압 가공전선과 식물의 이격거리(간격) (KEC 333.30)**

| 사용전압의 구분 | 이격거리(간격) |
|---|---|
| 60[kV] 이하 | 2[m] 이상 |
| 60[kV] 초과 | 2[m]에 사용전압이 60[kV]를 초과하는 10[kV] 또는 그 단수마다 0.12[m]를 더한 값 이상 |

(154[kV] − 60[kV]) ÷ 10 = 9.4에서 절상하여 단수는 10으로 한다.
식물과의 이격거리(간격) = 2 + 10 × 0.12 = 3.2[m]

---

중 제2장 저압 전기설비

**20** 전자개폐기의 조작회로 또는 초인벨, 경보벨 등에 접속하는 전로로서, 최대사용전압이 몇 [V] 이하인 것을 소세력 회로라 하는가?

① 60 　　　　　② 80

③ 100 　　　　　④ 150

**해설** 소세력 회로(KEC 241.14)

전자개폐기의 조작회로 또는 초인벨 · 경보벨 등에 접속하는 전로로서 최대사용전압은 60[V] 이하이다.

**상** 제2장 저압 전기설비

**01** 사용전압이 400[V] 이하인 경우의 저압 보안 공사에 전선으로 경동선을 사용할 경우 몇 [mm] 이상의 것을 사용하여야 하는가?

① 1.2
② 2.6
③ 3.5
④ 4.0

**해설** 저압 보안공사(KEC 222.10)

전선은 인장강도 8.01[kN] 이상의 것 또는 지름 5[mm] 이상의 경동선일 것(사용전압이 400[V] 이하인 경우에는 인장강도 5.26[kN] 이상의 것 또는 지름 4[mm] 이상의 경동선)

**상** 전기설비기술기준

**02** 가공전선로의 지지물로 볼 수 없는 것은?

① 목주
② 지선(지지선)
③ 철탑
④ 철근 콘크리트주

**해설** 정의(전기설비기술기준 제3조)

지지물이라 함은 목주, 철주, 철근 콘크리트주 및 철탑과 이와 유사한 시설물로서, 전선·약전류전선 또는 광섬유 케이블을 지지하는 것을 주된 목적으로 하는 것을 말한다.

**중** 제1장 공통사항

**03** 건축물·구조물과 분리되지 않은 피뢰시스템 인 경우, 피뢰시스템 등급이 Ⅰ, Ⅱ등급이라면 병렬 인하도선의 최대 간격은 몇 [m]로 하는가?

① 30
② 10
③ 20
④ 15

**해설** 인하도선시스템(KEC 152.2)

건축물·구조물과 분리되지 않은 피뢰시스템인 경우
㉠ 인하도선의 수는 2가닥 이상으로 한다.
㉡ 병렬 인하도선의 최대 간격은 피뢰시스템 등급에 따라
Ⅰ·Ⅱ등급은 10[m], Ⅲ등급은 15[m], Ⅳ등급은 20[m]
로 한다.

**하** 제4장 전기철도설비

**04** 전기철도의 변전방식에서 변전소 설비에 대 한 내용 중 해당되지 않는 것은?

① 급전용 변압기에서 직류 전기철도는 3상 정류기용 변압기로 해야 한다.
② 제어용 교류전원은 상용과 예비의 2계통 으로 구성한다.
③ 제어반의 경우 디지털 계전기방식을 원 칙으로 한다.
④ 제어반의 경우 아날로그 계전기방식을 원칙으로 한다.

**해설** 변전소의 설비(KEC 421.4)

㉠ 급전용 변압기는 직류 전기철도의 경우 3상 정류기용 변압기, 교류 전기철도의 경우 3상 스코트결선 변압기 의 적용을 원칙으로 하고, 급전계통에 적합하게 선정하 여야 한다.
㉡ 제어용 교류전원은 상용과 예비의 2계통으로 구성하여 야 한다.
㉢ 제어반의 경우 디지털 계전기방식을 원칙으로 하여야 한다.

**중** 제3장 고압·특고압 전기설비

**05** 가공전선로에 사용하는 지지물을 강관으로 구성되는 철탑으로 할 경우 지지물의 강도계 산에 적용하는 병종 풍압하중은 구성재의 수 직투영면적 1[m²]에 대한 풍압을 몇 [Pa]로 하여 계산하는가?

① 441
② 627
③ 706
④ 1078

**해설** 풍압하중의 종별과 적용(KEC 331.6)

철탑의 갑종 풍압하중의 크기는 1255[Pa]이나 병종 풍압하중 은 갑종 풍압하중의 50[%]를 적용하기 때문에 627[Pa]이다.

**상** 제3장 고압·특고압 전기설비

**06** 시가지에 시설하는 특고압 가공전선로의 지지물이 철탑이고, 전선이 수평으로 2 이상 있는 경우에 전선 상호 간의 간격이 4[m] 미만인 때에는 특고압 가공전선로의 경간(지지물 간 거리)은 몇 [m] 이하이어야 하는가?

① 100
② 150
③ 200
④ 250

**해설** 시가지 등에서 특고압 가공전선로의 시설 (KEC 333.1)

시가지에 시설하는 특고압 가공전선로의 경간(지지물 간 거리)은 다음 값 이하일 것

| 지지물의 종류 | 경간(지지물 간 거리) |
|---|---|
| A종 철주 또는 A종 철근 콘크리트주 | 75[m] |
| B종 철주 또는 B종 철근 콘크리트주 | 150[m] |
| 철탑 | 400[m] (단주인 경우에는 300[m]) 단, 전선이 수평으로 2 이상 있는 경우에 전선 상호 간의 간격이 4[m] 미만인 때에는 250[m] |

**상** 제1장 공통사항

**07** 저압용 기계기구에 인체에 대한 감전보호용 누전차단기를 시설하면 외함의 접지를 생략할 수 있다. 이 경우의 누전차단기 정격에 대한 기술기준으로 적합한 것은?

① 정격감도전류 30[mA] 이하, 동작시간 0.03[sec] 이하의 전류동작형
② 정격감도전류 30[mA] 이하, 동작시간 0.1[sec] 이하의 전류동작형
③ 정격감도전류 60[mA] 이하, 동작시간 0.03[sec] 이하의 전류동작형
④ 정격감도전류 60[mA] 이하, 동작시간 0.1[sec] 이하의 전류동작형

**해설** 기계기구의 철대 및 외함의 접지(KEC 142.7)

저압용의 개별 기계기구에 전기를 공급하는 전로에 시설하는 인체 감전보호용 누전차단기는 정격감도전류가 30[mA] 이하, 동작시간이 0.03[sec] 이하의 전류동작형의 것을 말한다.

**상** 제1장 공통사항

**08** 사용전압 25[kV] 이하인 특고압 가공전선로의 중성점 접지용 접지도체의 공칭단면적은 몇 [mm²] 이상의 연동선이어야 하는가? (단, 중성선 다중접지방식으로 전로에 지락이 생겼을 때 2초 이내에 자동적으로 이를 전로로부터 차단하는 장치가 되어 있다.)

① 16
② 2.5
③ 6
④ 4

**해설** 접지도체(KEC 142.3.1)

접지도체의 굵기
㉠ 특고압·고압 전기설비용은 6[mm²] 이상의 연동선
㉡ 중성점 접지용은 16[mm²] 이상의 연동선
㉢ 7[kV] 이하의 전로 또는 25[kV] 이하인 특고압 가공전선로로 중성점 다중접지방식(지락 시 2초 이내 전로차단)인 경우 6[mm²] 이상의 연동선

**상** 제2장 저압 전기설비

**09** 도로 또는 옥외주차장에 표피전류 가열장치를 시설하는 경우, 발열선에 전기를 공급하는 전로의 대지전압은 교류 몇 [V] 이하이어야 하는가? (단, 주파수가 60[Hz]의 것에 한한다.)

① 400
② 600
③ 300
④ 150

**해설** 표피전류 가열장치의 시설(KEC 241.12.4)

도로 또는 옥외주차장에 표피전류 가열장치를 시설할 경우
㉠ 발열선에 전기를 공급하는 전로의 대지전압은 교류(주파수 60[Hz]) 300[V] 이하일 것
㉡ 발열선과 소구경관은 전기적으로 접속하지 아니할 것
㉢ 소구경관은 그 온도가 120[℃]를 넘지 아니하도록 시설할 것

**상** 제2장 저압 전기설비

**10** 옥내에 시설하는 전동기가 소손되는 것을 방지하기 위한 과부하보호장치를 설치하지 않아도 되는 것은?

① 전동기출력이 4[kW]이며, 취급자가 감시할 수 없는 경우
② 정격출력이 0.2[kW] 이하의 경우
③ 과전류차단기가 없는 경우
④ 정격출력이 10[kW] 이상인 경우

**해설** 저압전로 중의 전동기 보호용 과전류보호장치의 시설(KEC 212.6.3)

다음의 어느 하나에 해당하는 경우에는 과전류보호장치의 시설 생략 가능

㉠ 전동기를 운전 중 상시 취급자가 감시할 수 있는 위치에 시설하는 경우

㉡ 전동기의 구조나 부하의 성질로 보아 전동기가 손상될 수 있는 과전류가 생길 우려가 없는 경우

㉢ 단상 전동기로서 그 전원측 전로에 시설하는 과전류차단기의 정격전류가 16[A](배선차단기는 20[A]) 이하인 경우

㉣ 전동기의 정격출력이 0.2[kW] 이하인 경우

---

**하** 제2장 저압 전기설비

**11** 저압 옥측전선로의 시설로 잘못된 것은?

① 철골주 조영물에 버스덕트공사로 시설

② 합성수지관공사로 시설

③ 목조 조영물에 금속관공사로 시설

④ 전개된 장소에 애자사용공사로 시설

**해설** 옥측전선로(KEC 221.2)

저압 옥측전선로는 다음에 따라 시설하여야 한다.

㉠ 애자공사(전개된 장소에 한한다)

㉡ 합성수지관공사

㉢ 금속관공사(목조 이외의 조영물에 시설하는 경우에 한한다)

㉣ 버스덕트공사[목조 이외의 조영물(점검할 수 없는 은폐된 장소를 제외)에 시설하는 경우에 한한다]

㉤ 케이블공사[연피케이블, 알루미늄피케이블 또는 무기물절연(MI) 케이블을 사용하는 경우에는 목조 이외의 조영물에 시설하는 경우에 한한다]

---

**중** 제3장 고압·특고압 전기설비

**12** 도로를 횡단하여 시설하는 지선(지지선)의 높이는 특별한 경우를 제외하고 지표상 몇 [m] 이상으로 하여야 하는가?

① 5          ② 5.5

③ 6          ④ 6.5

**해설** 지선(지지선)의 시설(KEC 331.11)

㉠ 도로를 횡단하여 시설하는 지선(지지선)의 높이는 지표상 5[m] 이상

㉡ 교통에 지장을 초래할 우려가 없는 경우에는 지표상 4.5[m] 이상

㉢ 보도의 경우에는 2.5[m] 이상

---

**상** 제3장 고압·특고압 전기설비

**13** 고압 가공인입선이 케이블 이외의 것으로서 그 아래에 위험표시를 하였다면 전선의 지표상 높이는 몇 [m]까지로 감할 수 있는가?

① 2.5

② 3.5

③ 4.5

④ 5.5

**해설** 고압 가공인입선의 시설(KEC 331.12.1)

고압 가공인입선의 높이는 지표상 3.5[m]까지 감할 수 있다. 이 경우에 고압 가공인입선이 케이블 이외의 것인 때에는 그 전선의 아래쪽에 위험표시를 하여야 한다.

---

**상** 제2장 저압 전기설비

**14** 저압 가공인입선에 사용할 수 없는 전선은?

① 절연전선

② 단심케이블

③ 나전선

④ 다심케이블

**해설** 저압 인입선의 시설(KEC 221.1.1)

㉠ 전선은 절연전선 또는 케이블일 것

㉡ 전선이 케이블인 경우 이외에는 인장강도 2.30[kN] 이상의 것 또는 지름 2.6[mm] 이상의 인입용 비닐절연전선일 것. 다만, 경간(지지물 간 거리)이 15[m] 이하인 경우는 인장강도 1.25[kN] 이상의 것 또는 지름 2[mm] 이상의 인입용 비닐절연전선일 것

㉢ 전선이 옥외용 비닐절연전선인 경우에는 사람이 접촉할 우려가 없도록 시설하고, 옥외용 비닐절연전선 이외의 절연전선인 경우에는 사람이 쉽게 접촉할 우려가 없도록 시설할 것

---

**상** 제3장 고압·특고압 전기설비

**15** 변전소에서 154[kV], 용량 2100[kVA] 변압기를 옥외에 시설할 때 울타리의 높이와 울타리에서 충전부분까지의 거리의 합계는 몇 [m] 이상이어야 하는가?

① 5

② 5.5

③ 6

④ 6.5

---

**정답** 11. ③  12. ①  13. ②  14. ③  15. ③

**✍ 해설** 발전소 등의 울타리 · 담 등의 시설(KEC 351.1)

발전소 등의 울타리 · 담 등의 시설 시 간격

| 사용전압의 구분 | 울타리 · 담 등의 높이와 울타리 · 담 등으로부터 충전부분까지의 거리의 합계 |
|---|---|
| 35[kV] 이하 | 5[m] |
| 35[kV] 초과 160[kV] 이하 | 6[m] |
| 160[kV] 초과 | 6[m]에 160[kV]를 초과하는 10[kV] 또는 그 단수마다 12[cm]를 더한 값 |

**중** 제1장 공통사항

**16** 연료전지 및 태양전지 모듈은 최대사용전압의 몇 배의 직류전압을 충전부분과 대지 사이에 연속하여 10분간 가하여 질연내력을 시험하였을 때에 이에 견디는 것이어야 하는가?

① 2.5
② 1
③ 1.5
④ 3

**✍ 해설** 연료전지 및 태양전지 모듈의 절연내력 (KEC 134)

연료전지 및 태양전지 모듈은 최대사용전압의 1.5배의 직류전압 또는 1배의 교류전압을 충전부분과 대지 사이에 연속하여 10분간 가하여 절연내력을 시험하였을 때에 이에 견디는 것이어야 한다. 단, 시험전압 계산값이 500[V] 미만인 경우 500[V]로 시험한다.

**상** 제3장 고압 · 특고압 전기설비

**17** 다음 중 제1종 특고압 보안공사를 필요로 하는 가공전선로에 지지물로 사용할 수 있는 것은 어느 것인가?

① A종 철근 콘크리트주
② B종 철근 콘크리트주
③ A종 철주
④ 목주

**✍ 해설** 특고압 보안공사(KEC 333.22)

제1종 특고압 보안공사 시 전선로의 지지물에는 B종 철주 · B종 철근 콘크리트주 또는 철탑을 사용할 것(지지물의 강도가 약한 A종 지지물과 목주는 사용할 수 없음)

**하** 제4장 전기철도설비

**18** 직류 전기철도 시스템의 누설전류 간섭방지에 대한 설명으로 틀린 것은?

① 누설전류를 최소화하기 위해 귀선전류를 금속귀선로 외부로만 흐르도록 한다.
② 직류 전기철도 시스템이 매설 배관 또는 케이블과 인접할 경우 누설전류를 피하기 위해 최대한 이격시켜야 하며, 주행레일과 최소 1[m] 이상의 거리를 유지하여야 한다.
③ 귀선시스템의 종방향 전기저항을 낮추기 위해서는 레일 사이에 저저항 레일본드를 접합한다.
④ 레일 사이에 저저항 레일본드를 접속하여 귀선시스템의 전체 종방향 저항이 5[%] 이상 증가하지 않도록 하여야 한다.

**✍ 해설** 전기철도 누설전류 간섭에 대한 방지 (KEC 461.5)

㉠ 직류 전기철도 시스템의 누설전류를 최소화하기 위해 귀선전류를 금속귀선로 내부로만 흐르도록 하여야 한다.
㉡ 직류 전기철도 시스템이 매설 배관 또는 케이블과 인접할 경우 누설전류를 피하기 위해 최대한 이격시켜야 하며, 주행레일과 최소 1[m] 이상의 거리를 유지하여야 한다.
㉢ 귀선시스템의 종방향 전기저항을 낮추기 위해서는 레일 사이에 저저항 레일본드를 접합 또는 접속하여 전체 종방향 저항이 5[%] 이상 증가하지 않도록 하여야 한다.

**상** 제2장 저압 전기설비

**19** 2차측 개방전압이 10000[V]인 절연변압기를 사용한 전격살충기는 전격격자가 지표 또는 바닥에서 몇 [m] 이상의 높이에 시설되어야 하는가?

① 2.5
② 2.8
③ 3.0
④ 3.5

**✍ 해설** 전격살충기(KEC 241.7)

㉠ 전격살충기는 전용개폐기를 전격살충기에서 가까운 곳에 쉽게 개폐할 수 있도록 시설한다.
㉡ 전격격자는 지표 또는 바닥에서 3.5[m] 이상의 높은 곳에 시설할 것. 단, 2차측 개방전압이 7000[V] 이하의 절연변압기를 사용하고 또한 보호격자의 내부에 사람의 손이 들어갈 경우 또는 보호격자에 사람이 접촉될 경우 절연변압기의 1차측 전로를 자동적으로 차단하는 보호장치를 시설한 것은 지표 또는 바닥에서 1.8[m]까지 감할 수 있다.
㉢ 전격살충기의 전격격자와 다른 시설물(가공전선은 제외) 또는 식물과의 이격거리(간격)는 0.3[m] 이상일 것
㉣ 전격살충기를 시설한 곳에는 위험표시를 할 것

**⬛ 정답** 16. ③  17. ②  18. ①  19. ④

**20** 중성점접접지식 22.9[kV] 특고압 가공전선을 A종 철근 콘크리트주를 사용하여 시가지에 시설하는 경우 반드시 지키지 않아도 되는 것은?

① 전선로의 경간(지지물 간 거리)은 75[m] 이하로 할 것

② 전선의 단면적은 55[mm$^2$] 경동연선 또는 이와 동등 이상의 세기 및 굵기의 것일 것

③ 전선이 특고압 절연전선인 경우 지표상의 높이는 8[m] 이상일 것

④ 전로에 지기가 생긴 경우 또는 단락한 경우에 1초 안에 자동차단하는 장치를 시설할 것

**해설** 시가지 등에서 특고압 가공전선로의 시설 (KEC 333.1)

사용전압이 100[kV]를 초과하는 특고압 가공전선에 지락 또는 단락이 생겼을 때에는 1초 이내에 자동적으로 이를 전로로부터 차단하는 장치를 시설할 것

중 **제1장 공통사항**

**01** 고압용 SCR의 절연내력시험전압은 직류측 최대사용전압의 몇 배의 교류전압인가?

① 1배
② 1.1배
③ 1.25배
④ 1.5배

**해설** 회전기 및 정류기의 절연내력(KEC 133)

회전기의 절연내력시험을 살펴보면 다음과 같다.

| 종류 | | 시험전압 | 시험방법 |
|---|---|---|---|
| 회전기 | 발전기 · 전동기 · 조상기 (무효전력 보상장치) 기타 회전기 (회전변류기를 제외한다) | 최대사용전압 7[kV] 이하 | 최대사용전압의 1.5배의 전압(500[V] 미만으로 되는 경우에는 500[V]) | 권선과 대지 사이에 연속하여 10분간 가한다. |
| | | 최대사용전압 7[kV] 초과 | 최대사용전압의 1.25배의 전압(10.5[kV] 미만으로 되는 경우에는 10.5[kV]) | |
| | 회전변류기 | | 직류측의 최대사용전압의 1배의 교류전압(500[V] 미만으로 되는 경우에는 500[V]) | |
| 정류기 | 최대사용전압 60[kV] 이하 | | 직류측의 최대사용전압의 1배의 교류전압(500[V] 미만으로 되는 경우에는 500[V]) | 충전부분과 외함 간에 연속하여 10분간 가한다. |
| | 최대사용전압 60[kV] 초과 | | 교류측의 최대사용전압의 1.1배의 교류전압 또는 직류측의 최대사용전압의 1.1배의 직류전압 | 교류측 및 직류 고전압측 단자와 대지 사이에 연속하여 10분간 가한다. |

중 **제1장 공통사항**

**02** 건축물 및 구조물을 낙뢰로부터 보호하기 위해 피뢰시스템을 지상으로부터 몇 [m] 이상인 곳에 적용해야 하는가?

① 10[m] 이상
② 20[m] 이상
③ 30[m] 이상
④ 40[m] 이상

**해설** 피뢰시스템의 적용범위 및 구성(KEC 151)

피뢰시스템이 적용되는 시설
㉠ 전기전자설비가 설치된 건축물 · 구조물로서 낙뢰로부터 보호가 필요한 것 또는 지상으로부터 높이가 20[m] 이상인 것
㉡ 전기설비 및 전자설비 중 낙뢰로부터 보호가 필요한 설비

상 **제2장 저압 전기설비**

**03** 농사용 저압 가공전선로의 시설에 대한 설명으로 틀린 것은?

① 전선로의 경간(지지물 간 거리)은 30[m] 이하일 것
② 목주 굵기는 말구(위쪽 끝) 지름이 9[cm] 이상일 것
③ 저압 가공전선의 지표상 높이는 5[m] 이상일 것
④ 저압 가공전선은 지름 2[mm] 이상의 경동선일 것

**해설** 농사용 저압 가공전선로의 시설(KEC 222.22)

㉠ 사용전압은 저압일 것
㉡ 전선의 굵기는 인장강도 1.38[kN] 이상의 것 또는 지름 2[mm] 이상의 경동선일 것
㉢ 지표상 높이는 3.5[m] 이상일 것(사람이 쉽게 출입하지 않는 경우 3[m])
㉣ 목주의 굵기는 말구(위쪽 끝) 지름이 0.09[m] 이상일 것
㉤ 경간(지지물 간 거리)은 30[m] 이하
㉥ 전용개폐기 및 과전류차단기를 각 극(과전류차단기는 중성극을 제외)에 시설할 것

상 **제2장 저압 전기설비**

**04** 배선공사 중 전선이 반드시 절연전선이 아니라도 상관없는 공사방법은?

① 금속관공사
② 합성수지관공사
③ 버스덕트공사
④ 플로어덕트공사

**해설** 나전선의 사용 제한(KEC 231.4)

다음에서만 나전선을 사용할 수 있다.
㉠ 애자공사에 의하여 전개된 곳에 다음의 전선을 시설하는 경우
  • 전기로용 전선
  • 전선의 피복절연물이 부식하는 장소에 시설하는 전선
  • 취급자 이외의 사람이 출입할 수 없도록 설비한 장소에 시설하는 전선

**정답** 01. ① 02. ② 03. ③ 04. ③

ⓒ 버스덕트공사에 의하여 시설하는 경우
ⓒ 라이팅덕트공사에 의하여 시설하는 경우
ⓔ 저압 접촉전선 및 유희용(놀이용) 전차의 전원장치로 접촉전선을 시설하는 경우

**중** 제2장 저압 전기설비

**05** 수용가 설비에서 저압으로 수전하는 조명설비의 전압강하는 몇 [%] 이하여야 하는가?

① 1　　　　② 3
③ 6　　　　④ 8

**해설** 수용가 설비에서의 전압강하(KEC 232.3.9)

| 설비의 유형 | 조명[%] | 기타[%] |
|---|---|---|
| 저압으로 수전하는 경우 | 3 | 5 |
| 고압 이상으로 수전하는 경우 | 6 | 8 |

**하** 제4장 전기철도설비

**06** 직류 전기철도 시스템이 매설 배관 또는 케이블과 인접할 경우 누설전류를 피하기 위해 주행레일과 최소 몇 [m] 이상의 거리를 유지하여야 하는가?

① 1　　　　② 2
③ 3　　　　④ 4

**해설** 누설전류 간섭에 대한 방지(KEC 461.5)

직류 전기철도 시스템이 매설 배관 또는 케이블과 인접할 경우 누설전류를 피하기 위해 최대한 이격시켜야 하며, 주행레일과 최소 1[m] 이상의 거리를 유지하여야 한다.

**상** 제1장 공통사항

**07** 피뢰등전위본딩의 상호 접속 중 본딩도체로 직접 접속할 수 없는 장소의 경우에는 무엇을 설치하여야 하는가?

① 서지보호장치　　② 과전류차단기
③ 개폐기　　　　　④ 지락차단장치

**해설** 피뢰등전위본딩(KEC 153.2)

등전위본딩의 상호 접속
㉠ 자연적 구성부재의 전기적 연속성이 확보되지 않은 경우에는 본딩도체로 연결
㉡ 본딩도체로 직접 접속할 수 없는 장소의 경우에는 서지보호장치를 이용
㉢ 본딩도체로 직접 접속이 허용되지 않는 장소의 경우에는 절연방전갭(ISG)을 이용

**상** 제2장 저압 전기설비

**08** 모양이나 배치변경 등 전기배선이 변경되는 장소에 쉽게 응할 수 있게 마련한 저압 옥내 배선공사는?

① 금속덕트공사
② 금속제 가요전선관공사
③ 금속몰드공사
④ 합성수지관공사

**해설** 금속제 가요전선관공사(KEC 232.13)

금속제 가요전선관은 형상을 자유로이 변형시킬 수 있어서 굴곡이 있는 현장에 배관공사로 이용할 수 있다.

**하** 제5장 분산형 전원설비

**09** 태양광 발전설비의 시설기준에 있어서 알맞지 않은 것은?

① 모듈의 출력배선은 극성별로 확인할 수 있도록 표시할 것
② 모듈은 자체중량, 적설, 풍압, 지진 및 기타의 진동과 충격에 대하여 탈락하지 아니하도록 지지물에 의하여 견고하게 설치할 것
③ 모듈 및 기타 기구에 전선을 접속하는 경우는 나사로 조이거나, 기타 이와 동등 이상의 효력이 있는 방법으로 기계적·전기적으로 안전하게 접속하고, 접속점에 장력이 가해지도록 할 것
④ 태양전지 모듈, 전선, 개폐기 및 기타 기구는 충전부분이 노출되지 않도록 시설할 것

**해설** 태양광 발전설비(KEC 520)

㉠ 모듈 및 기타 기구에 전선을 접속하는 경우는 나사로 조이거나, 기타 이와 동등 이상의 효력이 있는 방법으로 기계적·전기적으로 안전하게 접속하고, 접속점에 장력이 가해지지 않도록 할 것
㉡ 모듈의 출력배선은 극성별로 확인할 수 있도록 표시할 것
㉢ 모듈은 자체중량, 적설, 풍압, 지진 및 기타의 진동과 충격에 대하여 탈락하지 아니하도록 지지물에 의하여 견고하게 설치할 것
㉣ 태양전지 모듈, 전선, 개폐기 및 기타 기구는 충전부분이 노출되지 않도록 시설할 것

**정답** 05. ②　06. ①　07. ①　08. ②　09. ③

**중** 제1장 공통사항

**10** 보조 보호등전위본딩도체에 대한 설명으로 적절하지 않은 것은?

① 기계적 보호가 없는 구리 본딩도체의 단면적은 4[mm²] 이상이어야 한다.

② 기계적 보호가 된 구리 본딩도체의 단면적은 3[mm²] 이상이어야 한다.

③ 노출도전부를 계통외도전부에 접속하는 경우 도전성은 같은 단면적을 갖는 보호도체의 $\frac{1}{2}$ 이상이어야 한다.

④ 두 개의 노출도전부를 접속하는 경우 도전성은 노출도전부에 접속된 더 작은 보호도체의 도전성보다 커야 한다.

**해설** 보조 보호등전위본딩도체(KEC 143.3.2)

㉠ 두 개의 노출도전부를 접속하는 경우 도전성은 노출도전부에 접속된 더 작은 보호도체의 도전성보다 커야 한다.

㉡ 노출도전부를 계통외도전부에 접속하는 경우 도전성은 같은 단면적을 갖는 보호도체의 $\frac{1}{2}$ 이상이어야 한다.

㉢ 케이블의 일부가 아닌 경우 또는 선로도체와 함께 수납되지 않은 본딩도체는 다음 값 이상이어야 한다.
- 기계적 보호가 된 것은 구리도체 2.5[mm²], 알루미늄 도체 16[mm²]
- 기계적 보호가 없는 것은 구리도체 4[mm²], 알루미늄 도체 16[mm²]

**상** 제3장 고압·특고압 전기설비

**11** 전력보안통신설비인 무선통신용 안테나를 지지하는 목주는 풍압하중에 대한 안전율이 얼마 이상이어야 하는가?

① 1.0
② 1.2
③ 1.5
④ 2.0

**해설** 무선용 안테나 등을 지지하는 철탑 등의 시설 (KEC 364.1)

목주, 철주, 철근 콘크리트주, 철탑의 기초 안전율은 1.5 이상으로 한다.

**상** 제2장 저압 전기설비

**12** 흥행장의 저압 전기설비공사로 무대, 무대마루 밑, 오케스트라 박스, 영사실, 기타 사람이나 무대 도구가 접촉할 우려가 있는 곳에 시설하는 저압 옥내배선, 전구선 또는 이동전선은 사용전압이 몇 [V] 이하이어야 하는가?

① 100
② 200
③ 300
④ 400

**해설** 전시회, 쇼 및 공연장의 전기설비(KEC 242.6)

무대·무대마루 밑·오케스트라 박스·영사실 기타 사람이나 무대 도구가 접촉할 우려가 있는 곳에 시설하는 저압 옥내배선, 전구선 또는 이동전선은 사용전압이 400[V] 이하이어야 한다.

**중** 제2장 저압 전기설비

**13** 금속관공사에서 절연 부싱을 사용하는 가장 주된 목적은?

① 관의 끝이 터지는 것을 방지

② 관의 단구에서 조영재의 접촉방지

③ 관 내 해충 및 이물질 출입방지

④ 관의 단구에서 전선피복의 손상방지

**해설** 금속관공사(KEC 232.12)

관의 끝부분에는 전선의 피복을 손상하지 아니하도록 적당한 구조의 부싱을 사용한다. 단, 금속관공사로부터 애자 사용공사로 옮기는 경우에는 그 부분의 관의 끝부분에는 절연 부싱 또는 이와 유사한 것을 사용하여야 한다.

**상** 제3장 고압·특고압 전기설비

**14** 폭발성 또는 연소성의 가스가 침입할 우려가 있는 곳에 시설하는 지중함으로서 그 크기가 몇 [m³] 이상인 것에는 통풍장치, 기타 가스를 방산시키기 위한 적당한 장치를 시설하여야 하는가?

① 0.5
② 0.75
③ 1
④ 2

**해설** 지중함의 시설(KEC 334.2)

㉠ 지중함은 견고하고 차량 기타 중량물의 압력에 견디는 구조일 것

㉡ 지중함은 그 안의 고인 물을 제거할 수 있는 구조로 되어 있을 것

**정답** 10. ② 11. ③ 12. ④ 13. ④ 14. ③

ⓒ 폭발성 또는 연소성의 가스가 침입할 우려가 있는 것에 시설하는 지중함으로서 그 크기가 1[m³] 이상인 것에는 통풍장치 기타 가스를 방산시키기 위한 적당한 장치를 시설할 것

ⓔ 지중함의 뚜껑은 시설자 이외의 자가 쉽게 열 수 없도록 시설할 것

**상** 제2장 저압 전기설비

**15** 진열장 안의 사용전압이 400[V] 미만인 저압 옥내배선으로 외부에서 보기 쉬운 곳에 한하여 시설할 수 있는 전선은? (단, 진열장은 건조한 곳에 시설하고 진열장 내부를 건조한 상태로 사용하는 경우이다.)

① 단면적이 0.75[mm²] 이상인 코드 또는 캡타이어케이블
② 단면적이 0.75[mm²] 이상인 나전선 또는 캡타이어케이블
③ 단면적이 1.25[mm²] 이상인 코드 또는 절연전선
④ 단면적이 1.25[mm²] 이상인 나전선 또는 다심형 전선

**해설** 진열장 또는 이와 유사한 것의 내부 배선 (KEC 234.8)

㉠ 건조한 장소에 시설하고 또한 내부를 건조한 상태로 사용하는 진열장 또는 이와 유사한 것의 내부에 사용전압이 400[V] 이하의 배선을 외부에서 잘 보이는 장소에 한하여 코드 또는 캡타이어케이블로 직접 조영재에 밀착하여 배선할 것

㉡ 전선의 배선은 단면적 0.75[mm²] 이상의 코드 또는 캡타이어케이블일 것

**상** 제2장 저압 전기설비

**16** 교통신호등 회로의 사용전압은 몇 [V] 이하이어야 하는가?

① 100
② 200
③ 300
④ 400

**해설** 교통신호등(KEC 234.15)

교통신호등 제어장치의 2차측 배선의 최대사용전압은 300[V] 이하로 할 것

**상** 제3장 고압 · 특고압 전기설비

**17** 전력보안통신설비를 반드시 시설하지 않아도 되는 곳은?

① 원격감시제어가 되지 않는 발전소
② 원격감시제어가 되지 않는 변전소
③ 2 이상의 급전소 상호 간과 이들을 통합 운용하는 급전소 간
④ 발전소로서 전기공급에 지장을 미치지 않고, 휴대용 전력보안통신전화설비에 의하여 연락이 확보된 경우

**해설** 전력보안통신설비의 시설 요구사항 (KEC 362.1)

다음에는 전력보안통신설비를 시설하여야 한다.

㉠ 원격감시제어가 되지 않는 발전소 · 원격감시제어가 되지 않는 변전소 · 개폐소, 전선로 및 이를 운용하는 급전소 및 급전분소 간
㉡ 2 이상의 급전소 상호 간과 이들을 통합 운용하는 급전소 간
㉢ 수력설비 중 필요한 곳, 수력설비의 안전상 필요한 양수소(量水所) 및 강수량 관측소와 수력발전소 간
㉣ 동일 수계에 속하고 안전상 긴급연락의 필요가 있는 수력발전소 상호 간
㉤ 동일 전력계통에 속하고 또한 안전상 긴급연락의 필요가 있는 발전소 · 변전소 및 개폐소 상호 간
㉥ 발전소 · 변전소 및 개폐소와 기술원 주재소 간
㉦ 발전소 · 변전소 · 개폐소 · 급전소 및 기술원 주재소와 전기설비의 안전상 긴급연락의 필요가 있는 기상대 · 측후소 · 소방서 및 방사선 감시계측 시설물 등의 사이

**중** 제2장 저압 전기설비

**18** 의료장소에서 인접하는 의료장소와의 바닥면적 합계가 몇 [m²] 이하인 경우 등전위본딩 바를 공용으로 할 수 있는가?

① 30
② 50
③ 80
④ 100

**해설** 의료장소 내의 접지 설비(KEC 242.10.4)

의료장소마다 그 내부 또는 근처에 등전위본딩 바를 설치할 것. 다만, 인접하는 의료장소와의 바닥면적 합계가 50[m²] 이하인 경우에는 등전위본딩 바를 공용할 수 있음

**정답** 15. ① 16. ③ 17. ④ 18. ②

**상** | 제3장 고압·특고압 전기설비

**19** 빙설이 많지 않은 지방의 저온 계절에는 어떤 종류의 풍압하중을 적용하는가?

① 갑종 풍압하중
② 을종 풍압하중
③ 병종 풍압하중
④ 갑종 풍압하중과 을종 풍압하중

**해설** 풍압하중의 종별과 적용(KEC 331.6)

㉠ 빙설이 많은 지방
  • 고온계절 : 갑종 풍압하중
  • 저온계절 : 을종 풍압하중
㉡ 빙설이 적은 지방
  • 고온계절 : 갑종 풍압하중
  • 저온계절 : 병종 풍압하중
㉢ 인가가 많이 연접(이웃 연결)된 장소 : 병종 풍압하중

**중** | 제1장 공통사항

**20** 지중관로에 대한 정의로 가장 옳은 것은?

① 지중전선로·지중 약전류전선로와 지중 매설지선 등을 말한다.
② 지중전선로·지중 약전류전선로와 복합 케이블 선로·기타 이와 유사한 것 및 이들에 부속되는 지중함을 말한다.
③ 지중전선로·지중 약전류전선로·지중에 시설하는 수관 및 가스관과 지중매설지선을 말한다.
④ 지중전선로·지중 약전류전선로·지중 광섬유 케이블 선로·지중에 시설하는 수관 및 가스관과 기타 이와 유사한 것 및 이들에 부속하는 지중함 등을 말한다.

**해설** 용어의 정의(KEC 112)

지중관로는 지중전선로·지중 약전류전선로·지중 광섬유 케이블 선로·지중에 시설하는 수관 및 가스관과 이와 유사한 것 및 이들에 부속하는 지중함 등을 말한다.

**정답** 19. ③  20. ④

# [참!쉬움] ⑥전기설비기술기준

2020. 4. 20. 초 판 1쇄 발행
**2025. 1. 8. 5차 개정증보 5판 1쇄 발행**

지은이 | 문영철
펴낸이 | 이종춘
펴낸곳 | BM (주)도서출판 성안당
주소 | 04032 서울시 마포구 양화로 127 첨단빌딩 3층(출판기획 R&D 센터)
　　　10881 경기도 파주시 문발로 112 파주 출판 문화도시(제작 및 물류)
전화 | 02) 3142-0036
　　　031) 950-6300
팩스 | 031) 955-0510
등록 | 1973. 2. 1. 제406-2005-000046호
출판사 홈페이지 | www.cyber.co.kr
ISBN | 978-89-315-1356-1 (13560)
정가 | 22,000원

**이 책을 만든 사람들**
기획 | 최옥현
진행 | 박경희
교정·교열 | 김원갑
전산편집 | 오정은
표지 디자인 | 박현정
홍보 | 김계향, 임진성, 김주승, 최정민
국제부 | 이선민, 조혜란
마케팅 | 구본철, 차정욱, 오영일, 나진호, 강호묵
마케팅 지원 | 장상범
제작 | 김유석